体系结构编程与实践

奔跑吧Linux社区◎编著

香山处理器团队　龙蜥社区RISC-V SIG　进迭时空◎审校

人 民 邮 电 出 版 社

北 京

图书在版编目（CIP）数据

RISC-V体系结构编程与实践 / 奔跑吧Linux社区编著
. -- 北京 : 人民邮电出版社, 2023.3（2023.3重印）
ISBN 978-7-115-60360-9

Ⅰ. ①R… Ⅱ. ①奔… Ⅲ. ①微处理器－系统设计－
教材 Ⅳ. ①TP332.021

中国版本图书馆CIP数据核字(2022)第222752号

内 容 提 要

本书旨在介绍 RISC-V 体系结构的设计和实现。本书首先介绍 RISC-V 体系结构的基础知识、实验环境搭建、常用指令、函数调用规范与栈，然后讲述 GNU 汇编器、链接器、链接脚本和 GCC 内嵌汇编代码，接着讨论 RISC-V 体系结构中的异常处理、中断、内存管理、高速缓存、缓存一致性、TLB 管理、原子操作、内存屏障指令，最后阐述 RSIC-V 体系结构中的压缩指令扩展、虚拟化扩展等。

本书不仅适合软件开发人员阅读，还可以作为计算机相关专业和相关培训机构的教材。

♦ 编　　著　奔跑吧 Linux 社区
责任编辑　谢晓芳
责任印制　王　郁　焦志炜

♦ 人民邮电出版社出版发行　　北京市丰台区成寿寺路 11 号
邮编　100164　　电子邮件　315@ptpress.com.cn
网址　https://www.ptpress.com.cn
固安县铭成印刷有限公司印刷

♦ 开本：787×1092　1/16
印张：29　　　　2023 年 3 月第 1 版
字数：745 千字　　　　2023 年 3 月河北第 2 次印刷

定价：129.80 元

读者服务热线：(010)81055410　印装质量热线：(010)81055316
反盗版热线：(010)81055315
广告经营许可证：京东市监广登字 20170147 号

本书约定

为了帮助读者更好地阅读本书以及完成本书的实验，我们对本书的术语、实验环境做了一些约定。

1. RISC-V 与 RV64 术语

目前 RISC-V 体系结构主要包括 RV32 以及 RV64，即 32 位体系结构以及 64 位体系结构。本书重点介绍与 RV64 相关的内容。除在寄存器位宽、地址映射模式等方面有区别之外，RV32 和 RV64 还有其他方面的细微差异，不过本书不会详细介绍它们之间的区别。要了解关于 RV32 的内容，请读者自行阅读 RISC-V 官方手册。

在 RISC-V 体系结构手册中使用哈特（Hart）来描述一个处理器硬件线程，这个术语类似于 x86 体系结构定义的超线程（Simultaneous Multi-Threading，SMT）以及 ARMv8 体系结构定义的处理机（Processing Element，PE）。不过截至 2022 年还没有商用的 RISC-V 处理器实现超线程技术，因此，本书对哈特和中央处理器（Central Processing Unit，CPU）两个概念不做严格区分，继续沿用 CPU 这个通用的概念来描述一个处理器执行单元或者硬件线程（如果硬件实现了 SMT）。

2. 实现案例

本书基于 Linux 内核以及小型操作系统（BenOS）进行讲解。Linux 内核采用 Linux 5.15。本书大部分实验以 BenOS 为基础，使读者可从最简单的裸机程序不断进行扩展，最终完成一个具有内存管理、进程调度、系统调用等基本功能的小型操作系统，从而学习和掌握 RV64 体系结构的相关知识。我们在实验的设计过程中参考了 Linux 内核等开源代码的实现，在此对开源社区表示感谢。

3. 实验环境

本书推荐的实验环境如下。

- 主机硬件平台：Intel x86-64 处理器兼容主机。
- 主机操作系统：Ubuntu Linux 20.04[①]。
- GCC 版本：9（riscv64-linux-gnu-gcc）。
- QEMU 版本：4.2.1。
- GDB 版本：gdb-multiarch。

读者在安装完 Ubuntu Linux 20.04 系统后，通过如下命令安装本书需要的软件包。

```
$ sudo apt update -y
$ sudo apt install net-tools libncurses5-dev libssl-dev build-essential openssl qemu-
  system-misc libncurses5-dev gcc-riscv64-linux-gnu git bison flex bc vim universal-
  ctags cscope gdb-multiarch libsdl2-dev libreadline-dev
```

我们基于 VMware/VirtualBox 镜像搭建了全套开发环境，读者可以通过“奔跑吧 Linux 社区”微信公众号获取下载地址。使用本书配套的 VMware/VirtualBox 镜像可以减少配置开发环境带来的麻烦。

---

① 推荐读者使用我们提供的 VMware/VirtualBox 镜像。

4. 实验平台

读者无须额外购买开发板，推荐在如下两个免费的模拟器实验平台上完成本书所有实验。

- QEMU。
- 香山模拟器 NEMU[①]。

5. 关于实验参考代码和配套资料下载

为了节省篇幅，本书中大部分实验只列出了实验目的和实验要求，希望读者能独立完成实验。

在 GitHub 网站搜索"runninglinuxkernel/riscv_ programming_ practice"即可找到本书中大部分实验的参考代码。

本书有如下配套资料。

- 大部分实验的参考代码。
- VMware/VirtualBox 镜像。
- 免费视频。

读者可以通过关注微信公众号"奔跑吧 Linux 社区"，输入"risc-v"获取下载地址。

6. 芯片资料

作者在编写本书的过程中参考了 RISC-V 官方的技术资料以及与 GNU 工具链相关的文档。下面是涉及的技术手册，这些技术手册都是公开发布的，读者可以在 RISC-V 基金会官网、SiFive 官网以及 GNU 官网上下载。

- "The RISC-V Instruction Set Manual Volume I: Unprivileged ISA, Document Version 20191213"：RISC-V 指令集手册。
- "The RISC-V Instruction Set Manual Volume II: Privileged Architecture, Document Version 20211203"：RISC-V 体系结构手册。
- SiFive FU740-C000 Manual, v1p6：SiFive 公司的 FU740 处理器内核技术手册。
- Using the GNU Compiler Collection, v9.3：GCC 官方手册。
- Using as, the GNU Assembler, v2.34：汇编器（AS）官方手册。
- Using ld, the GNU Linker, v2.34：链接器（LD）官方手册。
- RISC-V"V"Vector Extension, Version 1.0：RVV 手册。
- RISC-V Base Cache Management Operation ISA Extensions, Version 1.0：RISC-V 高速缓存维护指令扩展手册。
- RISC-V Platform-Level Interrupt Controller Specification, Version 1.0：PLIC 手册。
- RISC-V ABIs Specification, Version 0.01：RISC-V ABI 接口手册。
- RISC-V Supervisor Binary Interface Specification, Version 1.0.0：RISC-V SBI 手册。
- SiFive TileLink Specification, Version 1.8.1：TileLink 总线手册。
- 香山官方文档：香山处理器手册。

7. 汇编代码大小写

RISC-V 指令、寄存器的书写方式约定如下。

- 关于 RISC-V 指令，在汇编代码中用小写，在正文中用大写。

---

① 有部分实验在 NEMU 上还没实现，不过可以在 QEMU 上完成。

- 关于通用寄存器和系统寄存器，在汇编代码和正文中都用小写。若使用大写形式书写通用寄存器和系统寄存器，汇编器会报错。

8. 汇编代码说明

在 RISC-V 汇编代码中，本书有如下约定。

- (x*n*)：直接寻址模式，表示以 x*n* 寄存器的值为基地址进行寻址，在本书中简称为 ***xn* 地址**，示例如下。

```
ld x2, (x1)   //从 x1 地址中加载 8 字节数据到 x2 寄存器中
sd x2, (x1)   //把 x2 寄存器的值存储到 x1 地址中
```

- offset(x*n*)：偏移寻址模式，表示以 x*n* 寄存器的值为基地址，然后偏移 offset 字节进行寻址。

```
ld x2, 8(x1)   //从 x1+8 地址中加载 8 字节数据到 x2 寄存器中
sd x2, 8(x1)   //把 x2 寄存器的值存储到 x1+8 地址中
```

推荐序

非常荣幸应笨叔的邀请为本书写序。这也是我第一次为书写序，我感到非常荣幸。

我认识笨叔好多年，他与我是广东老乡，他身上带着广东人特有的韧劲、谦虚与阳光。在2021年第一届RISC-V中国峰会上听他说准备写一本关于RISC-V的小册子，没想到一年时间，一本厚厚的《RISC-V体系结构编程与实践》就放在我面前。我们知道写一本书需要付出太多，他身上这种韧劲与乐于分享的精神很让我佩服。他常常说自己是草根（“佛山蓝翔”常挂在他嘴边），并且是国内某小企业的一线工程师。然而，他一直活跃在开源社区，分享知识和经验，从出书到视频课程，他都受到了广大读者的喜爱。

出于共同的爱好和热情，我们在计算机底层系统软件领域的很多观点非常相似。这次写序时才知道他有一个很酷的英文名字——Figo，也许他想像著名的欧洲足球天才路易斯·菲戈（Luis Figo）一样在自己擅长的领域不停地奔跑。我一直有一个强烈的感觉——总有一天我们会有合作的机会，但是没有想到机会这么快就来了。

2022年是RISC-V的元年，我们的产品线都全部转到RISC-V上，我们也盼了好久才等到这个时刻，我一直都和笨叔说RISC-V一定可以和ARM、x86三足鼎立，因为它的开放性和国际性，以及它在雏形阶段非常多的机会。这让我回想起20世纪90年代在英国读本科时Linux系统面对各大UNIX系统的竞争的场景。本书的内容与巧妙的编排方式深深吸引了我，因此我非常愿意尽一点绵力，帮笨叔审阅书稿，让本书变得更加完美。另外，我们把本书作为ROMA系列产品（全球首款RISC-V笔记本计算机）附送的图书之一，让本书在RISC-V社区贡献一份非常重要的力量。

如作者之前的“奔跑吧Linux内核”系列作品一样，本书也有自己的独特之处，特别是RISC-V体系结构方面的讲解，这里就不详细介绍了。建议读者带着疑问去学习本书，特别是对比ARM体系结构的实现，相信本书将使读者受益匪浅。

祝笨叔和“奔跑吧Linux内核”系列图书在开源软件与RISC-V开源硬件的蓝天上飞得更高，在地上奔跑得更快、更远！

“奔跑吧，学习者和跟随者！”希望读者在RISC-V领域有更大的收获。

梁宇宁
鉴释科技创始人

RISC-V 体系结构自测题

在阅读本书之前，请读者尝试完成以下自测题，从而了解自己对 RISC-V 体系结构的掌握程度（以下假定处理器体系结构为 RV64，编译器为 GCC）。一共有 20 道题，每道题 5 分，总分 100 分。

1．RISC-V 指令集支持 64 位宽的数据和地址寻址，为什么指令的编码宽度只有 32 位？为什么不使用 64 位指令编码？请说明使用 64 位指令编码的优缺点。

2．下面的指令中，假设当前 PC 值为 0x8020 0000，那么 a5 和 a6 寄存器的值是多少？

```
auipc   a5,0x2
lui     a6, 0x2
```

3．请解析下面这条指令的含义。

```
csrrw tp, sscratch, tp
```

4．假设函数调用关系为 main()→func1()→func2()，请画出 RISC-V 体系结构下函数栈的布局。

5．下面是 my_entry 宏的定义。

```
.macro my_entry, rv, label
       j    rv\()\rv\()_\label
 .endm
```

下面的语句调用 my_entry 宏，请解释该宏是如何展开的。

```
my_entry    1, irq
```

6．关于链接器，请解释链接地址、虚拟地址以及加载地址。当一个程序的代码段的链接地址与加载地址不一致时，我们应该怎么做才能让程序正确运行？

7．什么是加载重定位和链接重定位？RISC-V 为什么要做松弛链接优化？RISC-V 是如何做的？

8．在 RISC-V 处理器中，异常发生后 CPU 自动做了哪些事情？操作系统需要做哪些事情？在异常返回时，CPU 是返回发生异常的指令还是下一条指令？什么是异常现场？对于 RISC-V 处理器来说，应该保存异常现场中的哪些内容？异常现场保存到什么地方？

9．为什么页表要设计成多级页表？直接使用一级页表是否可行？多级页表又引入了什么问题？请简述 Sv39 页表映射模式下的映射过程。

10．在使能 MMU 时，为什么需要建立恒等映射？

11．请简述直接映射、全相联映射以及组相联映射的高速缓存的区别。什么是高速缓存的重名问题？什么是高速缓存的同名问题？VIPT 类型的高速缓存会产生重名问题吗？

12．假设系统中有 4 个 CPU，每个 CPU 都有各自的一级高速缓存，处理器内部实现的是 MESI 协议，它们都想访问相同地址的数据 *a*，大小为 64 字节，这 4 个 CPU 的高速缓存在初始状态下都没有缓存数据 *a*。在 *T*0 时刻，CPU0 访问数据 *a*。在 *T*1 时刻，CPU1 访问数据 *a*。在 *T*2 时刻，CPU2 访问数据 *a*。在 *T*3 时刻，CPU3 想更新数据 *a* 的内容。请依次说明 *T*0～*T*3 时刻 4 个 CPU 中高速缓存行的变化情况。

13．DMA 缓冲区和高速缓存容易产生缓存一致性问题。从 DMA 缓冲区向设备的 FIFO 缓冲区搬运数据时，应该如何保证缓存一致性？从设备的 FIFO 缓冲区向 DMA 缓冲区搬运数据时，应该如何保证缓存一致性？

14．为什么操作系统在切换（或修改）页表项时需要先刷新对应的 TLB 项后切换页表项？

15．在 RISC-V 体系结构中，刷新所有处理器的 TLB 是如何实现的？

16．假设内存模型为 RVWMO，在下面的执行序列中，CPU0 先执行 *a*=1 和 *b*=1，接着 CPU1 一直循环判断 *b* 是否等于 1，如果等于 1，则跳出 while 循环，最后执行“assert (*a* == 1)”语句，判断 *a* 是否等于 1，那么 assert 语句有可能会出错吗？如果会出错，请指出如何修复，并分析其原因。

```
CPU0                          CPU1
-------------------------------------------------------------
void func0()                 void func1()
{                            {
     a = 1;                     while (b == 0) continue;
     b = 1;                     assert (a == 1)
}                             }
```

17．如果多个核同时使用 LR 与 SC 指令对同一个内存地址进行访问，如何保证数据的一致性？为什么原子内存操作指令比独占内存访问指令要高效很多？

18．什么是进程上下文切换？对于 RISC-V 处理器来说，进程上下文切换需要保存哪些内容？保存到哪里？新创建的进程第一次执行时，第一条指令在哪里？

19. 如果调度器通过 switch_to()把进程 A 切换到进程 B，那么进程 B 是否在切换完成之后，马上执行进程 B 的回调函数？在下面的代码片段中，printf()函数能输出正确的 data 值吗？为什么？

```
void schedule(void)
{
  long data;

  //读取当前进程的私有数据
  data = xxx;

  ...

  //切换到进程 B
  switch_to(A, B);

  //输出 data
  printf(data);
}
```

20．请简述在虚拟化场景中两阶段地址映射的过程。在 RISC-V 虚拟化扩展中，VMM 如何进入虚拟机？VM 有哪些途径可以陷入 VMM 中？

以上题目的答案都分布在本书的各章中。

前　言

站在 2023 年来看处理器的发展，x86-64 与 ARM64 体系结构依然是目前市场上的主流处理器体系结构。不过一个可喜的变化是，RISC-V 受到学术界和工业界越来越多的关注，RISC-V 有可能成为第三大体系结构。最近几年，国内出现了一批优秀的芯片公司和科研机构，它们基于 RISC-V 体系结构来打造国产芯片，包括 MCU（Micro-Controller Unit，微控制单元）芯片、高性能处理器芯片。开源高性能处理器的优秀代表有香山处理器等。

RISC-V 体系结构以开放性、先进性、简洁性以及开源性等众多优点，得到了国内外高校的青睐。越来越多的高校采用 RISC-V 体系结构作为蓝本进行讲授“计算机系统基础”“计算机组成原理”“操作系统”“嵌入式系统”等计算机专业的核心课程。国内高校涌现一批基于 RISC-V 体系结构的创新性和开拓性教学项目，如中国科学院大学的“一生一芯”项目。

RISC-V 是一个崭新的体系结构，软硬件生态也在逐步完善。为了帮助读者快速和深入了解 RISC-V 体系结构，我们以工程师的视角，结合大学课程特点、企业新员工培训需求以及实际工程项目经验，精心设计了几十个有趣的实验，读者可以通过实验逐步深入学习和理解 RISC-V 体系结构与编程。

本书特色

本书有如下一些特色。

- 突出动手实践。学习一门新技术，动手实践是非常有效的方法。本书基于 QEMU 以及香山模拟器 NEMU 介绍了几十个有趣的实验。我们可以采用搭积木的方法，从编写第一行代码开始，通过一个个实验逐步深入学习 RISC-V 体系结构，最终可以编写一个能在 QEMU 或者 NEMU 上运行的简易小型操作系统，它具有存储管理单元（Memory Management Unit，MMU）以及进程调度等功能。
- 以问题为导向。问题导向式的学习方法有利于提高学习效率。本书在大部分章前面列举了一些思考题，用于激发读者探索未知知识的兴趣。这些思考题也是各大公司的高频面试题，相信仔细解答这些问题对读者的面试大有裨益。
- 基于 64 位处理器讲述 RISC-V 体系结构。本书不仅介绍开源的 64 位香山处理器的微架构实现，还介绍 RV64 指令集、GCC、链接器、链接脚本、异常处理、中断处理、内存管理、TLB 管理、内存屏障指令、可伸缩矢量计算与优化以及虚拟化扩展等方面的知识。本书把 RISC-V 体系结构中难理解的部分通过通俗易懂的语言呈现给读者，并通过有趣的案例分析使读者加深理解。
- 总结常见陷阱与项目经验。本书总结了众多一线工程师在实际项目中遇到的陷阱，如使用指令集时的陷阱等，这些宝贵的项目经验会对读者有所帮助。

本书主要内容

本书主要介绍 RISC-V 体系结构的相关内容。本书重点介绍 RV64 指令集、GNU 汇编器、链接器、链接脚本、内存管理、高速缓存、可伸缩矢量计算与优化以及虚拟化扩展等。

本书一共有20章，包含如下内容。

第1章主要介绍RISC-V体系结构基础知识。

第2章介绍如何使用QEMU以及香山模拟器NEMU搭建实验环境。

第3章讨论RV64指令集中常见指令以及常见陷阱等内容。

第4章介绍函数调用规范、RISC-V栈的布局等内容。

第5章介绍GNU汇编器的汇编语法、常用的伪指令、RISC-V依赖特性等内容。

第6章介绍链接器、链接脚本、加载重定位、链接重定位与链接器松弛优化等内容。

第7章介绍GCC内嵌汇编代码基本用法以及常见陷阱等内容。

第8章介绍RISC-V体系结构中异常处理的触发与返回、异常向量表、异常现场等内容。

第9章介绍RISC-V体系结构里中断处理的基本概念和流程，包括CLINT、平台级别的中断控制器、保存和恢复中断现场的方法等内容。

第10章介绍RISC-V体系结构中的内存管理，包括页表、页表项属性、页表遍历过程、内存属性以及恒等映射等内容。

第11章介绍高速缓存的基础知识，包括高速缓存的工作原理、映射方式、虚拟高速缓存、物理高速缓存等相关内容。

第12章介绍缓存一致性，包括缓存一致性的分类、MESI协议、高速缓存伪共享等内容。

第13章介绍TLB管理，包括TLB基础知识、ASID、TLB管理指令等内容。

第14章介绍原子操作，包括原子操作基本概念、独占内存访问工作原理、原子内存访问操作指令等内容。

第15章介绍内存屏障指令，包括内存屏障指令产生的原因、RISC-V约束条件以及RISC-V中的内存屏障指令等内容。

第16章介绍如何合理使用内存屏障指令等内容。

第17章介绍与操作系统相关的内容，包括64位编程下常见的C语言陷阱、简易进程调度器、系统调用等内容。

第18章不仅介绍RVV指令，还分析如何使用RVV指令进行矢量优化。

第19章介绍RISC-V中的压缩指令扩展。

第20章介绍RISC-V中的虚拟化扩展，包括CPU虚拟化、内存虚拟化、中断虚拟化等内容。

在编写本书的过程中，作者得到了中国科学院计算技术研究所的包云岗老师以及香山处理器团队成员的大力支持，他们为本书提供了香山处理器微架构的实现细节以及香山模拟器NEMU，让读者有机会深入了解一款开源高性能处理器的实现细节。余子濠博士为在香山模拟器NEMU上完成本书的实验做了大量适配和优化工作，让本书的实验变得更加丰富和有趣。另外，香山处理器团队的成员还帮忙审阅了本书的书稿，并给出了宝贵的意见和建议。在此，衷心感谢包云岗老师以及余子濠、王凯帆、张梓悦。

作者在编写本书的过程中还得到鉴释科技有限公司的梁宇宁和进迭时空的陈志坚的鼎力支持，梁老师一直鼓励着我们，审阅了本书并给出了许多宝贵的意见和建议。另外，深度数智科技有限公司的工程师孙彦邦和张猛，鉴释科技有限公司的工程师赖建新、李隆以及肖林杰也帮忙审阅了部分书稿，在此表示感谢。

本书在编写过程中也得到了龙蜥社区运营委员会主席陈绪与技术委员会主席杨勇的大力支持和帮助。龙蜥社区RISC-V SIG（Special Interest Group，特别兴趣小组）成员也帮忙审阅了本书，并给出了宝贵的反馈和改进意见。他们是平头哥的熊健、郭任、尚云海和阿里云操作系统团队的陈健康、田瑞冬、王江波、王宝林、宋卓。

本书由笨叔策划和主编，奔跑吧 Linux 社区中一群热爱开源的热心工程师也参与了本书的编写和审阅工作中，他们是张毅峰、胡茂留、牛立群、胡进、何花、黄山、郑律。另外，还有一些热心工程师帮忙审阅了部分书稿，他们是贾献华、钱为、孙少策、曹文辉、钟居哲、陆亚涵、王乐、杨明辉、杨勇、张诺方、李朋、潘建亨、方盛洲、朱信冉、张志鹏等。

由于作者知识水平有限，书中难免存在不妥之处，敬请各位读者批评指正。欢迎通过电子邮箱 runninglinuxkernel@126.com 与作者交流。要下载本书配套的实验环境、实验参考代码，请关注“奔跑吧 Linux 社区”微信公众号并输入“risc-v”。

笨叔

服务与支持

本书由异步社区出品，社区（https://www.epubit.com）为您提供后续服务。

提交勘误信息

作者和编辑尽最大努力来确保书中内容的准确性，但难免会存在疏漏。欢迎您将发现的问题反馈给我们，帮助我们提升图书的质量。

当您发现错误时，请登录异步社区，按书名搜索，进入本书页面，单击“发表勘误”，输入相关信息，单击“提交勘误”按钮即可，如下图所示。本书的作者和编辑会对您提交的信息进行审核，确认并接受后，您将获赠异步社区的 100 积分。积分可用于在异步社区兑换优惠券、样书或奖品。

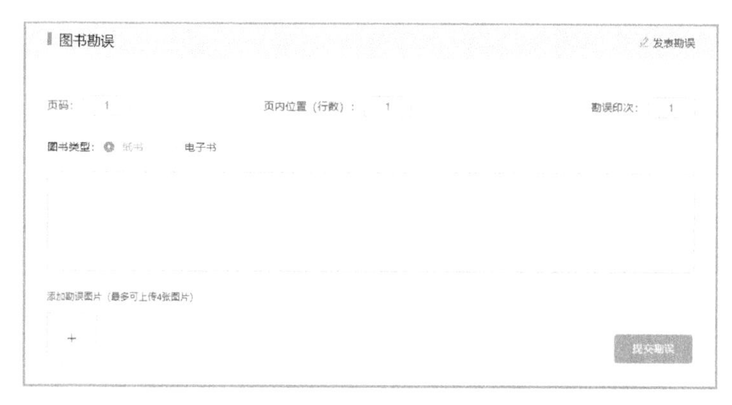

与我们联系

我们的联系邮箱是 contact@epubit.com.cn。

如果您对本书有任何疑问或建议，请您发邮件给我们，并请在邮件标题中注明本书书名，以便我们更高效地做出反馈。

如果您有兴趣出版图书、录制教学视频，或者参与图书翻译、技术审校等工作，可以发邮件给我们；有意出版图书的作者也可以到异步社区投稿（直接访问 www.epubit.com/contribute 即可）。

如果您所在的学校、培训机构或企业想批量购买本书或异步社区出版的其他图书，也可以发邮件给我们。

如果您在网上发现有针对异步社区出品图书的各种形式的盗版行为，包括对图书全部或部分内容的非授权传播，请您将怀疑有侵权行为的链接通过邮件发送给我们。您的这一举动是对作者权益的保护，也是我们持续为您提供有价值的内容的动力之源。

关于异步社区和异步图书

“异步社区”是人民邮电出版社旗下 IT 专业图书社区，致力于出版精品 IT 图书和相关学习产品，为作译者提供优质出版服务。异步社区创办于 2015 年 8 月，提供大量精品 IT 图书和电子书，以及高品质技术文章和视频课程。更多详情请访问异步社区官网 https://www.epubit.com。

“异步图书”是由异步社区编辑团队策划出版的精品 IT 专业图书的品牌，依托于人民邮电出版社几十年的计算机图书出版积累和专业编辑团队，相关图书在封面上印有异步图书的 Logo。异步图书的出版领域包括软件开发、大数据、人工智能、测试、前端、网络技术等。

异步社区

微信服务号

目　录

第1章 RISC-V体系结构基础知识

本章思考题

1. RISC-V体系结构有什么特点？
2. RISC-V体系结构处理器包含多少个通用寄存器？
3. RISC-V体系结构包含几种处理器模式？它们分别有什么作用？
4. 在RISC-V体系结构中，Hart代表什么意思？
5. 在RISC-V体系结构中，什么是SBI？
6. 在香山处理器体系结构中，前端子系统包括哪些模块？
7. 在香山处理器体系结构中，后端子系统包括哪些模块？
8. 在香山处理器体系结构中，如何解决高速缓存别名问题？

本章主要介绍RISC-V体系结构基础知识。

1.1 RISC-V介绍

RISC（Reduced Instruction Set Computer）表示精简指令集计算机，而RISC-V源自美国加州大学伯克利分校，其中V表示第5代，因为在此之前加州大学伯克利分校已经完成了4代RISC体系结构的设计。

早在2010年，加州大学伯克利分校的研究人员在对比市面上所有的RISC体系结构后发现，指令集越来越复杂和臃肿，而且授权费昂贵，于是他们打算自行设计一套全新的开源指令集。

2015年，RISC-V基金会成立，旨在维护指令集以及体系结构规范的标准化和完整性。此外，他们还成立了SiFive公司，以推动RISC-V商业化落地。

RISC-V 基金会吸引了全球高校、学术机构以及芯片设计、软件工具等商业公司加入，负责维护RISC-V指令集标准规范以及各种体系结构和扩展特性的规范文档的审阅与发布。

1.1.1 RISC-V指令集优点

作为一个后起之秀，RISC-V指令集在设计时充分借鉴了其他商业化指令的优点，并且吸取了它们的经验和教训。RISC-V指令集具有如下优点。

- 设计简洁。RISC-V指令集和基础体系结构设计都相当简洁，特别是RISC-V的指令集文档和基础体系结构设计文档一共才几百页，而一些商业RISC芯片的文档多达上万页。
- 模块化。RISC-V指令集采用模块化设计思想。它具有一个最小的指令集，这个指令集可以完整地实现一个软件栈，然后通过模块化的方式实现其他扩展功能的指令，如浮点数乘法和除法指令、矢量指令等。模块化的 RISC-V 体系结构使得用户能够灵活选择不同的模块组合，以适应不同的应用场景，从嵌入式设备到服务器都可以使用 RISC-V 体系结构进行设计。

- 开源。RISC-V 指令集采用 BSD 开源协议授权。使用 RISC-V 进行教学、学术研究、商业化都不需要授权费。
- 具有丰富的软件生态。目前大部分开源软件支持 RISC-V 指令集，包括 Linux 内核、GCC 等。

1.1.2 RISC-V 指令集扩展

RISC-V 针对 32 位处理器的最小指令集是 RV32I，表示 32 位基础整型指令集，它大约包含 40 条指令，可以在 32 位处理器上实现一个完整的软件栈。RV32I 是 RISC-V 指令集中固定不变的最小指令集。RISC-V 针对 64 位处理器的最小指令集是 RV64I，它表示 64 位基础整型指令集。RV64I 在 RV32I 的基础上添加了对字（word）、双字（double word）和长整型（long）版本指令的支持，并且将所有寄存器扩展到 64 位。本章主要介绍 RV64I 指令集。本书中把 32 位处理器使用的指令集简称为 **RV32 指令集**，把 64 位处理器使用的指令集简称为 **RV64 指令集**。

在 RV32I 和 RV64I 的基础上，RISC-V 指令集还支持模块化扩展，以支持更多特性，如表 1.1 所示。

表 1.1 RISC-V 扩展指令集

扩展指令集	说明
F	单精度浮点数扩展指令集
D	双精度浮点数扩展指令集
Q	4 倍精度浮点数扩展指令集
M	整型乘法和除法扩展指令集
C	压缩指令集（见第 19 章）
A	原子操作指令集（见第 14 章）
B	位操作指令集
E	为嵌入式设计的整型指令集
H	虚拟化扩展指令集（见第 20 章）
K	密码运算扩展指令集
V	可伸缩矢量扩展指令集（见第 18 章）
P	打包 SIMD（packed-SIMD）扩展指令集
J	动态翻译语言（dynamically translated language）扩展指令集
T	事务内存（transactional memory）指令集
N	用户态中断指令集

芯片设计人员可以根据项目需求和成本选择不同的扩展指令集，以适应不同的应用场景。RISC-V 为芯片设计人员提供了一个稳定的指令集组合，称为 RV32G/RV64G。其中，G 表示 IMAFD，实现基础指令集、整型乘法/除法扩展指令、单/双精度浮点数扩展指令以及原子操作指令。

1.1.3 RISC-V 商业化发展

一个全新的指令集要蓬勃发展需要上游与下游公司都参与进来。为了验证和推广 RISC-V，RISC-V 创始人成立了 SiFive 公司，为 RISC-V 的商业化推广起到示范作用。除开源基于 RISC-V 的 CPU 及片上系统（System on Chip，SoC）实现之外，SiFive 还提供基于 RISC-V 体系结构的商业化处理器 IP、开发工具和芯片解决方案等服务。

在国内也有许多大公司和初创公司加入 RISC-V 芯片设计的队伍中。此外，国内的一些研究机构（如中国科学院计算技术研究所的香山处理器团队）还发布了开源的香山处理器。

1.2 RISC-V 体系结构介绍

1.2.1 RISC-V 体系结构

RISC-V 体系结构包括指令集规范和体系结构规范，以及众多的扩展规范，这些都由 RISC-V 基金会审阅与发布。RISC-V 体系结构具有如下特点。

- 对学术界和工业界完全开放。
- 真正适合硬件实现的指令集体系结构，而不是一个模拟或者二进制翻译的指令集体系结构。
- 属于一个通用的指令集体系结构，而不是针对某个特定微体系结构的实现。
- 实现最小的整数指令集，作为基础指令集，可以用于教学。在此基础上还实现众多可选扩展指令，以支持通用软件开发。
- 支持 IEEE 754 浮点标准。
- 支持众多扩展指令集。
- 支持 32 位及 64 位地址空间。
- 支持多核及异构体系结构。
- 支持可选的压缩指令编码，以提高性能和能源效率并优化静态代码。
- 支持虚拟化扩展。
- 支持可伸缩矢量指令扩展（参见 GitHub 上的“Working Draft of the Proposed RISC-V V Vector Extension”）。

RISC-V 支持 32 位指令集和 64 位指令集。本书重点介绍 64 位指令集。

1.2.2 采用 RISC-V 体系结构的常见处理器

下面介绍市面上常见的采用 RISC-V 体系结构的处理器。

1. SiFive FU740 处理器

SiFive 公司基于 RISC-V 体系结构开发了商业化 64 位处理器芯片。广受 RISC-V 开发者喜爱的 HiFive Unmatched 开发板基于该处理器芯片。

FU740 内置 1 个 S7 处理器内核以及 4 个 U7 处理器内核。其中，S7 处理器内核用于系统监控，U7 处理器内核用于计算和应用，如图 1.1 所示。

FU740 处理器具有如下特性。

- 完全兼容 RISC-V 体系结构规范。
- 属于 64 位 RISC-V 处理器内核。
- 具有 32KB L1 指令高速缓存。
- 具有 32KB L1 数据高速缓存。
- 支持 8 个物理内存保护区。
- 支持 128KB 大小的 L2 高速缓存。
- 内置处理器内核本地中断控制器（Core-Local Interrupt Controller，CLINT）。
- 支持平台级别的中断控制器（Platform-Level Interrupt Controller，PLIC），最多支持 128 个外设中断和 7 级中断优先级。

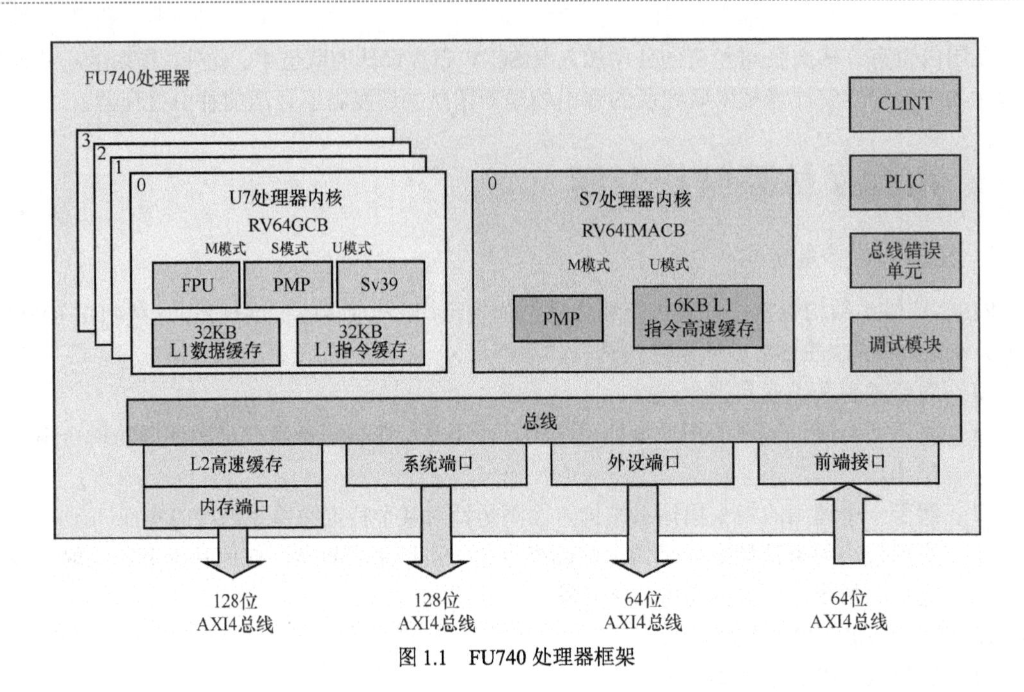

图 1.1　FU740 处理器框架

2. 香山处理器

香山处理器是由中国科学院计算技术研究所的香山处理器团队推出的高性能 64 位开源处理器。它的体系结构代号以湖命名，第一版体系结构代号是“雁栖湖”，第二版体系结构代号是“南湖”，详见 1.4 节。

1.2.3 RISC-V 体系结构中的基本概念

本节介绍 RISC-V 体系结构中的一些基本概念和定义。

- 执行环境接口（Execution Environment Interface，EEI）：包括程序的初始状态、CPU 的类型和数量、支持的 S 模式、内存和 I/O 区域的可访问性与属性、在每个 CPU 上执行指令的行为以及任何异常（包括中断、系统调用）的处理等。常见的 RISC-V 执行环境接口包括 Linux 应用程序二进制接口（Application Binary Interface，ABI）以及 RISC-V 管理员二进制接口（Supervisor Binary Interface，SBI）。一个 RISC-V 执行环境接口可以是由纯硬件、纯软件或者软硬件结合实现的，示例如下。
  - 裸机程序：程序直接通过 ABI 访问硬件资源，如图 1.2（a）所示。
  - 操作系统：提供 U（User）模式的执行环境并复用到物理处理器线程中，同时提供虚拟内存机制。在操作系统与管理员执行环境（Supervisor Execution Environment，SEE）之间提供一层 SBI，它对所有 RISC-V 硬件平台中共性的功能做了抽象，为操作系统访问 M 模式的硬件资源提供服务，如图 1.2（b）所示。
  - 虚拟化：为客户操作系统提供多个特权模式的执行环境。如图 1.2（c）所示，每个客户操作系统通过 SBI 访问虚拟化管理程序。此外，虚拟化管理程序可以通过虚拟机监控程序二进制接口（Hypervisor Binary Interface，HBI）访问虚拟机监控程序执行环境（Hypervisor Execution Environment，HEE）中的硬件资源。
- 模拟器：在主机上模拟 RISC-V 的用户模式以及特权模式的执行环境。
- 硬件线程（Hart）：一个处理器执行线程，在执行环境中自主获取和执行 RISC-V 指令资源的硬件单元，这个术语类似于 x86 体系结构中的超线程以及 ARMv8 体系结构中的处理机（processing element）。SMT 技术让同一个处理器内核上的多个线程同步执行并共享处理器的执行资源。假设一个 RISC-V 处理器实现了超线程技术，那么一个处理器内核就有多个硬件线程，不过目前商用的 RISC-V 处理器还没有实现超线程技术。

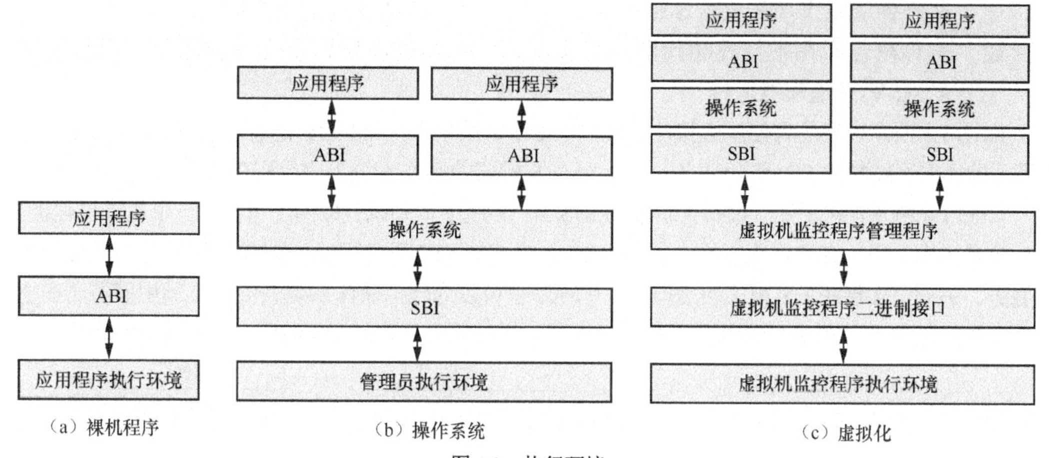

图 1.2　执行环境

特权级别（privilege level）包括 RISC-V 处理器提供的 3 种模式。

- 机器模式（M 模式）。以 M 模式运行的代码通常在本质上是可信的，因为它具有对机器实现的全部访问权限。M 模式通常可用于管理 RISC-V 上的安全执行环境。通常在 M 模式下运行 SBI 固件，为操作系统提供服务。
- 特权模式（S 模式）。S 模式通常用来运行操作系统的内核，为应用程序提供服务。
- 用户模式（U 模式）。U 模式的特权级别最低，通常运行应用程序。

使能了虚拟化扩展后，新增如下特权模式。

- HS 模式。把原有的 S 模式扩展为 HS 模式，用来运行虚拟化管理程序。
- VS 模式。VS 模式通常用来运行虚拟机操作系统内核。
- VU 模式。VU 模式通常运行虚拟机操作系统中的应用程序。

所有的硬件实现必须提供 M 模式，因为这是唯一可以不受限制地访问整个机器的资源。简单的 RISC-V 系统（如嵌入式系统）只提供 M 模式，如表 1.2 所示。

表 1.2　特权级别使用场景

特权级别个数	支持的模式	使用场景
1	M 模式	嵌入式系统
2	M 模式和 U 模式	具有安全特性的嵌入式系统
3	M 模式、S 模式和 U 模式	通用操作系统
5	M 模式、HS 模式、VS 模式、VU 模式和 U 模式	虚拟化操作系统

1.2.4 SBI 服务

在 RISC-V 软件生态中，RISC-V 规范定义了一个 SBI 规范。SBI 对所有 RISC-V 硬件平台中共性的功能做了抽象，为运行在 S 模式的操作系统或者虚拟机监控程序扩展的特权（Hypervisor-extended Supervisor，HS）模式的虚拟化管理软件提供统一的服务接口。

在现代操作系统体系结构中，内核空间和用户空间之间多了一个中间层，即系统调用层，它为用户空间中的应用程序提供硬件抽象接口。SBI 非常类似于操作系统中的系统调用层，它有如下几个优点。

- ❑ 它为运行在低级别的处理器模式提供访问 M 模式下硬件资源（如 S 模式下的操作系统或者 U 模式下的应用程序）的抽象接口。
- ❑ 保证系统稳定和安全。因为 M 模式下处理器具有对系统资源的全部访问权限，如果有些硬件资源直接开放给 S 模式和 U 模式，就会造成系统的安全问题。
- ❑ 可移植性。在不修改源代码的情况下，让不同的操作系统或者拥有不同厂商设计的 RISC-V 系统都能运行。

如图 1.3 所示，在没有使能虚拟化扩展的 RISC-V 系统中，SBI 固件运行在 M 模式，它为运行在 S 模式的操作系统提供 SBI 调用服务，而运行在 S 模式的操作系统为应用程序提供系统调用服务。

如图 1.4 所示，在使能了虚拟化扩展的 RISC-V 系统中，系统变成两个世界：一个是虚拟化世界，另一个是主机世界。在虚拟化世界中，实现在 M 模式的 SBI 固件可以为虚拟化管理程序提供 SBI 调用服务。另外，实现在 HS 模式的虚拟化管理程序也可以为虚拟操作系统提供 SBI 调用服务。在主机世界中，运行在 U 模式的主机的应用程序可以通过系统调用来访问虚拟化管理程序提供的服务。

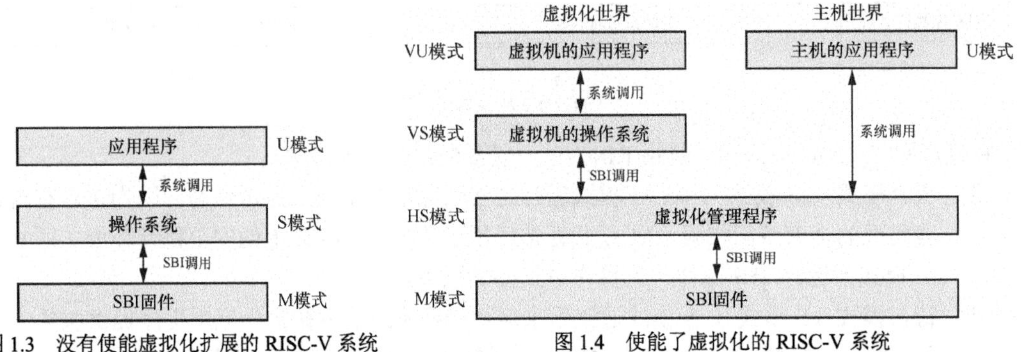

图 1.3　没有使能虚拟化扩展的 RISC-V 系统

图 1.4　使能了虚拟化的 RISC-V 系统

1.3　RISC-V 寄存器

1.3.1　通用寄存器

64 位的 RISC-V 体系结构提供 32 个 64 位的整型通用寄存器，分别是 x0～x31 寄存器，而 32 位的 RISC-V 体系结构提供 32 个 32 位的整型通用寄存器，如图 1.5 所示。对于浮点数运算，64 位的 RISC-V 体系结构也提供 32 个浮点数通用寄存器，分别是 f0～f31 寄存器。

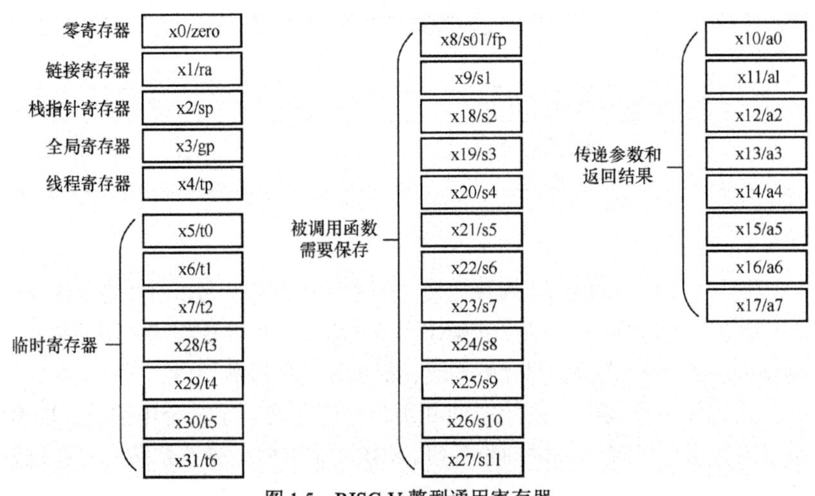

图 1.5　RISC-V 整型通用寄存器

RISC-V 的通用寄存器通常具有别名和特殊用途，在书写汇编指令时可以直接使用别名。

- x0 寄存器的别名为 zero。寄存器的内容全是 0，可以用作源寄存器，也可以用作目标寄存器。
- x1 寄存器的别名为 ra——链接寄存器，用于保存函数返回地址。
- x2 寄存器的别名为 sp——栈指针寄存器，指向栈的地址。
- x3 寄存器的别名为 gp——全局寄存器，用于链接器松弛优化。
- x4 寄存器的别名为 tp——线程寄存器，通常在操作系统中保存指向进程控制块——task_struct 数据结构的指针。
- x5～x7 以及 x28～x31 寄存器为临时寄存器，它们的别名分别是 t0～t6。
- x8～x9 以及 x18～x27 寄存器的别名分别是 s0～s11。如果在函数调用过程中使用这些寄存器，需要保存到栈里。另外，S0 寄存器可以用作栈指针（Frame Pointer，FP）。
- x10～x17 寄存器的别名分别为 a0～a7，在函数调用时传递参数和返回值。

除用于数据运算和存储之外，通用寄存器还可以在函数调用过程中起到特殊作用。RISC-V 体系结构的函数调用规范对此有所约定，详见第 4 章。

1.3.2 系统寄存器

除上面介绍的通用寄存器之外，RISC-V 体系结构还定义了很多的系统控制和状态寄存器（Control and Status Register，CSR），通过访问和设置这些系统寄存器完成对处理器不同的功能配置。

RISC-V 体系结构支持如下 3 类系统寄存器：

- M 模式的系统寄存器；
- S 模式的系统寄存器；
- U 模式的系统寄存器。

程序可以通过 CSR 指令（如 CSRRW 指令）访问系统寄存器，详见 3.11 节。

在 CSR 指令编码中预留了 12 位编码空间（csr[11:0]）用来索引系统寄存器，如图 1.6 中的 csr 字段，即指令编码中的 Bit[31:20]。

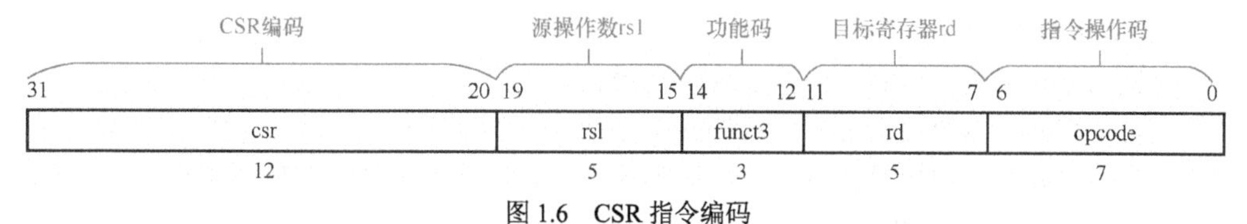

图 1.6 CSR 指令编码

RISC-V 体系结构对 12 位 CSR 编码空间继续做了约定。其中，Bit[11:10]用来表示系统寄存器读写属性，0b11 表示只读，其余表示可读可写。Bit[9:8]表示允许访问该系统寄存器的处理器模式，0b00 表示 U 模式，0b01 表示 S 模式，0b10 表示 HS/VS 模式，0b11 表示 M 模式。剩余的位用作寄存器的索引。使用 CSR 地址的最高位对默认的访问权限进行编码，简化了硬件中的错误检查，并提供了更大的 CSR 编码空间，但限制了 CSR 到地址空间的映射。CSR 地址空间映射如表 1.3 所示。

表 1.3 CSR 地址空间映射

地址范围	CSR 编码			访问模式	访问权限
	Bit[11:10]	Bit[9:8]	Bit[7:4]		
0x000～0x0FF	00	00	XXXX	U	读写
0x400～0x4FF	01	00	XXXX	U	读写
0x800～0x8FF	10	00	XXXX	U	读写（用户自定义系统寄存器）

续表

地址范围	CSR 编码			访问模式	访问权限
	Bit[11:10]	Bit[9:8]	Bit[7:4]		
0xC00～0xC7F	11	00	0XXX[①]	U	只读
0xC80～0xCBF	11	00	10XX	U	只读
0xCC0～0xCFF	11	00	11XX	U	只读
0x100～0x1FF	00	01	XXXX	S	读写
0x500～0x57F	01	01	0XXX	S	读写
0x580～0x5BF	01	01	10XX	S	读写
0x5C0～0x5FF	01	01	11XX	S	读写（用户自定义系统寄存器）
0x900～0x97F	10	01	0XXX	S	读写
0x980～0x9BF	10	01	10XX	S	读写
0x9C0～0x9FF	10	01	11XX	S	读写（用户自定义系统寄存器）
0xD00～0xD7F	11	01	0XXX	S	只读
0xD80～0xDBF	11	01	10XX	S	只读
0xDC0～0xDFF	11	01	11XX	S	只读（用户自定义系统寄存器）
0x300～0x3FF	00	11	XXXX	M	读写
0x700～0x77F	01	11	0XXX	M	读写
0x780～0x79F	01	11	100X	M	读写
0x7A0～0x7AF	01	11	1010	M	读写（用于调试寄存器）
0x7B0～0x7BF	01	11	1011	M	读写（只能用于调试寄存器）
0x7C0～0x7FF	01	11	11XX	M	读写（用户自定义系统寄存器）
0xB00～0xB7F	10	11	0XXX	M	读写
0xB80～0xBBF	10	11	10XX	M	读写
0xBC0～0xBFF	10	11	11XX	M	读写（用户自定义系统寄存器）
0xF00～0xF7F	11	11	0XXX	M	只读
0xF80～0xFBF	11	11	10XX	M	只读
0xFC0～0xFFF	11	11	11XX	M	只读（用户自定义系统寄存器）

① CSR 编码中的“X”可以是 0 或 1。

下面的访问行为会触发非法指令异常。

- 访问不存在或者没有实现的系统寄存器。
- 尝试写入只具有只读属性的系统寄存器。
- 在低级别的处理器模式下访问高级别的处理器模式的系统寄存器，例如，在 S 模式下访问 M 模式的系统寄存器。

1.3.3 U 模式下的系统寄存器

U 模式下的系统寄存器如表 1.4 所示。

表 1.4　U 模式下的系统寄存器

地址	CSR 名称	属性	说明
0x001	fflags	URW	浮点数累积异常（accrued exception）
0x002	frm	URW	浮点数动态舍入模式（dynamic rounding mode）
0x003	fcsr	URW	浮点数控制和状态寄存器
0xC00	cycle	URO	读取时钟周期，映射到 RDCYCLE 伪指令
0xC01	time	URO	读取 time 系统寄存器的值，映射到 RDTIME 伪指令
0xC02	instret	URO	执行指令数目，映射到 RDINSTRET 伪指令
0xC03～0xC1F	hpmcounter3～hpmcounter31	URO	性能监测寄存器

RDCYCLE 伪指令读取 cycle 系统寄存器的值，返回处理器内核执行的时钟周期数。注意，它返回的是物理处理器内核而不是处理器硬件线程的时钟周期数。RDCYCLE 伪指令的主要目的是进行性能监控和调优。

RDTIME 伪指令读取 time 系统寄存器的值，获取系统的实际时间。系统每次启动时读取互补金属-氧化物-半导体（Complementary Metal-Oxide-Semiconductor，CMOS）上的 RTC（实时时钟）计数，当时钟中断到来时，更新该计数。

RDINSTRET 伪指令读取 instret 系统寄存器的值，返回处理器执行线程已经执行的指令数量。

hpmcounter3～hpmcounter31 为 29 个用于系统性能监测的寄存器，这些计数器的计数记录平台的事件，并通过额外的特权寄存器进行配置。

RDCYCLE、RDTIME 以及 RDINSTRET 伪指令在有些处理器上是通过 SBI 固件进行软件模拟实现的。例如，在 U 模式下使用 RDTIME 伪指令会触发非法指令异常，处理器陷入 M 模式。在 M 模式下的异常处理程序会读取 time 系统寄存器的值，然后返回 U 模式。

1.3.4 S 模式下的系统寄存器

S 模式下的系统寄存器如表 1.5 所示。

表 1.5　　S 模式下的系统寄存器

地址	CSR 名称	属性	说明
0x100	sstatus	SRW	S 模式下的处理器状态寄存器
0x104	sie	SRW	S 模式下的中断使能寄存器
0x105	stvec	SRW	S 模式下的异常向量表入口地址寄存器
0x106	scounteren	SRW	S 模式下的计数使能寄存器
0x10A	senvcfg	SRW	S 模式下的环境配置寄存器
0x140	sscratch	SRW	用于异常处理的临时寄存器
0x141	sepc	SRW	S 模式下的异常模式程序计数器（Program Counter，PC）寄存器
0x142	scause	SRW	S 模式下的异常原因寄存器
0x143	stval	SRW	S 模式下的异常向量寄存器
0x144	sip	SRW	S 模式下的中断待定寄存器
0x180	satp	SRW	S 模式下的地址转换与保护寄存器
0x5A8	scontext	SRW	S 模式下的上下文寄存器（用于调试）

接下来，介绍表 1.5 中的部分寄存器。

1. sstatus 寄存器

sstatus 寄存器表示 S 模式下的处理器状态，如图 1.7 所示。

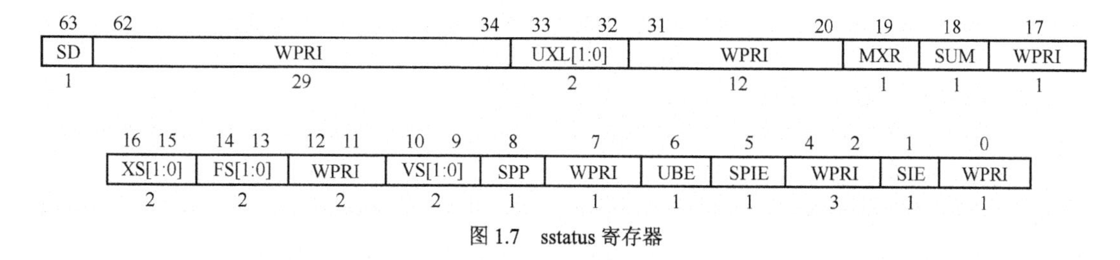

图 1.7　sstatus 寄存器

图 1.7 中的 WPRI 表示这些字段是保留的，软件应该忽略从这些字段读取的值，并且在向同一寄存器的其他字段写入值时，应该保留这些字段中保存的值。通常，为了向前兼容，硬件会将这些字段设为只读的零值。sstatus 寄存器中其他字段的含义如表 1.6 所示。

表 1.6　　sstatus 寄存器中其他字段的含义

字段	位段	说明
SIE	Bit[1]	中断使能位，用来使能和关闭 S 模式中所有的中断
SPIE	Bit[5]	中断使能保存位。当一个异常陷入 S 模式时，SIE 的值保存到 SPIE 中，SIE 设置为 0。当调用 SRET 指令返回时，从 SPIE 中恢复 SIE，然后 SPIE 设置为 1
UBE	Bit[6]	用来控制 U 模式下加载和存储指令访问内存的大小端模式。 0：小端模式。 1：大端模式
SPP	Bit[8]	陷入 S 模式之前 CPU 的处理模式。 0：表示从 U 模式陷入 S 模式。 1：表示在 S 模式触发的异常
VS	Bit[10:9]	用来使能 RVV
FS	Bit[14:13]	用来使能浮点数单元
XS	Bit[16:15]	用来使能其他 U 模式下扩展的状态
SUM	Bit[18]	设置在 S 模式下能否允许访问 U 模式下的内存。 0：在 S 模式下访问 U 模式的内存时会触发异常。 1：在 S 模式下可以访问 U 模式的内存
MXR	Bit[19]	访问内存的权限。 0：可以加载只读页面。 1：可以加载可读和可执行的页面
UXL	Bit[33:32]	用来表示 U 模式的寄存器长度，通常是一个只读字段，并且 U 模式下寄存器的长度等于 S 模式下寄存器的长度
SD	Bit[63]	用来表示 VS、FS 以及 XS 中任意一个字段已经设置

2. sie 寄存器

sie 寄存器用来使能和关闭 S 模式下的中断，详见第 8 章。

3. stvec 寄存器

stvec 寄存器用来在 S 模式下配置异常向量表入口地址和异常访问模式，详见第 8 章。

4. scounteren 寄存器

scounteren 寄存器是一个 32 位寄存器，用来使能 U 模式下的硬件性能监测和计数寄存器，如图 1.8 所示。

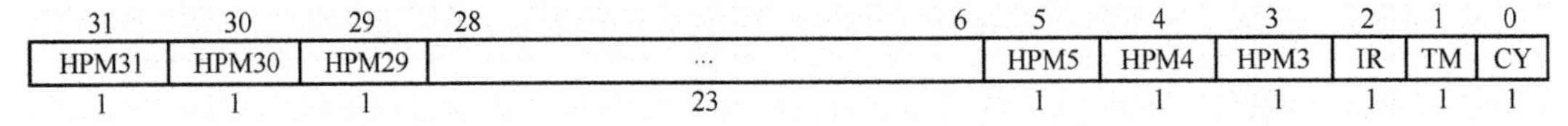

图 1.8　scounteren 寄存器

其中，字段的含义如下。

- CY 字段：使能 U 模式下的 cycle 系统寄存器。
- TM 字段：使能 U 模式下的 time 系统寄存器。
- IR 字段：使能 U 模式下的 instret 系统寄存器。
- HPM3～HPM31 字段：使能 U 模式下的 hpmcounter3～hpmcounter31 系统寄存器。

5. sscratch 寄存器

sscratch 寄存器是一个专门给 S 模式使用的临时寄存器，当处理器运行在 U 模式时，它用来保存 S 模式下进程控制块（例如，BenOS 中的 task_struct 数据结构）的指针。

在操作系统中，当一个进程从 S 模式返回 U 模式时，通常使用 sscratch 寄存器来保存该进程的 task_struct 数据结构的指针。当该进程需要重新返回 S 模式时，读取 sscratch 寄存器可以得到 task_struct 数据结构。有人认为，进程可能在 U 模式下调度，这是不正确的，一个进程要调度，它必须返回 S 模式下的调度器里才能调度（见 17.3.8 节）。

6. sepc 寄存器

当处理器陷入 S 模式时，把中断现场或触发异常时的指令对应的虚拟地址会写入 sepc 寄存器中。

7. scause 寄存器

scause 寄存器用于保存 S 模式下的异常原因，详见第 8 章。

8. stval 寄存器

当处理器陷入 S 模式时，stval 寄存器记录了发生异常的虚拟地址。

9. sip 寄存器

sip 寄存器用来表示哪些中断处于待定（pending）状态，详见第 8 章。

10. satp 寄存器

satp 寄存器用于地址转换和保护，详见第 10 章。

1.3.5 M 模式下的系统寄存器

M 模式下的系统寄存器如表 1.7 所示。

表 1.7　M 模式下的系统寄存器

地址	CSR 名称	属性	说明
0xF11	mvendorid	MRO	机器厂商 ID 寄存器
0xF12	marchid	MRO	体系结构 ID 寄存器
0xF13	mimpid	MRO	实现编号寄存器
0xF14	mhartid	MRO	处理器硬件线程 ID 寄存器
0xF15	mconfigptr	MRO	配置数据结构寄存器
0x300	mstatus	MRW	M 模式下的处理器状态寄存器
0x301	misa	MRW	指令集体系结构和扩展寄存器
0x302	medeleg	MRW	M 模式下的异常委托寄存器
0x303	mideleg	MRW	M 模式下的中断委托寄存器
0x304	mie	MRW	M 模式下的中断使能寄存器
0x305	mtvec	MRW	M 模式下的异常向量入口地址寄存器
0x306	mcounteren	MRW	M 模式下的计数使能寄存器
0x340	mscratch	MRW	用于异常处理的临时寄存器
0x341	mepc	MRW	M 模式下的异常模式 PC 寄存器
0x342	mcause	MRW	M 模式下的异常原因寄存器
0x343	mtval	MRW	M 模式下的异常向量寄存器
0x344	mip	MRW	M 模式下的中断待定寄存器
0x34A	mtinst	MRW	M 模式下的陷入指令（用于虚拟化）
0x34B	mtval2	MRW	M 模式下的异常向量寄存器（用于虚拟化）

接下来，介绍表 1.7 中常用的寄存器。

1. misa 寄存器

misa 寄存器用来表示处理器支持的体系结构和扩展，如图 1.9 所示。

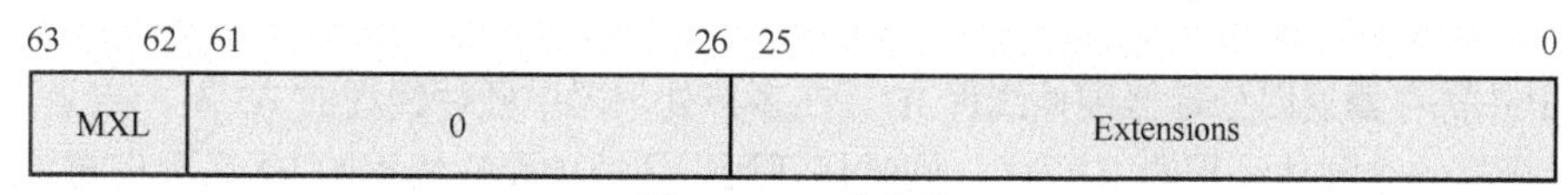

图 1.9　misa 寄存器

其中，字段的含义如下。

- Extensions：用来表示处理器支持的扩展，如表 1.8 所示。
- MXL：表示 M 模式下寄存器的长度。
  - 1：表示 32 位。
  - 2：表示 64 位。
  - 3：表示 128 位。

表 1.8　misa 寄存器支持的扩展

位	名称	说明
0	A	原子操作扩展
1	B	位操作扩展
2	C	压缩指令扩展
3	D	双精度浮点数扩展
4	E	RV32E 指令集
5	F	单精度浮点数扩展
6	G	保留
7	H	虚拟化扩展
8	I	RV32I/RV64I/RV128I 基础指令集
9	J	动态翻译语言扩展
10	K	保留
11	L	保留
12	M	整数乘/除扩展
13	N	用户中断扩展
14	O	保留
15	P	SIMD 扩展
16	Q	4 倍精度浮点数扩展
17	R	保留
18	S	支持 S 模式
19	T	保留
20	U	支持 U 模式
21	V	可伸缩矢量扩展
22	W	保留
23	X	非标准扩展
24	Y	保留
25	Z	保留

2. mvendorid 寄存器

mvendorid 寄存器是一个 32 位只读寄存器，遵循 JEDEC 制造商 ID 规范。

3. marchid 寄存器

marchid 寄存器返回处理器体系结构 ID，该 ID 由 RISC-V 基金会统一分配。

4. mimpid 寄存器

mimpid 寄存器返回处理器的实现版本 ID。

5. mhartid 寄存器

mhartid 寄存器返回处理器硬件线程 ID。在多核处理器中硬件线程的 ID 不一定是连续编号的，但至少有一个硬件线程的 ID 为 0，同时保证运行环境中硬件线程的 ID 互不相同。

6. mstatus 寄存器

mstatus 寄存器表示 M 模式下的处理器状态，如图 1.10 所示。

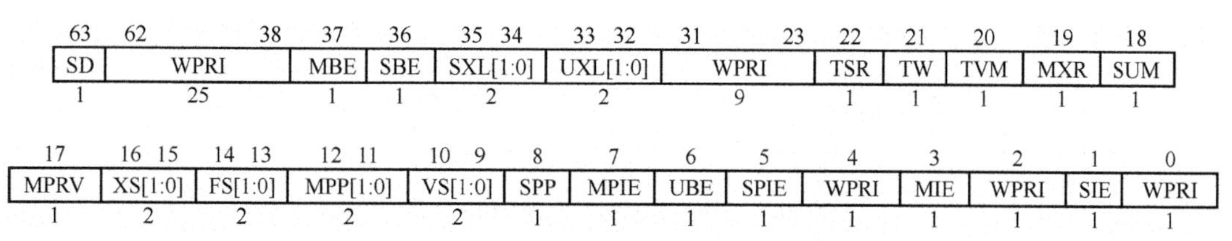

图 1.10 mstatus 寄存器

mstatus 寄存器中部分字段的含义如表 1.9 所示。

表 1.9 mstatus 寄存器中部分字段的含义

字段	位段	说明
SIE	Bit[1]	中断使能位，用来使能和关闭 S 模式下所有的中断
MIE	Bit[3]	中断使能位，用来使能和关闭 M 模式下所有的中断
SPIE	Bit[5]	中断使能保存位。当一个异常陷入 S 模式时，SIE 的值保存到 SPIE 中，SIE 设置为 0。当调用 SRET 指令返回时，从 SPIE 中恢复 SIE，然后 SPIE 设置为 1
UBE	Bit[6]	用来控制 U 模式下加载和存储指令访问内存的大小端模式。 0：小端模式。 1：大端模式
MPIE	Bit[7]	中断使能保存位。当一个异常陷入 M 模式时，MIE 的值保存到 MPIE 中，MIE 设置为 0。当调用 MRET 指令返回时，从 MPIE 中恢复 MIE，然后 MPIE 设置为 1
SPP	Bit[8]	陷入 S 模式之前 CPU 的处理模式。 0：表示从 U 模式陷入 S 模式。 1：表示在 S 模式触发的异常
VS	Bit[10:9]	用来使能可伸缩矢量扩展
MPP	Bit[12:11]	陷入 M 模式之前 CPU 的处理模式。 ❑ 0：从 U 模式陷入 M 模式。 ❑ 1：从 S 模式陷入 M 模式。 ❑ 2：在 M 模式触发的异常
FS	Bit[14:13]	用来使能浮点数单元
XS	Bit[16:15]	用来使能 U 模式下扩展的其他状态
MPRV	Bit[17]	用来修改有效特权模式。 ❑ 0：加载和存储指令按照当前的处理器模式进行地址转换与内存保护。 ❑ 1：加载和存储指令按照 MPP 字段中存储的处理器模式的权限进行内存保护与检查
SUM	Bit[18]	指定在 S 模式下是否允许访问 U 模式的内存。 ❑ 0：在 S 模式下访问 U 模式下的内存时会触发异常。 ❑ 1：在 S 模式下可以访问 U 模式下的内存
MXR	Bit[19]	指定访问内存的权限。 ❑ 0：可以加载只读页面。 ❑ 1：可以加载可读和可执行的页面
TVM	Bit[20]	支持拦截 S 模式下的虚拟内存管理操作。 ❑ 0：在 S 模式下可以正常访问 satp 系统寄存器或者执行 SFENCE.VMA/ SINVAL.VMA 指令。 ❑ 1：在 S 模式下访问 satp 系统寄存器或者执行 SFENCE.VMA/ SINVAL.VMA 指令会触发一个非法指令异常
TW	Bit[21]	支持拦截 WFI 指令。 ❑ 0：WFI 指令可以在低权限模式下执行。 ❑ 1：如果 WFI 指令以任何低特权模式执行，并且它没有在特定实现中约定的有限时间内完成，就会触发一个非法指令异常
TSR	Bit[22]	支持拦截 SRET 指令。 ❑ 0：在 S 模式下正常执行 SRET 指令。 ❑ 1：在 S 模式下执行 SRET 指令会触发一个非法指令异常

续表

字段	位段	说明
UXL	Bit[33:32]	用来表示 U 模式下寄存器的长度
SXL	Bit[35:34]	用来表示 S 模式下寄存器的长度
SBE	Bit[36]	用来控制 S 模式下加载和内存访问的大小端模式。 ❑ 0：小端模式。 ❑ 1：大端模式
MBE	Bit[37]	用来控制 M 模式下加载和内存访问的大小端模式。 ❑ 0：小端模式。 ❑ 1：大端模式
SD	Bit[63]	用来表示 VS、FS 以及 XS 中任意一个字段已经设置

7. medeleg 寄存器

medeleg 寄存器用于把异常委托到 S 模式来处理，详见第 8 章。

8. mideleg 寄存器

mideleg 寄存器用于把中断委托到 S 模式来处理，详见第 8 章。

9. mie 寄存器

mie 寄存器用来使能和关闭 M 模式下的中断，详见第 8 章。

10. mtval 寄存器

当处理器陷入 M 模式时，mtval 寄存器记录发生异常的虚拟地址。

11. mcounteren 寄存器

mcounteren 寄存器是一个 32 位寄存器，用来使能 S 模式或者 U 模式下的硬件性能监测和计数寄存器，如图 1.11 所示。

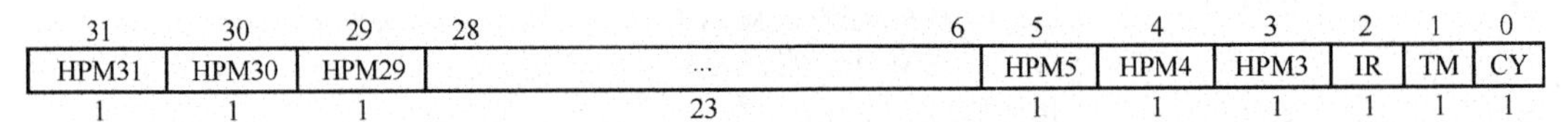

图 1.11　mcounteren 寄存器

其中，相关字段的含义如下。

❑ CY 字段：使能 S 模式或者 U 模式下的 cycle 系统寄存器。

❑ TM 字段：使能 S 模式或者 U 模式下的 time 系统寄存器。

❑ IR 字段：使能 S 模式或者 U 模式下的 instret 系统寄存器。

❑ HPM3～HPM31 字段：使能 S 模式或者 U 模式下的 hpmcounter3～hpmcounter31 系统寄存器。

12. mscratch 寄存器

mscratch 寄存器是一个专门给 M 模式使用的临时寄存器，当处理器运行在 S 模式或者 U 模式时，它用来保存 M 模式上下文数据结构的指针，例如，在 MySBI 固件中用来保存 M 模式的栈指针（Stack Pointer，SP），在 OpenSBI 中用来保存 M 模式下的 sbi_scratch 数据结构。

13. mepc 寄存器

当处理器陷入 M 模式时，中断或遇到异常的指令的虚拟地址会写入 mepc 寄存器中。

14. mcause 寄存器

mcause 寄存器是 M 模式下的异常原因寄存器，详见第 8 章。

15. mip 寄存器

mip 寄存器用来表示哪些中断处于待定状态，详见第 8 章。

1.4 香山处理器介绍

在 2019 年，中国科学院计算技术研究所发起了“香山” 高性能开源 RISC-V 处理器项目，研发出了目前国际上性能最高的开源高性能 RISC-V 处理器核之一 ——“香山”，并成为国际上最受关注的开源硬件项目之一，得到国内外企业的广泛支持。

香山开发团队致力于研究面向世界的体系结构创新开源平台，满足工业界、学术界、个人爱好者等的体系结构研究需求，探索高性能处理器的敏捷开发流程，建立一套基于开源工具的高性能处理器设计、实现、验证流程，大幅提高处理器开发效率，降低处理器开发门槛。

目前香山处理器开发团队已经发布了两个版本的处理器体系结构核心。

- 香山处理器第一版（雁栖湖体系结构）：支持 RV64GC 指令集，已在 2021 年 7 月投片成功，在 28 nm 的工艺节点下达到 1.3 GHz 的频率。
- 香山处理器第二版（南湖体系结构）：支持 RV64GCBK 指令集，已完成 RTL 代码冻结和后端设计验证流程，计划在 14 nm 的工艺节点下频率达到 2 GHz。

本节介绍的香山处理器是采用南湖体系结构的版本。香山处理器采用 Chisel 语言进行开发，并且采用宽松的开源协议——木兰宽松许可证第 2 版。

1.4.1　香山处理器体系结构

香山处理器具有如下特性。

- 支持 RV64GCBK 指令集。
- 采用超标量处理器设计，乱序六发射结构设计。
- 支持分支预测、指令缓冲、顺序取指、译码、重命名、重定序缓冲、保留站、整数/浮点数寄存器堆、整型/浮点运算等硬件单元。
- 具有 L1 指令 TLB（Translation Lookaside Buffer）：支持 32 个 4 KB 页面的表项以及 8 个大页表项。
- 具有 L1 数据 TLB：支持 128 个 4 KB 页面的表项以及 8 个 2 MB/1 GB 大页表项，图 1.12 中简称 DTLB。
- 具有 L2 TLB&PTW：支持 2048 个表项。
- 具有 128 KB 的 L1 指令高速缓存以及 128 KB 的 L1 数据高速缓存。
- 具有 1 MB 大小的 L2 高速缓存，采用 8 路组相联映射方式。
- 具有 6 MB 大小的 L3 高速缓存，采用 6 路组相联映射方式。

香山处理器体系结构如图 1.12 所示。它主要分成前端、后端以及访存子系统。

- 前端子系统：包括分支预测单元、取指目标队列、指令预取单元、指令缓冲区等硬件单元。
- 后端子系统：包括译码单元、重命名单元、重定序缓冲区、保留站、整数/浮点数寄存器堆、整型/浮点运算单元等。
- 访存子系统：包括两条加载流水线、两条存储地址流水线、两条存储数据流水线，以及独立的加载队列、存储队列、存储缓冲区、各级存储单元等。存储单元包括 L1 指令高速缓存、L1 数据高速缓存、L2/L3 高速缓存、TLB 以及 BOP（Best Offset Prefectcher，最佳偏移量预取器）等硬件单元。

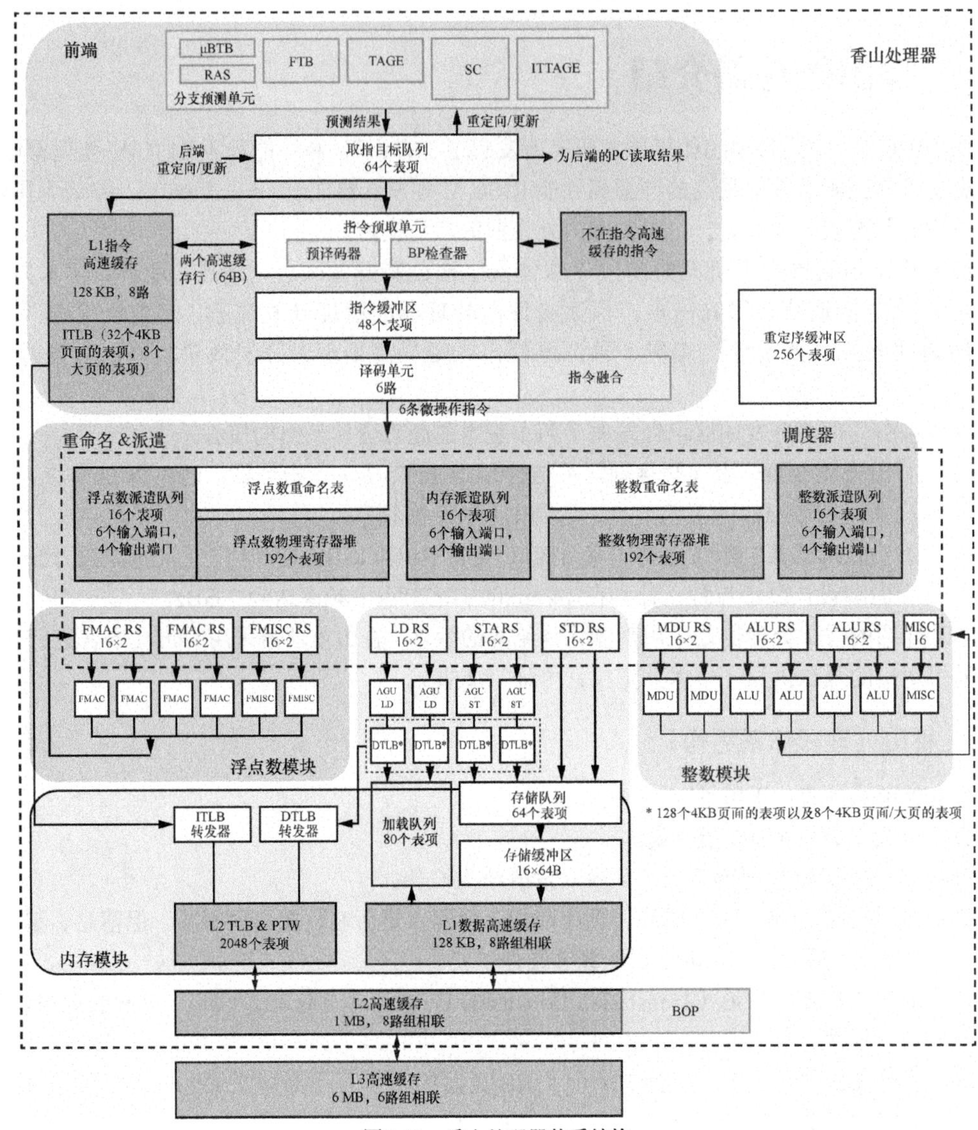

图 1.12　香山处理器体系结构

1.4.2　香山处理器的前端子系统

香山处理器的前端子系统采用一种分支预测和指令缓存解耦的取指体系结构，如图 1.13 所示。分支预测单元响应取指令请求。取指令请求被写入取指目标队列中，然后发送到指令预取单元。从指令高速缓存取出的指令首先通过预译码器的初步检查，如发现分支预测错误，则冲刷（flush）预测流水线。通过检查后的指令送到指令缓冲区以及译码模块，最终形成后端的指令流。

1. 分支预测单元

在超标量处理器中，使用流水线提高性能。在取指令阶段，处理器不仅要从指令高速缓存中取出多条指令，还需要决定下一个周期取指令的地址。当遇到条件跳转指令时，取指模块不能确定是否需要跳转。处理器会使用分支预测单元试图猜测每条跳转指令是否会执行。当它猜测的准确率很高时，流水线中充满了指令，以实现高性能。当它猜测错误时，处理器会丢弃为这次猜测所做的所有工作，然后从正确的分支位置取指令和填充流水线。因此，一次错误的分支预测会导致严重的惩罚，并使程序性能下降。通常现代处理器的分支预测准确率都很高。

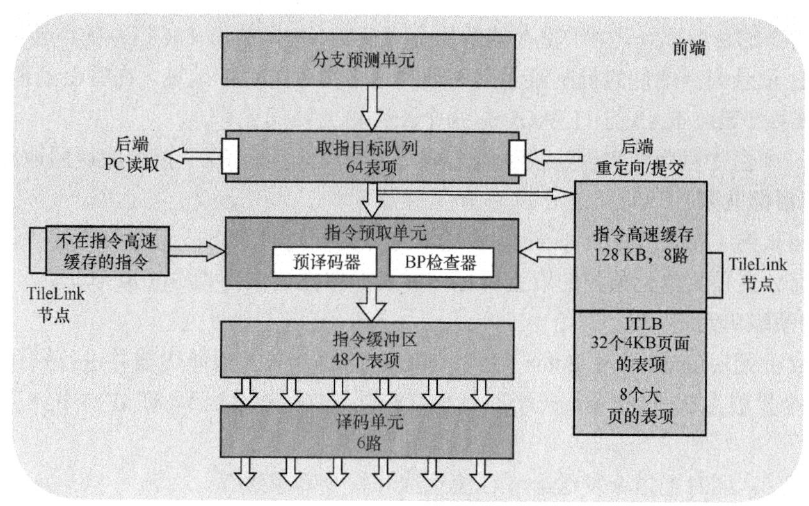

图 1.13 香山处理器的前端子系统

分支预测一般有两种情况。

- 预测方向。一个分支语句通常有两个可能方向，一是发生跳转，二是不发生跳转。对于条件分支语句（如 if 语句），这就意味着要预测是否需要执行分支语句。
- 预测目标地址。如果分支指令的方向是发生跳转，那么需要知道它跳转到哪里，即跳转的目标地址。根据目标地址，跳转又分成两种形式。
  - 直接跳转。在指令中使用立即数的形式给出一个相对于 PC 的偏移量值。这种形式的跳转容易预测，因为立即数一般是固定的。
  - 间接跳转。分支指令的目标地址是来自一个通用寄存器的值，并且是其他指令的计算结果，这会导致需要等到流水线的执行阶段才能确定目标地址，加大了分支预测失败时惩罚的概率。大部分程序中使用的间接跳转指令是用于调用子程序的 call/return 类型的指令，这类指令有着很强的规律性，容易预测。

香山处理器的分支预测单元采用一种多级混合预测的体系结构，其主要组成部分包括下一行预测器（Next Line Predictor，NLP）和精确预测器（Accurate PreDictor，APD）。

NLP 旨在用较小的存储开销提供一个无空泡的快速预测流。它的功能主要由微型分支目标缓冲器（Micro-Branch Target Buffer，μBTB）提供。对于给定的起始地址 PC，μBTB 对从 PC 开始的一个预测块做出整体预测。

μBTB 利用分支历史和 PC 的低位异或索引存储表，根据从表中读出的内容直接提供最精简的预测，包括下一个预测块的起始地址、这个预测块是否发生分支指令跳转、跳转指令（如果发生跳转）相对于起始地址的偏移量等信息。另外，它还提供分支指令的相关信息以更新分支历史，包括是否在条件分支跳转，以及块内包含的分支指令的数目。

为提高总体预测准确率，减少预测错误带来的流水线冲刷，香山处理器的 APD 模块包括取指目标缓冲区（Fetch Target Buffer，FTB）、条件分支方向预测器①、间接跳转预测器（位于分支预测单元中）和返回地址栈（Return Address Stack，RAS）。

FTB 是分支预测的核心部件，它除提供预测块内分支指令的信息之外，还提供预测块的结束地址。TAGE-SC 是条件分支的主预测器。ITTAGE 是一种准确率很高的间接跳转预测器，主要用于 RISC-V 中的间接跳转指令 JALR。JALR 指令支持以寄存器取值加立即数的方式来指定

① 包括 TAGE（TAgged GEometric history length predictor，标记几何历史长度预测器）和统计校正器（Statistical Corrector，SC）。

无条件跳转指令的目标地址。由于寄存器的值是可变的，相同的 JALR 指令的跳转地址可能不相同，因此 FTB 记录固定地址的机制难于准确预测这种指令的目标地址。在香山处理器中，JALR 指令的预测需要 FTB、RAS 与 ITTAGE 这 3 个硬件单元协同工作。

RAS 是一个由寄存器堆实现的栈存储结构，主要用来预测 RET 指令的返回地址。

2. 取指目标队列

取指目标队列（Fetch Target Queue，FTQ）是分支预测和取指单元之间的缓冲队列，它的主要职能是暂存分支预测单元预测的取指目标，并发送取指请求到指令预取单元。

3. 指令预取单元

指令预取单元（Instruction Fetch Unit，IFU）把指令送入预译码器并进行预译码，同时将 16 位压缩指令扩展为 32 位指令。一个取指令请求从 FTQ 发出之后，在 IFU 中经历了下面 4 个阶段。

- 阶段 0：同时把指令发送给 IFU 流水线和指令高速缓存。
- 阶段 1：对指令做简单计算。
- 阶段 2：等到指令高速缓存返回最多两个高速缓存行的数据后，先做指令切分，并把取指令地址之外的指令抛弃，然后送入预译码器并进行预译码。另外，把 16 位压缩指令扩展为 32 位指令。
- 阶段 3：将预译码结果发送到分支预测检查器并检查。如果发现错误，就会在下一节拍中刷新 IFU 流水线并把信息发送给 FTQ，让其刷新分支预测器并重新取指令。如果未发现错误，则缓存在指令缓冲单元里等待译码。

4. 指令缓冲区

指令缓冲区（instruction buffer）的工作流程包括如下 3 个阶段。

- 阶段 0：把 FTQ 取指令请求的地址发送到指令高速缓存以及 ITLB 中。由于指令缓冲区采用的是虚拟索引物理标记（Virtual Index Physical Tag，VIPT）的映射方式，因此需要在比较标记（tag）之前将虚拟地址翻译为物理地址。
- 阶段 1：判断指令高速缓存是否命中。
- 阶段 2：如果指令高速缓存命中，则直接返回数据给 IFU。如果指令高速缓存未命中，暂停流水线，并将请求发送给缺失处理单元。缺失处理单元会向 L2 高速缓存发送请求。等缺失处理单元回填完成后将数据返回给 IFU。这个阶段还会把 L1 指令 TLB 翻译出的物理地址发送给 PMP（Physical Memory Protection，物理内存保护）模块并进行访问权限的查询。如果权限错误会触发指令访问异常。

在指令缓冲区中产生的异常主要包括两种：

- ITLB 报告的页面权限不足或者指令缺页异常（instruction page fault）；
- ITLB 以及 PMP 报告的指令访问异常（instruction access fault）。

这些异常信息直接报告给 IFU，而请求的数据则被视为无效数据。

5. 译码单元

指令从指令高速缓存中取出后，暂存在指令缓冲区里，然后以每个周期 6 条指令的速度送入译码单元并进行译码。

1.4.3　香山处理器的后端子系统

香山处理器的后端子系统主要负责指令的重命名（rename）与乱序执行。如图 1.14 所示，后端模块可以分成控制模块、整数模块、浮点数模块、访存子系统。

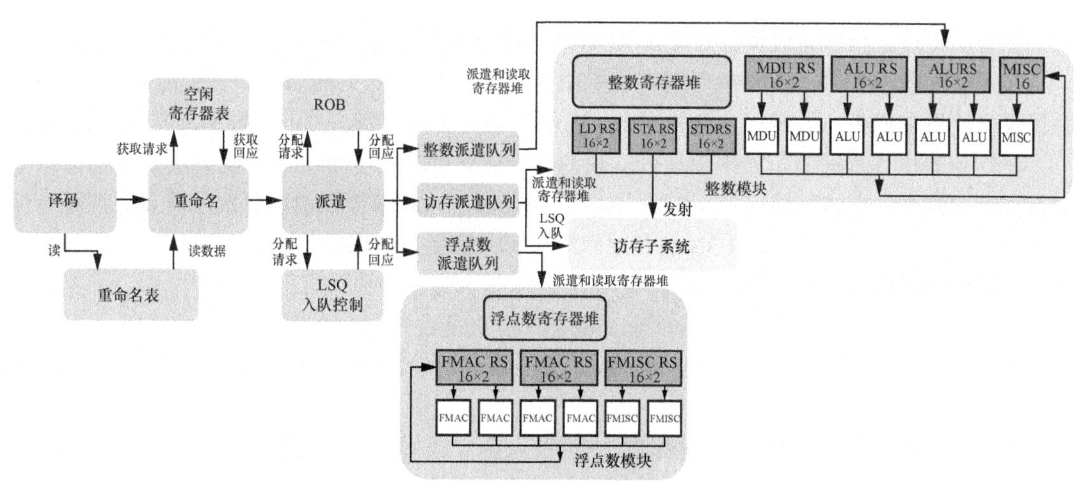

图 1.14 香山处理器的后端子系统

1. 重命名模块

在乱序处理器中，重命名模块负责管理和维护逻辑寄存器与物理寄存器之间的映射，通过对逻辑寄存器的重命名，实现指令间依赖的消除，并完成乱序调度。重命名模块包括如下 3 个子模块。

- 重命名的流水线级：更新指令的物理寄存器信息。由于指令间依赖的存在，对于在同一时钟节拍进行重命名的指令，重命名模块需要负责在它们之间进行物理寄存器号的旁路，如当指令 1 需要使用指令 0 的结果时，指令 1 的对应源操作数需要来自指令 0 的目的寄存器。
- 空闲寄存器列表：记录所有的空闲寄存器状态，本质上是一个队列，由入队指针、出队指针和队列存储组成。
- 重命名表：维护逻辑寄存器与物理寄存器之间的映射关系。重命名表内部包含 32 个寄存器，它们的宽度与物理寄存器的宽度相同，分别代表 32 个逻辑寄存器对应的物理寄存器地址。目前，整数和浮点数寄存器堆各有一套重命名表，根据未来的指令扩展情况，重命名表支持记录更多内容的模式（如条件寄存器堆、向量寄存器堆等重命名状态）。

2. 派遣模块

在香山处理器中，派遣（dispatch）模块的工作流程包括两级流水线。

- 第一级负责将指令分类并发送至整数、浮点数与访存这 3 类派遣队列（dispatch queue）中。在发送之前需要对指令的类型、是否能够进入下一级进行判断。在香山处理器中，出于时序的考虑简化了指令是否可以继续进入下一级的条件。目前，当且仅当所有资源都是充足的（如派遣队列有足够空闲表项、重定序缓冲区（Re-Order Buffer，ROB）有足够表项等）时，指令才能够进入下一级。整型指令可能会因为浮点派遣队列满而被阻塞。
- 第二级负责将对应类型的指令根据运算操作类型派遣至不同的保留站中。

3. 重定序缓冲区

在乱序处理器中，ROB 的作用是给指令定序，使程序正常执行的结果能够保留下来。按照一条指令的执行流程，ROB 会依次影响指令的派遣、写回、提交等流程，同时指令还可能在任何时刻被冲刷和丢弃掉。

在派遣阶段，为指令分配一个 ROB 表项，并将一些需要保存的信息存入 ROB 表项中，这些信息包括指令的重命名信息、类型信息、对应的 FTQ 指针等。在指令进入 ROB 之后，会更新一些状态位（如有效位等）。

在写回阶段，指令完成执行后通知 ROB 对应的运算操作已经完成。

在提交阶段，在每一个时钟周期中，ROB 会依次检查队列头部的指令是否能够正常提交，并尽量多地提交指令。针对有异常的指令，它们的提交会被阻塞，并向外发出异常信息。

在指令的执行过程中，如果出现分支预测错误、访存异常等情况，可能会需要冲刷该指令以及后续的指令。在这种情况下，ROB 会收到取消信息，并根据取消信息判断需要取消哪一部分指令。对于取消掉的指令，ROB 会利用回滚机制来恢复重命名等信息。

4. 乱序调度器

在香山处理器中，乱序调度器（scheduler）模块是乱序调度的核心，其中维护了保留站（reservation station）、物理寄存器堆（physical register file）、物理寄存器状态表（physical register status table）等模块。

保留站也称为发射队列，在发射阶段它涉及入队、选择、读数据、出队等操作，同时保留站还需要负责对指令写回的监听以及对等待指令的唤醒等操作。香山处理器目前采用了发射前读寄存器堆的设计方案。

5. 执行单元

在香山处理器中，执行单元包括整数和浮点数执行单元。整数执行单元包括如下部件。

- 算术逻辑单元（Arithmetic Logic Unit，ALU）：支持加、减、逻辑、分支、部分位扩展等指令。
- 乘法（MUL）单元：香山处理器的乘法器默认为 3 级流水线的华莱士树乘法器。
- 除法（DIV）单元：香山处理器使用 SRT16 定点除法器。

香山处理器还实现了对 CSR 和 JUMP 指令的支持。

1.4.4 香山处理器的访存子系统

香山处理器的访存子系统如图 1.15 所示。

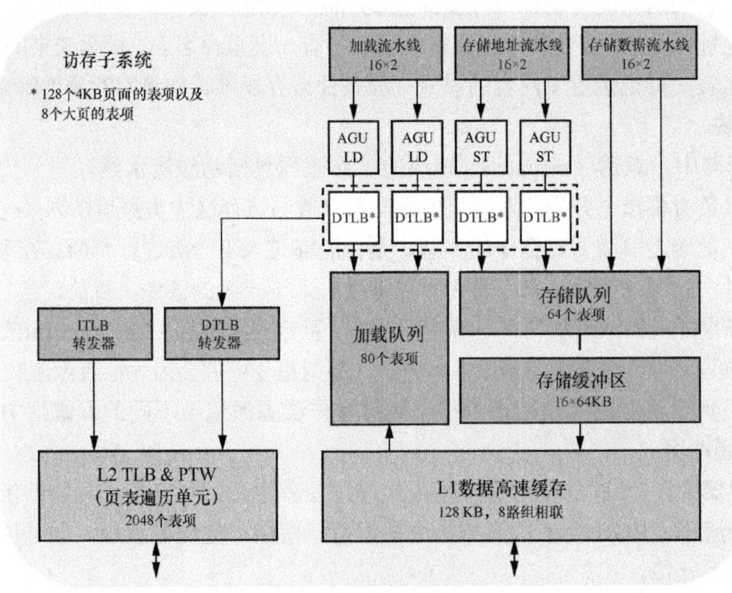

图 1.15 访存子系统

访存子系统包括如下部件。

- 两条加载流水线；

- ❑ 两条存储地址（STA）流水线；
- ❑ 两条存储数据（STD）流水线；
- ❑ 加载队列（load queue）；
- ❑ 存储队列（store queue）；
- ❑ 存储缓冲区（store buffer）；
- ❑ 内存管理单元（Memory Management Unit，MMU）；
- ❑ L1 数据高速缓存。

加载队列的作用是，当加载指令在 L1 数据高速缓存中缺失时负责监听后续的重填结果并执行写回操作。存储队列的作用是在指令提交之前暂存存储指令的数据。在存储指令提交之后，存储指令把数据搬运到存储缓冲区中，并且以缓存行为单位对存储操作的写请求进行合并。当存储缓冲区接近满时将合并后的多个存储请求写入 L1 数据高速缓存中。L1 数据高速缓存采用 TileLink 缓存一致性协议。

MMU 负责将虚拟地址翻译成物理地址，然后用物理地址访问内存，同时会进行地址权限检查，如检查是否具有可写、可执行权限等。在香山处理器中，MMU 包括 TLB、L2 TLB、TLB 转发器、PMP（Physical Memory Protection，物理内存保护）和 PMA（Physical Memory Attribute，物理内存属性）等部件。

1. 加载流水线

香山处理器中包含两条加载流水线，其工作流程包含阶段 0、阶段 1、阶段 2 和阶段 3。

在阶段 0，完成如下工作。

（1）从保留站读出指令和操作数。

（2）加法器将操作数与立即数相加，计算虚拟地址。

（3）把虚拟地址送入 TLB 并进行查询。

（4）把虚拟地址送到 L1 数据高速缓存。

在阶段 1，完成如下工作。

（1）TLB 输出物理地址。

（2）完成快速异常检查。

（3）使用虚拟地址在 L1 数据高速缓存中进行索引。

（4）物理地址被送进 L1 数据高速缓存并进行物理标记比较。

（5）把虚拟/物理地址送进存储队列/存储缓冲区。

（6）根据 L1 数据高速缓存返回的命中向量以及初步异常，判断结果。产生提前唤醒信号并发送给保留站。如果在这一级就出现了会导致保留站重发的事件，则通知保留站这条指令需要重发。

在阶段 2，完成如下工作。

（1）完成异常检查。

（2）根据 L1 高速缓存返回的结果，选择数据。

（3）根据加载指令的要求，对返回的结果做裁剪操作。

（4）更新加载队列中对应项的状态。

（5）把结果（整数）写回公共数据总线。

（6）把结果（浮点数）送到浮点模块。

在阶段 3，完成如下工作。

（1）根据 L1 数据高速缓存的反馈结果，更新加载队列中对应项的状态。

（2）根据 L1 数据高速缓存的反馈结果，输出到保留站，通知保留站这条指令是否需要重发。

2. 存储流水线

香山处理器采用数据和地址分离的存储流水线，包括两条 STA 流水线和两条 STD 流水线。每条 STA 流水线分成 4 个流水级。前两个流水级负责将存储指令的控制信息和地址传递给存储队列，后两个流水级负责等待访存依赖检查完成。每条 STD 流水线从保留站取出存储的数据，写入存储队列的对应项中。

STA 流水线包括阶段 0、阶段 1、阶段 2 和阶段 3。

在阶段 0，完成如下工作。

（1）计算虚拟地址。

（2）把虚拟地址送入 TLB。

在阶段 1，完成如下工作。

（1）查询 TLB，输出物理地址。

（2）快速检查异常。

（3）检查访存依赖。

（4）把物理地址送入存储队列。

在阶段 2，完成如下工作。

（1）检查访存依赖。

（2）完成全部异常检查和 PMA 查询，根据结果更新存储队列。

在阶段 3，完成如下工作。

（1）完成访存依赖检查。

（2）通知 ROB 可以提交指令。

STD 流水线完成如下工作。

（1）从保留站取出待存储数据。

（2）将存储数据写入存储队列。

3. 加载队列

加载队列是离 L1 数据高速缓存最近的硬件单元。在加载流水线中，已经把数据请求发送到 L1 数据高速缓存并把状态信息更新到加载队列，加载队列的作用是监听 L1 数据高速缓存的缺失回填结果并执行写回操作。香山处理器的加载队列是一个具有 80 个表项的循环队列，每个表项包括：

- 物理地址；
- 虚拟地址；
- 回填数据项；
- 状态位。

4. 存储队列

存储队列的作用是在指令提交之前暂存存储指令的数据，然后写入 L1 数据高速缓存中。存储队列是一个具有 64 个表项的循环队列，每个表项包括：

- 物理地址；
- 虚拟地址；
- 数据；
- 数据有效掩码；
- 状态位。

一条存储地址指令在 STA 流水线的阶段 1 和阶段 2 中写入存储队列中。一条存储数据指令从保留站发出后会立即写入存储队列中。

在指令提交后，ROB 根据存储指令提交的数量发送信号给存储队列，并通知这些存储指令已经写入存储队列了。存储队列收到信号后，把这些指令按顺序写入存储缓冲区。

5. 存储缓冲区

在香山处理器中，存储缓冲区由 16 个表项组成，每个表项以高速缓存行为单位组织数据，每个表项包括：

- 虚拟地址；
- 物理地址；
- 数据；
- 状态位；
- 数据有效掩码。

从存储队列向存储缓冲区写入的过程如下。

（1）从存储队列中接收存储指令，读取数据和地址。

（2）与存储缓冲区已有的地址进行对比。如果地址不匹配，则分配新表项并写入；如果地址匹配，则合并成一个表项并写入已有表项中。如果地址匹配但正在写入 L1 数据高速缓存，则阻塞等待。如果没有空闲表项，则阻塞等待。

从存储缓冲区写入 L1 数据高速缓存的过程如下。

（1）选出需要写入的表项，读出数据，更新表项的状态位。

（2）发送写入请求到 L1 数据高速缓存中，并等待 L1 数据高速缓存写入结果。

6. MMU

为了实现进程隔离，每个进程都会有自己的地址空间，使用的地址都是虚拟地址。MMU 的作用是将虚拟地址翻译成物理地址，然后用这个物理地址访问内存，同时会进行权限检查，如检查是否具有可写、可执行等权限。

香山处理器目前仅支持 Sv39 分页机制，即虚拟地址的有效位宽为 39 位，实现三级页表，这意味着遍历页表需要 3 次内存访问。香山处理器的 MMU 由 ITLB、DTLB、L2 TLB、TLB 转发器（TLB repeater）、PMP 和 PMA 等硬件单元组成。

当 ITLB 和 DTLB 发生未命中时会发送请求给 L2 TLB。如果 L2 TLB 也发生未命中，则通过页表遍历单元（page table walker）访问内存中的页表。L2 TLB 主要考虑如何提高并行度并过滤重复的请求。TLB 转发器是 L1 TLB 到 L2 TLB 的请求缓冲区。PMP 和 PMA 需要对所有的物理地址访问进行权限检查。

SFENCE.VMA 指令执行时会先清空存储缓冲区的全部内容（即写回 L1 数据高速缓存中），然后发出刷新信号到 MMU 的各个部件。指令最后会刷新整个流水线，从取指开始重新执行。SFENCE.VMA 指令会取消所有正在处理的请求，包括 TLB 转发器和过滤器以及 L2 TLB 中正在处理的请求，并且根据地址和地址空间标识符（Address Space IDentifier，ASID）刷新 TLB 和 L2 TLB 中缓存的页表。全相联部分根据是否命中进行刷新，组相联或者直接相联部分根据索引刷新。

在香山处理器中添加了对 ASID 的支持，默认长度为 16 位，也可以参数化配置。

在香山处理器中采用触发缺页异常（page fault）的方式报告页表的 A（access）和 D（dirty）位的更新状态，最终由软件进行更新。

7. TLB

在香山处理器中，TLB 的配置如下。

- ITLB 支持 32 个 4 KB 页面的表项和 4 个大页表项，采用全相联映射方式，以及伪 LRU

替换策略。

- DTLB 支持 128 个 4 KB 页面的表项和 8 个大页表项，其中 4KB 页面采用直接相联的映射方式，大页采用全相联映射方式，以及伪 LRU 替换策略。
- L2 TLB 为更大的页表缓存，支持 2048 个表项。

L1 TLB 包括前端的 ITLB 以及后端的 DTLB。前端取指令时对 ITLB 的访问方式为阻塞式，即当 TLB 未命中时，TLB 不立即返回结果，而进行页表遍历，取回页表项后返回。而后端访存模块对 DTLB 的访问方式为非阻塞式，即当 TLB 发生未命中时，TLB 也需要立即返回结果，无论是命中还是未命中。

L2 TLB 是更大容量的页表缓存，它包括如下几个部件。

- 页表缓存（page cache）：用于分别缓存 Sv39 中的三级页表。
- 页表遍历单元（page walker）：遍历内存中的页表。
- 未命中队列（miss queue）：查询页表缓存中的未命中请求。
- 预取器（prefetcher）。

从 L1 TLB 发来的请求会先访问页表缓存。如果命中，直接返回结果给 L1 TLB。如果未命中，则进入页表遍历单元或者未命中队列。如果在页表遍历单元中，则遍历页表。如果在未命中队列中，要么再次访问页表缓存，要么访问内存中的页表。访问页表结束后，直接返回结果给 L1 TLB。预取器会监控页表缓存的查询结果，产生预取请求，预取的结果会存到页表缓存中，不会返回给 L1 TLB。

页表缓存分别缓存了三级页表的表项。根据虚拟地址，判断是否命中，获得最靠近叶子节点的结果。

页表遍历单元根据虚拟地址访问页表，访存的结果会存到页表缓存中。它同一时刻只能够处理一个请求，并且最多只访问前两级页表。当访问到 2MB 大小的页表节点时，返回给未命中队列，由未命中队列进行最后一级页表的访问，因此整个页表遍历过程需要与未命中队列配合。

未命中队列的目的是提高 L2 TLB 的访存能力。未命中队列接收来自页表缓存的未命中请求以及页表遍历单元的结果以访问最后一级页表。未命中队列和页表遍历单元分工合作，共同完成页表遍历的全过程。

预取器监控页表缓存的查询结果，如果未命中或者命中预取项，预取器产生预取请求。预取请求会发给未命中队列但是不会发送给页表遍历单元。把预取结果存到页表缓存中，不返回给 L1 TLB。

8. L1 数据高速缓存

在香山处理器体系结构中，L1 数据高速缓存与访存流水线紧耦合，对外通过 TileLink 总线协议和 L2 高速缓存直接交互。L1 数据高速缓存大小为 128 KB，采用 8 路组相联映射方式以及伪 LRU 替换策略。L1 数据高速缓存包含的模块如表 1.10 所示。

表 1.10 L1 数据高速缓存包含的模块

模块	说明
加载流水线（load pipeline）	与加载访存流水线紧耦合
主流水线（main pipeline）	处理存储、探测、原子指令和替换操作
回填流水线（refill pipeline）	负责将 L2 高速缓存的回填数据写回 L1 数据高速缓存
原子单元（atomics unit）	调度原子请求
未命中队列（miss queue）	向 L2 高速缓存请求缺失的块
探测队列（probe queue）	接收 L2 高速缓存的一致性请求
回写队列（writeback queue）	负责将替换块写回 L2 高速缓存或应答探测请求

与L1数据高速缓存相关的请求有加载请求、存储请求、探测请求以及原子操作请求。

加载请求的处理流程如下。

（1）如果在L1数据高速缓存中命中来自加载队列的加载请求，则直接返回；如果未命中，则进入未命中队列。

（2）在未命中队列中分配一项空闲的表项，并记录相关信息。

（3）如果需要替换缓存行，则向主流水线发送替换（replace）请求。

（4）发送替换请求的同时向L2高速缓存发送获取（acquire）请求。

（5）等待L2高速缓存返回数据。

（6）向回填流水线发送回填请求，把数据回填到L1数据高速缓存。

（7）把回填数据转发给加载队列。

（8）如果缓存行需要替换，则在回写队列中把替换的缓冲行回写到L2高速缓存中。

存储请求主要处理来自存储缓冲区的请求，在主流水线中访问L1数据高速缓存。

- 如果命中，直接写入L1数据高速缓存。
- 如果未命中并且未命中队列已满，存储缓冲区会稍后重复该请求。
- 如果未命中并且未命中队列成功接收了该请求，则由未命中队列继续处理该请求。在完成后通知存储缓冲区，并通过回填流水线更新L1数据高速缓存。

探测请求主要接收来自L2高速缓存的请求。

（1）接收来自L2高速缓存的探测请求。

（2）在主流水线中修改已探测的缓存行权限。

（3）返回应答，同时回写脏数据。

在香山处理器中，对原子操作指令的处理是在L1数据高速缓存中完成的，它主要在主流水线执行原子指令。

（1）如果在主流水线中发现原子指令未命中，则会向未命中队列发起请求。

（2）未命中队列从L2高速缓存中取得数据，执行原子指令。

（3）如果原子指令执行时未命中队列已满，则不断尝试重发原子指令，直到可以接收未命中的回填请求为止。

上述过程保证原子指令的目标地址已经在L1数据高速缓存中。LR指令会在主流水线中注册一个保留集（reservation set），记录LR的地址，并阻塞对该地址的探测请求。为了避免带来死锁，主流水线会在等待SC指令一定时间后不再阻塞探测请求，此时再收到的SC指令则均被视为失败的。因此，在等待SC指令配对的时间里，需要阻塞这个该地址的探测请求。

1.4.5 香山处理器的L2/L3高速缓存

香山处理器的L2/L3高速缓存采用“非严格包含”（non-inclusive）的设计方案，具体来说就是目录是“包含目录”（inclusive directory），而数据是“非严格包含数据”（non-inclusive data）。这里说的目录指的是元数据和标记等。

在传统的多级高速缓存设计中，在考虑设计难度的情况下，通常的设计方案是使多级高速缓存都有相同数据的备份，即采用“包含”的设计方案。随着处理器内核数量增多，L3高速缓存的容量必须远远大于L1与L2高速缓存的总容量才有意义。因此现在的设计大多采用“非严格包含”的设计方案，即各级高速缓存不会同时保存着数据的备份，下级的高速缓存是上级高速缓存的回收站。例如，当L1高速缓存的缓存行被替换时会写入L2高速缓存中。

L2/L3高速缓存的内部结构如图1.16所示。

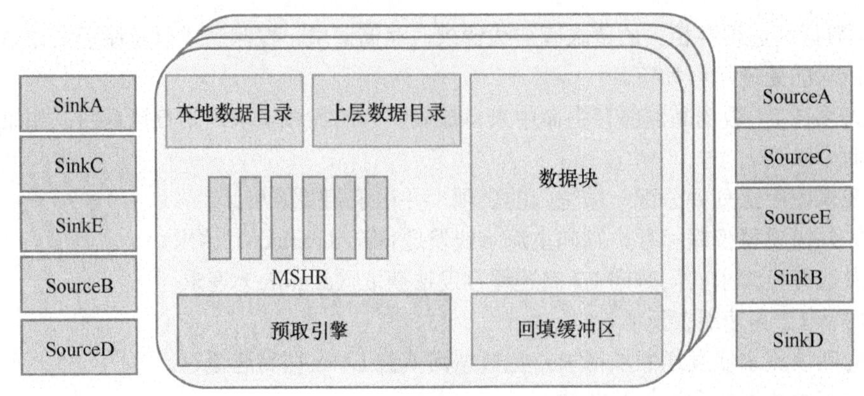

图 1.16　L2/L3 高速缓存的内部结构

- 根据请求的地址的索引来分片（slice）以提升并发度。每个片内部的 MSHR（Miss Status Holding Register，未命中状态保存寄存器）数量可配，负责具体的任务管理。
- 数据块（data bank）：负责存储具体数据，可以通过参数配置块数量从而提升读写并行度。
- 回填缓冲区（refill buffer）：负责暂存回填的数据，直接透传到上层高速缓存而不需要经过静态随机存储器（Static Random Access Memory，SRAM）。
- Sink/Source：与 TileLink 协议相关的通道控制，负责与 TileLink 接口进行交互，一方面将外部请求转换为高速缓存内部信号，另一方面接收高速缓存内部请求并转换为 TileLink 请求，发送到接口上。
- 本地数据目录（self directory）：当前高速缓存所对应的目录。
- 上层数据目录（client directory）：上一级高速缓存对应的目录。
- 预取引擎（prefetch engine）：预取数据。

L2/L3 高速缓存总体工作流程如下。

（1）通道控制模块接收 TileLink 请求，将其转换为高速缓存内部请求。

（2）MSHR 为内部请求分配一个 MSHR 表项。

（3）MSHR 根据请求发起不同的任务，任务类型包括数据读写、向上下层高速缓存发送新请求或返回响应以及触发或更新预取器等。

（4）当一个请求所需的全部操作在 MSHR 中完成时，MSHR 被释放，等待接收新的请求。

1. 目录设计

除数据之外，高速缓存还包括目录。目录包括元数据和标记等信息。在香山处理器的多级高速缓存设计中，目录数据采用包含设计方案，而数据采用非严格包含设计方案。在结构组织上将上层数据的目录与本地数据的目录分开存储，两者的结构类似。在 VIPT 映射机制的高速缓存中，目录中的每个表项是按照高速缓存行的物理地址进行记录的。

本地数据目录中的每一项如下。

- state：保存数据块的权限。
- dirty：表示数据块是否脏的。
- clientStates：保存数据块在上层的权限情况。
- prefetch：指示数据块是否是预取的。

上层数据目录中的每一项如下。

- state：保存上层数据块的权限。
- alias：保存上层数据块的虚地址末位，用于修复高速缓存别名问题。

2. MSHR

MSHR 的作用是，当接收到上层高速缓存发来的获取/释放（acquire/release）请求或者接收到下层高速缓存的探测请求时，会为该请求分配一个 MSHR 表项，同时通过读取目录获取该地址在本层及以上一级高速缓存中的权限信息。MSHR 根据这些信息决定以下内容。

- 权限控制：表示如何更新本地数据目录和上层数据目录中的权限。
- 请求控制：表示是否需要向上层、下层高速缓存发送子请求，并等待这些子请求的响应。

3. 高速缓存别名问题

在香山处理器中，L1 数据高速缓存和 L1 指令高速缓存的大小均为 128 KB，采用 8 路组相联的映射方式。每路（way）的大小为 16 KB，索引域的范围为 Bit[13:0]，这已经超过了 4 KB 页面偏移量，其中页面着色（page color）可以取整数 0～3，如图 1.17 所示，因此产生了 VIPT 别名问题。关于 VIPT 别名问题产生的原因，详见 11.6.3 节。

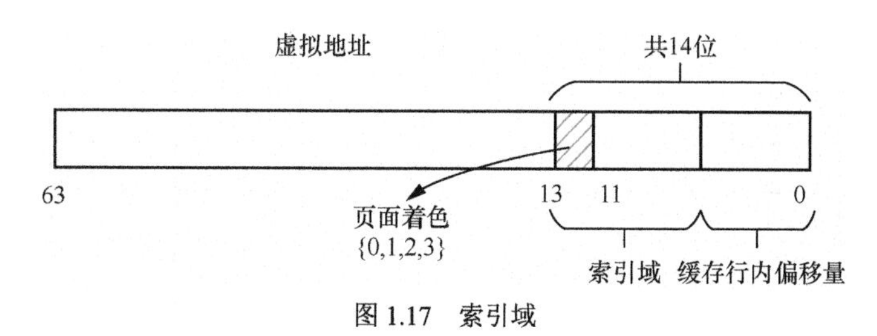

图 1.17 索引域

RISC-V 体系结构规范约定处理器不允许出现类似于高速缓存别名（aliasing）的缓存一致性问题，因此香山处理器的高速缓存系统采用硬件方式解决 VIPT 别名问题。具体的解决方式是由 L2 高速缓存保证一个物理缓存行在上层高速缓存中最多只有一种别名位，并且回填正确的数据到上层高速缓存行中。

假设虚拟页面 Page_0 和虚拟页面 Page_1 同时映射到物理页面 Page_P 上，其中虚拟页面 Page_0 的起始地址为 0x0，虚拟页面 Page_1 的起始地址为 0x1000，如图 1.18 所示。

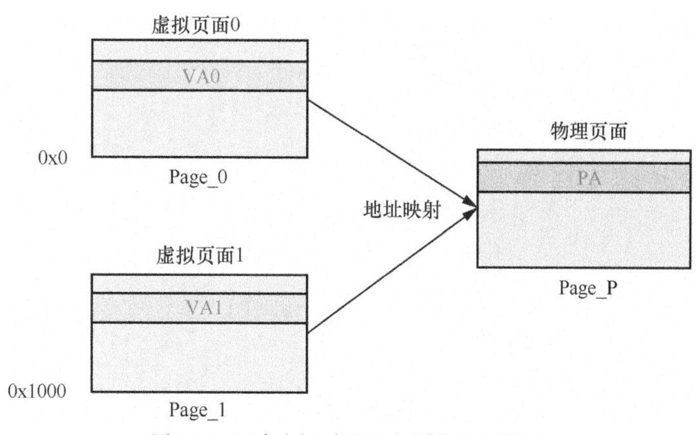

图 1.18 两个虚拟页面同时映射到物理页面

L2 高速缓存解决 VIPT 别名问题的过程如图 1.19 所示。需要注意的是，在香山处理器中，目录中的每个表项是按照高速缓存行的物理地址进行记录的。

- 若 L1 数据高速缓存访问虚拟页面 Page_1 时发生未命中，向 L2 高速缓存发起获取请求。在这个请求中记录的别名为 0x1。

- 若 L2 高速缓存命中，但是发现获取请求中的别名（0x1）和目录中的别名（0x0）不同，L2 高速缓存发起探测请求，探测请求中 data 域记录的别名为 0x0。

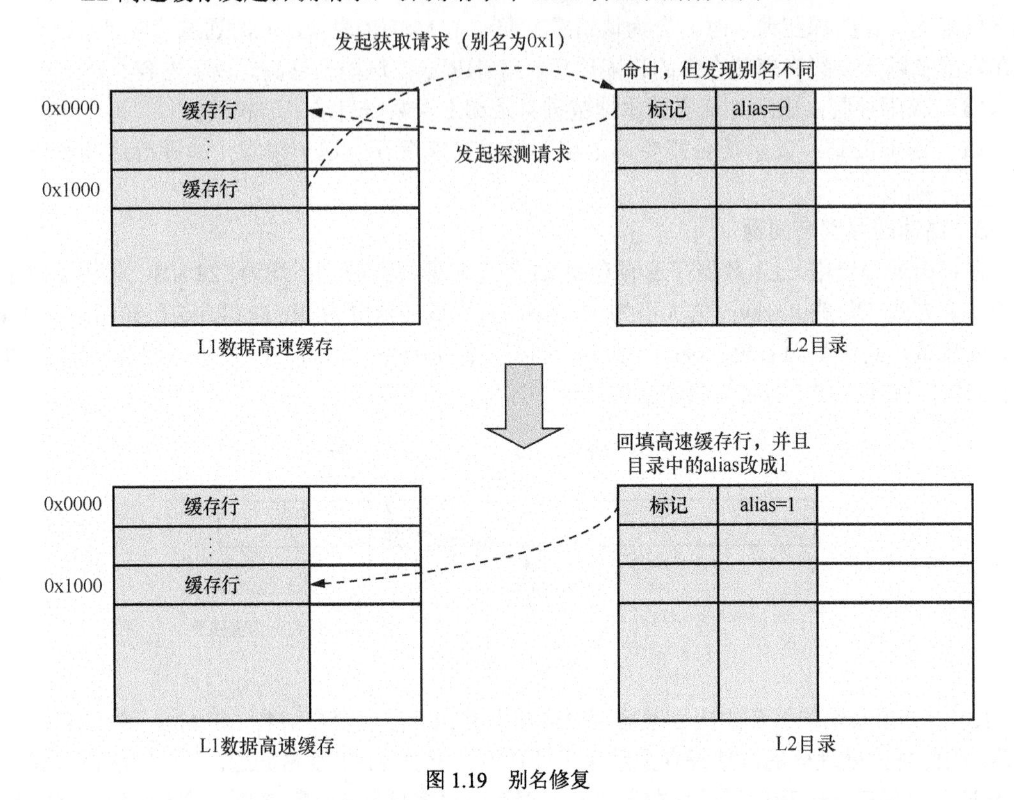

图 1.19 别名修复

侦测请求完成之后，L2 高速缓存把数据返回给虚拟页面 Page_1 对应的 L1 数据高速缓存，然后在 L2 高速缓存中的上层数据目录把对应表项的别名改成 0x1。

第2章　搭建 RISC-V 实验环境

本书中大部分实验是基于 BenOS 的。BenOS 是一个简单的小型操作系统实验平台，可以在 QEMU 或者在香山采用的指令集模拟器（NEMU）上运行。我们可以通过在最简单的裸机程序上慢慢添加功能，实现一个具有任务调度功能的小型操作系统，通过动手实践加深对 RISC-V 体系结构的理解。

2.1 实验平台

2.1.1 QEMU

QEMU Virt 实验平台（是 QEMU 模拟器中内置的一块虚拟开发板）模拟的是一款通用的 RISC-V 开发板，其中包括内存布局、中断分配、CPU 配置、时钟配置等信息，这些信息目前都实现在 QEMU 的源代码中，具体文件是 qemu/hw/riscv/virt.c。QEMU Virt 实验平台具有如下硬件特性：

- 最多支持 8 个 RV32GC/RV64GC 通用处理器内核；
- 支持 CLINT；
- 支持平台级别的中断控制器；
- 支持 NOR Flash 存储器；
- 支持兼容 NS16550 的串口；
- 支持 RTC；
- 支持 8 个 VirtIO-MMIO 传输设备；
- 支持 1 个 PCIe 主机桥接设备；
- 支持 fw_cfg，用于从 QEMU 获取固件配置信息。

QEMU Virt 开发板的地址空间布局如表 2.1 所示。

表 2.1　QEMU Virt 开发板的地址空间布局

内存类型	起始地址	大小/字节
ROM	0x1000	0xF000
RTC	0x10 1000	0x1000
CLINT	0x200 0000	0x10000
ACLINT_SSWI	0x2F0 0000	0x4000
PCIe PIO	0x300 0000	0x10000
PLIC	0xC00 0000	—
UART0	0x1000 0000	0x100
VirtIO	0x1000 1000	0x1000
FW 配置信息	0x1010 0000	0x18

续表

内存类型	起始地址	大小/字节
Flash 存储器	0x2000 0000	0x400 0000
PCIe ECAM	0x3000 0000	0x1000 0000
PCIe MMIO	0x4000 0000	0x4000 0000
RAM	0x8000 0000	用户指定

QEMU Virt 模拟的开发板的中断号分配如表 2.2 所示。

表 2.2　　QEMU Virt 模拟的开发板的中断号分配

中断类型	中断号
VIRTIO_IRQ	1～8
UART0	10
RTC	11
PCIe	32～35

2.1.2 NEMU

NEMU（NJU Emulator）最早是由南京大学实现的一个用于教学的计算机指令集体系结构（Instruction Set Architecture，ISA）模拟器，香山处理器团队基于 2019 版的 NEMU 进行增强和维护，用于香山处理器前期指令集和体系结构的模拟。本章中把 NEMU 简称为香山模拟器。NEMU 支持 x86、RV32 和 RV64 等指令集体系结构。

RV64 版本 NEMU 具有如下硬件特性：

- 支持 1 个 RV64GC 通用处理器内核；
- 支持 CLINT；
- 支持 NOR Flash 存储器；
- 支持兼容 NS16550 的串口；
- 支持 Xilinx UartLite 串口控制器；
- 支持 RTC；
- 支持单步调试。

RV64 版本的 NEMU Virt 开发板的地址空间布局如表 2.3 所示。

表 2.3　　NEMU Virt 开发板的地址空间布局

内存类型	起始地址	大小/字节
CLINT	0x200 0000	0x10000
UART	0x1000 0000	0x100
Flash	0x2000 0000	0x400 0000
RAM	0x8000 0000	用户指定

表 2.1 的信息都可以在 NEMU 的 Configure 菜单中配置。

在使用 NEMU 之前需要自行编译。

```
$ sudo apt install libsdl2-dev libreadline-dev
$ git clone https://github.com/runninglinuxkernel/NEMU.git
$ cd NEMU
$ export NEMU_HOME=$(pwd)
$ make riscv64-benos_defconfig
$ make -j$(nproc)
$ sudo cp build/riscv64-nemu-interpreter /usr/local/bin
```

2.2 搭建实验环境

2.2.1 实验 2-1：输出“Welcome RISC-V!”

1. 实验目的

了解并熟悉如何在 NEMU 和 QEMU 模拟器上运行最简单的 BenOS 程序。

2. 实验详解

首先，在 Linux 主机中安装相关工具。

```
$ sudo apt-get install qemu-system-misc libncurses5-dev gcc-riscv64-linux-gnu build-esse
ntial git bison flex libssl-dev
```

1）在 QEMU 上运行 BenOS

在 Linux 主机上使用 make 命令编译 BenOS。

```
$ cd benos
$ export board=qemu
$ make clean
$ make
 CC    build_src/uart_c.o
 CC    build_src/kernel_c.o
 AS    build_src/boot_s.o
 LD build_src/benos.elf
 OBJCOPY benos.bin
 CC    build_sbi/sbi_main_c.o
 AS    build_sbi/sbi_boot_s.o
 AS    build_sbi/sbi_payload_s.o
 LD build_sbi/mysbi.elf
 OBJCOPY mysbi.bin
 LD build_sbi/benos_payload.elf
 OBJCOPY benos_payload.bin
```

要编译能在 QEMU 模拟器上运行的可执行二进制文件，需要设置“board=qemu”环境变量。

直接输入“make run”命令来运行。

```
rlk@master:benos$ make run
qemu-system-riscv64 -nographic -machine virt -m 128M  -bios mysbi.bin  -device loader,fi
le=benos.bin,addr=0x80200000  -kernel benos.elf

Welcome RISC-V!
```

QEMU 输出“Welcome RISC-V!”。

2）在 NEMU 上运行 BenOS

在 Linux 主机上使用“make”命令编译 BenOS。

```
$ cd benos
$ export board=nemu
$ make clean
$ make
 CC    build_src/uart_c.o
 CC    build_src/kernel_c.o
 AS    build_src/boot_s.o
 LD build_src/benos.elf
 OBJCOPY benos.bin
 CC    build_sbi/sbi_main_c.o
 AS    build_sbi/sbi_boot_s.o
 AS    build_sbi/sbi_payload_s.o
 LD build_sbi/mysbi.elf
 OBJCOPY mysbi.bin
 LD build_sbi/benos_payload.elf
 OBJCOPY benos_payload.bin
```

要编译能在 NEMU 模拟器上运行的可执行二进制文件，需要设置“board=nemu”环境变量。如果想查看更多编译日志，可以使用“make V=1”命令。编译完成之后会生成 5 个文件。

- benos.bin：BenOS 可执行文件。
- benos.elf：BenOS 带调试信息的可执行与可链接格式（Executable and Linkable Format，ELF）文件。
- mysbi.bin：MySBI 固件的可执行文件。
- mysbi.elf：MySBI 带调试信息的 ELF 文件。
- benos_payload.bin：把 benos.bin 和 mysbi.bin 整合到一个可执行二进制文件中。

直接输入“make run”命令来运行。

```
rlk@master:benos$ make run
riscv64-nemu-interpreter -b benos_payload.bin

Welcome to riscv64-NEMU!
For help, type "help"
Welcome RISC-V!
```

NEMU 输出“Welcome RISC-V!”，如图 2.1 所示。

```
rlk@master:benos$ make run
riscv64-nemu-interpreter -b benos_payload.bin
[src/device/io/mmio.c:18,add_mmio_map] Add mmio map 'clint' at [0x0000000002000000, 0x000000000200ffff]
[src/isa/riscv64/init.c:69,init_isa] NEMU will start from pc 0x80000000
[src/monitor/image_loader.c:53,load_img] Loading image (bbl/bare metal app) from cmdline: benos_payload.bin

[src/monitor/image_loader.c:82,load_img] Read 2105352 bytes from file benos_payload.bin to 0x80000000
[src/device/io/port-io.c:15,add_pio_map] Add port-io map 'serial' at [0x0000000000000000, 0x0000000000000007]
[src/device/io/mmio.c:18,add_mmio_map] Add mmio map 'serial' at [0x0000000010000000, 0x0000000010000007]
[src/device/io/port-io.c:15,add_pio_map] Add port-io map 'rtc' at [0x0000000000000000, 0x0000000000000007]
[src/device/io/mmio.c:18,add_mmio_map] Add mmio map 'rtc' at [0x0000000002000000, 0x0000000002000007]
[src/monitor/monitor.c:28,welcome] Debug: ON
[src/monitor/monitor.c:29,welcome] If debug mode is on, a log file will be generated to record every instruction NEMU
executes. This may lead to a large log file. If it is not necessary, you can turn it off in include/common.h.
[src/monitor/monitor.c:33,welcome] Build time: 12:57:33, May  3 2022
Welcome to riscv64-NEMU!
For help, type "help"
Welcome RISC-V!
```

图 2.1　NEMU 的输出结果

2.2.2　实验 2-2：单步调试 BenOS 和 MySBI

本节提供两种单步调试 BenOS 的方法。一是使用 QEMU 与 GDB 工具，二是使用 NEMU 内置的单步调试功能。

1. 使用 QEMU 的 gdbserver

本节以实验 2-1 为例，在终端启动 QEMU 虚拟机的 gdbserver。使用“make debug”命令启动 gdbserver。

```
$ cd benos
$ make debug
```

或者直接使用如下命令启动 gdbserver。

```
$ qemu-system-riscv64 -nographic -machine virt -m 128M -bios mysbi.bin  -device loader,file=benos.bin,addr=0x80200000  -kernel benos.elf -S -s
```

在另一个终端，输入如下命令启动 GDB。

```
$ gdb-multiarch --tui benos.elf
```

在 GDB 命令行中，输入如下命令。

```
(gdb) target remote localhost:1234
(gdb) b _start
Breakpoint 1 at 0x80200000: file src/boot.S, line 6.
(gdb) c
```

此时，使用 GDB 单步调试，如图 2.2 所示。

另外，我们也可以通过 GDB 调试 MySBI 固件。为了在终端启动 QEMU 虚拟机的 gdbserver，使用“make debug”命令。

```
$ cd benos
$ make debug
```

在另一个终端输入如下命令启动 GDB，这时候我们需要加载 MySBI 固件的 ELF 文件。

```
$ gdb-multiarch --tui mysbi.elf
```

在 GDB 命令行中输入如下命令。

```
(gdb) target remote localhost:1234
(gdb) b _start
Breakpoint 1 at 0x80000000: file sbi/sbi_boot.S, line 6.
(gdb) c
```

此时，使用 GDB 命令进行单步调试，如图 2.3 所示。

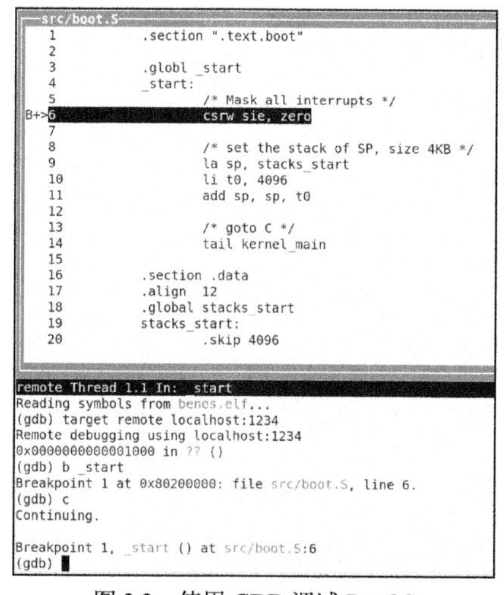

图 2.2　使用 GDB 调试 BenOS

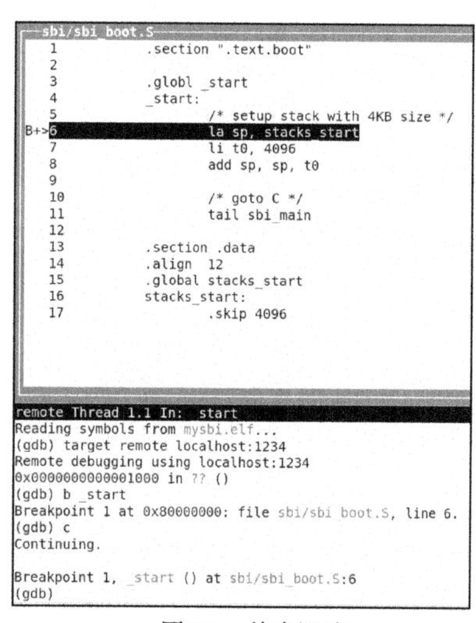

图 2.3　单步调试

2. NEMU 单步调试机制

NEMU 内置了简易调试器（Simple Debugger，SDB）。SDB 是 NEMU 中一个非常重要的基础设施，可以获取程序的执行信息，以协助调试。SDB 支持的命令如表 2.4 所示。

表 2.4　SDB 支持的命令

命令	格式	说明
继续运行	c	继续运行暂停的程序
退出	q	退出 NEMU
单步执行	si [*N*]	让程序单步执行 *N* 条指令后暂停执行，当 *N* 没有给出时，默认为 1
输出程序状态	info SUBCMD	info r：输出寄存器信息。 info w：输出监视点信息
扫描内存	x *N* EXPR	例如，x 10 $sp 用于求出表达式$sp 的值，将结果作为起始内存地址，以十六进制形式输出连续的 10 个 4 字节
表达式求值	p EXPR	求出表达式（EXPR）的值
设置监视点	w EXPR	当表达式的值发生变化时，暂停程序
删除监视点	d *N*	删除序号为 *N* 的监视点

在 Linux 主机终端，使用“make debug”命令启动 SDB。

```
$ cd benos
$ make debug
riscv64-nemu-interpreter benos_payload.bin
Welcome to riscv64-NEMU!
For help, type "help"
(nemu)
```

在 SDB 命令行中，输入“help”，查看帮助信息，如图 2.4 所示。

输入“si”，进行单步调试，如图 2.5 所示。

```
(nemu) help
help - Display informations about all supported commands
c - Continue the execution of the program
si - step
info - info r - print register values; info w - show watch point state
x - Examine memory
p - Evaluate the value of expression
w - Set watchpoint
d - Delete watchpoint
detach - detach diff test
attach - attach diff test
save - save snapshot
load - load snapshot
q - Exit NEMU
(nemu)
```

图 2.4　查看帮助信息

```
(nemu) si
0x0000000080000000:   17 11 00 00                    auipc  0x1000,sp
[src/cpu/cpu-exec.c:74,monitor_statistic] host time spent = 10 us
[src/cpu/cpu-exec.c:76,monitor_statistic] total guest instructions = 1
[src/cpu/cpu-exec.c:77,monitor_statistic] simulation frequency = 100,000 instr/s
(nemu)
```

图 2.5　进行单步调试

另外，我们还可以通过监视点命令设置断点，不过目前只支持使用地址来设置断点。例如，在 0x8020 0000 地址处设置断点。

```
$ make debug

(nemu) w $pc==0x80200000   //设置断点
Set watchpoint #0
(nemu) c                   //继续执行，此时 NEMU 停在断点处
Hint watchpoint 0 at address 0x00000000800000a8, expr = $pc==0x80200000
old value = 0x0000000000000000
new value = 0x0000000000000001
(nemu) si                  //单步执行
0x0000000080200000:   73 10 40 10                    csrrw  $0,0x104,$0


Hint watchpoint 0 at address 0x0000000080200000, expr = $pc==0x80200000
old value = 0x0000000000000001
new value = 0x0000000000000000
```

2.3 BenOS 和 MySBI 基础实验代码解析

本书中大部分的实验代码是基于 BenOS 实现的。本书的实验会从最简单的裸机程序开始，逐步对其进行扩展和丰富，让其具有进程调度、系统调用等现代操作系统的基本功能。

BenOS 基础实验代码包含 MySBI 和 BenOS 两部分，其中 MySBI 是运行在 M 模式下的固件，为运行在 S 模式下的操作系统提供引导和统一的接口服务。BenOS 基础实验代码的结构如图 2.6 所示。

其中，sbi 目录包含 MySBI 的源文件；src 目录包含 BenOS 的源文件；include 目录包含 BenOS 和 MySBI 共用的头文件。

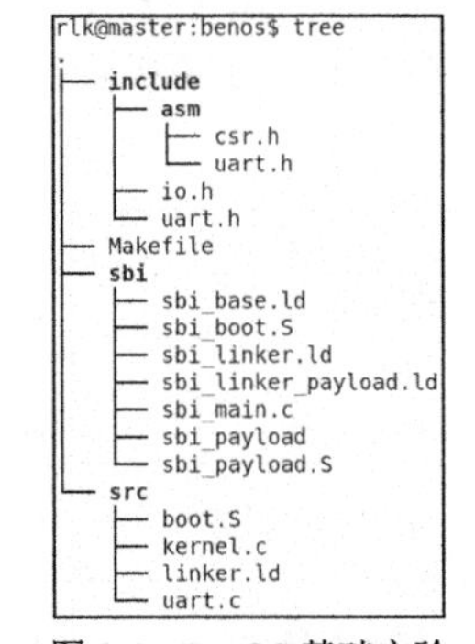

图 2.6　BenOS 基础实验代码的结构

2.3.1　MySBI 基础代码分析

本书的实验并没有采用业界流行的 OpenSBI 固件，我们从零开始编写一个小型可用的 SBI 固件，以便从底层深入学习 RISC-V 体系结构。

系统上电后，RISC-V 处理器运行在 M 模式。通常 SBI 固件运行在 M 模式，为运行在 S 模

式的操作系统提供引导服务以及 SBI 服务。不过本节介绍的 MySBI 代码仅仅提供引导服务，我们会在后续的实验中逐步添加 SBI 服务。

MySBI 本质上是一个裸机程序，因此我们先从链接脚本（Linker Script，LS）开始分析。

任何一种可执行程序（不论是.elf 还是.exe 文件）都是由代码（.text）段、数据（.data）段、未初始化的数据（.bss）段等段（section）组成的。链接脚本最终会把大量编译好的二进制文件（.o 文件）综合成二进制可执行文件，也就是把所有二进制文件链接到一个大文件中。这个大文件由总的.text/.data/.bss 段描述。下面是 MySBI 中的一个链接脚本，名为 sbi_linker.ld。

```
<benos/sbi/sbi_linker.ld>

1  OUTPUT_ARCH(riscv)
2  ENTRY(_start)
3
4  SECTIONS
5  {
6      INCLUDE "sbi/sbi_base.ld"
7  }
```

在第 1 行中，OUTPUT_ARCH 说明这个链接脚本对应的处理器体系结构为 RISC-V。

在第 2 行中，指定程序的入口地址为_start。

在第 4 行中，SECTIONS 是链接脚本语法中的关键命令，用来描述输出文件的内存布局。SECTIONS 命令告诉链接脚本如何把输入文件的段映射到输出文件的各个段，如何将输入段整合为输出段，以及如何把输出段放入虚拟存储器地址（Virtual Memory Address，VMA）和加载存储器地址（Load Memory Address，LMA）。

在第 6 行中，通过 INCLUDE 命令引入 sbi/sbi_base.ld 脚本。

```
<benos/sbi/sbi_base.ld>

1       /*
2        * 设置 SBI 的加载入口地址为 0x8000 0000
3        */
4
5      . =0x80000000,
6
7      .text.boot : { *(.text.boot) }
8      .text : { *(.text) }
9      .rodata : { *(.rodata) }
10     .data : { *(.data) }
11     . = ALIGN(0x8);
12     bss_begin = .;
13     .bss : { *(.bss*) }
14     bss_end = .;
```

在第 5 行中，“.”非常关键，它代表当前位置计数器（Location Counter，LC），这里把.text 段的链接地址设置为 0x8000 0000，这里链接地址指的是加载地址（load address）。

在第 7 行中，输出文件的.text.boot 段由所有输入文件（其中的“*”可理解为所有的.o 文件，也就是二进制文件）的.text.boot 段组成。

在第 8 行中，输出文件的.text 段由所有输入文件（其中的“*”可理解为所有的.o 文件，也就是二进制文件）的.text 段组成。

在第 9 行中，输出文件的.rodata 段由所有输入文件的.rodata 段组成。

在第 10 行中，输出文件的.data 段由所有输入文件的.data 段组成。

在第 11 行中，设置对齐方式为按 8 字节对齐。

在第 12～14 行中，定义了一个.bss 段。

因此，上述链接脚本定义了如下几个段。

- .text.boot 段：该段包含系统启动时首先要执行的代码，即把_start 函数链接到 0x8000 0000 地址。
- .text 段：代码段。
- .rodata 段：只读数据段。
- .data 段：数据段。
- .bss 段：包含未初始化的全局变量和未初始化的局部静态变量。

下面开始编写 MySBI 启动用的汇编代码，将代码保存为 sbi_boot.S 文件。

```
<benos/sbi/sbi_boot.S>

1    .section ".text.boot"
2
3    .globl _start
4    _start:
5        /*关闭 M 模式的中断*/
6        csrw mie, zero
7
8        /*设置栈，栈的大小为 4 KB*/
9        la sp, stacks_start
10       li t0, 4096
11       add sp, sp, t0
12
13       /*跳转到 C 语言的 sbi_main()函数*/
14       tail sbi_main
15
16   .section .data
17   .align  12
18   .global stacks_start
19   stacks_start:
20           .skip 4096
```

启动 MySBI 的汇编代码不长，下面进行简要分析。

在第 1 行中，把 sbi_boot.S 文件编译、链接到.text.boot 段。我们可以在链接脚本 sbi_linker.ld 中把.text.boot 段链接到这个可执行文件的开头，这样当程序执行时将从这个段开始执行。此时，处理器运行在 M 模式。

在第 4 行中，_start 为程序的入口点。

在第 6 行中，关闭 M 模式的所有中断。

在第 9～11 行中，初始化栈指针，为栈分配 4 KB 的空间。

在第 14 行中，跳转到 C 语言的 sbi_main()函数。

sbi_main.c 源文件如下。

```
<benos/sbi/sbi_main.c>

1    #include "asm/csr.h"
2
3    #define FW_JUMP_ADDR 0x80200000
4
5    /*
6     * 运行在 M 模式，并且切换到 S 模式
7     */
8    void sbi_main(void)
9    {
10       unsigned long val;
11
12       /*设置跳转模式为 S 模式 */
13       val = read_csr(mstatus);
14       val = INSERT_FIELD(val, MSTATUS_MPP, PRV_S);
15       val = INSERT_FIELD(val, MSTATUS_MPIE, 0);
16       write_csr(mstatus, val);
```

```
17
18          /*设置M模式的异常程序计数器，用于mret跳转 */
19          write_csr(mepc, FW_JUMP_ADDR);
20          /*设置S模式的异常向量表入口地址*/
21          write_csr(stvec, FW_JUMP_ADDR);
22          /*关闭S模式的中断*/
23          write_csr(sie, 0);
24          /*关闭S模式的页表转换*/
25          write_csr(satp, 0);
26
27          /*切换到S模式*/
28          asm volatile("mret");
29      }
```

sbi_main()函数的主要目的是把处理器模式从M模式切换到S模式，并跳转到S模式的入口地址处。对于QEMU Virt平台，S模式的入口地址为0x8020 0000。

在第13～16行中，设置mstatus寄存器中的MPP字段为S模式，并且把中断使能保存位MPIE也清除。

在第19行中，当处理器陷入M模式时，mepc寄存器记录了陷入时的异常地址。因此，这里设置M模式的跳转地址为0x8020 0000，执行mret指令会跳转到0x8020 0000地址处。

在第28行中，执行mret指令，完成模式切换。

2.3.2 BenOS 基础代码分析

本节介绍BenOS的代码体系结构，目前它只有串口输出功能，类似于裸机程序。BenOS的链接脚本参见benos/src/linker.ld文件。

```
<benos/src/linker.ld>

1     SECTIONS
2     {
3         . =0x80200000,
4
5         .text.boot : { *(.text.boot) }
6         .text : { *(.text) }
7         .rodata : { *(.rodata) }
8         .data : { *(.data) }
9         . = ALIGN(0x8);
10        bss_begin = .;
11        .bss : { *(.bss*) }
12        bss_end = .;
13    }
```

上述链接脚本与benos/sbi/sbi_linker.ld类似，唯一的区别在于链接地址不一样。BenOS的入口地址为0x8020 0000。

下面开始编写启动BenOS用的汇编代码，将代码保存为boot.S文件。

```
<benos/src/boot.S>

1     .section ".text.boot"
2
3     .globl _start
4     _start:
5         /*关闭中断*/
6         csrw sie, zero
7
8         /*设置栈*/
9         la sp, stacks_start
10        li t0, 4096
11        add sp, sp, t0
12
```

```
13        call   kernel_main
14
15    hang:
16        wfi
17        j hang
18
19    .section .data
20    .align  12
21    .global stacks_start
22    stacks_start:
23            .skip 4096
```

启动用的汇编代码不长，下面进行简要分析。

在第 1 行中，把 boot.S 文件编译、链接到.text.boot 段。我们可以在链接脚本 link.ld 中把.text.boot 段链接到这个可执行文件的开头，这样当程序执行时将从这个段开始执行。

在第 4 行中，_start 为程序的入口点。此时，处理器模式运行在 S 模式。

在第 6 行中，屏蔽所有的中断源。

在第 9～11 行中，初始化栈指针，为栈分配 4 KB 的空间。

在第 13 行中，跳转到 C 语言的 kernel_main()函数。

总之，上述汇编代码还是比较简单的，我们只做了一件事情——设置栈，跳转到 C 语言入口。

接下来，编写 C 语言的 kernel_main()函数。本实验的目的是输出一条欢迎语句，因此这个函数的实现比较简单，将代码保存为 kernel.c 文件。

```
<benos/src/kernel.c>

1     #include "uart.h"
2
3     void kernel_main(void)
4     {
5         uart_init();
6         uart_send_string("Welcome RISC-V!\r\n");
7
8         while (1) {
9             ;
10        }
11    }
```

上述代码很简单，主要操作是初始化串口和往串口里输出欢迎语句。

接下来，实现简单的串口驱动代码。QEMU 使用兼容 16550 规范的串口控制器。16550 串口控制器内部的寄存器如表 2.5 所示。这些寄存器的偏移地址由芯片的 A0～A2 引脚确定。另外，预分频寄存器的高/低字节与其他寄存器复用，可以通过线路控制寄存器（LCR）的 DLAB 字段区分。

表 2.5　　16550 串口控制器内部的寄存器

DLAB 字段	寄存器偏移地址	寄存器说明
0	0b000	数据寄存器，接收数据或者发送数据
0	0b001	中断使能寄存器
1	0b000	预分频寄存器中的低 8 位
1	0b0001	预分频寄存器中的高 8 位
—	0b010	中断标识寄存器或者先进先出（First In First Out，FIFO）控制寄存器
—	0b011	线路控制寄存器
—	0b100	MODEN 控制寄存器
—	0b101	线路状态寄存器
—	0b110	MODEN 状态寄存器

下面是 16550 串口的初始化代码。

```
<benos/src/uart.c>

1     static unsigned int uart16550_clock = 1843200; //串口时钟
2     #define UART_DEFAULT_BAUD  115200
3
4     void uart_init(void)
5     {
6         unsigned int divisor = uart16550_clock / (16 * UART_DEFAULT_BAUD);
7
8         /*关闭中断*/
9         writeb(0, UART_IER);
10
11        /*打开 DLAB 字段，用来设置波特率分频*/
12        writeb(0x80, UART_LCR);
13        writeb((unsigned char)divisor, UART_DLL);
14        writeb((unsigned char)(divisor >> 8), UART_DLM);
15
16        /*设置串口数据格式*/
17        writeb(0x3, UART_LCR);
18
19        /*使能 FIFO 缓冲区，清空 FIFO 缓冲区，设置 14 字节阈值*/
20        writeb(0xc7, UART_FCR);
21    }
```

上述代码关闭中断，设置串口的波特率，设置串口数据格式（一个起始位、8 个数据位以及 1 个停止位），使能 FIFO 缓冲区，清空 FIFO 缓冲区。

接下来，实现如下几个函数来发送字符串。

```
<benos/src/uart.c>

1     void uart_send(char c)
2     {
3         while((readb(UART_LSR) & UART_LSR_EMPTY) == 0)
4             ;
5
6         writeb(c, UART_DAT);
7     }
8
9     void uart_send_string(char *str)
10    {
11        int i;
12
13        for (i = 0; str[i] != '\0'; i++)
14            uart_send((char) str[i]);
15    }
```

uart_send()用于在 while 循环中判断是否有数据需要发送，这里只需要判断 UART_LSR 寄存器的发送移位寄存器即可。

接下来，编写 Makefile 文件。

```
<benos/Makefile 文件>

1     GNU ?= riscv64-linux-gnu
2
3     COPS += -save-temps=obj -g -O0 -Wall -nostdlib -nostdinc -Iinclude -mcmodel=medany
      -mabi=lp64 -march=rv64imafd -fno-PIE -fomit-frame-pointer
4
5     board ?= qemu
6
7     ifeq ($(board), qemu)
8     COPS += -DCONFIG_BOARD_QEMU
9     else ifeq ($(board), nemu)
10    COPS += -DCONFIG_BOARD_NEMU
```

```
11    endif
12
13    ##############
14    #  build benos
15    ##############
16    BUILD_DIR = build_src
17    SRC_DIR = src
18
19    all : clean benos.bin mysbi.bin benos_payload.bin
20
21    #检查进程的冗余功能是否开启
22    CMD_PREFIX_DEFAULT := @
23    ifeq ($(V), 1)
24        CMD_PREFIX :=
25    else
26        CMD_PREFIX := $(CMD_PREFIX_DEFAULT)
27    endif
28
29    clean :
30        rm -rf $(BUILD_DIR) $(SBI_BUILD_DIR) *.bin  *.map *.elf
31
32    $(BUILD_DIR)/%_c.o: $(SRC_DIR)/%.c
33        $(CMD_PREFIX)mkdir -p $(BUILD_DIR); echo " CC   $@" ; $(GNU)-gcc $(COPS) -c $< -o $@
34
35    $(BUILD_DIR)/%_s.o: $(SRC_DIR)/%.S
36        $(CMD_PREFIX)mkdir -p $(BUILD_DIR); echo " AS   $@"; $(GNU)-gcc $(COPS) -c $< -o $@
37
38    C_FILES = $(wildcard $(SRC_DIR)/*.c)
39    ASM_FILES = $(wildcard $(SRC_DIR)/*.S)
40    OBJ_FILES = $(C_FILES:$(SRC_DIR)/%.c=$(BUILD_DIR)/%_c.o)
41    OBJ_FILES += $(ASM_FILES:$(SRC_DIR)/%.S=$(BUILD_DIR)/%_s.o)
42
43    DEP_FILES = $(OBJ_FILES:%.o=%.d)
44    -include $(DEP_FILES)
45
46    benos.bin: $(SRC_DIR)/linker.ld $(OBJ_FILES)
47        $(CMD_PREFIX)$(GNU)-ld -T $(SRC_DIR)/linker.ld -o $(BUILD_DIR)/benos.elf
          $(OBJ_FILES) -Map benos.map; echo " LD $(BUILD_DIR)/benos.elf"
48        $(CMD_PREFIX)$(GNU)-objcopy $(BUILD_DIR)/benos.elf -O binary benos.bin;
          echo " OBJCOPY benos.bin"
49        $(CMD_PREFIX)cp $(BUILD_DIR)/benos.elf benos.elf
50
51    ##############
52    #  build SBI
53    ##############
54    # 此处省略，建议读者查看本书配套源代码
```

上述 Makefile 文件使用 board 变量来选择支持 NEMU 或者 QEMU。

GNU 用来指定编译器，这里使用 riscv64-linux-gnu-gcc。

COPS 用来在编译 C 语言和汇编语言时指定编译选项。

- -g：表示编译时加入调试符号表等信息。
- -Wall：表示打开所有警告信息。
- -nostdlib：表示不连接系统的标准启动文件和标准库文件，只把指定的文件传递给链接器。这个选项常用于编译内核、bootloader 等程序，它们不需要标准启动文件和标准库文件。
- -nostdinc：表示不包含 C 语言的标准库的头文件。
- -mcmodel=medany：目标代码模型，主要表示符号地址的约束。编译器可以利用这些约束来生成更有效的代码。RISC-V 上主要有两个选项。
  - medlow：表示程序及符号必须介于绝对地址减 2 GB 和绝对地址加 2 GB。
  - medany：表示程序及符号能访问 PC − 2 GB 到 PC + 2 GB 这个地址空间。
- -mabi=lp64：表示支持的数据模型。
- -march=rv64imafdc：表示处理器的指令集。

- -fno-PIE：PIE（position independent executables）表示与位置无关的可执行程序。在 GCC 中，“-fpic”与“-fPIE”类似，只不过“-fpic”适用于编译动态库，“-fPIE”适用于编译可执行程序。

上述文件会编译和链接两个可执行的 ELF 文件——benos.elf 和 mysbi.elf。这些.elf 文件包含调试信息，最后使用 objcopy 命令把.elf 文件转换为可执行的二进制文件 benos.bin 和 mysbi.bin 文件。

2.3.3 合并 BenOS 和 MySBI

NEMU 运行环境要求使用一个完整的二进制可执行文件，即把 benos.bin 和 mysbi.bin 合并。我们可以利用链接脚本实现这个功能。下面是 sbi_linker_payload.ld。

```
<benos/src/sbi_linker_payload.ld>

1     SECTIONS
2     {
3         INCLUDE "sbi/sbi_base.ld"
4
5         . = 0x80200000;
6
7         .payload :
8         {
9             PROVIDE(_payload_start = .);
10            *(.payload)
11            . = ALIGN(8);
12            PROVIDE(_payload_end = .);
13        }
14    }
```

在第 3 行中，同样使用 INCLUDE 命令引入 sbi/sbi_base.ld 脚本。

在第 5 行中，把当前的链接地址设置为 0x8020 0000。

在第 7～13 行中，新建一个名为.payload 的段，这个段的起始地址为 0x8020 0000，这个地址是 BenOS 的入口地址。

在 sbi_payload.S 汇编文件中使用.incbin 伪指令把 benos.bin 二进制数据嵌入.payload 段中，完成合并工作。

```
<benos/sbi/sbi_payload.S>

1       .section .payload, "ax"
2       .globl payload_bin
3   payload_bin:
4       .incbin  "benos.bin"
```

在 Makefile 中还需要使用 LD 命令进行链接，最后生成 benos_payload.elf 文件以及 benos_payload.bin。

2.4 QEMU + RISC-V + Linux 实验平台

本书中少部分实验(如指令集实验和部分高速缓存伪共享实验)可以在基于 RISC-V 的 Linux 主机上完成。基于 RISC-V 的 Linux 主机可以通过两种方式获取。一种是购买 RISC-V 开发板，另一种是使用 QEMU+RISC-V 实验平台。

下面介绍 QEMU+RISC-V 实验平台。Linux 主机使用 Ubuntu 20.04 系统。

1）安装工具

首先，在 Linux 主机中安装相关工具。

```
$ sudo apt-get install qemu-system-misc libncurses5-dev gcc-riscv64-linux-gnu
build-essential git bison flex libssl-dev opensbi
```

然后，在 Linux 主机系统中默认安装 RISC-V GCC 编译器的 9.3 版本。

```
$ riscv64-linux-gnu-gcc -v
gcc version 9.3.0 (Ubuntu 9.3.0-8ubuntu1)
```

2）下载仓库

下载 runninglinuxkernel_5.15 的 GIT 仓库并切换到 master 分支。

```
$ git clone https://github.com/runninglinuxkernel/runninglinuxkernel_5.15.git
```

3）编译内核并创建文件系统

runninglinuxkernel_5.15 目录中有一个 rootfs_debian_riscv.tar.xz 文件，这个文件采用 Ubuntu Linux 20.04 系统的根文件系统制作而成。

注意，该脚本会使用 dd 命令生成一个 2 GB 大小的镜像文件，因此主机系统需要保证至少 10 GB 的空余磁盘空间。读者如果需要生成更大的根文件系统镜像文件，那么可以修改 run_rlk_riscv.sh 脚本。

首先，编译内核。

```
$ cd runninglinuxkernel_5.15
$ ./run_rlk_riscv.sh build_kernel
```

执行上述脚本需要几十分钟时间，具体依据主机的计算能力。

然后，编译根文件系统。

```
$ sudo ./run_rlk_riscv.sh build_rootfs
```

注意，编译根文件系统需要管理员权限，而编译内核则不需要。执行完上述命令后，将会生成名为 rootfs_debian_riscv.ext4 的根文件系统。

4）运行刚才编译好的 RISC-V 版本的 Linux 系统

要运行 run_rlk_riscv.sh 脚本，输入 run 参数即可。

```
$./run_rlk_riscv.sh run
```

运行结果如下。

```
rlk@ runninglinuxkernel_5.15 $ ./run_rlk_riscv.sh run
[    0.000000] OF: fdt: Ignoring memory range 0x80000000 - 0x80200000
[    0.000000] No DTB passed to the kernel
[    0.000000] Linux version 5.15.0+ (rlk@master) (gcc version 9.3.0 (Ubuntu
9.3.0-17ubuntu1~20.04)) #4 SMP Thu Sep 9 19:14:52 CST 2021
[    0.000000] initrd not found or empty - disabling initrd
[    0.000000] Zone ranges:
[    0.000000]   DMA32    [mem 0x0000000080200000-0x00000000bfffffff]
[    0.000000]   Normal   empty
[    0.000000] Movable zone start for each node
[    0.000000] Early memory node ranges...
...
rlk login:
```

登录系统时使用的用户名和密码如下。

- 用户名：root。
- 密码：123。

5）在线安装软件包

QEMU 虚拟机可以通过 VirtIO-Net 技术生成虚拟的网卡，并通过网络地址转换（Network Address Translation，NAT）技术和主机进行网络共享。下面使用 ifconfig 命令检查网络配置。

```
root@ubuntu:~# ifconfig
enp0s1: flags=4163<UP,BROADCAST,RUNNING,MULTICAST>  mtu 1500
        inet 10.0.2.15  netmask 255.255.255.0  broadcast 10.0.2.255
        inet6 fec0::ce16:adb:3e70:3e71  prefixlen 64  scopeid 0x40<site>
        inet6 fe80::c86e:28c4:625b:2767  prefixlen 64  scopeid 0x20<link>
        ether 52:54:00:12:34:56  txqueuelen 1000  (Ethernet)
        RX packets 23217  bytes 33246898 (31.7 MiB)
        RX errors 0  dropped 0  overruns 0  frame 0
        TX packets 4740  bytes 267860 (261.5 KiB)
        TX errors 0  dropped 0 overruns 0  carrier 0  collisions 0
```

可以看到，这里生成名为 enp0s1 的网卡设备，分配的 IP 地址为 10.0.2.15。

可通过 apt update 命令更新 Debian 系统的软件仓库。

```
root@ubuntu:~# apt update
```

如果更新失败，有可能因为系统时间比较旧，可以使用 date 命令设置日期。

```
root@ubuntu:~# date -s 2020-03-29 #假设最新日期是 2020 年 3 月 29 日
Sun Mar 29 00:00:00 UTC 2020
```

使用 apt install 命令安装软件包。比如，在线安装 GCC 等软件包。

```
root@ubuntu:~# apt install gcc build-essential
```

6）在主机和 QEMU 虚拟机之间共享文件

主机和 QEMU 虚拟机可以通过 NET_9P 技术进行文件共享，这需要 QEMU 虚拟机和主机的 Linux 内核都使能 NET_9P 的内核模块。本实验平台已经支持主机和 QEMU 虚拟机的共享文件，可以通过如下简单方法来测试。

复制一个文件到 runninglinuxkernel_5.15/kmodules 目录中。

```
$ cp test.c  runninglinuxkernel_5.15/kmodules
```

启动 QEMU 虚拟机之后，检查一下/mnt 目录中是否有 test.c 文件。

```
root@ubuntu:/# cd /mnt
root@ubuntu:/mnt # ls
README    test.c
```

我们在后续的实验（例如，第 7 章以及第 14～16 章的部分实验）中会经常利用这个特性，如把编写好的代码文件复制到 QEMU 虚拟机。

第3章　基础指令集

本章思考题

1. RISC-V 指令集有什么特点？
2. RISC-V 指令编码格式分成几类？
3. 什么是零扩展和符号扩展？
4. 什么是 PC 相对寻址？
5. 假设当前 PC 值为 0x8020 0000，分别执行如下指令，那么 a5 和 a6 寄存器的值是多少？

```
auipc   a5,0x2
lui     a6, 0x2
```

6. 在下面的指令中，a1 和 t1 寄存器的值是多少？

```
li t0, 0x8000008a00000000
srai a1, t0, 1
srli t1, t0, 1
```

7. 假设执行如下各条指令时当前 PC 值为 0x8020 0000，下面指令哪些是非法指令？

```
jal a0, 0x800fffff
jal a0, 0x80300000
```

8. 请解析下面这条指令的含义。

```
csrrw tp, sscratch, tp
```

9. 在 RISC-V 指令集中，如何实现大范围和小范围内跳转？

3.1 RISC-V 指令集介绍

指令集是处理器体系结构设计的重点部分之一，作为软硬件的接口，它紧密地连接软件和硬件。目前市面上比较成功的指令集采用增量式的设计方法，目的是保持向后的二进制兼容性。在新增指令的同时，开发人员还必须保留遗留的并且几乎不怎么使用甚至是设计错误的指令，这导致指令集越来越庞大和复杂。而 RISC-V 在指令集设计过程中吸取了这些经验教训，采用模块化的设计方法。所谓的模块化设计就是设计一个最小集合和最基础的指令集，这个最小的指令集可以完整地实现一个软件栈，其他特殊功能的指令集可以在最小指令集的基础上通过模块化的方式叠加实现，用于支持浮点数运算指令、乘法和除法指令、矢量指令等。1.1 节已经介绍了 RISC-V 支持的扩展指令集。

【例 3-1】　在 QEMU+RISC-V 平台上通过“cpuinfo”查看节点的信息。

```
root:~# cat /proc/cpuinfo
processor     : 0
hart    : 0
```

```
isa      : rv64imafdcsu
mmu      : sv48
```

从“isa”可知该系统支持的扩展为 rv64imafdcsu，即支持 64 位的基础整型指令集 I、整型乘法和除法扩展指令集 M、原子操作指令集 A、单精度浮点数扩展指令集 F、双精度浮点数扩展指令集 D、压缩指令集 C、特权模式指令集 S 以及用户模式指令集 U。

3.2 RISC-V 指令编码格式

RISC-V 的每条指令宽度为 32 位（不考虑压缩扩展指令），包括 RV32 指令集以及 RV64 指令集。指令格式大致可分成 6 类。

- R 类型：寄存器与寄存器算术指令。
- I 类型：寄存器与立即数算术指令或者加载指令。
- S 类型：存储指令。
- B 类型：条件跳转指令。
- U 类型：长立即数操作指令。
- J 类型：无条件跳转指令。

RISC-V 指令集编码格式如图 3.1 所示。

31	30 … 25	24 … 21	20	19 … 15	14 … 12	11 … 8	7	6 … 0	
funct7		rs2		rs1	funct3	rd		opcode	R-type
imm[11:0]				rs1	funct3	rd		opcode	I-type
imm[11 : 5]		rs2		rs1	funct3	imm[4:0]		opcode	S-type
imm[12]	imm[10 : 5]	rs2		rs1	funct3	imm[4:1]	imm[11]	opcode	B-type
imm[31:12]						rd		opcode	U-type
imm[20]	imm[10 : 1]		imm[11]	imm[19:12]		rd		opcode	J-type

图 3.1 RISC-V 指令集编码格式

指令编码可以分成如下几个部分。

- opcode（操作码）字段：位于指令编码 Bit[6:0]，用于指令的分类。
- funct3 和 funct7（功能码）字段：常常与 opcode 字段结合在一起定义指令的操作功能。
- rd 字段：表示目标寄存器的编号，位于指令编码的 Bit[11:7]。
- rs1 字段：表示第一源操作寄存器的编号，位于指令编码的 Bit[19:15]。
- rs2 字段：表示第二源操作寄存器的编号，位于指令编码的 Bit[24:20]。
- imm：表示立即数。在 RISC-V 中使用的立即数大部分是符号扩展（sign-extended）的立即数。

RV64 指令集支持 64 位宽的数据和地址寻址，为什么指令的编码宽度只有 32 位[1]？

因为 RV64 指令集是基于寄存器加载和存储的体系结构设计，所有的数据加载、存储以及处理都是在通用寄存器中完成的。RISC-V 一共有 32 个通用寄存器，即 x0～x31，例如，x0 寄存器的编号为 0，以此类推。因此，在指令编码中使用 5 位宽（$2^5 = 32$），即索引 32 个通用寄存器。

① RISC-V 通常使用 32 位定长指令，不过 RISC-V 为了减少代码量，也支持 16 位的压缩扩展指令。

lw 加载指令的编码如图 3.2 所示。

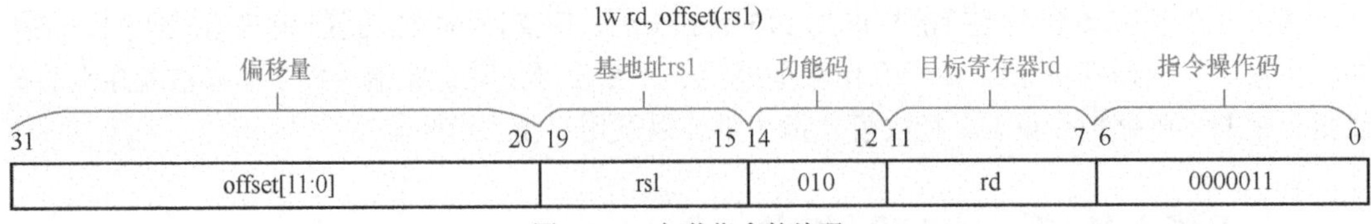

图 3.2 lw 加载指令的编码

- 第 0～6 位为 opcode 字段，用于指令分类。
- 第 7～11 位为 rd 字段，用来描述目标寄存器 rd，它可以从 x0～x31 通用寄存器中选择。
- 第 12～14 位为功能码字段，在加载指令中表示加载数据的位宽。
- 第 15～19 位为基地址 rs1，可以从 x0～x31 通用寄存器中选择。
- 第 20～31 位为 offset 字段，表示偏移量。

RV64 指令集中常用的符号说明如下。

- rd：表示目标寄存器，可以从 x0～x31 通用寄存器中选择。
- rs1：表示源寄存器 1，可以从 x0～x31 通用寄存器中选择。
- rs2：表示源寄存器 2，可以从 x0～x31 通用寄存器中选择。
- ()：通常用来表示寻址模式，例如，(a0)表示以 a0 寄存器的值为基地址进行寻址。这个前面还可以加 offset，表示偏移量，可以是正数或负数。例如，8(a0)表示以 a0 寄存器的值为基地址，然后偏移 8 字节进行寻址。
- { }：表示可选项。
- imm：表示有符号立即数。

3.3 加载与存储指令

和其他 RISC 体系结构一样，RISC-V 体系结构也基于加载和存储的体系结构设计理念。在这种体系结构下，所有的数据处理都需要在通用寄存器中完成，而不能直接在内存中完成。因此，首先把待处理数据从内存加载到通用寄存器，然后进行数据处理，最后把结果写回内存中。

1. 加载指令

加载指令的格式如下。

```
l{d|w|h|b}{u} rd,  offset(rs1),
```

其中，相关选项的含义如下。

- {d|w|h|b}：表示加载的数据宽度。加载指令如表 3.1 所示。
- {u}：可选项，表示加载的数据为无符号数，即采用零扩展方式。如果没有这个选项，表示加载的数据为有符号数，即采用有符号扩展方式。
- rd：表示目标寄存器。
- rs1：表示源寄存器 1。
- (rs1)：表示以 rs1 寄存器的值为基地址进行寻址，简称 **rs1 地址**。
- offset：表示以源寄存器的值为基地址的偏移量。offset 是 12 位有符号数，取值范围为[−2048，2047]。

表 3.1　　　　加载指令

加载指令	数据位宽/位	说明
`lb rd, offset(rs1)`	8	以 rs1 寄存器的值为基地址，在偏移 offset 的地址处加载一字节数据，经过符号扩展之后写入目标寄存器 rd 中
`lbu rd, offset(rs1)`	8	以 rs1 寄存器的值为基地址，在偏移 offset 的地址处加载一字节数据，经过零扩展之后写入目标寄存器 rd 中
`lh rd, offset(rs1)`	16	以 rs1 寄存器的值为基地址，在偏移 offset 的地址处加载两字节数据，经过符号扩展之后写入目标寄存器 rd 中
`lhu rd, offset(rs1)`	16	以 rs1 寄存器的值为基地址，在偏移 offset 的地址处加载两字节数据，经过零扩展之后写入目标寄存器 rd 中
`lw rd, offset(rs1)`	32	以 rs1 寄存器的值为基地址，在偏移 offset 的地址处加载 4 字节数据，经过符号扩展之后写入目标寄存器 rd 中
`lwu rd, offset(rs1)`	32	以 rs1 寄存器的值为基地址，在偏移 offset 的地址处加载 4 字节数据，经过零扩展之后写入目标寄存器 rd 中
`ld rd, offset(rs1)`	64	以 rs1 寄存器的值为基地址，在偏移 offset 的地址处加载 8 字节数据，写入寄存器 rd 中
`lui rd, imm`	64	先把 imm（立即数）左移 12 位，然后进行符号扩展，把结果写入 rd 寄存器中

上述加载指令的编码如图 3.3 所示，其中字段 opcode 都是一样的，唯一不同的是 funct3 字段。

31　　20	19　　15	14　　12	11　　7	6　　0
imm[11:0]	rs1	funct3	rd	opcode
12	5	3	5	7
offset[11:0]	base	width	dest	LOAD

图 3.3　加载指令的编码

【例 3-2】　下面的代码使用了加载指令。

```
1    li t0, 0x80000000
2
3    lb t1, (t0)
4    lb t1, 4(t0)
5    lbu t1, 4(t0)
6    lb t1, -4(t0)
7    ld t1, (t0)
8    ld t1, 16(t0)
```

第 1 行是一条伪指令，它把立即数加载到 t0 寄存器中。

在第 3 行中，从以 t0 寄存器的值为基地址的内存中加载一字节的数据到 t1 寄存器中，对这一字节的数据会进行符号扩展。符号扩展是计算机系统中把小字节转换成大字节的规则之一，它将符号位扩展至所需要的位数。例如，一个 8 位的有符号数为 0x8A，它的最高位（第 7 位）为 1，因此在做符号扩展的过程中，高字节部分需要填充为 0xFF，如图 3.4 所示，符号扩展到 64 位的结果为 0xFFFF FFFF FFFF FF8A。

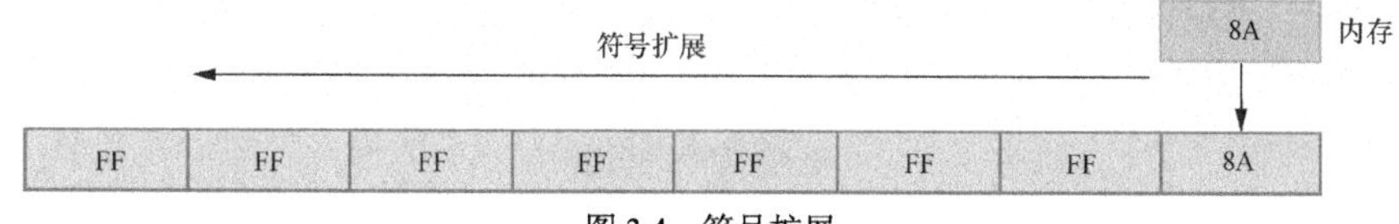

图 3.4　符号扩展

在第 4 行中，以 t0 寄存器的值为基地址再加上 4 字节的偏移量为内存地址（0x8000 0004），从这个内存地址中加载一字节的数据到 t1 寄存器中，对该字节的数据会进行符号扩展。

第 5 行中的指令与第 4 行中的指令基本类似，不同之处在于对该字节的数据不会做符号扩展，即按照无符号数来处理，因此高字节部分填充为 0，称为零扩展，如图 3.5 所示。

在第 6 行中，以 t0 寄存器的值为基地址再减去 4 字节的偏移量为内存地址（0x7FFF FFFC），从这个内存地址中加载一字节的数据到 t1 寄存器中，对该字节的数据会进行符号扩展。

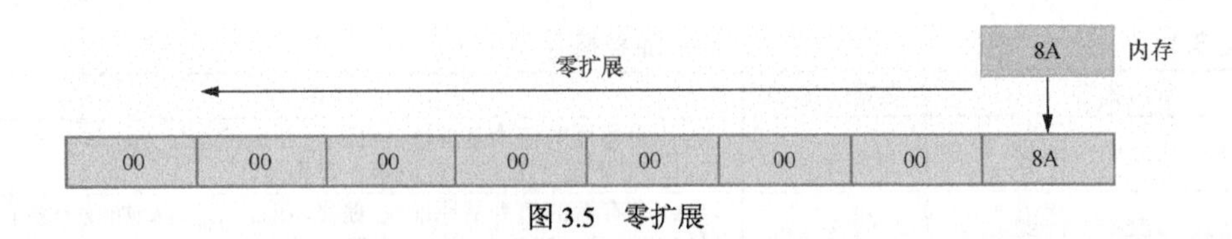

图 3.5 零扩展

在第 7 行中，从以 t0 寄存器的值为基地址的内存中加载 8 字节的数据到 t1 寄存器中。

在第 8 行中，以 t0 寄存器的值为基地址再加上 16 字节的偏移量为内存地址（0x8000 0010），从这个内存地址中加载 8 字节的数据到 t1 寄存器中。

【例 3-3】 下面的代码使用 LUI 加载立即数。

```
lui t0, 0x80200
lui t1, 0x40200
```

在第 1 行中，首先把 0x80200 左移 12 位得到 0x8020 0000，然后进行符号扩展，最后结果等于 0xFFFF FFFF 8020 0000。

在第 2 行中，首先把 0x40200 左移 12 位得到 0x4020 0000，然后进行符号扩展，因为最高位为 0，所以最后结果为 0x4020 0000。

【例 3-4】 下面的代码有错误。

```
lb a1, 2048(a0)
lb a1,-2049(a0)
```

上述指令的偏移量已经超过了取值范围，汇编器会报错。

```
AS   build_src/boot_s.o
src/boot.S: Assembler messages:
src/boot.S:6: Error: illegal operands 'lb a1,-2049(a0)'
src/boot.S:7: Error: illegal operands 'lb a1,2048(a0)'
make: *** [Makefile:28: build_src/boot_s.o] Error 1
```

2. 存储指令

存储指令的格式如下。

```
s{d|w|h|b} rs2,  offset(rs1),
```

其中，相关选项的含义如下。

- {d|w|h|b}：表示存储的数据宽度。根据数据的位宽，存储指令的分类如表 3.2 所示。
- rs1：表示源寄存器 1，用于表示基地址。
- (rs1)：表示以 rs1 寄存器的值为基地址进行寻址，简称 **rs1 地址**。
- rs2：表示源寄存器 2，用来表示源操作数。
- offset：表示以源寄存器的值为基地址的偏移量。offset 是 12 位有符号数，取值范围为 [−2048，2047]。

表 3.2 存储指令的分类

存储指令	数据位宽/位	说明
sb rs2, offset(rs1)	8	把 rs2 寄存器的低 8 位宽的值存储到以 rs1 寄存器的值为基地址加上 offset 的地址处
sh rs2, offset(rs1)	16	把 rs2 寄存器的低 16 位宽的值存储到以 rs1 寄存器的值为基地址加上 offset 的地址处
sw rs2, offset(rs1)	32	把 rs2 寄存器的低 32 位宽的值存储到以 rs1 寄存器的值为基地址加上 offset 的地址处
sd rs2, offset(rs1)	64	把 rs2 寄存器的值存储到以 rs1 寄存器的值为基地址加上 offset 的地址处

3.4 PC 相对寻址

程序计数器（Program Counter，PC）用来指示下一条指令的地址。为了保证 CPU 正确地执行程序的指令代码，CPU 必须知道下一条指令的地址，这就是程序计数器的作用，通常程序计数器是一个寄存器。例如，在程序执行之前，把程序的入口地址（即第一条指令的地址）设置到 PC 寄存器中。CPU 从 PC 寄存器指向的地址取值，然后依次执行。当 CPU 执行完一条指令后会自动修改 PC 的内容，使其指向下一条指令的地址。

RISC-V 指令集提供了一条 PC 相对寻址的指令 AUIPC。AUIPC 指令的格式如下。

```
auipc rd, imm
```

这条指令把 imm（立即数）左移 12 位并带符号扩展到 64 位后，得到一个新的立即数，这个新的立即数是一个有符号的立即数，再加上当前 PC 值，然后存储到 rd 寄存器中。由于新的立即数表示的是地址的高 20 位部分，并且是一个有符号的立即数，因此这条指令能寻址的范围为基于当前 PC 偏移量±2 GB，如图 3.6 所示。另外，由于这个新的立即数的低 12 位都是 0，因此它只能寻址到与 4 KB 对齐的地址。对于 4 KB 内部的寻址，需要结合其他指令（如 ADDI 指令）来完成。

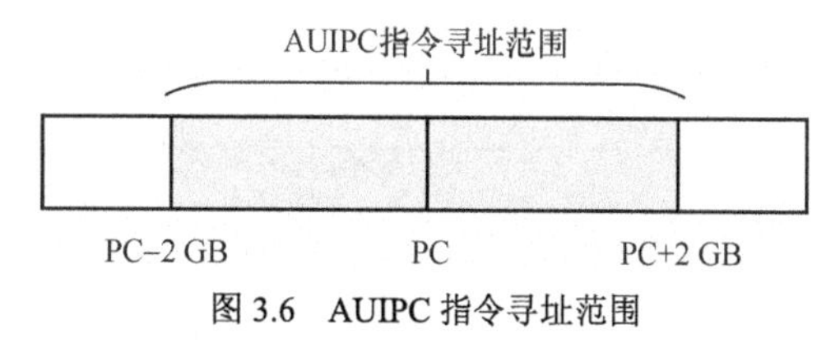

图 3.6 AUIPC 指令寻址范围

另外，还有一条指令（即 LUI 指令）与 AUIPC 类似。不同在于 LUI 指令不使用 PC 相对寻址，它仅仅把立即数左移 12 位，得到一个新的 32 立即数，带符号扩展到 64 位，并存储到 rd 寄存器中。AUIPC 和 LUI 指令的编码如图 3.7 所示。

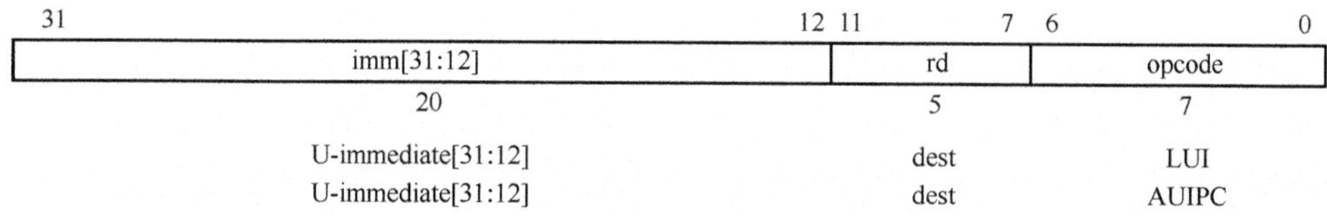

图 3.7 AUIPC 和 LUI 指令的编码

【例 3-5】 假设当前 PC 值为 0x8020 0000，分别执行如下指令，那么 a5 和 a6 寄存器的值是多少？

```
auipc   a5,0x2
lui     a6,0x2
```

a5 寄存器的值为 PC + sign_extend(0x2 << 12) = 0x8020 0000 + 0x2000 = 0x8020 2000。

a6 寄存器的值为 0x2 << 12 = 0x2000。

AUIPC 指令通常和 ADDI 联合使用来实现 32 位地址空间的 PC 相对寻址。AUIPC 指令可以寻址与被访问地址按 4 KB 对齐的地方，即被访问地址的高 20 位。ADDI 指令可以在[−2048, 2047]范围内寻址，即被访问地址的低 12 位。

如果知道了当前 PC 值和目标地址，如何计算 AUIPC 和 ADDI 指令的参数呢？如图 3.8 所示，offset 为地址 B 与当前 PC 值的偏移量，地址 B 与 4 KB 对齐的地方为地址 A，地址 A 与地址 B 的偏移量为 lo12。lo12 是有符号数的 12 位数值，取值范围为[−2048, 2047]。

根据上述信息，我们得出计算 hi20 和 lo12 的公式

```
hi20 = (offset >> 12) + offset[11]
lo12 = offset & 0xfff
```

这里特别需要注意如下几点。

- hi20 表示地址的高 20 位，用在 AUIPC 指令的 imm 操作数中。
- lo12 表示地址的低 12 位，用于 ADDI 指令的 imm 操作数中。
- 当计算 hi20 时需要加上 offset[11]，用于抵消低 12 位有符号数的影响，见例 3-6。
- lo12 是一个 12 位有符号数，取值范围为[−2048, 2047]。

下面我们使用 AUIPC 和 ADDI 指令对地址 B 进行寻址。

```
auipc a0, hi20
addi a1, a0, lo12
```

【例 3-6】 假设 PC 值为 0x8020 0000，地址 B 为 0x8020 1800。地址 B 正好在 4 KB 的正中间，地址 B 与地址 A 的偏移量为 2048 字节，而与地址 C 的偏移量为−2048 字节，如图 3.9 所示。

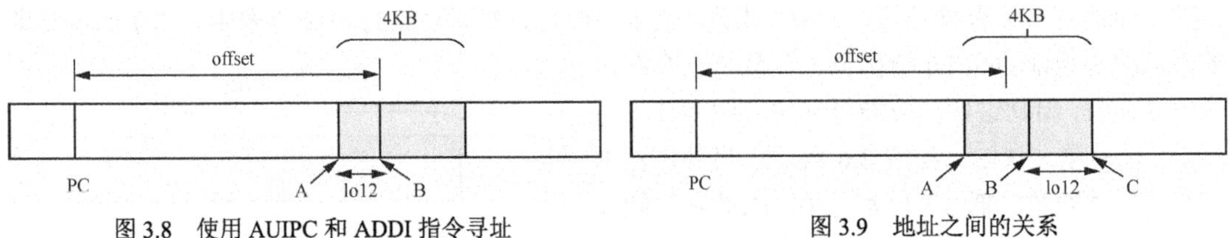

图 3.8　使用 AUIPC 和 ADDI 指令寻址

图 3.9　地址之间的关系

那我们应该使用地址 A 还是地址 C 来计算 lo12 呢？

我们应该使用地址 C 来计算 lo12。因为 lo12 是一个 12 位的有符号数，取值范围为[−2048, 2047]。若使用地址 A 来计算偏移量，lo12 就会超过取值范围。

地址 B 与 PC 值的偏移量为 0x1800。根据前面介绍的计算公式，计算 hi20 和 lo12。

```
hi20 = (0x1800 >> 12) + offset[11] = 2
lo12 = 0x800
```

因为 lo12 为 12 位有符号数，所以 0x800 表示的十进制数为−2048。下面是访问地址 B 的汇编指令。

```
auipc a0, 2
addi a1, a0, -2048
```

如果把 ADDI 指令写成如下形式，汇编器将报错，因为汇编器把字符“0x800”当成 64 位数值（即 2048）解析，它已经超过了 ADDI 指令中立即数的取值范围。

```
addi a1, a0, 0x800
```

报错日志如下。

```
AS    build_src/boot_s.o
src/boot.S: Assembler messages:
src/boot.S:6: Error: illegal operands 'addi a1,a0,0x800'
make: *** [Makefile:28: build_src/boot_s.o] Error 1
```

我们通常很少直接使用 AUIPC 指令，因为编写汇编代码时不知道当前 PC 值是多少。计算上述 hi20 和 lo12 的过程通常由链接器在重定位时完成。不过 RISC-V 定义了几条常用的伪指令，这些伪指令是基于 AUIPC 指令的。伪指令是对汇编器发出的命令，它在源程序汇编期间由汇编器处理。伪指令可以完成处理器选择、定义程序模式、定义数据、分配存储区、指示程序结束等功能。总之，伪指令可以分解为几条指令的集合。与 PC 相关的加载与存储伪指令如表 3.3 所示。

表 3.3　　与 PC 相关的加载和存储伪指令

伪指令	指令组合	说明
la rd, symbol（非 PIC）	auipc rd, delta[31 : 12] + delta[11] addi rd, rd, delta[11:0]	加载符号的绝对地址。 其中 delta = symbol−pc
la rd, symbol（PIC）	auipc rd, delta[31 : 12] + delta[11] l{w|d} rd, rd, delta[11:0]	加载符号的绝对地址。 其中 delta = GOT[symbol]−pc
lla rd, symbol	auipc rd, delta[31 : 12] + delta[11] addi rd, rd, delta[11:0]	加载符号的本地地址（local address）。 其中 delta = symbol−pc
l{b|h|w|d} rd, symbol	auipc rd, delta[31 : 12] + delta[11] l{b|h|w|d} rd, delta[11:0](rd)	加载符号的内容
s{b|h|w|d} rd, symbol, rt	auipc rt, delta[31 : 12] + delta[11] s{b|h|w|d} rd, delta[11:0](rt)	存储内容到符号中。 其中 rt 为临时寄存器
li rd, imm	根据情况扩展为多条指令	加载立即数（imm）到 rd 寄存器中

表 3.3 中的 PIC 表示生成与位置无关的代码（Position Independent Code），GOT 表示全局偏移量表（Global Offset Table）。GCC 有一个“-fpic”编译选项，它在生成的代码中使用相对地址，而不是绝对地址。所有对绝对地址的访问都需要通过 GOT 实现，这种方式通常运用在共享库中。无论共享库被加载器加载到内存什么位置，代码都能正确执行，而不需要重定位（relocate）。若没有使用“-fpic”选项编译共享库，当多个程序加载此共享库时，加载器需要为每个程序重定位共享库，即根据加载到的位置重定位，这中间可能会触发写时复制机制。

【例 3-7】 观察 LA 和 LLA 指令在 PIC 与非 PIC 模式下的区别。下面是 main.c 文件和 asm.S 文件。

```
<main.c>

extern void asm_test(void);

int main(void)
{
    asm_test();

    return 0;
}


<asm.S>
.globl my_test_data
my_test_data:
    .dword 0x12345678abcdabcd

.global asm_test
asm_test:
    la t0, my_test_data
    lla t1, my_test_data

    ret
```

首先，观察非 PIC 模式。在 QEMU+RISC-V 平台上编译，使用“-fno-pic”选项关闭 PIC。

```
# gcc main.c asm.S -fno-pic -O2 -g -o test
```

通过 OBJDUMP 命令反汇编。

```
root:example_pic# objdump -d test

00000000000005f4 <my_test_data>:
 5f4:abcd                    j  be6 <__FRAME_END__+0x53e>
 5f6:abcd                    j  be8 <__FRAME_END__+0x540>
```

```
 5f8:5678                lw a4,108(a2)
 5fa:1234                addi    a3,sp,296

00000000000005fc <asm_test>:
 5fc:00000297            auipc  t0,0x0
 600:ff828293            addi   t0,t0,-8 # 5f4 <my_test_data>
 604:00000317            auipc  t1,0x0
 608:ff030313            addi   t1,t1,-16 # 5f4 <my_test_data>
 60c:8082                ret
```

通过反汇编可知，在非 PIC 模式下，LA 和 LLA 伪指令都是 AUIPC 与 ADDI 指令，并且都直接获取了 my_test_data 符号的绝对地址。

接下来，使用“-fpic”选项重新编译 test 程序。

```
# gcc main.c asm.S -fpic -O2 -g -o test
```

然后，通过 objdump 命令反汇编。

```
root:example_pic# objdump -d test

0000000000000634 <my_test_data>:
 634:abcd                j   c26 <__FRAME_END__+0x53e>
 636:abcd                j   c28 <__FRAME_END__+0x540>
 638:5678                lw  a4,108(a2)
 63a:1234                addi    a3,sp,296

000000000000063c <asm_test>:
 63c:00002297            auipc  t0,0x2
 640:9f42b283            ld  t0,-1548(t0) # 2030 <_GLOBAL_OFFSET_TABLE_+0x10>
 644:00000317            auipc  t1,0x0
 648:ff030313            addi   t1,t1,-16 # 634 <my_test_data>
 64c:8082                ret
```

通过反汇编可知，在 PIC 模式下，LA 伪指令是 AUIPC 和 LD 指令的集合，它会访问 GOT，然后从 GOT 中获取 my_test_data 符号的地址。而 LLA 伪指令是 AUIPC 和 ADDI 指令的集合，直接获取 my_test_data 符号的绝对地址。

总之，在非 PIC 模式下，LLA 和 LA 伪指令的行为相同，获取符号的绝对地址；而在 PIC 模式下，LA 指令从 GOT 中获取符号的地址，而 LLA 伪指令获取符号的绝对地址。

【例 3-8】 在例 3-7 的基础上修改 asm.S 汇编文件，目的是观察 LI 伪指令。

```
<asm.S>

.global asm_test
asm_test:

    li t0, 0xffffff080200000
    ret
```

在 QEMU+RISC-V 平台上编译。

```
# gcc main.c asm.S -O2 -g -o test
```

通过 OBJDUMP 命令反汇编。

```
root:example_pic# objdump -d test

00000000000005fc <asm_test>:
5fc:72e1                 lui  t0,0xffff8
5fe:4012829b             addiw  t0,t0,1025
602:02d6                 slli  t0,t0,0x15
604:8082                 ret
```

从上面的反汇编结果可知，上述的 LI 伪指令由 LUI、ADDIW 和 SLLI 这 3 条指令组成。

3.5 移位操作

常见的移位操作如下。

- sll：逻辑左移（shift left logical），最高位会丢弃，最低位补 0，如图 3.10（a）所示。
- srl：逻辑右移（shift right logical），最高位补 0，最低位会丢弃，如图 3.10（b）所示。
- sra：算术右移（shift right arithmetic），最低位会丢弃，最高位会按照符号进行扩展，如图 3.10（c）所示。

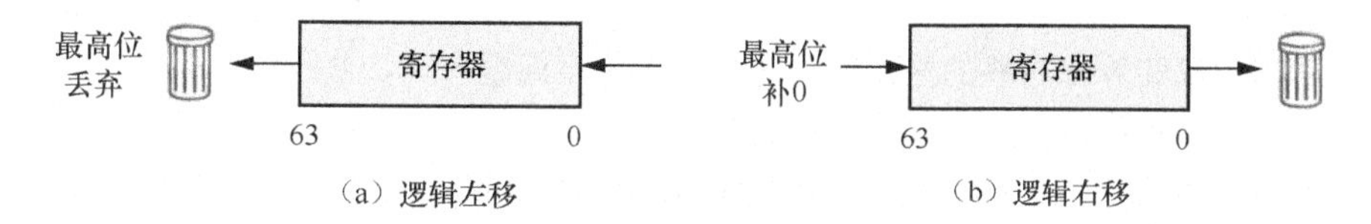

（a）逻辑左移　　（b）逻辑右移

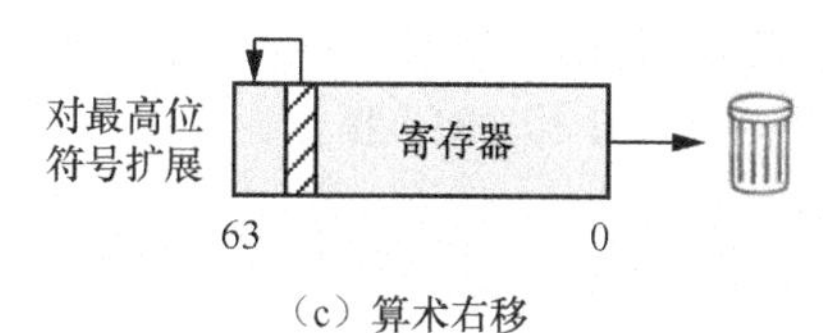

（c）算术右移

图 3.10　移位操作

常见的移位指令如表 3.4 所示。

表 3.4　常见的移位指令

指令	指令格式	说明
sll	sll rd, rs1, rs2	逻辑左移指令。 把 rs1 寄存器左移 rs2 位，结果写入 rd 寄存器中
slli	slli rd, rs1, shamt	立即数逻辑左移指令。 把 rs1 寄存器左移 shamt 位，结果写入 rd 寄存器中
slliw	slliw rd, rs1, shamt	立即数逻辑左移指令。 截取 rs1 寄存器的低 32 位作为新的源操作数，然后左移 shamt 位，根据结果进行符号扩展后写入 rd 寄存器
sllw	sllw rd, rs1, rs2	逻辑左移指令。 截取 rs1 寄存器的低 32 位作为新的源操作数，然后左移 rs2 位（取 rs2 寄存器低 5 位的值），根据结果进行符号扩展后写入 rd 寄存器
sra	sra rd, rs1, rs2	算术右移指令。 把 rs1 寄存器右移 rs2 位，根据 rs1 寄存器的旧值，进行符号扩展后写入 rd 寄存器中
srai	srai rd, rs1, shamt	立即数算术右移指令。 把 rs1 寄存器右移 shamt 位，进行符号扩展后写入 rd 寄存器中
sraiw	sraiw rd, rs1, shamt	立即数算术右移指令。 截取 rs1 寄存器的低 32 位作为新的源操作数，然后右移 shamt 位，根据新的源操作数进行符号扩展后写入 rd 寄存器中
sraw	sraw rd, rs1, rs2	算术右移指令。 截取 rs1 寄存器的低 32 位作为新的源操作数，然后右移 rs2 位（取 rs2 寄存器低 5 位的值），根据新的源操作数进行符号扩展后写入 rd 寄存器中
srl	srl rd, rs1, rs2	逻辑右移指令。 把 rs1 寄存器右移 rs2 位，进行零扩展后写入 rd 寄存器中
srli	srli rd, rs1, shamt	立即数逻辑右移指令。 把 rs1 寄存器右移 shamt 位，进行零扩展后写入 rd 寄存器中

续表

指令	指令格式	说明
srliw	srliw rd, rs1, shamt	立即数逻辑右移指令。 截取 rs1 寄存器的低 32 位作为新的源操作数，然后右移 shamt 位，进行符号扩展后写入 rd 寄存器中
srlw	srlw rd, rs1, rs2	逻辑右移指令。 截取 rs1 寄存器的低 32 位作为新的源操作数，然后右移 rs2 位（取 rs2 寄存器低 5 位的值），进行符号扩展后写入 rd 寄存器中

关于移位操作指令有三点需要注意。

- RISC-V 指令集里没有单独设置一个算术左移的指令，因为 sll 指令会把最高位丢弃。
- 逻辑右移和算术右移的区别在于是否考虑符号问题。

  例如，源操作数为二进制数 10 1010 1010。

  逻辑右移一位，变成[0]1 0101 0101（最高一位永远补 0）。

  算术右移一位，变成[1]1 0101 0101（对于算术右移，需要按照源操作数进行符号扩展）。
- 在 RV64 指令集中，SLL、SRL 以及 SRA 指令只使用 rs2 寄存器中低 6 位数据做移位操作。

【例 3-9】 如下代码使用了 SRAI 和 SRLI 指令。

```
li t0, 0x8000008a00000000
srai a1, t0, 1
srli t1, t0, 1
```

在上述代码中，SRAI 是立即数算术右移指令，把 0x8000 008A 0000 0000 右移一位并且根据源二进制数的最高位需要进行符号扩展，最后结果为 0xC000 0045 0000 0000。SRLI 是立即数逻辑右移指令，把 0x8000 008A 0000 0000 右移一位并且在最高位补 0，最后结果为 0x4000 0045 0000 0000。

【例 3-10】 如下代码使用了 SRAIW 和 SRLIW 指令。

```
1    li t0, 0x128000008a
2    sraiw a2, t0, 1
3    srliw a3, t0, 1
4
5    li t0, 0x124000008a
6    sraiw a4, t0, 1
```

在第 2 行中，使用立即数算术右移指令，截取 t0 寄存器低 32 位的值（0x8000 008A）作为新的源操作数，然后右移一位等于 0x4000 0045，根据新的源二进制数的最高位需要进行符号扩展，最后结果为 0xFFFF FFFF C000 0045。

在第 3 行中，使用立即数逻辑右移指令，截取 t0 寄存器低 32 位的值（0x8000 008A）作为新的源操作数，然后右移一位并且进行符号扩展，最后结果为 0x4000 0045。

在第 6 行中，使用立即数算术右移指令，截取 t0 寄存器低 32 位的值（0x4000 008A）作为新的源操作数，然后右移一位等于 0x2000 0045，根据新的源二进制数的最高位需要进行符号扩展，最后结果为 0x2000 0045。

【例 3-11】 下面的示例代码使用了 SLLIW 指令。

```
1    li t0, 0x128000008a
2    slliw a3, t0, 1
3
4    li t0, 0x122000008a
5    slliw a4, t0, 1
6
7    li t0, 0x124000008a
8    slliw a5, t0, 1
```

在第 2 行中，使用立即数逻辑左移指令，截取 t0 寄存器低 32 位的值（0x8000 008A），然后左移一位，得到 0x114，最后结果为 0x114。

在第 5 行中，截取 t0 寄存器低 32 位的值（0x2000 008A），左移一位后等于 0x4000 0114，最后结果为 0x4000 0114。

在第 8 行中，截取 t0 寄存器的低 32 位的值（0x4000 008A），左移一位后等于 0x800 00114，由于最高位为 1，需要进行符号扩展，最后这条 SLLIW 指令的执行结果为 0xFFFF FFFF 8000 0114。

3.6 位操作指令

RV64I 指令集提供与（and）、或（or）以及异或（xor）3 种位操作指令，如表 3.5 所示。

表 3.5 位操作指令

指令	指令格式	说明
and	and rd, rs1, rs2	与操作指令。 对 rs1 和 rs2 寄存器按位进行与操作，把结果写入 rd 寄存器中
andi	andi rd, rs1, imm	与操作指令。 对 rs1 寄存器和 imm（立即数）按位进行与操作，把结果写入 rd 寄存器中
or	or rd, rs1, rs2	或操作指令。 对 rs1 寄存器和 rs2 寄存器按位进行或操作，把结果写入 rd 寄存器中
ori	ori rd, rs1, imm	或操作指令。 对 rs1 寄存器和 imm 按位进行或操作，把结果写入 rd 寄存器中
xor	xor rd, rs1, rs2	异或操作指令。 对 rs1 寄存器和 rs2 寄存器按位进行异或操作，把结果写入 rd 寄存器中
xori	xori rd, rs1, imm	异或操作指令。 对 rs1 寄存器和 imm 按位进行异或操作，把结果写入 rd 寄存器中
not	not rd, rs	按位取反指令。 对 rs 寄存器按位进行取反操作，把结果写入 rd 寄存器中。该指令是伪指令，内部使用“xori rd, rs, -1”

异或操作的真值表如下。

0 ^ 0 = 0

0 ^ 1 = 1

1 ^ 0 = 1

1 ^ 1 = 0

从上述真值表可以发现 3 个有意思的特点。

- 0 异或任何数 = 任何数。
- 1 异或任何数 = 任何数取反。
- 任何数异或自己都等于 0。

利用上述特点，异或操作有如下几个非常常用的场景。

- 使某些特定的位翻转。例如，若想把 0b1010 0001 的第 1 位和第 2 位翻转，则可以将该数与 0b0000 0110 进行按位异或运算。

```
10100001 ^ 00000110 = 10100111
```

- 交换两个数。例如，要交换两个整数 *a*=0b1010 0001 和 *b*=0b0000 0110 的值，可通过下列语句实现。

```
a = a^b;        //a=1010 0111
b = b^a;        //b=1010 0001
a = a^b;        //a=0000 0110
```

- 在汇编代码里把变量设置为 0。

```
xor x1, x1
```

- 判断两个数是否相等。

```
bool is_identical(int a, int b)
{
    return ((a ^ b) == 0);
}
```

3.7 算术指令

RV64I 指令集只提供基础的算术指令，即加法和减法指令，如表 3.6 所示。

表 3.6 基础的算术指令

指令	指令格式	说明
add	add rd, rs1, rs2	加法指令。 将 rs1 寄存器的值与 rs2 寄存器的值相加，把结果写入 rd 寄存器中
addi	addi rd, rs1, imm	加法指令。 将 rs1 寄存器与 imm 相加，把结果写入 rd 寄存器中
addw	addw rd, rs1, rs2	加法指令。 截取 rs1 和 rs2 寄存器的低 32 位数据作为源操作数并且相加，结果只截取低 32 位，最后进行符号扩展并写入 rd 寄存器中
addiw	addiw rd, rs1, imm	加法指令。 截取 rs1 寄存器的低 32 位数据作为源操作数，加上 imm，对结果进行符号扩展并写入 rd 寄存器中
sub	sub rd, rs1, rs2	减法指令。 将 rs1 寄存器的值减去 rs2 寄存器的值，把结果写入 rd 寄存器中
subw	subw rd, rs1, rs2	减法指令。 截取 rs1 和 rs2 寄存器的低 32 位数据作为源操作数，然后新的 rs1 值减去新的 rs2 值，结果只截取低 32 位，最后进行符号扩展并写入 rd 寄存器中

ADD 指令的编码如图 3.11 所示。

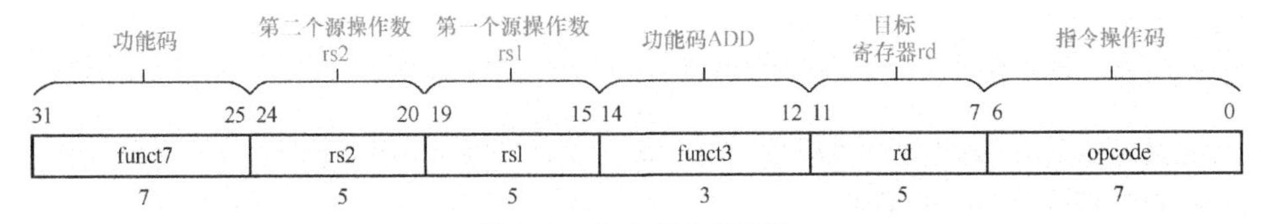

图 3.11 ADD 指令的编码

ADDI 指令的编码如图 3.12 所示。其中，imm 是一个 12 位的带符号扩展立即数，取值范围为[−2048, 2047]。

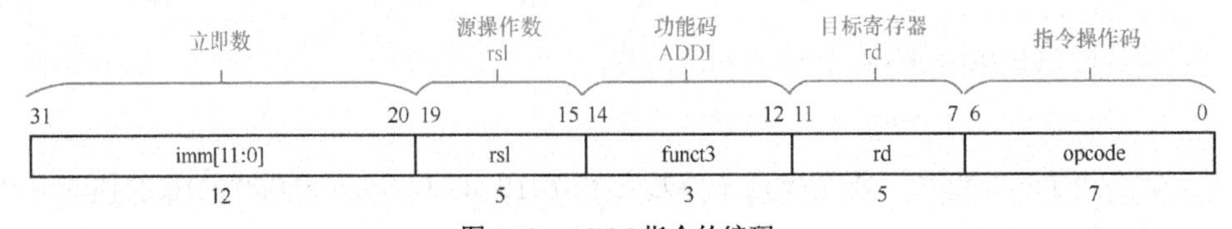

图 3.12 ADDI 指令的编码

【例 3-12】 从图 3.12 可知，ADDI 指令中的立即数是 12 位有符号数，那么下面两条指令哪一条是非法指令？

```
addi a1, t0, 0x800
addi a1, t0, 0xfffffffffffff800
```

上述两条指令中，第一条指令为非法指令。编译器会提示如下警告。

```
src/asm_test.S: Assembler messages:
src/asm_test.S:12: Error: illegal operands 'addi a1,t0,0x800'
```

在第一条指令中，我们想传递数值−2048 给 ADDI 指令。既然 ADDI 指令中的立即数为带符号扩展的 12 位立即数，0x800 表示 Bit[11]为 1，那么它为什么是一个非法的立即数呢？

其实，在 GNU AS 中，0x800 被看作一个数值为 2048 的 64 位无符号数，而不是 12 位宽的带符号扩展的立即数。如果想表示“−2048”立即数，我们需要使用 0xFFFF FFFF FFFF F800，因为汇编器中的立即数是按照处理器的位宽解析的。例如，64 位处理器使用 64 位数据，32 位处理器使用 32 位数据，而不是按照指令编码的 12 位数据。

综上所述，ADDI 指令中的立即数取值范围为[−2048, 2047]。

【例 3-13】 下面的代码使用了 ADD 指令。

```
1   li t0, 0x140200000
2   li t1, 0x40000000
3
4   addi a1, t0, 0x80
5   addiw a2, t0, 0x80
6
7   add a3, t0, t1
8   addw a4, t0, t1
```

在第 4 行中，ADDI 指令把 t0 寄存器的值与 0x80 相加，把结果写入 a1 寄存器中，a1 寄存器的值为 0x140200080。

在第 5 行中，ADDIW 指令首先截取 t0 寄存器的低 32 位，得到 0x4020 0000，然后与立即数 0x80 相加，最后做符号扩展并存入 a2 寄存器中，a2 寄存器的值为 0x4020 0080。

在第 7 行中，ADD 指令把 t0 寄存器的值加上 t1 寄存器的值，把结果写入 a3 寄存器，a3 寄存器的值为 0x18020 0000。

在第 8 行中，首先，截取 t0 寄存器的低 32 位，得到 0x4020 0000；接着，截取 t1 寄存器的低 32 位，得到 0x4000 0000；然后，相加，结果为 0x8020 0000；最后，做符号扩展并写入 a4 寄存器中，a4 寄存器的值为 0xFFFF FFFF 8020 0000。

【例 3-14】 下面的代码使用了 SUB 指令。

```
1   li t0, 0x180200000
2   li t1, 0x200000
3
4   sub a0, t0, t1
5   subw a1, t0, t1
```

在第 4 行中，SUB 指令直接用 t0 寄存器的值减去 t1 寄存器的值，结果为 0x18000 0000。

在第 5 行中，SUBW 指令，首先，截取 t0 寄存器的低 32 位，得到 0x8020 0000；然后，减去 t1 寄存器的值，得到 0x8000 0000；最后，做符号扩展，结果为 0xFFFF FFFF 8000 0000。

3.8 比较指令

RV64I 指令集支持 4 条基本比较指令，如表 3.7 所示。

表 3.7　　基本比较指令

指令	指令格式	说明
slt	slt rd, rs1, rs2	有符号数比较指令。 比较 rs1 和 rs2 寄存器的值，如果 rs1 寄存器中的值小于 rs2 寄存器中的值，向 rd 寄存器写入 1；否则，写入 0
sltu	sltu rd, rs1, rs2	等同于 slt 指令，区别在于 rs1 寄存器中的值和 rs2 寄存器中的值为无符号数
slti	slti rd, rs1, imm	比较指令。 比较 rs1 寄存器的值与 imm，如果 rs1 寄存器中的值小于 imm，向 rd 寄存器写入 1；否则，写入 0
sltiu	sltiu rd, rs1, imm	无符号数与立即数比较指令。 如果 rs1 寄存器中的值小于 imm，向 rd 寄存器写入 1；否则，写入 0

RV64I 指令集只支持小于比较指令，为了方便程序员编写汇编代码，RISC-V 提供几条常用的比较伪指令，如表 3.8 所示。

表 3.8　　比较伪指令

伪指令	伪指令格式	说明
sltz	sltz rd, rs1	小于 0 则置位指令。 如果 rs1 寄存器的值小于 0，向 rd 寄存器写入 1；否则，写入 0
snez	snez rd, rs1	不等于则置位指令。 如果 rs1 寄存器的值不等于 0，向 rd 寄存器写入 1；否则，写入 0
seqz	seqz rd, rs1	等于 0 则置位指令。 如果 rs1 寄存器的值等于 0，向 rd 寄存器写入 1；否则，写入 0
sgtz	sgtz rd, rs1	大于 0 则置位指令。 如果 rs1 寄存器的值大于 0，向 rd 寄存器写入 1；否则，写入 0

3.9 无条件跳转指令

RV64I 指令集支持的无条件跳转指令如表 3.9 所示。

表 3.9　　无条件跳转指令

指令	指令格式	说明
jal	jal rd, offset	跳转与链接指令。 跳转到数值为 PC + offset 的地址中。然后，把返回地址（PC + 4）保存到 rd 寄存器中。offset 是 21 位有符号数。跳转范围是大约当前 PC 值偏移±1 MB，即 PC−0x10 0000～PC+0xFF FFFE
jalr	jalr rd, offset(rs1)	使用寄存器的跳转指令。 跳转到以 rs1 寄存器的值为基地址且偏移 offset 的地址处，然后把返回地址(PC+4)保存到 rd 寄存器中。offset 是 12 位有符号数。偏移范围为−2048～2047

JAL（Jump And Link，跳转与链接）指令使用 J 类型的指令编码，如图 3.13 所示。其中，操作数 offset[20:1]由指令编码的 Bit[31:12]构成，它默认是 2 的倍数，因此它的跳转范围为当前 PC 值偏移±1 MB。另外，把返回地址（即 PC + 4）存储到 rd 寄存器中。根据 RISC-V 函数调用规则，如果把返回地址存储到 ra 寄存器中，则可以实现函数返回。

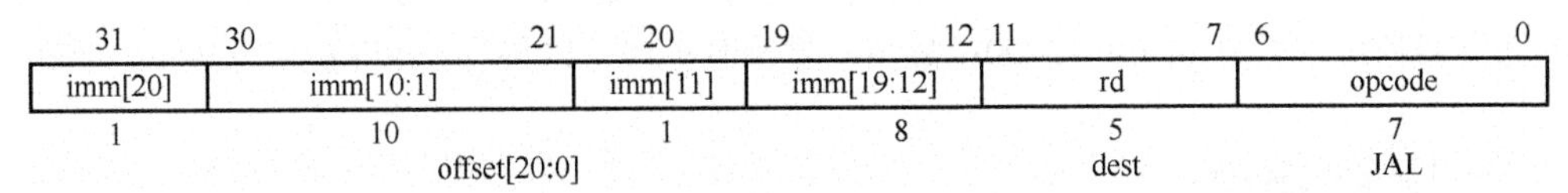

图 3.13　JAL 指令的编码

JALR（Jump And Link Register，跳转与链接寄存器）指令使用 I 类型指令编码，如图 3.14 所示。要跳转的地址由 rs1 寄存器和 offset 操作数组成。其中，offset 是一个 12 位的有符号立即数。

31 — 20	19 — 15	14 — 12	11 — 7	6 — 0
imm[11:0]	rs1	funct3	rd	opcode
12	5	3	5	7
offset[11:0]	base	0	dest	JALR

图 3.14 JALR 指令的编码

【例 3-15】 假设执行如下各条指令时当前 PC 值为 0x8020 0000，下面指令哪些是非法指令？

```
1    jal a0, 0x800fffff
2    jal a0, 0x80300000
```

编译上述两条指令都会出错，汇编器会输出如下错误消息。

```
AS    build_src/boot_s.o
build_src/boot_s.o: in function '.L0 ':
/home/rlk/rlk/riscv_trainning/benos/src/boot.S:10:(.text.boot+0x0): relocation truncated
 to fit: R_RISCV_JAL against '*UND*'
```

上述两条指令都超过了 JAL 指令的跳转范围。以 PC 值为 0x8020 0000，JAL 指令的跳转范围为[0x8010 0000，0x802F FFFE]。

为了方便程序员编写汇编代码，RISC-V 根据 JAL 和 JALR 指令扩展了多条无条件跳转伪指令，如表 3.10 所示。

表 3.10 无条件跳转伪指令

伪指令	指令组合	说明
j label	jal x0, offset	跳转到 label 处，不带返回地址
jal label	jal ra, offset	跳转到 label 处，返回地址存储在 ra 寄存器中
jr rs	jalr x0, 0(rs)	跳转到 rs 寄存器中的地址处，不带返回地址
jalr rs	jalr ra, 0(rs)	跳转到 rs 寄存器中的地址处，返回地址存储在 ra 寄存器中
ret	jalr x0, 0(ra)	从 ra 寄存器中获取返回地址，并返回。常用于子函数返回
call func	auipc ra, offset[31:12]+ offset[11] jalr ra, offset[11:0](ra)	调用子函数 func，返回地址保存到 ra 寄存器中
tail func	auipc x6, offset[31:12]+ offset[11] jalr x0, offset[11:0](x6)	调用子函数 func，不保存返回地址

表中的 label 和 func 表示汇编符号，在链接重定位过程中由当前 PC 值与符号地址来共同确定指令编码中 offset 字段的值。关于汇编符号，见 5.3.2 节，关于链接重定位，见 6.4 节。

3.10 条件跳转指令

RV64I 支持的条件跳转指令如表 3.11 所示。

表 3.11 条件跳转指令

指令	指令格式	说明
beq	beq rs1, rs2, label	如果 rs1 和 rs2 寄存器的值相等，则跳转到 label 处
bne	bne rs1, rs2, label	如果 rs1 和 rs2 寄存器的值不相等，则跳转到 label 处
blt	blt rs1, rs2, label	如果 rs1 寄存器的值小于 rs2 寄存器的值，则跳转到 label 处
bltu	bltu rs1, rs2, label	与 blt 指令类似，只不过 rs1 寄存器的值和 rs2 的值为无符号数
bgt	bgt rs1, rs2, label	如果 rs1 寄存器的值大于 rs2 寄存器的值，则跳转到 label 处
bgtu	bgtu rs1, rs2, label	与 bgt 指令类似，只不过 rs1 寄存器的值和 rs2 的值为无符号数
bge	bge rs1, rs2, label	如果 rs1 寄存器的值大于或等于 rs2 寄存器的值，则跳转到 label 处
bgeu	bgeu rs1, rs2, label	与 bge 指令类似，只不过 rs1 寄存器和 rs2 寄存器的值为无符号数

上述条件跳转指令都采用 B 类型的指令编码，如图 3.15 所示，其中操作数 offset 表示 label 的地址基于当前 PC 地址的偏移量。操作数 offset 是 13 位有符号立即数。其中，offset[12:1]由指令编码的 Bit[31:25]以及 Bit[11:7]共同构成，offset[0]默认为 0，offset 默认是 2 的倍数，它的最大寻址范围是−4 KB～4 KB，因此上述指令只能跳转到当前 PC 地址±4 KB 的范围。若跳转地址大于上述范围，编译器不会报错，因为链接器在链接重定位时会做链接器松弛优化，选择合适的跳转指令。指令编码中的 offset 值是在链接重定位过程中由当前 PC 值与 label 的地址共同来确定的。为了编程方便，我们通常使用汇编符号完成条件跳转指令。

31	30　25	24　20	19　15	14　12	11　8	7	6　0
imm[12]	imm[10:5]	rs2	rs1	funct3	imm[4:1]	imm[11]	opcode
1	6	5	5	3	4	1	7
offset[12|10:5]		src2	srcl	BEQ/BNE	offset[11|4:1]		BRANCH
offset[12|10:5]		src2	srcl	BLT[U]	offset[11|4:1]		BRANCH
offset[12|10:5]		src2	srcl	BGE[U]	offset[11|4:1]		BRANCH

图 3.15　条件跳转指令编码

【例 3-16】 在下面的汇编代码中，当 x1 与 x2 寄存器的值不相等时，跳转到 L1 标签处。

```
main:
    addi x1, x0, 33
    addi x2, x0, 44
    bne x1, x2, .L1
.L0:
    li     a5,-1
.L1:
    mv     a0,a5
    ret
```

使用 riscv64-linux-gnu-as 和 riscv64-linux-gnu-objdump 工具编译反汇编代码。

```
$ riscv64-linux-gnu-as my_asm.s -o my_asm
$ riscv64-linux-gnu-objdump -d my_asm

Disassembly of section .text:

0000000000000000 <main>:
   0:02100093         li  ra,33
   4:02c00113         li  sp,44
   8:00209463         bne  ra,sp,10 <.L1>
   c:fff00793         li  a5,-1

0000000000000010 <.L1>:
  10:00078513         mv  a0,a5
      14:00008067         ret
```

从反汇编结果可知，BNE 指令的编码值为 0x0020 9463，指令地址为 0x8，L1 标签处的地址为 0x10，对照图 3.15 从指令编码值可计算出 offset 值为 8，这符合我们的预期。

为了方便程序员编写汇编代码，RISC-V 又扩展了多条伪指令，如表 3.12 所示。

表 3.12　　条件跳转伪指令

伪指令	指令组合	判断条件
`beqz rs, label`	`beq rs, x0, label`	rs == 0
`bnez rs, label`	`bne rs, x0, label`	rs != 0
`blez rs, label`	`bge x0, rs, label`	rs <= 0
`bgez rs, label`	`bge rs, x0, label`	rs >= 0
`bltz rs, label`	`blt rs, x0, label`	rs < 0
`bgtz rs, label`	`blt x0, rs, label`	rs > 0
`bgt rs, rt, label`	`blt rt, rs, label`	rs > rt

续表

伪指令	指令组合	判断条件
`ble rs, rt, label`	`bge rt, rs, label`	rs <= rt
`bgtu rs, rt, label`	`bltu rt, rs, label`	rs > rt（无符号数比较）
`bleu rs, rt, label`	`bleu rs, rt, label`	rs <= rt（无符号数比较）

3.11 CSR 指令

RISC-V 体系结构不仅提供了一组系统寄存器（详见 1.3.2 节），还提供了一组指令来访问这些系统寄存器。CSR 指令的编码如图 3.16 所示。

31　　　　　20	19　　15	14　　12	11　　7	6　　0
crs	rs1	funct3	rd	opcode
12	5	3	5	7
source/dest	source	CSRRW	dest	SYSTEM
source/dest	source	CSRRS	dest	SYSTEM
source/dest	source	CSRRC	dest	SYSTEM
source/dest	uimm[4:0]	CSRRWI	dest	SYSTEM
source/dest	uimm[4:0]	CSRRSI	dest	SYSTEM
source/dest	uimm[4:0]	CSRRCI	dest	SYSTEM

图 3.16　CSR 指令的编码

常用的 CSR 指令如表 3.13 所示。

表 3.13　常用的 CSR 指令

CSR 指令	指令格式	说明
`csrrw`	`csrrw rd, csr, rs1`	原子地交换 CSR 和 rs1 寄存器的值。 读取 CSR 的旧值，将其零扩展到 64 位，然后写入 rd 寄存器中。与此同时，rs1 寄存器的旧值将被写入 CSR 中
`csrrs`	`csrrs rd, csr, rs1`	原子地读 CSR 的值并且设置 CSR 中相应的位。 指令读取 CSR 的旧值，将其零扩展到 64 位，然后写入 rd 寄存器中。与此同时，以 rs1 寄存器的值作为掩码，设置 CSR 相应的位
`csrrc`	`csrrc rd, csr, rs1`	原子地读 CSR 的值并且清除 CSR 中相应的位。 指令读取 CSR 的旧值，将其零扩展到 64 位，然后写入 rd 寄存器中。与此同时，以 rs1 寄存器的值作为掩码，清除 CSR 中相应的位
`csrrwi`	`csrrwi rd, csr, uimm`	作用与 csrrw 指令类似，区别在于使用 5 位无符号立即数替代 rs1
`csrrsi`	`csrrsi rd, csr, uimm`	作用与 csrrs 指令类似，区别在于使用 5 位无符号立即数替代 rs1
`csrrci`	`csrrci rd, csr, uimm`	作用与 csrrc 指令类似，区别在于使用 5 位无符号立即数替代 rs1

【例 3-17】　下面的代码使用了 CSR 指令。

```
1    csrrw t0, sscratch, tp
2    csrrw tp, sscratch, tp
3    csrrs t0, sstatus, t1
```

在第 1 行中，交换 tp 和 sscratch 寄存器的值，即读取 sscratch 寄存器的旧值并写入 t0 寄存器中。与此同时，把 tp 寄存器的旧值写入 sscratch 寄存器中。这用 C 语言伪代码 t0 = sscratch，sscratch = tp 表示。

在第 2 行中，源寄存器和目标寄存器是同一个寄存器，这很容易迷惑人。这条指令先读取 sscratch 寄存器的旧值并写入 tp 寄存器，与此同时，把 tp 寄存器的旧值写入 sscratch 寄存器。这用 C 语言伪代码 tp = sscratch，sscratch = tp 表示。

在第 3 行中，把 sstatus 寄存器的旧值读取并写入 t0 寄存器中。与此同时，以 t1 寄存器的值

为掩码，设置 sstatus 寄存器中相应的位。这用 C 语言伪代码 t0 = sstatus，sstatus |= t1 表示。

CSR 指令中的目标寄存器和源寄存器可以使用 x0 寄存器，从而组合成常用的 CSR 伪指令，如表 3.14 所示。

表 3.14　　常用的 CSR 伪指令

伪指令	指令组合	说明
`csrr rd, csr`	`csrrs rd, csr, x0`	读取 CSR 的值
`csrw csr, rs`	`csrrw x0, csr, rs`	写 CSR 的值
`csrs csr, rs`	`csrrs x0, csr, rs`	设置 CSR 的字段（csr |= rs）
`csrc csr, rs`	`csrrc x0, csr, rs`	清除 CSR 的字段（csr &=～rs）
`csrwi csr, imm`	`csrrwi x0, csr, imm`	把 imm 写入 CSR 中
`csrsi csr, imm`	`csrrsi x0, csr, imm`	设置 CSR 的字段（csr |= imm）
`csrci csr, imm`	`csrrci x0, csr, imm`	清除 CSR 的字段（csr &=～imm）

3.12 寻址范围

在使用 RISC-V 汇编指令编写代码时需要特别注意指令的寻址范围。RISC-V 支持长距离寻址和短距离寻址。

- 长距离寻址：通过 AUIPC 可以实现基于当前 PC 偏移量±2 GB 范围的寻址，这种寻址方式叫作 PC 相对寻址，不过 AUIPC 指令只能寻址到按 4 KB 对齐的地方。
- 短距离寻址：有些指令（如 ADDI 指令、加载和存储指令等）可以实现基于基地址短距离寻址，即寻址范围为-2048～2047，这个范围正好是 4 KB 大小内部的寻址范围。

长距离寻址和短距离寻址结合可以实现基于当前 PC 偏移量±2 GB 范围的任意地址的寻址。

对于跳转指令，RISC-V 也支持长跳转模式和短跳转模式，这些模式在链接器松弛优化中会用到。

- 长跳转模式：通过 AUIPC 与 JALR 指令实现基于当前 PC 偏移量±2 GB 的范围跳转。
- 短跳转模式：JAL 指令可以实现基于当前 PC 偏移量±1 MB 的范围跳转。

3.13 陷阱：为什么 ret 之后就进入死循环

在汇编代码里使用 call 伪指令来调用子函数，不过处理不当会导致程序崩溃。因为使用 call 伪指令跳转到子函数时会修改 ra 寄存器（返回地址）的值，把当前 PC+4 写入 ra 寄存器中。这就把父函数的返回地址给修改了，导致父函数调用 ret 指令返回时崩溃。

【例 3-18】　C 语言中的 asm_test()函数调用 branch_test()汇编函数，branch_test()汇编函数调用 add_test()子函数。

汇编文件 asm.S 如下。

```
<asm.S>

1     add_test:
2         add a0, a0, a1
3         nop
4         ret
5
6     .globl branch_test
7     branch_test:
8         li a0, 1
```

```
9         li a1, 2
10        /*调用 add_test()子函数*/
11        call add_test
12        nop
13        ret
```

asm_test()函数如下。

```
1   void asm_test(void)
2   {
3       /*调用汇编函数*/
4       branch_test();
5   }
```

在上述例子中，add_test()函数通过 RET 指令返回时就陷入死循环。

下面是分析的过程。

在第 6 行中，假设程序执行到 branch_test()函数时，上一级函数 asm_test()的返回地址（ra 寄存器的值）为 0x8020 0160。

在第 11 行中，调用子函数 add_test()，此时 PC 值为 0x8020 0192。

在第 1 行中，程序执行 add_test()子函数，此时返回地址（ra 寄存器的值）被改写为 0x8020 0196。因为 ra 寄存器的值为调用子函数的 call 指令的 PC 值加上 4。

子函数 add_test()执行 RET 返回第 11 行，此时 ra 寄存器的值为 0x8020 0196。而对于父函数 branch_test()来说，它的返回地址应该为 0x8020 0160，这样才能正确返回，而 0x8020 0196 地址对应 branch_test()汇编函数的 NOP 指令（第 12 行），因此程序进入死循环（见图 3.17）。

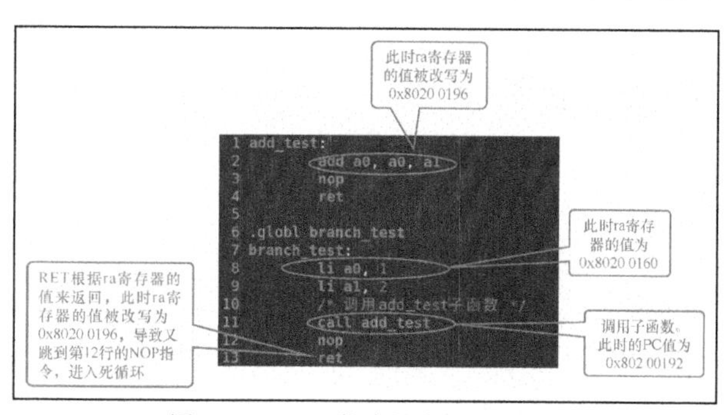

图 3.17 CALL 指令导致程序死循环

下面是通过 riscv64-linux-gnu-objdump 命令得到的反汇编代码以及对应的地址。

```
0000000080200154 <asm_test>:
    80200154:1141               addi  sp,sp,-16
    80200156:e406               sd   ra,8(sp)
    80200158:e022               sd   s0,0(sp)
    8020015a:0800               addi  s0,sp,16
    8020015c:032000ef           jal   ra,8020018e <branch_test>
    80200160:0001               nop
    80200162:60a2               ld   ra,8(sp)
    80200164:6402               ld   s0,0(sp)
    80200166:0141               addi  sp,sp,16
    80200168:8082               ret

0000000080200188 <add_test>:
    80200188:952e               add  a0,a0,a1
    8020018a:0001               nop
    8020018c:8082               ret

000000008020018e <branch_test>:
    8020018e:4505               li  a0,1
    80200190:4589               li  a1,2
```

```
    80200192:ff7ff0ef             jal   ra,80200188 <add_test>
 => 80200196:0001                 nop
    80200198:8082                 ret
```

解决办法是在遇到嵌套调用函数时需要在父函数里把 ra 寄存器保存到一个临时寄存器。在父函数 ret 返回之前，先从临时寄存器中恢复 ra 寄存器的值，再执行 RET 以返回。如图 3.18 所示，使用 MV 指令先把 ra 寄存器的值存储到 x18 寄存器中，然后在父函数返回之前从 x18 寄存器中取回 ra 寄存器的内容。

总之，这里涉及 ra 寄存器的保存，比较通用的做法是在函数入口把 ra 寄存器的值都保存到栈中，在函数返回时从栈中恢复 ra 寄存器的值，如图 3.19 所示。

```
 1 add_test:
 2         add a0, a0, a1
 3         nop
 4         ret
 5
 6 .globl branch_test
 7 branch_test:
 8         /*把ra寄存器的值保存临时寄存器x18中
 9          以免调用子函数时被破坏*/
10         mv x18, ra
11
12         li a0, 1
13         li a1, 2
14         /* 调用add_test子函数 */
15         call add_test
16         nop
17
18         /* 从x18中恢复ra返回地址*/
19         mv ra, x18
20         ret
```

图 3.18　把返回地址保存到临时寄存器中

```
.globl branch_test
branch_test:
        /*把ra寄存器的值保存到栈里*/
        addi    sp,sp,-8
        sd      ra,(sp)

        li a0, 1
        li a1, 2
        /*调用add_test子函数 */
        call add_test
        nop

        /*从栈中恢复ra*/
        ld      ra,(sp)
        addi    sp,sp,8
        ret
```

图 3.19　把返回地址保存到栈里

3.14 实验

3.14.1　实验 3-1：熟悉加载指令

1. 实验目的

熟悉加载指令的使用。

2. 实验要求

请在 BenOS 里做如下练习，以新建一个汇编文件。

（1）使用 LI 指令把 0x8020 0000 加载到 a0 寄存器。使用 LI 指令把立即数 16 加载到 a1 寄存器。

（2）从 0x8020 0000 地址中读取 4 字节的数据。

（3）从 0x8020 0010 地址中读取 8 字节的数据。

（4）下面的 LUI 指令最后的执行结果是多少？

```
lui t0, 0x8034f
lui t1, 0x400
```

编写汇编代码，并使用 GDB 单步调试。

提示：在 GDB 中，使用 x 命令读取内存地址的值，然后和寄存器的值进行比较以验证是否正确。

3.14.2　实验 3-2：PC 相对地址寻址

1. 实验目的

熟悉 PC 相对地址寻址的加载和存储指令。

2. 实验要求

在 BenOS 里做如下练习。

在汇编文件中输入如下代码。

```
#define MY_OFFSET -2048

auipc t0, 1
addi t0, t0, MY_OFFSET
ld t1, MY_OFFSET(t0)
```

t0 和 t1 寄存器的值分别是多少？

请使用 GDB 单步调试并观察对应内存单元与寄存器的变化。

3.14.3 实验 3-3：memcpy()函数的实现

1. 实验目的

熟悉加载与存储指令。

2. 实验要求

在 BenOS 里做如下练习。

实现一个小的 memcpy()汇编函数，从 0x802 0000 地址复制 32 字节到 0x8021 0000 地址处，并使用 GDB 比较数据是否复制正确。

3.14.4 实验 3-4：memset()函数的实现

1. 实验目的

熟悉 RISC-V 指令。

2. 实验要求

在 BenOS 里做如下练习。

memset()函数的 C 语言原型如下。假设内存地址 s 按 16 字节对齐，count 也按 16 字节对齐。请使用 RISC-V 汇编指令实现这个函数。

（1）memset()函数的原型如下。

```
void *memset(void *s, int c, size_t count)
{
    char *xs = s;

    while (count--)
        *xs++ = c;
    return s;
}
```

（2）假设内存地址 s 以及 count 不按 16 字节对齐，如 memset(0x80210004, 0x55, 102)，请继续优化 memset()函数。

3.14.5 实验 3-5：条件跳转指令 1

1. 实验目的

熟练掌握条件跳转指令。

2. 实验要求

在 BenOS 里做实验。编写一个汇编函数，实现比较与返回功能。下面是该函数的 C 语言伪代码。

```
unsigned long compare_and_return(unsigned long a, unsigned long b)
{
      if (a >= b)
          return 0;
```

```
        else
            return 0xffffffffffffffff;
}
```

3.14.6 实验 3-6：条件跳转指令 2

1. 实验目的

进一步掌握条件跳转指令。

2. 实验要求

请在 BenOS 里做如下练习。

请使用条件选择指令实现如下 C 语言函数。

```
unsigned long sel_test(unsigned long a, unsigned long b)
{
     if (a == 0)
              return b+2;
     else
              return b-1;
}
```

3.14.7 实验 3-7：子函数跳转

1. 实验目的

熟练汇编中的子函数跳转。

2. 实验要求

请在 BenOS 里做如下练习。

（1）创建 bl_test()汇编函数，在该汇编函数里使用 CALL 指令跳转到实验 3-6 中实现的 sel_test()汇编函数。

（2）在 kernel.c 文件中，用 C 语言调用 bl_test()汇编函数。

3.14.8 实验 3-8：在汇编中实现串口输出功能

1. 实验目的

熟练使用 RISC-V 汇编指令。

2. 实验要求

在实际项目开发中，如果没有硬件仿真器（如 J-Link 仿真器），那么可以在汇编代码中利用下面几个常见的调试技巧。

- ❑ 利用 LED 实现一个跑马灯。
- ❑ 使用串口输出。

请在 BenOS 上用汇编代码实现串口的输出功能，并输出“Booting at asm”。

第 4 章 函数调用规范与栈

本章思考题

1. 请阐释 RISC-V 体系结构下的函数调用规范。
2. 在函数调用过程中，如果函数传递的参数大于 8，如何传递参数？
3. 假设函数调用关系为 main()→func1()→func2()，请画出 RSIC-V 体系结构下函数栈的布局。
4. 请画出 RISC-V 体系结构下函数调用过程中的入栈和出栈过程。
5. 请阐释在 RISC-V 体系结构下如何通过 FP 回溯整个栈。

本章主要介绍 RISC-V 函数调用规范和栈的基础知识，结合 LP64 数据模型介绍函数调用规范。

4.1 函数调用规范

函数调用规范（calling convention）用来描述父/子函数是如何编译和链接的，特别是父函数和子函数之间调用关系的约定，如栈的布局、参数的传递等。每个处理器体系结构都有不同的函数调用规范。本章重点介绍 RISC-V 的函数调用规范。

RISC-V 整型通用寄存器在函数调用规范中的使用情况如表 4.1 所示。

表 4.1 RISC-V 整型通用寄存器在函数调用规范中的使用情况

名称	ABI 别名	描述	调用过程中是否需要保存
x0	zero	内容一直为 0 的寄存器	否
x1	ra	保存返回地址	否
x2	sp	保存栈指针	是
x3	gp	保存全局指针	否
x4	tp	保存线程指针	否
x5～x7	t0～t2	临时寄存器	否
x8～x9	s0～s1	被调用者需要保存的寄存器	是
x10～x17	a0～a7	用于传递子程序的参数和结果	否
x18～x27	s2～s11	被调用者需要保存的寄存器	是
x28～x31	t3～t6	临时寄存器	否

总之，关于函数调用规范，有如下规则。

- 函数的前 8 个参数使用 a0～a7 寄存器传递。
- 如果函数参数多于 8 个，除前 8 个参数使用寄存器来传递之外，后面的参数使用栈传递。

- 如果传递的参数小于寄存器宽度（64 位），那么先按符号扩展到 32 位，再按符号扩展到 64 位。如果传递的参数为寄存器宽度的 2 倍（128 位），那么将使用一对寄存器来传递该参数。
- 函数的返回参数保存到 a0 和 a1 寄存器中。
- 函数的返回地址保存在 ra 寄存器中。
- 如果子函数里使用 s0～s11 寄存器，那么子函数在使用前需要把这些寄存器的内容保存到栈中，使用完之后再从栈中恢复内容到这些寄存器里。
- 栈向下增长（向较低的地址），sp 寄存器在进入函数时要对齐到 16 字节边界上。传递给栈的第一个参数位于 sp 寄存器的偏移量 0 处，后续的参数存储在相应的较高地址处。
- 如果 GCC 使用“-fno-omit-frame-pointer”编译选项，那么编译器使用 s0 作为栈帧指针（Frame Pointer，FP）。

【例 4-1】 请使用汇编语言实现下面的 C 语言程序。

```
#include <stdio.h>

int main(void)
{
    int a = 1, b = 2, c = 3, d = 4, e = 5, f = 6, g = 7, h =8, i = 9, j = -1;

    printf("data: %d %d %d %d %d %d %d %d %d %d\n",
           a, b, c, d, e, f, g, h, i, j);

    return 0;
}
```

上面的 C 语言程序使用 printf()函数输出 10 个参数的值。根据函数调用规则，前 8 个参数使用 a0～a7 寄存器传递，后面的参数只能使用栈来传递。下面是使用汇编语言编写的代码。

```
<test.S>

1       .section  .rodata
2       .align  3
3   .string:
4       .string  "data: %d %d %d %d %d %d %d %d %d %d\n"
5
6   data:
7       .word 1, 2, 3, 4, 5, 6, 7, 8, 9, -1
8
9       .text
10      .align  2
11
12  .global  main
13  main:
14      /*栈往下扩展 48 字节*/
15      addi  sp,sp,-48
16
17      /*保存 main()函数的返回地址到栈里*/
18      sd  ra,40(sp)
19
20      /*a0 传递第一个参数——.string*/
21      la  a0, .string
22
23      /*a1 ~ a7 寄存器传递 printf()函数的前 7 个参数*/
24      li  a1,1
25      li  a2,2
26      li  a3,3
27      li  a4,4
28      li  a5,5
29      li  a6,6
30      li  a7,7
```

```
31
32        /*printf()函数的第 8～10 个参数通过栈来传递*/
33        li   t0,8
34        sd   t0,0(sp)
35        li   t0,9
36        sd   t0,8(sp)
37        li   t0,-1
38        sd   t0,16(sp)
39
40        /*调用 printf()函数*/
41        call printf
42
43        /*从栈中恢复返回地址*/
44        ld   ra,40(sp)
45        /*设置 main()函数的返回值为 0*/
46        li   a0,0
47        /*SP 回到原点*/
48        addi  sp,sp,48
49        ret
```

下面在 QEMU+RISC-V 平台上编译和运行。

```
# gcc test.S -o test
# ./test
data: 1 2 3 4 5 6 7 8 9 -1
```

下面是上述汇编代码的分析。

在第 1～7 行中，定义了一个只读数据段，其中 string 是 printf()函数输出的字符串，data 是一组数据。

在第 15 行中，把栈空间往下生长（扩展）48 字节，如图 4.1（a）所示。

在第 18 行中，把 main()函数的返回地址（ra 寄存器的值）保存到 SP+40 的位置上（s_ra），如图 4.1（b）所示。

在第 21 行中，加载字符串.string，并且把.string 的地址作为第 1 个参数传递给 printf()函数，这里使用了 a0 寄存器。

在第 24～30 行中，使用 a1～a7 寄存器传递 printf()函数的前 7 个参数。

在第 33～38 行中，剩余的参数需要通过栈传递，把 printf()函数的第 8 个参数存储到 SP+0 的位置上，第 9 个参数存储在 SP+8 的位置上，第 10 个参数存储到 SP+16 的位置上，如图 4.1（c）所示。

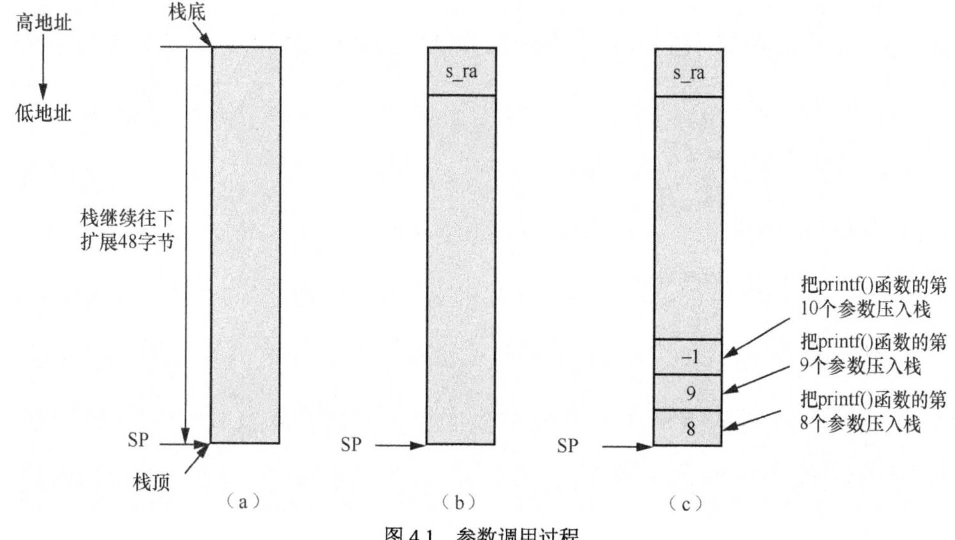

图 4.1　参数调用过程

在第 44 行中，从栈里恢复 main()函数的返回地址。

在第 46 行中，main()函数的返回值为 0。

在第 48 行中，释放栈空间。

在第 49 行中，通过 RET 指令返回。

4.2 入栈与出栈

栈（stack）是一种后进先出的数据存储结构。栈的作用如下。

- 保存临时存储的数据，如局部变量等。
- 在函数调用过程中，如果传递的参数少于或等于 8 个，那么使用 a0～a7 通用寄存器传递。当参数多于 8 个时，则需要使用栈传递参数。

通常栈是指一种从高地址往低地址扩展的数据存储结构。栈的起始地址称为栈底，栈从高地址往低地址延伸到的某个点称为栈顶。栈需要一个指针来指向栈最新分配的地址，即指向栈顶。这个指针是栈指针（SP）。把数据往栈里存储称为入栈或者压栈（push），从栈中移出数据称为出栈（pop）。当数据入栈时，SP 指向的地址减小，栈空间扩大；当数据出栈时，SP 指向的地址增大，栈空间缩小。另外，还有一个指针，叫作栈帧指针（FP），用来指向栈底。在 RISC-V 中使用 s0 寄存器作为 FP。

栈在函数调用过程中起到非常重要的作用，包括存储函数使用的局部变量、传递参数等。在函数调用过程中，栈是逐步生成的。为单个函数分配的栈空间，即从该函数栈底（高地址）到栈顶（低地址）的这段空间称为栈帧。

尽管有不少处理器的指令集提供了入栈和出栈的专用指令，例如，ARM 的 A32 指令集提供了 POP 和 PUSH 指令来实现入栈与出栈，但是在 RISC-V 指令集中并没有提供专门的入栈和出栈指令。

在 RISC-V 体系结构中，每个栈帧的大小至少为 16 字节。sp 寄存器指向栈顶，并且必须按 16 字节对齐。从栈底开始的 16 字节用来存储函数的返回地址和 FP 的值（假设 GCC 打开“-fno-omit-frame-pointer”编译选项），如图 4.2 所示。其中，s_ra 用来存储函数返回地址，s_fp 用来存储 FP 的值。s_fp 的用法在 4.3.2 节介绍。

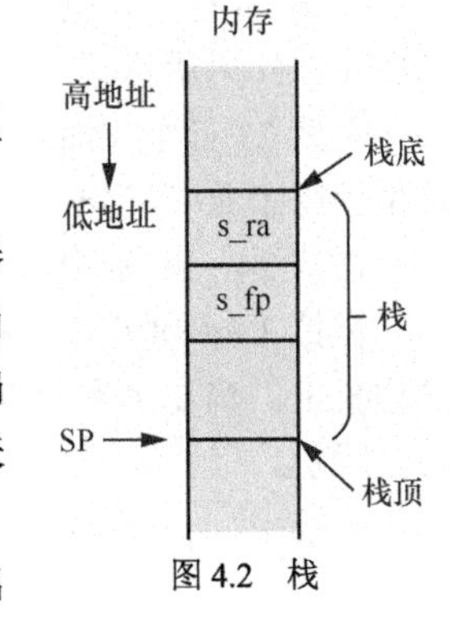

图 4.2　栈

【例 4-2】 下面的代码片段使用加法与加载/存储指令实现入栈和出栈操作。

```
1     func1:
2         /*栈往下扩展 32 字节*/
3         addi  sp,sp,-32
4         /*把返回地址存储到 SP+24*/
5         sd  ra,24(sp)
6
7         /*把局部变量存储到栈里*/
8         li  a5,1
9         sd  a5,8(sp)
10        li  a5,2
11        sd  a5,0(sp)
12
13        /*从栈里取出局部变量*/
14        ld  a1,0(sp)
15        ld  a0,8(sp)
16        /*调用子函数*/
17        call add_c
18
```

```
19        /*从栈里恢复返回地址*/
20        ld  ra,24(sp)
21        /*释放栈空间，SP 回到原点*/
22        addi  sp,sp,32
23        /*返回*/
24        ret
```

上述 func1()汇编函数演示了入栈和出栈的过程。

在第 1 行中，还没有为栈申请空间，如图 4.3（a）所示。

在第 3 行中，使用 ADDI 指令从 SP 指向的值减去 32 字节，相当于把栈空间往下扩展 32 字节，如图 4.3（b）所示。

在第 5 行中，把返回地址保存到 SP+24 位置上（s_ra），如图 4.3（c）所示。

在第 8～11 行中，把局部变量 *a* 和 *b* 分别存储到 SP 与 SP+8 位置上，如图 4.4（d）所示，其中 *a* 的值为 1，*b* 的值为 2。

在第 14 和 15 行中，从栈中重新把局部变量 *a* 和 *b* 取出。

在第 17 行中，通过 CALL 指令调用 add_c()函数。

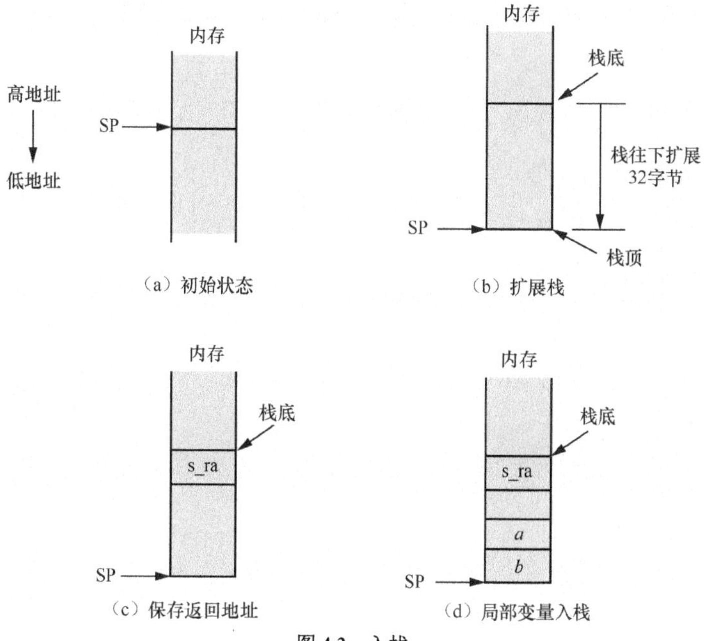

图 4.3 入栈

接下来是出栈操作。

在第 20 行中，从栈的 s_ra 位置恢复返回地址到 ra 寄存器中，如图 4.4（a）所示。

在第 22 行中，使用 ADDI 指令释放栈空间，如图 4.4（b）所示。

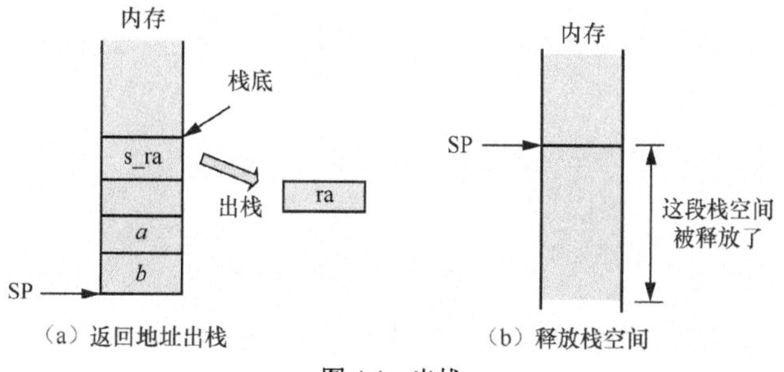

图 4.4 出栈

4.3 RISC-V 栈的布局

在函数调用过程中，栈是逐步生成的。对于栈的布局，我们需要分两种情况来考虑。

- 不使用 FP。若在 GCC 中使用“-fomit-frame-pointer”编译选项，可以不使用 FP，在函数入栈和出栈时减少访问内存的指令，从而提高程序性能。
- 使用 FP。在 GCC 中通过“-fno-omit-frame-pointer”编译选项使用 FP，目的是在调试过程中可以方便地计算每个栈的大小并方便回溯栈帧。

4.3.1 不使用 FP 的栈布局

下面以一个例子来说明。请确保 GCC 使用“-fomit-frame-pointer”编译选项。

【例 4-3】 在 BenOS 中，kernel_main()调用子函数 func1()，然后在 func1()函数中继续调用 add_c()函数。

首先，在 boot.S 汇编文件中分配栈空间，假设 SP 指向 0x8020 3000，然后，跳转到 C 语言的 kernel_main()函数中。

```
<boot.S>

1     .section ".text.boot"
2     .globl _start
3     _start:
4         /*分配栈空间，设置 SP */
5         la sp, stacks_start
6         li t0, 4096
7         add sp, sp, t0
8
9         tail  kernel_main
10
11    .section .data
12    .align  12
13    .global stacks_start
14    stacks_start:
15        .skip 4096
```

下面是 kernel.c 文件。

```
<kernel.c>

1     int add_c(int a, int b)
2     {
3         return a + b;
4     }
5
6     int func1(void)
7     {
8         int a = 1;
9         int b = 2;
10
11        return add_c(a, b);
12    }
13
14    void kernel_main(void)
15    {
16        func1();
17    }
```

从 boot.S 汇编文件通过 tail 指令跳转到 C 语言的 kernel_main()函数时，假设 SP 指向的初始值为 0x8020 3000，编译器会自动完成通过如下操作创建 kernel_main()函数的栈。

（1）使用 addi 指令扩展栈空间，SP 会向低地址延伸一段空间，为 kernel_main()函数创建一个栈帧，大小为 16 字节，如图 4.5（a）所示，此时 SP 指向的值为 0x8020 2FF0。

（2）把 kernel_main()函数的返回地址（ra 寄存器）存储到 SP+8 的位置上（s_ra）。

创建栈之后，使用 JAL 指令跳转到 func1()函数。

下面是 kernel_main()的反汇编代码（在 GDB 下使用 DISASSEMBLE 命令查看反汇编代码）。

```
<kernel_main()函数的反汇编代码>

(gdb) disassemble
Dump of assembler code for function kernel_main:
   0x0000000080200160 <+0>:     addi    sp,sp,-16
   0x0000000080200162 <+2>:     sd      ra,8(sp)
=> 0x0000000080200164 <+4>:     jal     ra,0x8020013e <func1>
   0x0000000080200168 <+8>:     nop
   0x000000008020016a <+10>:    ld      ra,8(sp)
   0x000000008020016c <+12>:    addi    sp,sp,16
   0x000000008020016e <+14>:    ret
```

当跳转到 func1()函数时，SP 会向低地址延伸 32 字节，为 func1()函数创建一个栈帧，如图 4.5（b）所示，此时 SP 指向的值为 0x8020 2FD0。这时候需要把 func1()函数的返回地址存储到 SP+24 位置（s_ra）上。另外，func1()函数有两个临时变量 *a* 和 *b*，它们也需要存储到栈里，分别存储到 SP+12 和 SP+8 位置上。

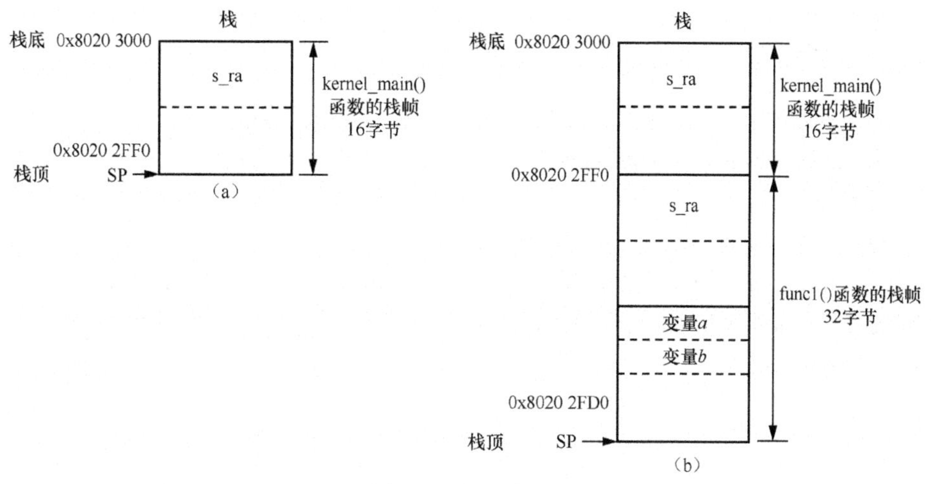

图 4.5　栈扩展过程 1

下面是 func1()函数的反汇编代码，使用 ADDI 指令扩展栈空间，然后把返回地址保存到栈中。把局部变量 *a* 和 *b* 先存储到栈里，然后从栈中取出变量的值，最后通过 JAL 指令跳转到 add_c()函数。

```
<func1()函数的反汇编代码>

(gdb) disassemble
Dump of assembler code for function func1:
   0x000000008020013e <+0>:     addi    sp,sp,-32
   0x0000000080200140 <+2>:     sd      ra,24(sp)
=> 0x0000000080200142 <+4>:     li      a5,1
   0x0000000080200144 <+6>:     sw      a5,12(sp)
   0x0000000080200146 <+8>:     li      a5,2
   0x0000000080200148 <+10>:    sw      a5,8(sp)
   0x000000008020014a <+12>:    lw      a4,8(sp)
   0x000000008020014c <+14>:    lw      a5,12(sp)
   0x000000008020014e <+16>:    mv      a1,a4
   0x0000000080200150 <+18>:    mv      a0,a5
```

```
   0x0000000080200152 <+20>:    jal     ra,0x80200124 <add_c>
   0x0000000080200156 <+24>:    mv      a5,a0
   0x0000000080200158 <+26>:    mv      a0,a5
   0x000000008020015a <+28>:    ld      ra,24(sp)
   0x000000008020015c <+30>:    addi    sp,sp,32
   0x000000008020015e <+32>:    ret
```

当跳转到 add_c()函数执行时，SP 会向低地址延伸 16 字节，为 add_c()函数创建一个栈帧，如图 4.6 所示，此时 SP 指向的值为 0x8020 2FC0。由于 add_c()函数是末端的函数，因此不用担心 ra（返回地址）被破坏。即使不存储 ra 和局部变量，我们也会为 add_c()函数分配 16 字节的栈空间。

add_c()函数的反汇编代码如下。

```
<add_c()函数的反汇编代码>

(gdb) disassemble
Dump of assembler code for function add_c:
   0x0000000080200124 <+0>:     addi    sp,sp,-16
   0x0000000080200126 <+2>:     mv      a5,a0
   0x0000000080200128 <+4>:     mv      a4,a1
   0x000000008020012a <+6>:     sw      a5,12(sp)
   0x000000008020012c <+8>:     mv      a5,a4
   0x000000008020012e <+10>:    sw      a5,8(sp)
=> 0x0000000080200130 <+12>:    lw      a4,12(sp)
   0x0000000080200132 <+14>:    lw      a5,8(sp)
   0x0000000080200134 <+16>:    addw    a5,a5,a4
   0x0000000080200136 <+18>:    sext.w  a5,a5
   0x0000000080200138 <+20>:    mv      a0,a5
   0x000000008020013a <+22>:    addi    sp,sp,16
   0x000000008020013c <+24>:    ret
```

当 add_c()函数执行完时，调用 RET 指令返回，它会做两件事情。

- 根据 ra 寄存器的返回地址，跳转到上一级函数（即 func1()函数通过 JAR 指令调用 add_c()函数的下一条指令）。
- 释放空间栈，即 SP 指向 func1()函数的栈顶。

下面是 func1()函数返回父函数的反汇编代码。首先把返回地址从栈（s_ra 的位置）中取出，然后释放栈空间，最后调用 ret 指令返回。

```
<func1()函数的反汇编代码>

000000008020015a <func1>:
    ...
    80200172:60e2              ld    ra,24(sp)
    80200174:6105              addi  sp,sp,32
    80200176:8082              ret
```

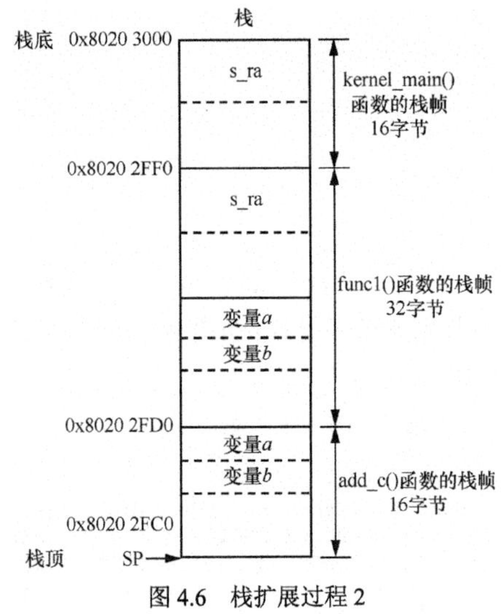

图 4.6　栈扩展过程 2

关于 RISC-V 中函数栈布局的关键点如下。

- 所有的函数调用栈从高地址向低地址扩展。
- SP 指向栈顶（栈的最低地址处）。
- 如果调用了子函数，函数的返回地址需要保存到栈里，即 s_ra 位置处。
- 栈的大小为 16 字节的倍数。
- 函数返回时需要先把返回地址从栈（s_ra 位置处）中恢复到 ra 寄存器，然后执行 RET 指令。

4.3.2　使用 FP 的栈布局

为了使用例 4-3 中的代码，首先需要修改 BenOS 的 Makefile 文件，把编译选项从“-fomit-frame-pointer”改成“-fno-omit-frame-pointer”，然后重新编译。

当从 boot.S 汇编文件通过 tail 指令跳转到 C 语言的 kernel_main()函数时，假设 SP 和 FP 指向的初始值均为 0x8020 3000，编译器会自动完成如下操作来创建 kernel_main()函数的栈。

（1）使用 addi 指令扩展栈空间，SP 会向低地址延伸一段，为 kernel_main()函数创建一个栈帧，大小为 16 字节，如图 4.7（a）所示，此时 SP 指向的值为 0x8020 2FF0。

（2）把 kernel_main()函数的返回地址（ra 寄存器）存储到 SP+8 的位置（s_ra 位置）上。

（3）把 fp 寄存器的值存储到 SP 的位置（s_fp）上。

（4）更新 fp 寄存器的值，其值对应 kernel_main()函数的栈底，即 0x8020 3000。

创建栈之后，使用 JAL 指令跳转到 func1()函数。

下面是 kernel_main()的反汇编代码（在 GDB 下使用 disassemble 命令查看反汇编代码）。

```
(gdb) disassemble
Dump of assembler code for function kernel_main:
   0x00000000802001a4 <+0>:     addi    sp,sp,-16
   0x00000000802001a6 <+2>:     sd      ra,8(sp)
   0x00000000802001a8 <+4>:     sd      s0,0(sp)
   0x00000000802001aa <+6>:     addi    s0,sp,16
=> 0x00000000802001ac <+8>:     jal     ra,0x80200174 <func1>
   0x00000000802001b0 <+12>:    nop
   0x00000000802001b2 <+14>:    ld      ra,8(sp)
   0x00000000802001b4 <+16>:    ld      s0,0(sp)
   0x00000000802001b6 <+18>:    addi    sp,sp,16
   0x00000000802001b8 <+20>:    ret
```

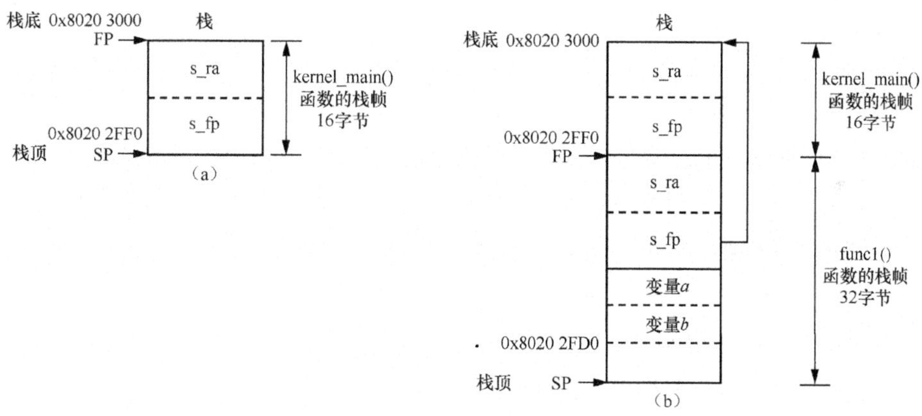

图 4.7　栈的布局（使用 FP）

当跳转到 func1()函数时，编译器自动按如下实现来创建栈帧。

（1）SP 会向低地址延伸 32 字节，为 func1()函数创建一个栈帧，此时 SP 指向的值为 0x8020 2FD0。

（2）把 func1()函数的返回地址存储到 SP+24 位置上。

（3）把 FP 指向的值存储到 SP+16 位置（s_fp）上，此时 s_fp 上存储的值为上一个栈帧的底部。

（4）更新 FP 指向的值为 func1()函数的栈底。

另外，func1()函数有两个临时变量 *a* 和 *b*，它们也需要存储到栈里，把它们分别存储到 SP+12 和 SP+8 位置上，最终结果如图 4.7（b）所示。

```
<func1()函数的反汇编代码>

Dump of assembler code for function func1:
   0x0000000080200174 <+0>:     addi    sp,sp,-32
```

```
   0x0000000080200176 <+2>:    sd     ra,24(sp)
   0x0000000080200178 <+4>:    sd     s0,16(sp)
   0x000000008020017a <+6>:    addi   s0,sp,32
=> 0x000000008020017c <+8>:    li     a5,1
   0x000000008020017e <+10>:   sw     a5,-20(s0)
   0x0000000080200182 <+14>:   li     a5,2
   0x0000000080200184 <+16>:   sw     a5,-24(s0)
   0x0000000080200188 <+20>:   lw     a4,-24(s0)
   0x000000008020018c <+24>:   lw     a5,-20(s0)
   0x0000000080200190 <+28>:   mv     a1,a4
   0x0000000080200192 <+30>:   mv     a0,a5
```

同理，当跳转到 add_c()函数时，处理器也会做类似的操作来创建栈帧。

综上所述，在本案例中，假设函数调用关系是 kernel_main()→func1()→add_c()，图 4.8 所示为栈的布局。

关于 RISC-V 体系结构中函数栈布局的关键点如下。

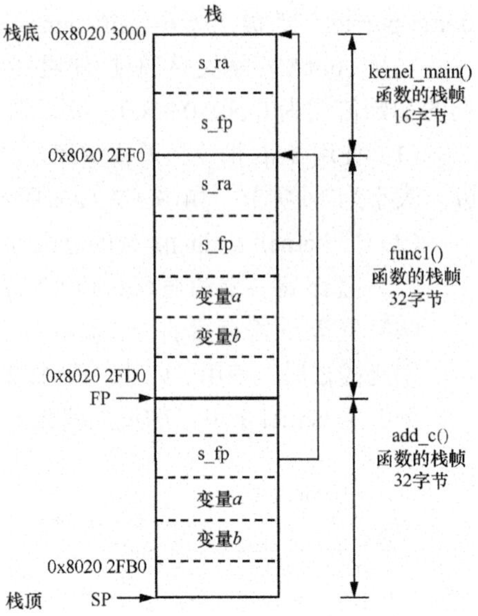

图 4.8　栈的布局（使用 FP）

- 所有的函数调用栈都会组成一个单链表。
- 每个栈使用两个地址来构成这个链表，这两个地址都是 64 位宽的，并且它们都位于栈底。
  - s_fp 的值指向上一个栈帧（父函数的栈帧）的栈底。
  - s_ra 保存当前函数的返回地址，也就是父函数调用该函数时的地址。
- 当函数返回时，RISC-V 处理器先把返回地址从栈的 s_ra 位置处载入当前 ra 寄存器，然后执行 RET 指令。

4.3.3　栈回溯

操作系统常用的输出栈信息等技术手段是通过 FP 完成的。例如，下面的错误日志输出了发生异常时的函数栈信息，如函数名称等，并且通过栈的回溯技术输出函数调用关系。

```
Oops - Store/AMO page fault
Call Trace:
[<0x0000000080202edc>] test_access_unmap_address+0x1c/0x42
[<0x0000000080202f12>] test_mmu+0x10/0x1a
[<0x000000008020329a>] kernel_main+0xb4/0xb6
```

下面通过一个示例分析如何通过 FP 回溯整个栈。

【例 4-4】　在例 4-3 的基础上，输出每个栈的范围，以及调用该函数时的 PC 值，如下面的日志信息所示。

```
Call Frame:
[0x0000000080202fa0 - 0x0000000080202fb0]  pc 0x0000000080200f32
[0x0000000080202fb0 - 0x0000000080202fd0]  pc 0x000000008020114a
[0x0000000080202fd0 - 0x0000000080202ff0]  pc 0x0000000080201184
[0x0000000080202ff0 - 0x0000000080203000]  pc 0x00000000802011a4
```

如果想把 PC 值对应的符号名称（函数名称）显示出来，需要建立一个符号名称与地址的对应表，然后查表，本示例中，我们没有满足这个需求。不过，读者可以通过查看 benos.map 文件的符号表信息确定 PC 值对应的函数名称。

下面是实现栈回溯的示例代码。

```
<stacktrace.c>

1    struct stackframe {
2        unsigned long s_fp;
```

```
3        unsigned long s_ra;
4    };
5
6    extern char _text[], _etext[];
7    static int kernel_text(unsigned long addr)
8    {
9        if (addr >= (unsigned long)_text &&
10           addr < (unsigned long)_etext)
11           return 1;
12
13       return 0;
14   }
15
16   static void walk_stackframe(void )
17   {
18       unsigned long sp, fp, pc;
19       struct stackframe *frame;
20       unsigned long low;
21
22       const register unsigned long current_sp __asm__ ("sp");
23       sp = current_sp;
24       pc = (unsigned long)walk_stackframe;
25       fp = (unsigned long)__builtin_frame_address(0);
26
27       while (1) {
28           if (!kernel_text(pc))
29               break;
30
31           /*检查FP是否有效*/
32           low = sp + sizeof(struct stackframe);
33           if ((fp < low || fp & 0xf))
34               break;
35
36           /*
37            *FP指向上一级函数的栈底
38            *减去16字节，正好指向结构体stackframe
39            */
40           frame = (struct stackframe *)(fp - 16);
41           sp = fp;
42           fp = frame->s_fp;
43
44           pc = frame->s_ra - 4;
45
46           if (kernel_text(pc))
47               printk("[0x%016lx - 0x%016lx]  pc 0x%016lx\n", sp, fp, pc);
48       }
49   }
50
51   void dump_stack(void)
52   {
53       printk("Call Frame:\n");
54       walk_stackframe();
55   }
```

在第1～4行中，定义一个stackframe数据结构来描述栈结构中的s_fp和s_ra。

在第6～14行中，检查地址是否在代码段中。

在第22行中，通过内嵌汇编方式直接获取SP的值。

在第24行中，PC值为当前函数的地址。

在第25行中，通过__builtin_frame_address()来获取FP的值。

在第32～34行，对FP做检查。首先，FP和SP的差值要大于16字节。其次，FP需要按16字节对齐。

在第40行中，由于FP指向上一级函数的栈底，而栈底正好存放了stackframe数据结构。根据4.3.2节总结的规律，我们可以实现栈的回溯。

最后，我们需要在 add_c()函数里调用 dump_stack()。

```
int add_c(int a, int b)
{
    dump_stack();
    return a + b;
}
```

4.4 实验

4.4.1 实验 4-1：观察栈布局

1. 实验目的

熟悉 RISC-V 的栈布局。

2. 实验要求

请在 BenOS 里做如下练习。

在 BenOS 里实现函数调用 kernel_main()→func1()→func2()，然后使用 GDB 观察栈的变化情况，并画出栈布局。

4.4.2 实验 4-2：观察栈回溯

1. 实验目的

熟悉 RISC-V 的栈回溯。

2. 实验要求

请在 BenOS 里做如下练习。

在 BenOS 里实现函数调用 kernel_main()→func1()→func2()，并实现一个栈回溯功能，输出栈的地址范围和大小，并通过 GDB 观察栈是如何回溯的。

第 5 章　GNU 汇编器

本章思考题

1. 什么是汇编器？
2. 如何给汇编代码添加注释？
3. 什么是符号？
4. 什么是伪指令？
5. 在 RISC-V 汇编中，“.align 3”表示什么意思？
6. 下面这条伪指令表示什么意思？

```
.section ".my.text","awx"
```

7. 在汇编宏里，如何使用参数？
8. 下面是 my_entry 宏的定义。

```
.macro my_entry, rv, label
      j     rv\()\rv\()_\label
 .endm
```

下面的语句调用 my_entry 宏，请解释该宏是如何展开的。

```
my_entry   1, irq
```

9. 请阐释.section 和.previous 伪指令的作用。

本章主要介绍与 GNU 汇编器相关的内容。汇编器是将汇编代码翻译为机器目标代码的程序。通常，汇编代码通过汇编器生成目标代码，然后由链接器链接成最终的可执行二进制程序。对于 RISC-V 的汇编语言来说，常用的汇编器是 GCC 提供的 AS。AS 采用 AT&T 格式。AT&T 格式源自贝尔实验室，是为开发 UNIX 系统而产生的汇编语法。

GNU 工具链提供了一个名为 as 的命令。如图 5.1 所示，as 命令的版本为 2.37，汇编目标文件配置成“riscv64-linux-gnu”，即汇编后的文件为 RV64 体系结构的。

```
root@benshushu:/mnt/riscv# as --version
GNU assembler (GNU Binutils for Debian) 2.37
Copyright (C) 2021 Free Software Foundation, Inc.
This program is free software; you may redistribute it under the terms of
the GNU General Public License version 3 or later.
This program has absolutely no warranty.
This assembler was configured for a target of `riscv64-linux-gnu'.
root@benshushu:/mnt/riscv#
```

图 5.1　as 命令

5.1 编译流程与 ELF 文件

本节以一个简单的 C 语言程序为例。

```
<test.c>

#include <stdio.h>
```

```
int data = 10;

int main(void)
{
    printf("%d\n", data);

    return 0;
}
```

GCC 的编译流程主要分成如下 4 个步骤。

（1）预处理（pre-process）。GCC 的预处理器（CPP）对各种预处理命令进行处理，例如，对头文件的处理、宏定义的展开、条件编译的选择等。预处理完成之后，会生成 test.i 文件。另外，我们也可以通过如下命令生成 test.i 文件。

```
gcc -E test.c -o test.i
```

（2）编译（compile）。C 语言的编译器（CC）首先对预处理之后的源文件进行词法、语法以及语义分析，然后进行代码优化，最后把 C 语言代码翻译成汇编代码。编译完成之后，生成 test.s 文件。另外，我们也可以通过如下命令生成汇编文件。

```
gcc -S test.i -o test.s
```

（3）汇编（assemble）。汇编器（AS）把汇编代码翻译成机器语言，并生成可重定位目标文件。汇编完成之后，生成 test.o 文件。另外，我们可以通过如下命令生成 test.o 文件。

```
as test.s -o test.o
```

（4）链接（link）。链接器（LD）会把所有生成的可重定位目标文件以及用到的库文件组合成一个可执行二进制文件。另外，我们可以通过如下命令手动生成可执行二进制文件。

```
ld -o test  test.o -lc
```

图 5.2 所示的是编译 test.c 源代码的过程。

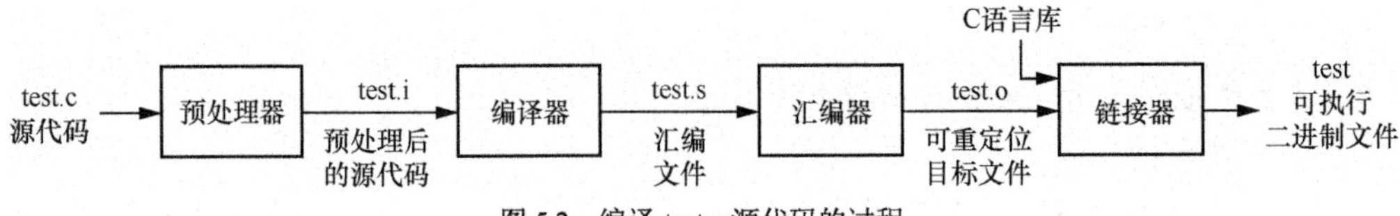

图 5.2　编译 test.c 源代码的过程

汇编阶段生成的可重定位目标文件以及链接阶段生成的可执行二进制文件都是按照一定文件格式（如 ELF 格式）组成的二进制文件。在 Linux 系统中，应用程序常用的可执行文件格式是 ELF，它是对象文件的一种格式，用于定义不同类型的对象文件中都放了什么内容，以及以什么格式存放这些内容。ELF 文件的结构如图 5.3 所示。

ELF文件头
程序头表
.text段
.rodata段
.data段
.bss段
.symtab段
⋮
段头表
⋮

图 5.3　ELF 文件的结构

ELF 最开始的部分是 ELF 文件头（ELF header），它包含描述整个文件的基本属性，如 ELF 文件版本、目标计算机型号、程序入口地址等信息。程序头表（program header table）描述如何创建一个进程的内存镜像。程序头表后面是各个段[①]（section），包括代码（.text）段、只读数据（.rodata）段、数据（.data）段、未初始化的数据（.bss）段等。段头表（section header table）用于描述 ELF 文件中包含的所有段信息，如每个段的名字、段的长

① 有的中文教材使用“节”表示。

度、在文件中的偏移量、读写权限以及段的其他属性等。

下面介绍常见的几个段。

- 代码段：存放程序源代码编译后生成的机器指令。
- 只读数据段：存储只能读取不能写入的数据。
- 数据段：存放已初始化的全局变量和已初始化的局部静态变量。
- 未初始化的数据段：存放未初始化的全局变量以及未初始化的局部静态变量。
- 符号表（.symtab）段：存放函数和全局变量的符号表信息。
- 可重定位代码（.rel.text）段：存储代码段的重定位信息。
- 可重定位数据（.rel.data）段：存储数据段的重定位信息。
- 调试符号表（.debug）段：存储调试使用的符号表信息。

我们可以通过 READELF 命令（例如，读取 test 文件的 ELF 文件头信息）了解一个目标二进制文件的组成。

```
root:riscv# readelf -h test
ELF Header:
  Magic:   7f 45 4c 46 02 01 01 00 00 00 00 00 00 00 00 00
  Class:                             ELF64
  Data:                              2's complement, little endian
  Version:                           1 (current)
  OS/ABI:                            UNIX - System V
  ABI Version:                       0
  Type:                              DYN (Position-Independent Executable file)
  Machine:                           RISC-V
  Version:                           0x1
  Entry point address:               0x560
  Start of program headers:          64 (bytes into file)
  Start of section headers:          6688 (bytes into file)
  Flags:                             0x5, RVC, double-float ABI
  Size of this header:               64 (bytes)
  Size of program headers:           56 (bytes)
  Number of program headers:         9
  Size of section headers:           64 (bytes)
  Number of section headers:         27
  Section header string table index: 26
```

从上面的信息可知，test 文件是一个 ELF64 类型的可执行文件（executable file）。test 程序的入口地址为 0x560。段头（section header）的数量是 27，程序头（program header）的数量是 9。

下面通过 READELF 命令读取段头表信息。下面是 test 可执行二进制文件的段头表的信息片段。

```
root@benshushu:/mnt/riscv# readelf -S test
There are 27 section headers, starting at offset 0x1a20:

Section Headers:
  [Nr] Name              Type             Address           Offset
       Size              EntSize          Flags  Link  Info  Align

  [12] .text             PROGBITS         0000000000000560  00000560
       000000000000014a  0000000000000000  AX       0     0     4
  [13] .rodata           PROGBITS         00000000000006b0  000006b0
       000000000000000c  0000000000000000   A       0     0     8

  [21] .got              PROGBITS         0000000000002010  00001010
       0000000000000048  0000000000000008  WA       0     0     8
  [22] .bss              NOBITS           0000000000002058  00001058
       0000000000000008  0000000000000000  WA       0     0     1
  [24] .symtab           SYMTAB           0000000000000000  00001078
       0000000000000648  0000000000000018          25    45     8
```

```
Key to Flags:
  W (write), A (alloc), X (execute), M (merge), S (strings), I (info),
  L (link order), O (extra OS processing required), G (group), T (TLS),
  C (compressed), x (unknown), o (OS specific), E (exclude),
  D (mbind), p (processor specific)
```

从上面的信息可知，test 文件一共有 27 个段，段头表从 0x1a20 地址开始。这里除我们常见的代码段、数据段以及只读数据段之外，还包括其他的一些段。以代码段为例，它的起始地址为 0x560，偏移量为 0x560，大小为 0x14a，属性为可分配（A）和可执行（X）属性。

汇编阶段生成的可重定位目标文件和链接阶段生成的可执行二进制文件的主要区别在于，可重定位目标文件的所有段的起始地址都是 0，读者可以通过“readelf -S test.o”命令查看 test.o 文件的段头表信息；而链接器在链接过程中根据链接脚本的要求会把所有可重定位目标文件中相同的段（在链接脚本中称为输入段）合并生成一个新的段（在链接脚本中称为输出段）。合并的输出段会根据链接脚本的要求重新确定每个段的虚拟地址和加载地址。

在默认情况下，链接器使用自带的链接脚本，读者可以通过如下命令查看自带的链接脚本。

```
$ ld --verbose
```

符号表（symbol table）最初在生成可重定位目标文件时创建，存储在符号表段中。不过，此时的符号还没有一个确定的地址，所有符号的地址都是 0。符号表包括全局符号、本地符号以及外部符号。链接器在链接过程中对所有输入可重定位目标文件的符号表进行符号解析和重定位，每个符号在输出文件的相应段中得到一个确定的地址，最终生成一个符号表。

5.2　一个简单的汇编程序

编译和运行一个简单的汇编程序有两种方式：一是在 RISC-V 处理器的 Linux 系统中编译和运行汇编程序，如运行 RISC-V Linux 的 QEMU 系统；二是编写一个裸机的汇编程序，如本书的实验平台 BenOS。本节的例子采用第一种方式。

【例 5-1】　下面是一段用汇编指令写的程序，文件名为 test.S。

```
1    # 测试程序：往终端中输出 my_data1 数据与 my_data2 数据之和
2     .section .data
3     .align  3
4
5     my_data1:
6         .word  100
7
8    my_data2:
9         .word  50
10
11   print_data:
12        .string "data: %d\n"
13
14   .align  3
15   .section .text
16
17   .global main
18   main:
19        addi sp, sp, -16
20        sd ra, 8(sp)
21
22        lw t0, my_data1
23        lw t1, my_data2
24        add a1, t0, t1
25
```

```
26        la a0, print_data
27        call printf
28
29        li a0, 0
30
31        ld ra, 8(sp)
32        addi sp, sp, 16
33        ret
```

首先，把上述代码文件复制到 QEMU+RISC-V+Linux 实验平台中。使用 as 命令编译 test.S 文件。

```
# as test.S -o test.o
```

其中 as 为 GNU 汇编器命令，test.S 为汇编源文件，-o 选项告诉汇编器编译后输出的目标文件为 test.o。目标文件 test.o 是基于机器语言的文件，还不是可执行二进制文件，我们需要使用链接器把目标文件合并与链接成可执行文件。关于链接器的更多内容，请参考第 6 章。

```
# ld test.o -o test -Map test.map -lc --dynamic-linker
/lib/ld-linux-riscv64-lp64d.so.1
```

ld 为 GNU 链接器命令。其中，test.o 是输入文件，-o 选项告诉链接器最终链接后输出的二进制文件为 test，-Map 输出的符号表可用于调试，-lc 表示链接 libc 库。

运行 test 程序。

```
# ./test
data: 150
```

可执行二进制文件由代码段、数据段以及未初始化的数据段等组成。代码段存放程序执行代码，数据段存放程序中已初始化的全局变量等，未初始化的数据段包含未初始化的全局变量和未初始化的局部静态变量。此外，可执行二进制文件还包含符号表，这个表里包含程序中定义的所有符号的相关信息。

下面分析这个 test.S 汇编文件。

第 1 行以“#”字符开始，是注释。

在第 2 行中，以“.”字符开始的指令是汇编器能识别的伪操作，它不会直接被翻译成机器指令，而由汇编器来预处理。“.section .data”用来表明数据段的开始。程序中需要用的数据可以存储在数据段中。在第 15 行中，“.section .text”表示接下来的代码为代码段。

在第 3 行中，.align 是对齐伪操作，参数为 3，因此对齐的字节大小为 2^3，即接下来的数据所在的起始地址能被 8 整除。

在第 5～9 行中，“.word”是数据定义的伪指令，用来定义数据元素，数据元素的标签为 my_data1/ my_data2，它存储了一个 32 位的数据。在汇编代码中，任何以“:”符号结束的字符串都被视为标签（label）或者符号（symbol）。

在第 11～12 行中，“.string”是数据定义伪指令，用来定义字符串。

在第 17 行中，“.global main”表示把 main 设置为全局可以访问的符号。main 是一个特殊符号，用来标记该程序的入口地址。“.global”是用来定义全局符号的伪指令，该符号可以是函数的符号，也可以是全局变量的符号。

在第 18 行中，定义 main 标签。标签是一个符号，后面跟着一个冒号。标签定义符号的值，当汇编器对程序进行编译时会为每个符号分配地址。标签的作用是告诉汇编器以该符号的地址作为下一条指令或者数据的起始地址。

第 19～33 行是这个程序代码段的主体。

在第 19 行中，申请 16 字节大小的栈空间。

在第 20 行中，把返回地址存储到栈中 SP+8 的位置上。

在第 22 和 23 行中，读取 my_data1 以及 my_data2 标签存储的数据。

在第 24 行中，使用 add 指令相加。

在第 26 行中，加载 print_data 标签的地址到 a0 寄存器。

在第 27 行中，通过 call 指令来调用 C 库的 printf()函数。其中，a0 是第一个参数，a1 是第二个参数。

在第 29 行中，设置 main()函数的返回值。

在第 31 行中，从栈中恢复返回地址到 ra 寄存器中。

在第 32 行中，释放栈空间。

在第 33 行中，通过 ret 指令返回。

我们可以通过 readelf 命令获取 test 程序的符号表。readelf 命令通常用于查看 ELF 格式的文件信息。其中，-s 选项用来显示符号表的内容。

```
root:riscv# readelf -s test

Symbol table '.symtab' contains 37 entries:
   Num:    Value          Size Type    Bind   Vis      Ndx Name
    26: 0000000000002040     0 NOTYPE  GLOBAL DEFAULT   14 __BSS_END__
    27: 0000000000002040     0 NOTYPE  GLOBAL DEFAULT   14 _edata
    28: 0000000000002040     0 NOTYPE  GLOBAL DEFAULT   14 __SDATA_BEGIN__
    29: 0000000000002000     0 NOTYPE  GLOBAL DEFAULT   13 __DATA_BEGIN__
    30: 0000000000002000     0 NOTYPE  GLOBAL DEFAULT   13 my_data1
    31: 0000000000002040     0 NOTYPE  GLOBAL DEFAULT   14 _end
    32: 0000000000000320     0 NOTYPE  GLOBAL DEFAULT   11 main
    33: 0000000000002800     0 NOTYPE  GLOBAL DEFAULT  ABS __global_pointer$
    34: 0000000000002040     0 NOTYPE  GLOBAL DEFAULT   14 __bss_start
    35: 0000000000002004     0 NOTYPE  GLOBAL DEFAULT   13 my_data2
```

从上面的日志可知，test 程序的符号表包含 37 项，其中 my_data1 标签的地址为 0x2000，my_data2 标签的地址为 0x2004，而 main 符号的地址为 0x320。

5.3 汇编语法

下面介绍 AS 汇编器中常见的语法。

5.3.1 注释

汇编代码可以通过如下方式来注释。

- "//" 或者 "#"：如果出现在一行的开始，表示注释整行；如果出现在一行中间，表示注释后面的内容。
- "/* */"：可以跨行注释。

5.3.2 符号

符号是一个核心概念。程序员使用符号命名事物，链接器使用符号链接，调试器使用符号调试。符号一般用来标记程序或数据的位置，而不用内存地址来标记它们。如果使用内存地址来标记，那么程序员必须记住每行代码或者数据的内存地址，这将是一件很麻烦的事情。

符号可以由下面几种字符组合而成：

- 所有字母（包括大写和小写）；

- 数字；
- “_”“.”以及“$”这 3 个字符。

符号可以代表它所在的地址，也可以当作变量或者函数使用。

全局符号（global symbol）可以使用.global 声明。全局符号可以被其他模块引用，例如，C 语言可以引用全局符号。

本地符号（local symbol）主要在本地汇编代码中引用。在 ELF 文件中，通常使用“.L”前缀定义本地符号。本地符号不会出现在符号表中。

本地标签（local label）可供汇编器和程序员临时使用。标签通常使用 0～99 的整数作为编号，和 f 指令与 b 指令一起使用。其中，f 表示汇编器向前搜索，b 表示汇编器向后搜索。

我们可以重复定义相同的本地标签，不过在汇编器内部本地标签会编译成更有意义的本地符号，例如，第一个“1：”本地标签可能编译成“.L1C-B1”，第二个“1：”本地标签可能编译成“.L1C-B2”。例如，使用相同的数字 *N*。跳转指令只能引用（向后引用或者向前引用）最近定义的本地标签。

【例 5-2】 下面的汇编代码使用数字定义标签的编号。

```
1:
    j 1f
2:
    j 1b
1:
    j 2f
2:
    j 1b
```

上述汇编代码等同于如下汇编代码。

```
label_1:
         j label_3
label_2:
         j label_1
label_3:
         j label_4
label_4:
         j label_3
```

5.4 常用的伪指令

伪指令是对汇编器发出的命令，它在源程序汇编期间由汇编器处理。伪指令是由汇编器预处理的指令，它可以分解为几条指令的集合。另外，伪指令仅仅在汇编器编译期间起作用。当汇编结束时，伪指令的使命也就结束了。伪操作可以实现如下功能：

- 符号定义；
- 数据定义和对齐；
- 汇编控制；
- 汇编宏；
- 段描述。

5.4.1 对齐伪指令

.ALIGN 伪指令用来对齐或者填充数据等。.ALIGN 伪指令通常有 3 个参数。第一个参数表示对齐的要求。第二个参数表示要填充的值，它可以省略。如果省略，填充的字节通常为零。

在大多数系统上，如果需要在代码段中填充第二个参数，则用 nop 指令来填充。第三个参数表示对齐指令应该跳过的最大字节数。如果为了对齐需要跳过比指定的最大字节数更多的字节，则不会执行对齐操作。通常我们只使用第一个参数。在 RISC-V 中，第一个参数表示 2^n 字节。

【例 5-3】　下面的.ALIGN 伪指令表示按照 4 字节对齐。

```
.align 2
```

【例 5-4】　下面是使用 3 个参数的.ALIGN 伪指令。

```
.align 5,0,100

.align 5,0,8
```

上述两条伪指令都要求按照32字节对齐。其中，第一条伪指令设置最多跳过的字节数为100，填充的值为 0，而第二条伪指令设置最多跳过的字节数小于对齐的字节数，因此该伪指令有可能不会执行，不推荐这么使用。

5.4.2　数据定义伪指令

下面是汇编代码中常用的数据定义伪指令。

- .byte：把 8 位数当成数据插入汇编代码中。
- .hword 和.short：把 16 位数当成数据插入汇编代码中。
- .long 和.int：这两条伪指令的作用相同，都把 32 位数当成数据插入汇编代码中。
- .word：把 32 位数当成数据插入汇编代码中。
- .quad：把 64 位数当成数据插入汇编代码中。
- .float：把浮点数当成数据插入汇编代码中。
- .ascii 和.string：把 string 当作数据插入汇编代码中，对于 ascii 伪操作定义的字符串，需要自行添加结尾字符'\0'。
- .asciz：类似于 ascii，在 string 后面自动插入一个结尾字符'\0'。
- .rept 和.endr：重复执行伪操作。
- .equ：给符号赋值。

【例 5-5】　下面的代码片段使用数据定义伪指令。

```
.rept 3
.long 0
.endr
```

上述的.REPT 伪操作会重复“.long 0”指令 3 次，等同于下面的代码片段。

```
.long 0
.long 0
.long 0
```

.EQU 伪指令给符号赋值，其指令格式如下。

```
.equ symbol, expression
```

【例 5-6】　使用.EQU 伪指令来改写例 5-1。

```
.equ my_data1, 100   #为 my_data1 符号赋值 100
.equ my_data2, 50    #为 my_data2 符号赋值 50
.global main
main:
     ...
     li x2, =my_data1
     li x3, =my_data2
```

```
    add x1, x2, x3
    ...
```

5.4.3 与函数相关的伪指令

下面是汇编代码中与函数相关的伪指令。

- .global：定义一个全局的符号，可以是函数的符号，也可以是全局变量的符号。
- .include：引用头文件。
- .if, .else, .endif：控制语句。
- .ifdef symbol：判断 symbol 是否定义。
- .ifndef symbol：判断 symbol 是否没有定义。
- .ifc string1,string2：判断字符串 string1 和 string2 是否相同。
- .ifeq expression：判断 expression 的值是否为 0。
- .ifeqs string1,string2：等同于.ifc。
- .ifge expression：判断 expression 的值是否大于或等于 0。
- .ifle expression：判断 expression 的值是否小于或等于 0。
- .ifne expression：判断 expression 的值是否不为 0。

5.4.4 与段相关的伪指令

1. .SECTION 伪指令

.SECTION 伪指令表示接下来的汇编会链接到某个段，如代码段、数据段等。.SECTION 伪指令的格式如下。

```
.section name, "flags"
```

其中，name 表示段的名称；flags 表示段的属性，如表 5.1 所示。

表 5.1 段的属性

属性	说明
a	段具有可分配属性
d	具有 GNU_MBIND 属性的段
e	段被排除在可执行和共享库之外
w	段具有可写属性
x	段具有可执行属性
M	段具有可合并属性
S	段包含零终止字符串
G	段是段组（section group）的成员
T	段用于线程本地存储（thread-local-storage）

.SECTION 伪指令定义的段会以段的名称开始。该段的结束有两个位置，一是下一个段的开始处，二是文件结尾处。

【例 5-7】 下面的.SECTION 伪指令用来声明一个新的段。

```
.section .fixup,"ax"
```

这表示接下来的代码在. fixup 段里，具有可分配以及可执行的属性。

.SECTION 伪指令可以用于一个汇编文件中定义多个不同的段。图 5.4 中的代码定义了两个不同的段。

在第 1 行中，使用.SECTION 伪指令来定义一个数据段，该段从第 1 行开始到第 8 行结束。

在第 10 行中，使用.SECTION 伪指令来定义一个代码段，该段从 10 行开始到文件结束。

```
1 .section .data
2 .align  3
3 my_data1:
4         .word  100
5 my_data2:
6         .word  50
7 print_data:
8         .string "data: %d\n"
9
10 .section .text
11 .align  2
12 .global main
13 main:
14         addi sp, sp, -16
15         sd ra, 8(sp)
16
17         lw t0, my_data1
18         lw t1, my_data2
19         add a1, t0, t1
20
21         la a0, print_data
22         call printf
23
24         li a0, 0
25
26         ld ra, 8(sp)
27         addi sp, sp, 16
28         ret
```

数据段（第 1～9 行）

代码段（第 10～28 行）

图 5.4　定义两个段

2. .PUSHSECTION 和.POPSECTION 伪指令

.PUSHSECTION 和.POPSECTION 伪指令通常需要配对使用，用于把代码链接到指定的段，而其他代码还保留在原来的段中。

【例 5-8】　下面的代码片段使用了.PUSHSECTION 和.POPSECTION 伪指令。

```
1    .section .text
2    .global my_memcpy_test
3    my_memcpy_test:
4        ...
5        ret
6
7    .pushsection ".my.text", "awx"
8
9    .global compare_and_return
10   compare_and_return:
11       bltu  a0,a1,.L2
12       li  a5,0
13       j  .L3
14   .L2:
15       li  a5,-1
16   .L3:
17       mv  a0, a5
18       ret
19
20   .popsection
21
22   ...
```

在第 1 行中，使用.SECTION 伪指令来定义一个代码段。

在第 2～5 行中，my_memcpy_test 函数会链接到代码段中。

在第 7～20 行中，使用.PUSHSECTION 和.POPSECTION 伪指令把 compare_and_return 函数链接到.my.text 段。

3. .SECTION 和.PREVIOUS 伪指令

通常.SECTION 和.PREVIOUS 两条伪指令是配对使用的，用来把一段汇编代码链接到特定的段。这里.SECTION 伪指令表示开始一个新的段，.PREVIOUS 伪指令表示恢复到.SECTION 定义之前的那个段，以那个段作为当前段。

【例 5-9】　下面的代码片段使用了.SECTION 和.PREVIOUS 伪指令。

```
1    .section ".text.boot"
2
3    .globl _start
4    _start:
5        /*关闭中断*/
6        csrw sie, zero
7
8        /*设置栈，栈的大小为 4KB*/
9        la sp, stacks_start
10       li t0, 4096
11       add sp, sp, t0
12
13       .section .fixup, "ax"
14       .balign 4
15       li a2, -1
16       li a1, 0
17       .previous
18
19       .section .init_boot,"ax"
20       li a0, -1
21       mv a1, a2
```

```
22        .previous
23
24        call kernel_main
```

在第 1 行中，声明一个.text.boot 段。

在第 13～17 行中，通过.SECTION 和.PREVIOUS 两条伪指令把这里面的汇编代码链接到.fixup 段。

在第 19～22 行中，通过.SECTION 和.PREVIOUS 两条伪指令把这里面的汇编代码链接到.init_boot 段。

在第 24 行中，CALL 指令恢复到之前的.SECTION 定义之前的那个段作为当前段，即.text.boot 段。

所以，第 6～11 行以及第 24 行汇编代码会链接到.text.boot 段，而第 14～16 行汇编代码链接到.fixup 段，第 20 和 21 行汇编代码链接到.init_boot 段中。

我们也可以通过 riscv64-linux-gnu-objdump 命令查看段的信息。

```
$ riscv64-linux-gnu-objdump -d benos.elf

benos.elf:     file format elf64-littleriscv


Disassembly of section .text.boot:

0000000080200000 <_start>:
    80200000:10401073           csrw  sie,zero
    80200004:00001117           auipc  sp,0x1
    80200008:ffc10113           addi  sp,sp,-4 # 80201000 <stacks_start>
    8020000c:000012b7           lui  t0,0x1
    80200010:00510133           add  sp,sp,t0
    80200014:174000ef           jal  ra,80200188 <kernel_main>
Disassembly of section .fixup:

00000000802001a4 <.fixup>:
    802001a4:fff00613           li  a2,-1
    802001a8:00000593           li  a1,0

Disassembly of section .init_boot:

00000000802001ac <.init_boot>:
    802001ac:fff00513           li  a0,-1
    802001b0:00060593           mv  a1,a2
```

5.4.5 与宏相关的伪指令

.MACRO 和.ENDM 伪指令可以用来组成一个宏。.MACRO 伪指令的格式如下。

```
.macro macname macargs ...
```

.MACRO 伪指令后面依次是宏名称与宏的参数。

1. 宏的参数使用

在宏里使用参数，需要添加前缀“\”。

【例 5-10】 下面的代码片段在宏里使用参数。

```
.macro add_1 p1 p2
add x0,    \p1, \p2
.endm
```

另外，在定义宏参数时还可以设置一个初始化值，如下面的代码片段所示。

```
.macro reserve_str p1=0 p2
```

在上述的 reserve_str 宏中，参数 p1 有一个默认值 0。当使用“reserve_str a,b”来调用该宏时，宏里面\p1 的值为 a，\p2 的值为 b。同时，如果省略第一个参数，即使用“reserve_str ,b”来调用该宏，宏参数\p1 使用默认值 0，\p2 的值为 b。

【例 5-11】　下面的代码使用了宏的参数。

```
1    .macro add_data p1=0 p2
2    mv a5, \p1
3    mv a6, \p2
4    add a1, a5, a6
5    .endm
6
7    .globl main
8    main:
9        mv a2, #3
10       mv a3, #3
11
12       add_data a2, a3
13       add_data , a3
```

第 1～5 行实现了 add_data 宏，其中参数 p1 有一个默认值 0。

在第 12 行中，调用 add_data 宏，它会把 a2 和 a3 的值传递给宏的参数 p1 和 p2，最终 a1 的值为 6。

在第 13 行中，同样调用 add_data 宏，但是没有传递第一个参数，此时，add_data 宏会使用 p1 的默认值 0，最终 a1 的计算结果为 3。

如果设置宏的参数有默认值，调用该宏时可以省略这个参数。此时，这个参数会使用默认值，如第 13 行中的参数 1。

在宏参数后面加“:req”表示在宏调用过程中必须传递一个值，否则在编译时会报错。

【例 5-12】　下面的代码片段有问题。

```
1   .macro add_data_1 p1:req p2
2   mv a5, \p1
3   mv a6, \p2
4   add a1, a5, a6
5   .endm
6
7   .globl main
8   main:
9       add_data_1 , a3
```

通过 as 命令编译上述汇编代码，会得到如下编译错误，说明在第 9 行调用 add_data_1 宏时缺失了 p1 参数。

```
root:riscv# as test.S -o test.o
test.S: Assembler messages:
test.S:27: Error: Missing value for required parameter 'p1' of macro 'add_data_1'
test.S:27: Error: illegal operands 'mv a5,'
```

2. 宏的特殊字符

在一些场景下需要把宏的多个参数作为字符串连接在一起。

【例 5-13】　下面的代码使用了宏的多个参数。

```
.macro opcode base length
\base.\length
.endm
```

在这个例子中，opcode 宏想把两个参数串成一个字符串，如 base.length，但是上述的代码是错误的。例如，当调用 opcode store l 时，它并不会生成 store.l 字符串。因为汇编器不知道如何解析参数 base，它不知道 base 参数的结束字符在哪里。

我们可以使用“\()”来告知汇编器，宏的参数什么时候结束，例如，在下面的代码片段中，\base 后面加了“\()”，因此汇编器就知道字母 e 为参数的最后一个字符。

```
.macro opcode base length
\base\().\length
.endm
```

【例 5-14】 下面的代码使用“\()”特殊字符。

```
.macro my_entry, rv, label
       j     rv\()\rv\()_\label
 .endm
```

上述的 j 指令比较有意思，这里出现了两个“rv”和 3 个“\”。其中，第一个“rv”表示 rv 字符，第一个“\()”在汇编宏实现中可以用来表示宏参数的结束字符，第二个“\rv”表示宏的参数 rv，第二个“\()”也用来表示结束字符，最后的“\label”表示宏的参数 label。

假设通过下面的方式调用 my_entry 宏。

```
my_entry  1, irq
```

宏展开之后，上述的 j 指令变成 j rv1_irq。

5.4.6 与文件相关的伪指令

.INCBIN 伪指令可以把文件的二进制数据嵌入当前位置。

【例 5-15】 在下面的代码中，把 benos.bin 的二进制数据嵌入.payload 段中。

```
   .section .payload, "ax", %progbits
    .globl payload_bin
payload_bin:
    .incbin  "benos.bin"
```

.INCLUDE 伪指令可以在汇编代码中插入另外一个文件的汇编代码。例如，下面的汇编代码把 sbi/sbi_payload.S 嵌入当前汇编代码中。

```
.include "sbi/sbi_payload.S"
```

5.5 RISC-V 依赖特性

为了支持几十种处理器体系结构，GNU 汇编器提供一些与特定体系结构相关的额外的伪指令或命令行选项。本节介绍 RISC-V 体系结构中一些特有的命令行选项和伪指令。

5.5.1 RISC-V 特有的命令行选项

GNU 汇编器中 RISC-V 特有的命令行选项如表 5.2 所示。

表 5.2　GNU 汇编器中 RISC-V 特有的命令行选项

选项	说明
-fpic/-fPIC	生成与位置无关的代码
-fno-pic	不生成与位置无关的代码（AS 汇编器默认配置）
-mabi=ABI	指定源代码使用哪个 ABI。可识别的参数是 ilp32 和 lp64，它们分别决定生成 ELF32 或者 ELF64 格式的对象文件
-march=ISA	用来指定目标体系结构，如-march=rv32ima。如果没有指定这个选择，那么 AS 汇编器会读取默认的配置–with-arch=ISA
-misa-spec=ISAspec	选择目标指令集的版本
-mlittle-endian	生成小端的机器码
-mbig-endian	生成大端的机器码

5.5.2　RISC-V 特有的伪指令

RISC-V 特有的伪指令如下。

- .bss：设置当前段为未初始化的数据段。
- .half：把 16 位数当成数据插入汇编代码中。
- .word：把 32 位数当成数据插入汇编代码中。
- .dword：把 64 位数当成数据插入汇编代码中。
- .option：修改特定汇编代码的汇编选项。

5.6　实验

5.6.1　实验 5-1：汇编语言练习——查找最大数

1. 实验目的

通过本实验了解和熟悉 RISC-V 汇编语言。

2. 实验要求

使用 RISC-V 汇编语言来实现如下功能：在给定的一组数中查找最大数，通过 printf()函数输出这个最大数。程序可使用 GCC（RISC-V 版本）工具来编译，并且可在 QEMU+RISC-V+Linux 实验平台上运行。

5.6.2　实验 5-2：汇编语言练习——通过 C 语言调用汇编函数

1. 实验目的

通过本实验了解和熟悉在 C 语言中如何调用汇编函数。

2. 实验要求

使用汇编语言实现一个汇编函数，用于比较两个数的大小并返回较大值，然后用 C 语言代码调用这个汇编函数。程序可使用 GCC（RISC-V 版本）工具来编译，并且可在 QEMU+RISC-V+Linux 实验平台上运行。

5.6.3　实验 5-3：汇编语言练习——通过汇编语言调用 C 函数

1. 实验目的

通过本实验了解和熟悉在汇编语言中如何调用 C 函数。

2. 实验要求

使用 C 语言实现一个函数，用于比较两个数的大小并返回较大值，然后用汇编代码调用这个 C 函数。程序可使用 GCC（RISC-V 版本）来编译，并且可在 QEMU + RISC-V 实验平台上运行。

5.6.4　实验 5-4：使用汇编伪操作实现一张表

1. 实验目的

熟悉常用的汇编伪操作。

2. 实验要求

使用汇编的数据定义伪指令，可以实现表的定义。Linux 内核使用.quad 和.asciz 来定义一个名为 kallsyms 的表，用于表示地址和函数名的对应关系，例如：

```
0x800800 -> func_a
0x800860 -> func_b
0x800880 -> func_c
```

请在 BenOS 里做如下练习。在汇编里定义一个类似的表，然后在 C 语言中根据函数的地址查找表，并且输出函数的名称，如图 5.5 所示。

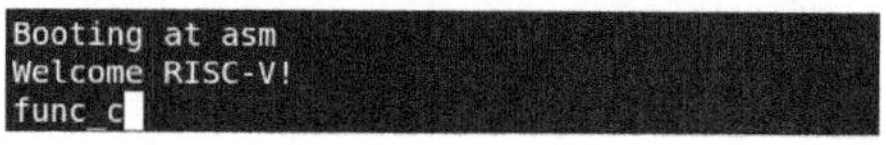

```
Booting at asm
Welcome RISC-V!
func_c
```

图 5.5 输出函数名称

5.6.5 实验 5-5：汇编宏的使用

1. 实验目的

熟悉汇编宏的使用。

2. 实验要求

请在 BenOS 里做如下练习。

在汇编文件中通过一个宏实现如下两个汇编函数。

```
long add_1(a, b)
long add_2(a, b)
```

该宏的定义如下。

```
.macro op_func,label, a, b
    //这里调用 add_1()或者 add_2()函数，label 等于 1 或者 2
.endm
```

第6章 链接器与链接脚本

本章思考题

1. 什么是链接器？为什么链接器简称LD？
2. 链接脚本中的输入段和输出段有什么区别？
3. 什么是加载地址和虚拟地址？
4. 在链接脚本中定义如下符号。

```
foo = 0x100
```

foo和0x100分别代表什么？

5. 在C语言中，如何引用链接脚本定义的符号？
6. 为了构建一个基于ROM的镜像文件，常常会设置输出段的虚拟地址和加载地址不一致，在一个输入段中，如何表示一个段的虚拟地址和加载地址？
7. 什么是链接地址？
8. 当一个程序的代码段的链接地址与加载地址不一致时，我们应该怎么做才能让程序正确运行？
9. 什么是与位置无关的代码？什么是与位置有关的代码？请举例说明在RISC-V指令集中哪些指令是与位置无关的指令，哪些是与位置有关的指令。
10. 什么是加载重定位和链接重定位？
11. OpenSBI和Linux内核是如何实现重定位的？
12. 在Linux内核中，打开MMU之后如何实现重定位？
13. 什么是链接器松弛优化？

本章主要介绍链接器和链接脚本的相关内容。

6.1 链接器

在现代软件工程中，一个大的程序通常由多个源文件组成，其中包含以高级语言编写的源文件以及以汇编语言编写的汇编文件。在编译过程中会分别对这些文件进行编译或者汇编，并生成目标文件。这些目标文件包含代码段、数据段、符号表等内容。而链接指的是把这些目标文件（也包括用到的标准库函数目标文件）的代码段、数据段以及符号表等内容收集起来，并按照某种格式（如ELF）组合成一个可执行二进制文件的过程。而链接器（linker）用来完成上述链接过程。在操作系统发展的早期并没有链接器的概念，操作系统的加载器（Loader，LD）做了所有的工作。后来操作系统越来越复杂，慢慢出现了链接器，所以LD成为链接器的代名词。

链接器采用AT&T链接脚本语言，而链接脚本最终会把大量编译（汇编）好的二进制文件（.o

文件）综合成最终可执行二进制文件，也就是把每一个二进制文件整合到一个可执行二进制文件中。这个可执行二进制文件有一个总的代码段/数据段，这就是链接的过程。

GNU 工具链提供了一个名为 ld 的命令，如图 6.1 所示。

```
root:riscv# ld --version
GNU ld (GNU Binutils for Debian) 2.37
Copyright (C) 2021 Free Software Foundation, Inc.
This program is free software; you may redistribute it under the terms of
the GNU General Public License version 3 or (at your option) a later version.
This program has absolutely no warranty.
```

图 6.1 ld 命令

下面是 ld 命令简单的用法。

```
$ ld -o mytest  test1.o test2.o -lc
```

上述命令把 test1.o、test2.o 以及库文件 libc.a 链接成名为 mytest 的可执行文件。其中，-lc 表示把 C 语言库文件也链接到 mytest 可执行文件中。若上述命令没有使用-T 选项来指定链接脚本，则链接器会默认使用内置的链接脚本。读者可以通过 ld --verbose 命令查看内置链接脚本的内容。

不过，在操作系统实现中常常需要编写一个链接脚本来描述最终可执行文件的代码段/数据段等布局。

【例 6-1】 使用本书的 BenOS，下面的命令可链接、生成 benos.elf 可执行文件，其中 linker.ld 为链接脚本。

```
$ riscv64-linux-gnu-ld -T src/linker.ld  -Map benos.map -o build/benos.elf
 build/printk_c.o build/irq_c.o build/string_c.o
```

ld 命令的常用选项如表 6.1 所示。

表 6.1 ld 命令的常用选项

选项	说明
-T	指定链接脚本
-Map	输出一个符号表文件
-o	输出最终可执行二进制文件
-b	指定目标代码输入文件的格式
-e	使用指定的符号作为程序的初始执行点
-l	把指定的库文件添加到要链接的文件清单中
-L	把指定的路径添加到搜索库的目录清单中
-S	忽略来自输出文件的调试器符号信息
-s	忽略来自输出文件的所有符号信息
-t	在处理输入文件时显示它们的名称
-Ttext	使用指定的地址作为代码段的起始点
-Tdata	使用指定的地址作为数据段的起始点
-Tbss	使用指定的地址作为未初始化的数据段的起始点
-Bstatic	只使用静态库
-Bdynamic	只使用动态库
-defsym	在输出文件中定义指定的全局符号

6.2 链接脚本

链接器在链接过程中需要使用一个链接脚本，当没有通过-T 选项指定链接脚本时，链接器会使用内置的链接脚本。链接脚本控制如何把输入文件的段整合到输出文件的段里，以及这些段的地址空间布局等。本节主要介绍如何编写一个链接脚本。

6.2.1 一个简单的链接程序

任何一种可执行程序（不论是 ELF 文件还是 EXE 文件）都是由代码段、数据段、未初始化的数据段等组成的。链接脚本最终会把大量编译好的二进制文件合并为一个可执行二进制文件，也就是把每一个二进制文件整合到一个大文件中。这个大文件有总的代码段、数据段、未初始化的数据段。在 Linux 内核中链接脚本是 vmlinux.lds.S 文件，这个文件有点复杂。我们先看一个简单的链接脚本。

【例 6-2】 如下是一个简单的链接脚本。

```
1    SECTIONS
2    {
3           . = 0x80200000,
4           .text : { *(.text) }
5           . = 0x80210000;
6           .data : { *(.data) }
7           .bss : { *(.bss) }
8    }
```

在第 1 行中，SECTIONS 是链接脚本语法中的关键命令，它用来描述输出文件的内存布局。SECTIONS 命令告诉链接脚本如何把输入文件的段映射到输出文件的各个段，如何将输入段整合为输出段，如何把输出段放入程序地址空间和进程地址空间中。SECTIONS 命令的格式如下。

```
SECTIONS
{
  sections-command
  sections-command
  ...
}
```

sections-command 有如下几种。

- ENTRY 命令，用来设置程序的入口。
- 符号赋值语句，用来给符号赋值。
- 输出段的描述语句。

在第 3 行中，“.”代表当前位置计数器（Location Counter，LC），用于把代码段的链接地址设置为 0x8020 0000。

在第 4 行中，输出文件的代码段由所有输入文件（其中“*”表示所有的.o 文件，即二进制文件）的代码段组成。

在第 5 行中，链接地址变为 0x8021 0000，即重新指定后面的数据段的链接地址。

在第 6 行中，输出文件的数据段由所有输入文件的数据段组成。

在第 7 行中，输出文件的未初始化的数据段由所有输入文件的未初始化的数据段组成。

6.2.2　设置入口点

程序执行的第一条指令称为入口点（entry point）。在链接脚本中，使用 ENTRY 命令设置程序的入口点。例如，设置符号 symbol 为程序的入口点。

```
ENTRY(symbol)
```

除此之外，还有几种方式来设置入口点。链接器会依次尝试下列方法来设置入口点，直到成功为止。

- 使用 GCC 工具链的 LD 命令和-e 选项指定入口点。
- 在链接脚本中通过 ENTRY 命令设置入口点。
- 通过特定符号（如 start 符号）设置入口点。
- 使用代码段的起始地址。
- 使用地址 0。

6.2.3 基本概念

通常链接脚本用来定义如何把多个输入文件的段合并成一个输出文件，描述输入文件的布局。输入文件和输出文件指的是汇编或者编译后的目标文件，它们按照一定的格式（如 ELF）组成，只不过输出文件具有可执行属性。这些目标文件都由一系列的段组成。段是目标文件中具有相同特征的最小可处理信息单元，不同的段用来描述目标文件中不同类型的信息以及特征。

在链接脚本中，我们把输入文件中的一个段称为输入段（input section），把输出文件中的一个段称为输出段（output section）。输出段告诉链接器最终的可执行文件在内存中是如何布局的。输入段告诉链接器如何将输入文件映射到内存布局中。

输出段和输入段包括段的名字、大小、可加载（loadable）属性以及可分配（allocatable）属性等。可加载属性用于在运行时加载这些段的内容到内存中。可分配属性用于在内存中预留一个区域，并且不会加载这个区域的内容。

链接脚本中还有两个关于段的地址，它们分别是加载地址和虚拟地址。加载地址是加载时段所在的地址，虚拟地址是运行时段所在的地址，也称为运行地址。通常情况下，这两个地址是相同的。不过，它们也有可能不相同。例如，一个代码段被加载到只读存储器（Read-Only Memory，ROM）中，在程序启动时被复制到随机存储器（Random Access Memory，RAM）中。在这种情况下，ROM 地址将是加载地址，RAM 地址将是虚拟地址。

6.2.4 符号赋值与引用

在链接脚本中，符号可以像 C 语言一样进行赋值和操作，允许的操作包括赋值、加法、减法、乘法、除法、左移、右移、与、或等。

```
symbol = expression ;
symbol += expression ;
symbol -= expression ;
symbol *= expression ;
symbol /= expression ;
symbol <<= expression ;
symbol >>= expression ;
symbol &= expression ;
symbol |= expression ;
```

高级语言（如 C 语言）常常需要引用链接脚本定义的符号。链接脚本定义的符号与 C 语言中定义的符号有本质的区别。例如，在 C 语言中定义全局变量 foo 并且赋值为 100。

```
int foo = 100
```

当在高级语言（如 C 语言）中声明一个符号时，编译器在程序内存中保留足够的空间来保存符号的值。另外，编译器在程序的符号表中创建一个保存该符号地址的条目，即符号表包含保存符号值的内存块的地址。因此，编译器会在符号表中存储 foo 符号。这个符号保存在某个内存地址里，这个内存地址用来存储初始值 100。当程序再一次访问 foo 变量时，例如，设置 foo 为 1，程序就在符号表中查找符号 foo，获取与该符号关联的内存地址，然后把 1 写入该内存地址。而链接脚本定义的符号仅仅在符号表中创建了一个符号，并没有分配内存来存储这个符号。也就是说，它有地址，但是没有存储内容。所以链接脚本中定义的符号只代表一个地址，而链接器不能保证这个地址存储了内容。例如，在链接脚本中定义一个 foo 符号并赋值。

```
foo = 0x100;
```

链接器会在符号表中创建一个名为 foo 的符号，0x100 表示内存地址的位置，但是地址 0x100 没有存储任何特别的东西。换句话说，foo 符号仅仅用来记录某个内存地址。

在实际编程中，我们常常需要访问链接脚本中定义的符号。例 6-3 在链接脚本中定义 ROM 的起始地址 start_of_ROM、ROM 的结束地址 end_of_ROM 以及 FLASH 的起始地址 start_of_FLASH，这样在 C 语言程序中就可以访问这些地址。例如，把 ROM 的内容复制到 FLASH 中。

【例 6-3】　下面是链接脚本。

```
start_of_ROM = .ROM;
end_of_ROM = .ROM + sizeof (.ROM);
start_of_FLASH = .FLASH;
```

在上述链接脚本中，ROM 和 FLASH 分别表示存储在 ROM 与闪存中的段。在 C 语言中，我们可以通过如下代码片段把 ROM 的内容搬移到 FLASH 中。

```
extern char start_of_ROM, end_of_ROM, start_of_FLASH;
memcpy (& start_of_FLASH, & start_of_ROM, & end_of_ROM - & start_of_ROM);
```

上面的 C 语言代码使用“&”符号来获取符号的地址。这些符号在 C 语言中也可以看成数组，所以上述 C 语言代码改写成如下代码。

```
extern char start_of_ROM[], end_of_ROM[], start_of_FLASH[];

memcpy (start_of_FLASH, start_of_ROM, end_of_ROM - start_of_ROM);
```

一个常用的编程技巧是在链接脚本里为每个段都设置一些符号，以方便 C 语言访问每个段的起始地址和结束地址。例 6-4 中的链接脚本定义了代码段的起始地址（start_of_text）、代码段的结束地址（end_of_text）、数据段的起始地址（start_of_data）以及数据段的结束地址（end_of_data）。

【例 6-4】　下面是一个链接脚本。

```
SECTIONS
{
    start_of_text = . ;
    .text: { *(.text) }
    end_of_text = . ;

    start_of_data = . ;
    .data: { *(.data) }
    end_of_data = . ;
}
```

在 C 语言中，使用以下代码可以很方便地访问这些段的起始地址和结束地址。

```
extern char start_of_text[];
extern char end_of_text[];
extern char start_of_data[];
extern char end_of_data[];
```

6.2.5　当前位置计数器

有一个特殊的符号“.”，它表示当前位置计数器。下面举例说明。

【例 6-5】　下面的链接脚本使用了当前位置计数器。

```
1       floating_point = 0;
2       SECTIONS
3       {
4           .text :
5           {
6           *(.text)
7           _etext = .;
8           }
9           _bdata = (. + 3) & ~ 3;
10          .data : { *(.data) }
11      }
```

上述链接脚本中，第 7 行和第 9 行使用了当前位置计数器。在第 7 行中，_etext 设置为当前位置，当前位置为代码段结束的地方。在第 9 行中，设置_bdata 的起始地址为当前位置后下一个与 4 字节对齐的地方。

6.2.6 SECTIONS 命令

SECTIONS 命令告诉链接器如何把输入段映射到输出段，以及如何在内存中存放这些输出段。

1. 输出段

输出段的描述格式如下。

```
section [address] [(type)] :
  [AT(lma)]
  [ALIGN(section_align)]
  [constraint]
  {
    output-section-command
    output-section-command
    ...
  } [>region] [AT>lma_region] [:phdr :phdr ...] [=fillexp]
```

其中，部分内容的含义如下。

- section：段的名字，如.text、.data 等。
- address：虚拟地址。
- type：输出段的属性。
- lma：加载地址。
- ALIGN：对齐要求。
- output-section-command：描述输入段如何映射到输出段。
- region：特定的内存区域。
- phdr：特定的程序段（program segment）。

一个输出段有两个地址，分别是虚拟内存地址（Virtual Memory Address，VMA）和加载内存地址（Load Memory Address，LMA）。

如果没有通过“AT”指定 LMA，那么 LMA = VMA，即加载地址等于虚拟地址。但在嵌入式系统中，经常存在加载地址和虚拟地址不同的情况，如将镜像文件加载到开发板的闪存中（由 LMA 指定），而 BootLoader 将闪存中的镜像文件复制到同步动态随机存储器（Synchronous Dynamic Random Access Memory，SDRAM）中（由 VMA 指定）。

2. 输入段

输入段用来告诉链接器如何将输入文件映射到内存布局。输入段包括输入文件以及对应的段。通常，使用通配符来包含某些特定的段，例如：

```
*(.text)
```

这里的“*”是一个通配符，可以匹配任何文件名的代码段。另外，如果想从所有文件中剔除一些文件，可以使用“EXCLUDE_FILE”列出哪些文件是需要剔除的，剩余的文件用作输入段，例如：

```
EXCLUDE_FILE (*crtend.o *otherfile.o) *(.ctors)
```

在上面的代码中，除 crtend.o 和 otherfile.o 文件之外，把剩余文件的 ctors 段加入输入段中。

下面两条语句是有区别的。

```
*(.text .rodata)
*(.text) *(.rodata)
```

第一条语句按照加入输入文件的顺序把相应的代码段和只读数据段加入；而第二句条语句先加入所有输入文件的代码段，再加入所有输入文件的只读数据段。

```
*(EXCLUDE_FILE (*somefile.o) .text .rodata)
```

如果“EXCLUDE_FILE”后面跟着一串段列表，那么只有第一个段起到剔除的作用。例如在上述语句中，除 somefile.o 文件的代码段之外，把其他文件的代码段加入输入段里。另外，只读数据段不在剔除之列，即所有文件的只读数据段都加入输入段里。

如果你想同时剔除 somefile.o 文件的代码段和只读数据段，可以这么写。

```
*(EXCLUDE_FILE (*somefile.o) .text EXCLUDE_FILE (*somefile.o) .rodata)
```

或者使用以下语句。

```
EXCLUDE_FILE (*somefile.o) *(.text .rodata)
```

要指定文件名中特定的段，例如，把 data.o 文件中的数据段加入输入段里，使用以下代码。

```
data.o(.data)
```

下面结合例子来说明输入段的作用。

【例 6-6】　下面实现了一个链接脚本。

```
1      SECTIONS {
2          outputa 0x10000 :
3          {
4              all.o
5              foo.o (.input1)
6          }
7          outputb :
8          {
9              foo.o (.input2)
10             foo1.o (.input1)
11         }
12         outputc :
13         {
14             *(.input1)
15             *(.input2)
16         }
17     }
```

这个链接脚本一共有 3 个输出段——outputa、outputb 和 outputc。outputa 输出段的起始地址为 0x10000，首先在这个起始地址里存储 all.o 文件中所有的段，然后存储 foo.o 文件的 input1 段。outputb 输出段包括 foo.o 文件的 input2 段以及 foo1.o 文件的 input1 段。outputc 段包括所有文件的 input1 段和所有文件的 input2 段。

3. 例子

通常，为了构建一个基于 ROM 的镜像文件，要设置输出段的虚拟地址和加载地址不一致。镜像文件存储在 ROM 中，运行程序时需要把镜像文件复制到 RAM 中。此时，ROM 中的地址为加载地址，RAM 中的地址为虚拟地址，即运行地址。在例 6-7 中，链接脚本会创建 3 个段。其中，.text 段的虚拟地址和加载地址均为 0x1000，.mdata（用户自定义的数据）段的虚拟地址设置为 0x2000，但是通过 AT 符号指定了加载地址是代码段的结束地址，而符号_data 指定了.mdata 段的虚拟地址为 0x2000。.bss 段的虚拟地址是 0x3000。

【例 6-7】　创建 3 个段。

```
SECTIONS
  {
  .text 0x1000 : { *(.text) _etext = . ; }
  .mdata 0x2000 :
    AT ( ADDR (.text) + SIZEOF (.text) )
```

```
    { _data = . ; *(.data); _edata = . ;  }
  .bss 0x3000 :
    { _bstart = . ;  *(.bss) *(COMMON) ; _bend = . ;}
}
```

.mdata 段的加载地址和链接地址（虚拟地址）不一样，因此程序的初始化代码需要把.mdata 段从 ROM 中的加载地址复制到 SDRAM 中的虚拟地址。如图 6.2 所示，.mdata 段的加载地址在_etext 起始的地方，.mdata 段的虚拟地址在_data 起始的地方，.mdata 段的大小为_edata－_data。下面这段代码把.mdata 段从_etext 起始的地方复制到从_data 起始的地方。

```
<程序初始化>

extern char _etext, _data, _edata, _bstart, _bend;
char *src = &_etext;
char *dst = &_data;

/*ROM 中包含.mdata 段，.mdata 段位于.text 段的结束地址处，把.mdata 段复制到.mdata 段的虚拟地址处*/
while (dst < &_edata)
  *dst++ = *src++;

/*清除.bss 段*/
for (dst = &_bstart; dst< &_bend; dst++)
  *dst = 0;
```

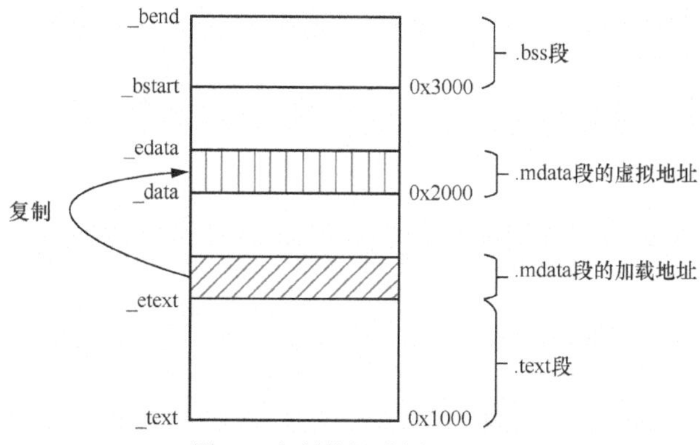

图 6.2 复制数据到虚拟地址处

6.2.7 常用的内置函数

链接脚本语言包含一些内置函数。

1. ABSOLUTE(exp)

ABSOLUTE(exp)返回表达式的绝对值。它主要用于在段定义中给符号赋绝对值。

【例 6-8】 下面的链接脚本使用了 ABSOLUTE()内置函数。

```
SECTIONS
{
     . = 0xb0000,
     .my_offset : {
          my_offset1 = ABSOLUTE(0x100);
          my_offset2 = (0x100);
     }
}
```

上述链接脚本定义了一个名为.my_offset 的段。其中，符号 my_offset1 使用了 ABSOLUTE()内置函数，它把数值 0x100 赋值给符号 my_offset1；而符号 my_offset2 没有使用内置函数，因此符号 my_offset2 属于.my_offset 段里的符号，于是符号 my_offset2 的地址为 0xB0000 + 0x100。下面是通过链接器生成的符号表信息。

```
my_offset       0x00000000000b0000                  0x0
                0x0000000000000100                  my_offset1 = ABSOLUTE (0x100)
                0x00000000000b0100                  my_offset2 = 0x100
```

2. ADDR(section)

ADDR(section)返回段的虚拟地址。

3. ALIGN(align)

ALIGN(align)返回下一个与 align 字节对齐的地址，它是基于当前的位置来计算对齐地址的。

【例 6-9】 下面是一个使用 ALIGN(align)的链接脚本。

```
SECTIONS {
      ...
      .data ALIGN(0x2000): {
      *(.data)
      variable = ALIGN(0x8000);
      }
      ...
}
```

上述链接脚本的.data 段会设置在下一个与 0x2000 字节对齐的地址上。另外，定义一个 variable 变量，这个变量的地址是下一个与 0x8000 字节对齐的地址。

4. SIZEOF(section)

.SIZEOF(section)返回一个段的大小。

【例 6-10】 在下面的代码中，symbol_1 和 symbol_2 都用来返回.output 段的大小。

```
SECTIONS{
      ...
      .output {
          .start = . ;
          ...
          .end = . ;
      }
      symbol_1 = .end - .start ;
      symbol_2 = SIZEOF(.output);
      ...
}
```

5. PROVIDE

PROVIDE 内置函数从链接脚本中导出一个符号，不过只有当这个符号在其他地方没有定义并且没有链接时才会使用。

【例 6-11】 在下面的链接脚本里定义 my_label 符号。

```
SECTIONS
{

  . = 0x80500000,
  PROVIDE (my_label = .);

  . = 0x80200000,
  .text : { *(.text.boot) }

  ...
}
```

my_label 符号在链接脚本中定义的地址为 0x8050 0000，然后在汇编代码中也定义一个 my_label 符号。

```
1     .global my_label
2     my_label:
3         .byte 8
4
```

```
5     test_provide:
6             la a0, my_label
7             ret
```

在这个场景下，LA 指令会使用第 2 行定义的 my_label 符号的地址，而不会使用链接脚本中定义的 my_label 符号。假设汇编代码中没有定义 my_label 符号（见第 1～3 行），那么 LA 指令将加载链接脚本中的 my_label 符号的地址（0x8050 0000）到 a0 寄存器中。

6. INCLUDE

INCLUDE 函数可以引入另外的链接脚本。例如，下面的链接脚本直接引入 sbi/sbi_base.ld 链接脚本。

```
SECTIONS
{
  INCLUDE "sbi/sbi_base.ld"
}
```

7. 其他内置函数

其他内置函数如下。

- LOADADDR(section)：返回段的加载地址。
- MAX(exp1, exp2)：返回两个表达式中的最大值。
- MIN(exp1, exp2)：返回两个表达式中的最小值。

6.3 加载重定位

我们首先要知道下面几个重要概念。

- 加载地址：存储代码的物理地址，在 GNU 链接脚本里称为 LMA。例如，RISC-V 处理器上电复位后是从异常向量表开始取第一条指令的，所以通常这个地方存放代码最开始的部分，如异常向量表的处理代码。
- 运行地址：程序运行时的地址，在 GNU 链接脚本里称为 VMA。
- 链接地址：在编译、链接时指定的地址，编程人员设想将来程序要运行的地址。程序中所有标号的地址在链接后便确定了，不管程序在哪里运行都不会改变。当使用 riscv64-linux-gnu-objdump（简称 objdump）工具进行反汇编时，查看的就是链接地址。

链接地址和运行地址可以相同，也可以不同。那运行地址和链接地址什么时候不相同？什么时候相同呢？本节介绍**加载重定位**（load relocation）。我们分别以 BenOS 和 U-Boot/Linux 为例说明。

6.3.1 BenOS 重定位

QEMU Virt 平台上电之后，首先运行在 M 模式，跳转到 0x8000 0000 地址处。此时运行的是 SBI 固件，如 OpenSBI 或者 MySBI。经过 SBI 固件的初始化，然后切换到 S 模式，并且跳转到 0x8020 0000 地址处，启动 BenOS。

1. 链接地址与运行地址和加载地址相同的情况

【例 6-12】 BenOS 的一个链接脚本如下所示。

```
1     SECTIONS
2     {
3          . = 0x80200000;
4         .text.boot : { *(.text.boot) }
5         .text : { *(.text) }
6         .rodata : { *(.rodata) }
```

```
7         .data : { *(.data) }
8         . = ALIGN(0x8);
9         bss_begin = .;
10        .bss : { *(.bss*) }
11        bss_end = .;
12    }
```

链接地址就是从 0x8020 0000 开始的，此时加载地址也是 0x8020 0000，运行地址也是 0x8020 0000。我们打开 benos.map 文件来查看链接地址，如图 6.3 所示，.text.boot 的链接地址为 0x8020 0000。

```
rlk@master:benos$ cat benos.map

Memory Configuration

Name             Origin             Length             Attributes
*default*        0x0000000000000000 0xffffffffffffffff

Linker script and memory map

                0x0000000080200000                . = 0x80200000

.text.boot      0x0000000080200000       0x3c
 *(.text.boot)
 .text.boot     0x0000000080200000       0x3c build/benos/boot_s.o
                0x0000000080200000                _start

.text           0x0000000080200040      0x894
 *(.text)
 .text          0x0000000080200040      0x170 build/benos/uart_c.o
                0x0000000080200040                uart_send
                0x0000000080200094                uart_send_string
                0x00000000802000f4                uart_init
```

图 6.3　链接地址为 0x80200000

2. 加载地址与链接地址不相同的情况

【例 6-13】　BenOS 的另一个链接脚本如下所示。

```
1     TEXT_ROM = 0x80300000;
2
3     SECTIONS
4     {
5
6         . = 0x80200000,
7
8         _text_boot = .;
9         .text.boot : { *(.text.boot) }
10        _etext_boot = .;
11
12        _text = .;
13        .text : AT(TEXT_ROM)
14        {
15            *(.text)
16        }
17        _etext = .;
18
19        ...
20    }
```

在第 13 行里使用 AT 表明代码段的加载地址为 TEXT_ROM（0x8030 0000），此时代码段的加载地址就与链接地址不一样，而链接地址与运行地址一样。代码段的链接地址可以通过 benos.map 来查看。如图 6.4 所示，代码段的起始链接地址可以通过符号表中的_text 符号获得，地址为 0x8020 0060，结束链接地址可以通过_etext 符号来获取。

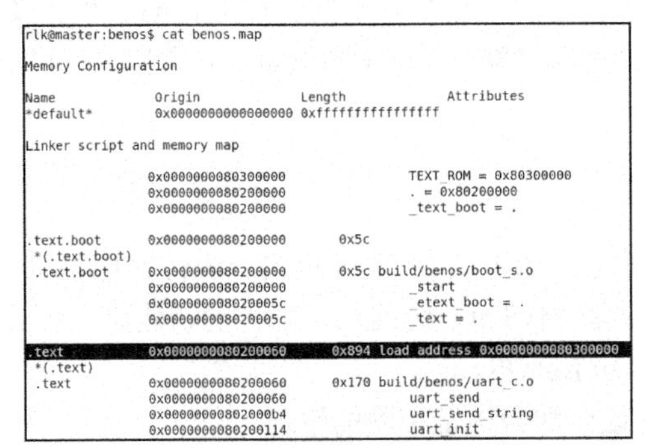

```
rlk@master:benos$ cat benos.map

Memory Configuration

Name             Origin             Length             Attributes
*default*        0x0000000000000000 0xffffffffffffffff

Linker script and memory map

                0x0000000080300000                TEXT_ROM = 0x80300000
                0x0000000080200000                . = 0x80200000
                0x0000000080200000                _text_boot = .

.text.boot      0x0000000080200000       0x5c
 *(.text.boot)
 .text.boot     0x0000000080200000       0x5c build/benos/boot_s.o
                0x0000000080200000                _start
                0x000000008020005c                _etext_boot = .
                0x000000008020005c                _text = .

.text           0x0000000080200060      0x894 load address 0x0000000080300000
 *(.text)
 .text          0x0000000080200060      0x170 build/benos/uart_c.o
                0x0000000080200060                uart_send
                0x00000000802000b4                uart_send_string
                0x0000000080200114                uart_init
```

图 6.4　代码段的链接地址

在这种情况下，如果想要 BenOS 正常运行，我们需要把代码段从加载地址复制到链接地址。

```
.globl _start
_start:
        /*
           假设代码段存储在 ROM 中，而 ROM 的地址在 0x8030 0000
```

```
        我们需要把代码段从加载地址复制到链接地址
      */
     la t0, TEXT_ROM
     la t1, _text
     la t2, _etext
.L0:
    ld  a5, (t0)
    sd a5, (t1)
    addi t1, t1, 8
    addi t0, t0, 8
    bltu t1, t2, .L0
```

3. 运行地址与链接地址不相同的情况

当 BenOS 的 MMU 使能之后，我们可以把双倍数据速率（Double Data Rate，DDR）内存映射到内核空间。

【例 6-14】 使用下面的链接脚本。

```
1      SECTIONS
2      {
3          /*
4          * 设置 BenOS 的链接地址 0xFFFF 0000 0000 0000
5          */
6          . = 0xffff000000000000,
7
8          _text_boot = .;
9          .text.boot : { *(.text.boot) }
10         _etext_boot = .;
11
12         . = ALIGN(8);
13         _text = .;
14         .text :
15         {
16                     *(.text)
17         }
18         . = ALIGN(8);
19         _etext = .;
20
21             ...
22         }
```

在第 6 行中，当前位置计数器把代码段的链接地址设置在 0xFFFF 0000 0000 0000，这是内核空间的一个地址。QEMU 上电复位后，benos.bin 加载并跳转到 0x8020 0000 地址处，此时，运行地址和加载地址都为 0x8020 0000，而链接地址为 0xFFFF 0000 0000 0000，如图 6.5 所示。

我们需要在汇编代码里初始化 MMU，并且把物理 DDR 内存映射到内核空间里，然后做一次重定位操作，让 CPU 的运行地址重定位到链接地址处，这种做法在 U-Boot 和 Linux 内核中很常见。

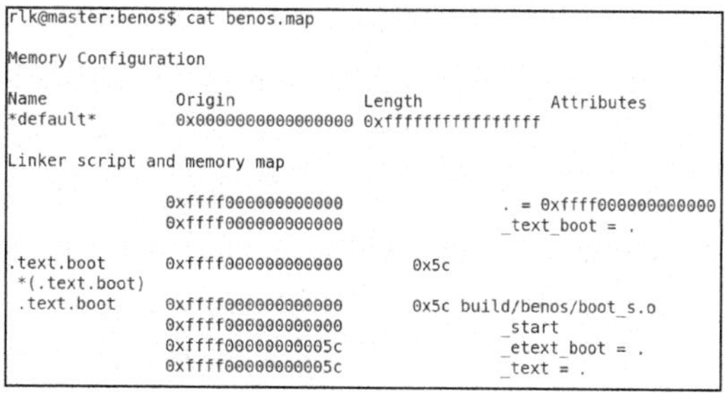

```
rlk@master:benos$ cat benos.map

Memory Configuration

Name             Origin             Length             Attributes
*default*        0x0000000000000000 0xffffffffffffffff

Linker script and memory map

                0xffff000000000000                . = 0xffff000000000000
                0xffff000000000000                _text_boot = .

.text.boot      0xffff000000000000       0x5c
 *(.text.boot)
 .text.boot     0xffff000000000000       0x5c build/benos/boot_s.o
                0xffff000000000000                _start
                0xffff00000000005c                _etext_boot = .
                0xffff00000000005c                _text = .
```

图 6.5 链接地址与运行地址不一样

6.3.2 OpenSBI 和 Linux 内核重定位

我们以一块 RISC-V 开发板为例，假设芯片内部有 SRAM，起始地址为 0x0，DDR 内存的起始地址为 0x8000 0000。SBI 固件（如 OpenSBI）运行在 M 模式，起始地址为 0x8000 0000，U-Boot 和 Linux 内核运行在 S 模式，起始地址为 0x8020 0000。下面是芯片启动的一般流程。

（1）芯片上电，运行 BOOT ROM 的程序。

（2）BOOT ROM 程序会初始化 Nor Flash 等外部存储介质，把 OpenSBI 加载到 DDR 内存中，并跳转到 DDR 内存中。

（3）OpenSBI 切换到 S 模式，并运行 S 模式下的 U-Boot。

（4）U-Boot 初始化硬件和启动环境，跳转到 Linux 内核并运行。

在第（2）步中，由于 OpenSBI 的镜像太大了，SRAM 放不下，因此必须要把镜像放在 DDR 内存中。通常 OpenSBI 在编译时把链接地址都设置到 DDR 内存中，也就是 0x8000 0000 地址处，于是运行地址和链接地址就不一样了。既然运行地址为 0x0，链接地址变成 0x8000 0000，那么程序为什么还能运行呢？

这就涉及汇编编程的一个重要问题，就是位置无关的代码和位置有关的代码。

- 位置无关的代码：从字面意思看，指令的执行是与内存地址无关的；无论运行地址和链接地址相同或者不相同，该指令都能正常运行。在汇编语言中，像 J、JAL、MV 等指令属于位置无关指令，不管程序在哪个位置，它们都能正确地运行，指令的地址属性是基于 PC 值相对寻址的，相当于[PC+offset]。
- 位置有关的代码：从字面意思看，指令的执行是与内存地址有关的，和当前 PC 值无关。在 RISC-V 汇编语言里，通过修改 ra 寄存器的值实现相对跳转，示例如下。

```
li a1, PAGE_OFFSET
add ra, ra, a1
```

因此，如果通过修改返回地址为链接地址，当函数返回时，就会跳转到链接地址处。这个过程叫作重定位。在重定位之前，程序只能执行和位置无关的一些汇编代码。

为什么要刻意设置加载地址、运行地址以及链接地址不一样呢？

如果所有代码都在 ROM（或 NOR Flash 存储器）中执行，那么链接地址可以与加载地址相同。而在实际项目应用中，往往想要把程序加载到 DDR 内存中，DDR 内存的访问速度比 ROM 的要快很多，而且容量也大，所以设置链接地址到 DDR 内存中，而程序的加载地址设置到 ROM 中，这两个地址是不相同的。如何让程序能在链接地址上运行呢？常见的思路就是让程序的加载地址等于 ROM 起始地址（或者片内 SRAM 地址），而链接地址等于 DDR 内存中某一处的起始地址（暂且称为 ram_start）。程序先从 ROM 中启动，最先启动的部分要实现代码复制功能（把 ROM 中的全部代码复制到 DDR 内存中），并通过位置有关的指令跳转到 DDR 内存中，也就是在链接地址里运行（J 指令没法实现这个跳转）。上述重定位过程在 OpenSBI 中实现，如图 6.6 所示。

从 OpenSBI 跳转到 U-Boot 是一次模式切换的过程，由处理器完成模式切换与跳转。当从 U-Boot 跳转到 Linux 内核中时，U-Boot 需要把 Linux 内核镜像内容复制到 DDR 内存中，然后跳转到内核入口地址处（_start）。当跳转到内核入口地址时，程序运行在运行地址，即 DDR 内存中的地址。但是我们从 vmlinux 看到的_start 的链接地址是虚拟地址（假设为 0xFFFF FFE0 0000 0000，用 PAGE_OFFSET 宏来表示）。内核启动汇编代码也需要一个重定位过程。这个重定位过程在 relocate 汇编函数中完成，relocate 汇编函数的主要功能是实现重定位。启动 MMU 之后，通过 LI 指令把 PAGE_OFFSET 宏的值加载到 a1 寄存器，然后修改返回地址（ra 寄存器的值）来跳转到内核空间的链接地址处，从而实现重定位，如图 6.7 所示。relocate 汇编函数简化后的代码片段如下。

```
<linux5.15/arch/riscv/kernel/head.S>
1    relocate:
2        /* 重定位返回地址 */
3        li a1, PAGE_OFFSET
4        la a0, _start
5        sub a1, a1, a0
6        add ra, ra, a1
7
8        ...
9        ret
```

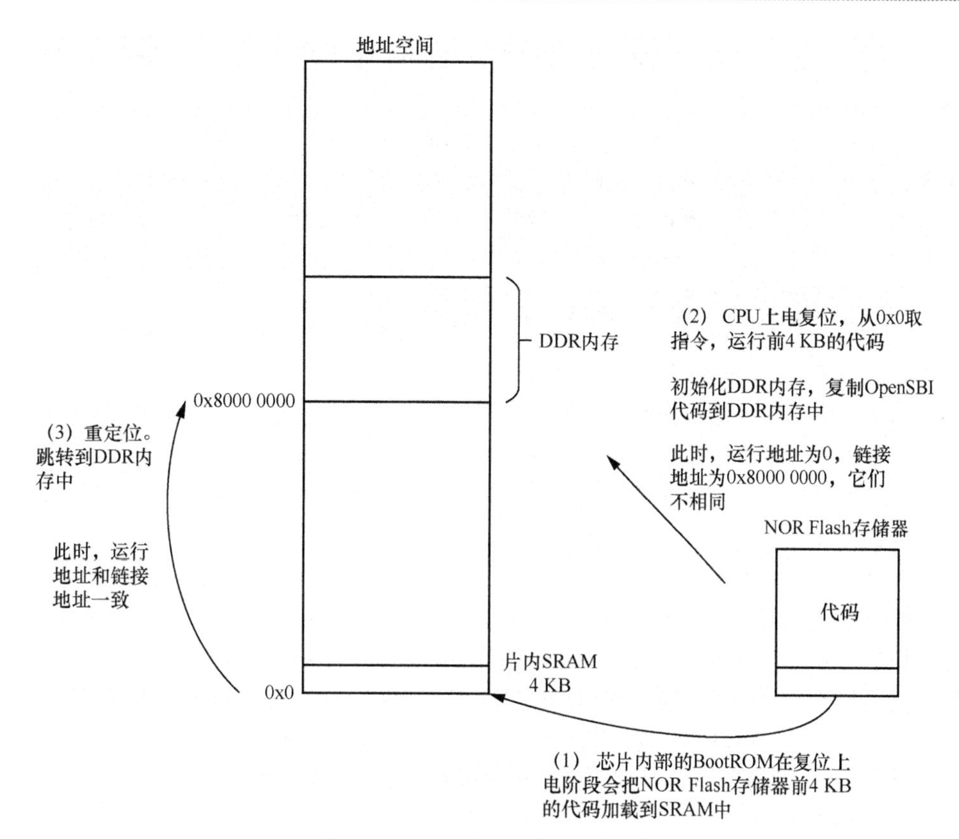

图 6.6 OpenSBI 启动时的重定位过程

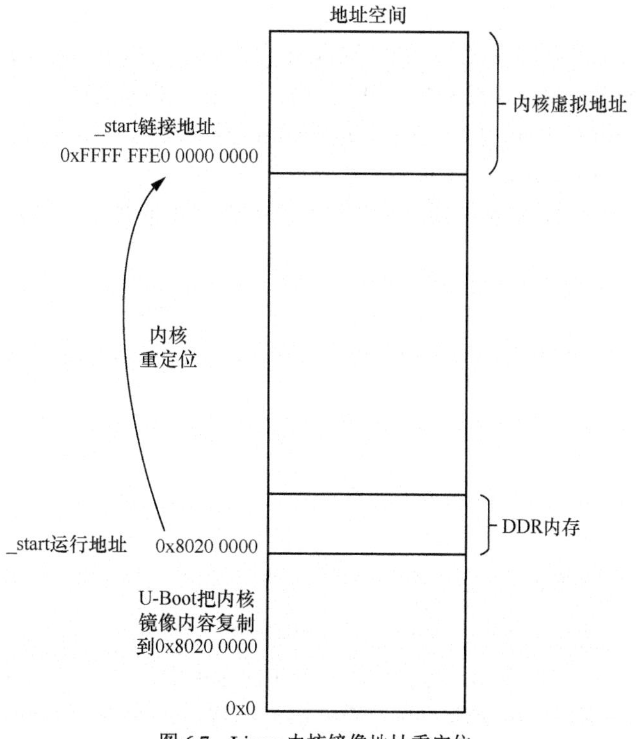

图 6.7 Linux 内核镜像地址重定位

在第 3 行中，通过 LI 加载 PAGE_OFFSET 宏的值到 a1 寄存器，PAGE_OFFSET 为_start 的链接地址。

在第 4 行中，通过 LA 指令加载_start 的运行地址，它为 0x8020 0000。

在第 5 行中，计算上述两个值的差值，即偏移量。

在第 6 行中，把当前 ra 寄存器加上偏移量，就等于该函数返回地址的链接地址了。

6.4 链接重定位与链接器松弛优化

从 5.1 节介绍可知，源代码编译成可执行二进制文件要经过预处理、编译、汇编以及链接等阶段。在编译阶段，编译器是无法确定每个符号的最终链接地址的，因此编译阶段生成的可重定位目标文件中所有的符号都暂时设定为 0x0 地址。链接器在链接最终可执行二进制文件时才具有全局内存地址布局图，这些符号的最终地址由链接器来分配和确定，这个过程称为**链接重定位**（link relocation）。

在链接阶段有一种优化技术——链接器松弛优化（linker relaxation optimization），它旨在减少不必要的指令。

通常精简指令处理器体系结构需要两条指令来实现对一个符号地址的访问。一条指令处理符号地址的高位部分，另一条指令处理符号地址的低位部分。但是，在链接阶段，通常我们可以使用一条指令完成上述操作从而达到优化目的，这就是链接器松弛优化的作用。

对于 RISC-V 处理器来说，链接器松弛优化技术主要涉及两方面。

- 函数跳转优化。
- 符号地址访问优化。

6.4.1 链接重定位

在介绍链接器松弛优化技术之前，我们先简单介绍一下链接重定位，本节关注的是静态链接。链接的目的是把多个可重定位目标文件链接成一个统一的可执行二进制文件，这个过程包括地址和空间分配、符号解析、重定位等。链接器分配地址和空间之后，就进入符号解析和重定位阶段。我们结合一个简单的例子说明链接器是如何做重定位的。

【例 6-15】 下面是 test.c 的代码，它是怎么引用全局变量 *a* 以及如何调用 foo()函数的？

```
<test.c>

int a = 5;

int foo(void)
{
   return a;
}

int main(void)
{
    foo();
}
```

首先，编译 test.c 文件。

```
$ riscv64-linux-gnu-gcc test.c -o test --save-temps -mno-relax
```

- --save-temps 表示保留编译过程中所有产生的中间文件，例如，test.i 是预处理后的文件，test.s 是编译后的汇编文件，test.o 是汇编后的可重定位目标文件，test 为最终编译的可执行二进制文件。

- -mno-relax 表示关闭链接器松弛优化。GCC 默认打开链接器松弛优化，本节中，暂时关闭该优化。

编译后的汇编文件 test.s 如下。

```
<test.s>

1     a:
2         .word  5
3         .text
4
5     foo:
6         ...
7         lla  a5,a
8         lw  a5,0(a5)
9         ...
10
11    main:
12        ...
13        call  foo
14        ...
```

从上述汇编代码可知，对全局变量 a 的地址的访问采用了 LLA 伪指令（见第 7 行），采用 CALL 伪指令调用 foo()函数（见第 13 行）。LLA 和 CALL 伪指令在汇编阶段会解析成多条汇编指令。

使用 riscv64-linux-gnu-objdump 命令查看可重定位目标文件 test.o 对应的反汇编代码。

```
rlk@master:riscv_example$ riscv64-linux-gnu-objdump -d  -r test.o

test.o:     file format elf64-littleriscv


Disassembly of section .text:

0000000000000000 <foo>:
   0: 1141              addi sp,sp,-16
   2: e422              sd   s0,8(sp)
   4: 0800              addi s0,sp,16
   6: 00000797          auipc    a5,0x0    //此处需要重定位
            6: R_RISCV_PCREL_HI20  a
   a: 00078793          mv   a5,a5
            a: R_RISCV_PCREL_LO12_I  .L0
   e: 439c              lw   a5,0(a5)
  10: 853e              mv   a0,a5
  12: 6422              ld   s0,8(sp)
  14: 0141              addi sp,sp,16
  16: 8082              ret

0000000000000018 <main>:
  18: 1141              addi sp,sp,-16
  1a: e406              sd   ra,8(sp)
  1c: e022              sd   s0,0(sp)
  1e: 0800              addi s0,sp,16
  20: 00000097          auipc    ra,0x0    //此处需要重定位
            20: R_RISCV_CALL  foo
  24: 000080e7          jalr ra # 20 <main+0x8>
  28: 4781              li   a5,0
  2a: 853e              mv   a0,a5
  2c: 60a2              ld   ra,8(sp)
  2e: 6402              ld   s0,0(sp)
  30: 0141              addi sp,sp,16
  32: 8082              ret
```

LLA 伪指令被解析成如下指令。

```
auipc  a5,0x0
mv  a5,a5
```

CALL 伪指令被解析成如下指令。

```
auipc  ra,0x
jalr  ra
```

因为编译器在编译成可重定位目标文件时并不知道全局变量 *a* 和 foo()函数的最终地址，所以这里暂时使用 0x0 作为 PC 相对地址的偏移量。链接器完成地址和空间分配之后，就确定了符号的最终地址。链接器需要根据符号的最终地址来修正上述指令，以实现重定位。链接器怎么知道哪些指令需要进行重定位与修正呢？其实，在 ELF 文件规范里定义了一个重定位表(relocation table)，它们存储在重定位段里。以代码段为例，如果代码段中有需要重定位的地方，那么会有一个叫作“.rela.text”的重定位段。

使用 riscv64-linux-gnu-objdump 命令查看重定位段的信息。

```
rlk@master:riscv_example$ riscv64-linux-gnu-objdump -r test.o

test.o:     file format elf64-littleriscv

RELOCATION RECORDS FOR [.text]:
OFFSET           TYPE                VALUE
0000000000000006 R_RISCV_PCREL_HI20   a
000000000000000a R_RISCV_PCREL_LO12_I  .L0
0000000000000020 R_RISCV_CALL          foo
```

- RELOCATION RECORDS FOR [.text]表示下面的信息是代码段的重定位表。OFFSET 表示要重定位的相对地址。例如，6 表示代码段偏移 0x6 的地方。
- TYPE 表示重定位的类型。
- VALUE 表示要重定位的符号。

每个处理器体系结构的指令集都不一样，所以各自有一套独立的重定位类型。RISC-V 常用的重定位类型如表 6.2 所示，完整的重定位类型见 RISC-V ABIs Specification，Version 0.01。

表 6.2　RISC-V 常用的重定位类型

编号	重定位类型	说明	计算公式
18	R_RISCV_CALL	函数调用，用于 CALL 和 TAIL 伪指令	$S+A-P$
23	R_RISCV_PCREL_HI20	PC 相对寻址（高 20 位部分）	$S+A-P$
24	R_RISCV_PCREL_LO12_I	PC 相对寻址（低 12 位部分），用于加载指令	$S-P$
25	R_RISCV_PCREL_LO12_S	PC 相对寻址（低 12 位部分），用于存储指令	$S-P$
26	R_RISCV_HI20	绝对地址寻址（高 20 位部分）	$S+A$
27	R_RISCV_LO12_I	绝对地址寻址（低 12 位部分），用于加载指令	$S+A$
28	R_RISCV_LO12_S	绝对地址寻址（低 12 位部分），用于存储指令	$S+A$
51	R_RISCV_RELAX	表示指令会被链接器松弛优化	—

表 6.2 中，计算公式中变量的含义如下。

- S：表示符号的最终链接地址。
- A：表示需要额外附加（appended）的字节数。
- P：重定位的位置，即重定位的那条指令的 PC 值。

我们先来看对全局变量 a 的重定位是如何修正的。它需要重定位的地方是偏移量为 0x6 的位置，重定位类型为 R_RISCV_PCREL_HI20，表示 PC 相对寻址。从表 6.2 中的计算公式可知，重定位需要修正的值 offset = $S+A-P$。下面是 S、A 和 P 的计算过程。

首先，通过 riscv64-linux-gnu-readelf 命令读取 test 可执行二进制文件的符号。

```
$ riscv64-linux-gnu-readelf -s test

Symbol table '.symtab' contains 66 entries:
   Num:    Value          Size Type    Bind   Vis      Ndx Name
```

```
   ...
   56: 00000000000005fc     24 FUNC    GLOBAL DEFAULT   12 foo
   60: 0000000000002008      4 OBJECT  GLOBAL DEFAULT   19 a
```

从上述日志可知，全局变量 *a* 的地址为 0x2008。因此，计算公式中的 *S* 为 0x2008。

然后，查看 test 可执行二进制文件的反汇编代码。

```
$ riscv64-linux-gnu-objdump -d test

00000000000005fc <foo>:
...
602: 00002797           auipc  a5,0x2
606: a0678793           addi  a5,a5,-1530 # 2008 <a>
60a: 439c               lw  a5,0(a5)
...

0000000000000614 <main>:
...
61c: 00000097           auipc  ra,0x0
620: fe0080e7           jalr  -32(ra) # 5fc <foo>
...
```

从上述反汇编结果可知，foo()函数的地址为 0x5FC，需要做重定位的偏移量为 0x6，因此需要做重定位的位置是 0x5FC + 0x6 = 0x602，即计算公式中的 *P* 为 0x602。

接着，通过 riscv64-linux-gnu-readelf 命令读取 test.o 目标文件的重定位表信息。

```
 $ riscv64-linux-gnu-readelf -r test.o

Relocation section '.rela.text' at offset 0x1c8 contains 3 entries:
  Offset          Info           Type           Sym. Value       Sym. Name + Addend
000000000006  000800000017 R_RISCV_PCREL_HI2 0000000000000000  a + 0
```

从上述重定位表信息可知，重定位需要附加的字节数为 0，因此，计算公式中的 *A* 为 0。

把上述值代入计算公式，offset = *S* + *A*–*P* = 0x2008 + 0–0x602 = 0x1A06。

接下来，计算 AUIPC 指令和 ADDI 指令中的操作数 hi20 和 lo12。读者可以根据 3.4 节的公式计算（参考例 3-6）。

```
hi20 = (offset >> 12) + offset[11] = （0x1a06 >> 12） + 1 = 2
lo12 = offset & 0xfff = 0xa06
```

由于 lo12 是 12 位有符号数，因此转换成 64 位有符号的十进制数后变成–1530。

因此我们可以把访问变量 *a* 的指令修正成如下指令。

```
auipc a5, 0x2
addi  a5, a5, -1530
```

对比 test 可执行二进制文件的反汇编代码可知，上述推导结果是正确的。

我们接下来看调用 foo()函数是如何重定位修订的。它需要重定位的地方是偏移量为 0x20 的位置，重定位的类型为 R_RISCV_CALL，其偏移量计算公式为 offset = *S*–*P*。

通过 riscv64-linux-gnu-readelf 和 riscv64-linux-gnu-objdump 工具，我们可知 *S* 为 foo()函数的地址，即 0x5FC；*P* 为需要重定位的位置，即 0x61C。

代入计算公式，offset = *S*–*P* = 0x5FC − 0x61C = −32。

这个地址范围满足 JALR 指令的寻址范围，所以可以把调用 foo()的指令修改成如下形式。

```
 auipc ra,0
 jalr  ra, -32(ra)
```

第一条指令把当前 PC 值设置到 ra 寄存器中，然后通过 JALR 指令直接跳转到（ra–32）地址中，就完成 foo()函数的调用。

6.4.2　函数跳转优化

在 RISC-V 中我们常常使用 CALL 指令实现函数跳转。CALL 指令是一条伪指令，它主要由两条指令组成。

CALL 伪指令可分解成 AUIPC 指令和 JALR 指令，它们配对使用可以实现长跳转模式。

CALL FUN 指令等价于以下两条指令。

```
auipc ra, 0
jalr  ra, ra, 0
```

CALL 指令的跳转范围为 32 位有符号数的地址区间，即以当前 PC 值为基地址的±2 GB 区间。另外，RISC-V 指令集还支持一种短跳转模式，JAL 是短跳转指令，只能在 21 位有符号数的地址区间中跳转，这对应以当前 PC 值为基地址的±1 MB 区间。

在编译阶段，编译器无法确定 fun()函数的最终地址，因此编译器默认把 CALL 伪指令解析为 AUIPC 和 JALR 指令。在链接阶段，链接器分配和确定了 fun()函数的地址，从而可以根据偏移量确定是否可以选择使用短跳转指令实现，从而达到优化的目的。

```
jal offset
```

其中，offset 为调用 fun()函数时 PC 值与 fun()函数地址之间的偏移量。

【例 6-16】　结合一个简单的 test 程序来说明函数跳转优化，其代码如下。

```
<test.c>

int foo(void )
{
}

int main(void)
{
    foo();
}
```

首先，对 test.c 文件进行预编译。

```
$ riscv64-linux-gnu-gcc -c test.c -o test.o
```

上述命令编译成可重定位目标文件 test.o。可重定位目标文件的所有段的起始地址都是 0。接下来，使用 riscv64-linux-gnu-objdump 命令反汇编可重定位目标文件。

```
$ riscv64-linux-gnu-objdump -d -t -r test.o
test.o:     file format elf64-littleriscv

SYMBOL TABLE:
0000000000000000 l    df *ABS*  0000000000000000 test.c
0000000000000000 l    d  .text  0000000000000000 .text
0000000000000000 l    d  .data  0000000000000000 .data
0000000000000000 l    d  .bss   0000000000000000 .bss
0000000000000000 g    F  .text  0000000000000010 foo
0000000000000010 g    F  .text  000000000000001c main

Disassembly of section .text:

0000000000000000 <foo>:
   0: 1141              addi   sp,sp,-16
   ...
   e: 8082              ret

0000000000000010 <main>:
  10: 1141              addi   sp,sp,-16
  12: e406              sd  ra,8(sp)
```

```
14: e022              sd  s0,0(sp)
16: 0800              addi  s0,sp,16
18: 00000097          auipc  ra,0x0
        18: R_RISCV_CALL  foo
        18: R_RISCV_RELAX  *ABS*
1c: 000080e7          jalr  ra # 18 <main+0x8>
...
2a: 8082                ret
```

从 main()函数的反汇编结果可知，编译器在编译阶段无法确定 main()函数的地址与 foo()函数的地址的偏移量，所以编译器默认使用长跳转指令组合，AUIPC 指令使用 0x0 作为临时操作数，并且把这个问题转交给链接器来解决。

R_RISCV_CALL 和 R_RISCV_RELAX 是 ELF 规范里定义的重定位类型。R_RISCV_CALL 与 R_RISCV_RELAX 告诉链接器，在链接阶段可以进行链接器松弛优化。

接下来，编译成可执行二进制文件，然后继续观察反汇编结果。

```
$ riscv64-linux-gnu-gcc test.c -o test
$ riscv64-linux-gnu-objdump -d -r test

00000000000005ea <foo>:
 5ea: 1141              addi  sp,sp,-16
 ...
 5f8: 8082              ret

00000000000005fa <main>:
 5fa: 1141              addi  sp,sp,-16
 5fc: e406              sd  ra,8(sp)
 5fe: e022              sd  s0,0(sp)
 600: 0800              addi  s0,sp,16
 602: fe9ff0ef          jal  ra,5ea <foo>
 ...
 610:  8082             ret
```

从上述反汇编结果可知，链接器在链接可执行二进制文件时进行了链接器松弛优化，因为它知道 foo()函数的地址与 main()函数的地址的偏移量，这个偏移量正好在 JAL 指令的寻址范围内，所以这里使用短跳转指令 JAL 即可，从而省略了一条指令。

RISC-V 版本的 GCC 有与松弛链接相关的编译选项。

- -mrelax：使能链接器松弛优化，GCC 默认使能该选项。
- -mno-relax：关闭链接器松弛优化。

我们使用-mno-relax 编译选项编译 test 程序并观察反汇编结果。

```
$ riscv64-linux-gnu-gcc test.c -o test -mno-relax
$ riscv64-linux-gnu-objdump -d -r test
00000000000005fc <foo>:
 5fc: 1141              addi  sp,sp,-16
 ...
 60a: 8082              ret

000000000000060c <main>:
 60c: 1141              addi  sp,sp,-16
 60e: e406              sd  ra,8(sp)
 610: e022              sd  s0,0(sp)
 612: 0800              addi  s0,sp,16
 614: 00000097          auipc  ra,0x0
 618: fe8080e7          jalr  -24(ra) # 5fc <foo>
 ...
 626: 8082              ret
```

从上述日志可知，链接器并没有做优化，依然使用默认的两条指令来实现函数跳转，比链接器松弛优化的情况下要多一条指令，效率要低一些。

6.4.3 符号地址访问优化

RISC-V 在访问 32 位 PC 相对地址或者符号（如全局变量）时常常使用如下两条指令的组合。

```
auipc a0, %pcrel_hi(sym)
addi a0, a0, %pcrel_lo (sym)
```

链接器松弛优化的目的是减少访问内存的指令。

【例 6-17】 在 BenOS 中添加 data()函数，分别对全局变量 *a* 和 *b* 进行访问。

```
<benos/src/kernel.c >

long a = 5;
long b = 10;

long data(void) {
    return a | b;
}

void kernel_main(void)
{

    ...
    data();

    while(1)
        ;

}
```

编译 BenOS。可重定位目标文件的所有段的起始地址都是 0。接下来，使用 riscv64-linux-gnu-objdump 命令反汇编可重定位目标文件。

```
$ riscv64-linux-gnu-objdump -d -r build_src/kernel_c.o

build_src/kernel_c.o:     file format elf64-littleriscv


Disassembly of section .text:

0000000000000000 <data>:
   0: 00000797          auipc  a5,0x0
          0: R_RISCV_PCREL_HI20  a
          0: R_RISCV_RELAX  *ABS*
   4: 00078793          mv  a5,a5
          4: R_RISCV_PCREL_LO12_I  .L0
          4: R_RISCV_RELAX  *ABS*
   8: 6398              ld  a4,0(a5)
   a: 00000797          auipc  a5,0x0
          a: R_RISCV_PCREL_HI20  b
          a: R_RISCV_RELAX  *ABS*
   e: 00078793          mv  a5,a5
          e: R_RISCV_PCREL_LO12_I  .L0
          e: R_RISCV_RELAX  *ABS*
  12: 639c              ld  a5,0(a5)
  14: 8fd9              or  a5,a5,a4
  16: 853e              mv  a0,a5
  18: 8082              ret
```

从上述反汇编结果可知，我们使用两条 AUIPC 指令访问两个全局变量。这两条 AUIPC 指令都用于计算全局变量地址，但是我们知道这些全局变量在内存中是连续的，我们可以通过优化手段来减少对 AUIPC 指令的使用。

R_RISCV_PCREL_HI20 与 R_RISCV_PCREL_LO12_I 都是 ELF 规范里定义的重定位类型，

它们主要用于 32 位 PC 相对寻址。R_RISCV_PCREL_HI20 表示符号地址的高 20 位，R_RISCV_PCREL_LO12_I 表示符号地址的低 12 位。R_RISCV_RELAX 用来告诉链接器这里需要做链接器松弛优化。

如前所述，RISC-V 指令集中没有单独的一条指令能完成符号地址的加载操作，通常需要两条指令（即 AUIPC 和 ADDI 指令）的组合。不过，RISC-V 指令集提供另外一种巧妙的优化手段，即使用全局指针（Global Pointer，GP）寄存器，它指向数据段（.sdata 段）中的一个地址。如果全局变量存储在以这个 GP 寄存器的值为基地址的±2 KB 范围内，那么链接器就能够优化对全局变量的访问，AUIPC 与 ADDI 指令的组合可以替换成对以 GP 寄存器的值为基地址的相对寻址，只需要一条 LW 或者 ADDI 指令即可达到优化目的。

```
auipc rd, symbol[31:12]
addi rd, rd, symbol[11:0]

优化=>
addi rd, gp, offset
```

之所以设定±2 KB，这正对应 RISC-V 中的 LW 和 ADDI 等指令支持最大的寻址范围，即 12 位有符号数对应的地址范围。

下面我们对 benos.elf 程序进行反汇编。

```
$ riscv64-linux-gnu-objdump -d -r benos.elf
...
0000000080200d74 <data>:
    80200d74: 00002797            auipc    a5,0x2
    80200d78: 29c78793            addi a5,a5,668 # 80203010 <a>
    80200d7c: 6398                ld   a4,0(a5)
    80200d7e: 00002797            auipc    a5,0x2
    80200d82: 29a78793            addi a5,a5,666 # 80203018 <b>
    80200d86: 639c                ld   a5,0(a5)
    80200d88: 8fd9                or   a5,a5,a4
    80200d8a: 853e                mv   a0,a5
    80200d8c: 8082                ret
```

从反汇编结果可知，链接器并没有对 AUIPC 和 ADDI 指令进行优化。要在 BenOS 里使能全局变量访问优化，通过如下步骤初始化 GP 寄存器。

（1）修改 linker.ld，新增.sdata 段和__global_pointer$。

```
<benos/src/linker.ld>

/* 新增 sdata 段和设置__global_pointer$ */
.sdata : {
      __global_pointer$ = . + 0x800;
      *(.sdata)
      *(.sbss*)
  }
```

（2）在启动汇编代码中初始化 GP 寄存器。

```
<benos/src/boot.S>

_start:

      ...

.option push
.option norelax
  la gp, __global_pointer$
.option pop

    ...
```

（3）重新编译 BenOS。

（4）重新对 benos.elf 程序进行反汇编。

```
$ riscv64-linux-gnu-objdump -d -r benos.elf
...
    000000080200d7c <data>:
    80200d7c:   81018793            addi a5,gp,-2032 # 80203010 <a>
    80200d80:   6398                ld   a4,0(a5)
    80200d82:   81818793            addi a5,gp,-2024 # 80203018 <b>
    80200d86:   639c                ld   a5,0(a5)
    80200d88:   8fd9                or   a5,a5,a4
    80200d8a:   853e                mv   a0,a5
    80200d8c:   8082                ret
```

从上述反汇编结果可知，对全局变量 *a* 和 *b* 的访问已经优化成一条 ADDI 指令。链接器在链接阶段以 GP 寄存器的值为基地址进行寻址，把 AUIPC 和 ADDI 指令的组合给优化成一条 ADDI 指令。

查看 benos.map 文件，全局变量 *a* 和 *b* 都存储在.sdata 段中。

```
<benos/benos.map>
...
.sdata          0x0000000080203000     0x20
                0x0000000080203800             __global_pointer$ = (. + 0x800)
 *(.sdata)
 .sdata         0x0000000080203000     0x8 build_src/printk_c.o
 .sdata         0x0000000080203008     0x4 build_src/uart_c.o
.sdata          0x0000000080203010     0x10 build_src/kernel_c.o
                0x0000000080203010             a
                0x0000000080203018             b
...
```

6.5 实验

6.5.1 实验 6-1：分析链接脚本

1. 实验目的

熟悉 GNU 链接脚本的语法。

2. 实验要求

分析图 6.8 所示的链接脚本中每一条语句的含义。

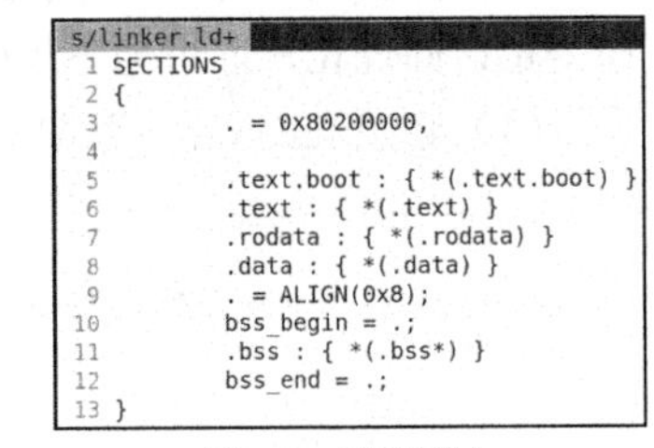

```
s/linker.ld+
 1 SECTIONS
 2 {
 3         . = 0x80200000,
 4 
 5         .text.boot : { *(.text.boot) }
 6         .text : { *(.text) }
 7         .rodata : { *(.rodata) }
 8         .data : { *(.data) }
 9         . = ALIGN(0x8);
10         bss_begin = .;
11         .bss : { *(.bss*) }
12         bss_end = .;
13 }
```

图 6.8　链接脚本

6.5.2 实验 6-2：输出每个段的内存布局

1. 实验目的

熟悉链接脚本里符号的使用。

2. 实验要求

（1）在 C 语言中输出 BenOS 镜像文件的内存布局，如图 6.9 所示，即每个段的起始地址和结束地址，以及段的大小。与 benos.map 文件进行对比，确认输出的内存布局是否正确。

```
BenOS image layout:
  .text.boot: 0x80200000 - 0x80200032 (     50 B)
       .text: 0x80200038 - 0x80201188 (   4432 B)
     .rodata: 0x80201188 - 0x80201478 (    752 B)
       .data: 0x80201478 - 0x80203000 (   7048 B)
        .bss: 0x80203010 - 0x80223420 ( 132112 B)
```

图 6.9　内存布局

（2）修改链接脚本，把.data 段的 VMA 修改成 0x8020 9000，然后输出内存布局看是否有变化。

（3）编写 C 语言函数来把.bss 段的内容清零。

6.5.3 实验 6-3：加载地址不等于运行地址

1. 实验目的

熟悉链接脚本的运行地址和加载地址。

2. 实验要求

假设代码段存储在 ROM 中，ROM 的起始地址为 0x8030 0000，而运行地址在 RAM 里面，起始地址为 0x8020 0000，即 LMA=0x8030 0000，VMA=0x8020 0000。其他段（如.text.boot、.data、.rodata 以及.bss 段）的加载地址和运行地址都在 RAM 中。请修改 BenOS 的链接脚本以及汇编源代码，让 BenOS 可以正确运行。

6.5.4 实验 6-4：设置链接地址

1. 实验目的

熟悉链接脚本的运行地址和链接地址。

2. 实验要求

修改 BenOS 的链接脚本，让其链接地址为 0xFFFF 0000 0000 0000。查看 benos.map 文件，指出运行地址和链接地址的区别。

6.5.5 实验 6-5：链接器松弛优化 1

1. 实验目的

熟悉 RISC-V 中的链接器松弛优化技术。

2. 实验要求

在 BenOS 中，构造一个无法使用函数跳转优化（见 6.4.2 节）的场景。

6.5.6 实验 6-6：链接器松弛优化 2

1. 实验目的

熟悉 RISC-V 中的链接器松弛优化技术。

2. 实验要求

在 BenOS 中，使能和测试符号地址访问优化（见 6.4.3 节）。

6.5.7 实验 6-7：分析 Linux 5.15 内核的链接脚本

1. 实验目的

熟悉链接脚本的语法和使用。

2. 实验要求

Linux 5.15 的链接脚本是 arch/riscv/kernel/vmlinux.lds.S，请详细分析该链接脚本，写一份分析报告。

第7章　内嵌汇编代码

本章思考题

1. 在内嵌汇编代码中，关键字“asm”“volatile”“inline”以及“goto”分别代表什么意思？
2. 在内嵌汇编代码的输出部分里，“=”和“+”分别代表什么意思？
3. 在内嵌汇编代码中，如何表示输出部分和输入部分的参数？
4. 在内嵌汇编代码与C语言宏结合时，“#”与“##”分别代表什么意思？

本章主要介绍RISC-V体系结构的C语言内嵌汇编代码，本章使用的编译器为GCC。

7.1 内嵌汇编代码基本用法

内嵌汇编代码指的是在C语言中嵌入汇编代码。其作用是对于特别重要和时间敏感的代码进行优化，同时在C语言中访问某些特殊指令（如内存屏障指令）来实现特殊功能。

内嵌汇编代码主要有两种形式。

- 基础内嵌汇编代码（basic asm）：不带任何参数。
- 扩展内嵌汇编代码（extended asm）：可以带输入/输出参数。

7.1.1 基础内嵌汇编代码

基础内嵌汇编代码是不带任何参数的，其格式如下。

```
asm ("汇编指令")
```

其中，asm关键字是一个GNU扩展。汇编指令是汇编代码块，它有如下几个特点。

- GCC把汇编代码块当成一个字符串。
- GCC不会解析和分析汇编代码块。
- 当汇编代码块包含多条汇编指令时需要使用“\n”来换行。

基础内嵌汇编代码最常见的用法是调用一条汇编指令。

【例7-1】 SFENCE.VMA指令常用于刷新TLB以及同步页表读写操作。

```
__asm__ __volatile("sfence.vma");
```

7.1.2 扩展内嵌汇编代码

扩展内嵌汇编代码是常用的形式，它可以使用C语言中的变量作为参数，其格式如下。

```
asm 修饰词(
                指令部分
                : 输出部分
```

```
                : 输入部分
                : 损坏部分)
```

内嵌汇编代码在处理变量和寄存器的问题上提供了一个模板与一些约束条件。

常用的修饰词如下。

- volatile：用于关闭 GCC 优化。
- inline：用于内联，GCC 会把汇编代码编译成尽可能短的代码。
- goto：用于在内嵌汇编代码里跳转到 C 语言的标签处。

在指令部分中，数字前加上%（如%0、%1 等）表示需要使用寄存器的样板操作数。指令部分用到了几个不同的操作数，就说明有几个变量需要和寄存器结合。

指令部分后面的输出部分用于描述在指令部分中可以修改的 C 语言变量以及约束条件。注意以下两点。

- 输出约束（constraint）通常以“=”或者“+”开头，然后是一个字母（表示对操作数类型的说明），接着是关于变量结合的约束。“=”表示被修饰的操作数只具有可写属性，“+”表示被修饰的操作数具有可读、可写属性。
- 输出部分可以是空的。

输入部分用来描述在指令部分只能读取的 C 语言变量以及约束条件。输入部分描述的参数只具有只读属性，不要试图修改输入部分的参数内容，因为 GCC 假定输入部分的参数在内嵌汇编之前和之后都是一致的。注意以下两点。

- 在输入部分中不能使用“=”或者“+”约束条件，否则编译器会报错，如下面的错误日志。

```
atomic_add.c: In function'my_atomic_add':
atomic_add.c:16:8: error: input operand constraint contains'+'
   16 |        );
      |        ^
```

- 输入部分可以是空的。

损坏部分一般以“memory”结束。注意以下 3 点。

- “memory”告诉 GCC，如果内嵌汇编代码改变了内存中的值，那么让编译器做如下优化：在执行完汇编代码之后重新加载该值，目的是防止编译乱序。
- “cc”表示内嵌代码修改了状态寄存器的相关标志位。
- 当输入部分和输出部分显式地使用了通用寄存器时，应该在损坏部分明确告诉编译器，这些通用寄存器已经被内嵌汇编代码使用了，编译器应该避免使用这些寄存器，以免发生冲突。

对于指令部分，在内嵌汇编代码中使用%0 来表示输出部分和输入部分的第一个参数，使用%1 表示第二个参数，以此类推。

【例 7-2】 图 7.1 展示了一段内嵌汇编代码。

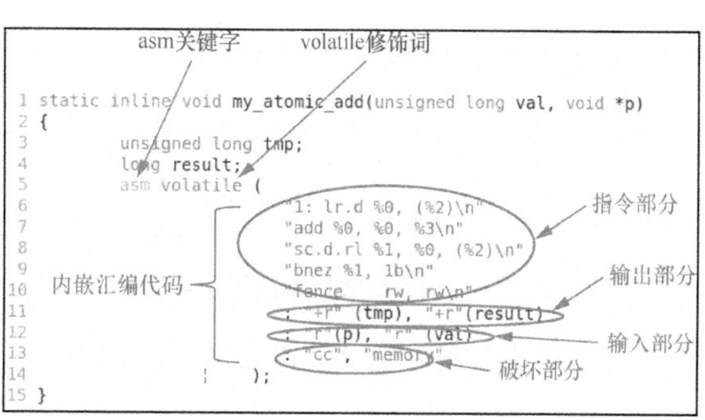

图 7.1 内嵌汇编代码

第 5～14 行是内嵌汇编代码。

第 5 行，volatile 用来关闭 GCC 优化。

第 6～10 行是指令部分，这里包含 5 条汇编语句，每一条汇编语句都必须使用引号括起来，并且使用“\n”来换行，因为 GCC 会把指令部分当成一个字符串，并不会解析汇编语句。

第 11 行是输出部分，这里有两个参数 tmp 和 result。

第 12 行是输入部分，一共有两个参数，分别是 p 和 val。

第 13 行是破坏部分。

【例 7-3】 下面展示了__raw_writel()函数的实现。

```
static inline void __raw_writel(u32 val, volatile void __iomem *addr)
{
    asm volatile("sw %0, 0(%1)" : : "r" (val), "r" (addr));
}
```

先看输入部分，%0 操作数对应"r" (val)，即 val 参数，r 表示使用一个通用寄存器，%1 操作数对应"r" (addr)，即 addr 参数。在上述例子中，输出部分和损坏部分是空的。

在输出部分和输入部分使用%来表示参数的序号，如%0 表示第 1 个参数，%1 表示第 2 个参数。

7.1.3 内嵌汇编代码修饰符

内嵌汇编代码常用的修饰符如表 7.1 所示。

表 7.1 内嵌汇编代码常用的修饰符

修饰符	说明
=	被修饰的操作数具有只写属性
+	被修饰的操作数具有可读、可写属性
&	用于输出限定符。这个操作数在输入参数的指令执行完成之后才能写入。这个操作数不在指令所读的寄存器里，也不作为任何内存地址的一部分

内嵌汇编代码常用的操作数约束符如表 7.2 所示。

表 7.2 内嵌汇编代码常用的操作数约束符

操作数约束符	说明
p	内存地址
m	内存变量
r	通用寄存器
o	内存地址，使用基地址寻址
i	立即数
V	内存变量，不允许偏移的内存操作数
n	立即数

RISC-V 架构中特有的操作数约束符如表 7.3 所示。

表 7.3 RISC-V 架构中特有的操作数约束符[①]

操作数约束符	说明
f	表示浮点数寄存器
I	表示 12 位有符号的立即数
J	表示值为 0 的整数
A	表示存储到通用寄存器中的一个地址
K	表示 5 位无符号的立即数，用于 CSR 访问指令

在上述约束符中，“A”约束符常常使用在原子操作中。

① 详见 GCC 官方文档 Using the GNU Compiler Collection, v 9.3.0 的 6.47.3 节。

【例 7-4】 下面是一个原子加法计算函数。

```
void my_atomic_add(unsigned long val, void *p)
```

my_atomic_add()函数是把 val 的值原子地加到指针变量 p 指向的变量中。下面的内嵌汇编代码没有使用约束符“A”。

```
1    static inline void my_atomic_add(unsigned long val, void *p)
2    {
3        unsigned long tmp;
4        long result;
5        asm volatile (
6                "1: lr.d %0, (%2)\n"
7                "add %0, %0, %3\n"
8                "sc.d.rl %1, %0, (%2)\n"
9                "bnez %1, 1b\n"
10               "fence    rw, rw\n"
11               : "+r" (tmp), "+r"(result)
12               : "r"(p), "r" (val)
13               : "memory"
14                );
15   }
```

在第 6 行中，加载指针变量 p 的值到 tmp 变量中，这里使用“()”表示访问内存地址的内容。在破坏部分中，需要使用 memory 告诉编译器，上述内嵌汇编代码改变了内存中的值，在执行完汇编代码之后重新加载该值，否则会出错。

另外，我们可以使用约束符“A”来改写上面的汇编代码。

```
1    static inline void my_atomic_add(unsigned long val, void *p)
2    {
3        unsigned long tmp;
4        int result;
5        asm volatile (
6                "1: lr.d %0, %2\n"
7                "add %0, %0, %3\n"
8                "sc.d.rl %1, %0, %2\n"
9                "bnez %1, 1b\n"
10               : "+r" (tmp), "+r"(result), "+A"(*(unsigned long *)p)
11               : "r" (val)
12               : "memory"
13                );
14   }
```

在第 10 行中，输出部分的第 3 个参数使用了约束符“A”，并且参数变成了*(unsigned long *)p，第 6 行指令中后半部分也变成了 lr.d %0, %2。这种用法在 Linux 5.15 内核的原子操作函数里很常见，见 arch/riscv/include/atomic.h 文件。

7.1.4 使用汇编符号名字

在输出部分和输入部分，使用“%”来表示参数的序号，如%0 表示第 1 个参数，%1 表示第 2 个参数。为了增强代码可读性，我们还可以使用汇编符号名字来替代以“%”表示的操作数。

【例 7-5】 分析 add()的功能。

```
1    int add(int i, int j)
2    {
3        int res = 0;
4
5        asm volatile (
6        "add %[result], %[input_i], %[input_j]"
```

```
7          : [result] "=r" (res)
8          : [input_i] "r" (i), [input_j] "r" (j)
9          );
10
11         return res;
12     }
```

上述是一段很简单的 GCC 内嵌汇编代码，主要功能是把参数 *i* 的值和参数 *j* 的值相加，并返回结果。

先看输出部分，其中只定义了一个操作数。[result]定义一个汇编符号操作数，符号名字为 result，它对应"=r" (res)，使用函数中定义的 res 参数，在汇编代码中对应%[result]。

再看输入部分，其中定义了两个操作数。同样使用汇编符号操作数的方式来定义。第一个汇编符号操作数是 input_*i*，对应的是函数形参 *i*；第二个汇编符号操作数是 input_*j*，对应的是函数形参 *j*。

7.1.5　内嵌汇编代码与宏结合

内嵌汇编代码与 C 语言宏可以结合起来使用，让代码变得高效和简洁。我们可以巧妙地使用 C 语言宏中的“#”以及“##”符号。

若在宏的参数前面使用“#”，预处理器会把这个参数转换为一个字符串。

“##”用于连接参数和另一个标识符，形成新的标识符。

【例 7-6】　图 7.2 所示的是 ATOMIC_OP 宏，它在 Linux 5.15 内核里实现，代码路径为 arch/riscv/include/asm/atomic.h。

第 74～78 行通过调用 ATOMIC_OP 宏实现了多个函数，如 atomic_add()函数、atomic_or()、atomic_xor()。

在第 62 行中，使用“##”，把 atomic_与宏的参数 op 拼接在一起，构成函数名。

在第 65 行中，使用“#”，把参数 asm_op 转换成一个字符串。例如，假设 asm_op 参数为 add，那么第 65 行就变成"amoadd.w zero, %1, %0\n"。

另外，我们还可以通过一个宏实现多个类似的函数，这也是 C 语言中常用的技巧。

以第 74 行为例，该宏展开后变成如下代码。

```
static __always_inline
void atomic_add(int i, atomic_t *v)
{
        __asm__ __volatile__ (
            "amoadd.w zero, %1, %0"
            : "+A" (v->counter)
            : "r" (i)
            : "memory");
}
```

```
60 #define ATOMIC_OP(op, asm_op, I, asm_type, c_type, prefix)              \
61 static __always_inline                                                  \
62 void atomic##prefix##_##op(c_type i, atomic##prefix##_t *v)            \
63 {                                                                       \
64         __asm__ __volatile__ (                                          \
65                 "       amo" #asm_op "." #asm_type " zero, %1, %0"      \
66                 : "+A" (v->counter)                                     \
67                 : "r" (I)                                               \
68                 : "memory");                                            \
69 }                                                                       \
70
71 #define ATOMIC_OPS(op, asm_op, I)                                       \
72         ATOMIC_OP (op, asm_op, I, w,  int,   )
73
74 ATOMIC_OPS(add, add,  i)
75 ATOMIC_OPS(sub, add, -i)
76 ATOMIC_OPS(and, and,  i)
77 ATOMIC_OPS( or,  or,  i)
78 ATOMIC_OPS(xor, xor,  i)
```

图 7.2　ATOMIC_OP 宏

7.1.6　使用 goto 修饰词

内嵌汇编代码还可以从指令部分跳转到 C 语言的标签处，这需要使用 goto 修饰词。goto 模板的格式如下。

```
asm goto (
                指令部分
                : /*输出部分是空的*/
                : 输入部分
                : 破坏部分
                : GotoLabels)
```

goto 模板与常见的内嵌汇编代码模板有如下不一样的地方。

- 输出部分必须是空的。
- 新增一个 GotoLabels，里面列出了 C 语言的标签，即允许跳转的标签。

【例 7-7】 下面的代码使用了 goto 模板。

```
1     static int test_asm_goto(int a)
2     {
3         asm goto (
4                 "addi %0, %0, -1\n"
5                 "beqz %0, %l[label]\n"
6                 :
7                 : "r" (a)
8                 : "memory"
9                 : label);
10
11        return 0;
12
13    label:
14        printf("%s: a = %d\n", __func__, a);
15        return 1;
16    }
```

这个例子比较简单，判断参数 *a* 是否为 1。如果为 1，跳转到 label 处；否则，就直接返回 0。

7.1.7 小结

下面对内嵌汇编代码做一下总结。

- GDB 不能单步内嵌汇编代码，所以建议使用纯汇编的方式验证过之后，再移植到内嵌汇编代码中。
- 认真仔细检查内嵌汇编代码的参数，这里很容易搞错。
- 输出部分和输入部分的修饰符不能用错，否则程序会出错。

【例 7-8】 下面的代码实现简单的 memcpy()。

```
<memcpy_test.c>

#include <stdio.h>
#include <string.h>
#include <stdlib.h>

static void my_memcpy_asm_test(unsigned long src, unsigned long dst,
        unsigned long size)
{
    unsigned long tmp = 0;
    unsigned long end = src + size;

    asm volatile (
            "1: ld %1, (%2)\n"
            "sd %1, (%0)\n"
            "addi %0, %0, 8\n"
            "addi %2, %2, 8\n"
            "blt %2, %3, 1b"
            : "+r" (dst), "+r" (tmp), "+r" (src)
            : "r" (end)
            : "memory");
}

#define SIZE 8*100

int main()
{
    int i;

    char *src = malloc(SIZE);
```

```
    char *dst = malloc(SIZE);

    if (!src || !dst)
        return 0;

    printf("0x%lx 0x%lx\n", (unsigned long)src, (unsigned long)dst);

    for (i = 0; i < SIZE; i+=8)
        *(unsigned long *)(src + i) = 0x55;

    my_memcpy_asm_test((unsigned long)src, (unsigned long)dst, SIZE);

    for (i = 0; i < SIZE; i+=8) {
        if (*(unsigned long *)(dst + i) != 0x55) {
            printf("data error %lx, i %d\n", (unsigned long)(dst + i), i);
            goto free;
        }
    }

    printf("test done\n");

free:
    free(src);
    free(dst);
    return 0;
}
```

如图 7.3 所示，若输出部分的 dst 参数从"+r"(dst)改成"=r"(dst)，就会导致程序崩溃。原因是参数 dst 在 SD/ADDI 指令中，它既要读取，又要写入。

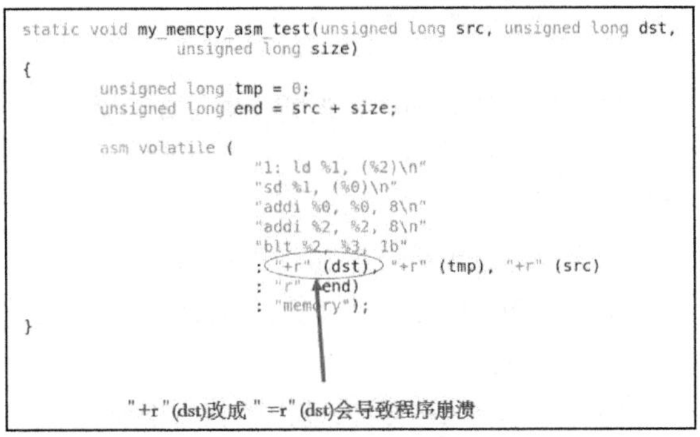

```
static void my_memcpy_asm_test(unsigned long src, unsigned long dst,
                unsigned long size)
{
        unsigned long tmp = 0;
        unsigned long end = src + size;

        asm volatile (
                        "1: ld %1, (%2)\n"
                        "sd %1, (%0)\n"
                        "addi %0, %0, 8\n"
                        "addi %2, %2, 8\n"
                        "blt %2, %3, 1b"
                        : "+r" (dst), "+r" (tmp), "+r" (src)
                        : "r" (end)
                        : "memory");
}
```

"+r"(dst)改成"=r"(dst)会导致程序崩溃

图 7.3　出错的程序

下面是程序出错的日志。

```
benshushu:riscv# ./memcpy_test
0x2aaaaad2a0 0x2aaaaad5d0
[14495.097157] memcpy_test[639]: unhandled signal 11 code 0x1 at
0x0000002aaaace000 in memcpy_test[2aaaaaa000+1000]
[14495.109473] CPU: 1 PID: 639 Comm: memcpy_test Not tainted 5.0.0+ #79
[14495.111006] sepc: 0000002aaaaaa736 ra : 0000002aaaaaa7e4 sp : 0000003fffdbda60
[14495.112621]  gp : 0000002aaaaac800 tp : 000000155557d310 t0 : 0000003fffdbd568
[14495.113105]  t1 : 0000000000000001 t2 : 0000000000000010 s0 : 0000003fffdbdaa0
[14495.113603]  s1 : 0000000000000000 a0 : 0000002aaaaad2a0 a1 : 0000002aaaaad5d0
[14495.115639]  a2 : 0000000000000320 a3 : 0000002aaaace000 a4 : 0000000000000055
[14495.116265]  a5 : 0000002aaaacdce0 a6 : fffffffffffffff6 a7 : 0000000000000040
[14495.117037]  s2 : 0000002aaabe9f90 s3 : 0000000000000000 s4 : 0000002aaabea0e0
[14495.117576]  s5 : 00000015555722c8 s6 : 0000002aaabbc3d0 s7 : 0000002aaabea080
[14495.118206]  s8 : 0000002aaabea0e0 s9 : 0000002aaab97850 s10: 0000000000000000
[14495.119701]  s11: 0000002aaab977c0 t3 : 0000000000000000 t4 : 0000002aaaaad5d0
[14495.120595]  t5 : 0000003fffdbd590 t6 : 000000000000002a
[14495.120978] sstatus: 8000000000006020 sbadaddr: 0000002aaaace000 scause:
000000000000000f
Segmentation fault
```

7.2 案例分析

【例 7-9】　下面的代码实现两字节交换的功能，其中有两处明显的错误，请认真阅读并找出来。

```
1     #include <stdio.h>
2     #include <stdlib.h>
3
4     #define SIZE 10
5
```

```
6    static void swap_data(unsigned char *src, unsigned char *dst,unsigned int size)
7    {
8        unsigned int len = 0;
9        unsigned int tmp;
10
11       asm volatile (
12           "1: lhu a5, (%[src])\n"
13           "sll a6, a5, 8\n"
14           "srl a7, a5, 8\n"
15           "or %[tmp], a6, a7\n"
16           "sh %[tmp], (%[dst])\n"
17           "addi %[src], %[src], 2\n"
18           "addi %[dst], %[dst], 2\n"
19           "addi %[len], %[len], 2\n"
20           "bltu %[len], %[size], 1b\n"
21           : [dst] "+r" (dst), [len] "+r"(len), [tmp] "+r" (tmp)
22           : [src] "r" (src), [size] "r" (size)
23           : "memory"
24       );
25   }
26
27   int main(void)
28   {
29       int i;
30       unsigned char *bufa = malloc(SIZE);
31       if (!bufa)
32           return 0;
33
34       unsigned char *bufb = malloc(SIZE);
35       if (!bufb) {
36           free(bufa);
37           return 0;
38       }
39
40       for (i = 0; i < SIZE; i++) {
41           bufa[i] = i;
42           printf("%d ", bufa[i]);
43       }
44       printf("\n");
45
46       //printf("%p \n", bufa);
47       swap_data(bufa, bufb, SIZE);
48       //printf("%p \n", bufa);
49
50       for (i = 0; i < SIZE; i++)
51           printf("%d ", bufb[i]);
52       printf("\n");
53
54       free(bufa);
55       free(bufb);
56
57       return 0;
58   }
```

在 QEMU+RISC-V+Linux 平台上编译和运行。

```
# gcc in_test.c -O2 -o in_test
# ./in_test
0  1 2 3 4 5 6 7 8 9
in_test[283]: unhandled signal 11 code 0x1 at 0x0000000000000100 in
in_test[2aaaaa000+1000]
CPU: 2 PID: 283 Comm: in_test Not tainted 5.0.0+ #3
sepc: 0000002aaaaaa6a4 ra : 0000002aaaaaa68c sp : 0000003fff950ab0
     gp : 0000002aaaaac800 tp : 000000155557b2f0 t0 : 00000015555831a8
     t1 : 00000015555d5986 t2 : 0000002aaaaac5d0 s0 : 000000000000000a
     s1 : 0000002aaaaad2a0 a0 : 000000000000000a a1 : 0000002aaaaad2e0
     a2 : 000000000000000a a3 : 0000000000010001 a4 : 0000000000000000
     a5 : 0000000000000100 a6 : 0000000000010000 a7 : 0000000000000001
     s2 : 000000000000000a s3 : 0000002aaaaaa828 s4 : 0000002aaaaad2c0
```

```
    s5 : 0000001555570810 s6 : 0000002aaabbba60 s7 : 0000002aaabc4f60
    s8 : 0000002aaabe5f00 s9 : 0000002aaab97850 s10: 0000000000000000
    s11: 0000002aaab977c0 t3 : 0000000000059986 t4 : 0000000000000009
    t5 : 0000000000000003 t6 : 000000000000002a
    sstatus: 8000000000006020 sbadaddr: 0000000000000100 scause: 000000000000000f
Segmentation fault
```

从上述日志可知，程序出现了段错误。经过分析，在第 12～15 行中显式地使用了 a5、a6 以及 a7 这 3 个通用寄存器，因此需要在破坏部分声明这些寄存器已经被内嵌汇编代码使用了，编译器在为内嵌汇编参数安排通用寄存器的时候避免使用这 3 个通用寄存器。修改方法是将第 23 行修改成如下。

```
: "memory", "a5", "a6", "a7"
```

在 QEMU+RISC-V+Linux 平台上重新编译和运行。

```
# gcc in_test.c -O2 -o in_test
# ./in_test
0 1 2 3 4 5 6 7 8 9
1 0 3 2 5 4 7 6 9 8
munmap_chunk(): invalid pointer
Aborted
```

从上述日志可知，字节交换功能实现了，但是在释放 bufa 指针时出现错误，错误日志为“munmap_chunk(): invalid pointer”。请读者认真阅读上面示例代码并找出错误的原因。

我们可以在第 47 行的 swap_data()函数前后都添加 printf("%p \n", bufa)，用于输出 bufa 指针的地址，重新编译并运行。

```
# gcc in_test.c -O2 -o in_test
# ./in_test
0 1 2 3 4 5 6 7 8 9
0x2aaaaad2a0
0x2aaaaad2aa
1 0 3 2 5 4 7 6 9 8
munmap_chunk(): invalid pointer
Aborted
```

在 C 语言中，指针形参 src 会自动生成一个副本 src_p，然后函数里的 src 指针会自动替换成副本 src_p 并参与运算。在第 17 行中，用 ADDI 指令实现 src_p = src_p + 2。从日志可知，bufa 指向的地址在 swap_data()函数前后发生了变化，可是一级指针 bufa 作为形参传递给 swap_data()函数是不会修改形参（指针参数）的指向的，那在本案例中，为什么一级指针 bufa 的指向发生了变化呢？

这里的主要原因是当使用 GCC 的 O2 优化选项时，GCC 会打开-finline-small-functions 优化选项，它会把一些短小和简单的函数集成（inline）到它们的调用者中。本案例中，swap_data()函数在编译阶段会被集成到 main()函数中。此外，如果 GCC 发现 src 形参在函数内只参与读操作，那么 GCC 在把 swap_data()函数的集成到 main()函数的过程中不会为 src 形参单独生成一个 src_p 的副本。当执行第 17 行的 ADDI 指令时，直接修改了 src 指针的指向，从而导致 bufa 指向的地址发生了改变，释放内存时出错。

我们仔细分析 swap_data()的内嵌汇编代码，发现参数 src 指定的属性不正确。参数 src 应该具有可读、可写属性，因为第 17 行修改 src 指针的指向。在第 22 行中，src 参数放在输入部分，输入部分用来描述在指令部分只能读取的 C 语言变量以及约束条件。

综上所述，swap_data()函数正确的写法如下。

```
1    static void swap_data(unsigned char *src, unsigned char *dst,unsigned int size)
2    {
```

```
3        unsigned int len = 0;
4        unsigned int tmp;
5
6        asm volatile (
7            "1: lhu a5, (%[src])\n"
8            "sll a6, a5, 8\n"
9            "srl a7, a5, 8\n"
10           "or %[tmp], a6, a7\n"
11           "sh %[tmp], (%[dst])\n"
12           "addi %[src], %[src], 2\n"
13           "addi %[dst], %[dst], 2\n"
14           "addi %[len], %[len], 2\n"
15           "bltu %[len], %[size], 1b\n"
16           : [dst] "+r" (dst), [len] "+r"(len), [tmp] "+r" (tmp),
17             [src] "+r" (src)
18           : [size] "r" (size)
19           : "memory", "a5", "a6", "a7"
20       );
21   }
```

主要改动见第16～17行。在第17行中把参数src放到了输出部分，并且指定它具有可读、可写属性。

读者还可以通过反汇编对比修改前后的区别。通过如下命令来得到反汇编文件in_test.s。

```
# gcc in_test.c -S -O2
```

下面是修改前in_test.c源代码的反汇编代码片段。

```
1    call  malloc@plt
2    beq  a0,zero,.L2
3    mv  s1,a0
4
5    #APP
6    # 11 "in_test.c" 1
7    1: lhu a5, (s1)
8    sll a6, a5, 8
9    srl a7, a5, 8
10   or a2, a6, a7
11   sh a2, (a4)
12   addi s1, s1, 2
13   addi a4, a4, 2
14   addi a3, a3, 2
15   bltu a3, a1, 1b
16
17   # 0 "" 2
18   #NO_APP
19
20   mv  a0,s1
21   call  free@plt
```

在第3行中，s1寄存器保存bufa指针的地址。

第5～18行是内嵌汇编代码。在第12行中，直接增加s1寄存器的值。

在第20行和第21行中，使用修改后的s1寄存器作为地址来调用free()，导致出现“munmap_chunk(): invalid pointer”问题。

下面是修改后in_test.c源代码的反汇编代码片段。

```
1    call  malloc@plt
2    beq  a0,zero,.L2
3    mv  s1,a0
4    mv  a1,s1
5
6    #APP
7    # 11 "in_test_fix.c" 1
8        1: lhu a5, (a1)
9    sll a6, a5, 8
```

```
10   srl a7, a5, 8
11   or a2, a6, a7
12   sh a2, (a4)
13   addi a1, a1, 2
14   addi a4, a4, 2
15   addi a3, a3, 2
16   bltu a3, a0, 1b
17
18   # 0 "" 2
19   #NO_APP
20
21
22   mv  a0,s1
23   call  free@plt
```

对比上述两段汇编代码可以发现，最大的区别是第4行，GCC为bufa指针（s1寄存器的值）分配了一个临时寄存器a1，相当于为形参src分配了一个副本src_p，然后在内嵌汇编代码（见第8行和第13行）中使用该临时寄存器，从而避免第13行的ADDI指令修改bufa指针的指向。

7.3 注意事项

使用内嵌汇编代码时常见的注意事项如下。

- 需要明确每个C语言参数的约束条件，例如，指定这个参数是应该在输出部分还是输入部分。
- 正确使用每个C语言参数的约束符，使用错误的读写属性会导致程序出错。
- 当输入部分和输出部分显式地使用了通用寄存器时应该在损坏部分明确告诉编译器。
- 如果内嵌汇编代码修改了内存地址的值，则需要在破坏部分使用memory参数。
- 如果内嵌汇编代码隐含了内存屏障语义，如获取/释放屏障，则需要在破坏部分使用memory参数。
- 如果内嵌汇编代码使用LR.D以及SC.D.RL等原子操作指令，建议使用“A”约束符来实现寻址。

7.4 实验

7.4.1 实验7-1：实现简单的memcpy()函数

1. 实验目的

熟悉内嵌汇编代码的使用。

2. 实验要求

使用内嵌汇编代码实现简单的memcpy()函数：从0x8020 000地址复制32字节到0x8021 000地址处，并使用GDB验证数据是否复制正确。

7.4.2 实验7-2：使用汇编符号名写内嵌汇编代码

1. 实验目的

熟悉汇编符号名的使用。

2. 实验要求

在实验7-1的基础上尝试使用汇编符号名编写内嵌汇编代码。

7.4.3 实验 7-3：使用内嵌汇编代码完善 memset()函数

1. 实验目的

熟悉内嵌汇编代码的使用。

2. 实验要求

使用内嵌汇编代码完成__memset_16bytes()汇编函数。

7.4.4 实验 7-4：使用内嵌汇编代码与宏的结合

1. 实验目的

熟悉使用宏写内嵌汇编代码。

2. 实验要求

实现一个宏 MY_OPS(ops, instruction)，它可以对某个内存地址实现 or、xor、and、sub 等操作。

7.4.5 实验 7-5：实现读和写系统寄存器的宏

1. 实验目的

熟悉使用宏读与写系统寄存器。

2. 实验要求

实现 read_csr(csr)宏以及 write_csr(val, csr)宏，用于读取 RSIC-V 中的系统寄存器。

7.4.6 实验 7-6：goto 模板的内嵌汇编代码

1. 实验目的

熟悉基于 goto 模板的内嵌汇编代码的使用。

2. 实验要求

使用 goto 模板来实现一个内嵌汇编函数，判断函数的参数是否为 1。如果为 1，则跳转到 label，并且输出参数的值；否则，直接返回。

```
int test_asm_goto(int a)
```

第 8 章　异常处理

本章思考题

1. 在 RISC-V 处理器中，异常有哪几类？
2. 同步异常和异步异常有什么区别？
3. 在 RISC-V 处理器中，异常发生后 CPU 自动做了哪些事情？软件需要做哪些事情？
4. 当返回时，异常是返回到发生异常的指令还是下一条指令？
5. 当返回时，异常如何选择处理器的执行状态？
6. 请简述 RISC-V 体系结构的异常向量表。
7. 异常发生后，软件需要保存异常上下文，异常上下文包括哪些内容？
8. 异常发生后，软件如何知道异常类型？

本章主要介绍 RISC-V 体系结构中与异常处理相关的知识。

8.1 异常处理基本概念

在 RISC-V 体系结构中，异常处理和中断处理都属于异常。

8.1.1 异常类型

本节介绍异常的类型。

1. 中断

通常系统级芯片内部会有一个中断控制器，众多的外部设备的中断引脚会连接到中断控制器，由中断控制器负责中断优先级调度，然后发送中断信号给 RISC-V 处理器。中断模型如图 8.1 所示。

在外设中发生了重要的事情之后，它需要通知处理器。中断发生的时刻和当前正在执行的指令无关，因此中断的发生时间点是异步的。对于处理器来说，不得不停止当前正在执行的程序来处理中断。中断属于异步模式的异常。

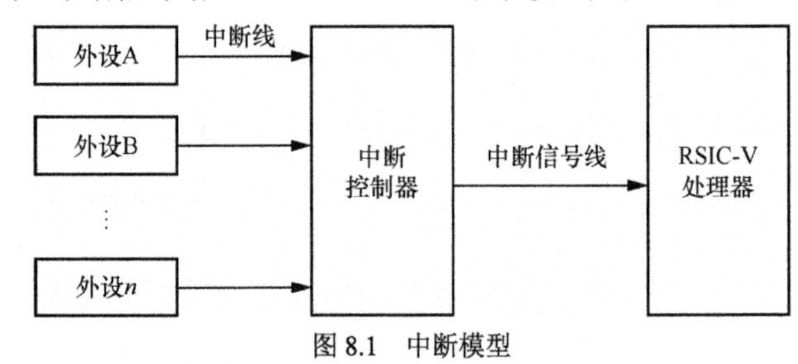

图 8.1　中断模型

2. 异常

异常主要有指令访问异常（instruction access fault）和数据访问异常（data access fault）两种。数据访问异常包括加载访问异常（load access fault）和存储访问异常（store access fault）。

当处理器打开 MMU 后，若访问内存地址时发生了错误（如缺页等），处理器内部的 MMU 捕获这些错误并且报告给处理器，从而触发缺页异常（page fault）。在 RISC-V 体系结构中常见的缺页异常有加载缺页异常（load page fault）和存储缺页异常（store page fault）。当处理器尝试执行某条指令时发生了错误，会触发指令缺页异常。

3. 系统调用

RISC-V 体系结构提供软件触发的异常，用于系统调用。系统调用允许软件主动通过特殊指令请求更高特权模式的程序所提供的服务。例如，运行在 U 模式的应用程序可以通过系统调用来请求 S 模式的操作系统提供的服务，运行在 S 模式的操作系统可以通过系统调用来请求运行在 M 模式的 SBI 固件提供的服务。RISC-V 指令集提供 ECALL 指令来实现系统调用。

8.1.2 同步异常和异步异常

异常分成同步异常和异步异常两种。同步异常是指处理器执行某条指令而直接导致的异常，往往需要在异常处理程序里处理完该异常之后，处理器才能继续执行。例如，如果一个运行在 S 模式下的处理器内核访问了一个只在 M 模式下有访问权限的寄存器，那么会立即触发一个非法指令访问异常，操作系统的异常处理程序需要报告这个进程的错误访问或者终止（terminate）该进程。

常见的同步异常如下。

- 尝试执行非法指令（illegal instruction）。
- 使用没有对齐的 SP。
- 尝试执行一条 PC 指针没有对齐的指令。
- 软件产生的异常，如执行 ECALL 指令。
- 地址翻译或者权限等原因导致的数据异常。
- 地址翻译或者权限等原因导致的指令异常。
- 调试导致的异常，如断点异常、观察点异常、软件单步异常等。

而异步异常是指触发的原因与处理器当前正在执行的指令无关的异常，中断属于异步异常的一种。因此，指令和数据异常称为同步异常，而中断称为异步异常。

8.1.3 异常入口和返回

当异常（中断）发生时，我们把处理过程分解成 3 部分。

1. 异常发生时 CPU 做的事情

异常发生时 CPU 做的事情如下。

当一个异常发生时，在默认情况下，所有的异常（包括中断）都在 M 模式下处理。CPU 内核能检测到异常的发生，并把异常向量表的入口地址设置到 PC 寄存器中。CPU 会自动做如下一些事情。

- 保存当前 PC 值到 mepc 寄存器中。
- 把异常的类型更新到 mcause 寄存器。
- 把发生异常时的虚拟地址更新到 mtval 寄存器中。
- 保存异常发生前的中断状态，即把异常发生前的 MIE 字段保存到 mstatus 寄存器的 MPIE 字段中。
- 保存异常发生前的处理器模式（如 U 模式、S 模式等），即把异常发生前的处理器模式保存到 mstatus 寄存器的 MPP 字段中。
- 关闭本地中断，即设置 mstatus 寄存器中的 MIE 字段为 0。
- 设置处理器模式为 M 模式。
- 跳转到异常向量表，即把 mtvec 寄存器的值设置到 PC 寄存器中。

上述是 RISC-V 处理器检测到异常发生后自动做的事情。异常发生之后，还有两个寄存器与异常相关。

- mtval：记录发生异常的虚拟地址。
- mpec：记录发生异常的指令地址。

另外，在 S 模式处理异常的流程也是类似的，前提是异常需要委派给 S 模式处理。

2. 操作系统需要做的事情

操作系统需要做的事情是从异常向量表开始的。RISC-V 支持两种异常向量表处理模式，一种是直接跳转模式，另一种是异常向量模式。下面是操作系统需要做的事情。

- 保存异常发生时的上下文，上下文包括所有通用寄存器的值和部分 M 模式下的寄存器的值。上下文需要保存到栈里。
- 查询 mcause 寄存器中的异常以及中断编号，跳转到合适的异常处理程序中。
- 异常或者中断处理完成之后，恢复保存在栈里的上下文。
- 执行 MRET 指令，返回异常现场。

3. 异常返回

当操作系统的异常处理完成后，执行一条 MRET 指令即可从异常返回。这条指令会自动完成如下工作。

- 恢复设置 MIE 字段。把 mstatus 寄存器中的 MPIE 字段设置到 mstatus 寄存器的 MIE 字段，恢复触发异常前的中断使能状态，通常这相当于使能了本地中断。
- 将处理器模式设置成之前保存到 MPP 字段的处理器模式。
- 把 mepc 寄存器保存的值设置到 PC 寄存器中，即返回异常触发的现场。

中断处理过程是关闭中断的情况下进行的，中断处理完成后什么时候把中断打开呢？

当中断发生时，CPU 会把 mstatus 寄存器中的 MIE 字段保存到 MPIE 字段中，并且把 MIE 字段清零，这相当于把本地 CPU 的中断关闭了。

当中断处理完成后，操作系统调用 MRET 指令返回中断现场，于是 mstatus 寄存器中的 MPIE 字段设置到 MIE 字段中，这就相当于把中断打开了。

异常触发与返回的流程如图 8.2 所示。

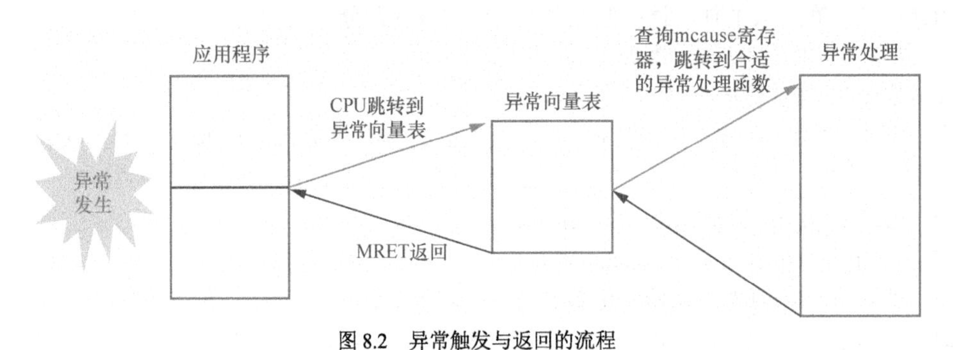

图 8.2　异常触发与返回的流程

8.1.4 异常返回地址

在 RISC-V 中，ra 寄存器用来存放子函数的返回地址，一般是用于函数调用，即可以使用 RET 指令返回到父函数里。但在异常处理中，发生异常时的 PC 值（指令地址）会自动保存到 mepc/sepc 寄存器里。在执行 mret/sret 指令返回到异常现场时，处理器会把 mepc/sepc 寄存器的值恢复到 PC 寄存器中。

既然 mepc/sepc 寄存器保存了异常返回地址，那么这个返回地址是指向发生异常时的指令还是下一条指令呢？我们需要区分不同的情况。

- 对于异步异常（中断），它的返回地址是第一条还没执行或由于中断没有成功执行的指令。
- 对于不是系统调用的同步异常，如数据异常、访问没有映射的地址等，它返回的是触发同步异常的那条指令。例如，通过 LD 指令访问一个地址，对于这个地址，没有建立地址映射。CPU 访问这个地址时触发了一个加载访问异常，陷入内核模式。在内核模式，操作系统把这个地址映射建立起来，然后返回异常现场。此时，CPU 会继续执行这条 LD 指令。刚才因为地址没有映射而触发异常，异常处理中修复了这个映射关系，所以 LD 可以访问这个地址了。
- 系统调用返回的是系统调用指令（如 ECALL 指令）的下一条指令。在操作系统的异常处理程序中需要正确处理 mepc/sepc 寄存器的值，通常需要额外加 4 字节，这样才能返回系统调用指令的下一条指令，详见本章后面的 sbi_ecall_handle()函数。

8.1.5 异常返回的处理器模式

异常处理结束之后，当调用 MRET 指令返回时，要不要切换处理器模式呢？这里需要看 mstatus 寄存器中 MPP 字段的值。

- 如果 MPP 字段为 0，表示触发异常时 CPU 正运行在 U 模式，那么异常处理结束后会返回 U 模式。
- 如果 MPP 字段为 1，表示触发异常时 CPU 正运行在 S 模式，那么异常处理结束后会返回 S 模式。
- 如果 MPP 字段为 2，表示触发异常时 CPU 正运行在 M 模式，那么异常处理结束后会继续返回 M 模式。

8.1.6 栈的选择

在有些处理器体系结构（如 ARMv8 体系结构）中，每个处理器模式或者异常等级（exception level）都有对应的 SP 寄存器。在 ARMv8 体系结构中，在 EL0 有一个对应的 SP 寄存器 SP_EL0，同理，在 EL1 也有一个对应的 SP 寄存器 SP_EL1。当异常发生时，CPU 会跳转到目标异常等级。此时，CPU 会自动选择 SP_EL*x*。

在有些处理器体系结构（如 RISC-V 体系结构）中，所有的处理器模式只有一个 SP 寄存器。在 RISC-V 体系结构中，当处理器从一个模式跳转到另外一个模式时，SP 寄存器还指向上一个处理器模式的栈地址。此时，软件需要把上一个处理器模式的 SP 指针保存起来，可以保存到栈里或者某个特殊的寄存器，然后从这个特殊的寄存器中把当前处理器模式对应的栈地址加载到 SP 寄存器中。例如，RISC-V 体系结构提供一个 mscratch/sscratch 寄存器，用来保存 M 模式/S 模式的一些核心数据，如 SP 等。

对比上述两种设计，前者对软件比较友好，软件不需要额外处理 SP 问题，不过微体系结构设计可能会复杂一些；后者需要软件来处理 SP 问题，微体系结构的设计简洁一些。

8.2 与 M 模式相关的异常寄存器

与 M 模式相关的异常寄存器有 mstatus、mtvec、mcause、mie、mtval、mip 以及 mideleg 和 medeleg 等寄存器。

8.2.1 mstatus 寄存器

mstatus 寄存器记录了处理器内核的当前运行状态，包括是否使能了中断等信息。表 8.1 列出了与异常/中断相关的字段。

表 8.1 mstatus 寄存器中与异常/中断相关的字段

字段	位	说明
SIE	Bit[1]	使能 S 模式下的中断
MIE	Bit[3]	使能 M 模式下的中断
SPIE	Bit[5]	临时保存的中断使能状态（S 模式下）
MPIE	Bit[7]	临时保存的中断使能状态（M 模式下）
SPP	Bit[8]	中断之前的特权模式（发生在 S 模式下的中断）
MPP	Bit[12:11]	中断之前的特权模式（发生在 M 模式下的中断）

mstatus 寄存器中的 MIE/SIE 字段是中断的总开关。而 mie 寄存器则是每一类具体中断的开关。在使能中断时，建议先使能 mie/sie 寄存器，后重置 mstatus 寄存器中的 MIE/SIE 字段。

8.2.2 mtvec 寄存器

当异常发生时，处理器必须跳转到并执行与异常处理相关的指令。与异常处理相关的指令通常存储在内存中，这个存储位置称为异常向量。在 RISC-V 体系结构中，异常向量存储在一个表中，称为异常向量表。RISC-V 体系结构在 S 模式和 M 模式下都有自己的异常向量表。

RISC-V 体系结构的异常向量表支持两种模式。

- 直接访问模式。
- 向量访问模式。

在 M 模式下，有一个异常向量表基地址寄存器——mtvec（machine trap vector base address）寄存器。它不仅用来设置异常向量表的基地址，还用来设置向量支持模式。mtvec 寄存器如图 8.3 所示。

图 8.3 mtvec 寄存器

其中，BASE 字段用来设置异常向量表的基地址，MODE 字段用来设置向量模式。

- 0：表示直接访问模式。
- 1：表示向量访问模式。

1. 直接访问模式

当设置为直接访问模式时，所有陷入 M 模式的异常或者中断会自动跳转到 BASE 字段设置的基地址中。在中断处理函数中读取 mcause 寄存器来查询异常或者中断触发的原因，然后跳转到对应的异常（中断）处理函数中。

在直接访问模式下，异常向量基地址必须按 4 字节对齐。

2. 向量访问模式

当设置为向量访问模式时，中断触发后会跳转到 BASE 字段指向的异常向量表中，每个向量占 4 字节，即“BASE + 4(exception code)”，这个“exception code”是通过查询 mcause 寄存器得到的。例如，在 M 模式下，时钟中断触发后会跳转到 BASE+0x1C 地址处。

在向量访问模式下，异常向量基地址必须按 256 字节对齐。

8.2.3 mcause 寄存器

RISC-V 体系结构还提供一个查询异常原因的寄存器——mcause（machine cause）寄存器。mcause 寄存器如图 8.4 所示。

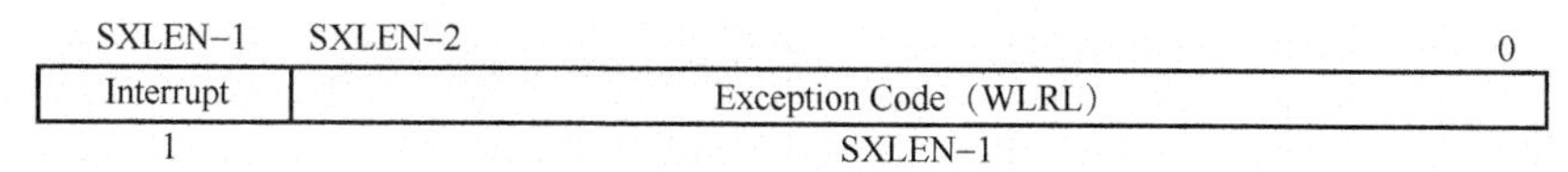

图 8.4 mcause 寄存器

其中，最高位为 Interrupt 字段，其余字段为异常编码（Exception Code，EC）字段。当 Interrupt 字段为 1 时，表示触发的异常类型为中断类型；否则，为同步异常类型。mcause 寄存器支持的异常和中断类型如表 8.2 所示。

表 8.2 mcause 寄存器支持的异常和中断类型

Interrupt 字段	EC 字段	说明
1	0	保留
1	1	S 模式下的软件中断
1	2	保留
1	3	M 模式下的软件中断
1	5	S 模式下的时钟中断
1	6	保留
1	7	M 模式下的时钟中断
1	8	保留
1	9	S 模式下的外部中断
1	10	保留
1	11	M 模式下的外部中断
1	12 与 13	保留
1	大于或等于 16 的整数	预留给芯片设计使用
0	0	指令地址没对齐
0	1	指令访问异常
0	2	非法指令
0	3	断点
0	4	加载地址没对齐
0	5	加载访问异常
0	6	存储/AMO 地址没对齐
0	7	存储/AMO 访问异常
0	8	来自 U 模式的系统调用
0	9	来自 S 模式的系统调用
0	11	保留
0	12	指令缺页异常
0	13	加载缺页异常
0	14	保留
0	15	存储/AMO 缺页异常
0	16～23 的整数	保留
0	24～31 的整数	预留给芯片设计使用
0	32～47 的整数	保留
0	48～63 的整数	预留给芯片设计使用
0	大于或等于 64 的整数	保留

8.2.4 mie 寄存器

mie（machine interrupt enable）寄存器用来单独使能和关闭 M 模式下的中断。mie 寄存器的字段如表 8.3 所示。

表 8.3　mie 寄存器的字段

字段	位	说明
SSIE	Bit[1]	使能 S 模式下的软件中断
MSIE	Bit[3]	使能 M 模式下的软件中断
STIE	Bit[5]	使能 S 模式下的时钟中断
MTIE	Bit[7]	使能 M 模式下的时钟中断
SEIE	Bit[9]	使能 S 模式下的外部中断
MEIE	Bit[11]	使能 M 模式下的外部中断

8.2.5　mtval 寄存器[①]

当处理器陷入 M 模式时，mtval 寄存器记录发生异常的虚拟地址。

8.2.6　mip 寄存器

mip（machine interrupt pending）寄存器用来指示哪些中断处于等待响应状态。mip 寄存器的字段如表 8.4 所示。

表 8.4　mip 寄存器的字段

字段	位	说明
SSIP	Bit[1]	S 模式下的软件中断处于等待响应状态
MSIP	Bit[3]	M 模式下的软件中断处于等待响应状态
STIP	Bit[5]	S 模式下的时钟中断处于等待响应状态
MTIP	Bit[7]	M 模式下的时钟中断处于等待响应状态
SEIP	Bit[9]	S 模式下的外部中断处于等待响应状态

8.2.7　mideleg 和 medeleg 寄存器

在默认情况下，所有的异常和中断都在 M 模式下处理。但是，RISC-V 体系结构提供了一种委托机制，即把部分异常和中断可以全盘委托给 S 模式来处理，这可以消除额外模式切换带来的性能损失，从而提高性能。

RISC-V 体系结构实现了两个委托寄存器，用来把异常以及中断委托给 S 模式来处理。运行在 M 模式的软件（如 OpenSBI）可以通过设置 mideleg 和 medeleg 寄存器相应的位，有选择地将中断和异常委托给 S 模式来处理。

mideleg 寄存器用来设置中断委托。mideleg 寄存器的字段如表 8.5 所示。

表 8.5　mideleg 寄存器的字段

字段	位	说明
SSIP	Bit[1]	把软件中断委托给 S 模式
STIP	Bit[5]	把时钟中断委托给 S 模式
SEIP	Bit[9]	把外部中断委托给 S 模式

medeleg 寄存器用来设置异常委托。medeleg 寄存器的位如表 8.6 所示。

表 8.6　medeleg 寄存器的位

位	说明
Bit[0]	把未对齐的指令访问异常委托给 S 模式
Bit[1]	把指令访问异常委托给 S 模式
Bit[2]	把无效指令异常委托给 S 模式
Bit[3]	把断点异常委托给 S 模式

① 在早期的 RISC-V 规范中，该寄存器称为 mbadaddr 寄存器。

续表

位	说明
Bit[4]	把未对齐加载访问异常委托给 S 模式
Bit[5]	把加载访问异常委托给 S 模式
Bit[6]	把未对齐存储/AMO 访问异常委托给 S 模式
Bit[7]	把存储/AMO 访问异常委托给 S 模式
Bit[8]	把来自用户模式的系统调用处理委托给 S 模式
Bit[9]	把来自管理员特权模式的系统调用处理委托给 S 模式
Bit[12]	把指令缺页异常委托给 S 模式
Bit[13]	把加载缺页异常委托给 S 模式
Bit[15]	把存储/AMO 缺页异常委托给 S 模式

8.2.8 中断配置

在 M 模式下，配置中断的基本步骤如下。

（1）配置 mtvec 寄存器来设置异常向量入口地址以及异常向量的访问模式。

（2）配置和初始化中断，例如，配置 PLIC 来初始化外设中断。

（3）配置 mie 寄存器来使能中断，例如，使能 M 模式以及 S 模式下的中断，包括软件中断、时钟中断以及外部中断等。

（4）配置 mstatus 寄存器来打开处理器的中断总开关。

8.3 与 S 模式相关的异常寄存器

与 S 模式相关的异常寄存器有 sstatus、sie、sip、scause 以及 stvec 等寄存器。

8.3.1 sstatus 寄存器

与 M 模式一样，在 S 模式下也有一个记录处理器内核的运行状态的寄存器，即 sstatus 寄存器。sstatus 寄存器可以看成 mstatus 寄存器的一个部分限制访问的镜像，它不包含 M 模式下的字段。对 sstatus 寄存器所做的更改会反映在 mstatus 寄存器中，对 mstatus 寄存器所做的更改会反映在 sstatus 寄存器中。

表 8.7 展示了 sstatus 寄存器中与异常/中断相关的字段。

表 8.7 sstatus 寄存器中与异常/中断相关的字段

字段	位	说明
SIE	Bit[1]	使能 S 模式下的中断
SPIE	Bit[5]	之前的中断使能状态（S 模式下）
SPP	Bit[8]	中断之前的特权模式（发生在 S 模式下的中断）

8.3.2 sie 寄存器

sie（supervisor interrupt enable）寄存器用来单独使能和关闭 S 模式下的中断。sie 寄存器中的字段如表 8.8 所示。

表 8.8 sie 寄存器中的字段

字段	位	说明
SSIE	Bit[1]	使能 S 模式下的软件中断
STIE	Bit[5]	使能 S 模式下的时钟中断
SEIE	Bit[9]	使能 S 模式下的外部中断

8.3.3　sip 寄存器

sip（supervisor interrupt pending）寄存器用来指示哪些寄存器处于等待响应状态。sip 寄存器中的字段如表 8.9 所示。

表 8.9　sip 寄存器中的字段

字段	位	说明
SSIP	Bit[1]	S 模式下的软件中断处于等待响应状态
STIP	Bit[5]	S 模式下的时钟中断处于等待响应状态
SEIP	Bit[9]	S 模式下的外部中断处于等待响应状态

8.3.4　scause 寄存器

RISC-V 体系结构提供一个查询 S 模式下异常原因的寄存器——scause（supervisor cause）寄存器。scause 寄存器如图 8.5 所示。

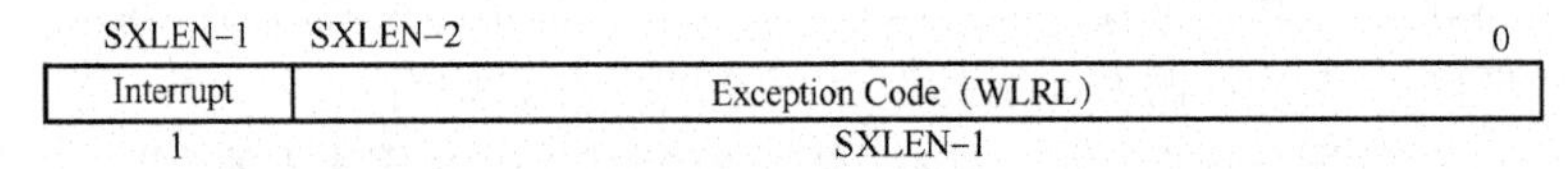

图 8.5　scause 寄存器

其中，最高位为 Interrupt 字段，其余位为 EC 字段，如表 8.10 所示。当 Interrupt 字段为 1 时，表示触发的异常类型为中断类型；否则，为同步类型异常。

表 8.10　scause 寄存器中的字段

Interrupt 字段	EC 字段	说明
1	0	保留
1	1	S 模式下的软件中断
1	2～4 的整数	保留
1	5	S 模式下的时钟中断
1	6～8 的整数	保留
1	9	S 模式下的外部中断
1	大于或等于 10 的整数	保留
0	0	指令地址没对齐
0	1	指令访问异常
0	2	无效指令
0	3	断点
0	4	保留
0	5	加载访问异常
0	6	存储/AMO 地址没对齐
0	7	存储/AMO 访问异常
0	8	来自用户模式的系统调用
0	9～11 的整数	保留
0	12	指令缺页异常
0	13	加载缺页异常
0	14	保留
0	15	存储/AMO 缺页异常
0	大于或等于 16 的整数	保留

8.3.5　stvec 寄存器

与 M 模式一样，在 S 模式下也是需要配置异常向量基地址和向量访问模式的。在 S 模式下也支持两种异常向量的访问模式——直接访问模式和向量访问模式。

在 S 模式下，有一个用来设置异常向量基地址的管理者异常向量表基地址寄存器——stvec（supervisor trap vector base address）寄存器。stvec 寄存器有两个作用：一是用来设置异常向量的基地址，二是用来设置异常向量访问模式。stvec 寄存器如图 8.6 所示。

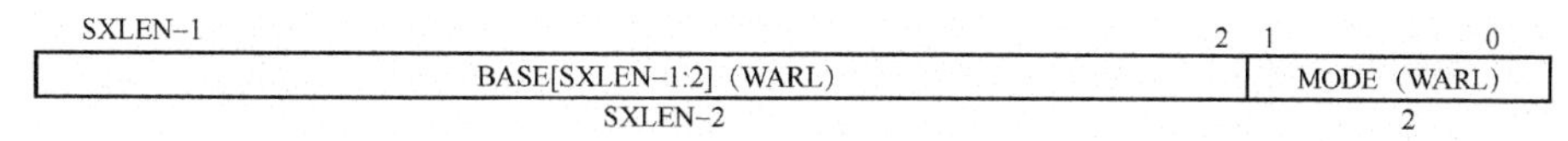

图 8.6 stvec 寄存器

其中，BASE 字段用来设置异常向量表的基地址，MODE 字段用来设置异常向量访问模式。

- 0：表示直接访问模式。
- 1：表示向量访问模式。

1）直接访问模式

在直接访问模式下，所有陷入 S 模式的异常或者中断会跳转到 BASE 字段设置的基地址中。在异常处理函数中读取 scause 寄存器来查询异常或者中断触发的原因，然后跳转到对应的异常（中断）处理函数中。

在直接访问模式下，异常向量基地址必须按 4 字节对齐。

2）向量访问模式

在向量访问模式下，异常触发后会跳转到以 BASE 字段对应的异常向量表中，每个向量占 4 字节，即“BASE + 4(exception code)”，这个“exception code”是通过查询 scause 寄存器得到的。例如，在 S 模式下的时钟中断触发后会跳转到 BASE+0x14 地址处。

在向量访问模式下，异常向量基地址必须按 256 字节对齐。

8.3.6 stval 寄存器

当处理器陷入 S 模式时，stval 寄存器记录发生异常的虚拟地址。

8.4 异常上下文

在异常发生时需要保存发生异常的现场，以免破坏异常发生前正在处理的数据和程序状态。以发生在 S 模式的异常为例，我们需要在栈空间里保存如下内容：

- x1～x31 通用寄存器的值；
- spec 寄存器的值；
- sstatus 寄存器的值；
- sbadaddr 寄存器[①]的值；
- scause 寄存器的值。

这个栈空间指的是发生异常时进程的内核模式的栈空间。在操作系统中，每个进程都有一个内核模式的栈空间。异常包括同步异常和异步异常（中断）。

为了编程方便，我们可以使用一个栈框数据结构来描述需要保存的中断现场。例如，使用结构体 pt_regs 来描述一个栈框。

```
struct pt_regs {
    /*31 个通用寄存器 + sepc + sstatus */
    unsigned long sepc;
    unsigned long ra;
    unsigned long sp;
```

① 在早期的 RISC-V 规范中，stval 寄存器称为 sbadaddr 寄存器。

```
    unsigned long gp;
    unsigned long tp;
    unsigned long t0;
    unsigned long t1;
    unsigned long t2;
    unsigned long s0;
    unsigned long s1;
    unsigned long a0;
    unsigned long a1;
    unsigned long a2;
    unsigned long a3;
    unsigned long a4;
    unsigned long a5;
    unsigned long a6;
    unsigned long a7;
    unsigned long s2;
    unsigned long s3;
    unsigned long s4;
    unsigned long s5;
    unsigned long s6;
    unsigned long s7;
    unsigned long s8;
    unsigned long s9;
    unsigned long s10;
    unsigned long s11;
    unsigned long t3;
    unsigned long t4;
    unsigned long t5;
    unsigned long t6;
    /*S 模式下的寄存器 */
    unsigned long sstatus;
    unsigned long sbadaddr;
    unsigned long scause;
};
```

pt_regs 栈框的大小为 280 字节。我们在保存异常上下文时，按照从栈顶到栈底的方向依次保存数据。以 sepc 寄存器为例，我们使用 S_SEPC 表示在栈中保存 sepc 寄存器中值的位置，使用 PT_SEPC 表示 S_SEPC 与栈顶的偏移量，如图 8.7 所示。

```
/*pt_regs 数据结构中每个字段的偏移量*/

#define PT_SIZE 280 /* (struct pt_regs)的大小 */
#define PT_SEPC 0 /* (struct pt_regs, sepc) 的偏移量*/
#define PT_RA 8 /* struct pt_regs, ra) 的偏移量*/
#define PT_SP 16 /* (struct pt_regs, sp) 的偏移量*/
#define PT_GP 24 /* (struct pt_regs, gp) 的偏移量*/
#define PT_TP 32 /* (struct pt_regs, tp) 的偏移量*/
#define PT_T0 40 /* (struct pt_regs, t0) 的偏移量*/
#define PT_T1 48 /* (struct pt_regs, t1) 的偏移量*/
#define PT_T2 56 /* (struct pt_regs, t2) 的偏移量*/
#define PT_FP 64 /* (struct pt_regs, s0) 的偏移量*/
#define PT_S1 72 /* (struct pt_regs, s1) 的偏移量*/
#define PT_A0 80 /* (struct pt_regs, a0) 的偏移量*/
#define PT_A1 88 /* (struct pt_regs, a1) 的偏移量*/
#define PT_A2 96 /* (struct pt_regs, a2) 的偏移量*/
#define PT_A3 104 /* (struct pt_regs, a3) 的偏移量*/
#define PT_A4 112 /* (struct pt_regs, a4) 的偏移量*/
#define PT_A5 120 /* (struct pt_regs, a5) 的偏移量*/
#define PT_A6 128 /* struct pt_regs, a6) 的偏移量*/
#define PT_A7 136 /* (struct pt_regs, a7) 的偏移量*/
#define PT_S2 144 /* (struct pt_regs, s2) 的偏移量*/
#define PT_S3 152 /* (struct pt_regs, s3) 的偏移量*/
#define PT_S4 160 /* (struct pt_regs, s4) 的偏移量*/
#define PT_S5 168 /* (struct pt_regs, s5) 的偏移量*/
#define PT_S6 176 /* (struct pt_regs, s6) 的偏移量*/
#define PT_S7 184 /* (struct pt_regs, s7) 的偏移量*/
#define PT_S8 192 /* (struct pt_regs, s8) 的偏移量*/
#define PT_S9 200 /* (struct pt_regs, s9) 的偏移量*/
#define PT_S10 208 /* (struct pt_regs, s10) 的偏移量*/
#define PT_S11 216 /* (struct pt_regs, s11) 的偏移量*/
#define PT_T3 224 /* (struct pt_regs, t3) 的偏移量*/
#define PT_T4 232 /* (struct pt_regs, t4) 的偏移量*/
```

```
#define PT_T5 240 /* (struct pt_regs, t5) 的偏移量*/
#define PT_T6 248 /* (struct pt_regs, t6) 的偏移量*/
#define PT_SSTATUS 256 /*(struct pt_regs, sstatus) 的偏移量*/
#define PT_SBADADDR 264 /*(struct pt_regs, sbadaddr) 的偏移量*/
#define PT_SCAUSE 272 /*(struct pt_regs, scause) 的偏移量*/
```

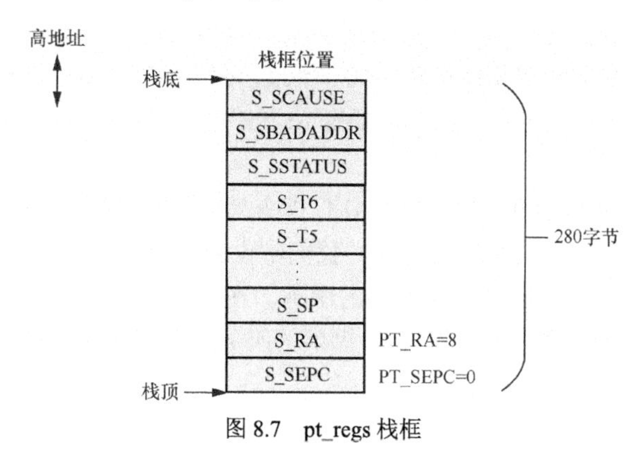

图 8.7 pt_regs 栈框

8.4.1 保存异常上下文

当异常发生时，我们需要把异常现场保存到当前进程的内核栈里，如图 8.8 所示。

- ❑ 栈框里的 S_SEPC 保存发生异常时 sepc 寄存器的内容。
- ❑ 栈框里的 S_RA 保存发生异常时 ra 寄存器的内容。
- ❑ 栈框里的 S_SP 保存发生异常时 sp 寄存器的内容。

……

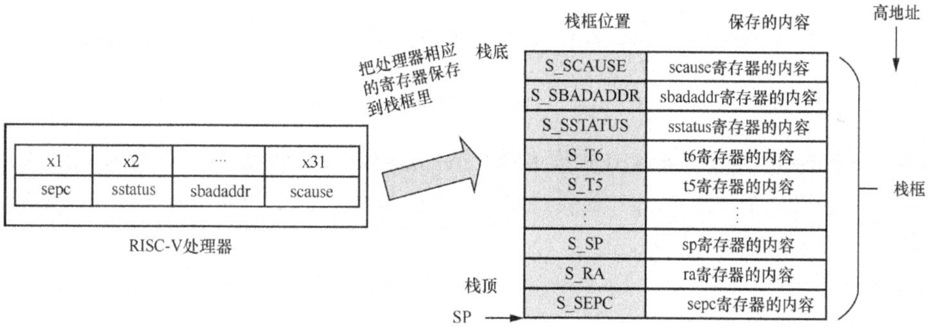

图 8.8 保存异常上下文

8.4.2 恢复异常上下文

当异常返回时，从进程的内核栈中恢复异常现场到 CPU，如图 8.9 所示。

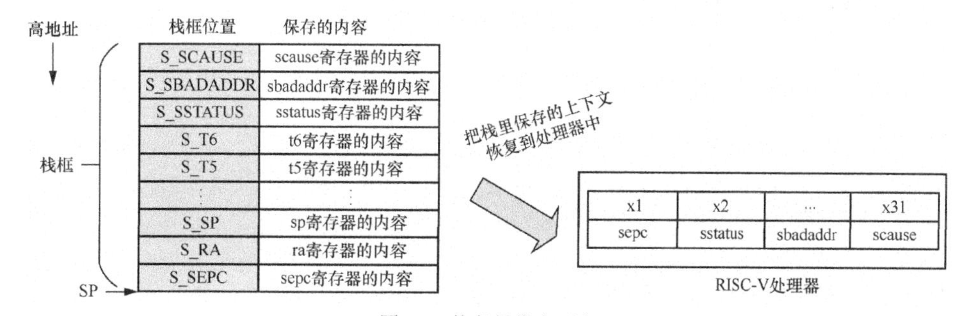

图 8.9 恢复异常上下文

8.5 案例分析 8-1：实现 SBI 系统调用

本案例中，我们需要实现一个 SBI 服务来实现串口输出功能。在第 2 章中，BenOS 是在 S 模式下通过配置串口控制器来实现串口输出的。不过，在 RISC-V 体系结构中，通常 SBI 提供了串口 I/O 的服务接口。在本案例中，我们需要在 MySBI 里实现对串口 I/O 的服务接口，让 S 模式的 BenOS 可以直接调用。

运行在 S 模式下的 BenOS 可以通过 ECALL 指令来陷入 M 模式的 MySBI 固件。ECALL 指令是 RISC-V 体系结构提供的系统调用指令。我们常说的系统调用指的是运行在 U 模式的应用程序主动调用运行在 S 模式的操作系统提供的服务。在 RISC-V 体系结构中，运行在 S 模式的操作系统主动调用运行在 M 模式的 SBI 固件提供的服务也算一种系统调用。

8.5.1 调用 ECALL 指令

我们首先要在 BenOS 里实现调用 SBI 的接口函数。SBI_CALL 宏直接调用 ECALL 指令来实现系统调用。

```
<benos/include/asm/sbi.h>

1    #define SBI_CALL(which, arg0, arg1, arg2) ({            \
2        register unsigned long a0 asm ("a0") = (unsigned long)(arg0);   \
3        register unsigned long a1 asm ("a1") = (unsigned long)(arg1);   \
4        register unsigned long a2 asm ("a2") = (unsigned long)(arg2);   \
5        register unsigned long a7 asm ("a7") = (unsigned long)(which);   \
6        asm volatile ("ecall"                   \
7                  : "+r" (a0)                  \
8                  : "r" (a1), "r" (a2), "r" (a7)       \
9                  : "memory");                 \
10       a0;                           \
11   })
```

其中，which 参数用于表示 SBI 扩展 ID（Extension ID，EID）。EID 可以理解为系统调用号。arg0 是要传递的第一个参数，arg1 是要传递的第二个参数，arg2 是要传递的第三个参数。为了调用方便，我们实现如下 3 个宏。

```
<benos/include/asm/sbi.h>

/*
 * 陷入M模式，调用M模式提供的服务
*/
#define SBI_CALL_0(which) SBI_CALL(which, 0, 0, 0)
#define SBI_CALL_1(which, arg0) SBI_CALL(which, arg0, 0, 0)
#define SBI_CALL_2(which, arg0, arg1) SBI_CALL(which, arg0, arg1, 0)
```

根据 SBI 规范，定义串口的调用号。

```
<benos/include/asm/sbi.h>

#define SBI_CONSOLE_PUTCHAR 0x1
#define SBI_CONSOLE_GETCHAR 0x2

static inline void sbi_putchar(unsigned char c)
{
    SBI_CALL_1(SBI_CONSOLE_PUTCHAR, c);
}

static inline void sbi_put_string(char *str)
{
    int i;
```

```
    for (i = 0; str[i] != '\0'; i++)
        sbi_putchar((char) str[i]);
}
```

在 BenOS 里输出串口日志只需要调用上述 sbi_putchar()或者 sbi_put_string()函数。

8.5.2　实现 SBI 系统调用

如前所述，系统调用也是同步异常的一种。当处理器从 S 模式陷入 M 模式时，处理器首先会跳转到 M 模式的异常向量表。因此，对于运行在 M 模式的 SBI 固件，需要正确设置异常向量表并处理异常。在 M 模式下，若发生异常，也需要保存发生异常的现场，以免破坏异常发生前正在处理的数据和程序状态。

下面的代码用于设置 M 模式下的异常向量表。

```
<benos/sbi/sbi_trap.c>

1    extern void sbi_exception_vector(void);
2
3    void sbi_trap_init(void)
4    {
5        /*设置异常向量表的地址 */
6        write_csr(mtvec, sbi_exception_vector);
7        /*关闭所有中断 */
8        write_csr(mie, 0);
9    }
```

sbi_exception_vector()为异常向量的入口地址。在第 6 行中，把异常向量表的入口地址设置到 mtvec 寄存器中。sbi_exception_vector()函数的地址是按 4 字节对齐的，这相当于把 mtvec 寄存器中 Mode 字段设置为 0，即异常访问方式采用直接访问模式。

在第 8 行中，暂时先关闭 M 模式下的所有中断。

在 M 模式下，我们需要在栈空间里保存如下内容：

- x1～x31 通用寄存器的值；
- spec 寄存器的值。

MySBI 使用一个 sbi_trap_regs 结构体实现一个栈框，用来保存发生异常时的寄存器。

```
<benos/sbi/sbi_trap_regs.h>

struct sbi_trap_regs {
    /* sepc + 31 个通用寄存器 */
    unsigned long mepc;
    unsigned long ra;
    unsigned long sp;
    unsigned long gp;
    unsigned long tp;
    unsigned long t0;
    unsigned long t1;
    unsigned long t2;
    unsigned long s0;
    unsigned long s1;
    unsigned long a0;
    unsigned long a1;
    unsigned long a2;
    unsigned long a3;
    unsigned long a4;
    unsigned long a5;
    unsigned long a6;
    unsigned long a7;
    unsigned long s2;
    unsigned long s3;
    unsigned long s4;
```

```
    unsigned long s5;
    unsigned long s6;
    unsigned long s7;
    unsigned long s8;
    unsigned long s9;
    unsigned long s10;
    unsigned long s11;
    unsigned long t3;
    unsigned long t4;
    unsigned long t5;
    unsigned long t6;
    /*mstatus 寄存器 */
    unsigned long mstatus;
};
```

sbi_trap_regs 栈框一共需要保存 33 个寄存器的值，共 264 字节。

在保存异常上下文时，我们是按照从栈顶到栈底的方向来依次保存数据的。为了编程方便，我们使用 PT_MEPC 表示栈框中的 mepc 在栈顶的偏移量，S_MEPC 表示在栈里用来保存 mepc 寄存器的值的位置，以此类推，如图 8.10 所示。

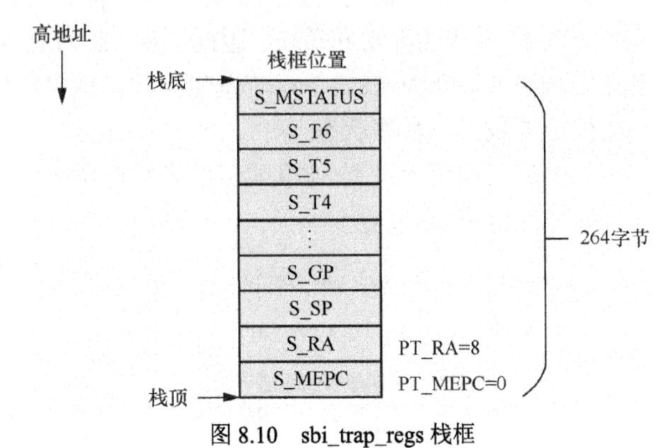

图 8.10　sbi_trap_regs 栈框

```
<benos/sbi/sbi_asm_offsets.h>

/* sbi_trap_regs 结构体中每个字段的偏移量*/

#define PT_SIZE 264 /* sizeof(struct sbi_trap_regs) */
#define PT_MEPC 0 /* offsetof(struct sbi_trap_regs, mepc) */
#define PT_RA 8 /* offsetof(struct sbi_trap_regs, ra) */
#define PT_SP 16 /* offsetof(struct sbi_trap_regs, sp) */
#define PT_GP 24 /* offsetof(struct sbi_trap_regs, gp) */
...
#define PT_T6 248 /* offsetof(struct sbi_trap_regs, t6) */
#define PT_MSTATUS 256 /* offsetof(struct sbi_trap_regs, mstatus) */
```

接下来，在 MySBI 固件里保存异常现场上下文。

```
<benos/sbi/sbi_entry.S>

1     /*
2        sbi_exception_vector
3        M 模式下的异常向量表的入口
4        按 8 字节对齐
5      */
6     .align 3
7     .global sbi_exception_vector
8     sbi_exception_vector:
9         /*从 mscratch 获取 M 模式的 SP，把 S 模式的 SP 保存到 mscratch 寄存器中*/
10        csrrw sp, mscratch, sp
11
12        addi sp, sp, -(PT_SIZE)
13
14        sd x1,  PT_RA(sp)
15        sd x3,  PT_GP(sp)
16        sd x5,  PT_T0(sp)
17        sd x6,  PT_T1(sp)
18        sd x7,  PT_T2(sp)
19        sd x8,  PT_S0(sp)
20        sd x9,  PT_S1(sp)
21        sd x10, PT_A0(sp)
22        sd x11, PT_A1(sp)
23        sd x12, PT_A2(sp)
24        sd x13, PT_A3(sp)
```

```
25        sd x14, PT_A4(sp)
26        sd x15, PT_A5(sp)
27        sd x16, PT_A6(sp)
28        sd x17, PT_A7(sp)
29        sd x18, PT_S2(sp)
30        sd x19, PT_S3(sp)
31        sd x20, PT_S4(sp)
32        sd x21, PT_S5(sp)
33        sd x22, PT_S6(sp)
34        sd x23, PT_S7(sp)
35        sd x24, PT_S8(sp)
36        sd x25, PT_S9(sp)
37        sd x26, PT_S10(sp)
38        sd x27, PT_S11(sp)
39        sd x28, PT_T3(sp)
40        sd x29, PT_T4(sp)
41        sd x30, PT_T5(sp)
42        sd x31, PT_T6(sp)
43
44        /*保存 mepc 寄存器的值*/
45        csrr t0, mepc
46        sd t0, PT_MEPC(sp)
47
48        /*保存 mstatus 寄存器的值*/
49        csrr t0, mstatus
50        sd t0, PT_MSTATUS(sp)
51
52        /*保存 sp*/
53        addi t0, sp, PT_SIZE
54        csrrw   t0, mscratch, t0
55        sd t0, PT_SP(sp)
56
57        /*调用 C 语言的 sbi_trap_handler */
58        mv a0, sp /* sbi_trap_regs */
59        call sbi_trap_handler
```

由于我们设置的异常访问模式是直接访问模式，因此当异常发生时处理器会直接跳转到 sbi_exception_vector()汇编函数里。

在第 10 行中，由于 mscratch 寄存器已经保存了 M 模式下 SP 的值，因此 CSRRW 指令从 mscratch 寄存器获取 M 模式下的 SP，与此同时，把 S 模式下的 SP 保存到 mscratch 寄存器中。

在 MySBI 固件入口函数_start 中，需要把 M 模式下的 SP 保存到 mscratch 寄存器中。

```
<benos/sbi/sbi_boot.S>

.globl _start
_start:
    ...
    /*
       把 M 模式下的 SP 设置到 mscratch 寄存器中，
       下次陷入 M 模式时可以获取 SP
     */
    csrw mscratch, sp
    ...
```

在第 12 行中，为 sbi_trap_regs 栈框分配栈空间，此时 SP 指向栈顶，即 S_MEPC 的位置。

在第 14～42 行中，保存 x1、x3、x5～x31 通用寄存器的值到栈中。

在第 45～46 行中，读取 mepc 寄存器的值，写入栈的 S_MEPC 位置中。

在第 49～50 行中，读取 mstatus 寄存器的值，写入栈的 S_MSTATUS 位置中。

在第 53～55 行中，有如下两个目的。

- 把 S 模式下的 SP 保存到 sbi_trap_regs 栈框的 S_SP 位置上。
- 把 M 模式下栈底的地址保存到 mscratch 寄存器中，以便下次陷入 M 模式时可以得到 SP。

在第 58 和 59 行中，以 sbi_trap_regs 栈框作为参数，调用 C 语言的 sbi_trap_handler()函数来

继续处理异常。

图 8.11 展示了如何保存异常现场。

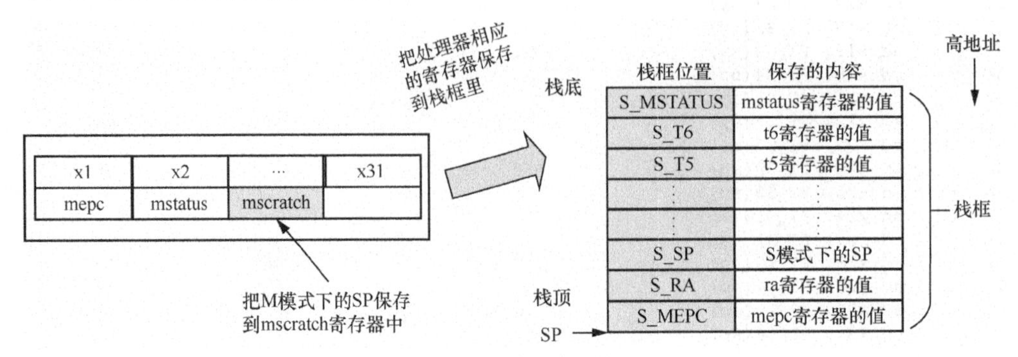

图 8.11 保存异常现场

接下来，在 sbi_trap.c 文件中实现 sbi_trap_handler()函数。

```
<benos/sbi/sbi_trap.c>

1     void sbi_trap_handler(struct sbi_trap_regs *regs)
2     {
3         unsigned long mcause = read_csr(mcause);
4         unsigned long ecall_id = regs->a7;
5
6         switch (mcause) {
7         case CAUSE_SUPERVISOR_ECALL:
8             sbi_ecall_handle(ecall_id, regs);
9             break;
10        default:
11            break;
12        }
13    }
```

sbi_trap_handler()函数的第一个参数是 sbi_trap_regs 栈框，通过这个栈框我们可以很方便地读取到发生异常时通用寄存器的值。

在第 3 行中，读取 mcause 寄存器，这个寄存器记录了发生异常的原因。

在第 4 行中，a7 寄存器记录了系统调用号。

在第 6～11 行中，通过 mcause 寄存器读取发生异常的类型，这里暂时忽略了中断的影响，第 9 章会介绍中断处理。如果判断异常类型为系统调用（CAUSE_SUPERVISOR_ECALL），那么调用 sbi_ecall_handle()函数来处理。

```
<benos/sbi/sbi_trap.c>

1     static int sbi_ecall_handle(unsigned int id, struct sbi_trap_regs *regs)
2     {
3         int ret = 0;
4
5         switch (id) {
6         case SBI_CONSOLE_PUTCHAR:
7             putchar(regs->a0);
8             ret = 0;
9             break;
10        }
11
12        /*系统调用返回的是系统调用指令（如 ECALL 指令）的下一条指令 */
13        if (!ret)
14            regs->mepc += 4;
15
16        return ret;
17    }
```

sbi_ecall_handle()函数的实现比较简单，在第 5～10 行中，如果系统调用号是 SBI_CONSOLE_PUTCHAR，直接调用串口输出函数 putchar()把字符写入串口设备中。

在第 13～14 行中，对于系统调用，异常返回后，PC 寄存器应该存放系统调用指令的下一条指令的地址，所以这里 mepc 寄存器的值需要加 4 字节。

异常处理完成之后，我们需要恢复异常上下文，并从异常现场返回。

```
<benos/sbi/sbi_entry.S>

60        /*恢复 mstatus 寄存器的值*/
61        ld t0, PT_MSTATUS(sp)
62        csrw mstatus, t0
63
64        ld t0, PT_MEPC(sp)
65        csrw mepc, t0
66
67        ld x1,  PT_RA(sp)
68        ld x3,  PT_GP(sp)
69        ld x5,  PT_T0(sp)
70        ld x6,  PT_T1(sp)
71        ld x7,  PT_T2(sp)
72        ld x8,  PT_S0(sp)
73        ld x9,  PT_S1(sp)
74        ld x10, PT_A0(sp)
75        ld x11, PT_A1(sp)
76        ld x12, PT_A2(sp)
77        ld x13, PT_A3(sp)
78        ld x14, PT_A4(sp)
79        ld x15, PT_A5(sp)
80        ld x16, PT_A6(sp)
81        ld x17, PT_A7(sp)
82        ld x18, PT_S2(sp)
83        ld x19, PT_S3(sp)
84        ld x20, PT_S4(sp)
85        ld x21, PT_S5(sp)
86        ld x22, PT_S6(sp)
87        ld x23, PT_S7(sp)
88        ld x24, PT_S8(sp)
89        ld x25, PT_S9(sp)
90        ld x26, PT_S10(sp)
91        ld x27, PT_S11(sp)
92        ld x28, PT_T3(sp)
93        ld x29, PT_T4(sp)
94        ld x30, PT_T5(sp)
95        ld x31, PT_T6(sp)
96
97        ld sp,  PT_SP(sp)
98        mret
```

在第 61 和 62 行中，把栈中 S_MSTATUS 位置的内容恢复到 mstatus 寄存器。

在第 64 和 65 行中，把栈中 S_MEPC 位置的内容恢复到 mepc 寄存器中。

在第 67～95 行中，分别从栈中恢复 x1、x3、x5～x31 寄存器的值。

在第 97 行中，恢复 sp 寄存器的值，即把 sbi_trap_regs 栈框空间释放，使 SP 指向 S 模式下的栈。

在第 98 行中，调用 MRET 指令实现异常返回，处理器会切换回 S 模式，如图 8.12 所示。

最后，重新编译和运行 BenOS。

```
rlk@master:benos$ make
rlk@master:benos$ make run
qemu-system-riscv64 -nographic -machine virt -m 128M -bios mysbi.bin  -device
loader,file=benos.bin,addr=0x80200000  -kernel benos.elf
Booting at asm
Welcome RISC-V!
```

```
printk init done
lab3-5: compare_and_return ok
lab3-5: compare_and_return ok
...
```

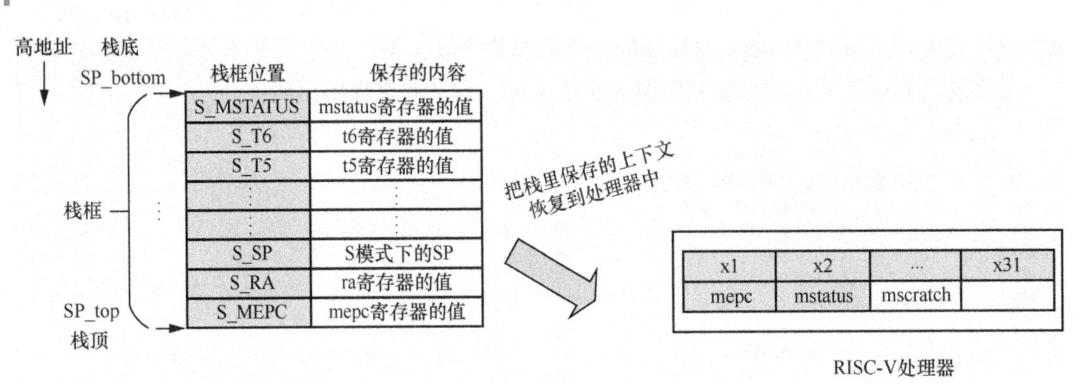

图 8.12　恢复异常上下文

运行在 S 模式下的 BenOS 可以正确输出串口信息。

8.6　案例分析 8-2：BenOS 的异常处理

我们在上一个案例中实现了 M 模式下的异常处理。在本案例中，我们需要在 S 模式下的 BenOS 里制造一个加载访问异常，然后在异常处理中输出异常类型、出错地址等日志信息。这个过程涉及 S 模式下的异常处理，包括保存异常上下文、恢复异常上下文等。

8.6.1　设置异常向量表

首先，编写一个处理异常的入口函数。

```
<benos/src/entry.S>

1     /*
2        do_exception_vector()必须按 4 字节对齐
3        否则写入 stvec 寄存器会不成功
4      */
5     .align 2
6     .global do_exception_vector
7     do_exception_vector:
8         kernel_entry
9
10        la ra, ret_from_exception
11
12        mv a0, sp /* pt_regs */
13        mv a1, s4
14        tail do_exception
15
16    ret_from_exception:
17    restore_all:
18        kernel_exit
19        sret
```

do_exception_vector()为 S 模式下的异常处理入口函数，它必须按 4 字节对齐，否则会出错。

在第 8 行中，kernel_entry 宏用来保存异常上下文。

在第 10 行中，设置返回地址为 ret_from_exception。

在第 12～14 行中，SP 指向 pt_regs 栈框。把 pt_regs 栈框作为参数传递给 do_exception()函数。s4 寄存器保存 scause 寄存器的值，该值同时作为第二个参数传递给 do_exception()函数，最后调用 do_exception()函数来处理异常。

在第 16～19 行中，当异常处理完成后会跳转到 ret_from_exception 标签处，因为在第 10 行中设置 ret_from_exception 标签为返回地址。kernel_exit 宏恢复异常上下文。

在第 19 行中，处理器执行 SRET 指令，从异常中返回。

接下来，我们需要设置异常向量表。

```
<benos/src/trap.c>

1    void trap_init(void)
2    {
3        /*设置异常向量表的地址*/
4        write_csr(stvec, do_exception_vector);
5        printk("stvec=0x%x, 0x%x\n", read_csr(stvec), do_exception_vector);
6        /*关闭所有中断*/
7        write_csr(sie, 0);
8    }
```

在第 4 行中，通过 write_csr()函数把 do_exception_vector()汇编函数的首地址设置到 stvec 寄存器中。因为 do_exception_vector()汇编函数的首地址是按 4 字节对齐的，所以 stvec 寄存器的 MODE 字段为 0，即异常向量表的访问模式为直接访问模式。

8.6.2 保存和恢复异常上下文

在 do_exception_vector()函数中使用 kernel_entry 和 kernel_exit 宏来保存与恢复异常上下文。kernel_entry 宏的实现如下。

```
<benos/src/entry.S>

1    .macro kernel_entry
2        addi sp, sp, -(PT_SIZE)
3
4        sd x1,  PT_RA(sp)
5        sd x3,  PT_GP(sp)
6        sd x5,  PT_T0(sp)
7        sd x6,  PT_T1(sp)
8        sd x7,  PT_T2(sp)
9        sd x8,  PT_S0(sp)
10       sd x9,  PT_S1(sp)
11       sd x10, PT_A0(sp)
12       sd x11, PT_A1(sp)
13       sd x12, PT_A2(sp)
14       sd x13, PT_A3(sp)
15       sd x14, PT_A4(sp)
16       sd x15, PT_A5(sp)
17       sd x16, PT_A6(sp)
18       sd x17, PT_A7(sp)
19       sd x18, PT_S2(sp)
20       sd x19, PT_S3(sp)
21       sd x20, PT_S4(sp)
22       sd x21, PT_S5(sp)
23       sd x22, PT_S6(sp)
24       sd x23, PT_S7(sp)
25       sd x24, PT_S8(sp)
26       sd x25, PT_S9(sp)
27       sd x26, PT_S10(sp)
28       sd x27, PT_S11(sp)
29       sd x28, PT_T3(sp)
30       sd x29, PT_T4(sp)
31       sd x30, PT_T5(sp)
32       sd x31, PT_T6(sp)
33
34       /*保存 sepc 寄存器的值*/
35       csrr s2, sepc
36       sd s2, PT_SEPC(sp)
```

```
37
38        /*保存 sbadaddr 寄存器的值*/
39        csrr s3, sbadaddr
40        sd s3, PT_SBADADDR(sp)
41
42        /*保存 scause 寄存器的值*/
43        csrr s4, scause
44        sd s4, PT_SCAUSE(sp)
45
46        /*保存 ssratch 寄存器的值*/
47        csrr s5, sscratch
48        sd s5, PT_TP(sp)
49
50        /*保存 sp*/
51        addi s0, sp, PT_SIZE
52        sd s0, PT_SP(sp)
53    .endm
```

在第 1 行中，使用“.macro”伪指令来声明一个汇编宏，“.endm”表示汇编宏的结束。

在第 2 行中，使用 ADDI 指令在进程的内核栈中为 pt_regs 栈框开辟一段空间，此时 sp 寄存器指向栈顶。

在第 4～32 行中，保存 RISC-V 通用寄存器的值到栈框里。

在第 35～36 行中，读取 sepc 寄存器的值，并保存到栈框的 S_SEPC 位置上。

在第 39～40 行，读取 sbadaddr 寄存器的值，并保存到栈框的 S_SBADADDR 位置上。

在第 43～44 行中，读取 scause 寄存器的值，并保存到栈框的 S_SCAUSE 位置上。

在第 47～48 行中，读取 sscratch 寄存器的值，并保存到栈框的 S_TP 位置上。

在第 51～52 行中，把栈底（SP_bottom）保存到栈框的 S_SP 位置上，如图 8.13 所示。

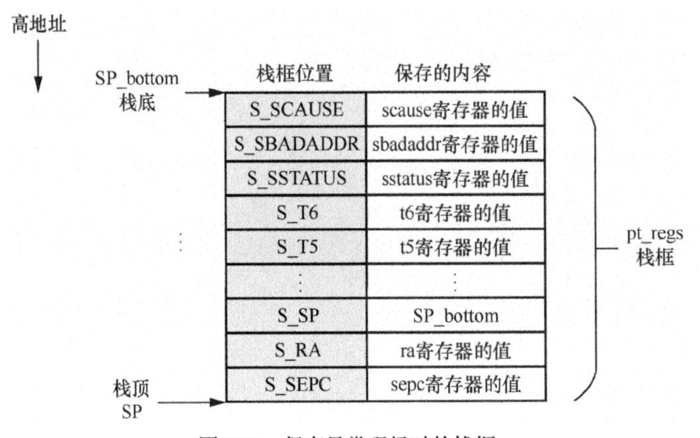

图 8.13　保存异常现场时的栈框

注意，在本场景中，因为目前仅在 S 模式下触发异常并且还没有实现进程控制块（Process Control Block，PCB），所以暂时不需要使用 sscratch 寄存器来保存 SP 等内容。

kernel_exit 宏的代码如下。

```
<benos/src/entry.S>

1    .macro kernel_exit
2        ld a0, PT_SSTATUS(sp)
3        csrw sstatus, a0
4
5        ld a2, PT_SEPC(sp)
6        csrw sepc, a2
7
8        ld x1,  PT_RA(sp)
9        ld x3,  PT_GP(sp)
```

```
10        ld x4,  PT_TP(sp)
11        ld x5,  PT_T0(sp)
12        ld x6,  PT_T1(sp)
13        ld x7,  PT_T2(sp)
14        ld x8,  PT_S0(sp)
15        ld x9,  PT_S1(sp)
16        ld x10, PT_A0(sp)
17        ld x11, PT_A1(sp)
18        ld x12, PT_A2(sp)
19        ld x13, PT_A3(sp)
20        ld x14, PT_A4(sp)
21        ld x15, PT_A5(sp)
22        ld x16, PT_A6(sp)
23        ld x17, PT_A7(sp)
24        ld x18, PT_S2(sp)
25        ld x19, PT_S3(sp)
26        ld x20, PT_S4(sp)
27        ld x21, PT_S5(sp)
28        ld x22, PT_S6(sp)
29        ld x23, PT_S7(sp)
30        ld x24, PT_S8(sp)
31        ld x25, PT_S9(sp)
32        ld x26, PT_S10(sp)
33        ld x27, PT_S11(sp)
34        ld x28, PT_T3(sp)
35        ld x29, PT_T4(sp)
36        ld x30, PT_T5(sp)
37        ld x31, PT_T6(sp)
38
39        ld x2,  PT_SP(sp)
40    .endm
```

恢复异常现场的顺序正好和保存中断现场的相反，从栈底开始依次恢复数据。

在第 2～3 行中，从栈框里恢复 sstatus 寄存器的值。

在第 5～6 行，从栈框里恢复 sepc 寄存器的值。

在第 8～37 行中，从栈框中依次恢复通用寄存器的值。

在第 39 行中，从栈框中恢复 sp 寄存器的值。

8.6.3 异常处理

异常根据类型细分为多种不同的异常。定义一个 fault_info 结构体来描述每一个具体的异常类型。

```
struct fault_info {
    int (*fn)(struct pt_regs *regs, const char *name);
    const char *name;
};
```

其中，fn 表示具体需要执行的异常处理函数，name 表示异常的名称。

我们基于 fault_info 结构体和表 8.10 初始化一个异常处理表（fault_info[]数组）。

```
1    static const struct fault_info fault_info[] = {
2        {do_trap_insn_misaligned, "Instruction address misaligned"},
3        {do_trap_insn_fault, "Instruction access fault"},
4        {do_trap_insn_illegal, "Illegal instruction"},
5        {do_trap_break, "Breakpoint"},
6        {do_trap_load_misaligned, "Load address misaligned"},
7        {do_trap_load_fault, "Load access fault"},
8        {do_trap_store_misaligned, "Store/AMO address misaligned"},
9        {do_trap_store_fault, "Store/AMO access fault"},
10       {do_trap_ecall_u, "Environment call from U-mode"},
11       {do_trap_ecall_s, "Environment call from S-mode"},
12       {do_trap_unknown, "unknown 10"},
13       {do_trap_unknown, "unknown 11"},
```

```
14          {do_page_fault, "Instruction page fault"},
15          {do_page_fault, "Load page fault"},
16          {do_trap_unknown, "unknown 14"},
17          {do_page_fault, "Store/AMO page fault"},
18      };
```

do_exception()函数首先会根据 scause 寄存器的最高位（Bit[63]）来判断是中断还是异常。若最高位为 1，表示中断；若最高位为 0，表示异常。is_interrupt_fault()函数做这个判断。

```
<benos/src/trap.c>

1     void do_exception(struct pt_regs *regs, unsigned long scause)
2     {
3         const struct fault_info *inf;
4
5         printk("%s, scause:0x%lx\n", __func__, scause);
6
7         if (is_interrupt_fault(scause)) {
8             /*TODO: 处理中断*/
9         } else {
10            inf = ec_to_fault_info(scause);
11
12            if (!inf->fn(regs, inf->name))
13                return;
14        }
15    }
```

在第 7～9 行中，处理中断，我们会在第 9 章中实现这里的代码。

在第 10～14 行中，ec_to_fault_info()函数查询异常处理表，然后调用表中 fn()处理函数。

使用异常处理表中的处理函数，统一输出错误类型，然后就调用 panic()函数。

```
<benos/src/trap.c>

1     void panic()
2     {
3         printk("Kernel panic\n");
4         while(1)
5             ;
6     }
7
8     static void do_trap_error(struct pt_regs *regs, const char *str)
9     {
10        printk("Oops - %s\n", str);
11        printk("sstatus:0x%016lx  sbadaddr:0x%016lx  scause:0x%016lx\n",
12                regs->sstatus, regs->sbadaddr, regs->scause);
13        panic();
14    }
15
16    #define DO_ERROR_INFO(name)                     \
17    int name(struct pt_regs *regs, const char *str)            \
18    {                                         \
19        do_trap_error(regs, str);   \
20        return 0;            \
21    }
22
23    DO_ERROR_INFO(do_trap_unknown);
24    DO_ERROR_INFO(do_trap_insn_misaligned);
25    DO_ERROR_INFO(do_trap_insn_fault);
26    DO_ERROR_INFO(do_trap_insn_illegal);
27    DO_ERROR_INFO(do_trap_load_misaligned);
28    DO_ERROR_INFO(do_trap_load_fault);
29    DO_ERROR_INFO(do_trap_store_misaligned);
30    DO_ERROR_INFO(do_trap_store_fault);
31    DO_ERROR_INFO(do_trap_ecall_u);
32    DO_ERROR_INFO(do_trap_ecall_s);
33    DO_ERROR_INFO(do_trap_break);
34    DO_ERROR_INFO(do_page_fault);
```

8.6.4 委托中断和异常

一般情况下，当中断和异常触发后，处理器会切换到 M 模式下。不过为了避免频繁在 S 模式和 M 模式之间来回切换，我们通常把常用的中断和异常委托给 S 模式来处理。于是，当中断和异常触发之后，处理器直接跳转到 S 模式下的异常向量表。

```
<benos/sbi/sbi_trap.c>

1    void delegate_traps(void)
2    {
3        unsigned long interrupts;
4        unsigned long exceptions;
5
6        interrupts = MIP_SSIP | MIP_STIP | MIP_SEIP;
7        exceptions = (1UL << CAUSE_MISALIGNED_FETCH) |
8                     (1UL << CAUSE_FETCH_PAGE_FAULT) |
9                     (1UL << CAUSE_BREAKPOINT) |
10                    (1UL << CAUSE_LOAD_PAGE_FAULT) |
11                    (1UL << CAUSE_STORE_PAGE_FAULT) |
12                    (1UL << CAUSE_USER_ECALL) |
13                    (1UL << CAUSE_LOAD_ACCESS) |
14                    (1UL << CAUSE_STORE_ACCESS);
15
16        write_csr(mideleg, interrupts);
17        write_csr(medeleg, exceptions);
18   }
```

delegate_traps()函数把如下中断委托给 S 模式：

- 软件中断；
- 时钟中断；
- 外设中断。

另外，delegate_traps()函数把如下异常给 S 模式：

- 指令地址没对齐异常；
- 指令缺页异常；
- 加载缺页异常；
- 存储/AMO 缺页异常；
- 系统调用异常；
- 加载访问异常；
- 存储/AMO 访问异常；
- 断点异常。

8.6.5 触发异常

接下来，我们通过一个简单的汇编函数触发一个异常。

```
.global trigger_fault
trigger_fault:
    li a0, 0x70000000
    ld a0, (a0)
    ret
```

trigger_fault()汇编函数访问了一个非法的内存地址 0x7000 0000。它会触发一个加载访问异常。

下面是运行 BenOS 的结果。

```
do_exception, scause:0x5
Oops - Load access fault
```

```
sstatus:0x8000000000006100  sbadaddr:0x0000000070000000  scause:0x0000000000000005
Kernel panic
```

从日志可知，trigger_fault()函数导致系统触发了加载访问异常，并且 scause 寄存器显示异常类型编码为 5。

为了进一步帮助开发人员定位问题，我们可以把 pt_regs 栈框保存的内容都输出。

```
<benos/src/trap.c>

1  void show_regs(struct pt_regs *regs)
2    {
3          printk("sepc: %016lx ra : %016lx sp : %016lx\n",
4              regs->sepc, regs->ra, regs->sp);
5          printk(" gp : %016lx tp : %016lx t0 : %016lx\n",
6              regs->gp, regs->tp, regs->t0);
7          printk(" t1 : %016lx t2 : %016lx s0 : %016lx\n",
8              regs->t1, regs->t2, regs->s0);
9          printk(" s1 : %016lx a0 : %016lx a1 : %016lx\n",
10             regs->s1, regs->a0, regs->a1);
11         printk(" a2 : %016lx a3 : %016lx a4 : %016lx\n",
12             regs->a2, regs->a3, regs->a4);
13         printk(" a5 : %016lx a6 : %016lx a7 : %016lx\n",
14             regs->a5, regs->a6, regs->a7);
15         printk(" s2 : %016lx s3 : %016lx s4 : %016lx\n",
16             regs->s2, regs->s3, regs->s4);
17         printk(" s5 : %016lx s6 : %016lx s7 : %016lx\n",
18             regs->s5, regs->s6, regs->s7);
19         printk(" s8 : %016lx s9 : %016lx s10: %016lx\n",
20             regs->s8, regs->s9, regs->s10);
21         printk(" s11: %016lx t3 : %016lx t4: %016lx\n",
22             regs->s11, regs->t3, regs->t4);
23         printk(" t5 : %016lx t6 : %016lx\n",
24             regs->t5, regs->t6);
25   }
```

最后，BenOS 输出的结果如下。

```
do_exception, scause:0x5
Oops - Load access fault
sepc: 00000000802019ec ra : 00000000802018fc sp : 0000000080203ff0
 gp : 0000000000000000 tp : 0000000000000000 t0 : 0000000000000005
 t1 : 0000000000000005 t2 : 0000000080200020 s0 : 0000000080017f20
 s1 : 0000000080200010 a0 : 0000000070000000 a1 : 000000000000000a
 a2 : 0000000000000006 a3 : 0000000080203ef0 a4 : 0000000000000031
 a5 : 0000000000000031 a6 : 0000000000000002 a7 : 0000000000000061
 s2 : 8000000000006800 s3 : 0000000080200000 s4 : 0000000082200000
 s5 : 0000000000000000 s6 : 0000000000000000 s7 : 00000000800120e8
 s8 : 000000008020002e s9 : 000000000000007f s10: 0000000000000000
 s11: 0000000000000000 t3 : 0990106f91166285 t4: 0000000080017ee0
 t5 : 0000000000000027 t6 : 0000000000000000
sstatus:0x8000000000006100  sbadaddr:0x0000000070000000  scause:0x0000000000000005
Kernel panic
```

8.7 实验

8.7.1 实验 8-1：在 SBI 中实现串口输入功能

1. 实验目的

加深对异常处理流程的理解。

2. 实验要求

在 MySBI 固件中实现 SBI_CONSOLE_GETCHAR 的服务接口并测试。

8.7.2 实验 8-2：在 BenOS 中触发非法指令异常

1. 实验目的

熟悉异常处理的流程。

2. 实验要求

在 BenOS 中触发一个非法指令异常，如图 8.14 所示。

提示：可以使用如下两种方式触发非法指令异常。

- ❑ 在 S 模式下访问 M 模式下的寄存器，如 mstatus 寄存器。
- ❑ 通过篡改代码段里的指令代码触发一个非法指令访问异常。

例如，下面的代码把 trigger_load_access_fault()汇编函数的第 1 行代码篡改了。

```
void create_illegal_intr(void)
{
    int *p = (int *)trigger_load_access_fault;

    *p = 0xbadbeef;
}
```

8.7.3 实验 8-3：输出触发异常时函数栈的调用过程

1. 实验目的

熟悉异常处理的流程。

熟悉栈的布局。

2. 实验要求

在 BenOS 中触发一个异常之后，输出函数栈的调用过程，如图 8.15 所示。

```
do_exception, scause:0x2
Oops - Illegal instruction
sepc: 00000000802dc2a2 ra : 0000000080201078 sp : 0000000080203ff0
 gp : 0000000000000000 tp : 0000000000000000 t0 : 0000000000000005
 t1 : 0000000000000005 t2 : 0000000080200020 t3 : 0000000000000000
 s1 : 0000000080200010 a0 : 0000000000000031 a1 : 0000000000000000
 a2 : 0000000000000000 a3 : 00000000802008a0 a4 : 000000000badbeef
 a5 : 00000000802011e8 a6 : 0000000000000000 a7 : 0000000000000001
 s2 : 0000000000000000 s3 : 0000000000000000 s4 : 0000000000000000
 s5 : 0000000000000000 s6 : 0000000000000000 s7 : 0000000000000000
 s8 : 0000000080200034 s9 : 0000000000000000 s10: 0000000000000000
 s11: 0000000000000000 t3 : 00510133000012b7 t4: 00000000802011ec
 t5 : 0000000000000000 t6 : 0000000000000000
sstatus:0x0000000000000100  sbadaddr:0x0000000000000000  scause:0x0000000000000002
Kernel panic
```

图 8.14 触发非法指令异常

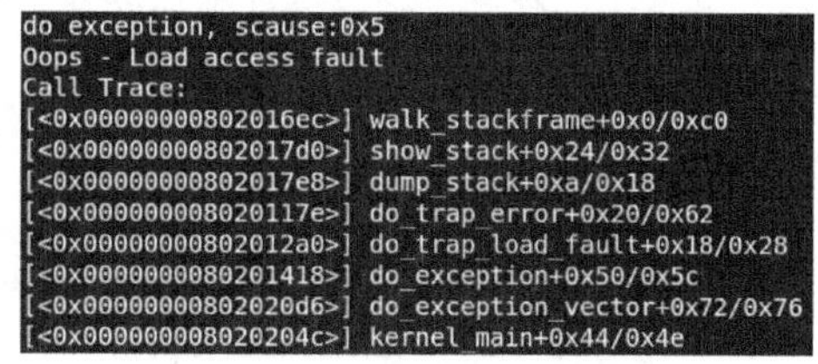

图 8.15 函数栈的调用过程

8.7.4 实验 8-4：在 MySBI 中模拟实现 RDTIME 伪指令

1. 实验目的

熟悉异常的处理流程以及 CSR。

2. 实验要求

在 BenOS 中使用如下代码来读取系统的实际时间。在 S 模式下使用 RDTIME 伪指令会触发非法指令异常，处理器陷入 M 模式。在 M 模式下的异常处理程序中需要识别和处理该非法指令，读取 time 系统寄存器的值，然后返回给 S 模式。请在 MySBI 中实现上述模拟过程。

```
static inline unsigned long get_cycles(void)
{
    unsigned long n;

    asm volatile (
        "rdtime %0"
        : "=r" (n));
    return n;
}
```

第9章　中断处理与中断控制器

本章思考题

1. 请简述中断处理的一般过程。
2. 什么是中断现场？对于 RISC-V 处理器来说，中断现场应该保存哪些内容？
3. 中断现场保存到什么地方？

本章主要介绍与 RISC-V 处理器相关的中断处理的知识。

9.1 中断处理基本概念

在 RISC-V 架构里，中断属于异步异常的一种，其处理过程与异常处理很类似。许多 RISC-V 处理器同时支持 M 模式和 S 模式下的中断。在默认情况下，中断会在 M 模式下处理。如果处理器支持 S 模式，那么可以有选择地把部分中断委托给 S 模式来处理。

9.1.1 中断类型

RISC-V 架构把中断分成 4 类：

- 软件中断（software interrupt）；
- 定时器中断（timer interrupt）；
- 外部中断（external interrupt）；
- 调试中断（debug interrupt）。

软件中断指的是由软件触发的中断，通常用于处理器内核之间的通信，即处理器间中断（Inter-Processor Interrupt，IPI）。

定时器中断指的是来自定时器的中断，通常用于操作系统的时钟中断。在 RISC-V 体系结构中，在 M 模式和 S 模式下都有定时器。RISC-V 体系结构规定处理器必须有一个定时器，通常实现在 M 模式。RISC-V 体系结构还为定时器定义了两个 64 位的寄存器 mtime 和 mtimecmp。它们通常实现在 CLINT 中。

外部中断通常是指来自处理器外部设备（如串口设备等）的中断。RISC-V 体系结构在 M 模式和 S 模式下都可以处理外部中断。为了支持更多的外部中断源，处理器一般采用中断控制器来管理，例如，RISC-V 体系结构定义了一个平台级别的中断控制器（Platform-Level Interrupt Controller，PLIC），用于外部中断的仲裁和派发功能。

调试中断一般用于硬件调试功能。

在 RISC-V 处理器中，中断按照功能又可以分成如下两类。

- 本地（local）中断：直接发送给本地处理器硬件线程（Hart），它是一个处理器私有的中断并且有固定的优先级。本地中断可以有效缩短中断延时，因为它不需要经过中断控制器的仲裁以及额外的中断查询。软件中断和时钟中断是常见的本地中断。本地中断一般由处理器内核本地中断器（Core-Local Interruptor，CLINT）来产生。

- 全局（global）中断：通常指的是外部中断，经过 PLIC 的路由，送到合适的处理器内核。PLIC 支持更多的中断号、可配置的优先级以及路由策略等。

中断框图如图 9.1 所示。

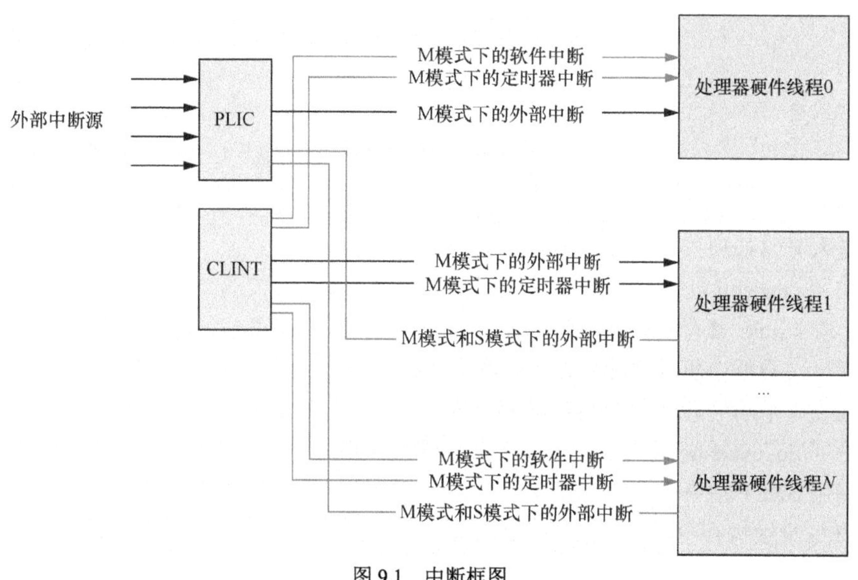

图 9.1 中断框图

9.1.2 中断处理过程

触发中断后，默认情况下由 M 模式响应和处理。处理器所做的事情与异常处理类似。这里假设中断已经委派并由 S 模式来处理。处理器做如下事情。

（1）保存中断发生前的中断状态，即把中断发生前的 SIE 位保存到 sstatus 寄存器中的 SPIE 字段。

（2）保存中断发生前的处理器模式状态，即把异常发生前的处理器模式编码保存到 sstatus 寄存器的 SPP 字段中。

（3）关闭本地中断，即设置 sstatus 寄存器中的 SIE 字段为 0。

（4）把中断类型更新到 scause 寄存器中。

（5）把触发中断时的虚拟地址更新到 stval 寄存器中。

（6）当前 PC 保存到 sepc 寄存器中。

（7）跳转到异常向量表，即把 stvec 寄存器的值设置到 PC 寄存器中。

操作系统软件需要读取以及解析 scause 寄存器的值来确定中断类型，然后跳转到相应的中断处理函数中。

中断处理完成之后，需要执行 SRET 指令来退出中断。SRET 指令会执行如下操作。

（1）恢复 SIE 字段，该字段的值从 sstatus 寄存器中的 SPIE 字段获取，这相当于使能了本地中断。

（2）将处理器模式设置成之前保存到 SPP 字段的模式编码。

（3）设置 PC 为 sepc 寄存器的值，即返回异常触发的现场。

下面以一个例子来说明中断处理的一般过程，如图 9.2 所示。假设有一个正在运行的程序，这个程序可能运行在内核模式，也可能运行在用户模式，此时，一个外设中断发生了。

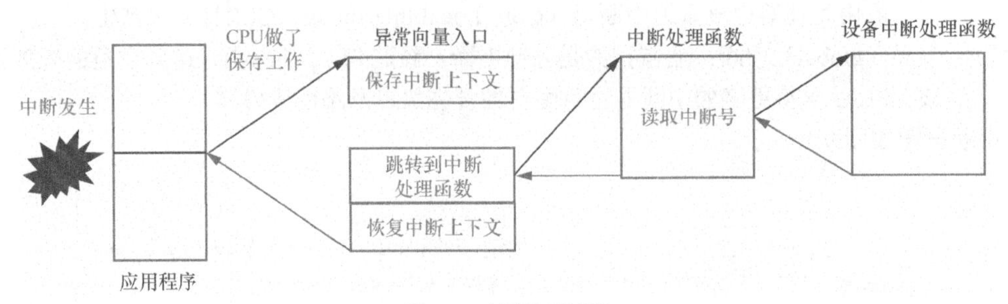

图 9.2 中断处理过程

（1）CPU 会自动做上文所述的事情，并跳转到异常向量表的基地址。

（2）进入异常处理入口函数，如 do_exception_vector()。

（3）在 do_exception_vector()汇编函数里保存中断现场。

（4）读取 scause 寄存器的值，解析中断类型，跳转到中断处理函数里。例如，在 PLIC 驱动里读取中断号，根据中断号跳转到设备中断处理程序。

（5）在设备中断处理程序里处理这个中断。

（6）返回 do_exception_vector()汇编函数，恢复中断上下文。

（7）调用 SRET 指令来完成中断返回。

（8）CPU 继续执行中断现场的下一条指令。

9.1.3 中断委派和注入

在 RISC-V 体系结构中，与异常一样，中断默认情况下由 M 模式来响应和处理。运行在 M 模式的软件（如 OpenSBI）可以通过在 mideleg 寄存器中设置相应的位，有选择地将中断委托给 S 模式。mideleg 寄存器用来设置中断委托。mideleg 寄存器中的字段如表 9.1 所示。

表 9.1 mideleg 寄存器中的字段

字段	位	说明
SSIP	Bit[1]	把软件中断委托给 S 模式
STIP	Bit[5]	把时钟中断委托给 S 模式
SEIP	Bit[9]	把外部中断委托给 S 模式

RISC-V 体系结构提供一种中断注入方式（例如，使用 M 模式下的 mtimer 定时器）把 M 模式特有的中断注入 S 模式。mip 寄存器用来向 S 模式注入中断，例如，设置 mip 寄存器中的 STIP 字段相当于把 M 模式下的定时器中断注入 S 模式，并由 S 模式的操作系统处理，详见 9.3.3 节。

9.1.4 中断优先级

RISC-V 体系结构支持的多种不同类型的中断是有优先级的。如果多个不同类型中断同时触发，RISC-V 处理器会优先处理优先级高的中断类型。下面的中断类型按优先级从高到低排序：

- ❑ M 模式下的外部中断；
- ❑ M 模式下的软件中断；
- ❑ M 模式下的定时器中断；
- ❑ S 模式下的外部中断；

- S 模式下的软件中断；
- S 模式下的定时器中断。

例如，假设 M 模式下的外部中断和 S 模式下的外部中断同时触发，那么处理器优先处理 M 模式下的外部中断。如果有多个来自 S 模式的外部中断，那么优先级由 PLIC 来管理。

9.2 CLINT

RISC-V 处理器一般支持软件中断、时钟中断这两种本地中断，它们属于处理器内核私有的中断，直接发送到处理器内核，而不需要经过中断控制器的路由，如图 9.3 所示。

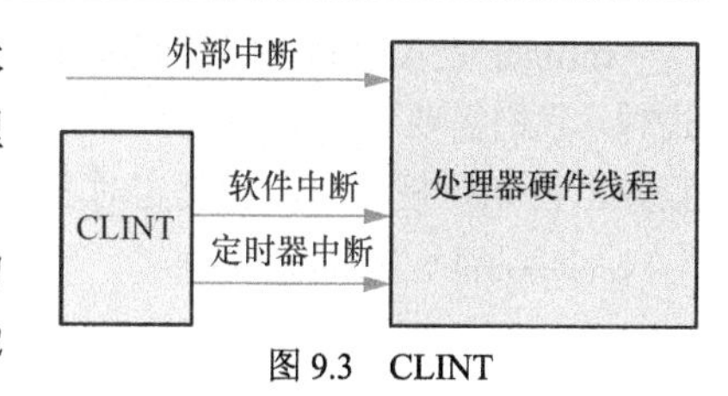

图 9.3 CLINT

CLINT 支持的中断采用固定优先级策略，高优先级的中断可以抢占低优先级的中断。CLINT 支持的中断如表 9.2 所示。中断号越大，优先级越高。

表 9.2 CLINT 支持的中断

名称	中断号	说明
ssip	1	S 模式下的软件中断
msip	3	M 模式下的软件中断
stip	5	S 模式下的时钟中断
mtip	7	M 模式下的时钟中断
seip	9	S 模式下的外部中断
meip	11	M 模式下的外部中断

FU740 处理器的 CLINT 中的寄存器如表 9.3 所示。在 CLINT 控制器中，没有设置专门的寄存器来使能每个中断，不过可以使用 mie 寄存器来控制每个本地中断。另外，还可以使用 mstatus 寄存器中 MIE 字段来关闭和打开全局中断。

表 9.3 CLINT 中的寄存器

名称	地址	属性	位宽	描述
MSIP	0x200 0000	RW	32	机器特权模式下的软件触发寄存器，用于处理器硬件线程 0
MSIP	0x200 0004	RW	32	机器特权模式下的软件触发寄存器，用于处理器硬件线程 1
MSIP	0x200 0008	RW	32	机器特权模式下的软件触发寄存器，用于处理器硬件线程 2
MSIP	0x200 000C	RW	32	机器特权模式下的软件触发寄存器，用于处理器硬件线程 3
MSIP	0x200 0010	RW	32	机器特权模式下的软件触发寄存器，用于处理器硬件线程 4
MTIMECMP	0x200 4000	RW	64	定时器比较寄存器，用于处理器硬件线程 0
MTIMECMP	0x200 4008	RW	64	定时器比较寄存器，用于处理器硬件线程 1
MTIMECMP	0x200 4010	RW	64	定时器比较寄存器，用于处理器硬件线程 2
MTIMECMP	0x200 4018	RW	64	定时器比较寄存器，用于处理器硬件线程 3
MTIMECMP	0x200 4020	RW	64	定时器比较寄存器，用于处理器硬件线程 4
MTIME	0x200 BFF8	RW	64	定时器寄存器

其中 MSIP 寄存器主要用来触发软件中断，用于多处理器硬件线程之间的通信，如 IPI。MTIMECMP 和 MTIME 是 M 模式下与定时器相关的寄存器。MTIME 寄存器返回系统的时钟周期数。MTIMECMP 寄存器用来设置时间间隔，当 MTIME 返回的时间大于或者等于 MTIMECMP 寄存器的值时，便会触发定时器中断。

9.3 案例分析 9-1：定时器中断

在这个案例中，我们利用 M 模式下的 mtimer 作为中断源来分析要完整实现一个中断处理需要做哪些事情。

9.3.1 访问 mtimer

mtimer 是实现在 M 模式下的定时器，它位于 CLINT 控制器内部。当操作系统运行在 S 模式时，我们需要通过 ECALL 指令陷入 M 模式以初始化 mtimer。我们需要在 MySBI 中实现这个服务。在 SBI 规范中，设置定时器的系统调用号为 0，定义的接口为 SBI_SET_TIMER。

```
<benos/include/asm/sbi.h>

1    /*
2     * SBI 提供 mtimer 服务
3     */
4    #define SBI_SET_TIMER 0
5
6 static inline void sbi_set_timer(unsigned long stime_value)
7 {
8    SBI_CALL_1(SBI_SET_TIMER, stime_value);
9 }
```

接下来，使用 sbi_set_timer()函数来初始化 mtimer。

```
<benos/src/timer.c>

1    #define CLINT_TIMEBASE_FREQ 10000000
2    #define HZ 1000
3
4    static inline unsigned long get_cycles(void)
5    {
6        return readq(VIRT_CLINT_TIMER_VAL);
7    }
8
9    void reset_timer()
10   {
11       sbi_set_timer(get_cycles() + CLINT_TIMEBASE_FREQ/HZ);
12       csr_set(sie, SIE_STIE);
13   }
14
15
16   void timer_init(void)
17   {
18       reset_timer();
19   }
```

在第 4 行中，get_cycles()函数读取 MTIME 寄存器来获取当前的时间。

在第 11 行中，通过 sbi_set_timer()函数调用 MySBI 固件提供的服务来给定时器设置一个初始值。初始值为当前时间再加上一个未来时间间隔，CLINT_TIMEBASE_FREQ 宏表示 mtimer 的频率，HZ 表示每秒触发多少次时钟中断。

在第 12 行中，打开 sie 寄存器中 S 模式下的定时器中断控制位。

9.3.2 在 MySBI 中实现定时器服务

我们需要在 MySBI 固件中实现定时器的系统调用服务并设置中断委托。下面在 sbi_ecall_handle()函数中增加对 SBI_SET_TIMER 系统调用的处理。

```
<benos/sbi/sbi_trap.c>

1    static int sbi_ecall_handle(unsigned int id, struct sbi_trap_regs *regs)
```

```
2     {
3         int ret = 0;
4
5         switch (id) {
6         case SBI_SET_TIMER:
7             clint_timer_event_start(regs->a0);
8             ret = 0;
9             break;
10        ...
11        }
12        ...
13        return ret;
14    }
```

在第 6～9 行中，当系统调用号为 SBI_SET_TIMER 时，调用 clint_timer_event_start()函数进行处理。

```
<benos/sbi/sbi_timer.c>

void clint_timer_event_start(unsigned long next_event)
{
        writeq(next_event, VIRT_CLINT_TIMER_CMP);
}
```

clint_timer_event_start()完成的处理流程比较简单，把下一次预设的定时器值 next_event 设置到 MTIMECMP 寄存器中。

9.3.3 定时器中断处理

触发定时器中断之后，处理器首先在 M 模式响应该中断，我们需要做的是关闭 M 模式下的定时器中断，然后委托给 S 模式来处理。

```
<benos/src/sbi_trap.c>

1     void sbi_trap_handler(struct sbi_trap_regs *regs)
2     {
3         unsigned long mcause = read_csr(mcause);
4         unsigned long ecall_id = regs->a7;
5         int rc = SBI_ENOTSUPP;
6         const char *msg = "trap handler failed";
7
8         /*处理中断*/
9         if (mcause & MCAUSE_IRQ) {
10            mcause &=~MCAUSE_IRQ;
11            switch (mcause) {
12            case IRQ_M_TIMER:
13                sbi_timer_process();
14                break;
15            default:
16                msg = "unhandled external interrupt";
17                goto trap_error;
18            }
19            return;
20        }
21
22        switch (mcause) {
23        /*处理异常*/
24        }
25
26    trap_error:
27        if (rc) {
28            sbi_trap_error(regs, msg, rc);
29        }
30    }
```

在第 9～20 行中，处理中断。若 mcause 寄存器的最高位为 1，表示中断。当该中断为定时器中断时，调用 sbi_timer_process()来处理中断。

```
<benos/sbi/sbi_timer.c>

void sbi_timer_process(void)
{
    csr_clear(mie, MIP_MTIP);
    csr_set(mip, MIP_STIP);
}
```

sbi_timer_process()函数比较简单，它把 M 模式下的定时器中断关闭，然后通过设置 mip 寄存器中的 STIP 字段把定时器的等待中断状态注入 S 模式。于是，定时器中断就可以委托给 S 模式来处理。另外，我们还需要设置 mideleg 寄存器把 M 模式下的时钟中断委托给 S 模式。

```
<benos/sbi/sbi_trap.c>

1   void delegate_traps(void)
2   {
3       unsigned long interrupts;
4
5       interrupts = MIP_SSIP | MIP_STIP | MIP_SEIP;
6       write_csr(mideleg, interrupts);
7   }
```

当中断转发到 S 模式后，CPU 自动跳转到 S 模式下的异常向量表入口地址，即 do_exception_vector()汇编函数。在 do_exception_vector()汇编函数里，首先需要保存中断现场，然后跳转到中断处理函数 do_exception()。do_exception()函数的实现如下。

```
<benos/src/trap.c>

1    #define INTERRUPT_CAUSE_SOFTWARE    1
2    #define INTERRUPT_CAUSE_TIMER       5
3    #define INTERRUPT_CAUSE_EXTERNAL    9
4
5    void do_exception(struct pt_regs *regs, unsigned long scause)
6    {
7        const struct fault_info *inf;
8
9        if (is_interrupt_fault(scause)) {
10           switch (scause &~SCAUSE_INT) {
11           case INTERRUPT_CAUSE_TIMER:
12               handle_timer_irq();
13               break;
14           case INTERRUPT_CAUSE_EXTERNAL:
15           /* todo: 处理 IRQ */
16               break;
17           case INTERRUPT_CAUSE_SOFTWARE:
18           /* todo: 处理 IPI */
19               break;
20           default:
21               printk("unexpected interrupt cause");
22               panic();
23           }
24       } else {
25           inf = ec_to_fault_info(scause);
26
27           if (!inf->fn(regs, inf->name))
28               return;
29       }
30   }
```

第 10～23 行为新增加的代码，主要目标是通过解析 scause 寄存器来确定中断类型。当发现本次中断为定时器中断时，调用 handle_timer_irq()函数来处理。

handle_timer_irq()函数的实现如下。

```
<benos/src/timer.c>

1   void handle_timer_irq(void)
2   {
3       csr_clear(sie, SIE_STIE);
4       reset_timer();
5       jiffies++;
6       printk("Core0 Timer interrupt received, jiffies=%lu\r\n", jiffies);
7   }
```

在上述代码中，首先关闭 S 模式下的定时器中断，然后调用 reset_timer()函数来重新给定时器设置初始值，最后输出“Core0 Timer interrupt received”。

handle_timer_irq()函数执行完毕之后会返回 do_exception_vector()汇编函数，调用 kernel_exit 宏来恢复中断现场，最后调用 SRET 指令返回中断现场。

9.3.4 打开中断总开关

为了使能某个中断源，我们需要做两件事情。

- 使能 sie 寄存器中相应的中断类型。
- 使能 CPU 的中断总开关，即 sstatus 寄存器中的 SIE 字段。

下面的 arch_local_irq_enable()函数用来打开 CPU 的中断总开关，arch_local_irq_disable()函数用来关闭 CPU 的中断总开关。

```
<benos/include/asm/irq.h>

1    /*使能中断总开关*/
2    static inline void arch_local_irq_enable(void)
3    {
4        csr_set(sstatus, SR_SIE);
5    }
6
7    /*关闭中断总开关*/
8    static inline void arch_local_irq_disable(void)
9    {
10       csr_clear(sstatus, SR_SIE);
11   }
```

最后，我们需要在 kernel_main()函数里调用 timer_init()和 arch_local_irq_enable()。

```
<benos/src/kernel.c>

1    void kernel_main(void)
2    {
3        ...
4        timer_init();
5        arch_local_irq_enable();
6        ...
7
8        while (1) {
9            ;
10       }
11   }
```

下面是这个案例的运行结果。

```
BenOS image layout:
  .text.boot: 0x80200000 - 0x80200032 (     50 B)
       .text: 0x80200038 - 0x80202488 (   9296 B)
     .rodata: 0x80202488 - 0x80203d00 (   6264 B)
       .data: 0x80203d00 - 0x80205000 (   4864 B)
        .bss: 0x80205010 - 0x80225488 (132216 B)
Core0 Timer interrupt received, jiffies=1
Core0 Timer interrupt received, jiffies=2
```

```
Core0 Timer interrupt received, jiffies=3
Core0 Timer interrupt received, jiffies=4
Core0 Timer interrupt received, jiffies=5
```

9.3.5　小结

在 S 模式下使用定时器的流程如下。

（1）初始化定时器。

① 通过 sbi_set_timer()函数给定时器设置一个初始值。

② 使能定时器中断。设置 sie 寄存器中 STIE 字段。

③ 通过 arch_local_irq_enable()函数打开中断总开关。

（2）处理定时器中断。

① 触发定时器中断。

② 跳转到异常向量表入口地址——do_exception_vector()汇编函数。

③ 保存中断上下文（使用 kernel_entry 宏）。

④ 跳转到 do_exception()中断处理函数。

⑤ 读取 scause 寄存器来获取中断类型。

⑥ 判断是否为定时器中断源触发的中断。如果是，重新设置定时器。

⑦ 返回 do_exception_vector()汇编函数。

⑧ 恢复中断上下文。

⑨ 返回中断现场。

9.4　PLIC

PLIC 主要用来管理外部中断，最多可以支持 1024 个中断源与 15 872 个中断硬件上下文（context），不过具体还需要看处理器的设计与实现。这里的中断硬件上下文指的是在一个处理器硬件线程里具有处理中断能力的特权模式，如 M 模式以及 S 模式。假设某款处理器支持 SMT，即支持硬件超线程，一个处理器内核支持两个硬件线程，那么一个双核处理器就拥有 4 个处理器硬件线程，每个处理器硬件线程都支持 M 模式和 S 模式，这个处理器一共支持 8 个中断硬件上下文，如图 9.4 所示。

以 FU740 处理器为例，它支持 5 个处理器内核，并且不支持 SMT。其中处理器内核 0 用于系统监控，仅支持 M 模式，其余 4 个处理器内核都支持 M 模式和 S 模式，因此它一共支持 9 个中断硬件上下文。

- S7 处理器硬件线程 0 的 M 模式；
- U7 处理器硬件线程 1 的 M 模式；
- U7 处理器硬件线程 1 的 S 模式；
- U7 处理器硬件线程 2 的 M 模式；
- U7 处理器硬件线程 2 的 S 模式；
- U7 处理器硬件线程 3 的 M 模式；
- U7 处理器硬件线程 3 的 S 模式；
- U7 处理器硬件线程 4 的 M 模式；
- U7 处理器硬件线程 4 的 S 模式。

FU740 处理器的中断硬件上下文如图 9.5 所示。

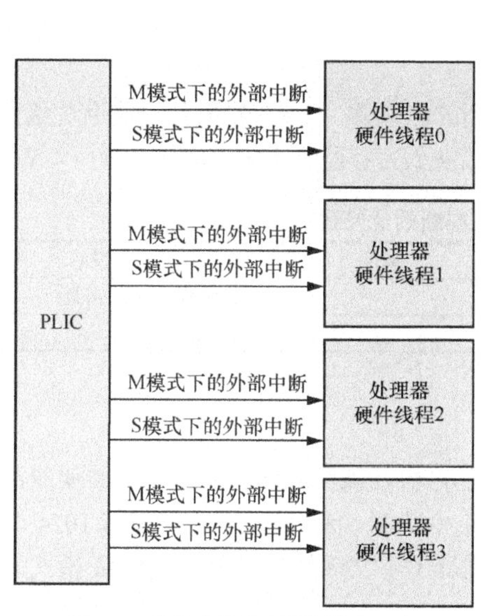

图 9.4 某处理器的中断硬件上下文

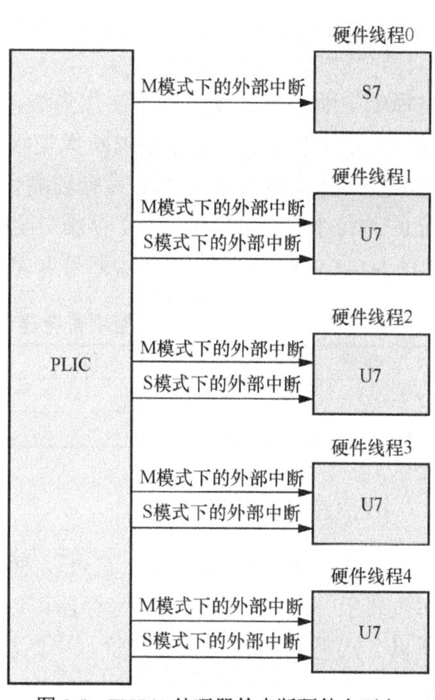

图 9.5 FU740 处理器的中断硬件上下文

9.4.1 中断号

FU740 处理器中的 PLIC 支持 69 个中断源以及 7 级中断优先级，其中第 0 号中断源是保留的。中断号分配如表 9.4 所示。

表 9.4 FU740 处理器的中断号分配

中断号	描述
1～10	MSI
11～18	DMA
19	L2 高速缓存目录错误
20	L2 高速缓存目录失败
21	L2 高速缓存数据错误
22	L2 高速缓存数据失败
23～38	GPIO
39	串口 0
40	串口 1
41	SPI 0
42	SPI 1
43	SPI 2
44～47	PWM 0
48～51	PWM 1
52	I2C 0
53	I2C 1
54	DDR
55	MAC
56～64	PCIE
65～69	总线错误

QEMU Virt 开发板的中断号分配见 2.1.1 节。

9.4.2　中断优先级

对每个中断源都可以设置中断优先级，PLIC 支持 7 级中断优先级。其中，0 表示不会触发中断或者关闭中断，1 表示最低中断优先级，7 表示最高中断优先级。如果两个相同优先级的中断同时触发，那么编号小的中断具有较高优先级。

PLIC 为每个中断号提供一个寄存器来设置相应中断的优先级，如表 9.5 所示。中断优先级寄存器的基地址为 0xC0 0000。例如，当中断号为 N 时，中断优先级寄存器的地址为 0xC0 0000 + 4 N。

表 9.5　　使用寄存器来设置相应中断的优先级

字段	位	属性	说明
Priority	Bit[2:0]	RW	设置中断优先级
Reserved	Bit[31:3]	RO	保留

9.4.3　中断使能寄存器

PLIC 提供中断使能寄存器，它可以为每个处理器内核使能和关闭中断源。中断使能寄存器中的每位表示一个中断源。一个寄存器可以表示 32 个中断源。因为 PLIC 最多支持 1024 个中断源，所以一共需要 128 个字节来管理中断源。以处理器上下文（硬件线程 0）的 M 模式为例，中断使能寄存器的地址范围是从 0xC00 2000 到 0xC00 2080。

另外，PLIC 最多支持 15 872 个处理器上下文，所以一共需要 128 × 15 872 = 2 031 616 字节。以 FU740 处理器为例，它最多支持 9 个处理器上下文，所以一共需要 1152 字节。

在 FU740 处理器中，由于只支持 53 个有效的中断源，因此使用两个寄存器就能实现一个处理器上下文中所有中断源的使能和关闭功能。其中断使能寄存器的布局如表 9.6 所示。

表 9.6　　FU740 处理器中 PLIC 的中断使能寄存器的布局

地址	位宽/位	属性	说明
0xC00 2000	4	RW	处理器硬件线程 0 中 M 模式下的中断使能寄存器 0
0xC00 2004	4	RW	处理器硬件线程 0 中 M 模式下的中断使能寄存器 1
0xC00 2080	4	RW	处理器硬件线程 1 中 M 模式下的中断使能寄存器 0
0xC00 2084	4	RW	处理器硬件线程 1 中 M 模式下的中断使能寄存器 1
0xC00 2100	4	RW	处理器硬件线程 1 中 S 模式下的中断使能寄存器 0
0xC00 2104	4	RW	处理器硬件线程 1 中 S 模式下的中断使能寄存器 1
0xC00 2180	4	RW	处理器硬件线程 2 中 M 模式下的中断使能寄存器 0
0xC00 2184	4	RW	处理器硬件线程 2 中 M 模式下的中断使能寄存器 1
0xC00 2200	4	RW	处理器硬件线程 2 中 S 模式下的中断使能寄存器 0
0xC00 2204	4	RW	处理器硬件线程 2 中 S 模式下的中断使能寄存器 1
0xC00 2280	4	RW	处理器硬件线程 3 中 M 模式下的中断使能寄存器 0
0xC00 2284	4	RW	处理器硬件线程 3 中 M 模式下的中断使能寄存器 1
0xC00 2300	4	RW	处理器硬件线程 3 中 S 模式下的中断使能寄存器 0
0xC00 2304	4	RW	处理器硬件线程 3 中 S 模式下的中断使能寄存器 1
0xC00 2380	4	RW	处理器硬件线程 4 中 M 模式下的中断使能寄存器 0
0xC00 2384	4	RW	处理器硬件线程 4 中 M 模式下的中断使能寄存器 1
0xC00 2400	4	RW	处理器硬件线程 4 中 S 模式下的中断使能寄存器 0
0xC00 2404	4	RW	处理器硬件线程 4 中 S 模式下的中断使能寄存器 1

9.4.4　中断待定寄存器

中断待定寄存器中的每一位表示一个中断源。一个寄存器可以表示 32 个中断源。因为 PLIC

最多支持 1024 个中断源，所以一共需要 128 字节来管理中断源。

在 FU740 处理器中，中断待定寄存器一共有两个，地址分别是 0xC00 1000 以及 0xC00 1004。

9.4.5 中断优先级阈值寄存器

PLIC 提供了一个处理器上下文级别的中断优先级阈值寄存器，它用来屏蔽所有优先级小于或等于阈值的中断源，只有当中断优先级大于该中断源的优先级阈值时，PLIC 才会处理该中断。

对于 FU740 处理器来说，它有 9 个中断硬件上下文。它的中断优先级阈值寄存器的布局如表 9.7 所示。

表 9.7 FU740 的中断优先级阈值寄存器的布局

地址	位宽/位	属性	说明
0xC20 0000	4	RW	处理器超线程 0 中 M 模式下的中断优先级阈值寄存器
0xC20 1000	4	RW	处理器超线程 1 中 M 模式下的中断优先级阈值寄存器
0xC20 2000	4	RW	处理器超线程 1 中 S 模式下的中断优先级阈值寄存器
0xC20 3000	4	RW	处理器超线程 2 中 M 模式下的中断优先级阈值寄存器
0xC20 4000	4	RW	处理器超线程 2 中 S 模式下的中断优先级阈值寄存器
0xC20 5000	4	RW	处理器超线程 3 中 M 模式下的中断优先级阈值寄存器
0xC20 6000	4	RW	处理器超线程 3 中 S 模式下的中断优先级阈值寄存器
0xC20 7000	4	RW	处理器超线程 4 中 M 模式下的中断优先级阈值寄存器
0xC20 8000	4	RW	处理器超线程 4 中 S 模式下的中断优先级阈值寄存器

9.4.6 中断请求/完成寄存器

中断请求（claim）寄存器和中断完成（complete）寄存器是同一个寄存器。

- 当触发中断时，软件通过读取中断请求寄存器可知哪个中断源是当前待定中断源中优先级最高的，软件可以在中断处理程序中处理该中断。
- 中断处理程序执行完后，软件可以把中断号写入中断完成寄存器中，PLIC 便知道软件已经完成了中断处理，PLIC 完成最后的中断处理工作。

对于 FU740 处理器来说，它有 9 个中断硬件上下文。它的中断请求/完成寄存器的布局如表 9.8 所示。

表 9.8 FU740 处理器的中断请求/完成寄存器的布局

地址	位宽/位	属性	说明
0xC20 0004	4	RW	处理器超线程 0 中 M 模式下的中断请求/完成寄存器
0xC20 1004	4	RW	处理器超线程 1 中 M 模式下的中断请求/完成寄存器
0xC20 2004	4	RW	处理器超线程 1 中 S 模式下的中断请求/完成寄存器
0xC20 3004	4	RW	处理器超线程 2 中 M 模式下的中断请求/完成寄存器
0xC20 4004	4	RW	处理器超线程 2 中 S 模式下的中断请求/完成寄存器
0xC20 5004	4	RW	处理器超线程 3 中 M 模式下的中断请求/完成寄存器
0xC20 6004	4	RW	处理器超线程 3 中 S 模式下的中断请求/完成寄存器
0xC20 7004	4	RW	处理器超线程 4 中 M 模式下的中断请求/完成寄存器
0xC20 8004	4	RW	处理器超线程 4 中 S 模式下的中断请求/完成寄存器

9.5 案例分析 9-2：串口中断

在 QEMU Virt 平台中，串口 0 设备的中断是通过 PLIC 来管理的，其中断号为 10。下面以串口 0 设备为例介绍 PLIC 的使用。

9.5.1　初始化 PLIC

在 QEMU Virt 平台中有多个处理器上下文，所以在访问 PLIC 的寄存器时需要特别小心。下面通过宏定义 PLIC 的寄存器。

```
<benos/include/asm/plic.h >

/*设置每个中断的优先级*/
#define PLIC_PRIORITY(hwirq) (PLIC_BASE + (hwirq) * 4)

/*每个中断的 pending 位，一位表示一个中断*/
#define PLIC_PENDING(hwirq) (PLIC_BASE + 0x1000 + ((hwirq) / 32) * 4)

/*中断使能位：每个处理器内核都有对应的中断使能位*/
#define PLIC_MENABLE(hart) (PLIC_BASE + 0x2000 + (hart) * 0x80)

/*设置每个处理器中每个中断的优先级阈值，当中断优先级大于阈值才会触发中断*/
#define PLIC_MTHRESHOLD(hart) (PLIC_BASE + 0x200000 + (hart) * 0x1000)

/*请求/完成寄存器*/
#define PLIC_MCLAIM(hart) (PLIC_BASE + 0x200004 + (hart) * 0x1000)
```

上述宏参数 hwirq 表示中断号，hart 表示处理器超线程或者处理器上下文。

接下来的 plic_init()函数用来初始化 PLIC。

```
<benos/src/plic.c>

1    int plic_init(void)
2    {
3        int i;
4        int hwirq;
5
6        for (i = 0; i < MAX_CPUS; i++) {
7            /*设置 M 模式下所有处理器内核的中断优先级阈值为 0*/
8            writel(0, PLIC_MTHRESHOLD(CPU_TO_HART(i)));
9
10           for (hwirq = 1; hwirq <= MAX_PLIC_IRQS; hwirq++) {
11               /*关闭 PLIC 中所有外部中断*/
12               plic_enable_irq(i, hwirq, 0);
13
14               /*预先设置所有中断号的优先级为 1*/
15               plic_set_prority(hwirq, 1);
16           }
17       }
18
19       csr_set(sie, SIE_SEIE);
20
21       return 0;
22   }
```

在第 19 行中，设置 sie 寄存器中的 SIE_SEIE 字段，打开 S 模式的外部中断。

plic_set_prority()函数和 plic_enable_irq()函数的实现如下。

```
<benos/src/plic.c>

1    #define CPU_TO_HART(cpu) ((2*cpu) + 1)
2
3    void plic_set_prority(int hwirq, int pro)
4    {
5        unsigned int reg = PLIC_PRIORITY(hwirq);
6
7        writel(pro, reg);
8    }
9
10   void plic_enable_irq(int cpu, int hwirq, int enable)
11   {
12       unsigned int hwirq_mask = 1 << (hwirq % 32);
```

```
13        int hart = CPU_TO_HART(cpu);
14        unsigned int reg = PLIC_MENABLE(hart) + 4*(hwirq / 32);
15
16        printk("reg: 0x%x, hwirq:%d\n", reg, hwirq);
17
18        if (enable)
19            writel(readl(reg) | hwirq_mask, reg);
20        else
21            writel(readl(reg) & ~hwirq_mask, reg);
22    }
```

9.5.2 使能串口 0 的接收中断

16550 串口控制器中的 UART_IER 为中断使能寄存器，其中 Bit[0]为接收缓冲区满中断，我们需要在串口初始化时打开该中断。

```
<benos/src/uart.c>

void uart_init(void)
{
    ...
    /*使能接收缓冲区满中断*/
    writeb(0x1, UART_IER);
}
```

最后，我们还需要使能 PLIC 中串口 0 对应的中断源。

```
<benos/src/uart.c>

1    #define UART0_IRQ (10)
2
3    void enable_uart_plic()
4    {
5        /*TODO: 使用 CPU0*/
6        int cpu = 0;
7
8        plic_enable_irq(cpu, UART0_IRQ, 1);
9    }
```

9.5.3 处理中断

当串口 0 的中断触发后，我们从 scause 寄存器读取到的中断类型为外部中断，即 INTERRUPT_CAUSE_EXTERNAL。

```
<benos/src/trap.c>

1    void do_exception(struct pt_regs *regs, unsigned long scause)
2    {
3        const struct fault_info *inf;
4
5        if (is_interrupt_fault(scause)) {
6            switch (scause &~SCAUSE_INT) {
7            case INTERRUPT_CAUSE_TIMER:
8                handle_timer_irq();
9                break;
10           case INTERRUPT_CAUSE_EXTERNAL:
11               plic_handle_irq(regs);
12               break;
13           case INTERRUPT_CAUSE_SOFTWARE:
14           /*处理 IPI*/
15               break;
16           default:
17               printk("unexpected interrupt cause");
18               panic();
19           }
```

```
20        } else {
21            ...
22        }
23    }
```

在第 11 行中，调用 plic_handle_irq()函数来处理外部中断。

plic_handle_irq()函数的实现如下。

```
<benos/src/plic.c>

1    void plic_handle_irq(struct pt_regs *regs)
2    {
3        int hwirq;
4        /*TODO: 仅 CPU0 处理*/
5        int hart = CPU_TO_HART(0);
6
7        unsigned int claim_reg = PLIC_MCLAIM(hart);
8
9        csr_clear(sie, SIE_SEIE);
10
11       while((hwirq = readl(claim_reg))) {
12           if (hwirq == UART0_IRQ)
13               handle_uart_irq();
14
15           writel(hwirq, claim_reg);
16       }
17       csr_set(sie, SIE_SEIE);
18   }
```

在第 9 行中，通过 SEIE 字段关闭 sie 寄存器中的外部中断。

在第 11 行中，读取中断请求寄存器，获取需要处理的中断号。

在第 13 行中，如果待处理的中断号为 UART0_IRQ，则跳转到 handle_uart_irq()函数中。

在第 15 行中，中断处理完成之后，把中断号写入中断请求/完成寄存器中，告诉 PLIC 软件已经处理完毕。

在第 17 行中，通过 SEIE 字段重新打开 sie 寄存器中的外部中断。

handle_uart_irq()函数的实现如下。

```
<benos/src/uart.c>

1    void handle_uart_irq(void)
2    {
3        char c;
4
5        c = uart_get();
6        if (c < 0)
7            return;
8        else if (c == '\r') {
9            printk("%s occurred\n", __func__);
10       }
11   }
```

在串口的中断处理函数中，先读取串口的内容，如果发现串口接收的数据为“回车符”，则输出“handle_uart_irq occurred”。下面是这个案例的运行结果。

```
BenOS image layout:
  .text.boot: 0x80200000 - 0x80200032 (     50 B)
       .text: 0x80200038 - 0x80202818 ( 10208 B)
     .rodata: 0x80202818 - 0x80204300 (  6888 B)
       .data: 0x80204300 - 0x80206000 (  7424 B)
        .bss: 0x80206010 - 0x80226488 (132216 B)
sstatus:0x8000000000006002
sstatus:0x8000000000006002, sie:0x222
handle_uart_irq occurred
handle_uart_irq occurred
```

9.6 实验

9.6.1 实验 9-1：定时器中断

1. 实验目的

熟悉 RISC-V 处理器的中断流程。

2. 实验要求

（1）在 QEMU 虚拟机中实现 mtimer 中断处理，并且在 QEMU 虚拟机上单步调试和观察。

（2）在汇编函数里实现保存中断现场的 kernel_entry 宏以及恢复中断现场的 kernel_exit 宏。

9.6.2 实验 9-2：使用汇编函数保存和恢复中断现场

1. 实验目的

熟悉如何保存和恢复中断现场。

2. 实验要求

（1）在实验 9-1 的基础上，把 kernel_entry 和 kernel_exit 两个宏修改成使用汇编函数实现。当修改成用汇编函数实现时，需要注意什么地方?

（2）请使用 QEMU 虚拟机和 GDB 或者 Eclipse 来单步调试中断处理过程，重点观察保存中断现场和恢复中断现场的寄存器的变化以及栈的变化情况。

9.6.3 实验 9-3：实现并调试串口 0 中断

1. 实验目的

熟悉 PLIC。

2. 实验要求

（1）在 BenOS 中实现案例 9-2 的串口中断，并用 GDB 单步调试中断处理过程。

（2）在案例 9-2 的基础上使用中断方式实现串口发送。

第 10 章　内存管理

本章思考题

1. 在计算机发展历史中，为什么会出现分段机制和分页机制？
2. 为什么页表要设计成多级页表？直接使用一级页表是否可行？多级页表又引入了什么问题？
3. 为什么页表存放在主内存中而不是存放在芯片内部的寄存器中？
4. MMU 查询页表的目的是找到虚拟地址对应的物理地址，页表项中有指向下一级页表基地址的指针，那它指向的是下一级页表基地址的物理地址还是虚拟地址？
5. 在 PMP 机制中，NAPOT 模式如何表示地址的范围？
6. 请简述在 RISC-V 处理器中 Sv39 页表映射模式的三级页表的映射过程。
7. 在打开 MMU 时，为什么需要建立恒等映射？
8. 在 RISC-V 处理器中，页表项属性中有一个 A 访问字段，它有什么作用？

本章主要介绍 RISC-V 体系结构中与内存管理相关的内容。

10.1 内存管理基础知识

10.1.1 内存管理的“远古时代”

在操作系统还没有出来之前，程序存放在卡片上，计算机每读取一张卡片就运行一条指令，这种从外部存储介质上直接运行指令的方法效率很低。后来出现了内存存储器，也就是说，程序要运行，首先要加载，然后执行，这就是所谓的“存储程序”。这一概念开启了操作系统快速发展的道路，直至后来出现的分页机制。在以上演变历史中，出现了两种内存管理思想。

- 单道编程的内存管理。所谓“单道”，就是整个系统只有一个用户进程和一个操作系统，形式上类似于 Unikernel 系统。这种模型下，用户程序始终加载到同一个内存地址并运行，所以内存管理很简单。实际上，不需要任何的 MMU，程序使用的地址就是物理地址，也不需要保护地址。但是缺点也很明显：其一，系统无法运行比实际物理内存大的程序；其二，系统只运行一个程序，会造成资源浪费；其三，程序无法迁移到其他的计算机中。
- 多道编程的内存管理。所谓“多道”，就是系统可以同时运行多个进程。内存管理中出现了固定分区和动态分区两种技术。

对于固定分区，在系统编译阶段，内存被划分成许多静态分区，进程可以装入大于或等于自身大小的分区。固定分区实现简单，操作系统的管理开销比较小。但是缺点也很明显：一是程序大小和分区的大小必须匹配；二是活动进程的数目比较固定；三是地址空间无法增长。

动态分区的思想就是在一整块内存中划出一块内存供操作系统本身使用，剩下的内存空间供用户进程使用。当进程 A 运行时，先从这一大片内存中划出一块与进程 A 大小一样的内存空间供进程 A 使用。当进程 B 准备运行时，从剩下的空闲内存中继续划出一块和进程 B 大小相等的内存空间供进程 B 使用，以此类推。这样进程 A 和进程 B 以及后面进来的进程就可以实现动态分区了。

如图 10.1 所示，假设现在有一块 32 MB 大小的内存，一开始操作系统使用了底部 4 MB 大小的内存，剩余的内存要留给 4 个用户进程使用，如图 10.1（a）所示。进程 A 使用了操作系统往上的 10 MB 内存，进程 B 使用了进程 A 往上的 6 MB 内存，进程 C 使用了进程 B 往上的 8 MB 内存。剩余的 4 MB 内存不足以装载进程 D（因为进程 D 需要 5 MB 内存），于是这块内存的末尾就形成了第一个空洞，如图 10.1（b）所示。假设在某个时刻操作系统需要运行进程 D，但系统中没有足够的内存，那么需要选择一个进程来换出，以便为进程 D 腾出足够的空间。假设操作系统选择进程 B 来换出，进程 D 就加载到原来进程 B 的地址空间里，于是产生了第二个空洞，如图 10.1（c）所示。假设操作系统在某个时刻需要运行进程 B，这也需要选择一个进程来换出，假设进程 A 被换出，于是系统中又产生了第三个空洞，如图 10.1（d）所示。

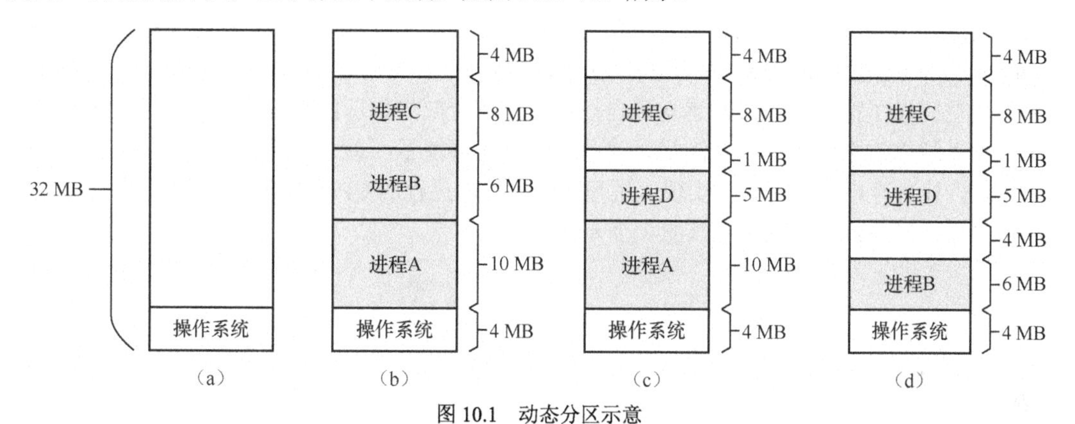

图 10.1 动态分区示意

这种动态分区方法在系统刚启动时效果很好，但是随着时间的推移会出现很多内存空洞，内存的利用率随之下降，这些内存空洞便是我们常说的内存碎片。为了解决内存碎片化的问题，操作系统需要动态地移动进程，使进程占用的空间是连续的，并且所有的空闲空间也是连续的。整个进程的迁移是一个非常耗时的过程。

总之，不管是固定分区还是动态分区，都存在很多问题。

- **进程地址空间保护问题**。所有的用户进程都可以访问全部的物理内存，所以恶意程序可以修改其他程序的内存数据，这使进程一直处于危险的状态下。即使系统里所有的进程都不是恶意进程，进程 A 也可能不小心修改了进程 B 的数据，从而导致进程 B 崩溃。这明显违背了"进程地址空间需要保护"（也就是地址空间要相对独立）的原则。因此，每个进程的地址空间都应该受到保护，以免被其他进程有意或无意地损坏。
- **内存使用效率低**。如果即将运行的进程所需要的内存空间不足，就需要选择一个进程并整体换出，这种机制导致大量的数据需要换出和换入，效率非常低下。
- **程序运行地址重定位问题**。从图 10.1 可以看出，进程在每次换出、换入时使用的地址都是不固定的，这给程序的编写带来一定的麻烦。因为访问数据和指令跳转时的目标地址通常是固定的，所以就需要使用重定位技术了。

由此可见，上述 3 个重大问题需要一个全新的解决方案，而且这个方案在操作系统层面已经无能为力，必须在处理器层面才能解决，因此产生了分段机制和分页机制。

10.1.2 地址空间的抽象

站在内存使用的角度看，进程可能在 3 个地方需要用到内存。

- 在进程中。比如，代码段以及数据段用来存储程序本身需要的数据。
- 在栈空间中。程序运行时需要分配内存空间来保存函数调用关系、局部变量、函数参数以及函数返回值等内容，这些也是需要消耗内存空间的。
- 在堆空间中。程序运行时需要动态分配程序需要使用的内存，比如，存储程序需要使用的数据等。

不管是刚才提到的固定分区还是动态分区，进程、栈、堆都需要使用内存空间，如图 10.2（a）所示。但是，如果我们直接使用物理内存，在编写这样一个程序时，就需要时刻关心分配的物理内存地址是多少、内存空间够不够等问题。

后来，设计人员对内存进行了抽象，把上述用到的内存抽象成进程地址空间或虚拟内存。进程不用关心分配的内存在哪个地址，它只管使用。最终由处理器处理进程对内存的请求，经过转换之后把进程请求的虚拟地址转换成物理地址。这个转换过程称为地址转换（address translation），而进程请求的地址可以理解为虚拟地址，如图 10.2（b）所示。我们在处理器里对进程地址空间做了抽象，让进程感觉到自己可以拥有全部的物理内存。进程可以发出地址访问请求，至于这些请求能不能完全满足，就是处理器的事情了。总之，进程地址空间是对内存的重要抽象，让内存虚拟化得到了实现。进程地址空间、进程的 CPU 虚拟化以及文件对存储地址空间的抽象，共同组成了操作系统的 3 个元素。

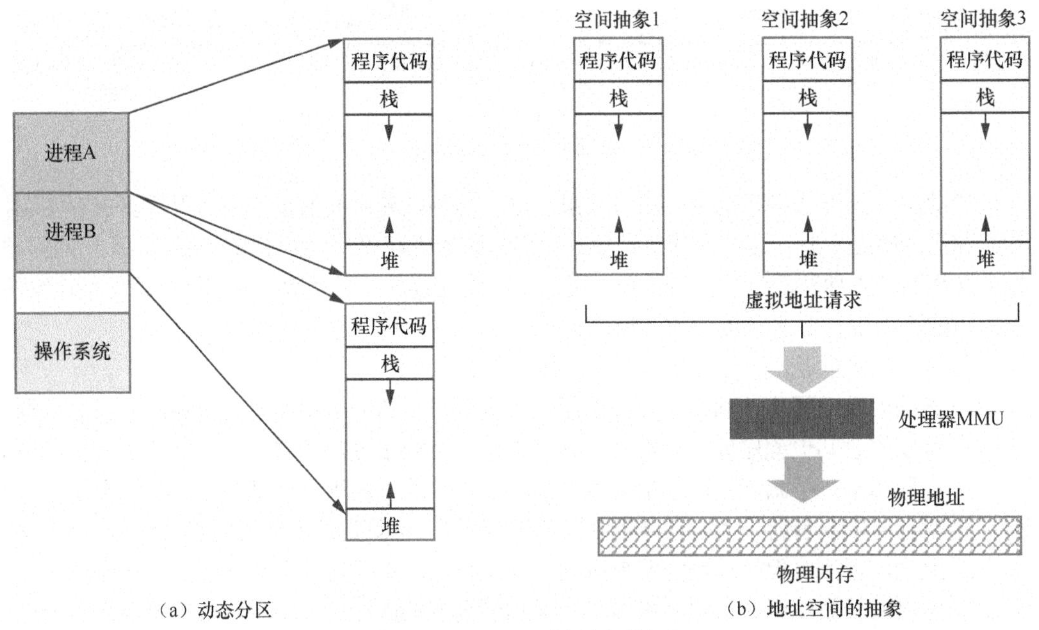

图 10.2 动态分区和地址空间的抽象

把进程地址空间的概念引入了虚拟内存后，基于这种思想，我们可以解决刚才提到的 3 个问题。

虚拟内存机制可以提供隔离性。因为每个进程都感觉自己拥有了整个地址空间，可以随意访问，然后由处理器转换到实际的物理地址，所以进程 A 没办法访问进程 B 的物理内存，也没办法做破坏。

后来出现的分页机制可以解决动态分区中出现的内存碎片化和效率问题。

进程换入和换出时访问的地址变成相同的虚拟地址。进程不用关心具体物理地址在什么地方。

10.1.3 分段机制

基于进程地址空间这个概念，人们最早想到的一种机制叫作分段（segmentation）机制，其基本思想是把程序所需的内存空间的虚拟地址映射到某个物理地址空间。

分段机制可以解决地址空间保护问题，进程 A 和进程 B 会被映射到不同的物理地址空间，它们在物理地址空间中是不会有重叠的。因为进程看的是虚拟地址空间，不关心实际映射到哪个物理地址。如果一个进程访问了没有映射的虚拟地址空间，或者访问了不属于该进程的虚拟地址空间，那么 CPU 会捕捉到这次越界访问，并且拒绝此次访问。同时，CPU 会发送异常错误给操作系统，由操作系统处理这些异常情况，这就是我们常说的缺页异常。另外，对于进程来说，它不再需要关心物理地址的布局，它访问的地址位于虚拟地址空间，只需要按照原来的地址编写程序并访问地址，程序就可以无缝地迁移到不同的系统上。

基于分段机制解决问题的思路可以总结为增加虚拟内存（virtual memory）。进程在运行时看到的地址是虚拟地址，然后需要通过 CPU 提供的地址映射方法把虚拟地址转换成实际的物理地址。当多个进程在运行时，这种方法就可以保证每个进程的虚拟内存空间是相互隔离的，操作系统只需要维护虚拟地址到物理地址的映射关系。

虽然分段机制有了比较明显的改进，但是内存使用效率依然比较低。分段机制对虚拟内存到物理内存的映射通常采用粗粒度的块，即以代码段、数据段以及堆来分成几个段。当物理内存不足时，以段为单位换出到磁盘，因此会有大量的磁盘访问，进而影响系统性能。站在进程的角度看，以段为单位进行换出和换入的方法还不太合理。在运行进程时，根据局部性原理，只有一部分数据一直在使用。若把那些不常用的数据交换出磁盘，就可以节省很多系统带宽，而把那些常用的数据驻留在物理内存中也可以得到比较好的性能。另外，大小不一的段很容易引起物理内存的外碎片化（external fragmentation）问题，即引入了很多离散的空洞，导致难以分配新的段空间，从而增加额外的管理负担。因此，人们在分段机制之后又发明了一种新的机制，这就是分页（paging）机制。

10.1.4 分页机制

程序运行所需要的内存往往大于实际物理内存，采用分段机制会把程序的段交换到交换磁盘，这不仅费时费力，而且效率很低。后来出现了分页机制，分页机制引入了虚拟存储器的概念。分页机制的核心思想是把程序中一部分不使用的内存存放到交换磁盘中，而把程序正在使用的内存继续保留在物理内存中。因此，当一个程序运行在虚拟存储器空间中时，它的寻址范围由处理器的位宽决定，比如，32 位处理器的位宽是 32 位，地址范围是 0～4 GB。假设 64 位处理器的虚拟地址位宽是 48 位，程序员可以访问 0x0000 0000 0000 0000～0x0000 FFFF FFFF FFFF 以及 0xFFFF 0000 0000 0000～0xFFFF FFFF FFFF FFFF 这两段空间。在使能了分页机制的处理器中，我们通常把处理器能寻址的地址空间称为虚拟地址空间。和虚拟存储器对应的是物理存储器（physical memory），它对应系统中使用的物理存储设备的地址空间。在没有使能分页机制的系统中，处理器直接寻址物理地址，把物理地址发送到内存控制器；而在使能了分页机制的系统中，处理器直接寻址虚拟地址，这个地址不会直接发给内存控制器，而先发送给 MMU。

MMU 负责虚拟地址到物理地址的转换和翻译工作。在虚拟地址空间里，可按照固定大小来分页，典型的页面粒度为 4 KB，现代处理器都支持大粒度的页面，如 16 KB、64 KB 甚至 2 MB 的巨页。而在物理内存中，空间也分成和虚拟地址空间大小相同的块，称为页帧（page frame）。程序可以在虚拟地址空间里任意分配虚拟内存，但只有当程序需要访问或修改虚拟内存时，操作系统才会为其分配物理页面，这个过程叫作请求调页（demand page）或者缺页异常。

虚拟地址[31:0]可以分成两部分：一部分是虚拟页面内的偏移量，以 4 KB 页为例，VA[11:0]是虚拟页面偏移量；另一部分用来寻找属于哪个页，这称为虚拟页帧号（Virtual Page frame Number，VPN）。物理地址中，PA[11:0]表示物理页帧的偏移量，剩余部分表示物理页帧号（Physical page Frame Number，PFN）。MMU 的工作内容就是把虚拟页帧号转换成物理页帧号。处理器通常使用一张表来存储 VPN 到 PFN 的映射关系，这张表称为页表（Page Table，PT）。页表中的每一项称为页表项（Page Table Entry，PTE）。若将整张页表存放在寄存器中，则会占用很多硬件资源，因此通常的做法是把页表放在主内存里，由页表基地址寄存器指向这种页表的起始地址。如图 10.3 所示，处理器发出的地址是虚拟地址，通过 MMU 查询页表，处理器便得到了物理地址，最后把物理地址发送给内存控制器。

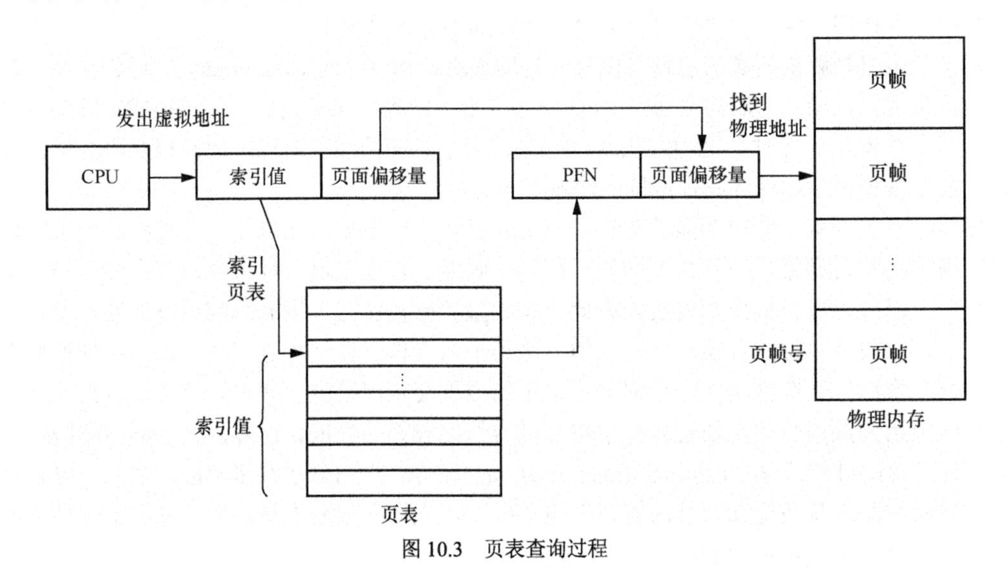

图 10.3 页表查询过程

下面以最简单的一级页表为例。如图 10.4 所示，处理器采用一级页表，虚拟地址空间的位宽是 32 位，寻址范围是 0～4 GB，物理地址空间的位宽也是 32 位，最多支持 4 GB 物理内存。另外，页面的大小是 4 KB。为了能映射整个 4 GB 地址空间，需要 4 GB/4 KB=2^{20} 个页表项，每个页表项占用 4 字节，需要 4 MB 大小的物理内存来存放这张页表。VA[11:0]是页面偏移量，VA[31:12]是 VPN，可作为索引值在页表中查询页表项。页表类似于数组，VPN 类似于数组的下标，用于查找数组中对应的成员。页表项包含两部分：一部分是 PFN，它代表页面在物理内存中的帧号（即页帧号），页帧号加上 VA[11:0]页内偏移量就组成了最终物理地址（PA）；另一部分是页表项的属性，比如图 10.4 中的 V 表示有效位。若有效位为 1，表示这个页表项对应的物理页面在物理内存中，处理器可以访问这个页面的内容；若有效位为 0，表示这个页表项对应的物理页面不在内存中，可能在交换磁盘中。如果访问该页面，那么操作系统会触发缺页异常，可在缺页异常中处理这种情况。当然，实际的处理器中还有很多其他的属性位，如描述这个页面是否为脏页，是否可读、可写等。

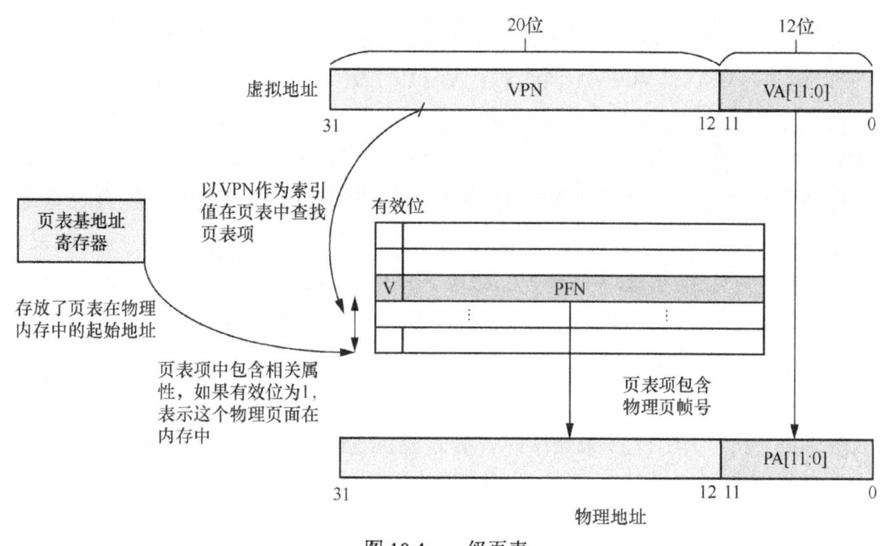

图 10.4 一级页表

通常操作系统支持多进程，进程调度器会在合适的时间（比如，当进程 A 使用完时间片时）从进程 A 切换到进程 B。另外，分页机制也让每个进程都感觉到自己拥有了全部的虚拟地址空间。为此，每个进程拥有一套属于自己的页表，在切换进程时需要切换页表基地址。比如，对于上面的一级页表，每个进程需要为其分配 4 MB 的连续物理内存，这是无法接受的，因为这太浪费内存了。为此，人们设计了多级页表来减少页表占用的内存空间。如图 10.5 所示，把页表分成一级页表和二级页表，页表基地址寄存器指向一级页表的基地址，一级页表的页表项里存放了一个指针，指向二级页表的基地址。当处理器执行程序时，只需要把一级页表加载到内存中，并不需要把所有的二级页表都加载到内存中，而根据物理内存的分配和映射情况逐步创建和分配二级页表。这样做有两个原因：一是程序不会马上使用完所有的物理内存；二是对于 32 位系统来说，通常系统配置的物理内存小于 4 GB，如仅有 512 MB 内存等。

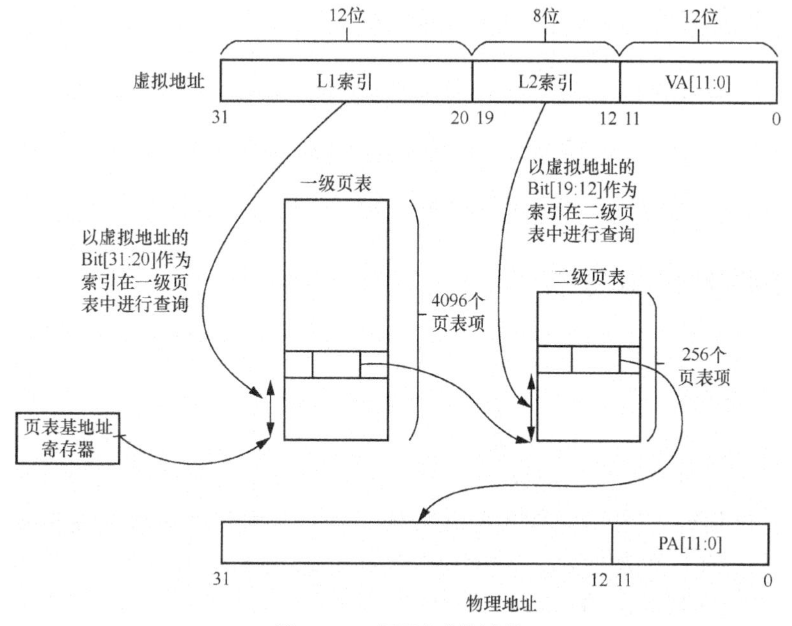

图 10.5 二级页表查询过程

图 10.5 展示了通用处理器体系结构的二级页表查询过程，VA[31:20]被用作一级页表的索引，一共有 12 位，最多可以索引 4096 个页表项；VA[19:12]被用作二级页表的索引，一共有 8 位，最多可以索引 256 个页表项。当操作系统复制一个新的进程时，首先会创建一级页表，分配 16 KB 页面。在本场景中，一级页表有 4096 个页表项，每个页表项占 4 字节，因此一级页表一共有 16 KB。当操作系统准备让进程运行时，会设置一级页表在物理内存中的起始地址到页表基地址寄存器中。进程在执行过程中需要访问物理内存，因为一级页表的页表项是空的，这会触发缺页异常。在缺页异常里分配一个二级页表，并且把二级页表的起始地址填充到一级页表的相应页表项中。接着，分配一个物理页面，把这个物理页面的 PFN 填充到二级页表的对应页表项中，从而完成页表的填充。随着进程的执行，需要访问越来越多的物理内存，于是操作系统逐步地把页表填充并建立起来。

我们以图 10.5 为例，当 TLB 未命中时，处理器的 MMU 页表查询过程如下。

（1）处理器的页表基地址控制寄存器（每个处理器体系结构都有类似的页表基地址寄存器，在 RISC-V 体系结构中是 satp 寄存器）存放着一级页表的基地址。

（2）处理器以虚拟地址的 Bit[31:20]作为索引值，在一级页表中找到页表项，一级页表一共有 4096 个页表项。

（3）一级页表的页表项中存放二级页表的物理基地址。处理器使用虚拟地址的 Bit[19:12]作为索引值，在二级页表中找到相应的页表项，二级页表有 256 个页表项。

（4）二级页表的页表项里存放了 4 KB 大小页面的物理基地址。这样，处理器就完成了页表的查询和翻译工作。

图 10.6 展示了 4 KB 映射的一级页表的页表项。Bit[31:10]指向二级页表的物理基地址。

图 10.6　4 KB 映射的一级页表的页表项

图 10.7 展示了 4 KB 映射的二级页表的页表项。Bit[31:12]指向 4 KB 大小页面的页帧号，页帧号加上低 12 位地址组成最终的物理基地址。

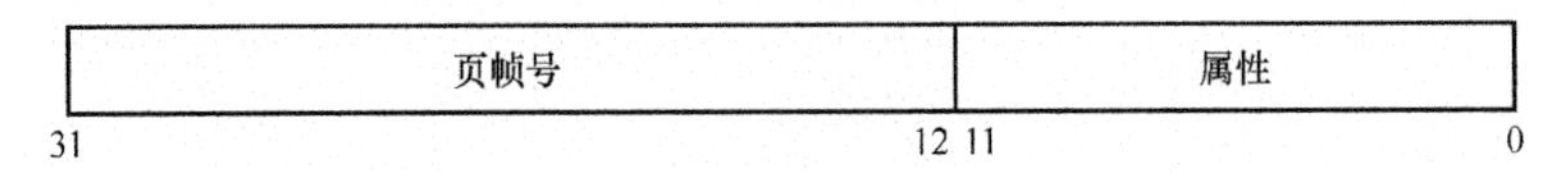

图 10.7　4 KB 映射的二级页表的页表项

对于 RISC-V 处理器来说，通常会使用三级或者四级页表，但是原理和二级页表是一样的。

10.2 RISC-V 内存管理

如图 10.8 所示，RISC-V 处理器内核的 MMU 包括 TLB 和页表遍历单元两个部件。TLB 是一个高速缓存，用于缓存页表转换的结果，从而缩短页表查询的时间。一个完整的页表翻译和查找的过程叫作页表查询。页表查询的过程由硬件自动完成，但是页表的维护由软件来完成。页表查询是一个较耗时的过程，理想的状态下，TLB 里应存放页表的相关信息。当 TLB 未命中时，MMU 才会查询页表，从而得到翻译后的物理地址，而页表通常存储在内存中。得到物理地址之后，首先需要查询该物理地址的内容是否在高速缓存中有最新的副本。如果没有，则说明高速缓存未命中，需要访问内存。MMU 的工作职责就是把输入的虚拟地址翻译成对应的物理地址以及相应的页表属性和内存访问权限等信息。另外，如果地址访问失败，那么会触发一个与

MMU 相关的缺页异常。

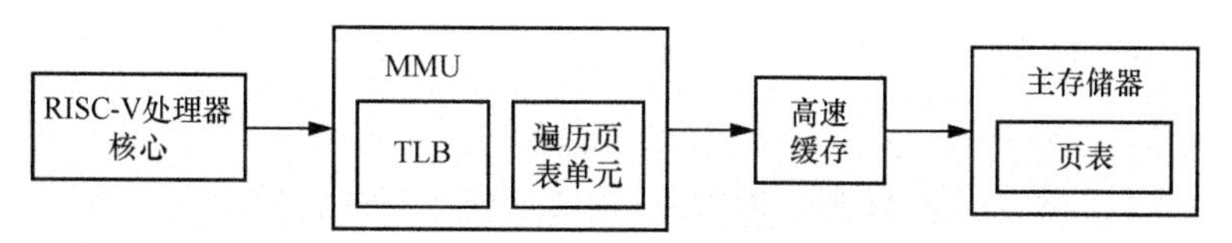

图 10.8 RISC-V 处理器的内存管理体系结构

对于多任务操作系统，每个进程都拥有独立的进程地址空间。这些进程地址空间在虚拟地址空间内是相互隔离的，但是在物理地址空间中可能映射到同一个物理页面。这些进程地址空间是如何映射到物理地址空间的呢？这就需要处理器的 MMU 提供页表映射和管理的功能。图 10.9 所示为进程地址空间和物理地址空间的映射关系，左边是进程地址空间，右边是物理地址空间。进程地址空间又分成内核空间（kernel space）和用户空间（user space）。无论是内核空间还是用户空间，都可以通过处理器提供的页表机制映射到实际的物理地址。

在 SMP（Symmetric MultiProcessor，对称多处理器）系统中，每个处理器内核内置了 MMU 和 TLB 硬件单元。如图 10.10 所示，CPU0 和 CPU1 共享物理内存，而页表存储在物理内存中。CPU0 和 CPU1 中的 MMU 与 TLB 硬件单元也共享同一份页表。

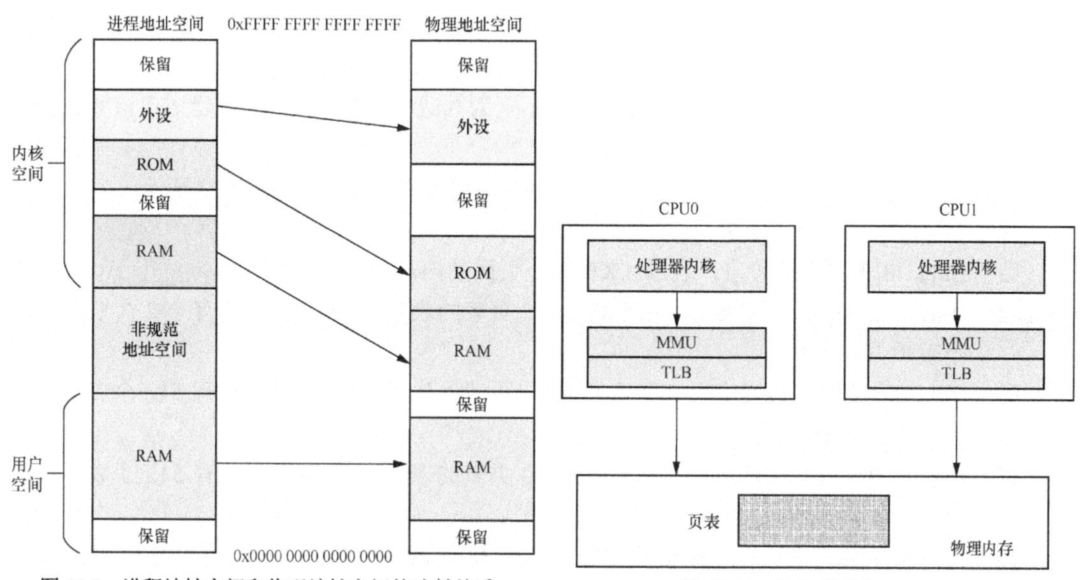

图 10.9 进程地址空间和物理地址空间的映射关系

图 10.10 SMP 系统与 MMU

10.2.1 页表分类

在 RISC-V 体系结构中，根据处理器的虚拟地址位宽，提供了多种地址转换机制。

- Sv32：仅支持 32 位 RSIC-V 处理器，是一个二级页表结构，支持 32 位虚拟地址转换。
- Sv39：支持 64 位 RSIC-V 处理器（其中虚拟地址的低 39 位用作页表索引），是一个三级页表结构，支持 39 位虚拟地址转换。
- Sv48：支持 64 位 RSIC-V 处理器（其中虚拟地址的低 48 位用作页表索引），是一个四级页表结构，支持 48 位虚拟地址转换。

目前 RISC-V 体系结构通常支持 4 KB 大小的页面（page）粒度，也支持 2 MB、1 GB 大小的块（block）粒度，也称为大页（huge page）。

10.2.2　Sv39 页表映射

目前大多数 64 位的 RISC-V 处理器采用 Sv39 模式的地址转换机制。Sv39 模式表示 64 位的虚拟地址中只有低 39 位用于页表索引，剩余的高位必须和第 38 位相等，否则处理器会触发缺页异常。在 Sv39 模式下，64 位的虚拟地址中只有低 39 位为有效位，即用于页表地址转换，并最终映射到 56 位的物理地址上。当虚拟地址的第 38 位为 0 或者 1 时，整个虚拟地址空间被划分成 3 个区域，如图 10.11 所示。

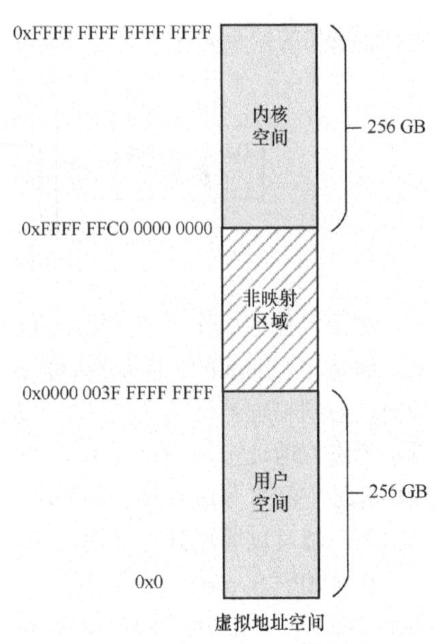

图 10.11　虚拟地址空间的划分

- 当第 38 位为 0 时，剩余的高位也为 0，这样组成了低位的虚拟地址空间，它位于 0x0000 0000 0000 0000 到 0x0000 003F FFFF FFFF，大小为 256 GB。操作系统通常把该虚拟地址区间用作用户空间。
- 当第 38 位为 1 时，剩余的高位也为 1，这样组成了高位的虚拟地址空间，它位于 0xFFFF FFC0 0000 0000 到 0xFFFF FFFF FFFF FFFF，大小为 256 GB。操作系统通常把该虚拟地址区间用作内核空间。
- 中间部分为非映射区域，即 Bit[63:38]不全为 0 或者不全为 1。处理器访问该区域会触发缺页异常。

Sv39 模式采用三级页表映射模式，64 位虚拟地址分成 5 部分，如图 10.12 所示。

其中，每一部分的说明如下。

- Bit[11:0]为页面偏移量，表示 4 KB 大小页面的内部偏移量。
- Bit[20:12]为 L2 页表索引，用于索引 L2 页表的表项。L2 页表一共有 512 个表项，每个表项占 8 字节。
- Bit[29:21]为 L1 页表索引，用于索引 L1 页表的表项。L1 页表一共有 512 个表项，每个表项占 8 字节。
- Bit[38:30]为 L0 页表索引，用于索引 L0 页表的表项。L0 页表一共有 512 个表项，每个表项占 8 字节。
- Bit[63:39]为保留位，但是这些位必须与第 38 位保持相同。

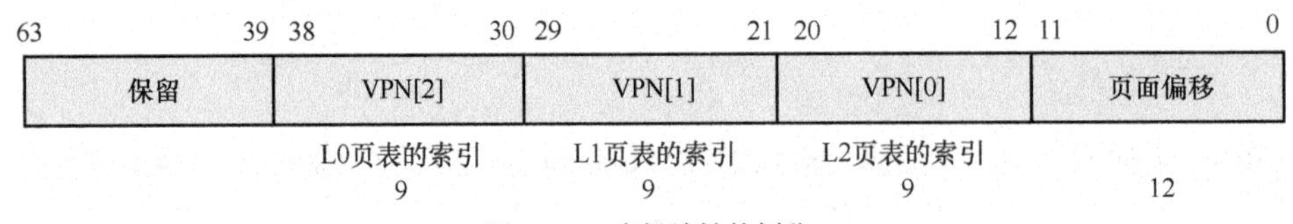

图 10.12　虚拟地址的划分

图 10.13 展示了三级页表的映射，satp 寄存器中的 PPN 字段存储了页表基地址的页帧号，它指向 L0 页表的基地址。在 L0 页表中有许多页表项，页表项通常分成页表类型页表项和块类型页表项。页表类型页表项包含下一级页表的基地址，用来指向下一级页表，而块类型页表项包含大块物理内存的基地址，如 1 GB、2 MB 等大块物理内存。最后一级页表由页表项组成，每个页表项指向一个物理页面，物理页面大小可以是 4 KB。

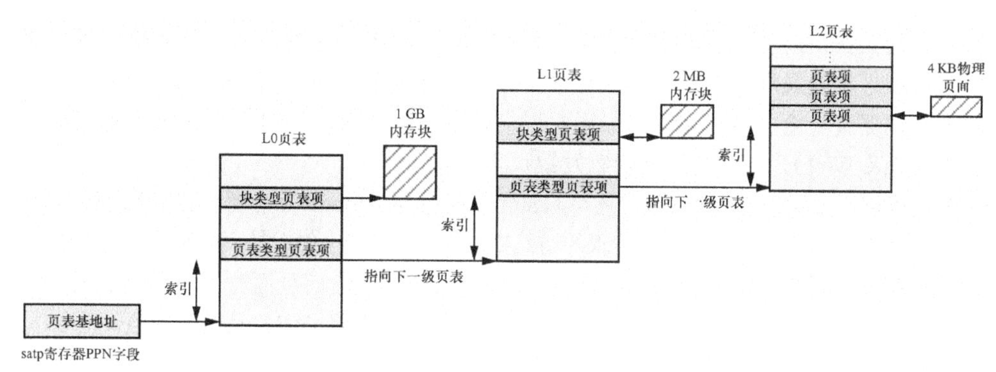

图 10.13　三级页表的映射

如图 10.14 所示，当 TLB 未命中时，MMU 查询页表的过程如下。

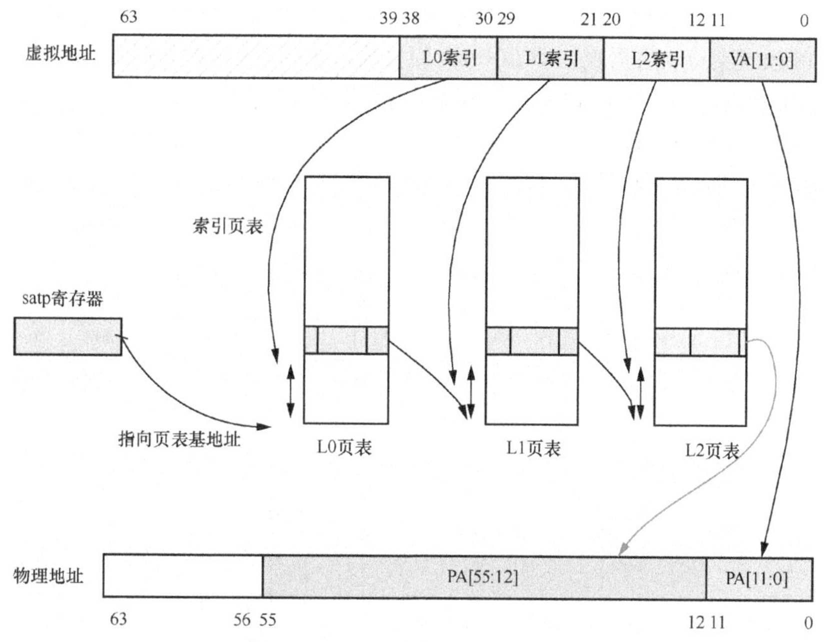

图 10.14　Sv39 模式的页表映射过程

（1）MMU 从 satp 寄存器的 PPN 字段获取页表基地址的页帧号，从而得到物理地址。

（2）MMU 将 VA[38:30]作为 L0 索引，根据 L0 索引在 L0 页表中查找表项，L0 页表有 512 个表项。

（3）在 L0 页表中找到的表项存放着 L1 页表的物理基地址的页帧号，MMU 得到了 L1 页表的基地址。

（4）MMU 将 VA[29:21]作为 L1 索引，根据 L1 索引在 L1 页表中查找表项，L1 页表有 512 个表项。

（5）在 L1 页表中找到的表项存放着 L2 页表的物理基地址的页帧号，MMU 得到了 L2 页表基地址。

（6）MMU 以 VA[20:12]作为 L2 索引，在 L2 页表中找到相应的表项，L2 页表有 512 个表项。

（7）L2 页表的表项里存放着 4 KB 页面的页帧号，加上 VA[11:0]，二者就构成了新的物理地址，因此 MMU 就完成了页表的查询和翻译工作。

上述页表查询过程是理想状态下的查询过程。实际上，处理器会做如下检查。

（1）处理器在访问各级页表项时会使用 PMA 或者 PMP（见 10.3 节）机制做与内存属性相关的检查。如果检查发现违规，处理器会触发内存访问异常（access-fault exception）。

（2）处理器会检查页表项属性，如果发现页表项是无效的，例如，V=0 或者保留的访问权限（如 R=0 && W=1），那么处理器会触发缺页异常。

（3）处理器需要根据子叶页表项描述符的属性以及 mstatus/status 寄存器中相关的字段（如 SUM 以及 MXR）做权限检查，如果不满足请求的访问权限，则处理器会触发缺页异常，详见 10.2.5 节。

假设处理器采用软件方式处理 A 和 D 标志位，当处理器访问页面时，如果该页面对应的子叶页表项描述符中的访问标志位为 0（A=0）或者该访问是存储操作并且脏位为 0（D=0），则会触发缺页异常，详见 10.2.5 节。

10.2.3　Sv48 页表映射

Sv48 模式表示 64 位的虚拟地址中只有低 48 位地址用于页表索引，剩余的高位必须和第 47 位相等。Sv48 模式支持 4 级页表，即 L0～L3 级页表，支持 4 KB 大小页面。

如图 10.15 所示，当 TLB 未命中时，MMU 查询页表的过程如下。

（1）MMU 从 satp（supervisor address translation and protection，监管地址转换与保护）寄存器的 PPN 字段获取 L0 页表基地址的页帧号，从而得到物理地址。

（2）MMU 以 VA[47:39]作为 L0 索引，根据 L0 索引在 L0 页表中查找页表项，L0 页表有 512 个页表项。

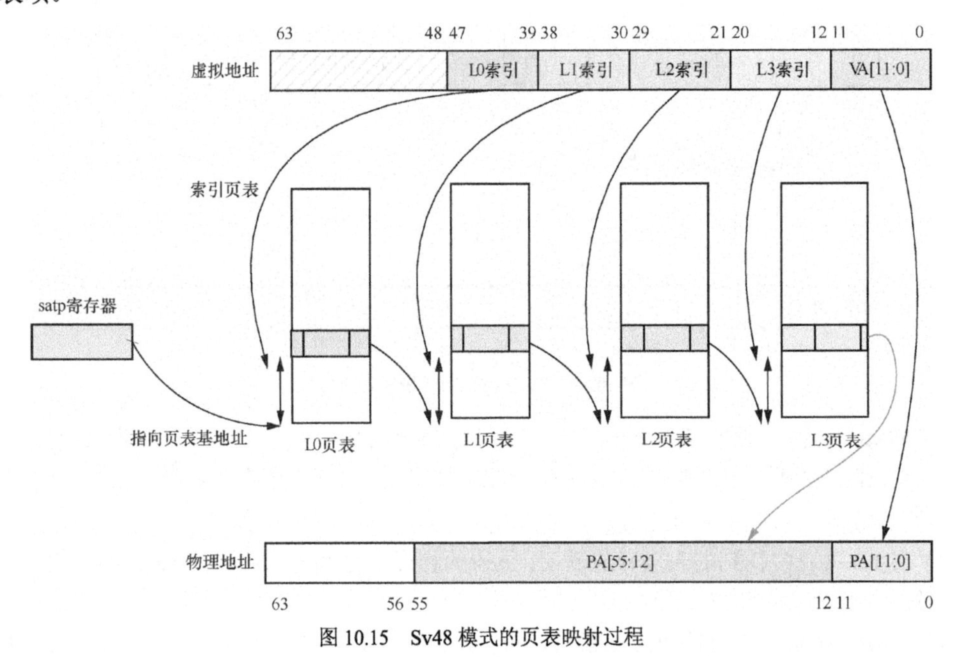

图 10.15　Sv48 模式的页表映射过程

（3）在 L0 页表中找到的表项存放着 L1 页表的物理基地址的页帧号，MMU 得到了 L1 页表的基地址。

（4）MMU 以 VA[38:30]作为 L1 索引，根据 L1 索引在 L1 页表中查找页表项，L1 页表有 512 个页表项。

（5）在 L1 页表中找到的表项存放着 L2 页表的物理基地址的页帧号，MMU 得到了 L2 页表基地址。

（6）MMU 以 VA[29:21]作为 L2 索引，在 L2 页表中找到相应的页表项，L2 页表有 512 个页表项。

（7）在 L2 页表中找到的表项存放着 L3 页表的物理基地址的页帧号，MMU 得到了 L3 页表基地址。

（8）MMU 以 VA[20:12]作为 L3 索引，在 L3 页表中找到相应的页表项，L3 页表有 512 个页表项。

（9）L3 页表的页表项里存放着 4 KB 页面的页帧号，加上 VA[11:0]，二者就构成了新的物理地址，因此 MMU 就完成了页表的查询和翻译工作。

10.2.4 页表项描述符

Sv39 模式以及 Sv48 模式包含多级页表，每一级页表都由多个页表项组成，我们把它们称为页表项描述符，每个页表项描述符占 8 字节。这些页表项描述符的格式都一样，但是内容不完全一样。

1. 非子叶页表项描述符

从图 10.14 和图 10.15 可知，Sv39 模式以及 Sv48 模式包含多级页表，如果页表项描述符中的 Bit[3:1]都为 0，该页表项描述符包含指向下一级页表基地址的页帧号，我们把该页表称为非子叶页表（non-leaf page table）。我们使用一个描述符来描述它对应的页表项，称为非子叶页表项描述符。页表项描述符中的 Bit[1]为 R 字段，Bit[2]为 W 字段，Bit[3]为 X 字段。

2. 子叶页表项描述符

在 Sv39 和 Sv48 模式下，如果页表项描述符中的 Bit[3:1]不为 0，则该页表项描述符包含指向最终物理地址的字段，我们把该页表称为子叶页表（leaf page table）。我们使用一个描述符来描述它的页表项，称为子叶页表项描述符。

子叶页表可以是末级的页表，也可以是中间某一个级页表。如果中间某一级页表为子叶页表，那么该页表项为块映射页表项描述符，用来描述大块连续物理内存，如 2 MB 或者 1 GB 的物理内存。如果末级页表为子叶页表，那么该页表项为页映射页表项描述符，该页表项描述符指向 4 KB 大小的物理页面。

以 Sv39 为例，所有级别的页表都可以是子叶页表。如图 10.14 所示，如果末级页表（L2 页表）为子叶页表，那么该页表项描述符指向 4 KB 大小的物理页面。如果 L0 页表为子叶页表，那么该页表项描述符指向 1 GB 的大块连续物理内存。如果 L1 页表为子叶页表，那么该页表项描述符指向 2 MB 的大块连续物理内存。

同理，在 Sv48 模式下，所有级别的页表都可以是子叶页表。如果末级页表（L2 页表）为子叶页表，那么该页表项描述符指向 4 KB 大小的物理页面。如果其他级别的页表为子叶页表，则对应的页表项描述符可以分别指向 512 GB、1 GB 以及 2 MB 的大块连续物理内存。

3. 页表项分类

根据类型，页表项分成 3 类：一是无效的页表项；二是页表（table）类型的页表项，三是子叶页表类型的页表项。

对于无效的页表项，当页表项描述符 Bit[0]为 0 时，表示无效的描述符；当 Bit[0]为 1 时，表示有效的描述符，如图 10.16 所示。

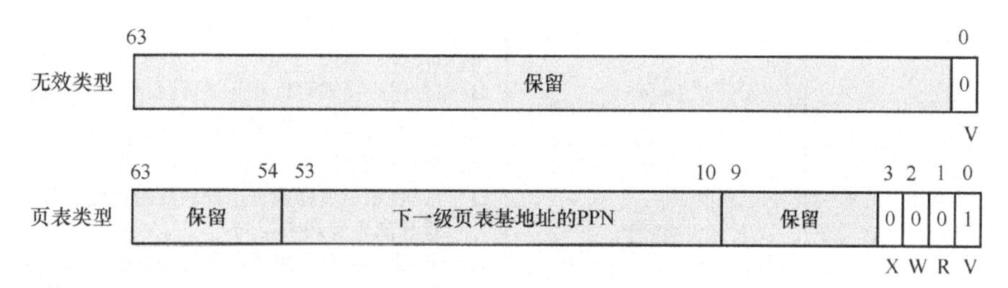

图 10.16 无效类型与页表类型的页表项描述符

对于页表类型的页表项，当页表项描述符 Bit[3:1]都为 0 时，表示指向下一级页表的描述符，该描述符包含指向下一级页表基地址的 PPN（Physical Page Number），如图 10.16 所示。

对于子叶页表类型的页表项，当页表项描述符 Bit[3:1]不为 0 时，表示子叶页表类型的页表项描述符，该描述符包含最终物理地址以及页面属性。页表项描述符可以指向 4 KB 大小的页面，也可以指向块映射的大块内存。块映射通常用来描述大块连续物理内存，如 2 MB 或者 1 GB 大小的物理内存。

子叶页表类型的页表项分成两种：一种是页映射页表项描述符，另一种是块映射页表项描述符。子叶页类型的页表项描述符如图 10.17 所示，它由三部分组成。

- 低位属性：由 Bit[9:0]组成的低位属性，如表 10.1 所示。
- 页帧号：由 Bit[53:10]组成的物理页面的页帧号。如果子叶页表类型的描述符是页映射页表项描述符，即该子叶页表是末级的页表（如图 10.14 中的 L2 页表），则物理页面是 4 KB 的物理页面；如果是块映射页表项描述符，即该子叶页表可以是中间级别的页表（如图 10.14 中的 L0～L1 页表），则物理页面可以是 2 MB 或者 1 GB 的大块连续物理内存。
- 高位属性：由 Bit[63:54]组成的高位属性。

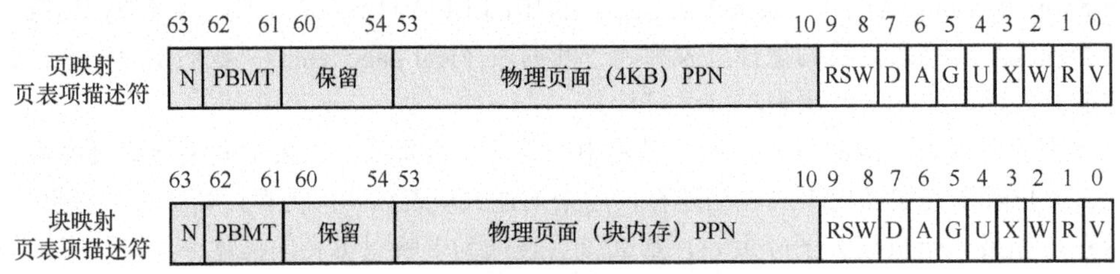

图 10.17　子叶页类型的页表项描述符

页表项描述符中的低位属性如表 10.1 所示。

表 10.1　　页表项描述符中的低位属性

名称	位	描述
V	Bit[0]	有效位。 ❑ 1：表示页表项有效。 ❑ 0：表示页表项无效
R	Bit[1]	可读属性。 ❑ 1：表示页面内容具有可读属性。 ❑ 0：表示页面内容不具有可读属性
W	Bit[2]	可写属性。 ❑ 1：表示页面内容具有可写属性。 ❑ 0：表示页面内容不具有可写属性
X	Bit[3]	可执行属性。 ❑ 1：表示页面内容具有可执行属性。 ❑ 0：表示页面内容不具有可执行属性
U	Bit[4]	用户访问模式。 ❑ 1：用户模式可以访问该页面。 ❑ 0：用户模式不能访问该页面
G	Bit[5]	全局映射，常用于 TLB，详见 13.3 节。 ❑ 1：表示该页面属于全局映射的页面，该页面对应的 TLB 属于全局类型的。 ❑ 0：表示该页面属于非全局映射的页面，该页面对应的 TLB 属于进程独有的，使用 ASID 来标识

续表

名称	位	描述
A	Bit[6]	访问标志位。 ❑ 1：表示处理器访问过该页面。 ❑ 0：表示处理器没有访问过该页面
D	Bit[7]	脏位。 ❑ 1：表示页面被修改过。 ❑ 0：表示页面是干净的
RSW	Bit[9:8]	预留给系统管理员使用

页表项描述符中的高位属性如表 10.2 所示，这个属于 RISC-V 体系结构中的“Svpbmt”扩展，将来用于替代物理内存属性（Physical Memory Attribute，PMA）机制。

表 10.2　页表项高位属性

名称	位	描述
PBMT	Bit[62:61]	用来表示映射页面的内存属性。 ❑ 0：无。 ❑ 1：表示普通内存，关闭高速缓存，支持弱一致性内存模型。 ❑ 2：表示 I/O 内存，关闭高速缓存，支持强一致性内存模型。 ❑ 3：保留
N	Bit[63]	连续块表项

关于页表项属性，有两点需要注意。

- 由于非叶页表类型的页表项中的 A、D 以及 U 标志位预留给未来使用，因此软件需要把这些位设置为 0。
- 在使能了虚拟内存管理机制与 A 扩展的处理器中，LR/SC 指令的保留集（reservation set）必须在一个页面中。关于 LR/SC 保留集，见 14.2 节。

10.2.5 页表属性

本节介绍页表项中常见的属性。

1. 访问权限

页表项属性通过 R、W 以及 X 字段来控制处理器对这个页面的访问，例如，指定页面是否具有可读、可写权限等。它们可以组合在一起来使用，如表 10.3 所示。

表 10.3　指定访问权限的字段

X 字段	W 字段	R 字段	说明
0	0	0	页表项指向下一级页表项描述符
0	0	1	只读属性页面
0	1	0	保留
0	1	1	可读、可写页面
1	0	0	只可执行的页面
1	0	1	可读、可执行页面
1	1	0	保留
1	1	1	可读、可写、可执行页面

在没有相应权限的页面中进行读、写或者执行代码等操作会触发缺页异常。

- 如果在没有可执行权限的页面中预取指令，触发预取缺页异常（fetch page fault）。
- 如果在没有读权限的页面加载数据，触发加载缺页异常（load page fault）。

- 如果在没有写权限的页面里写入数据，触发存储缺页异常（store page fault）。

另外，当页表项属性中的 U 字段为 1 时，表示用户态程序可以访问该页面。如果 sstatus 寄存器中的 SUM 字段也设置为 1，那么 S 模式下的软件也可以访问该页面。不过，S 模式下的软件不应该执行页表属性中 U 字段为 1 的页面里的程序代码。

2. 访问标志位与脏标志位

页表项属性中有一个访问字段 A（access），用来指示页面是否被 CPU 访问过。

- 如果 A 字段为 1，表示页面已经被 CPU 访问过。
- 如果 A 字段为 0，表示页面还没有被 CPU 访问过。

页表项属性中的脏标志位（D）表示页面内容被写入或者修改过。目前 RISC-V 体系结构处理器使用软件或硬件方式来维护访问标志位和脏标志位。

若以软件方式更新 A 和 D 标志，有以下两种方法。

- 当 CPU 尝试访问页面并且该页面对应的 A 标志位为 0 时，会触发缺页异常，然后软件就可以设置 A 标志位为 1。
- 当 CPU 尝试修改或者写入页面并且 D 标志位为 0 时，会触发缺页异常，然后软件就可以设置 D 标志位为 1。

当采用硬件方式时，页表项（PTE）的更新必须是原子的，即 CPU 会原子地更新整个页表项，而不是仅仅更新某个标志位。另外，CPU 在更新 A 标志位时允许预测（speculation）执行，而 D 标志位的更新必须是精确的，即不允许预测执行，并且在本地 CPU 里是按照程序次序执行的。操作系统通常使用 A 和 D 标志位实现页面回收（page reclaim）。D 标志位更新的精确性会影响页面回收的正确性。

如果以硬件方式更新 A 和 D 标志位，方法如下。

- 当 CPU 尝试访问页面并且该页面的 A 标志位为 0 时，CPU 自动设置 A 标志位。
- 当 CPU 修改或者写入页面并且该页面的 D 标志位为 0 时，CPU 自动设置 D 标志位。

操作系统使用访问标志位有如下好处。

- 用来判断某个已经分配的页面是否被操作系统访问过。如果访问标志位为 0，说明这个页面没有被操作系统访问过。
- 用于实现操作系统中的页面回收机制。

3. 连续块页表项

RISC-V 体系结构在页表设计方面考虑了 TLB 的优化，即利用一个 TLB 项来完成多个连续的虚拟地址到物理地址的映射。子叶页表项描述符中的 N 字段就用来实现 TLB 优化功能。

使用连续块页表项位的条件如下。

- 连续的页面必须有相同的内存属性，即子叶页表项描述符中 Bit[5:0]必须相同。
- 必须有 2^N 个连续的页面。

10.2.6 与地址转换相关的寄存器

与地址转换相关的寄存器主要是 satp 寄存器，如图 10.18 所示。

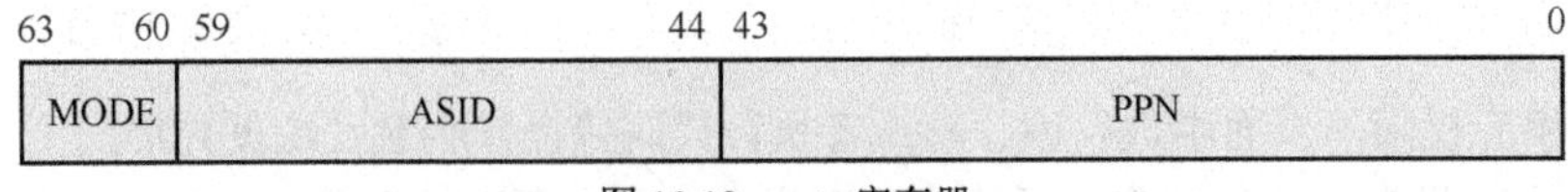

图 10.18　satp 寄存器

satp 寄存器中一共有 3 个字段。

- PPN 字段：存储了 L0 页表基地址的页帧号。
- ASID 字段：进程地址空间标识符（Address Space IDentifier，ASID），用于优化 TLB。
- MODE 字段：用来选择地址转换的模式。对于 32 位 RISC-V 处理器，MODE 字段如表 10.4 所示。对于 64 位 RISC-V 处理器，MODE 字段如表 10.5 所示。

表 10.4　　32 位 RISC-V 处理器的 MODE 字段

MODE 字段	值	说明
Bare	0	没有实现地址转换功能
Sv32	1	实现 32 位虚拟地址转换（分页机制）

表 10.5　　64 位 RISC-V 处理器的 MODE 字段

MODE 字段	值	说明
Bare	0	没有实现地址转换功能
保留	1～7 的整数	保留
Sv39	8	实现 39 位虚拟地址转换（分页机制）
Sv48	9	实现 48 位虚拟地址转换（分页机制）
Sv57	10	保留，用于将来实现 57 位虚拟地址转换（分页机制）
Sv64	11	保留，用于将来实现 64 位虚拟地址转换（分页机制）

当 MODE 字段设置为 Bare 时，表示没有实现地址转换功能以及保护功能，处理器访问的地址为物理地址。在 64 位 RISC-V 处理器中，当 MODE 字段为 8 时，表示使能 39 位虚拟地址转换机制。

10.3 物理内存属性与物理内存保护

RISC-V 体系结构提供两种机制来对物理内存访问进行检查与保护，它们分别是物理内存属性（Physical Memory Attributes，PMA）和物理内存保护（Physical Memory Protection，PMP）。在 RISC-V 处理器中，这两种机制可以同时发挥作用。

10.3.1 物理内存属性

在一个完整的系统中，系统内存映射包含各种不同访问属性的地址空间，例如，有些用于普通读写的内存空间，有些用于内存映射输入/输出（Memory Mapped Input/Output，MMIO）的寄存器空间，有些可能不支持原子操作，有些可能不支持缓存一致性，有些支持不同的内存模型。在 RISC-V 体系结构中，使用 PMA 来描述内存映射中的每个地址区域访问的属性。这些属性包含访问类型（如是否可执行、可读或可写），以及与访问相关的其他可选属性，例如，支持访问的内存单元的大小、对齐、原子操作和可缓存性等。

PMA 一般是在芯片设计阶段就固定下来的，有些（例如，连接到不同的芯片片选或者总线等）则在硬件开发板设计阶段固定下来。在系统执行阶段很少修改它。在 RISC-V 处理器中通常实现了一个 PMA 检测器，当 ITLB、DTLB 以及页表遍历单元获得物理地址之后，PMA 检测器会做物理地址权限和属性检查。检查到违规后，触发指令/加载/存储访问异常。

与页表属性不同，系统内存区域的 PMA 通常是固定的，或者只能在特定于平台的控制寄存器中修改，不过大部分 RISC-V 处理器不具备修改 PMA 的能力。PMA 取决于不同处理器的设计，本节以 SiFive 的 U74 处理器为例，它采用固定 PMA 的方式，支持的 PMA 内存端口如表 10.6 所示。

U74 处理器的部分内存映射如表 10.7 所示，详细的内存映射见“SiFive U74-MC Core Complex Manual”文档。

表 10.6　　U74 处理器支持的 PMA 内存端口

内存端口	访问权限	支持属性
普通内存端口	可读、可写、可执行	支持原子内存操作和 LR/SC 指令、数据高速缓存、指令高速缓存以及指令预测
外设端口	可读、可写、可执行	支持原子内存操作、指令高速缓存
系统端口	可读、可写、可执行	指令高速缓存

表 10.7　　U74 处理器的部分内存映射

起始地址	结束地址	PMA	说明
0x200 0000	0x200 FFFF	RWA	CLINT
0x201 0000	0x0201 3FFF	RWA	L2 高速缓存控制器
0xC00 0000	0xFFF FFFF	RWA	PLIC
0x2000 0000	0x3FFF FFFF	RWXIA	外设端口（512 MB）
0x4000 0000	0x5FFF FFFF	RWXI	系统端口（512 MB）
0x8000 0000	0x10 7FFF FFFF	RWXIDA	普通内存端口（64 GB）

其中，R 表示可读，W 表示可写，X 表示可执行，A 表示原子内存操作，I 表示指令高速缓存，D 表示数据高速缓存。

10.3.2　物理内存保护

在 RISC-V 体系结构中，M 模式具有最高特权，拥有访问系统全部资源的权限。为了安全，默认情况下 S 模式和 U 模式对内存映射的任何区域没有可读、可写或可执行权限，除非配置 PMP 以允许它们访问。

如果处理器运行在 M 模式，只有当 L 字段被设置时才会去做 PMP 检查。当有效的处理器模式为 S 模式或者 U 模式时，会对每次的访问做 PMP 检查。另外，根据 mstatus 寄存器中的 MPRV 字段的值，在如下两种情况下，也需要做 PMP 检查。

- MPRV 为 0 并且处于 U 模式或者 S 模式下的指令预取和数据访问。
- 当 MPRV 为 1 并且 MPP 为 S/U 模式时，在任意处理器模式下，对数据访问都需要做 PMP 检查。

另外，在 MMU 遍历页表的过程中也会做 PMP 检查。

RISC-V 体系结构使用配置表项（8 位宽的字段，用 pmp*N*cfg 表示，*N* 表示表项数）以及对应的 64 位地址寄存器来描述一段地址空间的 PMP 配置属性。RISC-V 体系结构最多支持 64 个 PMP 表项。在芯片设计阶段，根据需求，实现 0 个、16 个以及 64 个 PMP 表项。PMP 配置寄存器如图 10.19 所示，每个寄存器包括 8 个 PMP 表项，如 pmp0cfg、pmp1cfg。

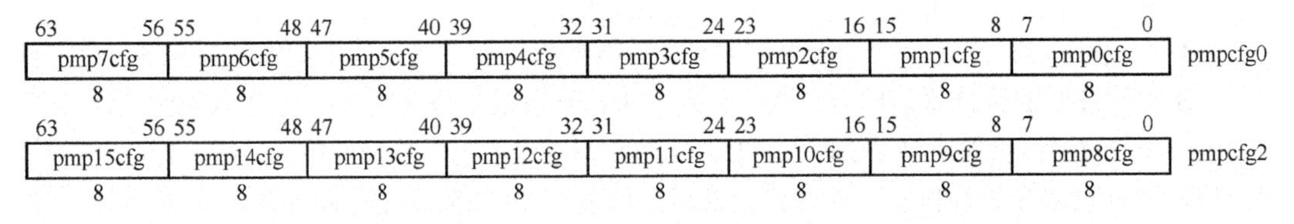

图 10.19　RV64 体系结构中的 PMP 配置寄存器

PMP 地址寄存器如图 10.20 所示，其中 Bit[53:0]用来存储地址的 Bit[55:2]。

PMP 表项如图 10.21 所示。每个表项的说明如表 10.8 所示。

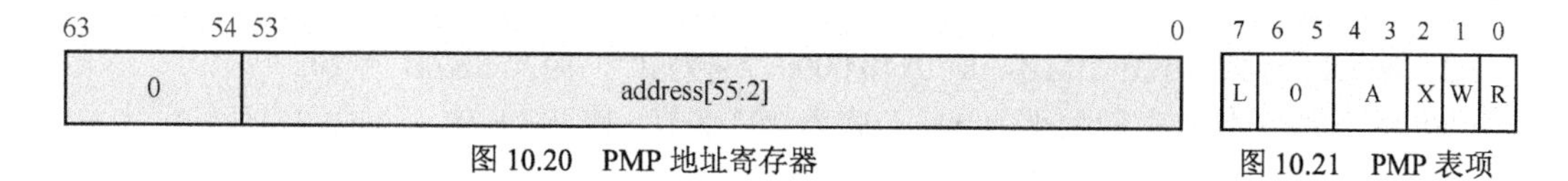

图 10.20 PMP 地址寄存器

图 10.21 PMP 表项

表 10.8 每个表项的说明

字段	位	说明
R	Bit[0]	可读权限。 ❑ 0：没有读权限。 ❑ 1：具有读权限
W	Bit[1]	可写权限。 ❑ 0：没有写权限。 ❑ 1：具有写权限
X	Bit[2]	可执行权限。 ❑ 0：没有执行权限。 ❑ 1：具有执行权限
A	Bit[4:3]	地址匹配模式。 ❑ 0：表示关闭 PMP 表项对应的检查。 ❑ 1：TOR 模式。 ❑ 2：NA4 模式，即表示 PMP 表项对应的地址范围仅为 4 字节。 ❑ 3：NAPOT 模式
L	Bit[7]	锁定状态。 ❑ 0：表示 PMP 表项没有锁定，对 M 模式不起作用，仅对 S 模式和 U 模式起作用。 ❑ 1：表示 PMP 表项锁定，对所有处理器模式（包括 M 模式）都起作用

表中 TOR 模式的地址范围计算方法如下：由前一个 PMP 表项的地址寄存器代表的起始地址（假设为 pmpaddr($i-1$)）和当前 PMP 表项的地址寄存器代表的起始地址（假设为 pmpaddr$i$）共同决定，因此当前 PMP 表项代表的地址范围为

$$\text{pmpaddr}(i-1) \leqslant y < \text{pmpaddr}(i)$$

一种特殊情况是如果当前 PMP 表项是第 0 个表项并且 A 字段为 TOR，那么地址空间的下界被视为 0。此时，当前 PMP 表项代表的地址范围为

$$0 \leqslant y < \text{pmpaddr}(i)$$

NAPOT（Naturally Aligned Power-Of-Two region）模式采用 2^n 自然对齐的方式，其地址范围计算方式是从 PMP 地址寄存器第 0 位开始计算连续为 1 的个数 n，地址的长度为 2^{n+3} B。我们采用 LSZB（Least Significant Zero Bit，最低有效零位）来表示从第 0 位开始计算连续为 1 的个数。

如果 PMP 地址寄存器的值为 *yyyy…yyy*0，即 LSZB 个数为 0，则该 PMP 表项所控制的地址空间为从 *yyyy…yyy*0 开始的 2^3 B，即 8 B。

如果 PMP 地址寄存器的值为 *yyyy…yy*01，即 LSZB 个数为 1，则该 PMP 表项所控制的地址空间为从 yyyy…yy00 开始的 2^{1+3} B，即 16 B。

如果 PMP 地址寄存器的值为 *yy*01…1111，即 LSZB 个数为 n，则该 PMP 表项所控制的地址空间为从 *yy*00…0000 开始的 2^{n+3} B。

【例 10-1】 假设一个地址区间的起始地址为 0x4000 0000，大小为 1 MB，这个地址区间的 PMP 属性为可读、可写、可执行，请计算 pmpaddr0 寄存器的值以及 pmpcfg0 寄存器的值（假设目前只有一个 PMP 表项）。

如下是计算步骤。

（1）由于 PMP 地址寄存器记录的是地址的 Bit[55:2]，因此地址需要右移 2 位，即 0x4000 0000 >> 2 = 0x1000 0000。

（2）地址区间的大小为 1 MB，即 0x10 0000，它为 2^{20}，因此 LSZB 为 20。

（3）由于 PMP 地址空间大小的计算公式为 2^{n+3} 字节，因此 LSZB 要减去 3，即 17。

（4）pmpaddr0 = 0x1000 0000 | 0b01 1111 1111 1111 1111 = 0x1001 FFFF。

（5）由于 PMP 属性为可读、可写、可执行，并且采用 NAPOT 模式，因此 pmpcfg0 寄存器的值为 0x1F。

以 0x4000 0000 为基地址，不同 PMP 地址大小对应的 PMP 地址寄存器的值的计算过程如表 10.9 所示。

表 10.9　不同 PMP 地址大小对应的 PMP 地址寄存器的值的计算过程

基地址	PMP 地址的长度	LSZB	PMP 地址寄存器的值
0x4000 0000	8 B	0	(0x1000 0000 | 0B0)
0x4000 0000	32 B	2	(0x1000 0000 | 0B011)
0x4000 0000	4 KB	9	(0x1000 0000 | 0B01 1111 1111)
0x4000 0000	64 KB	13	(0x1000 0000 | 0B01 1111 1111 1111)
0x4000 0000	1 MB	17	(0x1000 0000 | 0B01 1111 1111 1111 1111)

如果同一个地址对应多个 PMP 表项，那么编号最小的 PMP 表项优先级最高。

【例 10-2】　假设同一个地址 0x8000 0000 在 pmp0cfg 和 pmp1cfg 表项中有重叠。

```
pmp0cfg：0x8000 0000-0x8004 0000
pmp1cfg：0x0000 0000-0xffff fffff
```

pmp0cfg 表项对应的属性是不可读和不可写，而 pmp1cfg 对应的属性为可读和可写。若运行在 S 模式的软件访问 0x8000 0000 地址，会触发加载/存储访问异常。

注意，PMP 只能在 M 模式下配置。另外，PMP 检查是基于地址范围的，例如，假设一个 PMP 表项设置了 4 字节地址区域[0xc–0xf]的访问属性并且这个 PMP 表项具有最高优先级，一个 8 字节的加载/存储指令访问 0x8 地址，则 PMP 检查会失败，触发加载/存储访问异常。

10.4　案例分析 10-1：在 BenOS 里实现恒等映射

恒等映射指的是虚拟地址映射到同等数值的物理地址上，即虚拟地址 = 物理地址，如图 10.22 所示。在操作系统的实现中，恒等映射是非常实用的技巧，特别是在系统初始化阶段使能 MMU 时。

从 OpenSBI 跳转到操作系统（如 Linux 内核）入口时，MMU 是关闭的。关闭 MMU 意味着不能利用高速缓存的性能。因此，我们在初始化的某个阶段需要把 MMU 打开并且使能数据高速缓存，以获得更高的性能。但是，如何打开 MMU？我们需要小心，否则会发生意想不到的问题。

在关闭 MMU 的情况下，处理器访问的地址都是物理地址。当 MMU 打开时，处理器访问的地址变成了虚拟地址。

现代处理器大多采用多级流水线体系结构，处理器会预取多条指令到流水线中。当打开 MMU 时，处理器已经预取了多条指令，并且这些指令是通过物理地址进行预取的。打开 MMU 的指令运行完之后，处理器的 MMU 立即生效，于是之前预取的指令会通过虚拟地址访问，再到 MMU 中查找对应的物理地址。因此，这是为了保证处理器在开启 MMU 前后可以连续取指令。

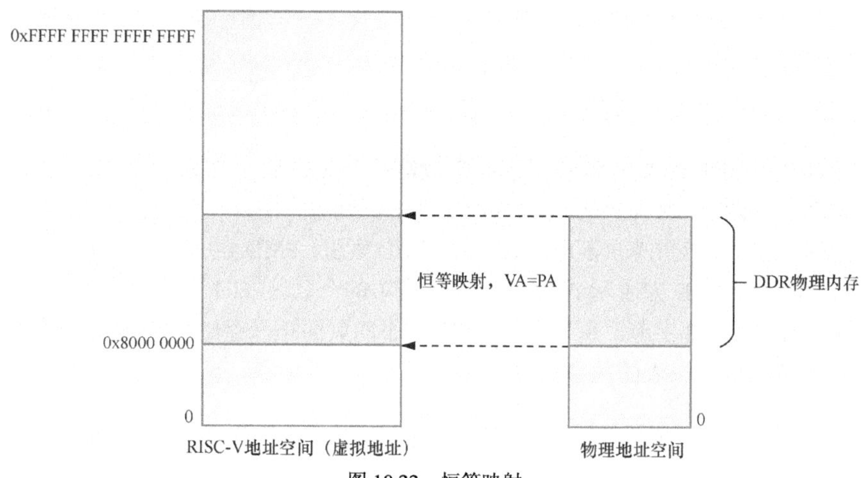

图 10.22　恒等映射

在本案例中，我们在 BenOS 上创建一个恒等映射，把低 8 MB 内存映射到虚拟地址空间里。在 QEMU Virt 平台上，BenOS 的代码段起始地址为 0x8020 0000。我们采用 4 KB 大小的页面和 Sv39 页表映射来创建这个恒等映射。

10.4.1　页表定义

我们采用与 Linux 内核类似的页表定义方式，即采用以下 3 级分页模型：

- 页全局目录（Page Global Directory，PGD）；
- 页中间目录（Page Middle Directory，PMD）；
- 页表（Page Table，PT）。

上述 3 级分页模型分别对应 RISC-V 体系结构中 Sv39 页表的 L0～L2 页表。上述 3 级分页模型在 64 位虚拟地址上的划分如图 10.23 所示。

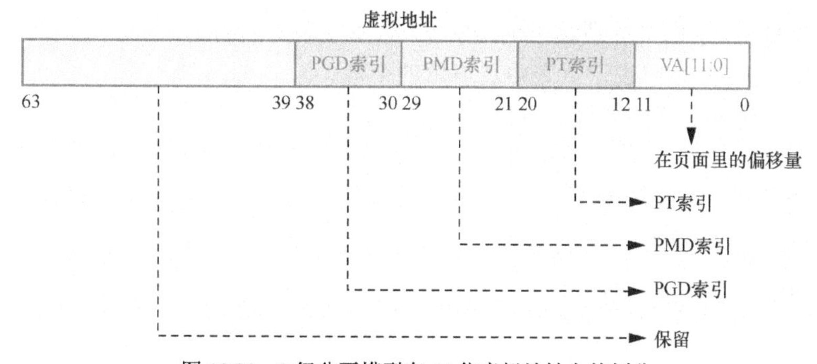

图 10.23　3 级分页模型在 64 位虚拟地址上的划分

64 位的虚拟地址分成如下几个部分。

- Bit[63:39]：保留。
- Bit[38:30]：表示 PGD 索引，即 L0 索引。
- Bit[29:21]：表示 PMD 索引，即 L1 索引。
- Bit[20:12]：表示 PT 索引，即 L2 索引。
- Bit[11:0]：表示页面内的偏移量。

从图 10.23 可知，PGD 的偏移量为 30，从中可以计算 PGD 页表的大小和 PGD 页表项数量。

```
/* PGD */
#define PGDIR_SHIFT      30
#define PGDIR_SIZE       (1UL << PGDIR_SHIFT)
#define PGDIR_MASK       (~(PGDIR_SIZE - 1))
#define PTRS_PER_PGD     (PAGE_SIZE / sizeof(pgd_t))
```

- PGDIR_SHIFT 宏表示 PGD 页表在虚拟地址中的起始偏移量。
- PGDIR_SIZE 宏表示 PGD 页表项所能映射的区域大小。
- PGDIR_MASK 宏用来屏蔽虚拟地址中的 PUD 索引、PMD 索引以及 PT 索引字段的所有位。
- PTRS_PER_PGD 宏表示 PGD 页表中页表项的个数。PGD 页表一共有 512 个页表项，每个页表项占 8 字节，所以一个 4 KB 大小的页面正好存储一个 PGD 页表。

接下来，计算 PMD 页表的偏移量和大小。

```
/* PMD */
#define PMD_SHIFT       21
#define PMD_SIZE        (1UL << PMD_SHIFT)
#define PMD_MASK        (~(PMD_SIZE - 1))
#define PTRS_PER_PMD (1 << (PGD_SHIFT - PMD_SHIFT))
```

- PMD_SHIFT 宏表示 PMD 页表在虚拟地址中的起始偏移量。
- PMD_SIZE 宏表示一个 PMD 页表项所能映射的区域大小。
- PMD_MASK 宏用来屏蔽虚拟地址中 PT 索引字段的所有位。
- PTRS_PER_PMD 宏表示 PMD 页表中页表项的个数。

最后是页表。由于设置页面粒度为 4 KB，因此页表的偏移量是从第 12 位开始的。

```
/* PTE */
#define PTE_SHIFT 12
#define PTE_SIZE (1UL << PTE_SHIFT)
#define PTE_MASK (~(PTE_SIZE-1))
#define PTRS_PER_PTE (1 << (PMD_SHIFT - PTE_SHIFT))
```

- PTE_SHIFT 宏表示页表在虚拟地址中的起始偏移量。
- PTE_SIZE 宏表示一个页表项所能映射的区域大小。
- PTE_MASK 宏用来屏蔽虚拟地址中 PT 索引字段的所有位。
- PTRS_PER_PTE 宏表示页表中页表项的个数。

页表项描述符包含丰富的属性，它们的定义如下。

```
#define _PAGE_PRESENT    (1 << 0)
#define _PAGE_READ       (1 << 1)
#define _PAGE_WRITE      (1 << 2)
#define _PAGE_EXEC       (1 << 3)
#define _PAGE_USER       (1 << 4)
#define _PAGE_GLOBAL     (1 << 5)
#define _PAGE_ACCESSED   (1 << 6)
#define _PAGE_DIRTY      (1 << 7)
#define _PAGE_SOFT       (1 << 8)
```

根据上述的页表项属性，我们又通过组合方式定义多种页面属性，如表 10.10 所示，例如只读页面。

```
#define _PAGE_BASE   (_PAGE_PRESENT | _PAGE_ACCESSED | _PAGE_USER)

#define PAGE_NONE         __pgprot(_PAGE_PROT_NONE)
#define PAGE_READ         __pgprot(_PAGE_BASE | _PAGE_READ)
#define PAGE_WRITE        __pgprot(_PAGE_BASE | _PAGE_READ | _PAGE_WRITE)
#define PAGE_EXEC         __pgprot(_PAGE_BASE | _PAGE_EXEC)
#define PAGE_READ_EXEC    __pgprot(_PAGE_BASE | _PAGE_READ | _PAGE_EXEC)
#define PAGE_WRITE_EXEC   __pgprot(_PAGE_BASE | _PAGE_READ |  \
                     _PAGE_EXEC | _PAGE_WRITE)
```

表 10.10　　页面属性

页面属性	对应的字段
可读	V、A、U、R 字段
可读、可写	V、A、U、R、W 字段
可执行	V、A、U、X 字段
可读、可执行	V、A、U、R、X 字段
可读、可写、可执行	V、A、U、R、W、X 字段

在 BenOS 里，我们又可以根据内存属性划分页面类型。

- PAGE_KERNEL：操作系统内核中的普通内存页面。
- PAGE_KERNEL_READ：操作系统内核中只读的普通内存页面。
- PAGE_KERNEL_READ_EXEC：操作系统内核中只读的、可执行的普通页面。
- PAGE_KERNEL_EXEC：操作系统内核中可执行的普通页面。

```
#define _PAGE_KERNEL     (_PAGE_READ \
                | _PAGE_WRITE \
                | _PAGE_PRESENT \
                | _PAGE_ACCESSED \
                | _PAGE_DIRTY \
                | _PAGE_GLOBAL)

#define PAGE_KERNEL         __pgprot(_PAGE_KERNEL)
#define PAGE_KERNEL_READ    __pgprot(_PAGE_KERNEL & ~_PAGE_WRITE)
#define PAGE_KERNEL_EXEC    __pgprot(_PAGE_KERNEL | _PAGE_EXEC)
#define PAGE_KERNEL_READ_EXEC       __pgprot((_PAGE_KERNEL & ~_PAGE_WRITE) \
                     | _PAGE_EXEC)
```

10.4.2　页表数据结构

由于 L0～L2 页表的页表项都是 64 位宽的，因此它们可以使用 C 语言的 unsigned long long 类型来描述。

```
typedef unsigned long long u64;

typedef u64 pteval_t;
typedef u64 pmdval_t;
typedef u64 pgdval_t;

typedef struct {
    pteval_t pte;
} pte_t;
#define pte_val(x)  ((x).pte)
#define __pte(x)  ((pte_t) { (x) })

typedef struct {
    pmdval_t pmd;
} pmd_t;
#define pmd_val(x)  ((x).pmd)
#define __pmd(x)  ((pmd_t) { (x) })

typedef struct {
    pgdval_t pgd;
} pgd_t;
#define pgd_val(x)  ((x).pgd)
#define __pgd(x)  ((pgd_t) { (x) })
```

上面的代码中，pgd_t 表示一个 PGD 页表项，pmd_t 表示一个 PMD 页表项，pte_t 表示一个页表项。

10.4.3　创建页表

页表存储在内存中，页表的创建是由软件来完成的，页表的遍历则是由 MMU 自动完成的。

在打开 MMU 之前，软件需要手动把整个页表的相关页表项建立并填充好。

我们首先在链接脚本的数据段中预留 4 KB 大小的内存空间给 PGD 页表。

```
SECTIONS
{
     /*
      * 设置 BenOS 的加载入口地址为 0x8020 0000
      */
     . = 0x80200000,

     ...

     /*
      * 数据段
      */
     _data = .;
     .data : { *(.data) }
     . = ALIGN(4096);
     idmap_pg_dir = .;
     . += 4096;
     _edata = .;

     ...
}
```

idmap_pg_dir 指向的地址空间正好是 4 KB，用于 PGD 页表。接下来，使用__create_ pgd_ mapping()函数逐步创建页表。

```
void __create_pgd_mapping(pgd_t *pgdir, unsigned long phys,
        unsigned long virt, unsigned long size,
        unsigned long prot,
        unsigned long (*alloc_pgtable)(void),
        unsigned long flags)
```

其中，pgdir 表示 PGD 页表的基地址；phys 表示要映射物理内存的起始地址；virt 表示要映射的虚拟内存的起始地址；size 表示要创建的映射的总大小；prot 表示要创建的映射的内存属性；alloc_pgtable 用来分配下一级页表的内存分配函数，PGD 页表在链接脚本里预先分配好了，剩下的页表则需要在动态创建过程中分配内存；flags 传递给页表创建过程中的标志位。

在本案例中，根据内存属性，我们将创建不同的恒等映射。

- 因为代码段具有只读、可执行属性，所以代码段必须映射到 PAGE_KERNEL_READ_EXEC 属性。
- 数据段以及剩下的内存属于普通内存，可以映射到 PAGE_KERNEL 属性。

```
static void create_identical_mapping(void)
{
    unsigned long start;
    unsigned long end;

    /*为代码段创建恒等映射*/
    start = (unsigned long)_text_boot;
    end = (unsigned long)_etext;
    __create_pgd_mapping((pgd_t *)idmap_pg_dir, start, start,
            end - start, PAGE_KERNEL_READ_EXEC,
            early_pgtable_alloc,
            0);

    printk("map text done\n");

    /*为内存创建恒等映射*/
    start = PAGE_ALIGN((unsigned long)_etext);
    end = DDR_END;
    __create_pgd_mapping((pgd_t *)idmap_pg_dir, start, start,
            end - start, PAGE_KERNEL,
            early_pgtable_alloc,
            0);
    printk("map memory done\n");
}
```

第一段代码为代码段创建恒等映射，它的起始地址是_text_boot，结束地址为_etext。第二段创建的恒等映射的起始地址为_etext，结束地址为内存的结束地址 DDR_END。

通过查看 benos.map 文件可知，_text_boot 地址是固定的入口地址，即 0x8020 0000，而_etext 的地址会随着代码段的大小而变化。

接下来，分析__create_pgd_mapping()函数的实现。

```
1    static void __create_pgd_mapping(pgd_t *pgdir, unsigned long phys,
2            unsigned long virt, unsigned long size,
3            pgprot_t prot,
4            unsigned long (*alloc_pgtable)(void),
5            unsigned long flags)
6    {
7        /*由 PGD 基地址和虚拟地址，找到对应 PGD 页表项*/
8        pgd_t *pgdp = pgd_offset_raw(pgdir, virt);
9        unsigned long addr, end, next;
10
11       phys &= PAGE_MASK;
12       addr = virt & PAGE_MASK;
13       end = PAGE_ALIGN(virt + size);
14
15       do {
16           /*找到 PGD 页表项管辖的范围*/
17           next = pgd_addr_end(addr, end);
18           alloc_init_pmd(pgdp, addr, next, phys,
19                   prot, alloc_pgtable, flags);
20           phys += next - addr;
21       } while (pgdp++, addr = next, addr != end);
22   }
```

在第 15～21 行中，以 PGDIR_SIZE 为步长遍历内存区域[virt, virt+size]，然后通过调用 alloc_init_pmd()分配 PMD 页表并填充 PGD 页表项。pgd_addr_end()以 PGDIR_SIZE 为步长。

pgd_addr_end()会计算一个 PGD 页表项的边界。如果 end 在管辖范围之内，则返回 end；否则，返回 PGD 页表项的边界。其定义如下。

```
#define pgd_addr_end(addr, end)                                        \
   ({      unsigned long __boundary = ((addr) + PGDIR_SIZE) & PGDIR_MASK;   \
           (__boundary - 1 < (end) - 1) ? __boundary : (end);               \
   })
```

alloc_init_pmd()函数的实现如下。

```
1    static void alloc_init_pmd(pgd_t *pgdp, unsigned long addr,
2            unsigned long end, unsigned long phys,
3            pgprot_t prot,
4            unsigned long (*alloc_pgtable)(void),
5            unsigned long flags)
6    {
7        pgd_t pgd = *pgdp;
8        pmd_t *pmdp;
9        unsigned long next;
10
11       /*若 PGD 页表项内容是空的，说明对应的 PMD 页表还没建立*/
12       if (pgd_none(pgd)) {
13           unsigned long pmd_phys;
14
15           /*分配一个页面，用于存放 PMD 页表*/
16           pmd_phys = alloc_pgtable();
17           /*用 PMD 基地址来回填 pgdp 页表项 */
18           set_pgd(pgdp, pfn_pgd(PFN_DOWN(pmd_phys), PAGE_TABLE));
19           pgd = *pgdp;
20       }
21
22       /*由 PGD 页表项和虚拟地址，找到对应的 PMD 页表项*/
23       pmdp = get_pmdp_from_pgdp(pgdp, addr);
24       do {
25           next = pmd_addr_end(addr, end);
26
27           alloc_init_pte(pmdp, addr, next, phys,
```

```
28                  prot, alloc_pgtable, flags);
29
30          phys += next - addr;
31      } while (pmdp++, addr = next, addr != end);
32  }
```

alloc_init_pmd()函数会做如下事情。

在第 12～20 行中，通过 pgd_none()判断当前 PGD 页表项的内容是不是空的。如果 PGD 页表项的内容是空的，说明下一级页表还没创建，那么需要动态分配下一级页表。首先，使用 alloc_pgtable()函数分配一个 4 KB 页面，用于存放 PMD 页表。PMD 页表的基地址 pmd_phys 与相关属性 PAGE_TABLE 组成一个 PGD 的页表项，然后通过 set_pgd()函数设置到相应的 PGD 页表项中。

创建 PGD 页表项内容的过程如图 10.24 所示。

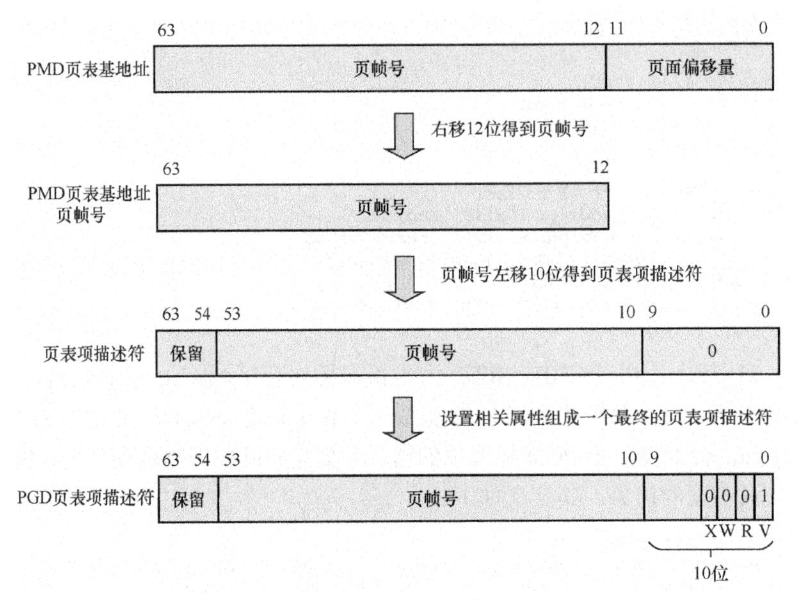

图 10.24　创建 PGD 页表项

主要步骤如下。

（1）计算 PMD 页表的基地址 pmd_phys 对应的页帧号 pmd_pfn。把 pmd_phys 地址右移 12 位，得到页帧号。

（2）把 pmd_pfn 左移 10 位，得到页表项描述符。

（3）设置相关的页表属性，例如，V 位设置为 1。另外，R 位、W 位以及 X 位设置为 0，表示指向下一级页表的页表项描述符。

在第 23 行中，get_pmdp_from_pgdp()函数通过 addr 和 PGD 页表项找到对应的 PMD 页表项。

在第 24～31 行中，以 PMD_SIZE 为步长，通过 while 循环设置下一级页表，依次调用 alloc_init_pte()函数来创建下一级页表。

```
1     static void alloc_init_pte(pmd_t *pmdp, unsigned long addr,
2             unsigned long end, unsigned long phys,
3             pgprot_t prot,
4             unsigned long (*alloc_pgtable)(void),
5             unsigned long flags)
6     {
7         pmd_t pmd = *pmdp;
8         pte_t *ptep;
9
10        /*若 PMD 页表项内容是空的，说明对应的页表还没建立*/
11        if (pmd_none(pmd)) {
12            unsigned long pte_phys;
```

```
13
14            /*分配一个页面，用于存放页表*/
15            pte_phys = alloc_pgtable();
16            /*用 PTE 基地址来回填 pmdp 表项 */
17            set_pmd(pmdp, pfn_pmd(PFN_DOWN(pte_phys), PAGE_TABLE));
18            pmd = *pmdp;
19        }
20
21        /*由 PMD 页表项和虚拟地址，找到对应的 PTE */
22        ptep = get_ptep_from_pmdp(pmdp, addr);
23        do {
24            /*设置 PTE*/
25            set_pte(ptep, pfn_pte(PFN_DOWN(phys), prot));
26            phys += PAGE_SIZE;
27        } while (ptep++, addr += PAGE_SIZE, addr != end);
28    }
```

页表是三级页表的最后一级，alloc_init_pte()函数用来配置页表项。

在第 11～19 行中，判断 PMD 页表项的内容是否为空的。如果为空的，说明下一级页表还没创建。使用 alloc_pgtable()来分配一个 4 KB 页面，用于存放页表的 512 个页表项。

PMD 页表项的内容包括页表的基地址页帧号 pte_pfn 以及页表项属性 PAGE_TABLE，创建的方法与 PGD 页表项类似，如图 10.24 所示。

在第 22 行中，get_ptep_from_pmdp ()函数通过 PMD 页表项和 addr 来获取页表项。

在第 23～27 行中，以 PAGE_SIZE（即 4 KB）为步长，通过 while 循环设置 PTE。调用 set_pte()来设置页表项。页表项包括物理地址的页帧号（phys >> PAGE_SHIFT）以及页表属性 prot，其中页表属性 prot 是通过__create_pgd_mapping()函数传递的，例如，代码段的恒等映射的页表属性为 PAGE_KERNEL_READ_EXEC，表示只读的、可执行的普通类型页面。

上述操作完成了一次建立页表的过程。读者需要注意如下两点。

- 页表的创建和填充是由操作系统来完成的，但是处理器则通过 MMU 来遍历页表。
- 除 PGD 页表是链接脚本中预留的之外，其他的页表是动态创建的。

在创建页表过程中经常使用到一个 early_pgtable_alloc()函数，它分配 4 KB 大小的页面，用于存放各级页表，如 PMD 页表、PD 页表等。

```
static unsigned long early_pgtable_alloc(void)
{
    unsigned long phys;

    phys = get_free_page();
    memset((void *)phys, 0, PAGE_SIZE);

    return phys;
}
```

注意，early_pgtable_alloc()分配的 4 KB 页面用于存放页表，最好把页面内容都清零，以免残留的数据干扰 MMU 遍历页面。

由于 BenOS 还没有实现伙伴分配系统，因此我们就使用数组分配和释放物理页面，而且我们直接从.bss 段的结束地址开始分配内存。

```
#define NR_PAGES (TOTAL_MEMORY / PAGE_SIZE)

static unsigned short mem_map[NR_PAGES] = {0,};

static unsigned long phy_start_address;

void mem_init(unsigned long start_mem, unsigned long end_mem)
{
    unsigned long nr_free_pages = 0;
    unsigned long free;

    start_mem = PAGE_ALIGN(start_mem);
    phy_start_address = start_mem;
```

```
    end_mem &= PAGE_MASK;
    free = end_mem - start_mem;

    while (start_mem < end_mem) {
        nr_free_pages++;
        start_mem += PAGE_SIZE;
    }

    printk("Memory: %uKB available, %u free pages\n", free/1024, nr_free_pages);
}

unsigned long get_free_page(void)
{
    int i;

    for (i = 0; i < NR_PAGES; i++) {
        if (mem_map[i] == 0) {
            mem_map[i] = 1;
            return phy_start_address + i * PAGE_SIZE;
        }
    }
    return 0;
}
```

10.4.4　打开 MMU

创建完页表之后需要设置 satp 寄存器来打开 MMU。

```
1    .global enable_mmu_relocate
2    enable_mmu_relocate:
3        la a2, idmap_pg_dir
4        srl a2, a2, PAGE_SHIFT
5        li a1, SATP_MODE_39
6        or a2, a2, a1
7        sfence.vma
8        csrw satp, a2
9        ret
```

在第 3 行中，加载 PGD 页表基地址 idmap_pg_dir。

在第 4 行中，获取 idmap_pg_dir 的页帧号。

在第 5 行中，设置分页机制的模式为 Sv39 模式。

在第 7 行中，SFENCE.VMA 指令是 RISC-V 体系结构中定义的一条内存屏障指令，用于同步页表写操作。

在第 8 行中，设置 satp 寄存器。

在第 9 行中，已经打开 MMU 功能。

下面是创建和打开 MMU 的整个过程。

```
1    void paging_init(void)
2    {
3        memset(idmap_pg_dir, 0, PAGE_SIZE);
4        create_identical_mapping();
5        create_mmio_mapping();
6
7        enable_mmu_relocate();
8    }
```

在第 3 行中，把 PGD 页表 idmap_pg_dir 清零。

在第 4～5 行中，动态创建恒等映射的页表，其中包括内核镜像、DDR 内存以及寄存器地址空间。

在第 7 行中，调用 enable_mmu_relocate()函数来打开 MMU。

10.4.5　测试 MMU

上面介绍了如何创建页表和打开 MMU，我们需要验证 MMU 是否正常工作。测试的方法很简单，我们分别访问一个经过恒等映射和没有经过恒等映射的内存地址，观察系统会发生什么变化。

```
1    static int test_access_map_address(void)
2    {
3        unsigned long address = DDR_END - 4096;
4
5        *(unsigned long *)address = 0x55;
6
7        if (*(unsigned long *)address == 0x55)
8            printk("%s access 0x%x done\n", __func__, address);
9
10       return 0;
11   }
12
13   /*
14    * 访问一个没有建立映射的地址
15    *
16    * 存储/AMO 页面异常
17    */
18   static int test_access_unmap_address(void)
19   {
20       unsigned long address = DDR_END + 4096;
21
22       *(unsigned long *)address = 0x55;
23
24       printk("%s access 0x%x done\n", __func__, address);
25
26       return 0;
27   }
28
29   static void test_mmu(void)
30   {
31       test_access_map_address();
32       test_access_unmap_address();
33   }
```

在恒等映射中，我们映射了内核镜像的结束地址_ebss 到 DDR_END。test_access_ map_address()函数访问 DDR_END – 4096 地址，这个地址是映射过的。test_access_unmap_address()函数访问 DDR_END + 4096 地址，这个地址还没有经过映射，CPU 访问这个地址会触发一个页表访问错误。

我们在 QEMU 上运行这个程序，结果如下。

```
rlk@master:benos$ make run
...
test_access_map_address access 0x87fff000 done
Oops - Store/AMO page fault
Call Trace:
[<0x0000000080202acc>] test_access_unmap_address+0x1c/0x42
[<0x0000000080202afe>] test_mmu+0xc/0x1a
[<0x0000000080202d1c>] kernel_main+0xa6/0xac
sepc: 0000000080202acc ra : 0000000080206f10 sp : 0000000080206fb0
 gp : 0000000000000000 tp : 0000000000000000 t0 : 0000000000000005
 t1 : 0000000000000005 t2 : 0000000080200020 t3 : 0000000080206fe0
 s1 : 0000000080200010 a0 : 0000000000000000 a1 : 0000000000000010
 a2 : ffffffffffffffff a3 : 0000000080206ed0 a4 : 0000000000000055
 a5 : 0000000088001000 a6 : 0000000000000000 a7 : 0000000000000061
 s2 : 8000000000006800 s3 : 0000000080200000 s4 : 0000000082200000
 s5 : 0000000000000000 s6 : 0000000000000000 s7 : 00000000800120e8
 s8 : 000000008020002e s9 : 000000000000007f s10: 0000000000000000
 s11: 0000000000000000 t3 : 45b0206f91166285 t4: 0000000080017ee0
 t5 : 0000000000000027 t6 : 0000000000000000
sstatus:0x8000000000006120  sbadaddr:0x0000000088001000  scause:0x000000000000000f
Kernel panic
```

从日志可以看到，BenOS 触发了一个写页面内容的地址转换异常，从 sbadaddr 寄存器可知出错地址为 0x8800 1000，test_access_unmap_address()函数访问 DDR_END + 4096 地址，这符合我们的预期，说明 MMU 已经正常工作。

10.4.6 图解页表创建的过程

本节以图解的方式来总结页表的创建过程。假设 PA=0x8020 0000，VA=0x8020 0000，映射大小为 4 KB，PGD 页表的基地址 idmap_pg_dir 为 0x8020 8000。

1. 填充和创建 PGD 页表项

通过虚拟地址查找 PGD 页表的索引值，从图 10.25 可知，虚拟地址 0x8020 0000 对应的 PGD 索引为 2。

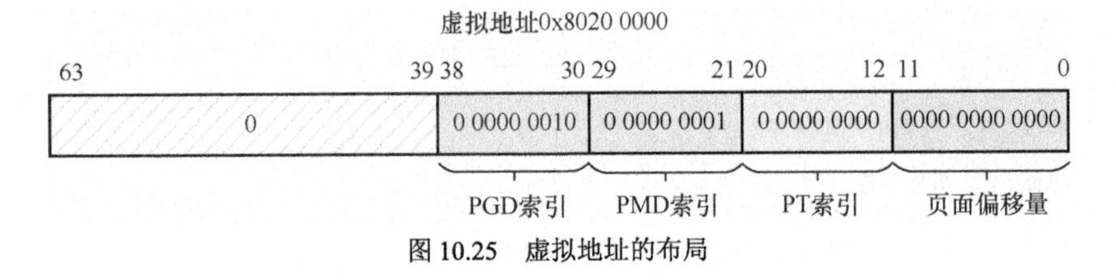

图 10.25 虚拟地址的布局

如图 10.26 所示，由 PGD 索引可以在 PGD 页表中找到页表项，即 PGD 页表项 2。

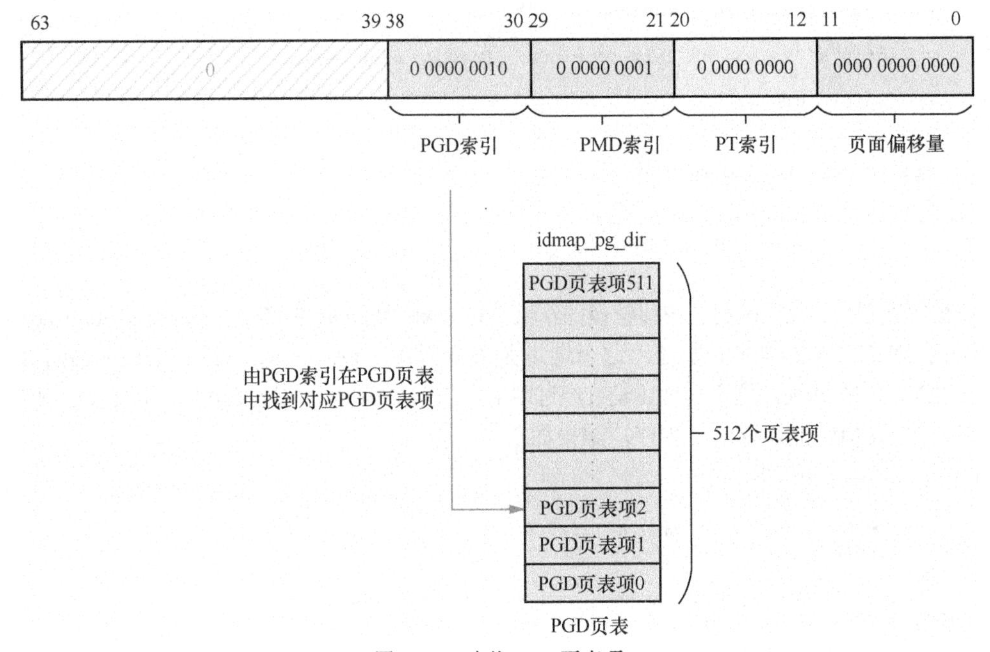

图 10.26 查找 PGD 页表项

由于 PGD 页表项 2 已空，因此需要构建页表项内容并填充该页表项。新创建一个下一级页表（即 PMD 页表），然后根据 PMD 页表的基地址可以构建 PGD 页表项的内容。

为 PMD 页表分配一个 4 KB 页面，假设这个页面的物理地址 pmd_phys 为 0x8022 C000，如图 10.27 所示。

PMD 页表基地址 pmd_phys 右移 12 位得到页帧号 pmd_pfn，然后把 pmd_pfn 左移 10 位，再加上页表属性（V 位），最后得到 PGD 页表项描述符，该描述符的内容为 0x2008 B001。注意，pmd_pfn 左移 10 位相当于页表属性都设置为 0，即 R 位、W 位、X 位都设置为 0，说明这个页表项为指向下一级页表的页表项，如图 10.28 所示。

把这个页表项描述符的内容写入 PGD 页表项 2 中，完成对 PGD 页表项 2 的填充，如图 10.29 所示。

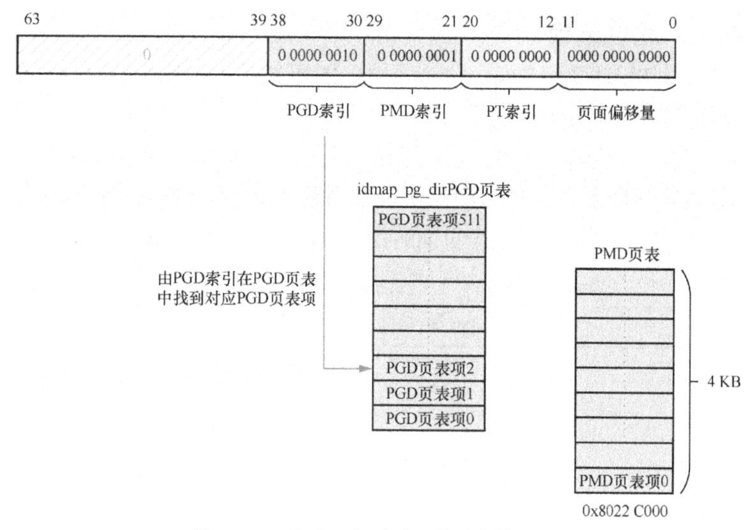

图 10.27 分配一个页面，用于存放 PMD

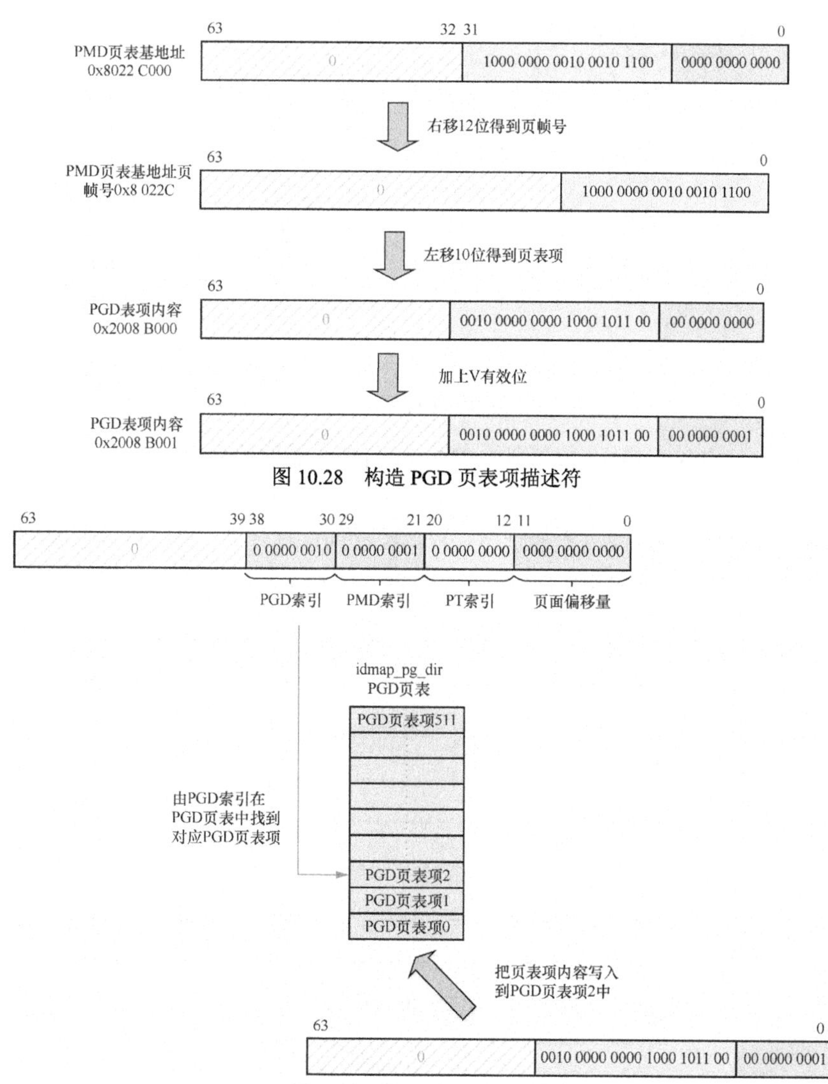

图 10.28 构造 PGD 页表项描述符

图 10.29 填充 PGD 页表项 2

2. 填充和创建 PMD 页表项

通过虚拟地址查找 PMD 页表的索引，从图 10.25 可知，虚拟地址 0x8020 0000 对应的 PMD 索引为 1，对应的页表项为 PMD 页表项 1。

由于 PMD 页表项 1 的内容是空的，因此需要构建一个 PMD 页表项描述符并填充该页表项。新创建一个下一级页表（即 PT），然后根据页表的基地址构建 PMD 页表项描述符的内容。

为页表分配一个 4 KB 页面，假设这个页面的物理地址 pte_phys 为 0x8022 D000，如图 10.30 所示。

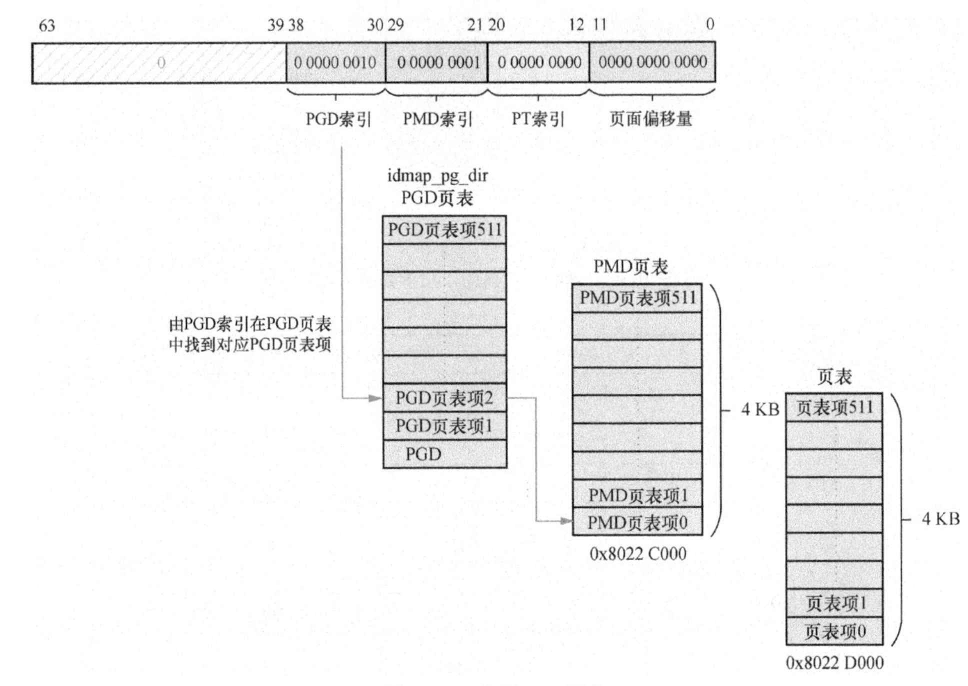

图 10.30　分配 PTE 页表

页表基地址 pte_phys 右移 12 位得到页帧号 pte_pfn，然后把 pte_pfn 左移 10 位，再加上页表属性 V 位，最后得到 PMD 表项描述符，它的内容为 0x2008 B401。注意，pte_pfn 左移 10 位相当于页表属性都设置为 0，即页表属性 R、W、X 位都设置为 0，说明这个页表项为指向下一级页表的页表项，如图 10.31 所示。

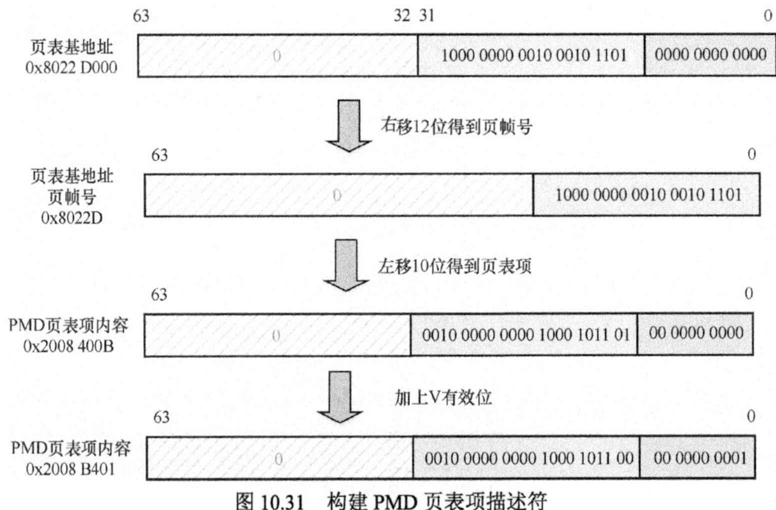

图 10.31　构建 PMD 页表项描述符

把这个页表项描述符内容写入 PMD 页表项 1 中，完成对 PMD 页表的填充。

3. 填充和创建页表项

通过虚拟地址查找页表的索引，从图 10.25 可知，虚拟地址 0x8020 0000 对应的页表项索引为 0，对应的页表项为页表项 0。

页表项 0 的内容为空的，需要根据物理地址（0x8020 0000）创建一个页表项描述符，如图 10.32 所示。

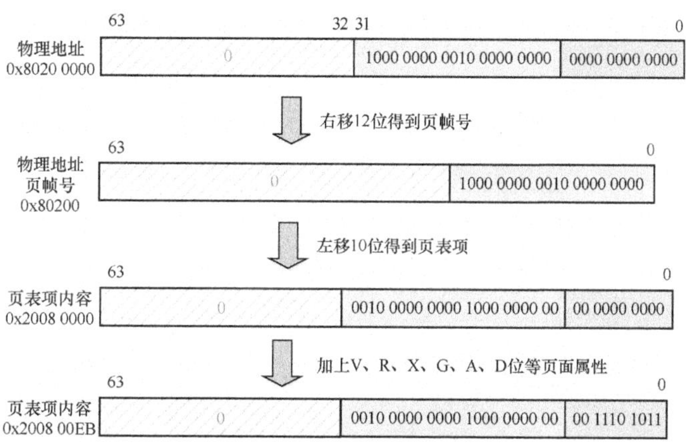

图 10.32 创建页表项描述符

把这个页表项的内容写入页表项 0 中，完成对页表的填充，如图 10.33 所示。

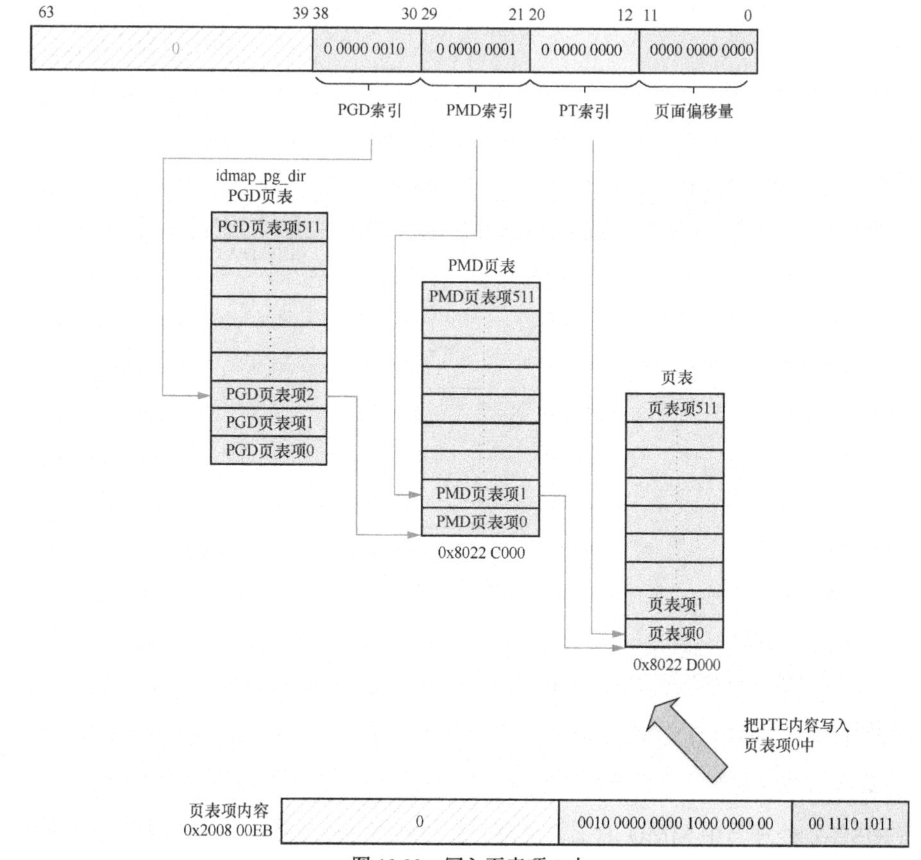

图 10.33 写入页表项 0 中

4. **最终映射图**

虚拟地址到物理地址的映射过程如图 10.34 所示。

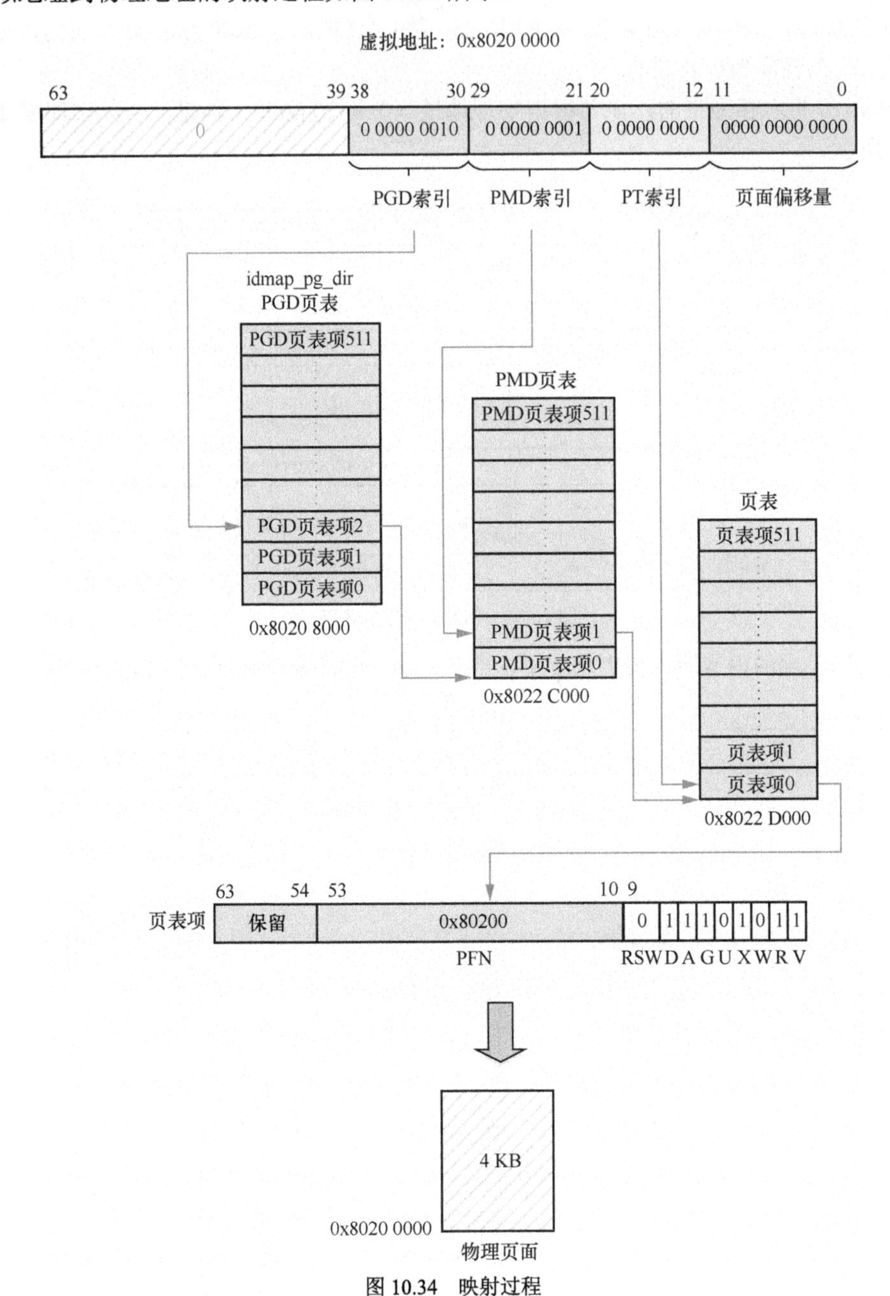

图 10.34　映射过程

10.5 内存管理实验

10.5.1 实验 10-1：建立恒等映射

1. **实验目的**

熟悉 RISC-V 处理器中 MMU 的工作流程。

2. 实验要求

（1）在 QEMU 上建立一个恒等映射的页表，即虚拟地址等于物理地址。

（2）在 C 语言中实现页表的建立和 MMU 的开启功能。

（3）写一个测试例子来验证 MMU 是否开启了。

10.5.2 实验 10-2：为什么 MMU 无法运行

1. 实验目的

（1）熟悉 RISC-V 处理器中 MMU 的工作流程。

（2）培养调试和解决问题的能力。

2. 实验要求

某同学把实验 10-1 中的 create_identical_mapping()函数写成图 10.35 所示的形式。

```
static void create_identical_mapping(void)
{
        unsigned long start;
        unsigned long end;

        /*map memory*/
        start = (unsigned long)_text_boot;
        end = DDR_END;
        __create_pgd_mapping((pgd_t *)idmap_pg_dir, start, start,
                        end - start, PAGE_KERNEL,
                        early_pgtable_alloc,
                        0);
        printk("map memory done\n");
}
```

图 10.35 create_identical_mapping()函数

他发现系统无法运行，这是什么原因导致的？请使用 QEMU 与 GDB 单步调试代码并找出是哪条语句出现了问题。为什么 MMU 无法运行？

10.5.3 实验 10-3：实现一个 MMU 页表的转储功能

1. 实验目的

熟悉 RISC-V 处理器中 MMU 的工作流程。

2. 实验要求

在实验 10-1 的基础上实现一个 MMU 页表的转储（dump）功能，输出页表的虚拟地址、页表属性等信息，以方便调试和定位问题，结果如图 10.36 所示。

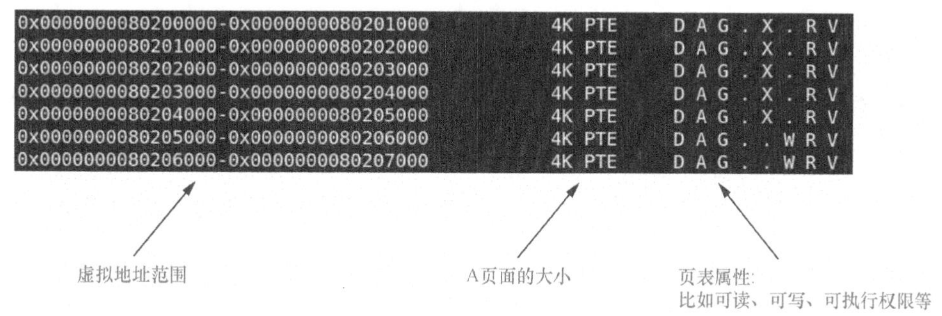

图 10.36 页表转储功能

10.5.4 实验 10-4：修改页面属性

1. 实验目的

熟悉页面属性等相关知识。

2. 实验要求

在系统中找出一个只读属性的页面，然后把这个页面的属性设置为可读、可写，使用 memset() 函数往这个页面写入内容。

本实验的步骤如下。

（1）从系统中找出一个 4 KB 的只读页面，其虚拟地址为 vaddr。

（2）遍历页表，找到 vaddr 对应的页表项。

（3）修改页表项，为它设置可读、可写属性。

（4）使用 memset()修改页面内容。

10.5.5　实验 10-5：使用汇编语言来建立恒等映射

1. 实验目的

（1）熟悉 RISC-V 处理器中 MMU 的工作流程。

（2）熟悉页表建立过程。

（3）熟悉汇编的使用。

2. 实验要求

（1）在实验 10-1 的基础上，在汇编阶段使用汇编语言创建恒等映射，即大小为 2 MB 的块映射，并且打开 MMU。

（2）写一个测试例子来验证 MMU 是否开启。

10.5.6　实验 10-6：在 MySBI 中实现和验证 PMP 机制

1. 实验目的

熟悉 RISC-V 处理器的 PMP 机制。

2. 实验要求

（1）在 MySBI 中实现 PMP 配置功能，配置页表的属性为可读、可写、可执行。

```
pmp0cfg: 0x0-0xffff ffff ffff ffff
```

（2）在 MySBI 中实现 PMP 配置功能，先配置页表的属性为不可读、不可写、不可执行，再配置页表的属性为可读、可写、可执行。

```
pmp0cfg: 0x8000 0000-0x8004 0000
pmp1cfg: 0x0000 0000-0xffff fffff ffff ffff
```

（3）在 BenOS 中访问地址 0x8000 0000，请观察现象。

第 11 章　高速缓存

本章思考题

1. 为什么需要高速缓存？
2. 请简述 CPU 访问各级内存设备的延时情况。
3. 请简述 CPU 查询高速缓存的过程。
4. 请简述直接映射、全相联映射以及组相联映射的高速缓存的区别。
5. 在组相联高速缓存里，组、路、高速缓存行、标记域的定义分别是什么？
6. 什么是虚拟高速缓存和物理高速缓存？
7. 什么是高速缓存的重名问题？
8. 什么是高速缓存的同名问题？
9. VIPT 类型的高速缓存会产生重名问题吗？
10. 高速缓存中的直写和回写策略有什么区别？

高速缓存是处理器内部一个非常重要的硬件单元，虽然对软件是透明的，但是合理利用高速缓存的特性能显著提高程序的效率。本章主要介绍高速缓存的工作原理、映射方式、虚拟高速缓存、物理高速缓存，以及高速缓存的访问延时、高速缓存的访问策略、共享属性、高速缓存维护指令等方面的基础知识。

11.1 为什么需要高速缓存

在现代处理器中，处理器的访问速度已经远远超过了主存储器的访问速度。一条加载指令需要上百个时钟周期才能从主存储器读取数据到处理器内部的寄存器中，这不仅会导致使用该数据的指令需要等待加载指令完成才能继续执行，处理器处于停滞状态，还会严重影响程序的运行速度。解决处理器访问速度和内存访问速度严重不匹配问题是高速缓存设计的初衷。在处理器内部设置一个缓冲区，该缓冲区的速度与处理器内部的访问速度匹配。当处理器第一次从内存中读取数据时，也会把该数据暂时缓存到这个缓冲区里。这样，当处理器第二次读时，直接从缓冲区中取数据，从而大大地提升读的效率。同理，后续读操作的效率也得到了提升。这个缓冲区的概念就是高速缓存。第二次读的时候，如果数据在高速缓存里，称为高速缓存命中（cache hit）；如果数据不在高速缓存里，称为高速缓存未命中（cache miss）。

高速缓存一般是集成在处理器内部的 SRAM，相比外部的内存条造价昂贵。因此，高速缓存的容量一般比较小，成本高，访问速度快。如果程序的高速缓存命中率比较高，那么不仅能提升程序的运行速度，还能降低系统功耗。当高速缓存命中时，就不需要访问外部的内存模块，这有助于降低系统功耗。

通常，在系统的设计过程中，需要在高速缓存的性能和成本之间权衡，因此现代处理器系统都采用多级高速缓存的设计方案。越靠近 CPU 内核的高速缓存速度越快，成本越高，容量越小。如图 11.1 所示，经典的处理器体系结构包含多级高速缓存。CPU 簇 0 和 CPU 簇 1 均包含两个 CPU 内核，每个 CPU 内核都有自己的 L1 高速缓存。L1 高速缓存采用分离的两部分高速缓存。图中的 L1 D 表示 L1 数据高速缓存，L1 I 表示 L1 指令高速缓存。这两个 CPU 内核共享一个 L2 高速缓存。L2 高速缓存采用混合的方式，不再区分指令高速缓存和数据高速缓存。在这个系统中，还外接了一个扩展的 L3 高速缓存，CPU 簇 0 和 CPU 簇 1 共享这个 L3 高速缓存。

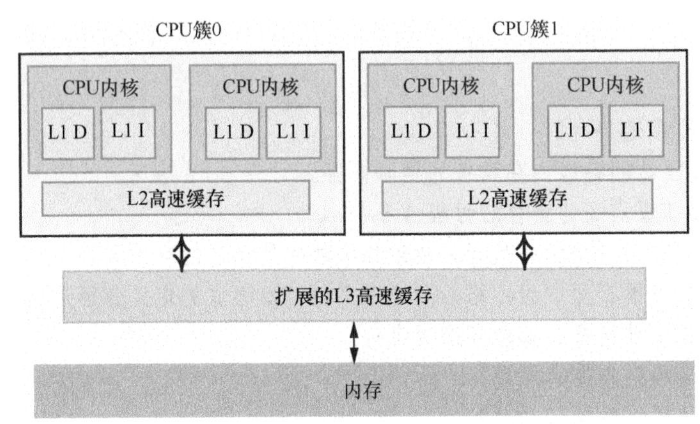

图 11.1　经典的高速缓存系统方案

高速缓存除带来性能的提升和功耗的降低之外，还会带来一些副作用。例如，高速缓存一致性，高速缓存伪共享，自修改代码导致的指令高速缓存和数据高速缓存的一致性等问题，本章会介绍这方面的内容。

11.2 高速缓存的访问延时

在现代广泛应用的计算机系统中，以内存为研究对象，体系结构可以分成两种：一种是均匀存储器访问（Uniform Memory Access，UMA）体系结构，另一种是非均匀存储器访问（Non-Uniform Memory Access，NUMA）体系结构。

- UMA 体系结构：内存有统一的结构并且可以统一寻址。目前大部分嵌入式系统、手机操作系统以及台式机操作系统采用 UMA 体系结构。如图 11.2 所示，该系统使用 UMA 体系结构，有 4 个 CPU，它们都有 L1 高速缓存。其中，CPU0 和 CPU1 组成一个簇（Cluster0），它们共享一个 L2 高速缓存。另外，CPU2 和 CPU3 组成另外一个簇（Cluster1），它们共享另外一个 L2 高速缓存。4 个 CPU 都共享同一个 L3 高速缓存。最重要的一点是，它们可以通过系统总线访问 DDR 物理内存。
- NUMA 体系结构：系统中有多个内存节点和多个 CPU 节点，CPU 访问本地内存节点的速度最快，访问远端内存节点的速度要慢一点。如图 11.3 所示，该系统使用 NUMA 体系结构，有两个内存节点。其中，CPU0 和 CPU1 组成一个节点（Node0），它们可以通过系统总线访问本地 DDR 物理内存。同理，CPU2 和 CPU3 组成另外一个节点（Node1），它们也可以通过系统总线访问本地的 DDR 物理内存。如果两个节点通过超路径互连（Ultra Path Interconnect，UPI）总线连接，那么 CPU0 可以通过这条内部总线访问远端内存节点的物理内存，但是访问速度要比访问本地物理内存慢很多。

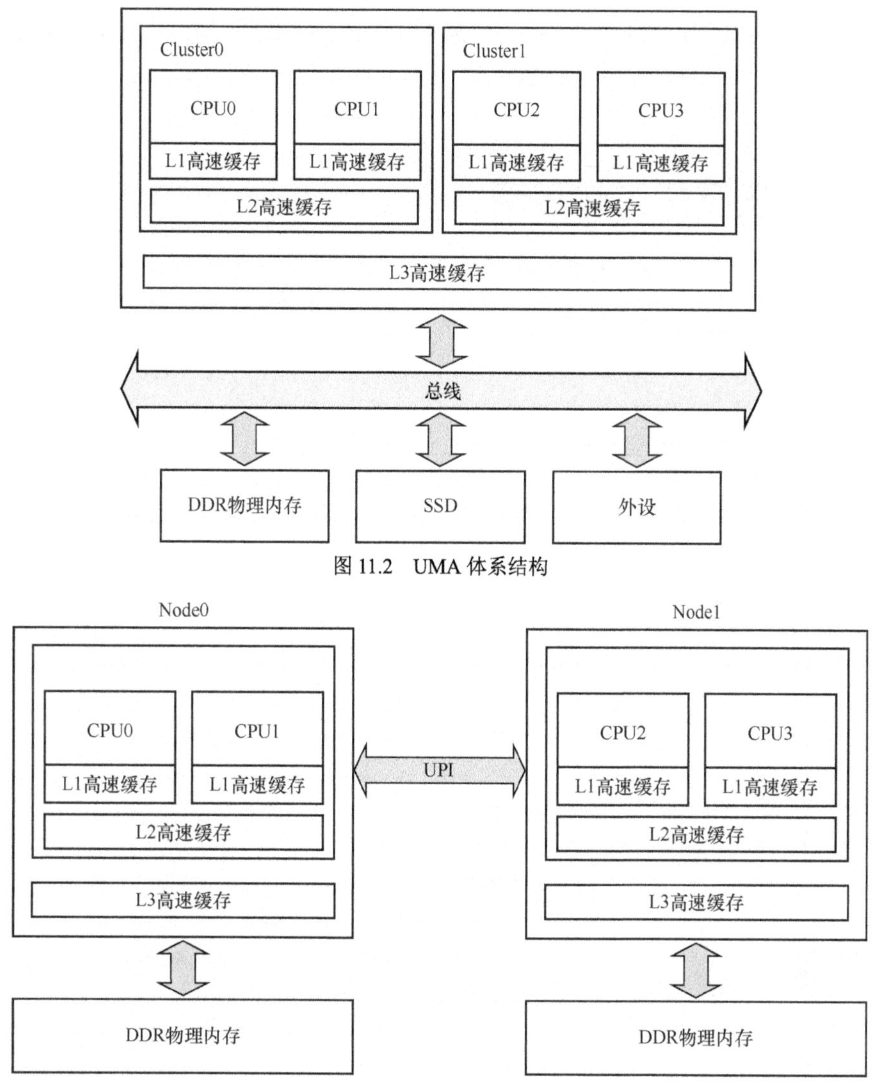

图 11.2 UMA 体系结构

图 11.3 NUMA 体系结构

UMA 和 NUMA 体系结构中，CPU 访问各级内存的速度是不一样的。表 11.1 展示了某服务器 CPU 访问各级内存设备的延时。

表 11.1 某服务器 CPU 访问各级内存设备的延时

访问类型	访问延时
L1 高速缓存命中	约 4 个时钟周期
L2 高速缓存命中	约 10 个时钟周期
L3 高速缓存命中（高速缓存行没有共享）	约 40 个时钟周期
L3 高速缓存命中（和其他 CPU 共享高速缓存行）	约 65 个时钟周期
L3 高速缓存命中（高速缓存行被其他 CPU 修改过）	约 75 个时钟周期
访问远端的 L3 高速缓存	100～300 个时钟周期
访问本地 DDR 物理内存	约 60 ns
访问远端内存节点的 DDR 物理内存	约 100 ns

从表 11.1 可知，当 L1 高速缓存命中时，CPU 只需要大约 4 个时钟周期即可读取数据；当 L1 高速缓存未命中而 L2 高速缓存命中时，CPU 访问数据的延时比 L1 高速缓存命中时要长，访

问延时变成了大约 10 个时钟周期。同理，如果 L3 高速缓存命中，那么访问延时就更长。最差的情况是访问远端内存节点的 DDR 物理内存。因此，越靠近 CPU 的高速缓存命中，访问延时就越低。

11.3 高速缓存的工作原理

处理器访问主存储器使用地址编码方式。高速缓存也使用类似的地址编码方式，因此处理器使用这些编码地址可以访问各级高速缓存。图 11.4 所示为经典的高速缓存体系结构。

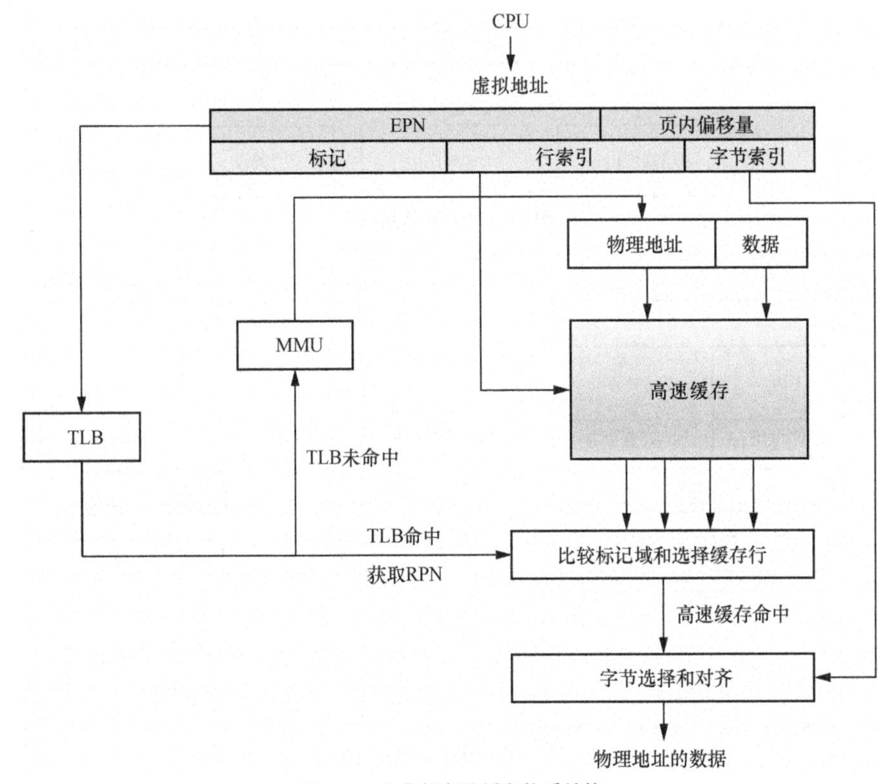

图 11.4 经典的高速缓存体系结构

处理器在访问存储器时会把虚拟地址同时传递给 TLB 和高速缓存。TLB 是一个用于存储虚拟地址到物理地址的转换结果的小缓存，处理器先使用有效页帧号（Effective Page frame Number，EPN）在 TLB 中查找最终的实际页帧号（Real Page frame Number，RPN）。如果其间发生 TLB 未命中（TLB miss），将会带来一系列严重的系统惩罚，处理器需要查询页表。假设发生 TLB 命中，就会很快获得合适的 RPN，并得到相应的物理地址。

同时，处理器通过高速缓存编码地址的索引域可以很快找到高速缓存行对应的组。但是这里高速缓存行中的数据不一定是处理器所需要的，因此有必要进行一些检查，将高速缓存行中存放的标记域和通过虚实地址转换得到的物理地址的标记域进行比较。如果相同并且状态位匹配，就会发生高速缓存命中，处理器通过字节选择与对齐（byte select and align）部件就可以获取所需要的数据。如果发生高速缓存未命中，处理器需要用物理地址进一步访问主存储器来获得最终数据，数据也会填充到相应的高速缓存行中。上述为 VIPT 类型的高速缓存组织方式。

图 11.5 所示为高速缓存的基本结构。

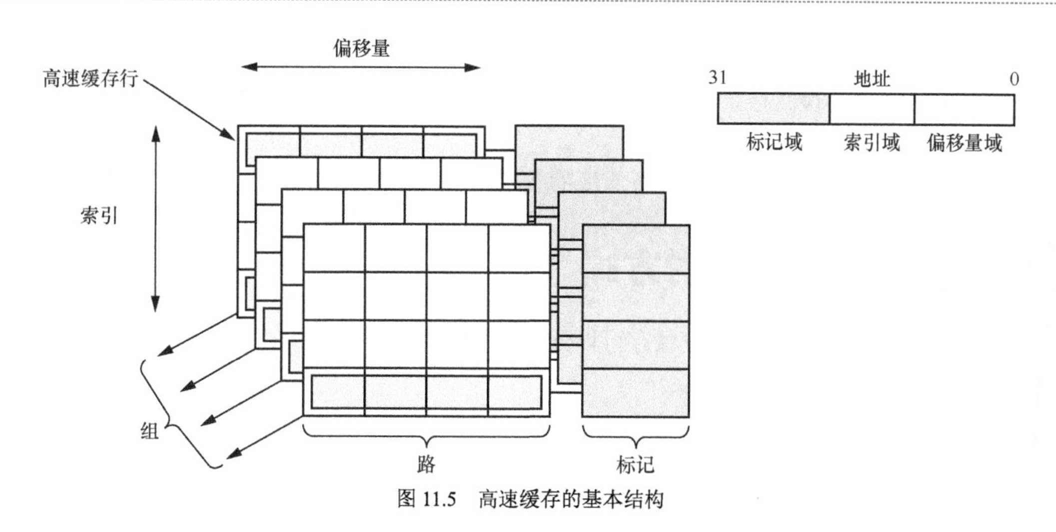

图 11.5 高速缓存的基本结构

- 地址：图 11.5 以 32 位地址为例，处理器访问高速缓存时的地址编码分成 3 部分，分别是偏移量域、索引域和标记域。
- 高速缓存行：高速缓存中最小的访问单元，包含一小段主存储器中的数据。常见的高速缓存行大小是 32 字节或 64 字节。
- 索引（index）：高速缓存地址编码的一部分，用于索引和查找地址在高速缓存的哪一组中。
- 路（way）：在组相联的高速缓存中，高速缓存分成大小相同的几个块。
- 组（set）：由相同索引的高速缓存行组成。
- 标记（tag）：高速缓存地址编码的一部分，通常是高速缓存地址的高位部分，用于判断高速缓存行缓存的数据的地址是否和处理器寻找的地址一致。
- 偏移量（offset）：高速缓存行中的偏移量。处理器可以按字（word）或者字节（byte）寻址高速缓存行的内容。

路和组容易混淆，图 11.6 所示的是一个 2 路组相联高速缓存，它一共由 2 路组成，每一路都有 256 个高速缓存行。路 0 和路 1 中相同索引号对应的高速缓存行组成一组，例如，路 0 中的高速缓存行 0 和路 1 中的高速缓存行 0 构成组 0，它一共有 256 组。

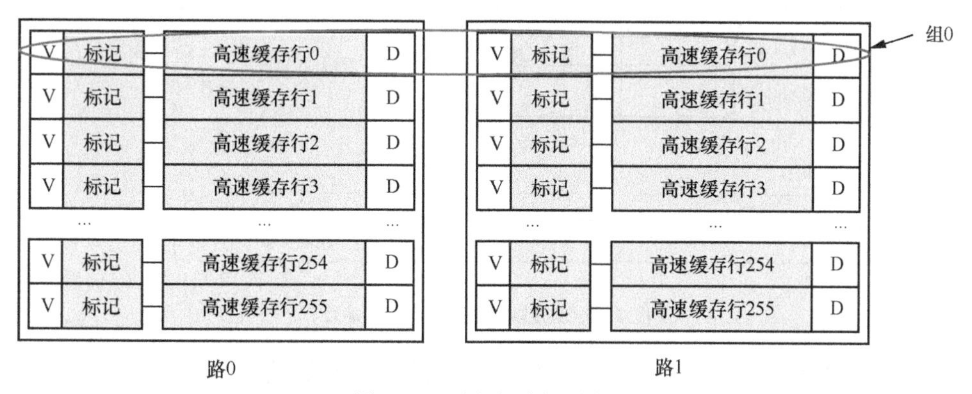

图 11.6 2 路组相联高速缓存

综上所述，处理器访问高速缓存的流程如下。

（1）处理器对访问高速缓存时的地址进行编码，根据索引域来查找组。对于组相联的高速缓存，一组里有多个高速缓存行的候选者。在图 11.5 中，在一个 4 路组相联的高速缓存中，一组里有 4 个高速缓存行候选者。

（2）在 4 个高速缓存行候选者中通过标记域进行比对。如果标记域相同，则说明命中高速缓存行。

（3）通过偏移量域寻址高速缓存行对应的数据。

11.4 高速缓存的映射方式

根据组的高速缓存行数，高速缓存可以分为不同的映射方式：

- 直接映射（direct mapping）；
- 全相联映射（fully associative mapping）；
- 组相联映射（set-associative mapping）。

11.4.1 直接映射

当每组只有一个高速缓存行时，高速缓存称为直接映射高速缓存。

下面用一个简单的高速缓存来说明。如图 11.7 所示，这个高速缓存只有 4 个高速缓存行，每行有 4 个字，1 个字占 4 字节，共 16 字节。高速缓存控制器可以使用 Bit[3:2]来选择高速缓存行中的字，使用 Bit[5:4]来选择 4 个高速缓存行中的 1 个，其余的位用于存储标记值。从路和组的角度来看，这个高速缓存只有 1 路，每路里有 4 组，每组里只有一个高速缓存行。

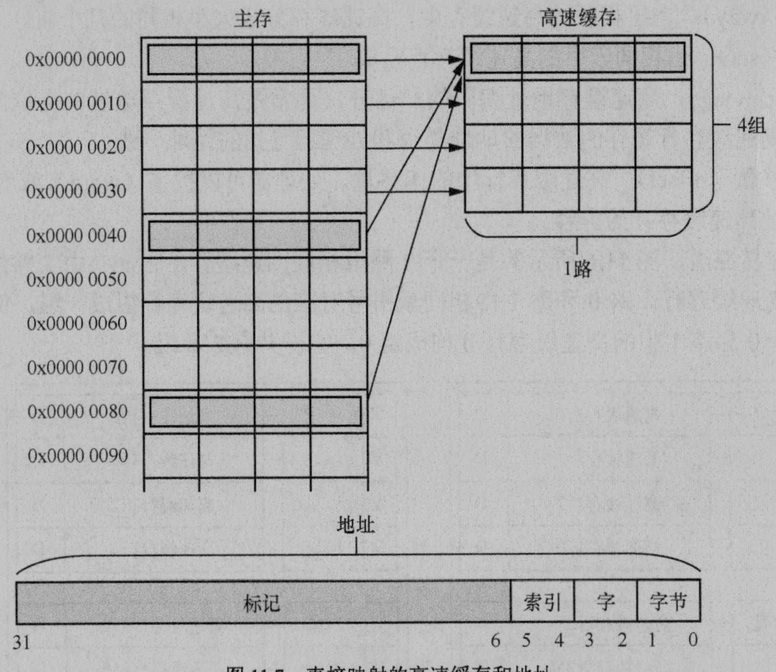

图 11.7　直接映射的高速缓存和地址

在这个高速缓存查询过程中，使用索引域来查找组，然后比较标记域与查询的地址，当它们相等并且有效位等状态也匹配时，发生高速缓存命中，可以使用偏移量域来寻址高速缓存行中的数据。如果高速缓存行包含有效数据，但是标记域是其他地址的值，那么这个高速缓存行需要被替换。因此，在这个高速缓存中，主存储器中所有与 Bit[5:4]相同的地址都会映射到同一个高速缓存行中，并且同一时刻只有一个高速缓存行。若高速缓存行被频繁换入、换出，会导致严重的高速缓存颠簸（cache thrashing）。

在下面的代码片段中，假设 result、data1 和 data2 分别指向地址空间中的 0x00、0x40 和 0x80，那么它们都会使用同一个高速缓存行。

```
void add_array(int *data1, int *data2, int *result, int size)
{
    int i;
    for (i=0; i<size; i++) {
          result[i] = data1[i] + data2[i];
    }
}
```

当第一次读 data1（即 0x40）中的数据时，因为数据不在高速缓存行中，所以把从 0x40 到 0x4F 地址的数据填充到高速缓存行中。

当读 data2（即 0x80）中的数据时，数据不在高速缓存行中，需要把从 0x80 到 0x8F 地址的数据填充到高速缓存行中。因为 0x80 和 0x40 映射到同一个高速缓存行，所以高速缓存行发生替换操作。

当把 result 写入 0x00 地址时，同样发生了高速缓存行替换操作。

因此上面的代码片段会发生严重的高速缓存颠簸。

11.4.2 全相联映射

若高速缓存里有且只有一组，即主内存中只有一个地址与 n 个高速缓存行对应，称为全相联映射，这又是一种极端的映射方式。直接映射方式把高速缓存分成 1 路（块）；而全相联映射方式则是另外一个极端，把高速缓存分成 n 路，每路只有一个高速缓存行，如图 11.8 所示。换句话说，这个高速缓存只有一组，该组里有 n 个高速缓存行。

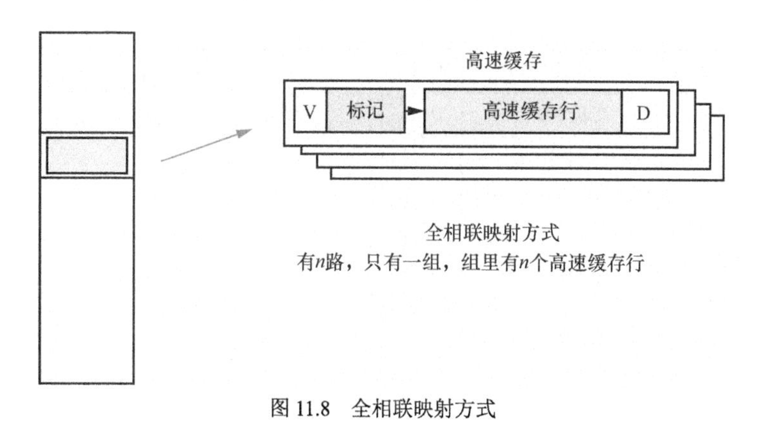

图 11.8　全相联映射方式

11.4.3 组相联映射

为了解决直接映射高速缓存中的高速缓存颠簸问题，组相联的高速缓存结构在现代处理器中得到广泛应用。

如图 11.9 所示，以一个 2 路组相联的高速缓存为例，每一路包括 4 个高速缓存行，因此每组有两个高速缓存行，可以提供高速缓存行替换。

地址 0x00、0x40 或者 0x80 中的数据可以映射到同一组的任意一个高速缓存行。当高速缓存行要进行替换操作时，有 50%的概率可以不被替换出去，从而缓解了高速缓存的颠簸问题。

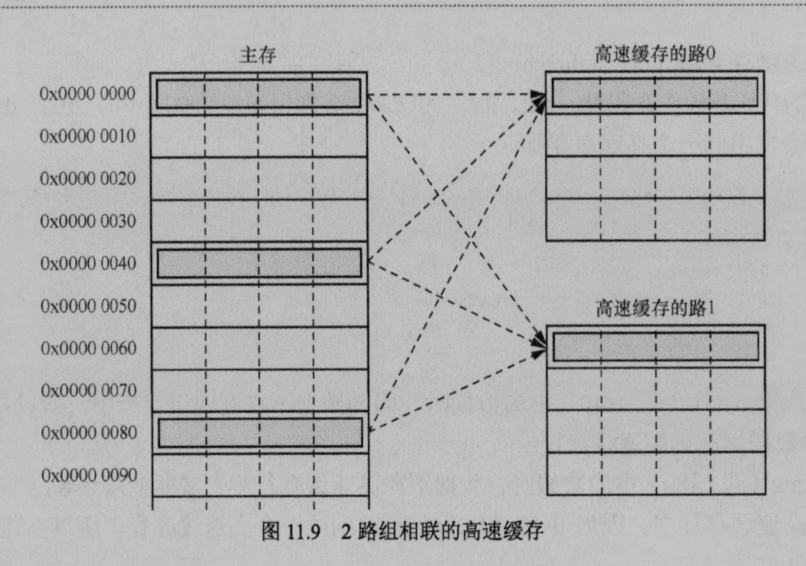

图 11.9 2 路组相联的高速缓存

11.4.4 组相联的高速缓存的例子

32 KB 的 4 路组相联高速缓存如图 11.10 所示。

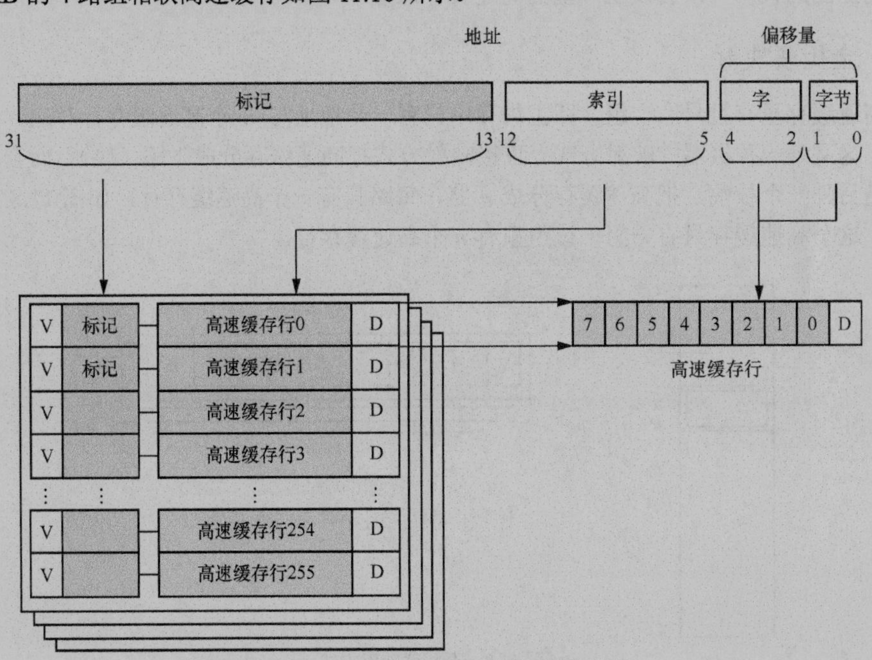

图 11.10 32 KB 的 4 路组相联高速缓存结构

下面分析这个高速缓存的结构。

高速缓存的总大小为 32 KB，并且是 4 路的，所以每一路的大小为 8 KB。

$$way\_size = 32\ KB/\ 4 = 8\ KB$$

高速缓存行的大小为 32 字节，所以每一路包含的高速缓存行数量如下。

$$num\_cache\_line = 8\ KB/32\ B = 256$$

所以在高速缓存编码的地址中，Bit[4:0]用于选择高速缓存行中的数据。其中，Bit[4:2]可用于寻址 8 个字，Bit[1:0]可用于寻址每个字中的字节。Bit[12:5]用于在索引域中选择每一路上的高速缓存行，Bit[31:13]用作标记域，如图 11.10 所示。这里，V 表示有效位，D 表示脏位。

11.5 虚拟高速缓存与物理高速缓存

处理器在访问存储器时，访问的地址是虚拟地址（Virtual Address，VA），经过 TLB 和 MMU 的映射后变成物理地址（Physical Address，PA）。TLB 只用于加速虚拟地址到物理地址的转换过程。得到物理地址之后，若每次都直接从物理内存中读取数据，显然会很慢。实际上，处理器都配置了多级的高速缓存来加快数据的访问速度，那么查询高速缓存时使用虚拟地址还是物理地址呢？

11.5.1 物理高速缓存

处理器查询 MMU 和 TLB 并得到物理地址之后，使用物理地址查询高速缓存，这种高速缓存称为物理高速缓存。使用物理高速缓存的缺点是处理器在查询 MMU 和 TLB 后才能访问高速缓存，增加了流水线的延迟时间。物理高速缓存的工作流程如图 11.11 所示。

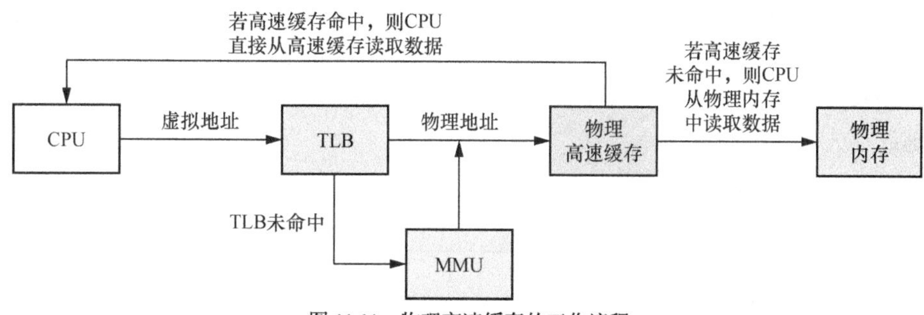

图 11.11 物理高速缓存的工作流程

11.5.2 虚拟高速缓存

若处理器使用虚拟地址来寻址高速缓存，这种高速缓存就称为虚拟高速缓存。处理器在寻址时，首先把虚拟地址发送到高速缓存，若在高速缓存里找到需要的数据，就不再需要访问 TLB 和 MMU。虚拟高速缓存的工作流程如图 11.12 所示。

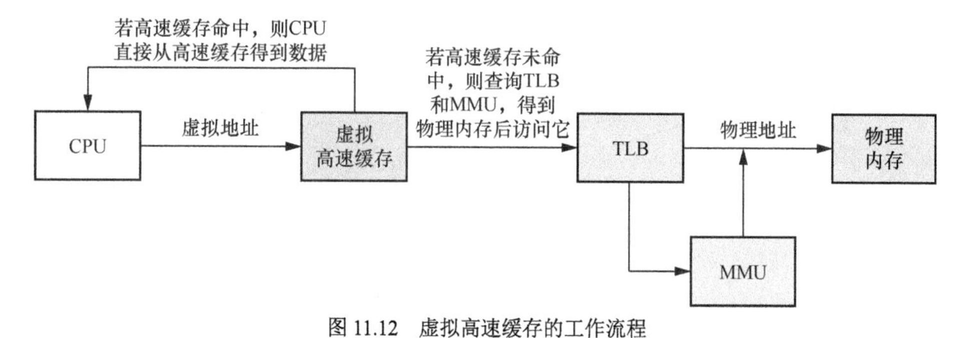

图 11.12 虚拟高速缓存的工作流程

11.5.3 VIPT 和 PIPT

在查询高速缓存时，使用了索引域和标记域，在查询高速缓存组时，使用虚拟地址的索引域还是物理地址的索引域呢？当找到高速缓存组时，使用虚拟地址还是物理地址的标记域来匹配高速缓存行呢？

高速缓存可以设计成通过虚拟地址或者物理地址来访问，这在处理器设计时就确定下来了，并且对高速缓存的管理有很大的影响。高速缓存可以分成如下 3 类。

- VIVT（Virtual Index Virtual Tag，虚拟索引虚拟标记）：使用虚拟地址的索引域和虚拟地址的标记域，相当于虚拟高速缓存。
- PIPT（Physical Index Physical Tag，物理索引物理标记）：使用物理地址的索引域和物理地址的标记域，相当于物理高速缓存。
- VIPT（Virtual Index Physical Tag，虚拟索引物理标记）：使用虚拟地址的索引域和物理地址的标记域。

早期的 ARM 处理器（如 ARM9 处理器）采用 VIVT 方式，不用经过 MMU 的翻译，直接使用虚拟地址的索引域和标记域来查找高速缓存行，这种方式会导致高速缓存重名问题。例如，一个物理地址的内容可以出现在多个高速缓存行中，当系统改变了虚拟地址到物理地址的映射时，需要清空这些高速缓存并使它们失效，这会导致系统性能降低。

ARM11 系列处理器采用 VIPT 方式，即处理器输出的虚拟地址会同时发送到 TLB/MMU，进行地址翻译，在高速缓存中进行索引并查询高速缓存。在 TLB/MMU 里，会把 VPN 翻译成 PFN，同时用虚拟地址的索引域和偏移量来查询高速缓存。高速缓存和 TLB/MMU 可以同时工作，当 TLB/MMU 完成地址翻译后，再用物理标记域来匹配高速缓存行，如图 11.13 所示。采用 VIPT 方式的好处之一是在多任务操作系统中修改虚拟地址到物理地址的映射关系，不需要使相应的高速缓存失效。

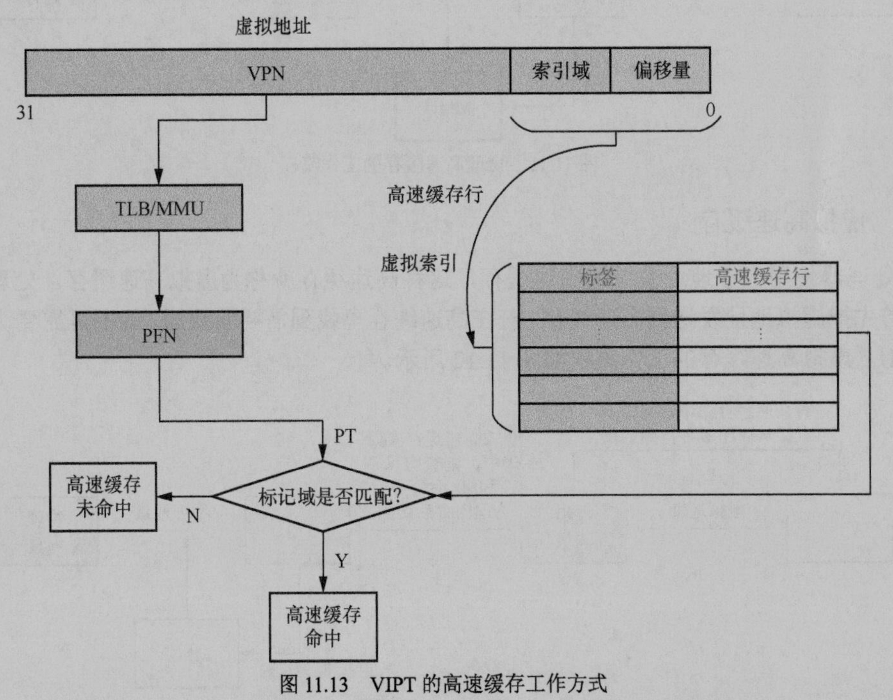

图 11.13　VIPT 的高速缓存工作方式

11.6 重名和同名问题

虚拟高速缓存容易引入重名和同名的问题，这是系统软件开发人员需要特别注意的地方。

早期的 ARM 处理器的高速缓存设计采用 VIVT 或者 VIPT 方式，引入了许多高速缓存重名和同名问题，而 RISC-V 体系结构作为一个后起之秀，从体系结构规范的角度约定：处理器微体系结构的实现不允许向软件暴露注入 VIVT/VIPT 之类的重名和同名问题，因此芯片设计者需要从处理器微体系结构实现的角度解决这个问题。例如，香山处理器采用硬件方式解决 VIPT 的重名问题，见 1.4.5 节。

11.6.1 重名问题

在操作系统中，多个不同的虚拟地址可能映射到相同的物理地址。因为采用虚拟高速缓存，所以这些不同的虚拟地址会占用高速缓存中不同的高速缓存行，但是它们对应的是相同的物理地址，这样会引发歧义。这称为重名（aliasing）问题，有的教科书中也称为别名问题。

重名问题的缺点如下。

- 浪费高速缓存空间，造成高速缓存等效容量减少。
- 在执行写操作时，只更新了其中一个虚拟地址对应的高速缓存，而其他虚拟地址对应的高速缓存并没有更新，因此处理器访问其他虚拟地址时可能得到旧数据。

如图 11.14 所示，如果 VA1（虚拟地址 1）映射到 PA（物理地址），VA2（虚拟地址 2）也映射到 PA，那么在虚拟高速缓存中可能同时缓存了 VA1 和 VA2。

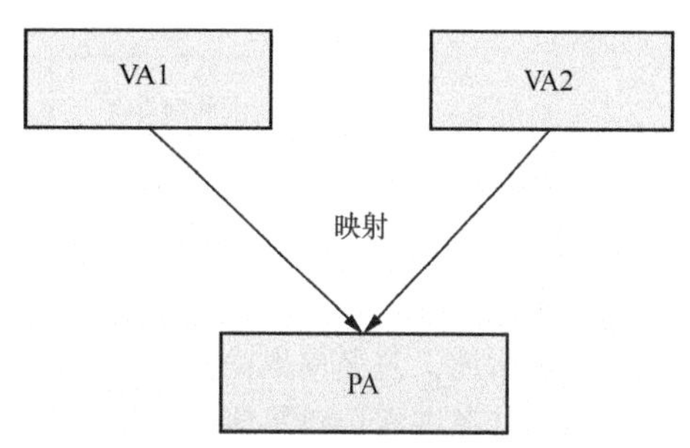

图 11.14　两个虚拟地址映射到相同的物理地址

当程序往 VA1 中写入数据时，虚拟高速缓存中 VA1 对应的高速缓存行和 PA 的内容会被更改，但是 VA2 还保存着旧数据。由于一个物理地址在虚拟高速缓存中保存了两份数据，因此会产生歧义，如图 11.15 所示。

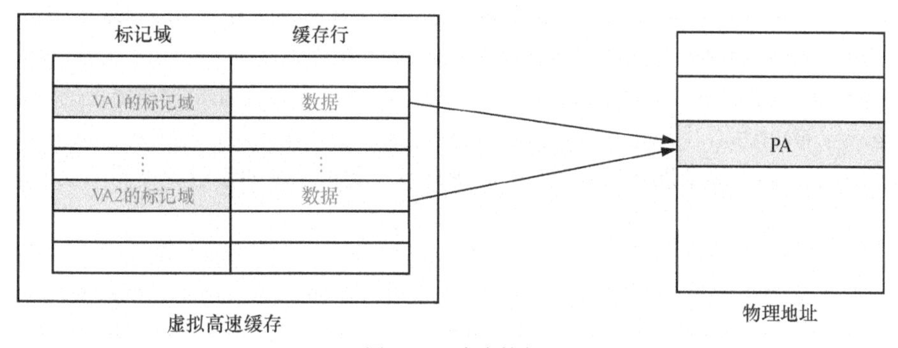

图 11.15　产生歧义

11.6.2 同名问题

同名（homonyms）问题指的是相同的虚拟地址对应不同的物理地址。因为操作系统不同的进程中会存在很多相同的虚拟地址，而这些相同的虚拟地址在经过 MMU 转换后得到不同的物理地址，所以就产生了同名问题。

同名问题常出现在进程切换的场景中。当一个进程切换到另外一个进程时，若新进程使用虚拟地址来访问高速缓存，新进程会访问旧进程遗留下来的高速缓存，这些高速缓存数据对于新进程来说是错误和没用的。如图 11.16 所示，进程 A 和进程 B 都使用了 0x50000 的虚拟地址，但是它们映射到的物理地址是不相同的。当从进程 A 切换到进程 B 时，虚拟高速缓存中依然保存了虚拟地址 0x50000 的缓存行，它的数据为物理地址 0x400 中的数据。当进程 B 运行时，如果进程 B 访问虚拟地址 0x50000，那么会在虚拟高速缓存中命中，从而获取错误的数据。

解决办法是在进程切换时先使用 clean 命令把脏的缓存行的数据写回到内存中，然后使所有的高速缓存行都失效，这样就能保证新进程执行时得到“干净的”虚拟高速缓存。同样，需要使 TLB 无效，因为新进程在切换后会得到一个旧进程使用的 TLB，里面存放了旧进程的虚拟地址到物理地址的转换结果。这对于新进程来说是无用的，因此需要把 TLB 清空。

采用虚拟地址的索引域的高速缓存会不可避免地遇到同名问题，因为同一个虚拟地址可能会映射到不同的物理地址上。而采用物理地址的索引域的高速缓存则可以避免同名问题，因为索引域的值是通过 MMU 转换地址得到的。

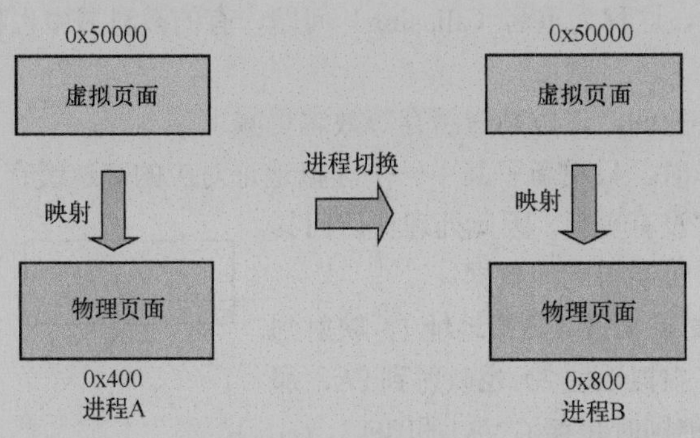

图 11.16 同名问题

综上所述，重名问题是多个虚拟地址映射到同一个物理地址引发的问题，而同名问题是一个虚拟地址在进程切换等情况下映射到不同的物理地址而引发的问题。

11.6.3 VIPT 产生的重名问题

采用 VIPT 方式也可能导致高速缓存重名问题。在 VIPT 中，若使用虚拟地址的索引域来查找高速缓存组，可能导致多个高速缓存组映射到同一个物理地址。以 Linux 内核为例，它是以 4 KB 为一个页面大小进行管理的，因此对于一个页面来说，虚拟地址和物理地址的低 12 位（Bit[11:0]）是一样的。因此，不同的虚拟地址会映射到同一个物理地址，这些虚拟页面的低 12 位是一样的。总之，多个虚拟地址对应同一个物理地址，虚拟地址的索引域不同导致了重名问题。解决这个问题的办法是让多个虚拟地址的索引域也相同。

如果索引域位于 Bit[11:0]，就不会发生高速缓存重名问题，因为该范围相当于一个页面内的地址。那什么情况下索引域会在 Bit[11:0]内呢？索引域是用于在一个高速缓存路中查找高速缓存行的，当一个高速缓存路的大小为 4 KB 时，索引域必然在 Bit[11:0]范围内。例如，如果高速缓存行大小是 32 字节，那么偏移量域占 5 位，有 128 个高速缓存组，索引域占 7 位，这种情况下刚好不会发生重名。

下面举一个例子，假设高速缓存的路的大小是 8 KB，并且两个虚拟页面 Page1 和 Page2 同时映射到同一个物理页面，如图 11.17（a）所示。因为高速缓存的路是 8 KB，所以索引域的范围会在 Bit[12:0]。假设这两个虚拟页面恰巧被同时缓存到高速缓存中，而且正好填充满了一个高速缓存的路，如图 11.17（b）所示。因为高速缓存采用的是虚拟地址的索引域，所以虚拟页面 Page1 与 Page2 构成的虚拟地址索引域有可能让高速缓存同时缓存了 Page1 和 Page2 的数据。

我们研究其中的虚拟地址 VA1 和 VA2，这两个虚拟地址的第 12 位可能是 0，也可能是 1。当 VA1 的第 12 位为 0、VA2 的第 12 位为 1 时，在高速缓存中会在两个不同的地方存储同一个 PA 的值，这就导致了重名问题。修改虚拟地址 VA1 的内容后，访问虚拟地址 VA2 会得到一个旧值，导致错误发生，如图 11.18 所示。

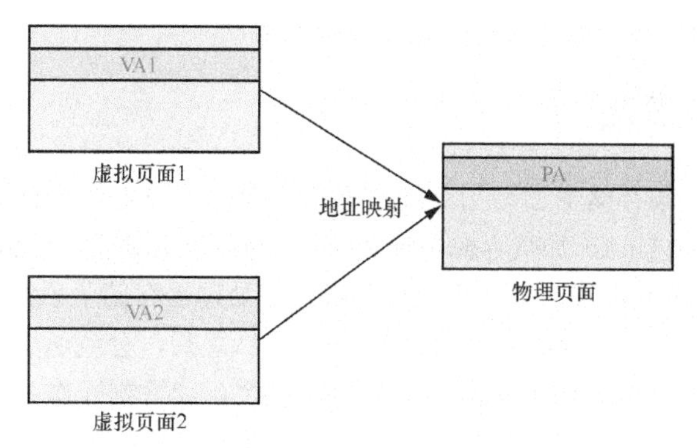

（a）两个虚拟页面映射到同一个物理页面

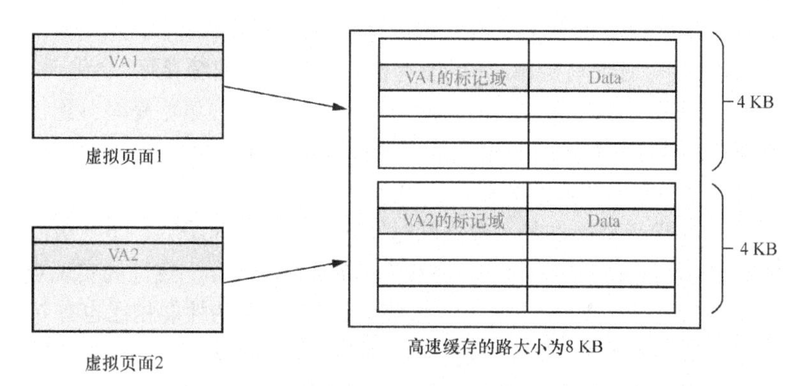

（b）两个虚拟页面同时缓存到高速缓存的一个路中

图 11.17　VIPT 可能导致重名问题

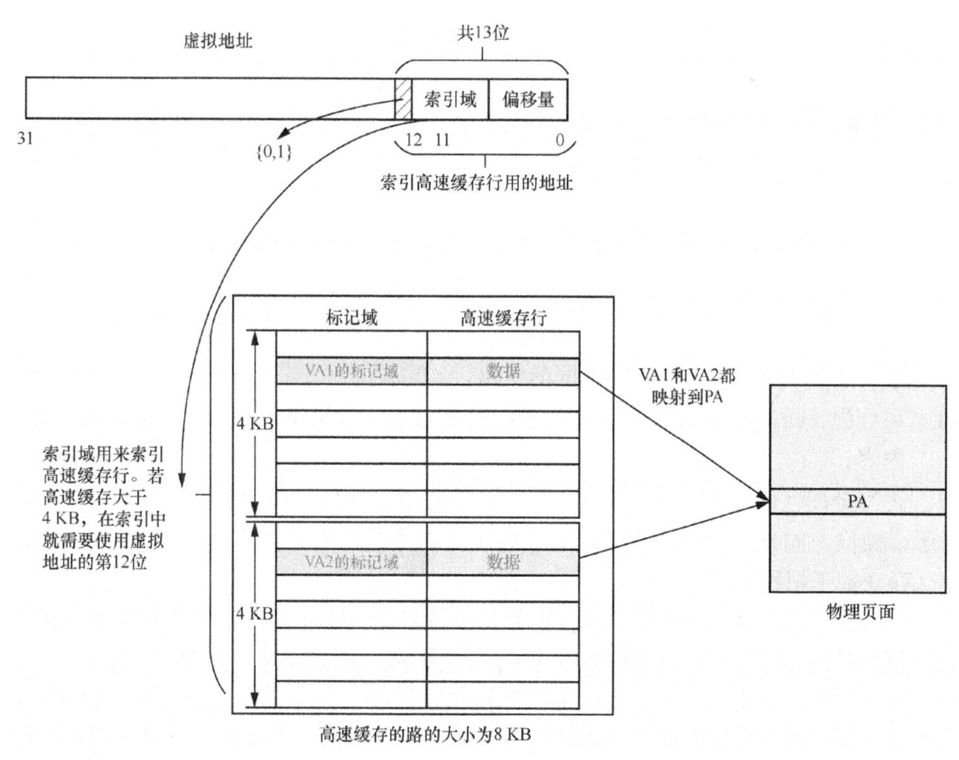

图 11.18　访问 VA2 发生错误

11.7 高速缓存策略

在处理器内核中，一条存储器读写指令经过取指、译码、发射和执行等一系列操作之后，首先到达 LSU（Load Store Unit，加载存储单元）。LSU 包括加载队列（load queue）和存储队列（store queue）。LSU 是指令流水线中的一个执行部件，是处理器存储子系统的顶层，是连接指令流水线和高速缓存的一个支点。存储器读写指令通过 LSU 之后，会到达一级缓存控制器。一级缓存控制器首先发起探测操作。对于读操作，发起高速缓存读探测操作并带回数据；对于写操作，发起高速缓存写探测操作。发起写探测操作之前，需要准备好待写的高速缓存行。探测操作返回时，将会带回数据。存储器写指令获得最终数据并进行提交操作之后，才会将数据写入。这个写入可以采用直写（write through）模式或者回写（write back）模式。

在上述的探测过程中，对于写操作，如果没有找到相应的高速缓存行，会出现写未命中（write miss）；否则，就会出现写命中（write hit）。对于写未命中的处理策略是写分配，即一级缓存控制器将分配一个新的高速缓存行，之后和获取的数据进行合并，然后写入一级缓存中。

如果探测的过程是写命中的，那么在真正写入时有如下两种模式。

- 直写模式：在进行写操作时，数据同时写入当前的高速缓存、下一级高速缓存或主存储器中，如图 11.19 所示。直写模式可以降低高速缓存一致性的实现难度，其最大的缺点是会消耗比较多的总线带宽，性能和回写模式下的性能相比也有差距。
- 回写模式：在进行写操作时，数据直接写入当前高速缓存，而不会继续传递，当该高速缓存行被替换出去时，被改写的数据才会更新到下一级高速缓存或主存储器中，如图 11.20 所示。该策略增加了高速缓存一致性的实现难度，但是有效减少了总线带宽需求。

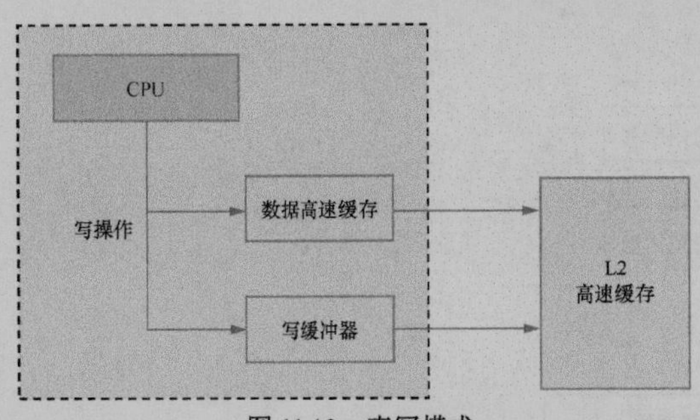

图 11.19　直写模式

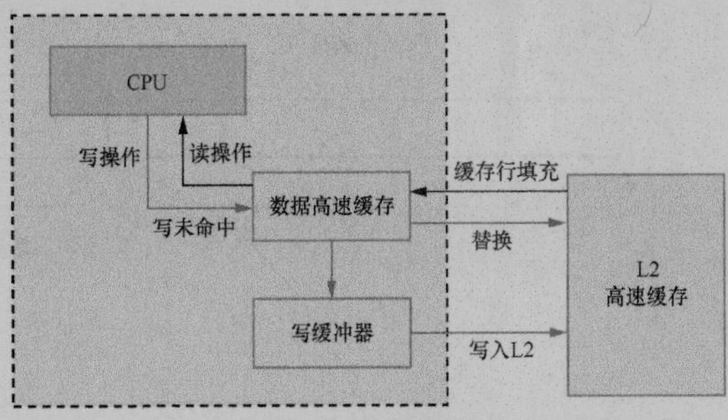

图 11.20　回写模式

如果写未命中，那么也存在两种不同的策略。

- 写分配（write-allocate）策略：先把要写的数据加载到高速缓存中，后修改高速缓存的内容。
- 无写分配（no write-allocate）策略：不分配高速缓存，直接把内容写入内存中。

对于读操作，如果命中高速缓存，那么直接从高速缓存中获取数据；如果没有命中高速缓存，那么存在如下两种不同的策略。

- 读分配（read-allocate）策略：先把数据加载到高速缓存中，后从高速缓存中获取数据。
- 读直通（read-through）策略：不经过高速缓存，直接从内存中读取数据。

由于高速缓存的容量远小于主存储器，因此高速缓存未命中意味着处理器不仅需要从主存储器中获取数据，而且需要将高速缓存的某个高速缓存行替换出去。在高速缓存的标记阵列中，除地址信息之外，还有高速缓存行的状态信息。不同的高速缓存一致性策略使用的高速缓存状态信息并不相同。在 MESI 协议中，一个高速缓存行通常包括 M、E、S 和 I 这 4 种状态。

高速缓存的替换策略有随机法、先进先出（First in First out，FIFO）法和最近最少使用（Least Recently Used，LRU）法。

- 随机法：随机地确定替换的高速缓存行，由一个随机数产生器产生随机数来确定替换行，这种方法简单、易于实现，但命中率比较低。
- FIFO 法：选择最先调入的高速缓存并行进行替换，最先调入的行可能被多次命中，但被优先替换，因而不符合局部性原理。
- LRU 法：根据各行使用的情况，始终选择最近最少使用的行并替换，这种算法较好地反映了程序局部性原理。

11.8 高速缓存的维护指令

RISC-V 中的 CMO（Cache Management Operation，高速缓存管理操作）扩展指令集提供了对高速缓存进行管理的指令，其中包括管理高速缓存和预取高速缓存的指令。在某些情况下，操作系统或者应用程序会主动调用高速缓存管理指令对高速缓存进行干预和管理。例如，当进程改变了地址空间的访问权限、高速缓存策略或者虚拟地址到物理地址的映射时，通常需要对高速缓存做一些同步管理，如清理对应高速缓存中旧的内容。

11.8.1 高速缓存管理指令

高速缓存的管理主要有如下 4 种情况。

- 失效（invalidate）操作：使某个高速缓存行失效，并丢弃高速缓存上的数据。
- 清理（clean）操作：把标记为脏的某个高速缓存行写回下一级高速缓存中或者内存中，然后清除高速缓存行中的脏位。这使高速缓存行的内容与下一级高速缓存或者内存中的数据保持一致。
- 冲刷（flush）操作：这是一种混合的操作，即清理并使其失效（clean and invalidate），它会先执行清理操作，然后使高速缓存行失效。
- 清零（zero）操作：在某些情况下，用于对高速缓存进行预取和加速。例如，当程序需要使用较大的临时内存时，如果在初始化阶段对这块内存进行清零操作，高速缓存控制器就会主动把这些零数据写入高速缓存行中。若程序主动使用高速缓存的清零操作，那么将大大降低系统内部总线的带宽。

在一个缓存一致性的系统中，一个地址对应的高速缓存可能在多个缓存一致性的主控制器（如 CPU、GPU、加速器等）中都缓存了副本。如果一个缓存一致性的主控制器对一个地址执行高速缓存管理指令，那么这条高速缓存管理指令会影响整个系统的所有缓存一致性主控制器中对这个地址对应的高速缓存行。

在 RISC-V 的 CMO 扩展指令集中，如下 4 条指令用于高速缓存的管理。

1. CBO.CLEAN 指令

CBO.CLEAN 指令用于对一个指定地址的高速缓存行执行清理操作。CBO.CLEAN 指令的格式如下。

```
cbo.clean rs1
```

其中，rs1 表示虚拟地址，这条指令会清理 rs1 对应的高速缓存行。CBO.CLEAN 指令的格式如图 11.21 所示。

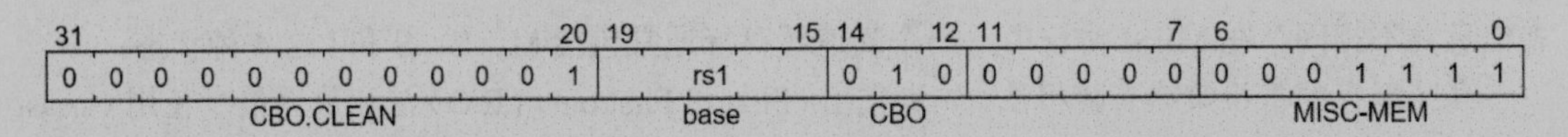

图 11.21 CBO.CLEAN 指令的格式

2. CBO.FLUSH 指令

CBO.FLUSH 指令用于对一个指定地址的高速缓存行执行冲刷操作。CBO.FLUSH 指令的格式如下。

```
cbo.flush  rs1
```

其中，rs1 表示虚拟地址，这条指令会冲刷 rs1 对应的高速缓存行。CBO.FLUSH 指令的格式如图 11.22 所示。

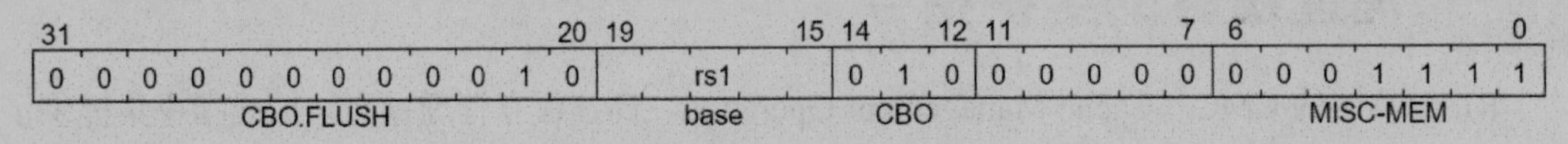

图 11.22 CBO.FLUSH 指令的格式

3. CBO.INVAL 指令

CBO.INVAL 指令用于使一个指定地址的高速缓存行无效。CBO.INVAL 指令的格式如下。

```
cbo.inval  rs1
```

其中，rs1 表示虚拟地址，这条指令会使 rs1 对应的高速缓存行无效。CBO.INVAL 指令的格式如图 11.23 所示。

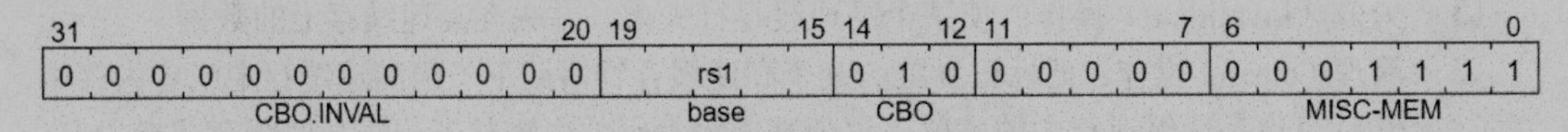

图 11.23 CBO.INVAL 指令的格式

4. CBO.ZERO 指令

CBO.ZERO 指令用于对一个指定地址的高速缓存行执行清零操作。CBO.ZERO 指令的格式如下。

```
cbo.zero  rs1
```

其中，rs1 表示虚拟地址，这条指令会用零填充 rs1 对应的高速缓存行的内容。CBO.ZERO 指令的格式如图 11.24 所示。

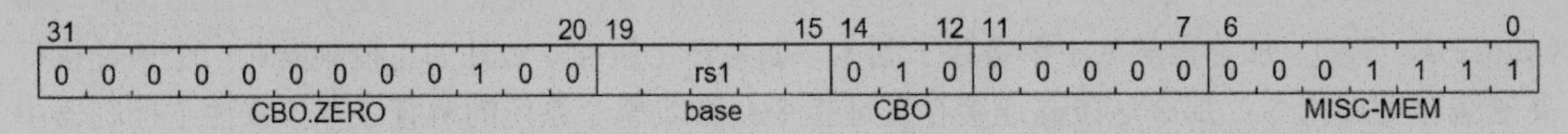

图 11.24 CBO.ZERO 指令的格式

11.8.2 高速缓存预取指令

RISC-V 中的 CMO 扩展指令集还提供了 3 条高速缓存预取指令。

1. PREFETCH.I 指令

PREFETCH.I 指令用于预取指令高速缓存的数据，其格式如下。

```
prefetch.i offset(base)
```

其中，base 为基地址，由 rs1 寄存器来表示；offset 为偏移量，它是 12 位宽的有符号立即数。

PREFETCH.I 指令的编码如图 11.25 所示。

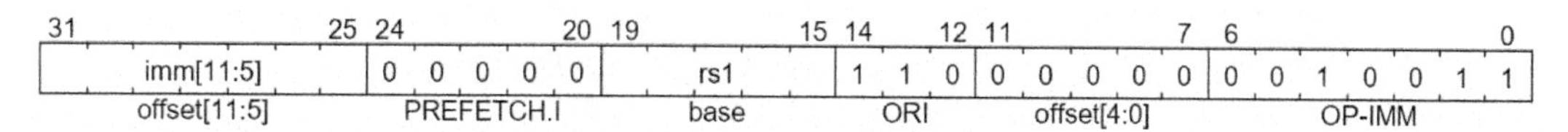

图 11.25 PREFETCH.I 指令的编码

2. PREFETCH.R 指令

PREFETCH.R 指令用于在读操作中预取数据高速缓存的数据，其格式如下。

```
prefetch.r offset(base)
```

其中，base 为基地址，由 rs1 寄存器来表示；offset 为偏移量，它是 12 位宽的有符号立即数。PREFETCH.R 指令的编码如图 11.26 所示。

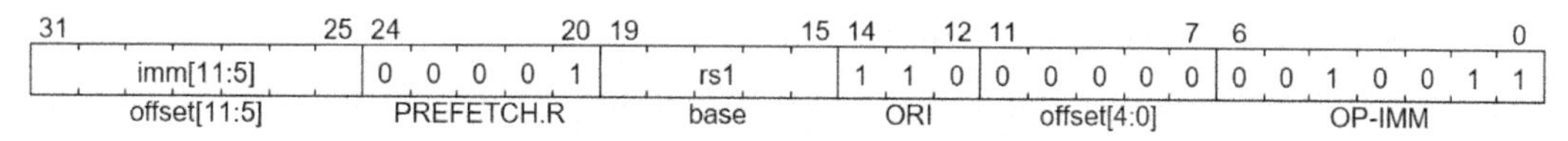

图 11.26 PREFETCH.R 指令的编码

3. PREFETCH.W 指令

PREFETCH.W 指令用于在写操作中预取数据高速缓存的数据，其格式如下。

```
prefetch.w offset(base)
```

其中，base 为基地址，由 rs1 寄存器来表示；offset 为偏移量，它是 12 位宽的有符号立即数。PREFETCH.W 指令的编码如图 11.27 所示。

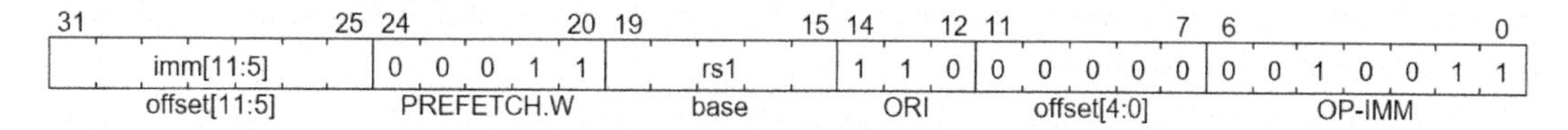

图 11.27 PREFETCH.W 指令的编码

第12章 缓存一致性

本章思考题

1. 为什么需要缓存一致性？
2. 缓存一致性的解决方案一般有哪些？
3. 为什么软件维护缓存一致性会在降低性能的同时增加功耗？
4. 什么是MESI协议？MESI这几个字母分别代表什么意思？
5. 假设系统中有4个CPU，每个CPU都有各自的一级高速缓存，处理器内部实现的是MESI协议，它们都想访问相同地址的数据*a*，大小为64字节，这4个CPU的高速缓存在初始状态下都没有缓存数据*a*。在*T*0时刻，CPU0访问数据*a*。在*T*1时刻，CPU1访问数据*a*。在*T*2时刻，CPU2访问数据*a*。在*T*3时刻，CPU3想更新数据*a*的内容。请依次说明*T*0～*T*3时刻4个CPU中高速缓存行的变化情况。
6. MOESI协议中的O代表什么意思？
7. 什么是高速缓存伪共享？请阐述高速缓存伪共享发生时高速缓存行状态的变化情况，以及软件应该如何避免高速缓存伪共享。
8. DMA和高速缓存容易产生缓存一致性问题。从DMA缓冲区（内存）到设备的FIFO缓冲区搬运数据时，应该如何保证缓存一致性？从设备的FIFO缓冲区到DMA缓冲区（内存）搬运数据时，应该如何保证缓存一致性？
9. 什么是自修改代码？自修改代码是如何产生缓存一致性问题的？该如何解决？

本章重点介绍缓存一致性等相关问题，包括为什么需要缓存一致性、缓存一致性有哪些分类，以及在业界缓存一致性有哪些常用的解决方案。另外，本章还会重点介绍MESI协议，包括如何看懂MESI协议的状态转换、MESI协议的应用场景等。最后，本章通过3个案例分析缓存一致性的相关问题。

12.1 为什么需要缓存一致性

什么是缓存一致性呢？缓存一致性关注的是同一个数据在多个高速缓存和内存中的一致性问题。为什么会产生缓存一致性问题呢？

要了解这个问题，我们需要从单核处理器进化到多核处理器这个过程开始说起。在多核处理器里，每个内核都有自己的L1高速缓存，多个内核可能共享一个L2高速缓存等。

如图12.1所示，CPU0有自己的L1高速缓存，CPU1也有自己的L1高速缓存。如果CPU0率先访问内存地址A，这个地址的数据就会加载到CPU0的L1高速缓存里。如果CPU1也想访问这个数据，那应该怎么办呢？它应该从内存中读，还是向 CPU0 要数据呢？这种情况下就产生了缓存一致性问题。因为内存地址 A 的数据在系统中存在两个副本，一个在内存地址 A 中，另一个在 CPU0 本地的 L1 高速缓存里。如果 CPU0 修改了本地的 L1 高速缓存的数据，那么这两个数据副本就不一致，就出现了缓存一致性问题。

如图 12.1 所示，数据 A 在 3 个地方——内存、CPU0 的 L1 高速缓存、CPU1 的 L1 高速缓存。这个系统有 4 个观察者（observer）——CPU0、CPU1、DMA 缓冲区以及 GPU，那么在 4 个观察者眼中，内存 A 的数据会是一致的吗？有没有可能产生不一致的情况呢？这就是缓存一致性的问题，包括内核与内核之间的缓存一致性、DMA 缓冲区和高速缓存之间的一致性等。

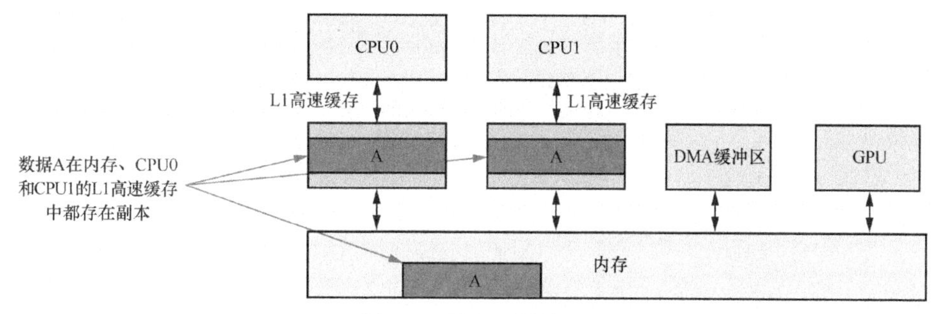

图 12.1 缓存一致性问题

缓存一致性关注的是同一个数据在多个高速缓存和内存中的一致性问题。解决高速缓存一致性的方法主要是使用总线监听协议，如 MESI 协议等。所以本章主要介绍 MESI 协议的原理和应用。

虽然 MESI 协议对软件是透明的，即完全是由硬件实现的，但是在有些场景下需要软件来干预。下面举几个例子。

- 在驱动程序中使用 DMA 缓冲区造成数据高速缓存和内存中的数据不一致。这很常见。设备内部一般有 FIFO 缓冲区。当我们需要把设备的 FIFO 缓冲区中的数据写入内存的 DMA 缓冲区时，需要考虑高速缓存的影响。当需要把内存中 DMA 缓冲区的数据搬移到设备的 FIFO 缓冲区时，也需要思考高速缓存的影响。
- 自修改代码（Self-Modifying Code，SMC）导致数据高速缓存和指令高速缓存不一致，因为数据高速缓存里的代码可能比指令高速缓存里的要新。
- 修改页表导致不一致（TLB 里保存的数据可能过时）。

12.2 缓存一致性的分类

12.2.1 缓存一致性协议发展历程

RISC-V 处理器的起步比 ARM 处理器晚，在不少的设计实现中借鉴并采用了 ARM 处理器的相关技术和 IP。本节以 ARM 处理器的缓存一致性的发展历程为例。

如图 12.2 所示，在 2006 年，Cortex-A8 处理器横空出世。Cortex-A8 采用单核的设计，只有一个 CPU 内核，没有多核之间的缓存一致性问题，不过会有 DMA 缓冲区和高速缓存的一致性问题。

Cortex-A9 中加入多核设计，需要在内核与内核之间通过硬件来保证缓存一致性，通常的做法是实现 MESI 之类的协议。

Cortex-A15 引入了大小核的体系结构。大小核体系结构里有两个 CPU 簇（cluster），每个簇里有多个处理器内核。我们需要使用 MESI 协议来保证多个处理器内核的缓存一致性。CPU 簇与簇之间如何保证缓存一致性呢？这就需要一个实现 AXI 一致性扩展（AXI Coherency Extension，ACE）的控制器来解决这个问题了。这就是系统级别的缓存一致性问题。ARM 公司在这方面做了不少工作，有现成的 IP（如 CCI-400、CCI-500 等）可以使用。ACE 总线协议在系统可扩展性方面有所欠缺，ARM 公司最近推出了 CHI（Coherent Hub Interface，一致性集线器接口）总线协议，用于服务器芯片等大型应用中。SiFive 公司也推出了类似的总线协议——TileLink 总线协议。

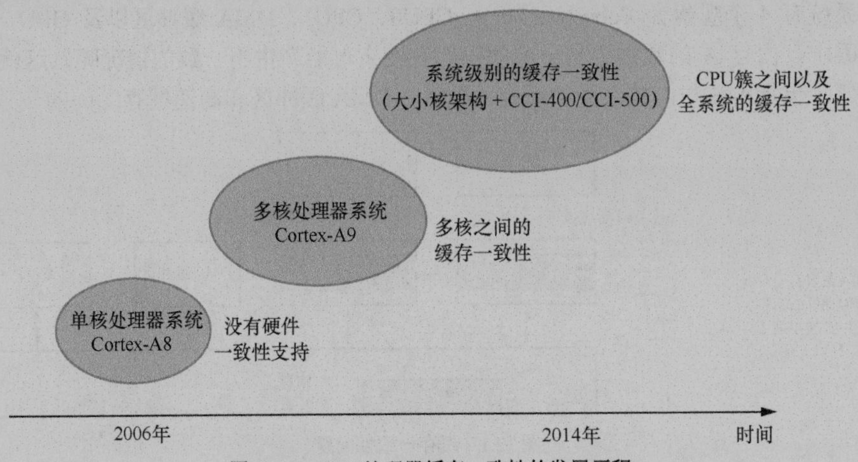

图 12.2　ARM 处理器缓存一致性的发展历程

12.2.2　缓存一致性分类

缓存一致性根据系统设计的复杂度可以分成两大类。

- 多核间的缓存一致性，通常指的是 CPU 簇内的处理器内核之间的缓存一致性。
- 系统间的缓存一致性，包括 CPU 簇与簇之间的缓存一致性以及全系统（如 CPU 与 GPU）间的缓存一致性。

在单核处理器系统里，系统只有一个 CPU 和高速缓存，不会有第二个访问高速缓存的 CPU，因此，在单核处理器系统里没有缓存一致性问题。注意，这里说的缓存一致性问题指的是多核之间的缓存一致性问题，单处理器系统依然会有 DMA 缓冲区和 CPU 高速缓存之间的一致性问题。此外，在单核处理器系统里，高速缓存的管理指令的作用范围仅仅限于单核处理器。

我们看一下多核处理器的情况。例如，多核处理器系统在硬件上就支持多核间的缓存一致性，硬件上实现了 MESI 协议。实现 MESI 协议的硬件单元一般称为监听控制单元（Snoop Control Unit，SCU）。另外，在多核处理器系统里，高速缓存维护指令会发广播消息到所有的 CPU 内核，这一点和单核处理器不一样。

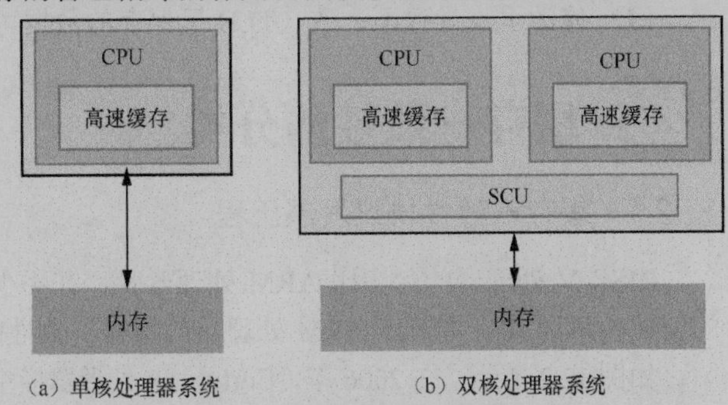

图 12.3　单核和多核处理器系统

图 12.3（a）所示是单核处理器系统，它只有一个 CPU 内核和单一的高速缓存，没有多核间的缓存一致性问题。图 12.3（b）所示是一个双核处理器系统，每个内核内部都有自己的 L1 高速缓存，因此就需要一个硬件单元来处理多核间的缓存一致性问题，这通常就是我们说的 SCU 了。

图 12.4 所示是多处理器簇核体系结构，它由两个 CPU 簇组成，每个 CPU 簇有两个内核。我们看其中一个 CPU 簇，它由 SCU 保证 CPU 内核之间的缓存一致性。于是，在最下面有一个缓存一致性控制器，如 ARM 公司的 CCI-400 控制器，它解决这两个 CPU 簇之间的缓存一致性问题。

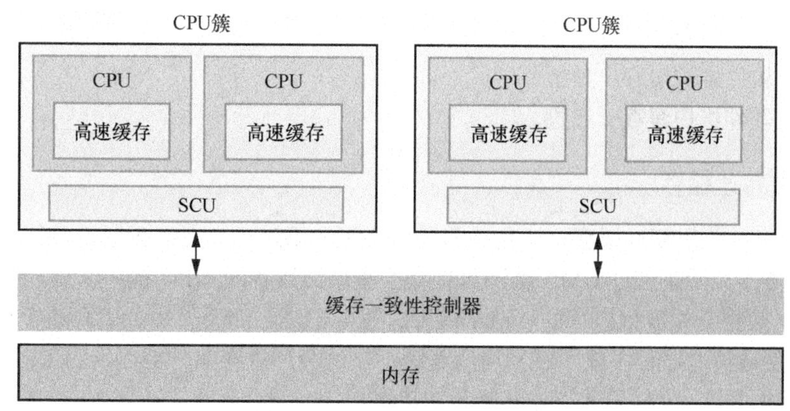

图 12.4 多处理器簇核体系结构

12.2.3 系统缓存一致性问题

现在处理器系统越来越复杂了，从多核发展到多簇。图 12.5 所示是一个典型的多处理器簇的 SoC 芯片体系结构，它由两个处理器簇组成。在一个 CPU 簇里，每个 CPU 都有各自独立的 L1 高速缓存，共享一个 L2 高速缓存，然后通过 ACE（AXI Coherent Extension）硬件单元连接到缓存一致性控制器（如 CCI-500）里。ACE 是 AMBA 4 协议中定义的。在这个系统里，除 CPU 之外，还有 GPU，如 ARM 公司的 Mali GPU。此外，还有一些带有 DMA 功能的外设等，这些设备都有独立访问内存的能力，因此它们也必须通过 ACE 接口连接到这个缓存一致性控制器上。这个缓存一致性控制器就是用来实现系统级别的缓存一致性的。

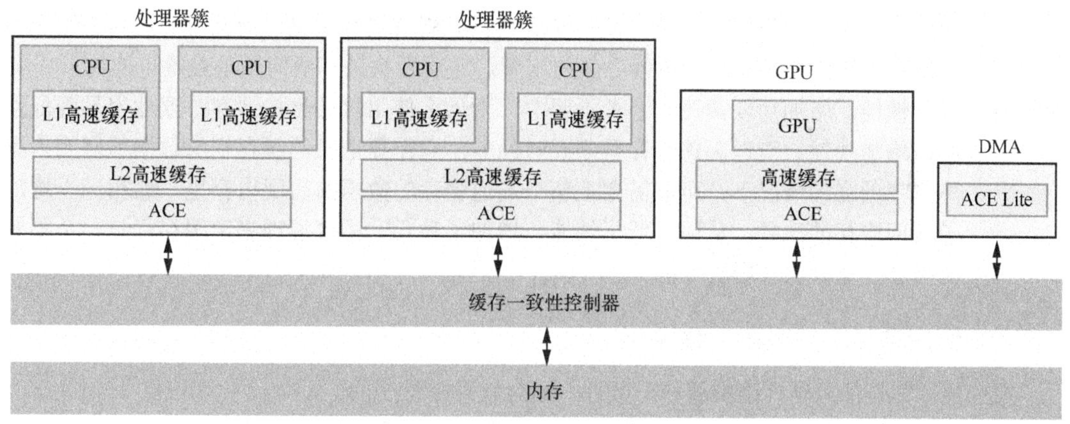

图 12.5 基于多处理器簇的 SoC 芯片体系结构

12.3 缓存一致性的解决方案

缓存一致性需要保证系统中所有的 CPU 以及所有的主控制器（如 GPU、DMA 等）观察到的某一个内存单元的数据是一致的。举个例子，外设使用 DMA，如果主机软件产生了一些数据，然后想通过 DMA 把这些数据搬运到外设。如果 CPU 和 DMA 看到的数据不一致，例如，CPU 产生的最新数据还在高速缓存里，而 DMA 从内存中直接搬运数据，那么 DMA 搬运了一个旧的数据，从而造成了数据的不一致（因为最新的数据在 CPU 侧的高速缓存里）。这个场景下，CPU 是生产者，它负责产生数据，而 DMA 是消费者，它负责搬运数据。

解决缓存一致性问题，通常有 3 种方案。

- 关闭高速缓存。
- 使用软件维护缓存一致性。
- 使用硬件维护缓存一致性。

12.3.1　关闭高速缓存

第一种方案是关闭高速缓存，这是最简单的办法，不过，它会严重影响性能。例如，主机软件产生了数据，然后想通过 DMA 缓冲区把数据搬运到设备的 FIFO 缓冲区里。在这个例子里，CPU 产生的新数据会先放到内存的 DMA 缓冲区里。但是，如果采用关闭高速缓存的方案，那么 CPU 在产生数据的过程中就不能利用高速缓存，这会严重影响性能，因为 CPU 要频繁访问内存的 DMA 缓冲区，这样导致性能下降和功耗增加。

12.3.2　使用软件维护缓存一致性

第二种方案是使用软件维护缓存一致性，这是最常用的方式，软件需要在合适的时间点清除脏的缓存行或者使缓存行失效。这种方式增加了软件的复杂度。

这种方案的优点是硬件实现会相对简单。

缺点如下。

- 增加软件复杂度。软件需要手动清理脏的缓存行或者使缓存行失效。
- 增加调试难度。软件必须在合适的时间点清除缓存行并使缓存行失效。如果不在恰当的时间点处理缓存行，那么 DMA 可能会传输错误的数据，这是很难定位和调试的。因为只在某个偶然的时间点传输了错误的数据，而且并没有造成系统崩溃，所以调试难度相对大。常用的方法是一帧一帧地把数据抓出来并对比，而且我们还不一定会想到是没有正确处理缓存一致性导致的问题。造成数据破坏的问题是最难定位的。
- 降低性能，增加功耗。可能读者不明白，为什么使用软件维护缓存一致性容易降低性能，增加功耗。清理高速缓存是需要时间的，它需要把脏的缓存行的数据写回到内存里。在糟糕的情况下，可能需要把整个高速缓存的数据都写回内存里，这相当于增加了访问内存的次数，从而降低了性能，增加了功耗。频繁清理高速缓存行是一个不好的习惯，这会大大影响性能。

12.3.3　使用硬件维护缓存一致性

第三种方案是使用硬件维护缓存一致性，这对软件是透明的。

对于多核间的缓存一致性，通常的做法就是在多核里实现一个 MESI 协议，实现一种总线监听的控制单元，如 ARM 的 SCU。

对于系统级别的缓存一致性，需要实现一种缓存一致性总线协议。在 2011 年，ARM 公司在 AMBA 4 协议里提出了 ACE 协议。ACE 协议用来实现 CPU 簇之间的缓存一致性。另外，ACE Lite 协议用来实现 I/O 设备（如 DMA 缓冲区、GPU 等）的缓存一致性。

12.4　MESI 协议

在一个处理器系统中，不同 CPU 内核上的高速缓存和内存可能具有同一个数据的多个副本，在仅有一个 CPU 内核的处理器系统中不存在一致性问题。维护高速缓存一致性的关键是跟踪每一个高速缓存行的状态，并根据处理器的读写操作和总线上相应的传输内容更新高速缓存行在不同 CPU 内核上的高速缓存中的状态，从而维护高速缓存一致性。维护高速缓存一致性可以使用软件和硬件两种方式。有的处理器体系结构（如 PowerPC）提供显式操作高速缓存的指令，不过现在大多数处理器体系结构采用硬件来维护它。在处理器中通过高速缓存一致性协议实现，这些协议维护一个有限状态机（Finite State Machine，FSM），根据存储器读写的指令或总线上的传输内容，进行状态迁移和相应的高速缓存操作来维护高速缓存一致性，不需要软件介入。

高速缓存一致性协议主要有两大类别：一类是监听协议（snooping protocol），每个高速缓存都要被监听或者监听其他高速缓存的总线活动，如图 12.6 所示；另一类是目录协议（directory protocol），用于全局统一管理高速缓存状态。

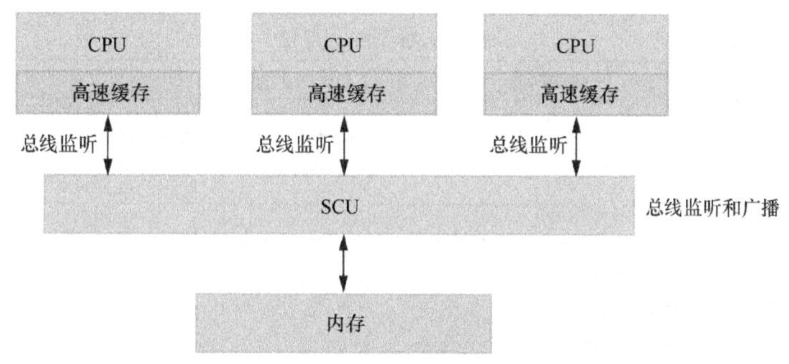

图 12.6　总线监听协议

1983 年，James Goodman 提出 Write-Once 总线监听协议，后来演变成目前很流行的 MESI 协议。Write-Once 总线监听协议依赖这样的事实，即所有的总线传输事务对于处理器系统内的其他单元是可见的。总线是一种基于广播通信的机制，因而可以由每个处理器的高速缓存来监听。这些年来人们已经提出了数十种协议，这些协议基本上是 Write-Once 总线监听协议的变种。不同的协议需要不同的通信量，通信量要求太多会浪费总线带宽，因为它使总线争用情况变多，留给其他部件的带宽减少。因此，芯片设计人员尝试将保持一致性协议所需要的总线通信量最小化，或者尝试优化某些频繁执行的操作。

目前，ARM 或 x86 等处理器广泛使用 MESI 协议来维护高速缓存一致性。MESI 协议的名字源于该协议使用的修改（Modified，M）、独占（Exclusive，E）、共享（Shared，S）和无效（Invalid，I）这 4 个状态。高速缓存行中的状态必须是上述 4 个状态中的 1 个。MESI 协议还有一些变种，如 MOESI 协议等，部分 ARMv7-A 和 ARMv8-A 处理器使用该变种协议。RISC-V 体系结构规范中没有约定处理器微架构使用何种缓存一致性协议，芯片设计人员可以自行选择，不过 MESI 协议被业界广泛采用。

12.4.1　MESI 协议简介

高速缓存行中有两个标志——脏（dirty）和有效（valid）。它们很好地描述了高速缓存和内存之间的数据关系，如数据是否有效，数据是否修改过。

表 12.1 所示为 MESI 协议中 4 个状态的说明。

表 12.1　MESI 协议中 4 个状态的说明

状态	说明
M	数据有效，数据已修改，和内存中的数据不一致，数据只存在于该高速缓存中
E	数据有效，数据和内存中数据一致，数据只存在于该高速缓存中
S	数据有效，数据和内存中数据一致，多个高速缓存中有数据的副本
I	数据无效

M 和 E 状态的高速缓存行中，数据都是独有的，不同点在于 M 状态的数据是脏的，和内存不一致；E 状态的数据是干净的，和内存一致。拥有 M 状态的高速缓存行会在某个合适的时刻把该高速缓存行写回内存中。

S 状态的高速缓存行中，数据和其他高速缓存共享，只有干净的数据才能被多个高速缓存共享。

I 状态表示这个高速缓存行无效。

在 MESI 协议中，每个高速缓存行可以使用有效、脏以及共享这 3 位的组合来表示 M、E、S、I 这 4 个状态，如表 12.2 所示。例如，如果有效位和脏位都为 1 并且共享位为 0，那么我们认为这个缓存行的状态就是 MESI 协议规定的 M 状态。

表 12.2　MESI 状态表示方法

状态	有效位	脏位	共享位
M	1	1	0
E	1	0	0
S	1	0	1
I	0	0	0

12.4.2　本地读写与总线操作

MESI 协议在总线上的操作分成本地读写和总线操作，如表 12.3 所示。初始状态下，当缓存行中没有加载任何数据时，状态为 I。本地读写指的是本地 CPU 读写自己私有的高速缓存行，这是一个私有操作。总线读写指的是有总线的事务，因为实现的是总线监听协议，所以 CPU 可以发送请求到总线上，所有的 CPU 都可以收到这个请求。总之，总线读写操作指的是某个 CPU 收到总线读或者写的请求信号，这个信号是远端 CPU 发出并广播到总线的；而本地读写操作指的是本地 CPU 读写本地高速缓存。

表 12.3　本地读写和总线操作

操作类型	描述
本地读（local read/PrRd）	本地 CPU 读取缓存行数据
本地写（local write/PrWr）	本地 CPU 更新缓存行数据
总线读（bus read/BusRd）	总线监听到一个来自其他 CPU 的读缓存请求。收到请求的 CPU 先检查自己的高速缓存中是否缓存了该数据，然后广播应答信号
总线写（bus write/BusRdX）	总线监听到一个来自其他 CPU 的写缓存请求。收到请求的 CPU 先检查自己的高速缓存中是否缓存了该数据，然后广播应答信号
总线更新（BusUpgr）	总线监听到更新请求，请求其他 CPU 做一些额外事情。其他 CPU 收到请求后，若 CPU 上有缓存副本，则需要做额外的一些更新操作，如使本地的高速缓存行失效等
刷新（flush）	总线监听到刷新请求。收到请求的 CPU 把自己的高速缓存行的内容写回主内存中
刷新到总线（FlushOpt）	收到该请求的 CPU 会把高速缓存行的内容发送到总线上，这样发送请求的 CPU 就可以获取这个高速缓存行的内容

12.4.3　MESI 状态转换

MESI 状态转换如图 12.7 所示，实线表示处理器请求响应，虚线表示总线监听响应。那如何解读这个图呢？例如，当本地 CPU 的高速缓存行的状态为 I 时，若 CPU 发出 PrRd 请求，本地缓存未命中，则在总线上产生一个 BusRd 信号。其他 CPU 会监听到该请求并且检查它们的缓存来判断是否拥有了该副本。下面分两种情况来考虑。

- 如果 CPU 发现本地副本，并且这个高速缓存行的状态为 S，见图 12.7 中从 I 状态到 S 状态的“PrRd/BusRd(shared)”实线箭头，那么在总线上回复一个 FlushOpt 信号，即把当前的高速缓存行发送到总线上，高速缓存行的状态还是 S，见 S 状态的“PrRd/BusRd/FlushOpt”实线箭头。

- 如果 CPU 发现本地副本并且高速缓存行的状态为 E，见图 12.7 中从 I 状态到 E 状态的“PrRd/BusRd(!shared)”实线箭头，则在总线上回应 FlushOpt 信号，即把当前的高速缓存行发送到总线上，高速缓存行的状态变成 S，见 E 状态到 S 状态的“BusRd/FlushOpt”虚线箭头。

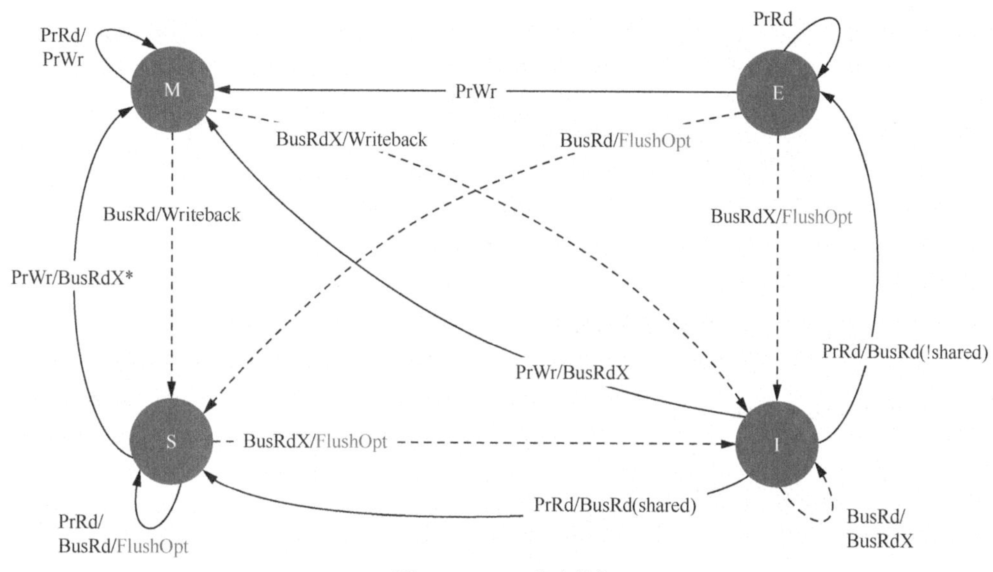

图 12.7 MESI 状态转换

12.4.4 初始状态为 I

接下来，我们通过逐步分解的方式解读 MESI 状态转换。我们先看初始状态为 I 的高速缓存行的相关操作。

1. 当本地 CPU 的高速缓存行的状态为 I 时，它发起本地读操作

我们假设 CPU0 发起了本地读请求，发出 PrRd 信号。因为本地高速缓存行处于无效状态，所以在总线上产生一个 BusRd 信号，然后广播到其他 CPU。其他 CPU 会监听到该请求（BusRd 信号的请求）并且检查它们的本地高速缓存是否拥有了该数据的副本。下面分 4 种情况来讨论。

- 如果 CPU1 发现本地副本，并且这个高速缓存行的状态为 S，在总线上回复一个 FlushOpt 信号，即把当前高速缓存行的内容发送到总线上，那么刚才发出 PrRd 请求的 CPU0 就能得到这个高速缓存行的数据，然后 CPU0 的状态变成 S。这个时候高速缓存行的变化情况是，CPU0 上的高速缓存行的状态从 I 变成 S，CPU1 上的高速缓存行的状态保持 S 不变，如图 12.8 所示。
- 假设 CPU2 发现本地副本并且高速缓存行的状态为 E，则在总线上回应 FlushOpt 信号，即把当前高速缓存行的内容发送到总线上，CPU2 上的高速缓存行的状态变成 S。这个时候高速缓存行的变化情况是 CPU0 的高速缓存行状态从 I 变成 S，而 CPU2 上高速缓存行的状态从 E 变成了 S，如图 12.9 所示。
- 假设 CPU3 发现本地副本并且高速缓存行的状态为 M，将数据更新到内存，那么两个高速缓存行的状态都为 S。我们看一下高速缓存行的变化情况：CPU0 上高速缓存行的状态从 I 变成 S，CPU3 上高速缓存行的状态从 M 变成 S，如图 12.10 所示。

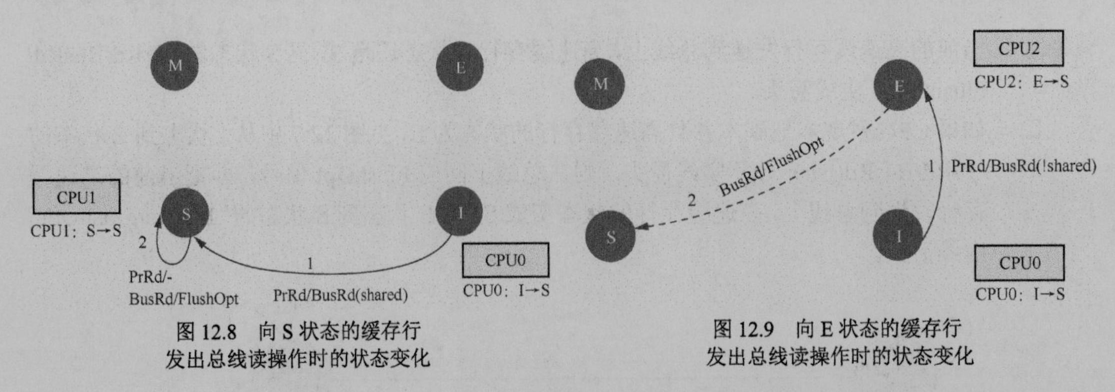

图 12.8 向 S 状态的缓存行发出总线读操作时的状态变化

图 12.9 向 E 状态的缓存行发出总线读操作时的状态变化

- 假设 CPU1、CPU2、CPU3 上的高速缓存行都没有缓存数据，状态都是 I，那么 CPU0 会从内存中读取数据到 L1 高速缓存，把高速缓存行的状态设置为 E。

2. 当本地 CPU 的缓存行状态为 I 时，它收到一个总线读/写信号

如果处于 I 状态的缓存行收到一个总线读或者写信号，它的状态不变，给总线回应一个广播信号，说明它没有数据副本。

3. 当初始状态为 I 时，高速缓存行发起本地写操作

如果初始状态为 I 的高速缓存行发起一个本地写操作，那么高速缓存行会有什么变化？

假设 CPU0 发起了本地写请求，即 CPU0 发出 PrWr 请求。

由于本地高速缓存行是无效的，因此 CPU0 发送 BusRdX 信号到总线上。这种情况下，本地写操作就变成了总线写，我们要看其他 CPU 的情况。

其他 CPU（如 CPU1 等）收到 BusRdX 信号，先检查自己的高速缓存中是否有缓存副本，广播应答信号。

假设 CPU1 上有这份数据的副本，且状态为 S。CPU1 收到一个 BusRdX 信号之后会回复一个 FlushOpt 信号，把数据发送到总线上，然后把自己的高速缓存行的状态设置为无效，状态变成 I，然后广播应答信号，如图 12.11 所示。

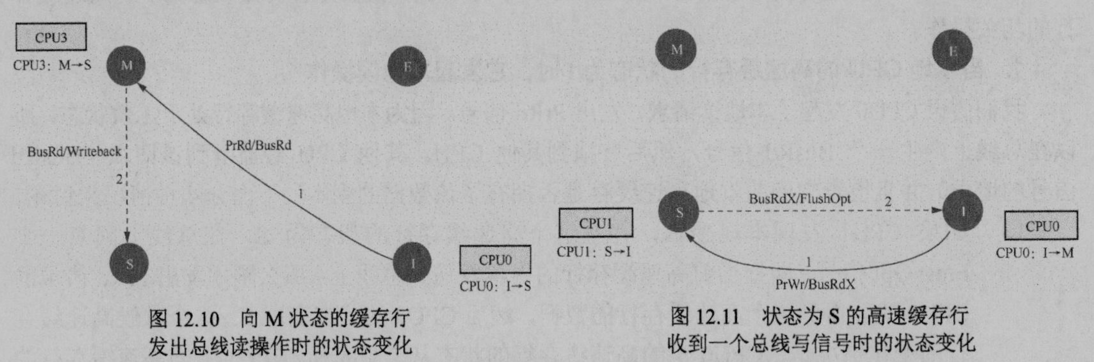

图 12.10 向 M 状态的缓存行发出总线读操作时的状态变化

图 12.11 状态为 S 的高速缓存行收到一个总线写信号时的状态变化

假设 CPU2 上有这份数据的副本，且状态为 E，CPU2 收到这个 BusRdX 信号之后，会回复一个 FlushOpt 信号，把数据发送到总线上，同时会把自己的高速缓存行的状态设置为无效，然后广播应答信号，如图 12.12 所示。

假设 CPU3 上有这份数据的副本，状态为 M，CPU3 收到这个 BusRdX 信号之后，会把数据更新到内存，高速缓存行的状态变成 I，然后广播应答信号，如图 12.13 所示。

若其他 CPU 上也没有这份数据的副本，也要广播一个应答信号。

CPU0 会接收其他 CPU 的所有的应答信号，确认其他 CPU 上没有这个数据的缓存副本后，CPU0 会从总线上或者从内存中读取这个数据。

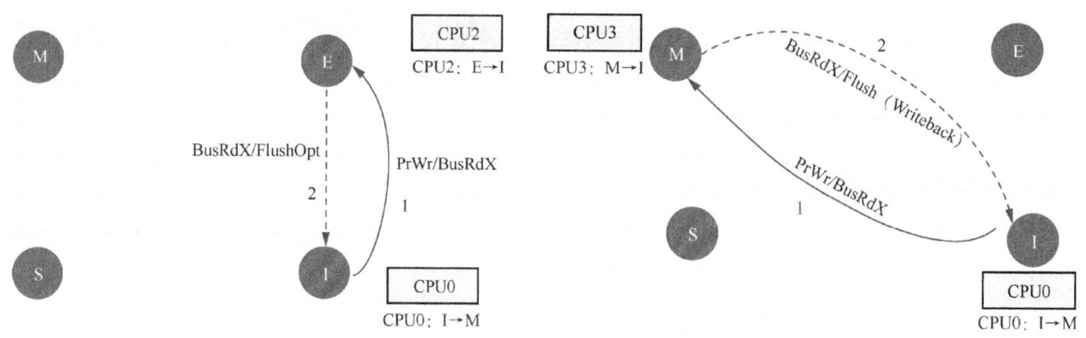

图 12.12　状态为 E 的高速缓存行收到一个总线写信号时的状态变化

图 12.13　状态为 M 的高速缓存行收到一个总线写信号时的状态变化

- 如果其他 CPU 的状态是 S 或者 E，会把最新的数据通过 FlushOpt 信号发送到总线上。
- 如果总线上没有数据，那么直接从内存中读取数据。

最后才修改数据，并且本地高速缓存行的状态变成 M。

12.4.5　初始状态为 M

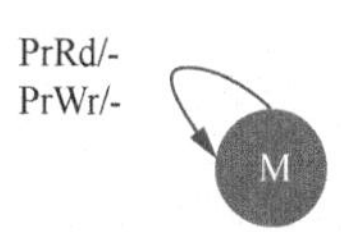

图 12.14　状态为 M 的高速缓存行的本地读写操作的状态

我们看当 CPU 中本地高速缓存行的状态为 M 时的情况。最简单的就是本地读写，因为 M 状态说明系统中只有该 CPU 有最新的数据，而且是脏的数据，所以本地读写的状态不变，如图 12.14 所示。

1. 收到一个总线读信号

假设本地 CPU（如 CPU0）上的高速缓存行状态为 M，而在其他 CPU 上没有这个数据的副本，当其他 CPU（如 CPU1）想读这份数据时，CPU1 会发起一次总线读操作。

由于 CPU0 上有这个数据的副本，因此 CPU0 收到信号后把高速缓存行的内容发送到总线上，之后 CPU1 就获取这个高速缓存行的内容。另外，CPU0 同时会把相关内容发送到主内存控制器，把高速缓存行的内容写入主内存中。这时，CPU0 的状态从 M 变成 S，如图 12.15 所示。

然后，更改 CPU1 的高速缓存行的状态为 S。

2. 收到一个总线写信号

假设本地 CPU（如 CPU0）上的高速缓存行的状态为 M，而其他 CPU 上没有这个数据的副本，当某个 CPU（假设 CPU1）想更新（写）这份数据时，CPU1 就会发起一个总线写操作。

由于 CPU0 上有这个数据的副本，因此 CPU0 收到总线写信号后，把自己的高速缓存行的内容发送到内存控制器，并把该缓存行的内容写入主内存中。CPU0 上高速缓存行的状态变成 I，如图 12.16 所示。

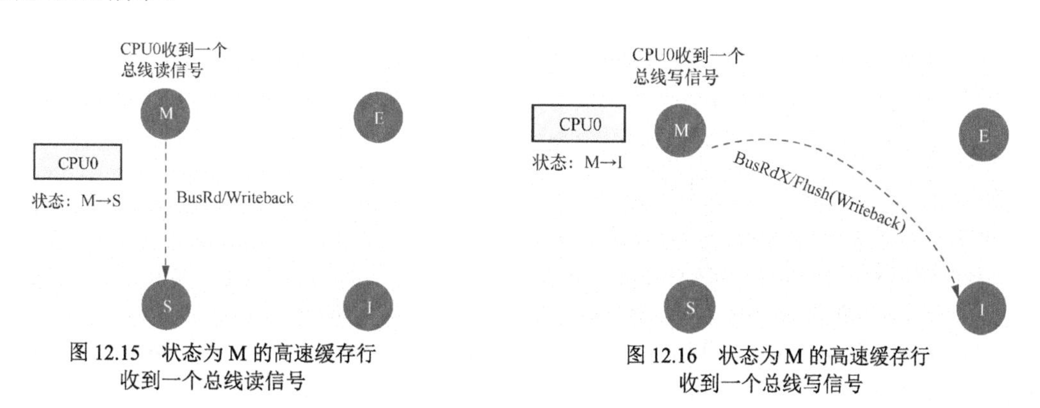

图 12.15　状态为 M 的高速缓存行收到一个总线读信号

图 12.16　状态为 M 的高速缓存行收到一个总线写信号

CPU1 从总线或者内存中取回数据并存放到本地缓存行，然后修改自己本地的高速缓存行的内容。

最后，CPU1 的状态变成 M。

12.4.6　初始状态为 S

以下是当本地 CPU 的高速缓存行的状态为 S 时，发送本地读写和总线读写信号之后的情况。

- 如果 CPU 发出本地读信号，高速缓存行的状态不变。
- 如果 CPU 收到总线读信号，状态不变，并且回应一个 FlushOpt 信号，把高速缓存行的数据内容发到总线上，如图 12.17 所示。

如果 CPU 发出本地写信号，具体操作如下。

（1）本地 CPU 修改本地高速缓存行的内容，状态变成 M。

（2）发送 BusUpgr 信号到总线上。

（3）若其他 CPU 收到 BusUpgr 信号，检查自己的高速缓存中是否有副本。若有，将其状态改成 I，如图 12.18 所示。

S
PrRd/-
BusRd/FlushOpt

图 12.17　对状态为 S 的高速缓存行进行读操作

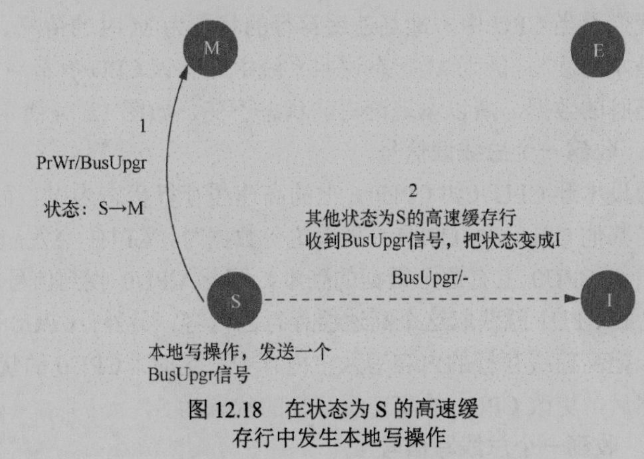

图 12.18　在状态为 S 的高速缓存行中发生本地写操作

12.4.7　初始状态为 E

当本地 CPU 的高速缓存行的状态为 E 时，根据以下情况操作。

- 对于本地读，高速缓存行的状态不变。
- 对于本地写，CPU 直接修改该高速缓存行中的数据，高速缓存行的状态变成 M，如图 12.19 所示。

如果收到一个总线读信号，具体操作如下。

（1）高速缓存行的状态变成 S。

（2）发送 FlushOpt 信号，把高速缓存行的内容发送到总线上。

（3）发出总线读信号的 CPU 从总线上获取数据，状态变成 S。

若收到一个总线写信号，数据被修改，具体操作如下。

（1）高速缓存行的状态变成 I。

（2）发送 FlushOpt 信号，把高速缓存行的内容发送到总线上。

（3）发出总线写信号的 CPU 从总线上获取数据，然后修改，状态变成 M。具体情况如图 12.20 所示。

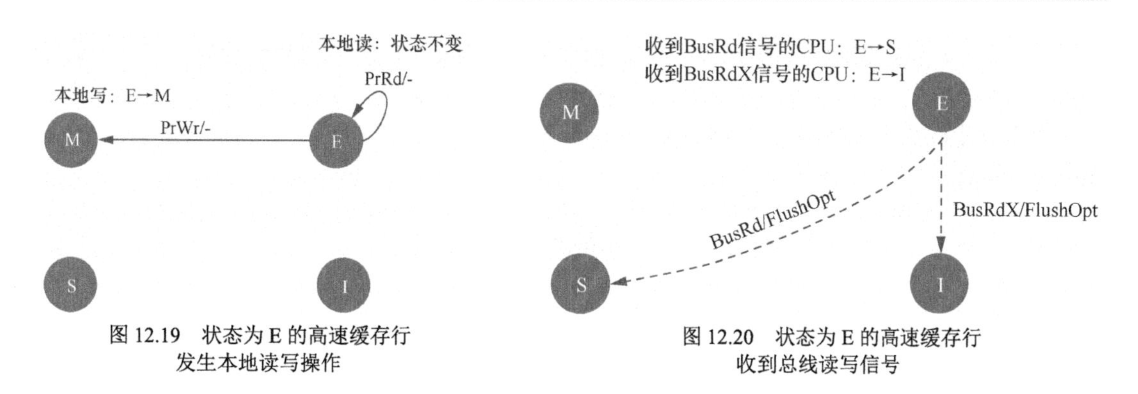

图 12.19　状态为 E 的高速缓存行发生本地读写操作

图 12.20　状态为 E 的高速缓存行收到总线读写信号

12.4.8　小结与案例分析

表 12.4 所示为 MESI 协议中各个状态的转换关系。

表 12.4　MESI 协议中各个状态的转换关系

当前状态	本地读	本地写	本地换出①	总线读②	总线写	总线更新
I	发出总线读信号。如果没有共享者，则状态 I 变成 E。如果有共享者，状态 I 变成 S	发出总线写信号，状态 I 变成 M	状态不变	状态不变，忽略总线上的信号	状态不变，忽略总线上的信号	状态不变，忽略总线上的信号
S	状态不变	发出总线更新信号，状态 S 变成 M	S 变成 I	状态不变，回应 FlushOpt 信号并且把内容发送到总线上	状态 S 变成 I	状态 S 变成 I
E	状态不变	E 变成 M	E 变成 I	回应 FlushOpt 信号并把内容发送到总线上，状态 E 变成 S	状态 E 变成 I	错误状态
M	状态不变	状态不变	写回数据到内存，M 变成 I	回应 FlushOpt 信号并把内容发送到总线上和内存中，状态 M 变成 S	回应 FlushOpt 信号并把内容发送到总线上和内存中，状态 M 变成 I	错误状态

① 指的是本地换出（local eviction）高速缓存行。

② 这里指在当前 MESI 状态下的高速缓存行收到总线读信号。

我们结合一个例子说明 MESI 协议的状态转换。假设系统中有 4 个 CPU，每个 CPU 都有各自的一级缓存，它们都想访问相同地址的数据 *a*，其大小为 64 字节。

*T*0 时刻，假设初始状态下数据 *a* 还没有缓存到高速缓存中，4 个 CPU 的高速缓存行的默认状态是 I，如图 12.21 所示。

*T*1 时刻，CPU0 率先发起访问数据 *a* 的操作。对于 CPU0 来说，这是一次本地读。由于 CPU0 本地的高速缓存并没有缓存数据 *a*，因此 CPU0 首先发送一个 BusRd 信号到总线上。它想询问一下其他 3 个 CPU：“小伙伴们，你们缓存数据 *a* 了吗？如果有，麻烦发一份给我。”其他 3 个 CPU 收到 BusRd 信号后，马上查询本地高速缓存，然后给 CPU0 回应一个应答信号。若 CPU1 在本地查询到缓存副本，则它把高速缓存行的内容发送到总线上并回应 CPU0：“CPU0，我这里缓存了一份副本，我发你一份。”若 CPU1 在本地没有缓存副本，则回应：“CPU0，我没有缓存数据 *a*。”假设 CPU1 上有缓存副本，那么 CPU1 把缓存副本发送到总线上，CPU0 的本地缓存中就有了数据 *a*，并且把这个高速缓存行的状态设置为 S。同时，提供数据的缓存副本的 CPU1 也

知道一个事实，数据的缓存副本已经共享给 CPU0 了，因此 CPU1 的高速缓存行的状态也设置为 S。在本场景中，由于其他 3 个 CPU 都没有数据 *a* 的缓存副本，因此 CPU0 只能老老实实地从主内存中读取数据 *a* 并将其缓存到 CPU0 的高速缓存行中，把高速缓存行的状态设置为 E，如图 12.22 所示。

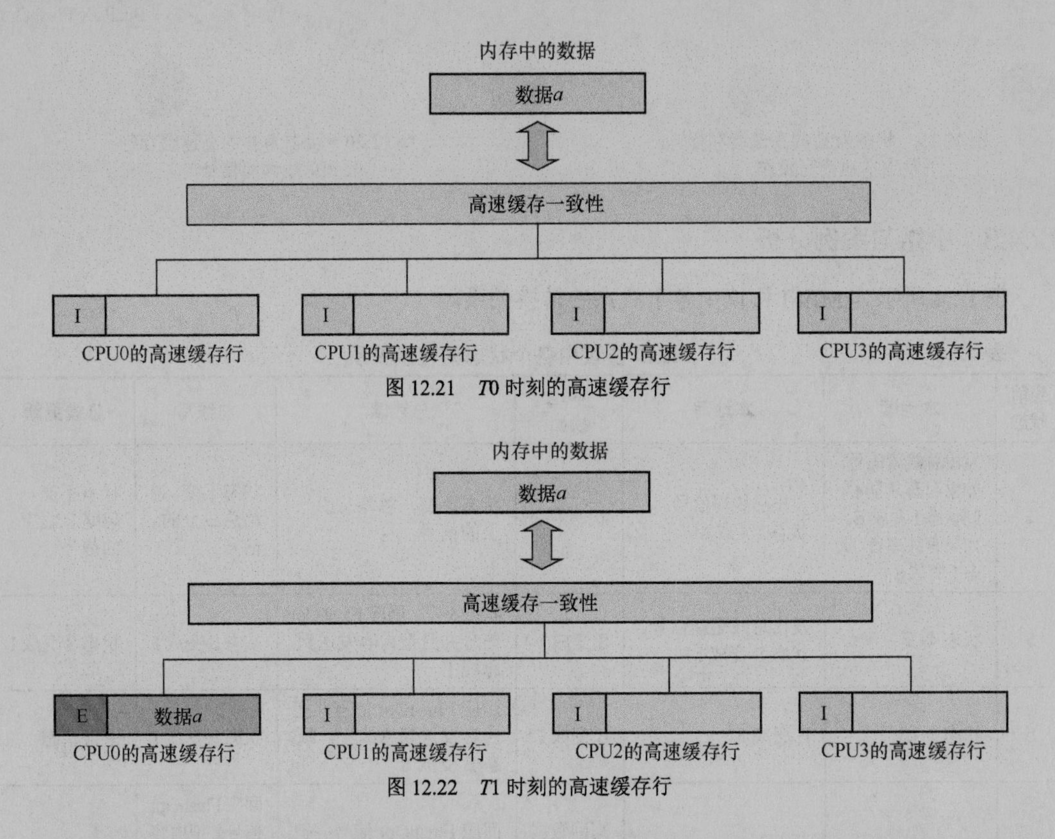

图 12.21 *T0* 时刻的高速缓存行

图 12.22 *T1* 时刻的高速缓存行

T2 时刻，CPU1 也发起读数据操作。这时，整个系统里只有 CPU0 中有缓存副本，CPU0 会把缓存的数据发送到总线上并且应答 CPU1，最后 CPU0 和 CPU1 都有缓存副本，状态都设置为 S，如图 12.23 所示。

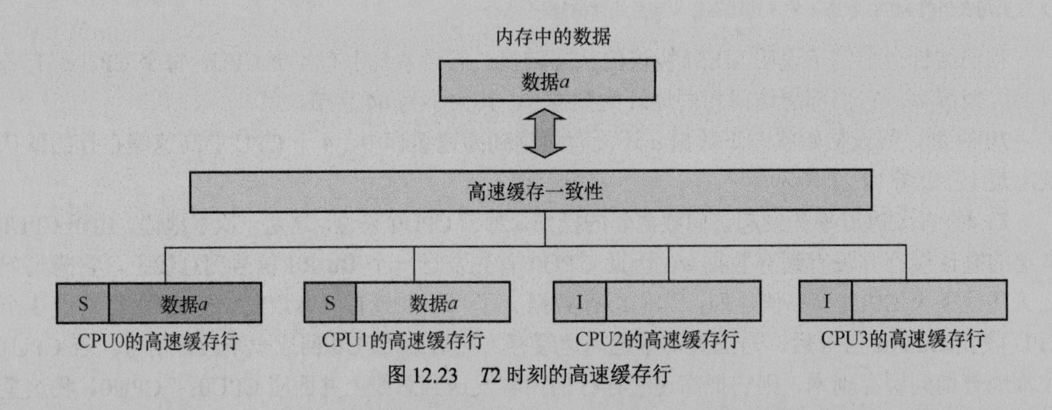

图 12.23 *T2* 时刻的高速缓存行

T3 时刻，CPU2 中的程序想修改数据 *a* 中的数据。这时 CPU2 的本地高速缓存并没有缓存数据 *a*，高速缓存行的状态为 I，因此这是一次本地写操作。首先 CPU2 会发送 BusRdX 信号到

总线上，其他 CPU 收到 BusRdX 信号后，检查自己的高速缓存中是否有该数据。若 CPU0 和 CPU1 发现自己都缓存了数据 *a*，那么会使这些高速缓存行失效，然后发送应答信号。虽然 CPU3 没有缓存数据 *a*，但是它也回复了一条应答信号，表明自己没有缓存数据 *a*。CPU2 收集完所有的应答信号之后，把 CPU2 本地的高速缓存行状态改成 M，M 状态表明这个高速缓存行已经被自己修改了，而且已经使其他 CPU 上相应的高速缓存行失效，如图 12.24 所示。

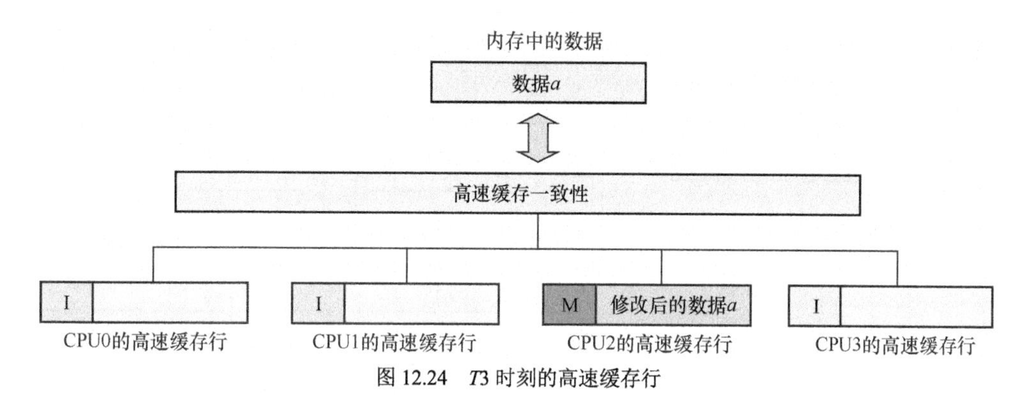

图 12.24 *T*3 时刻的高速缓存行

上述就是 4 个 CPU 访问数据 *a* 时对应的高速缓存行的状态转换过程。

12.4.9 MOESI 协议

MESI 协议在大部分场景下效果很好，但是在有些场景下会出现性能问题。例如，当状态为 M 的缓存行收到一个总线读信号时，它需要把脏数据写回内存中，然后才能和其他 CPU 共享这个数据，因此频繁写回内存的操作会影响系统性能，那如何继续优化呢？MOESI 协议增加了一个拥有（Owned，O）状态，状态为 M 的缓存行收到一个总线读信号之后，它不需要把缓存行的内容写入内存，而只需要把 M 状态转成 O 状态。

MOESI 协议除新增 O 状态之外，还重新定义了 S 状态，而 E、M 和 I 状态与 MESI 协议中的对应状态相同。

与 MESI 协议中的 S 状态不同，根据 MOESI 协议，状态为 O 的高速缓存行中的数据与内存中的数据并不一致。状态为 O 的高速缓存行收到总线读信号后，不需要把高速缓存行的内容写回内存中。

在 MOESI 协议中，S 状态的定义发生了细微的变化。当一个高速缓存行的状态为 S 时，它包含的数据并不一定与内存中的数据一致。如果在其他 CPU 的高速缓存中不存在状态为 O 的副本，该高速缓存行中的数据与内存中的数据一致；如果在其他 CPU 的高速缓存中存在状态为 O 的副本，该高速缓存行中的数据与内存中的数据可能不一致。

12.5 高速缓存伪共享

高速缓存是以高速缓存行为单位来从内存中读取数据并且缓存数据的，通常一个高速缓存行的大小为 64 字节（以实际处理器的一级缓存为准）。在 C 语言定义的数据类型中，int 类型的数据大小为 4 字节，long 类型数据的大小为 8 字节（在 64 位处理器中）。当访问 long 类型数组中某一个成员时，处理器会把相邻的数组成员都加载到一个高速缓存行里，这可以加快数据的访问。但是，多个处理器同时访问一个高速缓存行中不同的数据会带来性能问题，这就是高速缓存伪共享（false sharing）。

如图 12.25 所示，假设 CPU0 上的线程 0 想访问和更新 data 数据结构中的 x 成员，同理 CPU1 上的线程 1 想访问和更新 data 数据结构中的 y 成员，其中 x 和 y 成员都缓存到同一个高速缓存行里。

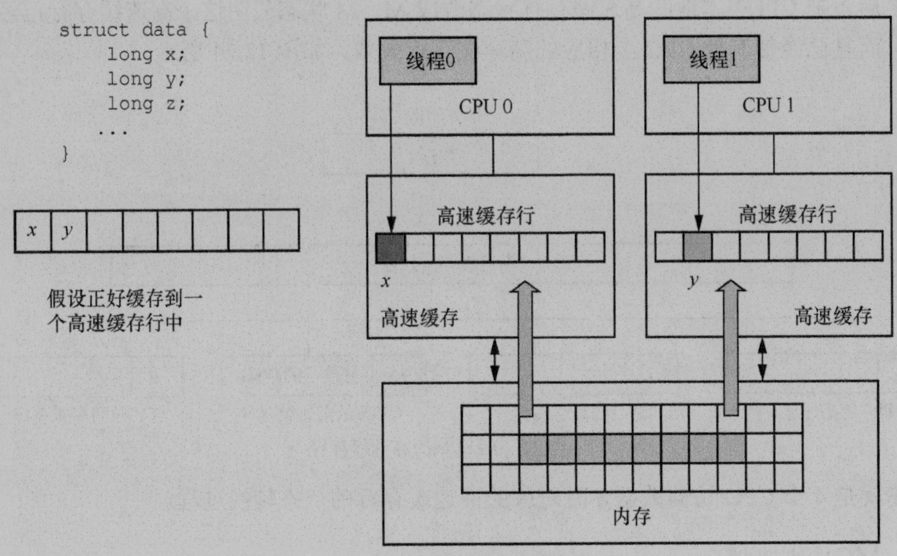

图 12.25　高速缓存伪共享

根据 MESI 协议，我们可以分析出 CPU0 和 CPU1 对高速缓存行的争用情况。初始状态下（*T*0 时刻），CPU0 和 CPU1 上高速缓存行的状态都为 I，如图 12.26 所示。

当 CPU0 第一次访问 x 成员时（*T*1 时刻），因为 x 成员还没有缓存到高速缓存中，所以高速缓存行的状态为 I。CPU0 把整个 data 数据结构都缓存到 CPU0 的 L1 高速缓存里，并且把高速缓存行的状态设置为 E，如图 12.27 所示。

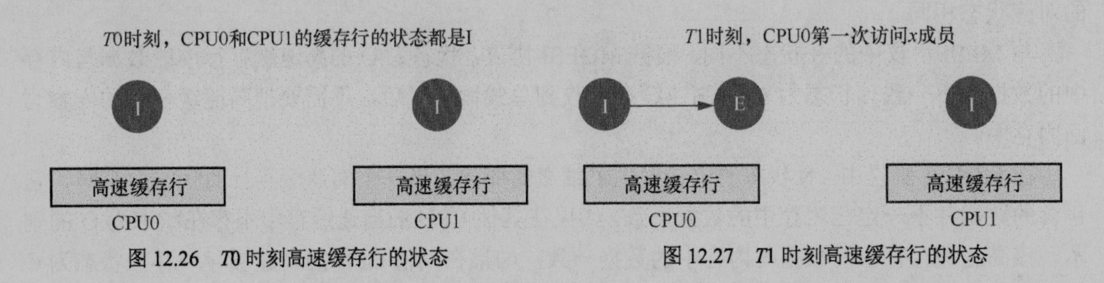

图 12.26　*T*0 时刻高速缓存行的状态　　图 12.27　*T*1 时刻高速缓存行的状态

当 CPU1 第一次访问 y 成员时（*T*2 时刻），因为 y 成员已经缓存到高速缓存中，而且该高速缓存行的状态是 E，所以 CPU1 先发送一个读总线的请求。CPU0 收到请求后，先查询本地高速缓存中是否有这个数据的副本，若有，则通过 FlushOpt 信号把这个数据发送到总线上。CPU1 获取了数据后，把本地的高速缓存行的状态设置为 S，并且把 CPU0 上本地高速缓存行的状态也设置为 S，因此所有 CPU 上对应的高速缓存行状态都设置为 S，如图 12.28 所示。

当 CPU0 想更新 x 成员的值时（*T*3 时刻），CPU0 和 CPU1 上高速缓存行的状态为 S。CPU0 发送 BusUpgr 信号到总线上，然后修改本地高速缓存行的数据，将其状态变成 M。其他 CPU 收到 BusUpgr 信号后，检查自己的高速缓存行中是否有副本。若有，则将其状态改成 I。*T*3 时刻高速缓存行的状态如图 12.29 所示。

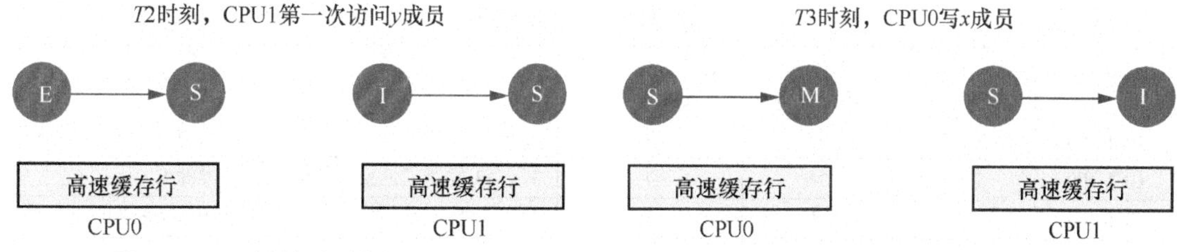

图 12.28 *T*2 时刻高速缓存行的状态　　图 12.29 *T*3 时刻高速缓存行的状态

当 CPU1 想更新 *y* 成员的值时（*T*4 时刻），CPU1 上高速缓存行的状态为 I，而 CPU0 上的高速缓存行缓存了旧数据，并且状态为 M。这时，CPU1 发起本地写的请求，根据 MESI 协议，CPU1 会发送 BusRdX 信号到总线上。其他 CPU 收到 BusRdX 信号后，先检查自己的高速缓存行中是否有该数据的副本，然后广播应答信号。这时 CPU0 上有该数据的缓存副本，并且状态为 M。CPU0 先将数据更新到内存，更改其高速缓存行的状态为 I，然后发送应答信号到总线上。CPU1 收到所有 CPU 的应答信号后，才能修改 CPU1 上高速缓存行的内容。最后，CPU1 上高速缓存行的状态变成 M。*T*4 时刻高速缓存行的状态如图 12.30 所示。

若 CPU0 想更新 *x* 成员的值（*T*5 时刻），这和上一段的操作类似，发送本地写请求后，根据 MESI 协议，CPU0 会发送 BusRdX 信号到总线上。CPU1 接收该信号后，把高速缓存行中数据写回内存，然后使该高速缓存行失效，即把 CPU1 上的高速缓存行状态变成 I，然后广播应答信号。CPU0 收到所有 CPU 的应答信号后才能修改 CPU0 上高速缓存行的内容。最后，CPU0 上高速缓存行的状态变成 M。*T*5 时刻高速缓存行的状态如图 12.31 所示。

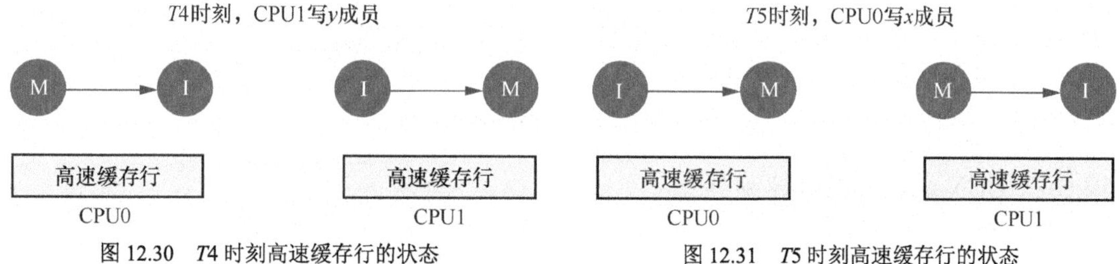

图 12.30 *T*4 时刻高速缓存行的状态　　图 12.31 *T*5 时刻高速缓存行的状态

综上所述，如果 CPU0 和 CPU1 反复修改，就会不断地重复 *T*4 时刻和 *T*5 时刻的操作，两个 CPU 都在不断地争夺对高速缓存行的控制权，不断地使对方的高速缓存行失效，不断地把数据写回内存，导致系统性能下降，这种现象叫作高速缓存伪共享。高速缓存伪共享的解决办法见 12.7 节。

12.6 两种缓存一致性控制器

目前不少商业化的 RISC-V 处理器使用 CCI 和 CCN 缓存一致性控制器，本节以 ARM 处理器为例展开介绍。

12.6.1 CCI 缓存一致性控制器

对于系统级别的缓存一致性，ARM 公司在 AMBA4 总线协议上提出了 ACE 协议，即 AMBA 缓存一致性扩展协议。在 ACE 协议的基础上，ARM 公司开发了多款缓存一致性控制器，如 CCI-400、CCI-500 以及 CCI-550 等控制器等，如表 12.5 所示。

表 12.5 CCI 缓存一致性控制器

控制器	ACE 从设备接口数量	处理器内核数量	ACE Lite 从设备接口数量	内存地址	缓存一致性机制
CCI-550	1～6	24	7	32～48 位物理地址	集成监听过滤器（snoop filter）
CCI-500	1～4	16	7	32～44 位物理地址	集成监听过滤器
CCI-400	2	8	3	40 位物理地址	基于广播的监听机制

我们以常见的 CCI-400 为例，它支持两个 CPU 簇，最多支持 8 个 CPU 内核，支持两个 ACE 从（slave）设备接口，最多支持 3 个 ACE Lite 从设备接口。CCI-400 控制器使用基于广播的监听机制实现缓存一致性，不过这种机制比较消耗内部总线带宽，所以在 CCI-500 控制器之后使用基于监听过滤器的方式实现缓存一致性，以有效提高总线带宽的利用率。

图 12.32 所示是使用大小核的经典框图，其中使用了 CCI-400 缓存一致性控制器。

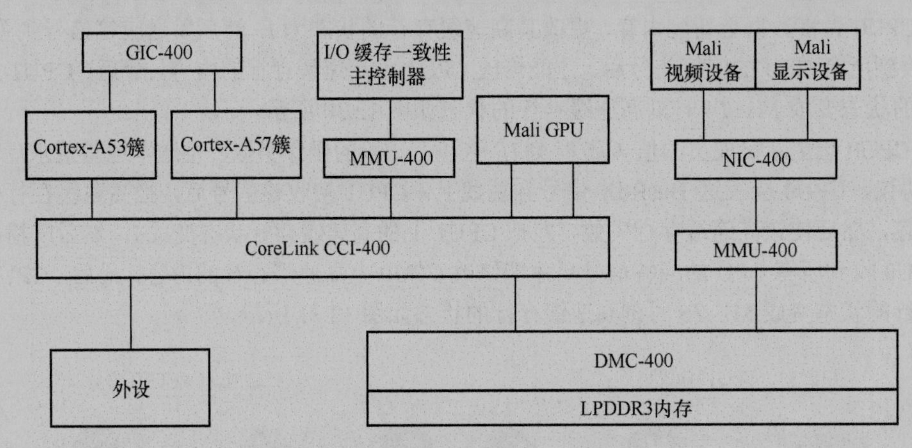

图 12.32 使用大小核的经典框图

12.6.2 CCN 缓存一致性控制器

ARM 一直想冲击服务器市场，一般服务器中 CPU 内核的数量都是几十，甚至上百。前面介绍的 CCI 控制器显然不能满足服务器的需求，所以 ARM 公司重新设计了一个新的缓存一致性控制器，叫作高速缓存一致性网络（Cache Coherent Network，CCN）控制器。CCN 控制器基于最新的 AMBA 5 协议实现，最多支持 48 个 CPU 内核，内置 L3 高速缓存。之后 ARM 公司基于 AMBA 5 协议又提出了 AMBA 5 CHI 协议。常见的 CCN 控制器如表 12.6 所示。

表 12.6 常见的 CCN 控制器

控制器	性能/（GB·s^{-1}）	处理器内核数量	I/O	DDR 通道	L3 高速缓存的大小
CCN-512	225	48	24 个 AXI/ACE Lite 接口	第 1～4 通道	1～32 MB
CCN-508	200	32	24 个 AXI/ACE Lite 接口	第 1～4 通道	1～32 MB
CCN-504	150	16	18 个 AXI/ACE Lite 接口	第 1～2 通道	1～16 MB
CCN-502	100	16	9 个 AXI/ACE Lite 接口	第 1～4 通道	0～8 MB

表 12.6 中的 AXI/ACE Lite 接口指的是简单的控制寄存器样式的接口，这些接口不需要实现 AXI4 的全部功能。

图 12.33 所示是 CCN-512（如 ARM 服务器）的典型应用。CCN-512 最多可以支持 48 个 CPU 内核，如 48 个 Cortex-A72。另外，CCN-512 控制器里还内置了 32 MB 的 L3 高速缓存。

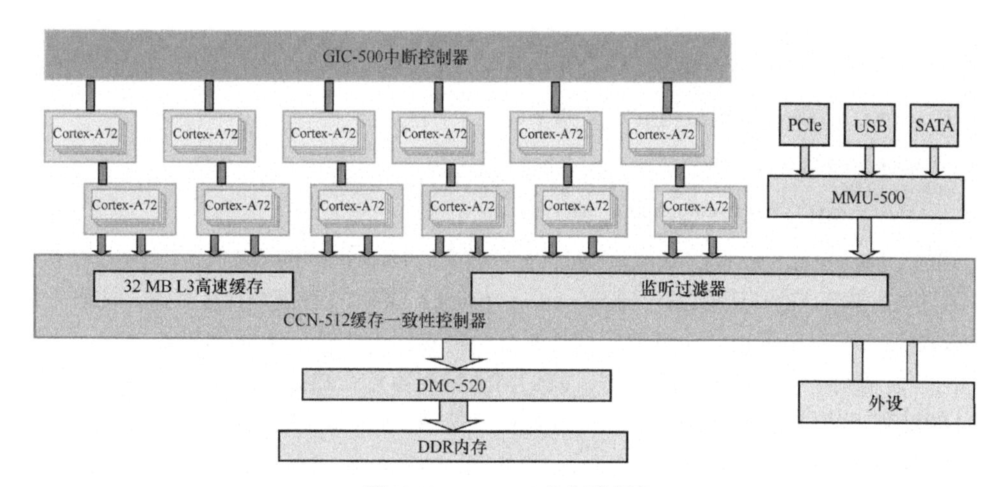

图 12.33 CCN-512 的典型应用

12.7 案例分析 12-1：伪共享的避免

高速缓存伪共享的解决办法就是让多线程操作的数据处在不同的高速缓存行。通常采用高速缓存行对齐（align）技术或者高速缓存行填充（padding）技术，即可让数据结构按照高速缓存行对齐，并且尽可能填充满一个高速缓存行。

1. 高速缓存行对齐技术

一些常用的数据结构在定义时就约定数据结构按一级缓存对齐。

下面的代码定义一个 counter_s 数据结构，它的起始地址按高速缓存行的大小对齐，通过填充 pad[4]成员，使整个 counter_s 数据结构都缓存到一个高速缓存行里。

```
typedef struct counter_s
{
    uint64_t packets;
    uint64_t bytes;
    uint64_t failed_packets;
    uint64_t failed_bytes;
    uint64_t pad[4];
}counter_t __attribute__(__aligned__((L1_CACHE_BYTES)));
```

例如，使用如下的宏让数据结构的首地址按 L1 高速缓存对齐。下面这个宏利用 GCC 的 __attribute__，让数据结构的起始地址按某个数字对齐，这里按 L1 高速缓存对齐。

```
#define cacheline_aligned    __attribute__((__aligned__(L1_CACHE_BYTES)))
```

2. 高速缓存行填充技术

数据结构中频繁访问的成员可以单独占用一个高速缓存行，或者相关的成员在高速缓存行中彼此错开，以提高访问效率。

例如，Linux 内核（Linux 4.0）中的 zone 数据结构使用填充字节的方式让频繁访问的成员在不同的缓存行中。在下面的代码片段中，lock 和 lru_lock 会在高速缓存行里彼此错开。

```
<linux4.0/include/linux/mmzone.h>

struct zone {
        ...
        spinlock_t        lock;
        struct zone_padding pad2;
        spinlock_t        lru_lock;
        ...
```

```
}____cacheline_internodealigned_in_smp;
```

其中，zone_padding 数据结构的定义如下。

```
struct zone_padding {
    char x[0];
} ____cacheline_internodealigned_in_smp;
```

上述的____cacheline_internodealigned_in_smp 与前文的 cacheline_aligned 类似，只不过在有些体系结构中通过与内部节点的高速缓存行（inter-node cacheline）或者 L3 高速缓存行对齐获取最佳性能。

前文提到，在有些情况下，高速缓存伪共享会严重影响性能，而且比较难发现，所以需要在编程的时候特别小心。当编写代码时，我们需要特别留意在数据结构里有没有可能出现不同的 CPU 频繁访问某些成员的情况。另外，我们可以使用 Perf C2C 工具检查代码是否存在高速缓存伪共享的问题，请参见实验 12-2。

12.8 案例分析 12-2：DMA 和高速缓存的一致性

DMA（Direct Memory Access，直接存储器访问）在传输过程中不需要 CPU 干预，可以直接从内存中读写数据，如图 12.34 所示。DMA 用于解放 CPU。CPU 搬移大量数据的速度会比较慢，而 DMA 的速度就比较快。假设需要把数据从内存 A 搬移到内存 B，如果由 CPU 负责搬移，那么首先要从内存 A 中把数据搬移到通用寄存器里，然后从通用寄存器里把数据搬移到内存 B，而且搬移的过程中有可能被别的事情打断。而 DMA 就是专职做内存搬移的，它可以操作总线，直接从内存 A 搬移数据到内存 B。只要 DMA 开始工作了，就没有东西来打扰它了，所以 DMA 比 CPU 的搬运速度要快。

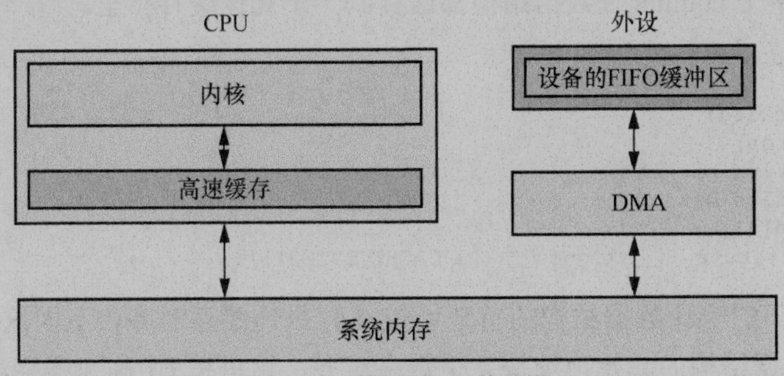

图 12.34 使用 DMA 的外设

DMA 有不少优点，但是如果 DMA 驱动程序处理不当，DMA 与 CPU 的高速缓存会产生缓存一致性的问题，产生的原因如下。

- DMA 直接操作系统总线来读写内存地址，而 CPU 并不会感知到。
- 如果 DMA 修改的内存地址在 CPU 高速缓存中有副本，那么 CPU 并不知道内存数据被修改了，依然访问高速缓存，这导致读取了旧的数据。

DMA 和高速缓存之间的缓存一致性问题主要有 3 种解决方案。

- 关闭高速缓存。这种方案最简单，但效率最低，会严重降低性能，并增加功耗。
- 使用硬件缓存一致性控制器。这个方案不仅需要使用类似于 CCI-400 这样的缓存一致性控制器，而且需要确认 SoC 是否支持类似的控制器。
- 使用软件管理缓存一致性。这个方案是比较常见的，特别是在类似于 CCI 这种缓存一致性控制器没有出来之前，都用这种方案。

对 DMA 缓冲区的操作根据数据流向分成两种情况。

- 从 DMA 缓冲区（内存）到设备的 FIFO 缓冲区。
- 从设备的 FIFO 缓冲区到 DMA 缓冲区（内存）。

12.8.1 从内存到设备的 FIFO 缓冲区

我们先看从内存到设备的 FIFO 缓冲区传输数据的情况。例如，网卡设备通过 DMA 读取内存数据到设备的 FIFO 缓冲区，然后把网络包发送出去。这种场景下，通常都允许在 CPU 侧的网络协议栈或者网络应用程序产生新的网络数据，然后通过 DMA 把数据搬运到设备的 FIFO 缓冲区中。这非常类似网卡设备的发包过程。从 DMA 缓冲区搬运数据到设备的 FIFO 缓冲区的流程如图 12.35 所示。

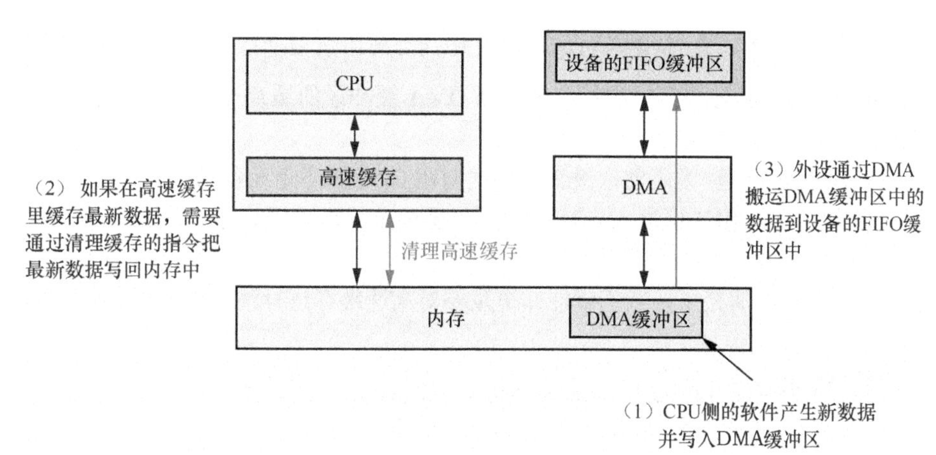

图 12.35 从 DMA 缓冲区搬运数据到设备的 FIFO 缓冲区的流程

在通过 DMA 传输之前，CPU 的高速缓存可能缓存了最新的数据，需要调用高速缓存的清理操作，把缓存内容写回内存中（因为 CPU 的高速缓存里可能还有最新的数据）。

理解这里为什么要先做高速缓存的清理操作的一个关键点是，我们要想清楚，在通过 DMA 开始传输之前，在图 12.35 中最新的数据在哪里。很明显，在这个场景下，最新的数据有可能还在高速缓存里。因为 CPU 侧的软件产生数据并存储在内存设备的 DMA 缓冲区里，这个过程中，有可能新的数据还在 CPU 的高速缓存里，而没有更新到内存中。所以，在启动 DMA 传输之前，我们需要调用高速缓存的清理操作，把高速缓存中的最新数据写回内存的 DMA 缓冲区里。

12.8.2 从设备的 FIFO 缓冲区到内存

我们看通过 DMA 把设备的 FIFO 缓冲区的数据搬运到内存的 DMA 缓冲区的情况。在这个场景下，设备收到或者产生了新数据，这些数据暂时存放在设备的 FIFO 缓冲区中。接下来，需要通过 DMA 把数据写入内存中的 DMA 缓冲区里。最后，CPU 侧的软件就可以读到设备中的数据，这非常类似于网卡的收包过程。从设备的 FIFO 缓冲区搬运数据到 DMA 缓冲区的流程如图 12.36 所示。

在启动 DMA 传输之前，我们先观察最新的数据在哪里。很显然，在这个场景下，最新的数据存放在设备的 FIFO 缓冲区中。我们再查看 CPU 高速缓存里的数据是否有用。因为最新的数据存放在设备的 FIFO 缓冲区里，这个场景下要把设备的 FIFO 缓冲区中的数据写入 DMA 缓冲区里，而高速缓存里的数据显然是无用和过时的，所以要使 DMA 缓存区对应的高速缓存失效。

因此，在 DMA 缓冲区启动之前，需要使相应的高速缓存中的内容失效。

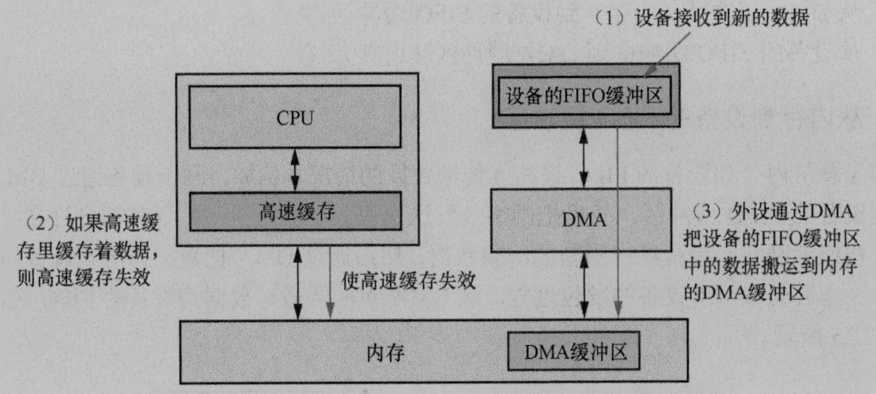

图 12.36　从设备的 FIFO 缓冲区搬运数据到 DMA 缓冲区的流程

综上所述，在使用高速缓存维护指令来管理 DMA 缓冲区的缓存一致性时，我们需要思考如下两个问题。

- 在启动 DMA 缓冲区之前，最新的数据源在 CPU 侧还是设备侧？
- 在启动 DMA 缓冲区之前，DMA 缓冲区对应的高速缓存中的数据是最新的还是过时的？

上述两个问题思考清楚了，我们就能知道是要对高速缓存进行清理操作还是使其失效了。

12.9　案例分析 12-3：自修改代码的一致性

一般情况下，指令高速缓存和数据高速缓存是分开的。指令高速缓存一般只有只读属性。指令代码通常不能修改，但是指令代码（如自修改代码）存在被修改的情况。自修改代码是一种修改代码的行为，即当代码执行时修改它自身的指令。自修改代码一般有如下用途。

- 防止被破解。隐藏重要代码，防止反编译。
- 在调试的时候，GDB 也会采用自修改代码的方式来动态修改程序。

自修改代码在执行过程中修改自己的指令，具体过程如下。

（1）把要修改的指令代码读取到内存中，这些指令代码会同时被加载到数据高速缓存里。

（2）程序修改新指令，数据高速缓存里缓存了最新的指令，但是 CPU 依然从指令高速缓存里取指令。

上述过程会导致如下问题。

- 指令高速缓存依然缓存了旧的指令。
- 新指令还在数据高速缓存里。

上述问题的解决思路是使用高速缓存的维护指令以及内存屏障指令保证数据缓存和指令缓存的一致性。例如，在下面的代码片段中，假设 t0 寄存器存储了代码段的地址，通过 sd 指令把新的指令数据 t1 写入 t0 寄存器中，实现修改代码的功能。下面需要使用高速缓存的维护指令以及内存屏障指令维护指令高速缓存和数据高速缓存的一致性。

```
1    sd t1, (t0)
2    cbo.flush t0
3    fence rw,rw
4    fence.i
```

在第 1 行中，通过 SD 指令修改代码指令。

在第 2 行中，使用 CBO.FLUSH 指令的清理操作，把与 t0 寄存器中地址对应的高速缓存行中的数据写回内存。

在第 3 行中，使用 FENCE 指令保证其他观察者看到高速缓存的清理操作已经完成。

在第 4 行中，使用 FENCE.I 指令让程序重新预取指令。

12.10 实验

12.10.1 实验 12-1：高速缓存伪共享

1. 实验目的

熟悉高速缓存伪共享产生的原因。

2. 实验要求

在 Ubuntu 主机上写一个程序，对比触发高速缓存伪共享以及没有触发高速缓存伪共享这两种情况下程序的执行时间。

提示信息如下。

（1）创建两个线程来触发高速缓存的伪共享问题，分别计算高速缓存伪共享和没有高速缓存伪共享的实际用时，判断高速缓存伪共享对性能的影响。

（2）实现两个场景：一是两个线程同时访问一个数组；二是两个线程同时访问一个数据结构。

（3）本实验可以在 Ubuntu 主机上完成。

12.10.2 实验 12-2：使用 Perf C2C 发现高速缓存伪共享

1. 实验目的

熟悉 Perf C2C 工具的使用。

2. 实验要求

在实验 12-1 的基础上，使用 Perf C2C 工具抓取高速缓存的数据，分析数据，观察高速缓存行的状态变化，从中找出触发高速缓存伪共享的规律。

第13章 TLB管理

本章思考题

1. 为什么需要TLB？
2. 请简述TLB的查询过程。
3. TLB是否会产生重名问题？
4. 什么场景下TLB会产生同名问题？如何解决？
5. 什么是ASID？使用ASID的好处是什么？
6. 在RISC-V体系结构中，刷新所有处理器的TLB是如何实现的？
7. 为什么操作系统在切换页表项时需要刷新对应的TLB项？

在现代处理器中，软件使用虚拟地址访问内存，而处理器的MMU负责把虚拟地址转换成物理地址。为了完成这个转换过程，软件和硬件要共同维护一个多级映射的页表。这个多级页表存储在主内存中，在最坏的情况下，处理器每次访问一个相同的虚拟地址都需要通过MMU访问内存里的页表，代价是访问内存导致处理器长时间的延迟，并严重影响性能。

为了解决这个性能瓶颈，我们可以参考高速缓存的思路，把MMU的地址转换结果缓存到一个缓冲区中，这个缓冲区叫作TLB（Translation Lookaside Buffer），也称为快表。一次地址转换之后，处理器很可能很快就会再一次访问，所以对地址转换结果进行缓存是有意义的。当第二次访问相同的虚拟地址时，MMU先从这个缓存中查询是否有地址转换结果。如果有，那么MMU不必执行地址转换，免去了访问内存中页表的操作，直接得到虚拟地址对应的物理地址，这叫作TLB命中。如果没有查询到，那么MMU执行地址转换，最后把地址转换的结果缓存到TLB中，这个过程叫作TLB未命中。TLB的工作原理如图13.1所示。

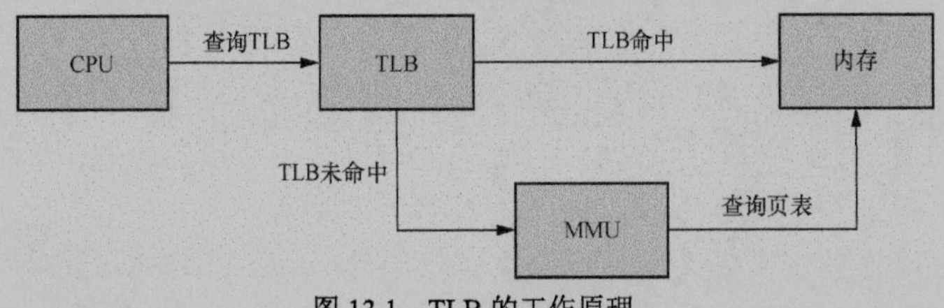

图13.1 TLB的工作原理

本章包括如下方面的内容：

- TLB基础知识；
- TLB重名和同名问题；
- ASID机制；
- TLB管理指令；
- TLB案例分析。

13.1 TLB 基础知识

TLB 是一个很小的高速缓存，专门用于缓存已经翻译好的页表项，一般在 MMU 内部。TLB 项（TLB entry）的数量比较少，每项主要包含虚拟页帧号（Virtual Page frame Number，VPN）、物理页帧号（Physical page Frame Number，PFN）[①]以及一些属性等。

当处理器要访问一个虚拟地址时，首先会在 TLB 中查询。如果 TLB 中没有相应的表项（称为 TLB 未命中），那么需要访问页表来计算出相应的物理地址。当 TLB 未命中（也就是处理器没有在 TLB 找到对应的表项）时，处理器就需要访问页表，遵循多级页表规范来查询页表。因为页表通常存储在内存中，所以完整访问一次页表，需要访问多次内存。RISC-V 体系结构中的 Sv48 页表映射机制可用于实现 4 级页表，因此完整访问一次页表需要访问内存 4 次。当处理器完整访问页表后会把这次虚拟地址到物理地址的转换结果重填到相应的 TLB 项中，后续处理器再访问该虚拟地址时就不需要访问页表，从而提高性能，这个过程称为 TLB 重填（TLB refill）。RISC-V 体系结构规范没有约定 TLB 重填机制该如何实现。一般来说，有两种实现方式——硬件重填和软件重填。软件重填机制在高性能处理器中可能是一个性能瓶颈。如果处理器采用软件重填机制，软件需要陷入 M 模式来填充 TLB 项。

如果 TLB 中有相应的项，那么直接从 TLB 项中获取物理地址，如图 13.2 所示。

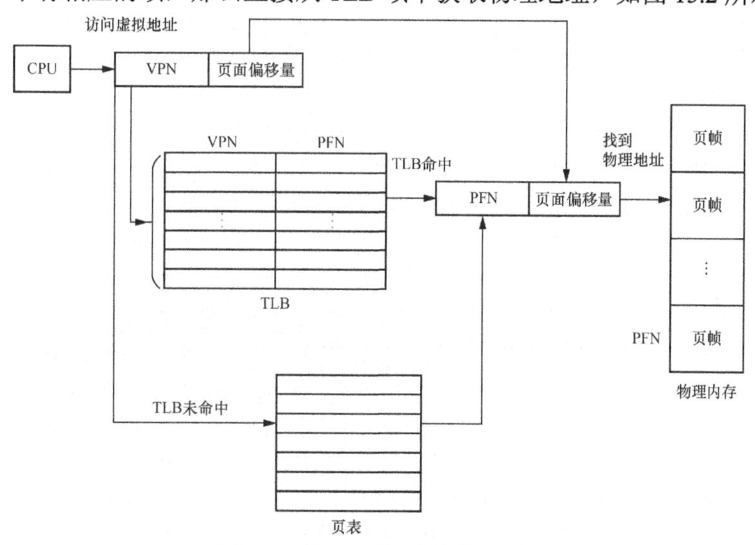

图 13.2　从 TLB 项中获取物理地址

RISC-V 体系结构手册中没有约定 TLB 项的结构，图 13.3 展示了一个 TLB 项，除 VPN 和 PFN 之外，还包括 V、G 等属性。表 13.1 展示了 TLB 项的相关属性。

表 13.1　TLB 项的相关属性

属性	描述
VPN	虚拟页帧号
PFN	物理页帧号
V	有效位
G	表示是否是全局 TLB 或者进程特有的 TLB
D	脏位
AP	访问权限
ASID	进程地址空间 ID

① 有的书中简称为 PPN。

TLB 类似于高速缓存，支持直接映射方式、全相联映射方式以及组相联映射方式。为了提高效率，现代处理器中的 TLB 大多采用组相联映射方式。图 13.4 所示是一个 3 路组相联的 TLB。

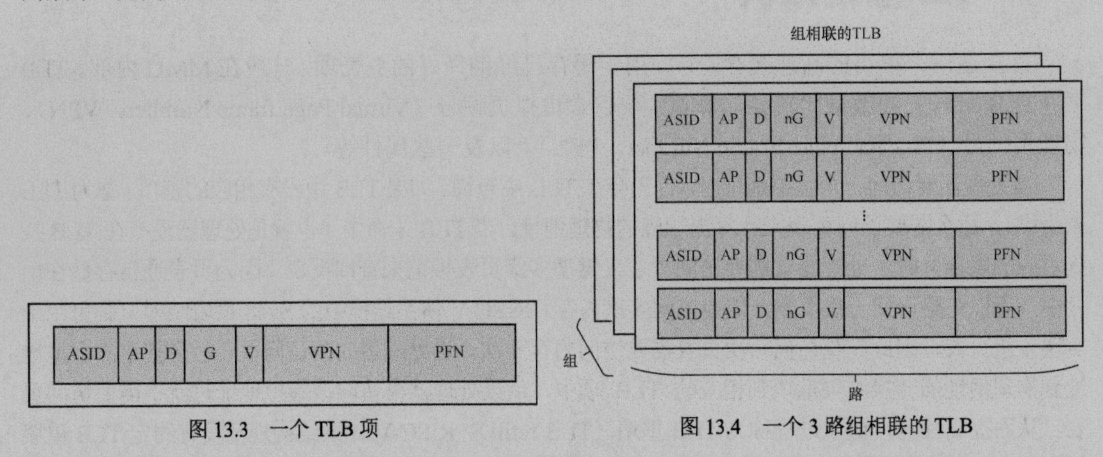

图 13.3　一个 TLB 项　　　　图 13.4　一个 3 路组相联的 TLB

当处理器采用组相联映射方式的 TLB 时，虚拟地址会分成 3 部分，分别是标记域、索引域以及页内偏移量。处理器首先使用索引域查询 TLB 对应的组，如图 13.5 所示，在一个 3 路组相连的 TLB 中，每组包含 3 个 TLB 项。在找到对应组之后，再用标记域比较和匹配。若匹配成功，说明 TLB 命中，再加上页内偏移量即可得到最终物理地址。

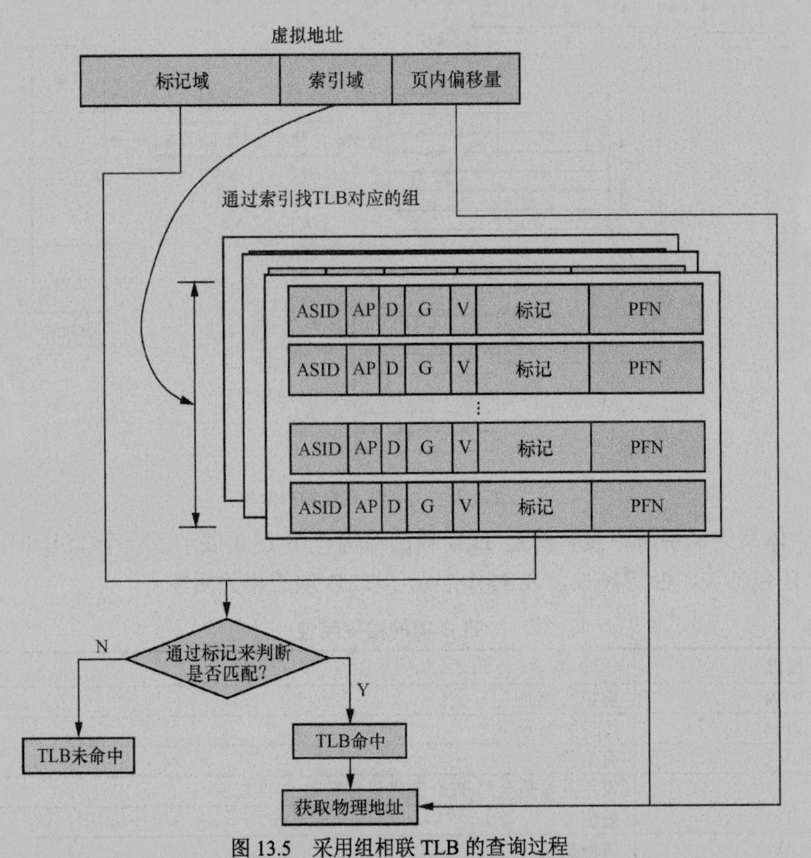

图 13.5　采用组相联 TLB 的查询过程

在香山处理器中，为了提高访问速度，每个处理器内核都包含 L1 TLB 和 L2 TLB。其中，L1 TLB 包括指令 TLB 和数据 TLB，而 L2 TLB 采用一个统一的 TLB 体系结构。指令 TLB 主要用于缓存指令的虚拟地址到物理地址的映射结果，数据 TLB 用来缓存数据的虚拟地址到物理地址的映射结果。

有些处理器的 L1 高速缓存采用 PIPT 映射方式，因此当处理器读取某个地址的数据时，TLB 与数据高速缓存将协同工作。处理器发出的虚拟地址将首先发送到 TLB，TLB 利用虚拟地址中的索引域和标记域来查询 TLB。假设 TLB 命中，那么得到虚拟地址对应的 PFN。PFN 和虚拟地址中的页内偏移量组成了物理地址。这个物理地址将送到采用 PIPT 映射方式的数据高速缓存。高速缓存也会把物理地址拆分成索引域和标记域，然后查询高速缓存，如果高速缓存命中，那么处理器便从高速缓存行中提取数据，如图 13.6 所示。

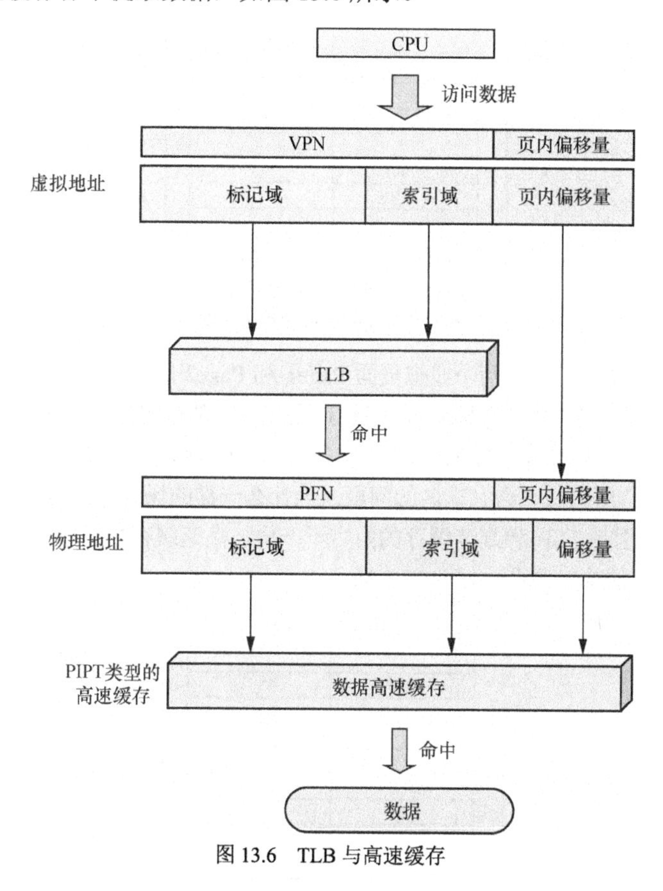

图 13.6 TLB 与高速缓存

13.2 TLB 重名与同名问题

TLB 本质上也是高速缓存的一种，那它会不会和高速缓存一样有重名和同名的问题呢？

13.2.1 重名问题

高速缓存根据索引域和标记域是虚拟地址还是物理地址分成 VIVT、PIPT 以及 VIPT 这 3 种类型，TLB 是类似于 VIVT 类型的高速缓存。因为索引域和标记域都使用虚拟地址，VIVT 和 VIPT 类型的高速缓存都会有重名问题。重名问题就是多个虚拟地址映射到同一个物理地址引发的问题。

我们回顾一下高速缓存的重名问题。如图 13.7 所示，在 VIVT 类型的高速缓存中，假设两个虚拟页面 Page1 和 Page2 映射到同一个物理页面 Page_P 上，虚拟高速缓存中路的大小是 8 KB，那么就有可能把 Page1 和 Page2 的内容正好都缓存到虚拟高速缓存里。当程序往虚拟地址 VA1 写入数据时，虚拟高速缓存中 VA1 对应的高速缓存行以及物理地址（PA）的内容会被更改，但是虚拟地址 VA2 对应的高速缓存还保存着旧数据。因此，一个物理地址在虚拟高速缓存中保存了两份数据，这就产生了重名问题。

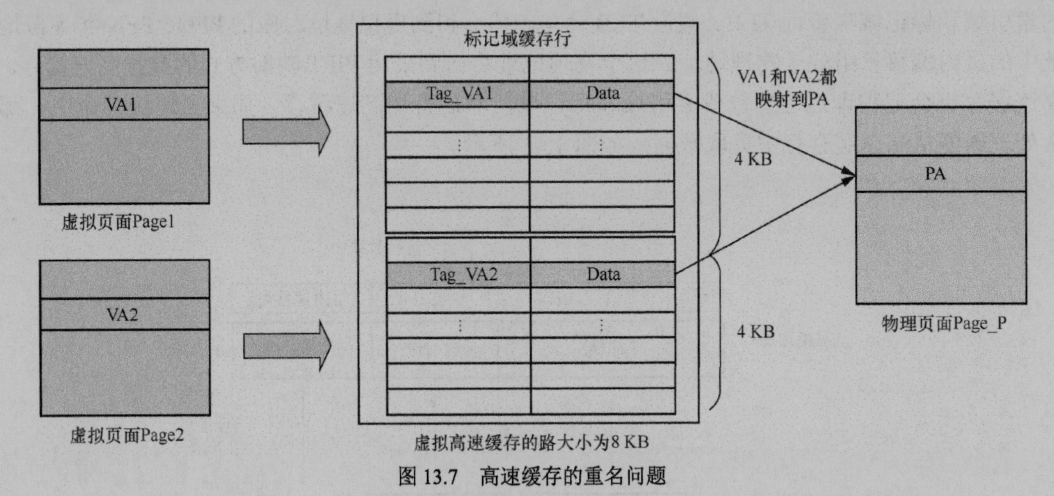

图 13.7　高速缓存的重名问题

我们再看 TLB 的情况，如果两个虚拟页面 Page1 和 Page2 映射到同一个物理页面 Page_P，那么在 TLB 里就会有两个 TLB 项，但是这两个 TLB 项的 PFN 都指向同一个物理页面。所以当程序访问 VA1 时，TLB 命中，从 TLB 获取的是物理地址。当程序访问 VA2 时，TLB 也命中，从 TLB 里获取的也是物理地址。所以，不会有重名的问题。为什么一样的场景中高速缓存会产生重名问题而 TLB 没有？主要的原因是 TLB 和高速缓存的内容不一样，高速缓存中存放的是数据，而 TLB 缓存中存放的是 VA 到 PA 的映射关系，如图 13.8 所示。

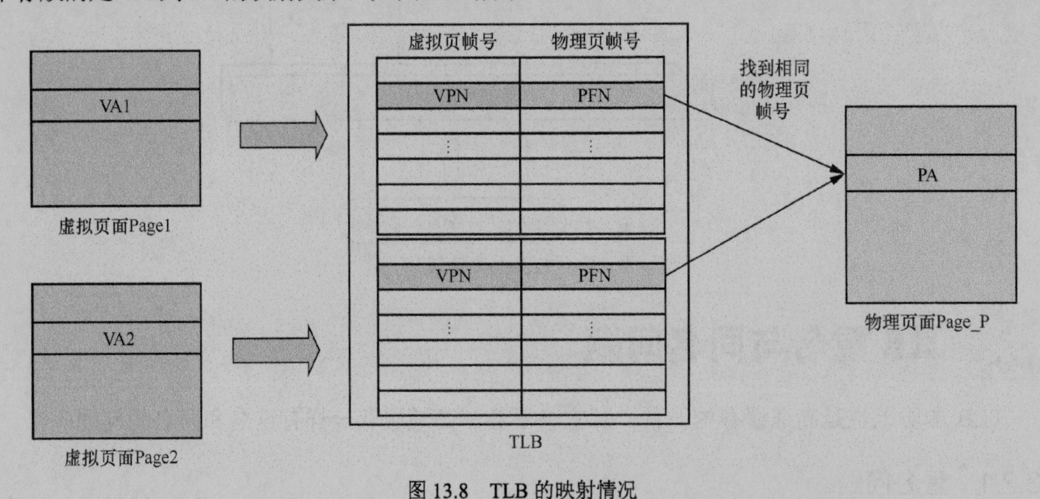

图 13.8　TLB 的映射情况

13.2.2　同名问题

现代处理器都支持分页机制，在 MMU 的支持下，每个进程都仿佛拥有了全部的地址空间。进程 A 和进程 B 都看到了全部地址空间，只不过它们的地址空间是相对隔离的，或者说，每个进程都有自己独立的一套进程地址空间。但是高速缓存和 TLB 没有这么幸运，它们看到的是地址的数值（绝对数值），这就容易产生问题。

举个例子，进程 A 使用数值为 0x50000 的虚拟地址，这个虚拟地址在进程 A 的页表里映射到数值为 0x400 的物理地址上。进程 B 也使用数值为 0x50000 的虚拟地址，这个虚拟地址在进程 B 的页表里映射到数值为 0x800 的物理地址上。当进程 A 切换到进程 B 时，进程 B 也要访问数值为 0x50000 的虚拟地址的内容，它首先要查询 TLB。对于高速缓存和 TLB 来说，它们看到的只是地址的数值，所以处理器就按照 0x50000 这个数值查询 TLB。经过查询发现 TLB 的一项里缓存了 0x50000 到 0x400 的映射关系。TLB 没有办法识别 0x50000 对应的虚拟地址是进程 A 的还是进程 B 的，它直接把这个 0x400 对应物理地址返回给进程 B。若进程 B 访问 0x400 对应的物理地址，就会获取错误的数据，因为进程 B 完全没有映射 0x400 对应的物理地址，所以发生了同名问题，如图 13.9 所示。

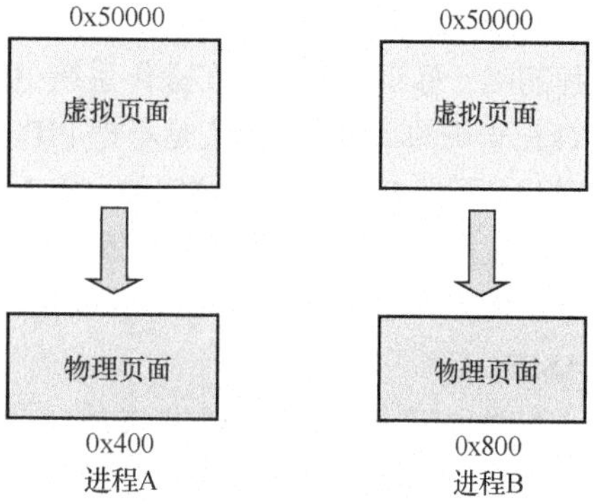

综上所述，TLB 和 VIVT 类型的高速缓存一样，在进程切换时都会发生同名问题。

解决办法是在进程切换时使旧进程遗留下来的 TLB 失效。因为新进程在切换后会得到一个旧进程使用的 TLB，里面存放了旧进程的虚拟地址到物理地址的转换结果，这对于新进程不仅无用，而且有害。因此，需要使 TLB 失效。同样，需要使旧进程对应的高速缓存失效。

图 13.9　同名问题

但是，这种方法不是最优的。对于进程来说，这会对性能有一定的影响，因为进程切换之后，新进程面对的是一个空白的 TLB。进程相当于冷启动了，切换进程之前建立的 TLB 项都用不了。那要怎么解决这个问题呢？我们后面会讲到 ASID 的硬件设计方案。

13.3 ASID

前文提到，进程切换时需要对整个 TLB 进行刷新操作。但是这种方法不太合理，对整个 TLB 进行刷新操作后，新进程将面对一个空白的 TLB，因此新进程开始执行时会出现很严重的 TLB 未命中和高速缓存未命中的情况，这会导致系统性能下降。

如何提高 TLB 的性能？这是最近几十年来芯片设计人员和操作系统设计人员共同努力解决的问题。从操作系统（如 Linux 内核）的角度看，地址空间可以划分为内核地址空间和用户地址空间，因此 TLB 可以分成以下两种。

- 全局类型的 TLB。内核地址空间是所有进程共享的空间，因此这部分空间的虚拟地址到物理地址的转换是不会变化的，可以理解为全局的。
- 进程独有类型的 TLB。用户地址空间是每个进程独立的地址空间。举个例子，在进程切换时，如从 prev 进程切换到 next 进程，TLB 中缓存的 prev 进程的相关数据对于 next 进程是无用的，因此可以刷新，这就是所谓的进程独有类型的 TLB。

为了支持进程独有类型的 TLB，RISC-V 体系结构提供了一种硬件解决方案，叫作 ASID，TLB 可以识别哪些 TLB 项是属于哪个进程的。ASID 方案让每个 TLB 项包含一个 ASID，ASID 用于标识每个进程的地址空间，在原来以虚拟地址为判断条件的基础上，给 TLB 命中的查询标准加上 ASID。有了 ASID 硬件机制的支持，进程切换不需要刷新 TLB，即使 next 进程访问了相同的虚拟地址，prev 进程缓存的 TLB 项也不会影响到 next 进程，因为 ASID 机制从硬件上保证了 prev 进程和 next 进程的 TLB 不会产生冲突。总之，ASID 机制实现了进程独有类型的 TLB。

RISC-V 的 ASID 存储在 satp 寄存器中，如图 13.10 所示，其中 Bit[59:44]用来存储 ASID，一共 16 位宽，最多支持 65 536 个 ASID。Bit[43:0]表示 PFN。

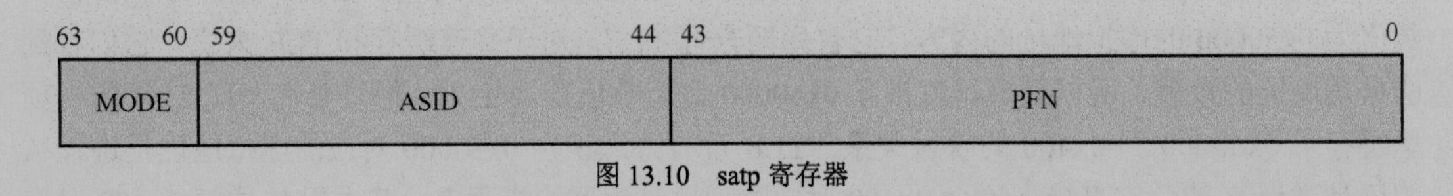

图 13.10　satp 寄存器

那么，ASID 究竟是怎么产生的？是不是就等同于进程的 ID（PID）呢？答案是否定的。

ASID 不等于 PID，它们是两个不同的概念，虽然都有 ID 的含义。PID 是操作系统分配给进程的唯一标识，是进程在操作系统中的唯一身份，类似于我们的身份证号码，而 ASID 是用于 TLB 查询的。通常，我们是不把 PID 当作 ASID 来用的。一般操作系统会通过位图（bitmap）管理和分配 ASID。以 16 位宽的 ASID 为例，它最多支持 65 536 个号码，因此就可以使用 65 536 位的位图来管理它。用位图来管理 ASID 是比较方便的，因为我们可以轻松地使用位图这样的数据结构来分配和释放位。如果 ASID 分配完，那么操作系统需要冲刷全部 TLB，然后重新分配 ASID。

当为 TLB 添加了 ASID 之后，要确定 TLB 是否命中就需要查询 ASID，如图 13.11 所示。

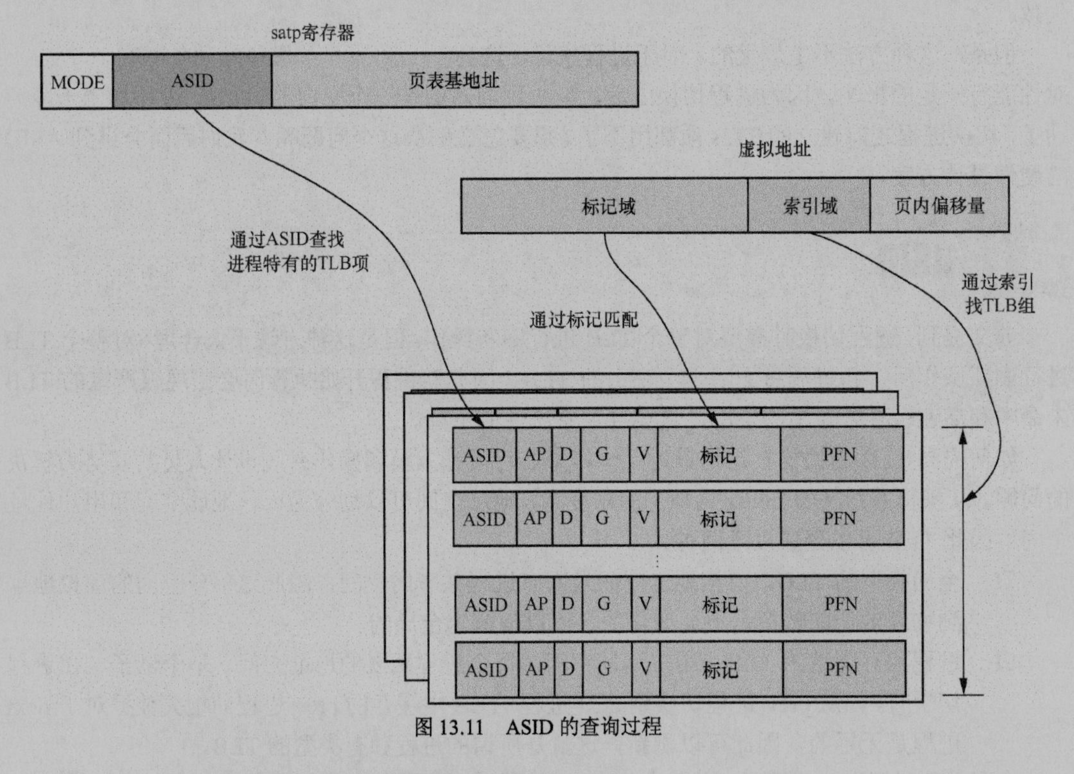

图 13.11　ASID 的查询过程

第一步，通过虚拟地址的索引域查找对应的 TLB 组。

第二步，通过虚拟地址的标记域做比对。

第三步，和 satp 寄存器中的 ASID 进行比较，若标记域和 ASID 以及相应的属性都匹配，则 TLB 命中，这是新增的步骤。

在页表项（PTE）里，有一位和 TLB 相关，它就是 G 位。

- 当 G 位为 0 时，这个页表对应的 TLB 项是进程独有的，需要使用 ASID 来识别。

- 当 G 位为 1 时，这个页表对应的 TLB 项是全局的。

13.4 TLB 管理指令

通常处理器体系结构会提供 TLB 管理指令来帮助刷新 TLB，这里说的刷新 TLB 主要指失效操作。有一些场景下，我们需要手动使用这些 TLB 管理指令来维护 TLB 一致性。

如果一个 PTE 被修改了，那么它对应的 TLB 项必须先刷新，再修改 PTE。处理器支持乱序执行，有可能导致后续的指令被预取，而使用了旧 TLB 项的数据出现错误。操作系统一般采用 BBM（Break-Before-Make）机制来处理规避该问题，见 13.5.4 节。

若修改了内存的高速缓存属性，也需要使用 TLB 维护指令。

13.4.1 TLB 维护指令介绍

RISC-V 体系结构提供了一条兼顾内存屏障与刷新 TLB 的指令——SFENCE.VMA 指令用于实施虚拟内存管理的同步操作，该指令会实现如下两个功能。

- 内存屏障功能。这条指令保证在屏障之前的存储操作与屏障之后的读写操作的执行次序。这里主要指的是对虚拟内存管理中的相关数据的读写操作，例如，对页表的读写操作等。在屏障之前对虚拟内存管理的相关数据结构的写操作以及在屏障之后对这些数据的读写操作的执行次序可以通过 SFENCE.VMA 指令保证。例如，处理器想修改页表项，然后读取该页表项的内容，如果这中间没有 SFENCE.VMA 指令，那么处理器可以乱序执行，即先读取页表项内容再修改页表项，从而导致处理器读取旧的页表项内容。
- 刷新 TLB。这条指令还会刷新本地处理器上与地址转换相关的高速缓存，如 TLB 等。如果对一个页表项进行了修改而没有刷新对应的 TLB，那么处理器可能会访问旧的 TLB 项。

SFENCE.VMA 在 RISC-V 体系结构中不是一条简单刷新 TLB 的指令，而是一条内存管理屏障指令，它希望为哪些指令会受到刷新 TLB 操作的影响提供更清晰的语义。

SFENCE.VMA 指令的作用范围仅限于本地处理器。SFENCE.VMA 指令的格式如下。

```
SFENCE.VMA rs1 rs2
```

- rs1：用来指定虚拟地址，这条指令会对该虚拟地址对应的页表中相关数据结构的读写操作进行排序。如果 rs1 指定的虚拟地址是一个无效地址，那么 SFENCE.VMA 指令的操作无效，但不会触发异常。
- rs2：用来指定 ASID，这条指令会使 ASID 对应进程的 TLB 无效。

SFENCE.VMA 指令的编码如图 13.12 所示。

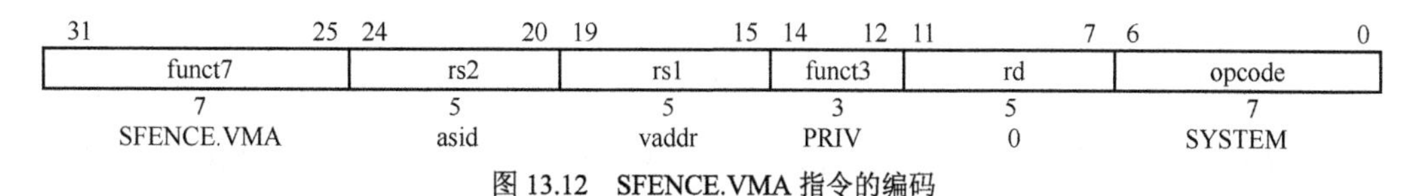

图 13.12 SFENCE.VMA 指令的编码

SFENCE.VMA 指令的参数如表 13.2 所示。

参数 rs1=x0 和 rs2=x0 是一种常见的用法，SFENCE.VMA 指令相当于一条实现全局的内存屏障和刷新 TLB 的指令。

表 13.2　SFENCE.VMA 指令的参数

参数组合	描述
rs1=x0 和 rs2=x0	rs1=x0 表示对页表相关数据结构的所有读和写操作进行排序，这针对所有地址空间。 rs2=x0 表示会使所有地址空间中与地址转换相关的高速缓存（如 TLB 等）失效
rs1=x0 和 rs2!=x0	rs1=x0 表示对页表相关数据结构的所有读和写操作进行排序，这特指 ASID 为 rs2 的进程的地址空间。 rs2 表示进程的 ASID，这条指令会使与该进程对应的地址转换相关的高速缓存（如 TLB 等）失效
rs1!=x0 和 rs2=x0	rs1 表示虚拟地址，这条指令会对这个虚拟地址对应的页表的相关数据结构的所有读和写操作进行排序，这里仅仅针对该虚拟地址对应的所有地址空间。 rs2=x0 表示会使与所有地址空间的地址转换相关的高速缓存（如 TLB 等）失效
rs1!=x0 和 rs2!=x0	rs1 表示虚拟地址，这条指令会对这个虚拟地址对应的页表相关数据结构的所有读和写操作进行排序，这特指 ASID 为 rs2 的进程的地址空间。 rs2 表示进程的 ASID，这条指令会使与该进程中 rs1 指定的虚拟地址所对应的地址转换相关的高速缓存（如 TLB 等）失效

SFENCE.VMA 指令隐含了内存屏障功能。如果在某个地址建立页表转换并且执行了 SFENCE.VMA 指令，那么其后对这个地址的访问（如读操作）都是有效的。举个例子，如果对一个页表项进行了修改但是没有执行 SFENCE.VMA 指令，那么处理器有可能访问旧的页表项或者访问新的页表项，这会导致程序的错误访问。

【例 13-1】　刷新进程 p 在本地处理器中全部的 TLB，其中参数 asid 为进程 p 的 ASID。

```
void local_flush_tlb_all_asid(unsigned long asid)
{
   __asm__ __volatile__ ("sfence.vma x0, %0"
            :
            : "r" (asid)
            : "memory");
}
```

在这个例子中，SFENCE.VMA 指令的参数 rs1=x0 说明没有指定虚拟地址，因此它会针对进程 p 所有的地址空间做内存屏障处理；rs2=asid 指定了进程 p 的 ASID，它会刷新进程 p 所有的 TLB。

【例 13-2】　刷新进程 p 在本地处理器中一个地址范围的 TLB，其中参数 asid 为进程 p 的 ASID。

```
void local_flush_tlb_range_asid(unsigned long start, unsigned long size, unsigned long
asid)
{
   unsigned long i;

   for (i = 0; i < size; i += PAGE_SIZE) {
       __asm__ __volatile__("sfence.vma %0, %1"
               :
               : "r"(start + i), "r"(asid)
               : "memory");
   }
}
```

local_flush_tlb_range_asid()用来刷新进程 p 的一个地址范围对应的 TLB，这个范围为[start, start + size −1]。以 PAGE_SIZE 为步长遍历这个范围，然后分别对每个页面调用 SFENCE.VMA 指令来使页面对应的 TLB 失效。

13.4.2　TLB 广播

SFENCE.VMA 指令只作用于本地处理器，如果在多处理器系统中刷新 TLB，则需要使用 TLB 广播。不同的处理器体系结构对 TLB 广播的实现方式也有所不同。有些处理器体系结构在芯片内部实现 TLB 广播协议，如 ARM 的 DVM 事务（Distributed Virtual Memory Transaction）协议，而有些处理器体系结构（如 RISC-V）需要使用软件触发 IPI 才能完成 TLB 广播。

在 RISC-V 体系结构中实现 TLB 广播的步骤如下。

（1）在本地处理器中执行 SFENCE.VMA 指令。

（2）依次向系统中其他处理器触发 IPI。

（3）其他处理器在 IPI 处理函数中执行 SFENCE.VMA 指令。

（4）其他处理器发送信号给本地处理器，告知 IPI 处理已经完成。

第（4）步中提到的发送信号机制需要在软件中实现，如可以通过标志位等实现一个互斥信号量。

RISC-V 通常在 OpenSBI 软件中实现 TLB 广播功能。操作系统通过 ECALL 调用 OpenSBI 提供的服务。OpenSBI 提供了两个刷新进程 TLB 的接口。

- SBI_EXT_RFENCE_REMOTE_SFENCE_VMA：用来刷新全部进程的 TLB。
- SBI_EXT_RFENCE_REMOTE_SFENCE_VMA_ASID：用来刷新指定进程的 TLB。

图 13.13 所示为操作系统调用 OpenSBI 提供的接口来刷新 TLB 广播服务的流程。在下面的流程中我们把请求 TLB 广播的处理器称为请求处理器，把接收 TLB 广播的处理器称为远端处理器。

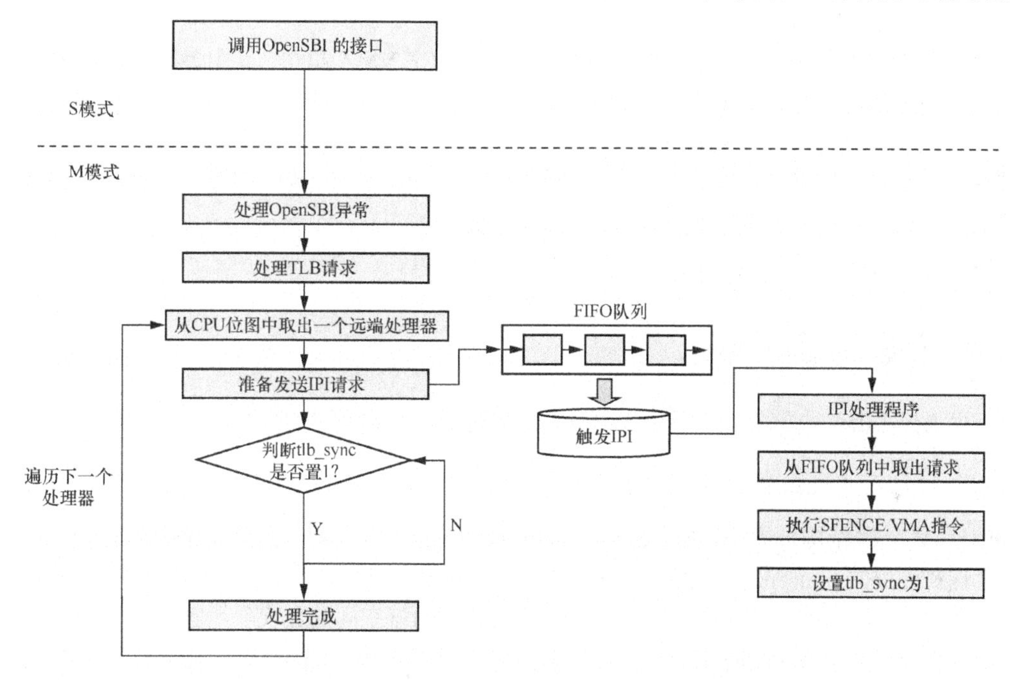

图 13.13　操作系统调用 OpenSBI 提供的接口来刷新 TLB 广播服务的流程

（1）操作系统调用 OpenSBI 提供的接口（如 SBI_EXT_RFENCE_REMOTE_SFENCE_VMA）刷新 TLB。

（2）请求处理器陷入 M 模式。

（3）在 M 模式的异常处理程序中处理 ECALL 系统调用。

（4）在 ECALL 处理程序中找到 TLB 广播服务请求的处理程序。

（5）从 CPU 位图中取出一个待处理的远端处理器，准备发送 IPI 请求。

（6）把 TLB 广播请求加入 FIFO 队列中，然后触发 IPI。

（7）远端处理器收到 IPI，IPI 处理程序从 FIFO 队列中取出 TLB 广播请求。

（8）执行 SFENCE.VMA 指令来完成远端处理器的 TLB 刷新。

（9）设置 tlb_sync 标志来告诉请求处理器，TLB 刷新已经完成。

（10）请求处理器会一直循环等待 tlb_sync 标志是否置 1。如果置 1，那么请求处理器知道远端处理器的刷新 TLB 的动作已经完成。

（11）遍历下一个待处理的远端处理器，重复第（5）步。

（12）直到所有待处理的远端处理器都完成了刷新 TLB 的动作，请求处理器成功返回 S 模式。

13.4.3 SFENCE.VMA 指令使用场景

下面列出需要使用 SFENCE.VMA 指令的场景。

- 当软件更改进程的 ASID 时，首先把新的 ASID 设置到 satp 寄存器中，然后执行 SFENCE.VMA 指令，其中参数 rs1=x0，rs2 为新的 ASID。
- 如果处理器没有实现 ASID 或者使用数值为 0 的 ASID，那么在更新 satp 寄存器时需要执行 SFENCE.VMA 指令，其中参数 rs1=x0。
- 如果软件修改了除 PTE 之外的页表项，那么需要执行 SFENCE.VMA 指令，其中参数 rs1=x0。如果在任何一级页表项中设置了 G 位，那么参数 rs2 也必须设置为 x0；否则，rs2 应该设置为进程对应的 ASID。
- 如果软件修改了页表项，那么需要执行 SFENCE.VMA 指令，其中参数 rs1 指向页表项对应的虚拟地址。如果在页表项中设置了 G 位，那么参数 rs2 设置为 x0；否则，rs2 应该设置为进程对应的 ASID。

在一些修改系统寄存器的场景下是不需要执行 SFENCE.VMA 指令的，因为这些修改会立即生效。

- 修改 sstatus 寄存器中的 SUM 和 MXR 字段。
- 修改 satp 寄存器的 MODE 字段来修改处理器模式。

13.5 TLB 案例分析

下面通过 Linux 内核的几个使用案例来帮助大家进一步理解 TLB。

13.5.1 TLB 在 Linux 内核中的应用

RISC-V 体系结构采用一套页表机制，当切换进程运行时，CPU 会把进程的页表（页表的基地址存储在进程的 mm->pgd）装载到 CPU 中。当访问用户空间时，CPU 自动访问用户空间的页表项。当陷入内核态并访问内核空间时，CPU 自动访问内核空间的页表项。但是，内核空间中页表的属性会设置为全局类型的 TLB。内核空间是所有进程共享的空间，因此这部分空间的虚拟地址到物理地址的转换结果是不会变化的。

PTE 属性中用来管理 TLB 是全局类型还是进程独有类型的位是 G 位。当 G 位为 0 时，这个页表对应的 TLB 项是进程独有的，需要使用 ASID 来识别。当 G 位为 1 时，这个页表对应的 TLB 项是全局的。TLB 访问情况如图 13.14 所示。

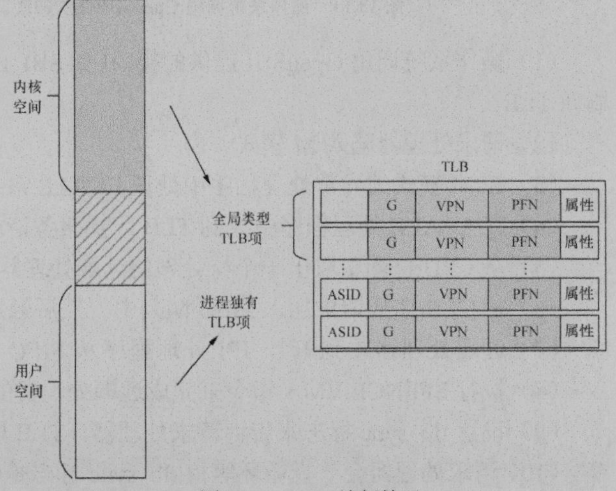

图 13.14 TLB 访问情况

假设一个进程运行在用户态，当访问用户地址空间时，CPU 会带着 ASID 去查询 TLB。如果 TLB 命中，那么可以直接访问物理地址；否则，就要查询页表。

当有攻击者想在用户态访问内核地址空间时，CPU 会查询 TLB。由于此时内核页表的 TLB 是全局类型的，因此可以从 TLB 中查询到物理地址。CPU 访问内核地址空间的地址最终会产生异常，但是因为乱序执行，所以 CPU 会预取内核地址空间的数据，这就导致了熔断漏洞。不过，大部分 RISC-V 处理器不支持这种跨越权限的乱序执行，因此不受熔断漏洞的影响。

13.5.2 ASID 在 Linux 内核中的应用

硬件 ASID 通过位图来分配和管理。当切换进程的时候，需要把进程持有的硬件 ASID 写入 satp 寄存器里。对于新创建的进程，第一次调度运行的时候，还没有分配 ASID。此时，操作系统需要使用位图机制来分配一个空闲的 ASID，然后把这个 ASID 填充到 satp 寄存器里。

当系统中 ASID 加起来超过硬件最大值时，会发生溢出，需要冲刷全部 TLB，然后重新分配 ASID。注意，硬件 ASID 不是无限量供应的：16 位宽的 ASID 机制最多支持 65 536 个 ASID。若 ASID 用完了，怎么办？这就需要冲刷全部的 TLB，然后重新分配 ASID。

在 Linux 内核里，进程切换出去之后会把 ASID 存储在 mm 数据结构的 context 字段里面。当进程再切换回来的时候，把 ASID 设置到 satp 寄存器里，这样 CPU 就知道当前进程的 ASID 了。所以，整个机制是需要软件和硬件一起协同工作的，如图 13.15 所示。

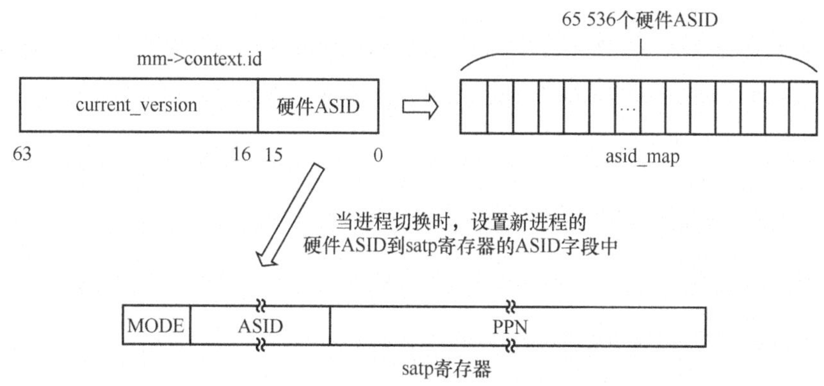

图 13.15 ASID 在 Linux 内核中的应用

13.5.3 Linux 内核中的 TLB 维护操作

Linux 内核中提供了多个管理 TLB 的接口函数，如表 13.3 所示。这些接口函数定义在 arch/riscv/include/asm/tlbflush.h 文件中。

表 13.3 Linux 内核中管理 TLB 的接口函数

接口函数	描述
flush_tlb_all()	使所有处理器上的整个 TLB（包括内核地址空间和用户地址空间的 TLB）失效
flush_tlb_mm(mm)	使一个进程中整个用户地址空间的 TLB 失效
flush_tlb_range(vma, start, end)	使进程地址空间的某个虚拟地址区间（从 start 到 end）对应的 TLB 失效
flush_tlb_kernel_range(start, end)	使内核地址空间的某个虚拟地址区间（从 start 到 end）对应的 TLB 失效
flush_tlb_page(vma, addr)	使虚拟地址（addr）所映射页面的 TLB 页表项失效
local_flush_tlb_all()	使本地 CPU 对应的整个 TLB 失效

表 13.3 中参数的说明如下。

- mm 表示进程的内存描述符 mm_struct。
- vma 表示进程地址空间的描述符 vm_area_struct。
- start 表示起始地址。
- end 表示结束地址。

- addr 表示虚拟地址。

下面结合两个例子展示这些接口函数是如何实现的。flush_tlb_all()函数的实现如下。

```
<arch/riscv/mm/tlbflush.c>

void flush_tlb_all(void)
{
  sbi_remote_sfence_vma(NULL, 0, -1);
}
```

sbi_remote_sfence_vma()函数会调用 OpenSBI 提供的接口来实现 TLB 广播和刷新功能。sbi_remote_sfence_vma()函数的实现如下。

```
<arch/riscv/kernel/sbi.c>

int sbi_remote_sfence_vma(const unsigned long *hart_mask,
             unsigned long start,
             unsigned long size)
{
  return __sbi_rfence(SBI_EXT_RFENCE_REMOTE_SFENCE_VMA,
              hart_mask, start, size, 0, 0);
}
```

其中，参数 hart_mask 是一个 CPU 位图，用来描述需要接收 TLB 广播的远端处理器，start 表示需要刷新 TLB 的起始虚拟地址，size 表示需要刷新 TLB 的地址大小。__sbi_rfence()函数会根据 SBI 规范来调用。以 0.1 的 SBI 规范为例，__sbi_rfence()函数会调用__sbi_rfence_v01()函数。

```
<arch/riscv/kernel/sbi.c>

static int __sbi_rfence_v01(int fid, const unsigned long *hart_mask,
              unsigned long start, unsigned long size,
              unsigned long arg4, unsigned long arg5)
{
  int result = 0;

  switch (fid) {
  case SBI_EXT_RFENCE_REMOTE_SFENCE_VMA:
      sbi_ecall(SBI_EXT_0_1_REMOTE_SFENCE_VMA, 0,
            (unsigned long)hart_mask, start, size,
            0, 0, 0);
      break;
  case SBI_EXT_RFENCE_REMOTE_SFENCE_VMA_ASID:
      sbi_ecall(SBI_EXT_0_1_REMOTE_SFENCE_VMA_ASID, 0,
            (unsigned long)hart_mask, start, size,
            arg4, 0, 0);
      break;
  default:
      pr_err("SBI call [%d]not supported in SBI v0.1\n", fid);
      result = -EINVAL;
  }

  return result;
}
```

所以对于 SBI_EXT_RFENCE_REMOTE_SFENCE_VMA 类型的操作，最终通过 sbi_ecall()函数调用 OpenSBI 提供的刷新 TLB 的服务接口，服务接口为 SBI_EXT_0_1_REMOTE_ SFENCE_ VMA。

对于与刷新进程相关的 TLB，则需要调用 OpenSBI 提供的刷新 TLB 的服务接口，服务接口为 SBI_EXT_0_1_REMOTE_SFENCE_VMA_ASID。Linux 内核提供了多个刷新进程 TLB 的接口函数，如 flush_tlb_mm()等接口函数。

```
<arch/riscv/mm/tlbflush.c>

void flush_tlb_mm(struct mm_struct *mm)
{
  __sbi_tlb_flush_range(mm, 0, -1, PAGE_SIZE);
}
```

__sbi_tlb_flush_range()函数会获取进程的 ASID 以及进程的 CPU 位图。__sbi_tlb_flush_range()函数的代码片段如下。

```
<arch/riscv/kernel/sbi.c>

static void __sbi_tlb_flush_range(struct mm_struct *mm, unsigned long start,
                unsigned long size, unsigned long stride)
{
        struct cpumask *cmask = mm_cpumask(mm);
        struct cpumask hmask;
        unsigned int cpuid;

        cpuid = get_cpu();
        unsigned long asid = atomic_long_read(&mm->context.id);
        riscv_cpuid_to_hartid_mask(cmask, &hmask);
        sbi_remote_sfence_vma_asid(cpumask_bits(&hmask),
                        start, size, asid);

        put_cpu();
}
```

sbi_remote_sfence_vma_asid()函数与 sbi_remote_sfence_vma()函数类似，只不过多了 asid 参数，最终通过 sbi_ecall()函数调用 OpenSBI 提供的刷新 TLB 的服务接口。

13.5.4 BBM 机制

在多核系统中，多个虚拟地址可以同时映射到同一个物理地址，出现为同一个物理地址创建了多个 TLB 项的情况，而更改其中一个页表项会破坏缓存一致性以及内存访问时序等，从而导致系统出问题。例如，若把一个旧的页表项替换为一个新的页表项，操作系统通常使用 BBM（Break-Before-Make，先断开后更新）机制来保证 TLB 的正确；否则，有可能导致新的页表项和旧的页表项同时都缓存在 TLB（特别是不同 CPU 的 TLB）中，从而导致程序访问出错。

除更改页表项之外，其他的一些场景也需要使用 BBM 机制。

- 修改内存类型，如从普通类型内存变成设备类型内存。
- 修改高速缓存的属性，如修改高速缓存的策略，从写回策略改成写直通策略。
- 修改 MMU 转换后的输出地址，或者新的输出地址的内容和旧的输出地址的内容不一致。
- 修改页面的大小。

BBM 机制的工作流程如下。

（1）使用一个失效的页表项来替换旧的页表项，执行一条内存屏蔽指令。

（2）执行 SFENCE.VMA 指令来刷新对应的 TLB。发送 IPI 中断到其他 CPU 上，让其他 CPU 也刷新 TLB。

（3）写入新的页表项，执行内存屏障指令，保证写入操作被其他 CPU 观察者看到。

Linux 内核中也广泛应用了 BBM 机制，如在切换新的 PTE 之前，先把 PTE 内容清除，再刷新对应的 TLB，是为了防止一个可能发生的竞争问题，如一个线程在执行自修改代码，另外一个线程在做写时复制。

下面举一个例子来说明这个场景。

假设主进程有两个线程——线程 0 和线程 1，线程 0 运行在 CPU0 上，线程 1 运行在 CPU1 上，它们共同访问一个虚拟地址。这个 VMA（Linux 内核采用 vm_area_struct 数据结构来描述一段进程地址空间）映射到 Page0 上。

线程 0 在这个 VMA 上运行代码，初始状态如图 13.16（a）所示。

主进程通过 fork 调用创建一个子进程，如图 13.16（b）所示。子进程会通过写时复制得到一个新的 VMA1，而且这个 VMA1 也映射到 Page0，子进程对应的页表项为 PTE1。在 fork 过程中，对父进程和子进程的页表项都会设置只读属性（PTE_RDONLY）。

当线程 1 想往该虚拟地址中写入新代码时，它会触发写错误的缺页异常，在 Linux 内核里执行写时复制操作。

线程 1 创建了一个新的页面 Page_new，并且把 Page0 的内容复制到 Page_new 上，然后切换页表项并指向 Page_new，最后往 Page_new 写入新代码，如图 13.16（c）所示。

此时，在 CPU0 上运行的线程 0 的指令和数据 TLB 依然指向 Page0，线程 0 依然从 Page0 上获取指令，这样线程 0 获取了错误的指令，从而导致线程 0 运行错误，如图 13.16（d）所示。

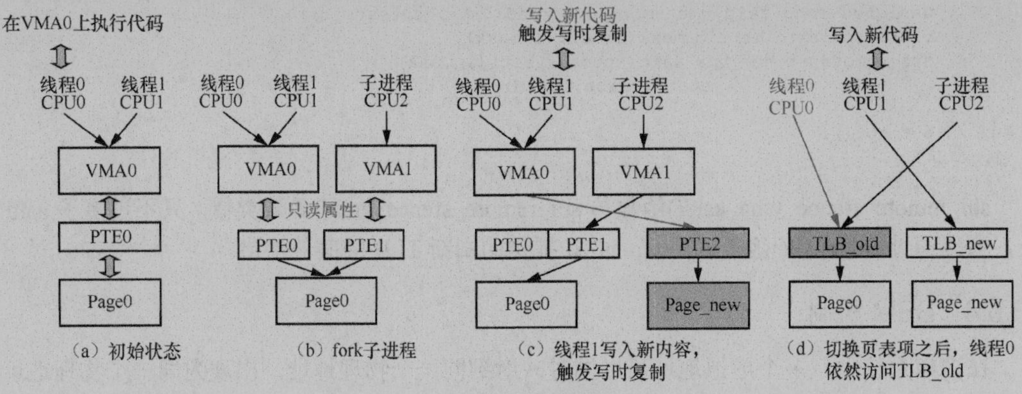

图 13.16 切换页表再刷新 TLB

所以，根据 BBM 机制，图 13.16（c）对应的步骤需要分解成如下几个步骤。

（1）在切换页表项之前，CPU1 把旧的页表项内容清除掉。

（2）刷新对应的 TLB，发送广播到其他 CPU 上。

（3）设置新的页表项（PTE2）。

（4）对于线程 1 来说，VMA 的虚拟地址映射到 Page_new 之后才能往 Page_new 中写入新代码。

CPU1 发出的刷新 TLB 指令会广播到其他的 CPU 上，如 CPU0 收到广播之后也会刷新本地对应的 TLB 项，这样 CPU0 就不会再使用旧的 TLB 项，而通过 MMU 获取 Page_new 的物理地址，从而访问 Page_new 上最新的代码。如果没有实现上述 BBM 机制，CPU0 依然访问旧的 TLB 项，访问 Page0 上的旧代码，就会导致程序出错。

为什么 BBM 机制要率先使用一个无效的页表项来替换旧的页表项（即为什么要先执行 break 动作）呢？

在实现 BBM 机制的过程中，如果其他 CPU 也访问这个虚拟地址，那么它会因为失效的页表项而采取操作系统的缺页异常处理机制。操作系统的缺页异常处理机制一般会使用相应的锁机制保证多个缺页异常处理的串行执行（在 Linux 内核的缺页异常处理中会申请一个与进程相关的读写信号量 mm->mmap_sem），从而保证数据的一致性。如果在 BBM 机制中没有率先使用一个无效的页表项替换旧的页表项，那么在实现 BBM 机制的过程中其他 CPU 也可能同时访问这个页面，导致数据访问出错。

我们以上述场景为例，CPU1 清除旧的页表项时，CPU0 也访问 VMA 虚拟地址，此时 VMA 对应的页表项已经被替换成无效的页表项，CPU0 会触发一个缺页异常。由于 CPU1 此时正在处理写时复制的缺页异常，并且已经申请了锁保护，因此 CPU0 只能等待 CPU1 完成缺页异常处理并且释放锁。当 CPU0 申请到锁时，CPU1 已经完成了写时复制，VMA 对应的页表项已经指向 Page_new，CPU0 退出缺页异常处理并且直接访问 Page_new 的内容。

第 14 章　原子操作

本章思考题

1. 什么是原子操作？
2. 什么是 LL/SC 机制？
3. 在 RISC-V 处理器中，如何实现 LR/SC 指令？
4. 如果多个核同时使用 LR 和 SC 指令对同一个内存地址进行访问，如何保证数据的一致性？
5. 什么是 CAS 指令？CAS 指令在操作系统编程中有什么作用？

本章主要介绍 RISC-V 体系结构中与原子操作相关的指令及其工作原理。

14.1 原子操作介绍

原子操作是指保证指令以原子的方式执行，执行过程不会被打断。

【例 14-1】 在如下代码片段中，假设 thread_A_func()和 thread_B_func()都尝试进行 *i*++操作，thread-A-func()和 thread-B-func()执行完后，*i* 的值是多少？

```
static int i=0;

void thread_A_func()
{
    i++;
}

void thread_B_func()
{
    i++;
}
```

有的读者可能认为 *i* 等于 2，但也有的读者可能认为不等于 2，代码的执行过程如下。

```
      CPU0                                    CPU1
-------------------------------------------------------------------
  thread_A_func()
     load i= 0
                                         thread_B_func()
                                            load i=0
     i++
                                            i++
     store i (i=1)
                                            store i (i=1)
```

从上面的代码执行过程来看，最终 *i* 也可能等于 1。因为变量 *i* 位于临界区，CPU0 和 CPU1 可能同时访问，即发生并发访问。从 CPU 角度来看，变量 *i* 是一个静态全局变量，存储在数据段中，首先读取变量的值并存储到通用寄存器中，然后在通用寄存器里做加法运算，最后把寄存器的数值写回变量 *i* 所在的内存空间中。在多处理器体系结构中，上述动作可能同时进行。即使在单处理器体系结构上依然可能存在并发访问，例如，thread_B_func()在某个中断处理程序中执行。

原子操作需要保证不会被打断。上述的 *i*++语句就可能被打断。要保证操作的完整性和原子性，通常需要“原子地”（不间断地）完成**“读-修改-回写”机制**，中间不能被打断。在下述操作中，如果其他 CPU 同时对该原子变量进行写操作，则会造成数据破坏。

（1）读取原子变量的值，从内存中读取原子变量的值到寄存器。

（2）修改原子变量的值，在寄存器中修改原子变量的值。

（3）把新值写回内存中，把寄存器中的新值写回内存中。

处理器必须提供原子操作的汇编指令来完成上述操作，如 RISC-V 提供保留加载（Load-Reserved，LR）与条件存储（Store-Conditional，SC）指令，以及原子内存访问指令。

14.2 保留加载与条件存储指令

原子操作需要处理器提供硬件支持，不同的处理器体系结构在原子操作上会有不同的实现。RISC-V 指令集中的 A 扩展指令集提供两种方式来实现原子操作：一种是经典的 LR 与 SC 指令，类似于 ARMv8 体系体系结构中的独占加载（Load-Exclusive，LE）与独占存储（Store-Exclusive，SE）指令，这种实现方式在有些教材中称为连接加载/条件存储（Load-Link/Store-Conditional，LL/SC）指令；另一种是原子内存访问指令。

LL/SC 最早用作并发与同步访问内存的 CPU 指令，它分成两部分。第一部分（LL）表示从指定内存地址读取一个值，处理器会监控这个内存地址，看其他处理器是否修改该内存地址。第二部分（SC）表示如果这段时间内其他处理器没有修改该内存地址，则把新值写入该地址。因此，一个原子的 LL/SC 操作就是通过 LL 读取值，进行一些计算，并通过 SC 来写回。如果 SC 失败，那么重新开始整个操作。LL/SC 指令常常用于实现无锁算法与“读-修改-回写”原子操作。很多 RISC 体系结构实现了这种 LL/SC 机制，如 RISC-V 的 A 扩展指令集里实现了 LR 和 SC 指令。

LR 指令的格式如下。

```
lr.w rd, (rs1)
lr.d rd, (rs1)
```

其中，w 表示加载 4 字节数据；d 表示加载 8 字节数据；rs1 表示源地址寄存器；(rs1)表示以 rs1 寄存器的值为基地址进行寻址，简称 **rs1 地址**；rd 表示目标寄存器。

LR 指令从 rs1 地址处加载 4 字节或者 8 字节的数据到 rd 寄存器中，并且它会注册一个保留集（reservation set），这个保留集包含 rs1 地址。

SC 指令有条件地把数据写入内存中。SC 指令的格式如下。

```
sc.w rd, rs2, (rs1)
sc.d rd, rs2, (rs1)
```

它会有条件地把 rs2 寄存器的值存储到 rs1 地址中，执行的结果反映到 rd 寄存器中。若 rd 寄存器的值为 0，说明 SC 指令都执行完，数据已经写入 rs1 地址中。如果结果不为 0，说明 SC 指令执行失败，需要跳转到 LR 指令处，重新执行原子加载以及原子存储操作。不管 SC 指令执行成功或者失败，保留集中的数据都会失效。

LR/SC 指令的编码如图 14.1 所示。

31　27	26	25	24　20	19　15	14　12	11　7	6　0
funct5	aq	rl	rs2	rs1	funct3	rd	opcode
5	1	1	5	5	3	5	7
LR.W/D	ordering		0	addr	width	dest	AMO
SC.W/D	ordering		src	addr	width	dest	AMO

图 14.1　LR/SC 指令的编码

LR/SC 指令还可以和加载-获取以及存储-释放内存屏障原语结合使用，构成一个类似于临界区的内存屏障，在一些场景（比如自旋锁的实现）中非常有用。其中，aq 表示加载-获取内存屏障原语，rl 表示存储-释放内存屏障原语。

【例 14-2】 下面的代码使用了原子的加法函数。atomic_add(i,v)函数非常简单，它原子地给 v 加上 i。

```
1     #include <stdio.h>
2
3     static inline void atomic_add(int i, unsigned long *p)
4     {
5         unsigned long tmp;
6         int result;
7
8         asm volatile("# atomic_add\n"
9         "1: lr.d  %[tmp], (%[p])\n"
10        "   add  %[tmp], %[i], %[tmp]\n"
11        "   sc.d  %[result], %[tmp], (%[p])\n"
12        "   bnez  %[result], 1b\n"
13        : [result]"=&r" (result), [tmp]"=&r" (tmp), [p]"+r" (p)
14        : [i]"r" (i)
15        : "memory");
16    }
17
18    int main(void)
19    {
20        unsigned long p = 0;
21
22        atomic_add(5, &p);
23
24        printf("atomic add: %ld\n", p);
25    }
```

在第 8～15 行中，通过内嵌汇编代码实现 atomic_add。

在第 9 行中，通过 LR.D 指令独占地加载指针 p 的值到 tmp 变量中，该指令会标记该地址为保留状态。

在第 10 行中，通过 ADD 指令让 tmp 的值加上变量 i 的值。

在第 11 行中，通过 SC.D 指令把最新的 tmp 的值写入指针 p 指向的内存地址中。

在第 12 行中，判断 result 的值。如果 result 的值为 0，说明 SC.D 指令存储成功；否则，存储失败。如果存储失败，就只能跳转到第 9 行来重新执行 LR.D 指令。

在第 13 行中，输出部分有 3 个参数，其中 result 和 tmp 具有可写属性，p 具有可读、可写属性。

在第 14 行中，输入部分有 1 个参数，i 只有可读属性。

14.3　独占内存访问工作原理

前文已经介绍了 LR 和 SC 指令。RISC-V 指令手册中并没有约定 LR/SC 指令如何实现，芯片设计人员可以根据实际需求来自行实现。本节介绍一种基于独占监视器（exclusive monitor）来监控内存访问的方法。

14.3.1　独占监视器

独占监视器会把对应内存地址标记为独占访问模式，保证以独占的方式访问这个内存地址，不受其他因素的影响。而 SC 是有条件的存储指令，它会把新数据写入 LR 指令标记独占访问的内存地址里。

【例 14-3】　下面是一段使用 LR 和 SC 指令的简单代码。

```
<独占访问例子>

1    my_atomic_set:
2    1:
3        lr.d a2, (a1)
4        or a2, a2, a5
5        sc.d a3, a2, (a1)
6        bnez a3, 1b
```

在第 3 行中，以 a1 寄存器的值为地址，并以独占的方式加载该地址的内容到 a2 寄存器中。

在第 4 行中，通过 OR 指令设置 a2 寄存器的值。

在第 5 行中，以独占方式把 a2 寄存器的值写入以 a1 寄存器的值为基地址的内存中。若 a3 寄存器的值为 0，表示写入成功；若 a3 寄存器的值为 1，表示不成功。

在第 6 行中，判断 a3 寄存器的值，如果 a3 寄存器的值不为 0，说明 LR.D 和 SC.D 指令执行失败，需要跳转到第 2 行的标签 1 处，重新使用 LR.D 指令进行独占加载。

注意，LR 和 SC 指令是需要配对使用的，而且它们之间是原子的，即使我们使用仿真器硬件也没有办法单步调试和执行 LR 和 SC 指令，即我们无法使用仿真器单步调试第 3～5 行的代码，它们是原子的，是一个不可分割的整体。

LR 指令本质上也是加载指令，只不过在处理器内部使用一个独占监视器监视它的状态。独占监视器一共有两个状态——开放访问状态和独占访问状态。

- 当 CPU 通过 LR 指令从内存加载数据时，CPU 会把这个内存地址标记为独占访问，然后 CPU 内部的独占监视器的状态变成独占访问状态。当 CPU 执行 SC 指令的时候，需要根据独占监视器的状态做决定。
- 如果独占监视器的状态为独占访问状态，并且 SC 指令要存储的地址正好是刚才使用 LR 指令标记过的，那么 SC 指令存储成功，SC 指令返回 0，独占监视器的状态变成开放访问状态。
- 如果独占监视器的状态为开放访问状态，那么 SC 指令存储失败，SC 指令返回 1，独占监视器的状态不变，依然保持开放访问状态。

对于独占监视器，处理器可以根据缓存一致性的层级关系分成多个监视器。

- 本地独占监视器（local exclusive monitor）：这类监视器处于处理器的 L1 内存子系统中。L1 内存子系统支持独占加载、独占存储、独占清除等这些同步原语。
- 内部一致全局独占监视器（internal coherent global exclusive monitor）：这类全局独占监视器会利用多核处理器中与 L1 高速缓存一致性相关的信息来实现独占监视。
- 外部全局独占监视器（external global exclusive monitor）：这类外部全局独占监视器通常位于芯片的内部总线中，例如，AXI 总线支持独占的读操作和独占的写操作。当访问设备类型的内存地址或者访问内部共享但是没有使能高速缓存的内存地址时，我们就需要这种外部全局独占监视器。通常缓存一致性控制器支持这种独占监视器。

独占监视器的分类如图 14.2 所示。

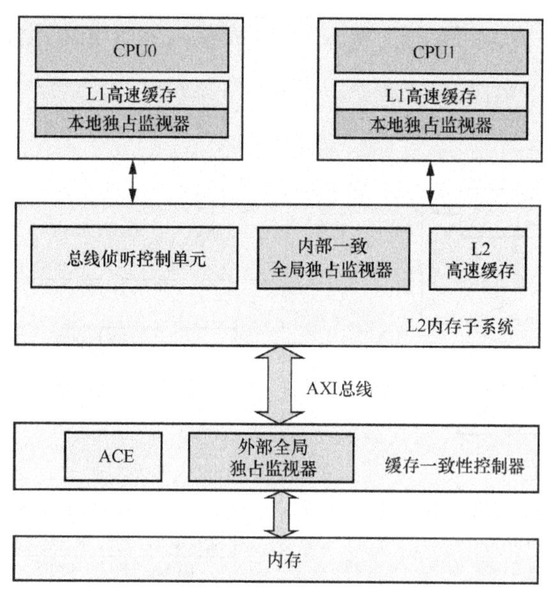

图 14.2 独占监视器的分类

14.3.2 独占监视器与缓存一致性

LR 指令和 SC 指令在多核之间利用高速缓存一致性协议以及独占监视器保证执行的串行化与数据一致性。例如，有些处理器的 L1 数据高速缓存之间的缓存一致性是通过 MESI 协议实现的。

【例 14-4】 为了说明 LR 指令和 SC 指令在多核之间获取锁的场景，假设 CPU0 和 CPU1 同时访问一个锁（lock），这个锁的地址为 a0 寄存器的值，下面是获取锁的伪代码。

```
<获取锁的伪代码>

1     /*
2        get_lock(lock)
3      */
4
5     .global get_lock
6     get_lock:
7         li a2, 1
8     retry:
9         lr.w a1, (a0)      //独占地加载锁
10        beq a1, a2, retry //如果锁为 1，说明锁已经被其他 CPU 持有，只能不断地尝试
11
12        /* 锁已经释放，尝试获取锁 */
13        sc.w a1, a2, (a0) //往锁写 1，以获取锁
14        bnez a1, retry     //若 a1 寄存器的值不为 0，说明独占访问失败，只能跳转到 retry 处
15
16        ret
```

经典自旋锁的执行流程如图 14.3 所示。接下来，我们考虑多个 CPU 同时访问自旋锁的情况。CPU0 和 CPU1 的访问时序如图 14.4 所示。

在 *T*0 时刻，初始化状态下，在 CPU0 和 CPU1 中，高速缓存行的状态为 I（无效）。CPU0 和 CPU1 的本地独占监视器的状态都是开放访问状态，而且 CPU0 和 CPU1 都没有持有锁。

在 *T*1 时刻，CPU0 执行第 9 行的 LR 指令，加载锁。

在 *T*2 时刻，LR 指令访问完成。根据 MESI 协议，CPU0 上的高速缓存行的状态变成 E（独占），CPU0 上本地独占监视器的状态变成独占访问状态。

在 *T*3 时刻，CPU1 也执行到第 9 行代码，通过 LR 指令加载锁。根据 MESI 协议，CPU0 上对应的高速缓存行的状态则从 E 变成 S（共享），并且把高速缓存行的内容发送到总线上。CPU1

从总线上得到锁的内容，高速缓存行的状态从 I 变成 S。CPU1 上本地独占监视器的状态从开放访问状态变成独占访问状态。

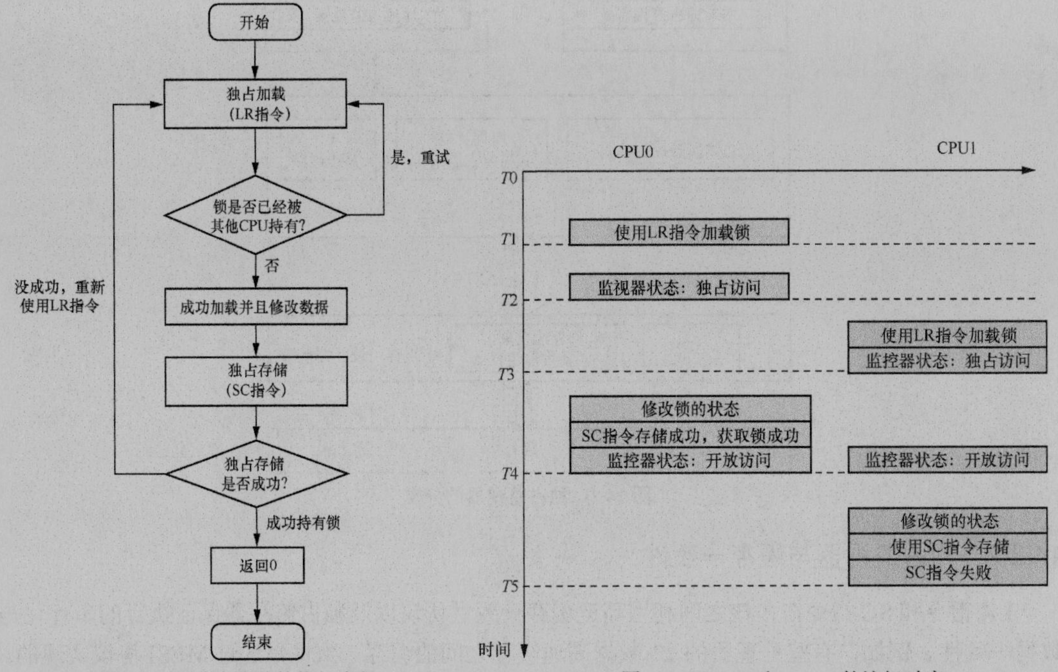

图 14.3　经典自旋锁的执行流程　　　　图 14.4　CPU0 和 CPU1 的访问时序

在 *T4* 时刻，CPU0 执行第 13 行代码，修改锁的状态，然后通过 SC 指令写入锁的地址 addr 中。在这个场景下，SC 指令执行成功，CPU0 则成功获取锁。另外，CPU0 的本地独占监视器会把状态修改为开放访问状态。根据缓存一致性原则，内部缓存一致性的全局独占监视器能监听到 CPU0 的状态已经变成开放访问状态，因此也会把 CPU1 的本地独占监视器的状态同步设置为开放访问状态。根据 MESI 协议，CPU0 对应的高速缓存行的状态会从 S 变成 M（修改），并且发送 BusUpgr 信号到总线，CPU1 收到该信号之后会把自己本地对应的高速缓存行设置为 I。

在 *T5* 时刻，CPU1 也执行到第 13 行代码，修改锁的值。这时候 CPU1 中高速缓存行的状态为 I，因此 CPU1 会向总线上发送一个 BusRdX 信号。CPU0 中高速缓存行的状态为 M，CPU0 收到这个 BusRdX 信号之后会把本地的高速缓存行的内容写回内存中，然后高速缓存行的状态变成 I。CPU1 直接从内存中读取这个锁的值，修改锁的状态，最后通过 SC 指令写回锁地址 addr 里。但是此时，由于 CPU1 的本地监视器状态已经在 *T4* 时刻变成开放访问状态，因此 SC 指令就写不成功了。CPU1 获取锁失败，只能跳转到第 8 行的 retry 标签处继续尝试。

综上所述，要理解 LR 指令和 SC 指令的执行过程，需要根据独占监视器的状态以及 MESI 状态的变化来综合分析。

14.4　原子内存访问操作指令

RISC-V 指令集中的 A 扩展指令集提供原子内存操作指令，它允许在靠近数据的地方原子地实现“读-修改-写回”操作。

14.4.1　原子内存访问指令工作原理

通常原子内存操作支持两种模式。

- 近端原子（near atomic）操作：如果数据已经在CPU的高速缓存里，那么可以在CPU内部实现原子内存操作。还有一种特殊情况，如果有些系统的总线不支持远端原子操作传输事务，那么只能实现近端原子操作。
- 远端原子（far atomic）操作：在内存或者系统总线上实现原子内存操作，这种情况下，需要系统总线支持原子操作传输事务，例如，使用AMBA 5总线协议中的CHI（Coherent Hub Interface）总线，或者SiFive公司开发的TileLink总线。

本节以AMBA 5中的CHI总线为例进行阐述。AMBA 5总线引入了原子事务（atomic transaction），允许将原子操作发送到数据端，并且允许原子操作在靠近数据的地方执行。例如，在互连总线上执行原子算术和逻辑操作，而不需要加载到高速缓存中处理。原子事务非常适合要操作的数据离处理器内核比较远的情况，例如，数据在内存中。

如图14.5所示，所有的CPU连接到CHI总线上，图中的HN-F（Fully coherent Home Node）表示缓存一致性的主节点，它位于互连总线内部，接收来自CPU的事务请求。SN-F（Fully coherent Slave Node）表示缓存一致性的从节点，它通常用于普通内存，接收来自HN-F的请求，完成所需的操作。ALU（Arithmetic and Logic Unit）表示算术逻辑部件，是完成算术运算和逻辑运算的硬件单元。不但CPU内部有ALU，而且在HN-F里集成了ALU。

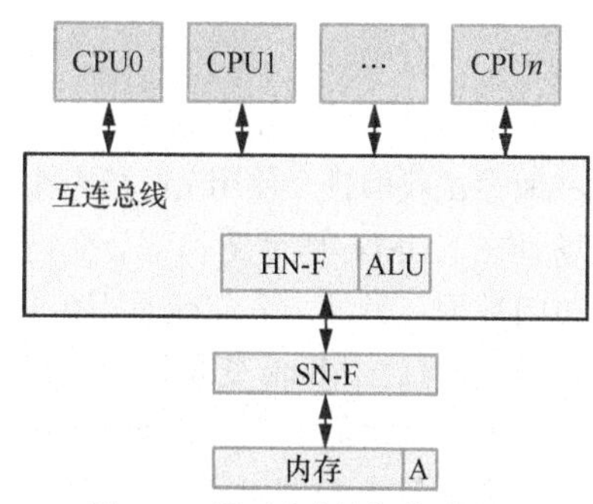

图14.5　原子内存访问体系结构

假设内存中的地址A存储了一个计数值，CPU0执行一条AMOADD指令使计数值加1。下面是AMOADD指令的执行过程。

（1）CPU0执行AMOADD指令时，会发出一个原子存储事务（atomic store transaction）请求到互连总线上。

（2）互连总线上的HN-F接收到该请求。HN-F会协同SN-F以及ALU来完成加法原子操作。

（3）因为原子存储事务是不需要等待回应的事务，CPU不会跟踪该事务的处理过程，所以CPU0发送完该事务就认为AMOADD指令已经执行完。

从上述步骤可知，原子内存操作指令会在靠近数据的地方执行算术运算，大幅度提升原子操作的效率。

14.4.2　原子内存访问指令与LR/SC指令的效率对比

原子内存访问操作指令与独占内存访问指令最大的区别在于效率。我们举一个自旋锁竞争激烈的场景，在SMP系统中，假设lock变量存储在内存中。

与之相比，在独占内存访问体系结构下，ALU位于每个CPU内核内部。例如，为了对某地址上的A计数进行原子加1操作，首先使用LR指令加载计数A到L1高速缓存中，由于其他CPU可能缓存了A数据，因此需要通过MESI协议处理L1高速缓存一致性的问题，然后利用CPU内部的ALU完成加法运算，最后通过SC指令写回内存中。因此，整个过程中，需要多次处理高速缓存一致性的情况，效率低下。

独占内存访问体系结构如图14.6所示。假设CPU0～CPUn同时对计数A进行独占访问，即通过LR和SC指令实现“读-修改-写回”操作，那么计数A会被加载到CPU0～CPUn的L1高速缓存中，CPU0～CPUn将会引发激烈的竞争，导致高速缓存颠簸，系统性能下降。而原子内存操作指令则会在互连总线中的HN-F节点中对所有发起访问的CPU请求进行全局仲裁，并且在 HN-F 节点内部完成算术运算，从而避免高速缓存颠簸消耗的总线带宽。

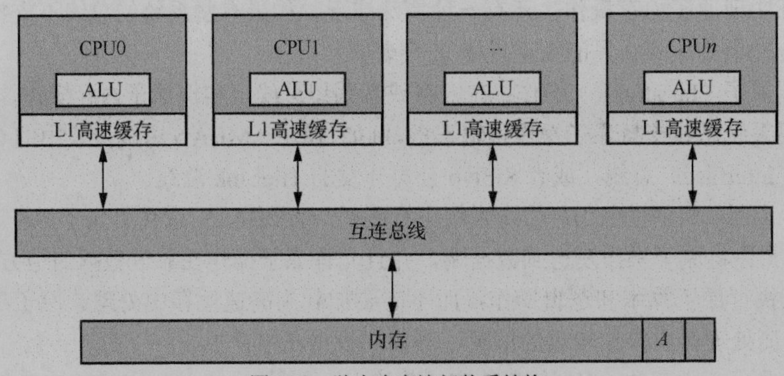

图 14.6　独占内存访问体系结构

使用独占内存访问指令会导致所有 CPU 内核都把锁加载到各自的 L1 高速缓存中，然后不停地尝试获取锁（使用 LR 指令来读取锁）并检查独占监视器的状态，导致高速缓存颠簸。这个场景在 NUMA 体系结构下会变得更糟糕，远端节点（remote node）的 CPU 需要不断地跨节点访问数据。另外一个问题是不公平，当锁持有者释放锁时，所有的 CPU 都需要抢这个锁（使用 SC 指令写这个 lock 变量），有可能最先申请锁的 CPU 反而没有抢到锁。

如果使用原子内存访问操作指令，那么最先申请这个锁的 CPU 内核会通过 CHI 总线的 HN-F 节点完成算术和逻辑运算，不需要把数据加载到 L1 高速缓存，而且整个过程都是原子的。

14.4.3　RISC-V 中的原子内存访问指令

原子内存访问指令实现"读-修改-写回"的操作，其格式如下。

```
amo<op>.w/d  rd, rs2, (rs1)
```

其中，选项的含义如下。

- op：表示操作后缀，如表 14.1 所示，例如，add 表示加法运算等。

表 14.1　操作后缀

操作后缀	说明
swap	交换
add	加法运算
and	与操作
or	或操作
xor	异或操作
max	求有符号数的最大值
maxu	求无符号数的最大值
mix	求有符号数的最小值
mixu	求无符号数的最小值

- w：表示操作数的位宽为 32 位。
- d：表示操作数的位宽为 64 位。
- rd：表示目标寄存器，指令执行的结果写入该寄存器中。
- rs2：表示源操作数。
- rs1：表示源地址寄存器。
- (rs1)：表示以 rs1 寄存器的值为基地址进行寻址。

以操作后缀为 add 为例，AMOADD 指令首先加载 rs1 地址的值到 rd 寄存器中，对 rd 寄存器的值与 rs2 寄存器的值执行加法运算，结果写回到以 rs1 寄存器的值为地址的内存单元中，最后 rd 寄存器返回以 rs1 寄存器的旧值为基地址的内容。下面是该操作序列的 C 语言伪代码。

```
rd = *rs1;
*rs1 = rd <op> rs2;
return rd
```

【例 14-5】 用 AMOADD 指令实现 atomic_add()函数。

```
1    void atomic_add(int i, unsigned long *p)
2    {
3        unsigned long result;
4
5        asm volatile("# atomic_add\n"
6    "   amoadd.d %[result], %[i], (%[p])\n"
7        : [result]"=&r"(result) , [p]"+r" (p)
8        : [i]"r" (i)
9        : "memory");
10   }
```

在第 6 行中，使用 AMOADD 指令把变量 *i* 的值原子地加到指针 p 指向的数据中。

在第 7 行中，输出操作数列表，描述在指令部分中可以修改的 C 语言变量以及约束条件，其中，result 具有可写属性，指针 *p* 具有可读、可写属性。

在第 8 行中，*i* 为输入参数。

在第 9 行中，改变资源列表，即告诉编译器哪些资源已修改，需要更新。

使用原子内存访问操作指令来实现 atomic_add()函数非常高效。

【例 14-6】 使用 AMOMAX 指令来实现经典的自旋锁。

获取自旋锁的函数原型为 get_lock()。

```
1    /*
2       get_lock(lock)
3     */
4
5    .global get_lock
6    get_lock:
7        li a2, 1
8    retry:
9        amomax.w a1, a2, (a0)
10       bnez a1, retry
11
12       ret
```

AMOMAX.W 指令首先原子地加载以 a0 寄存器的值为地址的 32 位数据到 a1 寄存器中，比较 a1 和 a2 两个寄存器中值的大小，把较大的值写入以 a0 寄存器的值为地址的内存单元中，最后返回 a1 寄存器的值。在 get_lock()汇编函数中，a1 寄存器存储着锁的旧值，如果 a1 寄存器的值为 1，那么说明锁已经被其他进程持有了，当前 CPU 没有获取锁。如果 a1 寄存器的值为 0，说明当前 CPU 成功获取了锁。

释放锁比较简单，使用 SW 指令来往锁的地址中写入 0 即可。

```
/*
   free_lock(lock)
 */
.global free_lock
free_lock:
  sw x0, (a0)
```

14.5 比较并交换操作

比较并交换（CAS）操作在无锁（lock-free）实现中起到非常重要的作用。CAS 指令的伪代码如下。

```
int compare_swap(int *ptr, int expected, int new)
{
     int actual = *ptr;
     if (actual == expected) {
          *ptr = new;
     }
     return actual;
}
```

CAS 操作的基本思路是检查 ptr 指向的值与 expected 是否相等。若相等，则把 new 的值赋给 ptr；否则，什么也不做。不管是否相等，最终都会返回 ptr 的旧值，让调用者判断该 CAS 指令执行是否成功。

ARMv8 体系结构提供了专用的 CAS 指令，x86-64 体系结构提供 cmpxchg 指令，但是 RISC-V 中的 A 扩展指令集并没有像其他处理器体系结构一样提供 CAS 专用指令，而推荐使用 LR/SC 指令来实现，其理由如下。

- CAS 指令会有 *ABA* 问题，但是 LR/SC 指令可以避免这个问题，因为 LR/SC 指令操作期间会监视所有写操作的内存地址，而不仅仅是某个内存地址的值。*ABA* 问题是使用 CAS 指令来进行无锁操作中遇到的一个经典问题。假设 CPU0 准备使用 CAS 指令把变量 v 的值由 A 修改成 B。在这之前，如果 CPU1 先把变量 v 的值改成 C，然后改回 A，那么 CPU0 在执行 CAS 指令时变量 v 的值是 A，CAS 指令认为变量 v 没有变化，从而执行成功。但是这期间，实际上变量 v 的值发生过变化。
- CAS 还需要一种新的整数指令格式来支持 3 种源操作数（地址、比较值、交换值）以及一种不同的内存系统消息格式，这将使处理器设计变得复杂化。

【例 14-7】 使用 LR/SC 指令实现 cmpxchg()函数并测试。

```
1     #include <stdio.h>
2
3     unsigned long cmpxchg(volatile void *ptr, unsigned long old, unsigned long new)
4     {
5         unsigned long tmp;
6         unsigned long result;
7
8         asm volatile(
9         "1: lr.d  %[result], (%[ptr])\n"
10        "   bne  %[result], %[old], 2f\n"
11        "   sc.d  %[tmp], %[new], (%[ptr])\n"
12        "   bnez  %[tmp], 1b\n"
13        "        2:\n"
14        : [result]"+r" (result), [tmp]"+r" (tmp), [ptr]"+r" (ptr)
15        : [new]"r" (new), [old]"r"(old)
16        : "memory");
17
18        return result;
19    }
20
21    int main(void)
22    {
23        unsigned long p = 0x1234;
24        unsigned long old;
25
```

```
26        old = cmpxchg(&p, 0x1, 0x5);
27        printf("old 0x%lx, p 0x%lx\n", old, p);
28
29        old = cmpxchg(&p, 0x1234, 0x5);
30        printf("old 0x%lx, p 0x%lx\n", old, p);
31    }
```

在第 9 行中，通过 LR.D 指令把指针 ptr 所指向的值原子地加载到变量 result 中。

在第 10 行中，判断变量 result 的值与变量 old 的值是否相等。如果不相等，那么跳转到标签 2 处，直接返回 result 的值；如果相等，则继续执行第 11 行代码。

在第 11 行中，使用 SC.D 指令把变量 new 的值原子地写入指针 ptr 指向的内存单元中，把执行结果写入 tmp 变量中。

在第 12 行中，判断 SC.D 指令是否执行成功。

在第 26～30 行中，对 cmpxchg()函数进行测试。

在 QEMU+RISC-V+Linux 系统中运行代码并测试。

```
root:cmpxchg# gcc cmpxchg.c -o cmpxchg
root:cmpxchg# ./cmpxchg
old 0x1234, p 0x1234
old 0x1234, p 0x5
```

除 cmpxchg()函数之外，Linux 内核还实现了该函数的多个变体，如表 14.2 所示。这些函数在无锁机制的实现中起到了非常重要的作用。

表 14.2　　cmpxchg()函数的变体

cmpxchg()函数的变体	描述
cmpxchg_acquire()	比较并交换操作，隐含了加载-获取内存屏障原语
cmpxchg_release()	比较并交换操作，隐含了存储-释放内存屏障原语
cmpxchg_relaxed()	比较并交换操作，不隐含任何内存屏障原语
cmpxchg()	比较并交换操作，隐含了加载-获取和存储-释放内存屏障原语

除 cmpxchg()函数之外，还广泛使用另一个交换函数——xchg(new, v)。它的实现机制是把 new 赋给原子变量 *v*，然后返回原子变量 *v* 的旧值。

【例 14-8】 使用 LR/SC 指令实现 xchg()函数并测试。

```
1     #include <stdio.h>
2
3     static unsigned long xchg(volatile void *ptr, unsigned long new)
4     {
5         unsigned long tmp;
6         unsigned long result;
7
8         asm volatile(
9         "1: lr.d  %[result], (%[ptr])\n"
10        "   sc.d  %[tmp], %[new], (%[ptr])\n"
11        "   bnez  %[tmp], 1b\n"
12        : [result]"+r" (result), [tmp]"+r" (tmp), [ptr]"+r" (ptr)
13        : [new]"r" (new)
14        : "memory");
15
16        return result;
17    }
18
19    int main(void)
20    {
21        unsigned long p = 0x1234;
22        unsigned long old;
23
24        old = xchg(&p, 0x1);
```

```
25        printf("old 0x%lx, p 0x%lx\n", old, p);
26    }
```

在第 9 行中，通过 LR.D 指令把指针 ptr 的值原子地加载到变量 result 中。

在第 10 行中，使用 SC.D 指令把变量 new 的值原子地写入指针 ptr 指向的内存单元中，把执行结果写入变量 tmp 中。

在第 11 行中，判断 SC.D 指令是否执行成功。

在第 24 和 25 行中，对 xchg()函数进行测试。

在 QEMU+RISC-V+Linux 系统中运行代码并测试。

```
root:cmpxchg# gcc xchg.c -o xchg
root:cmpxchg# ./xchg
old 0x1234, p 0x1
```

【例 14-9】　使用 AMOSWAP 指令实现 xchg()函数并测试。

```
1     #include <stdio.h>
2
3     static unsigned long xchg(volatile void *ptr, unsigned long new)
4
5     {
6         unsigned long tmp;
7         unsigned long result;
8
9         asm volatile(
10        "   amoswap.d  %[result], %[new], (%[ptr])\n"
11        : [result]"=r" (result), [ptr]"+r" (ptr)
12        : [new]"r" (new)
13        : "memory");
14
15        return result;
16    }
17
18    int main(void)
19    {
20        unsigned long p = 0x1234;
21        unsigned long old;
22
23        old = xchg(&p, 0x1);
24        printf("old 0x%lx, p 0x%lx\n", old, p);
25    }
```

上述代码只用一条 AMOSWAP 指令就实现了 xchg()函数的功能。

【例 14-10】　使用例 14-7 中的 cmpxchg()函数实现一个简单的无锁链表。

```
<free_lock_list.c 代码片段>

1     #include <stdio.h>
2     #include <stdlib.h>
3     #include <pthread.h>
4     #include <unistd.h>
5
6     struct node {
7         struct node *next;
8         unsigned long val;
9     };
10
11    struct node head;
12
13    static struct node *new_node(unsigned long val)
14    {
15        struct node *node = malloc(sizeof(*node));
16        if (!node)
17            return NULL;
18
```

```
19          node->next = NULL;
20          node->val = val;
21
22          return node;
23      }
24
25      void free_node(struct node *node)
26      {
27          free(node);
28      }
29
30      static int add_node(struct node *head, unsigned long val)
31      {
32          struct node *new = new_node(val);
33          struct node *next = head->next;
34
35          printf("adding %d\n", val);
36
37          /*如果链表里没有元素，直接加入链表尾*/
38          if (cmpxchg(&head->next, (unsigned long)NULL, (unsigned long)new)
39                  == (unsigned long)NULL) {
40              return 0;
41          }
42
43          for (;;) {
44              /*如果末尾元素 next->next 为空元素，那么用 cmpxchg()设置 new 为 next->next*/
45              if (next->next == NULL &&
46                      cmpxchg(&next->next, (unsigned long)NULL,
47                          (unsigned long)new) == (unsigned long)NULL)
48                  break;
49
50              next = next->next;
51          }
52
53          return 0;
54      }
55
56      static void print_list(struct node *head)
57      {
58          struct node *node = head->next;
59
60          printf("===== print list ==========\n");
61
62          while (node) {
63              printf("val = %d, node =0x%lx\n", node->val, node);
64              node = node->next;
65          }
66      }
67
68      static int del_node(struct node *head)
69      {
70          struct node *next = head->next;
71          struct node *prev = head;
72
73          /*如果链表里没有元素*/
74          if (next == NULL)
75              return 0;
76
77          for (;;) {
78              /*如果末尾元素 next->next 为空元素并且 prev 不为空元素，
79               *直接通过 cmpxchg 设置 prev->next 为空元素来释放末尾元素
80               */
81              if (next->next == NULL && prev &&
82                      cmpxchg(&prev->next, (unsigned long)next,
83                          (unsigned long)NULL) == (unsigned long)next)
84                  break;
85
86              prev = next;
87              next = next->next;
```

```
88        }
89
90        printf("del node %d\n", next->val);
91
92        return 0;
93    }
94
95    static void *add_list_thread(void *arg)
96    {
97        while (1) {
98            add_node(&head, rand() & 0xffff);
99
100           usleep(200 * 1000);
101       }
102   }
103
104   static void *del_list_thread(void *arg)
105   {
106       while (1) {
107           del_node(&head);
108
109           usleep(500 * 1000);
110       }
111   }
112
113   static void *print_list_thread(void *arg)
114   {
115       while (1) {
116           print_list(&head);
117
118           usleep(900 * 1000);
119       }
120   }
121
122   int main(void)
123   {
124       pthread_t t1;
125       pthread_t t2;
126       pthread_t t3;
127
128       /*初始化链表头*/
129       head.next = NULL;
130
131       pthread_create(&t1, NULL, &add_list_thread, NULL);
132       pthread_create(&t2, NULL, &del_list_thread, NULL);
133       pthread_create(&t3, NULL, &print_list_thread, NULL);
134
135       pthread_join(t1, NULL);
136       pthread_join(t2, NULL);
137       pthread_join(t3, NULL);
138
139       return 0;
140   }
```

上述参考代码使用 cmpxchg()来实现无锁的单向链表，add_node()函数把元素添加到链表尾，del_node()函数将链表尾的元素删除。该程序创建 3 个线程来异步地添加元素到链表、删除元素并输出元素，它们之间并没有使用锁机制。

在 QEMU+RISC-V+Linux 系统中运行代码并测试。

```
root:mnt# gcc free_lock_list.c -o free_lock_list -lpthread
root:mnt# ./free_lock_list
```

第 15 章 内存屏障指令

本章思考题

1. 内存乱序产生的原因是什么？
2. 什么是顺序一致性内存模型？
3. 什么是处理器一致性内存模型？
4. 什么是弱一致性内存模型？
5. 请列出 3 个需要使用内存屏障指令的场景。
6. 什么是加载-获取屏障原语？什么是存储-释放屏障原语？
7. 当多个线程正在使用同一个页表项时，如果需要更新这个页表项的内容，如何保证多个线程都能正确访问更新后的页表项？
8. 请说出 3 个 RSIC-V 内存屏障的约束条件。
9. 请简述 FENCE.I 指令与 SFENCE.VMA 指令的作用和使用场景。

内存屏障指令是系统编程中很重要的一部分，特别是在多核并行编程中。本章重点介绍内存屏障指令产生的原因、RISC-V 中的内存屏障指令以及内存屏障的案例分析等。

15.1 内存屏障指令产生的原因

若程序在执行时的实际内存访问顺序和程序代码指定的访问顺序不一致，会出现内存乱序访问。这里涉及两个重要的概念。

- **程序次序**（Program Order，PO）：程序代码里编写的内存访问序列。
- **内存次序**（Memory Order，MO）：站在内存角度看到的内存访问序列，也是系统所有处理器达成一致的内存操作总序列。

通常情况下，程序次序不等于内存次序，从而产生了内存乱序访问。内存乱序访问的出现是为了提高程序执行效率。内存乱序访问主要发生在如下两个阶段。

- 编译阶段。编译器优化导致内存乱序访问。
- 执行阶段。多个 CPU 的交互引起内存乱序访问。

编译器会把符合人类思维逻辑的高级语言代码（如 C 语言的代码）翻译成符合 CPU 运算规则的汇编指令。编译器会在翻译成汇编指令时对其进行优化，如内存访问指令的重新排序可以提高指令级并行效率。然而，这些优化可能会与程序员原始的代码逻辑不符，导致一些错误发生。编译时的乱序访问可以通过 barrier()函数规避。

```
#define barrier() __asm__ __volatile__ ("" ::: "memory")
```

barrier()函数告诉编译器，不要为了性能优化而对这些代码重排序。

在古老的处理器设计当中，指令是完全按照程序次序执行的，这样的模型称为顺序执行模型（sequential execution model）。现代的 CPU 为了提高性能，已经抛弃了这种古老的顺序执行模型，采用很多现代化的技术，比如流水线、写缓存、高速缓存、超标量技术、乱序执行等。这些新技术其实对于编程人员来说是透明的。在一个单处理器系统里面，不管 CPU 怎么乱序执行，它最终的执行结果都是程序员想要的结果，也就是类似于顺序执行模型。在单处理器系统里，指令的乱序和重排对于程序员来说是透明的，但是在多核处理器系统中一个 CPU 内存访问的乱序执行可能会对系统中其他的观察者（如其他 CPU）产生影响，即它们可能观察到的内存执行次序与实际执行次序有很大的不同，特别是多核并发访问共享数据的情况下。因此，这里引申出一个内存一致性问题，即系统中所有处理器所看到的对不同地址访问的次序问题。缓存一致性协议（如 MESI 协议）用于解决多处理器对同一个地址访问造成的一致性问题，而内存一致性问题是多处理器对多个不同内存地址的访问次序与程序次序不同而引发的问题。在使能与未使能高速缓存的系统中都会存在内存一致性问题。

由于现代处理器普遍采用超标量体系结构、乱序发射以及乱序执行等技术提高指令级并行效率，因此指令的执行序列在处理器流水线中可能被打乱，与编写程序代码时的序列不一致，这就产生了程序员错觉——以为处理器访问内存的次序与代码的次序相同。

另外，现代处理器采用多级存储结构，如何保证处理器对存储子系统访问的正确性也是一大挑战。例如，在一个系统中有 n 个处理器 P_1～P_n，假设每个处理器中有 S_i 个存储器操作，那么从全局来看，可能的存储器访问序列有多种组合。为了保证内存访问的一致性，需要按照某种规则来选出合适的组合，这个规则叫作内存一致性模型（memory consistency model）。这个规则需要在保证正确性的前提下保证多个处理器访问时有较高的并行度。

在计算机发展历史中出现了多种内存一致性模型，包括顺序一致性内存模型、处理器一致性内存模型、弱一致性内存模型、释放一致性内存模型等。总的发展趋势是逐步放宽内存约束，从而提高处理器性能并降低设计复杂度，但是带来的副作用是增加了程序员的编程难度。

15.1.1 顺序一致性内存模型

在一个单核处理器系统中，保证访问内存的正确性比较简单。每次存储器读操作所获得的结果是最近写入的结果，但是在多个处理器并发访问存储器的情况下就很难保证其正确性了。我们很容易想到使用一个全局时间尺度（global time scale）部件来决定存储器访问时序，从而判断最近访问的数据。这种访问的内存一致性模型是严格一致性（strict consistency）内存模型，也称为原子一致性（atomic consistency）内存模型。实现全局时间尺度部件的代价比较大，因此退而求其次。采用每一个处理器的局部时间尺度（local time scale）部件来确定最新数据的内存模型称为顺序一致性（Sequential Consistency，SC）内存模型。1979 年，Lamport 提出了顺序一致性的概念。顺序一致性可以总结为两个约束条件。

- 从单处理器角度看，存储访问的执行次序以程序次序为准。
- 从多处理器角度看，所有的内存访问都是原子性的，其执行顺序不必严格遵循时间顺序。

【例 15-1】 在下面的代码中，假设系统实现的是顺序一致性内存模型，变量 a、b、x 和 y 的初始值为 0。

```
CPU0                                CPU1
----------------------------------------------------------------
a = 1                               x = b

b = 1                               y = a
```

当 CPU1 读出 b（为 1）时，我们不可能读出 a 的值（为 0）。根据顺序一致性内存模型的定义，在 CPU0 侧，先写入变量 a，后写入变量 b，这个写操作次序是可以得到保证的。同理，在 CPU1 侧，先读 b 的值，后读 a 的值，这两次读操作的次序也是可以得到保证的。当 CPU1 读取 b 的值（为 1）时，表明 CPU0 已经把 1 成功写入变量 b，于是 a 的值也会被成功写入 1，所以我们不可能读到 a 的值为 0。但是，如果这个系统实现的不是顺序一致性模型，那么 CPU1 有可能读到 $a = 0$，因为读取 a 的操作可能会重排到读取 b 的操作前面，即不能保证这两次读的次序。

总之，顺序一致性内存模型保证了每一条加载/存储指令与后续加载/存储指令严格按照程序次序执行，即保证了“读→读”“读→写”“写→写”以及“写→读”4 种情况的次序。

15.1.2 处理器一致性内存模型

处理器一致性（Processor Consistency，PC）内存模型是顺序一致性内存模型的进一步弱化，放宽了较早的写操作与后续的读操作之间的次序要求，即放宽了“写→读”操作的次序要求。处理器一致性模型允许一条加载指令从存储缓冲区（store buffer）中读取一条还没有执行的存储指令的值，而且这个值还没有被写入高速缓存中。x86-64 处理器实现的全序写（Total Store Ordering，TSO）模型就属于处理器一致性内存模型的一种。

15.1.3 弱一致性内存模型

对处理器一致性内存模型进一步弱化，可以放宽对“读→读”“读→写”“写→写”以及“写→读”4 种情况的执行次序要求，不过这并不意味着程序就不能得到正确的预期结果。其实在这种情况下，程序需要添加适当的同步操作。例如，若一个处理器的存储访问想在另外一个处理器的存储访问之后发生，我们需要使用同步操作来实现，这里说的同步操作指的是使用内存屏障指令完成的操作。

对内存的访问可以分成如下几种方式。

- 共享访问：多个处理器同时访问同一个变量，都执行读操作。
- 竞争访问：多个处理器同时访问同一个变量，其中至少有一个执行写操作，因此存在竞争访问。例如，一个写操作和一个读操作同时发生可能会导致读操作返回不同的值，这取决于读操作和写操作的次序。

在程序中适当添加同步操作可以避免竞争访问的发生。与此同时，在同步点之后，处理器可以放宽对存储访问的次序要求，因为这些访问次序是安全的。基于这种思路，存储器访问指令可以分成**数据访问指令**和**同步指令**（也称为**内存屏障指令**）两大类，对应的内存模型称为弱一致性（Weak Consistency，WC）内存模型。

1986 年，Dubois 等发表的论文描述了弱一致性内存模型的定义，在这个定义中使用全局同步变量（global synchronizing variable）来描述同步访问，这里的全局同步变量可以理解为内存屏障指令。在多处理器系统中，满足如下 3 个条件的内存访问称为弱一致性内存访问。

- 对全局同步变量的访问是顺序一致的。
- 在一个同步访问（例如，发出内存屏障指令）可以执行之前，以前的所有数据访问必须完成。
- 在一个正常的数据访问（如数据访问指令）可以执行之前，以前的所有同步访问（内存屏障指令）必须执行完。

弱一致性内存模型实质上对同步访问和普通内存访问进行区分，然后通过同步访问（如发出内存屏障指令）解决共享数据的竞争问题，保证多处理器对共享数据的访问是顺序一致性的。该模型把一致性问题留给了程序员来解决，程序员必须正确地向处理器表达哪些读操作和写操作是需要同步的，即正确使用处理器提供的内存屏障指令，实现对共享数据的互斥访问。

15.1.4　释放一致性内存模型

对于共享数据的互斥访问，我们发现在弱一致性内存模型中使用的内存屏障指令比较笨重和冗余。在 1990 年，科学家提出释放一致性（Release Consistency，RC）内存模型，它在弱一致性内存模型的基础上新增了“获取”（acquire）和“释放”（release）屏障原语，用于简化共享数据的互斥访问。

获取屏障原语之后的读写操作不能重排到该屏障原语前面，通常该屏障原语和加载指令或者原子操作指令结合使用。

释放屏障原语之前的读写操作不能重排到该屏障原语后面，通常该屏障原语和存储指令结合使用。

获取屏障原语与释放屏障原语之间是顺序执行的。

含有获取屏障原语的屏障指令相当于单方向的屏障指令。所有获取屏障指令后面的内存访问指令只能在获取内存屏障指令执行完才能开始执行，并且被其他 CPU 观察到。如图 15.1 所示，读指令 1 和写指令 1 可以向后（图 15.1 中程序次序的方向）越过该屏障指令，但是读指令 2 和写指令 2 不能向前（图 15.1 中程序次序的方向）越过该屏障指令。

含有释放屏障原语的指令相当于单方向的屏障指令。只有释放屏障指令之前的所有指令执行完，才能执行释放屏障指令之后的指令，这样其他 CPU 可以观察到释放屏障指令之前的读写指令已经执行完。如图 15.2 所示，读指令 2 和写指令 2 可以向前（图 15.2 中程序次序的方向）越过释放屏障指令，但是读指令 1 和写指令 1 不能向后（图 15.2 中程序次序的方向）越过释放屏障指令。

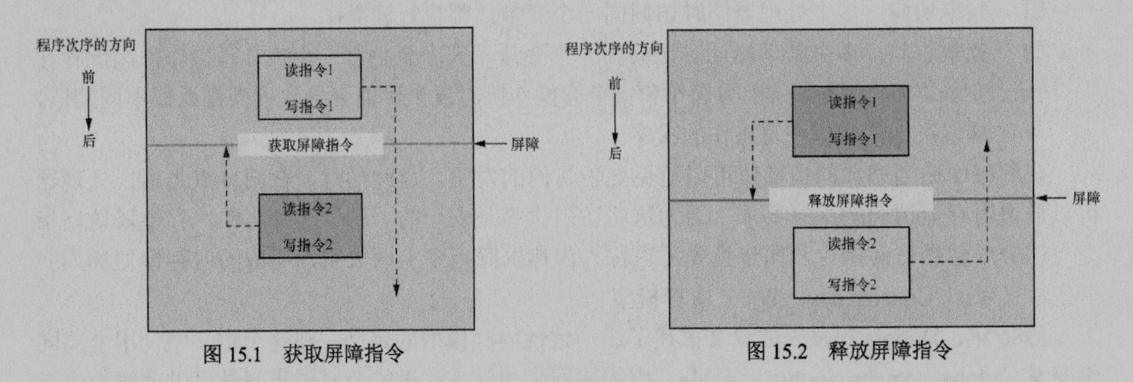

图 15.1　获取屏障指令　　图 15.2　释放屏障指令

【例 15-2】　初始状态下 *X* 地址的值为 0。假设 *T*1 时刻 CPU0 写 1 到 *X* 地址，然后 CPU0 在 *T*2 时刻执行了释放屏障指令，CPU1 在 *T*3 时刻执行了获取屏障指令，那么 *T*4 时刻读取的 *X* 地址的值是多少？

根据获取和释放屏障原语，*T*4 时刻读取的 *X* 地址的值为 1。在 *T*2 时刻 CPU0 执行完释放屏障指令，即确保了 *T*1 时刻的写入操作已经完成。如果在 *T*3 时刻执行完获取屏障指令，那么 *T*4 时刻的读操作不会重排到 *T*3 时刻前面，如图 15.3 所示。

我们在编程中可以使用获取-释放屏障指令组成一个临界区，以增强代码灵活性并提高执行效率。

【例 15-3】 如图 15.4 所示，使用获取-释放屏障指令组成了一个临界区。

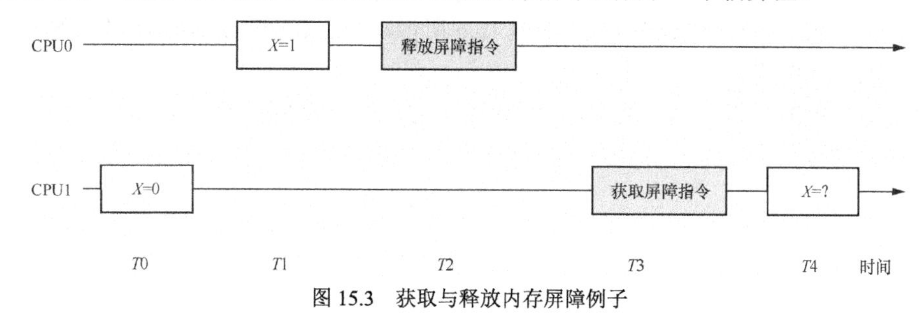

图 15.3 获取与释放内存屏障例子

- 读指令 1 和写指令 1 可以重排到获取屏障指令后面，但是不能继续向后（图 15.4 中程序次序的方向）越过释放屏障指令。
- 读指令 3 和写指令 3 可以重排到释放屏蔽指令前面，但是不能继续向前（图 15.4 中程序次序的方向）越过获取屏障指令。
- 在临界区中的内存访问指令不能越过临界区，如读指令 2 和写指令 2 不能越过临界区。
- 获取和释放屏障指令的执行次序是不变的。

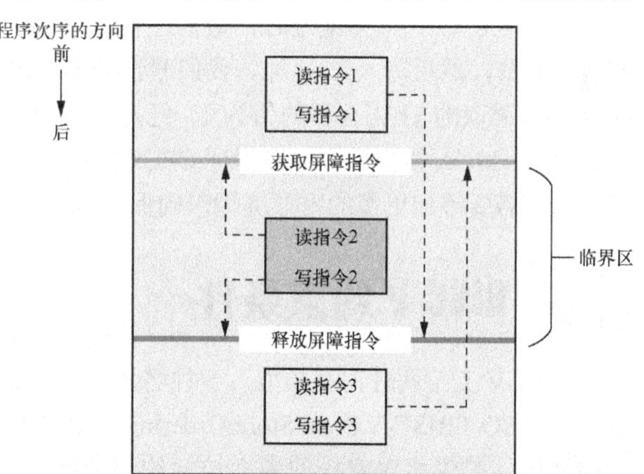

图 15.4 由获取与释放屏障指令组成的临界区

在很多处理器体系结构中，把获取内存屏障原语嵌入加载指令中，组成加载-获取（load-acquire）屏障指令；把释放内存屏障原语嵌入存储指令中，组成存储-释放（store-release）屏障指令。不过，RISC-V 体系结构不支持这种组合，仅支持在 LR/SC 和 AMO 指令中内嵌获取和释放屏障原语。

15.1.5 MCA 模型

MCA（Multi-Copy Atomicity，多副本原子性）模型也称为写原子性（write atomicity）模型，指的是在多核处理器系统中，如果一个本地写操作被其他任意一个观察者（如其他 CPU）观察到写入完成，那么系统中所有的观察者都能观察到写入完成。对于一个写操作的存储序列来说，所有的观察者都能在相同时间点观察到相同的存储序列。如图 15.5 所示，假设 CPU0 执行一个写操作，如果 CPU1 观察到这个写操作已经完成，那么系统中所有的 CPU 都能观察到这个写操作已经完成。

因此，对于一个支持 MCA 模型的多核处理器系统，我们可以得出两个结论。

- 如果对相同地址的写入是串行的，对于所有的观察者来说，它们能观察到相同的写入序列。
- 当所有观察者都观察到写入完成之后，读操作才能读出最新的值。

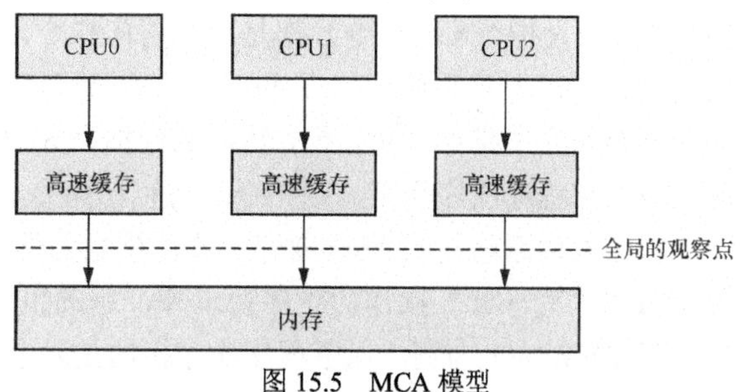

图 15.5 MCA 模型

与 MCA 模型对应的是 Non-MCA（Non-Multi-Copy Atomic）模型。Non-MCA 模型

不能保证处理器的写操作立即被其他观察者观察到，这会导致系统变得复杂。

【例 15-4】　在 Non-MCA 模型里，如图 15.6 所示，如果 CPU2 读到的 $x1$ 的值为 1，那么有没有可能 CPU2 读到的 $x2$ 的值为 0 呢？

其实是有可能的，如图 15.7 所示，CPU0 和 CPU1 共享存储缓冲区，CPU2 和 CPU3 共享另外一个存储缓冲区。

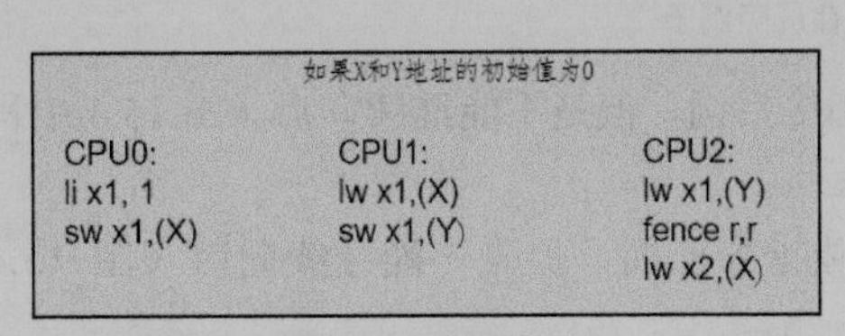

图 15.6　访问序列

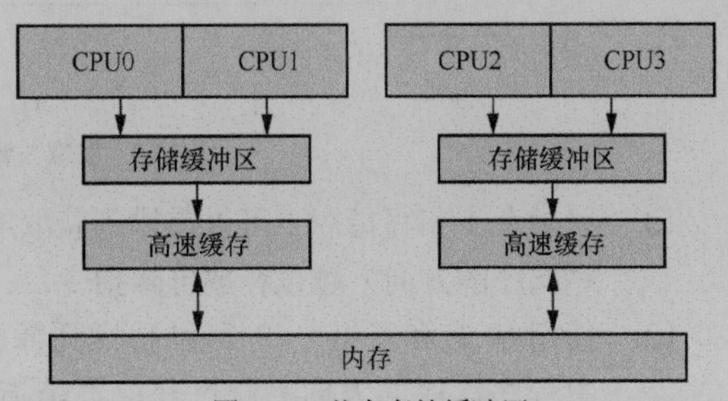

图 15.7　共享存储缓冲区

当 CPU0 写 1 到 X 地址时，数据还在存储缓存区里，而 CPU1 直接从存储缓冲区里得到 X 的最新数据，然后写入 Y 地址。我们假设 CPU1 对 Y 地址的写操作率先执行完成，那么 CPU2 从 Y 地址读取的 x1 寄存器的值为 1，但是从 X 地址读取的值依然是 0，因为 CPU0 向 X 地址写入时，Non-MCA 模型没有办法保证 CPU2 能观察到这个写入操作已经完成。因此，在 Non-MCA 模型中，需要添加更多的内存屏障来确保所有的写操作都是可观察的。

15.2　RISC-V 约束条件

RISC-V 支持两种内存模型，一种名为 RVWMO（RISC-V Weak Memory Ordering），另一种名为 RVTSO（RISC-V Total Store Ordering）。RVWMO 是基于释放一致性内存模型以及 MCA 模型构建的，提供相对宽松的内存访问约束条件，简化处理器设计并提升处理器性能。总之，RVWMO 是一种基于弱一致性内存模型的具体实现。而 RVTSO 旨在提供完全兼容 x86 体系结构的 TSO 内存一致性模型，方便用户从 x86 体系结构向 RISC-V 体系结构迁移。本节重点介绍 RVWMO 内存模型中的一些约束条件。

15.2.1　全局内存次序与保留程序次序

在 RVWMO 中有两个概念，全局内存次序（global memory order）以及保留程序次序（preserved program order）。全局内存次序指的是站在内存角度看到的读和写操作的次序。

保留程序次序指的是在全局内存次序中必须遵守的一些与内存次序相关的规范和约束。如图 15.8 所示，在{指令 a, 指令 b}组成的指令序列中，假设指令 a 和指令 b 都是内存访问指令，如果指令 a 和指令 b 之间符合处理器体系结构约定的任意一条保留程序次序规则，那么在全局内存次序中指令 a 先执行，然后执行指令 b。如果它们都不符合任意一条保留程序次序规则，则指令 b 可以比指令 a 先执行。

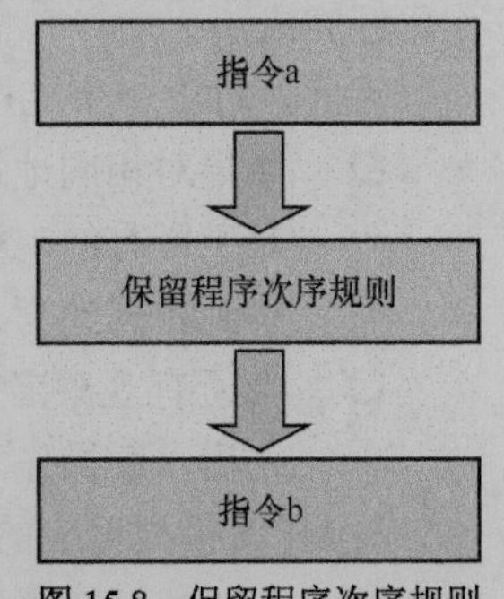

图 15.8　保留程序次序规则

以 x86 体系结构的 TSO 内存一致性模型为例，保留程序次序指的是除放宽“写→读”操作的次序要求外，总的执行次序要遵从程序次序。以 RVWMO 为例，保留程序次序指的是除遵守 RVWMO 约定的

13 条规则之外，其他情况下可以乱序执行。

不同内存一致性模型中的保留程序次序约定的规则也不一样，如表 15.1 所示。

表 15.1 不同内存一致性模型中保留程序次序约定的规则

内存模型	全局内存次序	保留程序次序
顺序一致性	顺序不确定	严格按照程序次序来执行
x86 体系结构的 TSO	顺序不确定	放宽了“写→读”操作的次序要求，其他情况下需要严格按照程序次序来执行
RISC-V 的 RVWMO	顺序不确定	除 RVWMO 约定的 13 条规则之外，其他情况下可以乱序执行

15.2.2 RVWMO 的约束规则

RVWMO 规范约定了处理器需要遵守的 13 条规则。除这些约束规则之外，处理器可以对程序次序进行重排并乱序执行。在{指令 a, 指令 b}组成的指令序列中，只要符合下面 13 条规则之一，指令 b 就不能重排到指令 a 前面，即指令 a 要先于指令 b 执行。

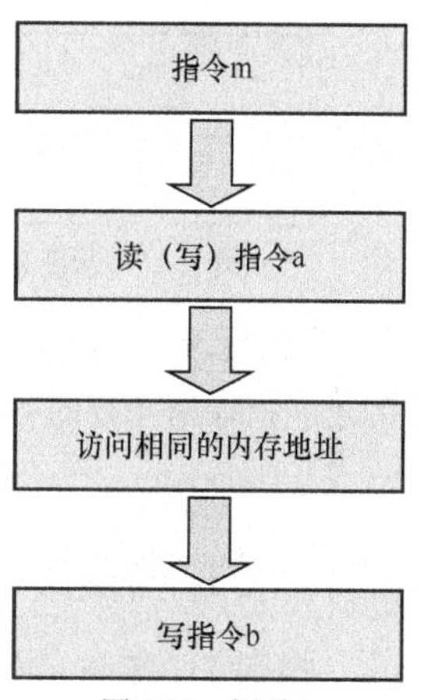

图 15.9 规则 1

规则 1：如果指令 a 和指令 b 访问相同或者重叠的内存地址，指令 b 执行存储操作，那么指令 a 必须先于指令 b 执行。例如，如图 15.9 所示，如果在指令序列中指令 a 和指令 b 访问相同的内存地址，那么不管指令 a 执行加载操作还是执行存储操作，指令 b 都不能重排到指令 a 前面（如指令 m 的位置）。

【例 15-5】 在下面的示例代码中，根据规则 1，第 3 行指令不能重排到第 1 行后面，因为第 2 行和第 3 行访问相同的地址。

```
1   lw a1, 0(s1)
2   lw a2, 0(s0)
3   sw t1, 0(s0)
```

规则 2：如图 15.10 所示，对同一个地址（或者重叠地址）的加载-加载操作。基本要求是新加载操作返回的值不能比旧加载操作返回的值更老，这称为 CoRR（Coherence for Read-Read pairs）。

【例 15-6】 在下面的示例代码中，第 2 行和第 4 行对相同地址进行了加载-加载操作。根据规则 2，第 2 行和第 4 行应该保持程序次序，否则会违背 CoRR 规则。

```
1   li t2, 2
2   lw a0, 0(s1)
3   sw t2, 0(s1)
4   lw a1, 0(s1)
```

【例 15-7】 在下面的示例代码中，第 3 行和第 4 行是紧挨着的加载-加载操作，并且它们访问相同的地址，它们可以乱序执行，因为对 a0 和 a1 最终的值没有影响。

```
1   li t2, 2
2   sw t2, 0(s1)
3   lw a0, 0(s1)
4   lw a1, 0(s1)
```

规则 3：a 是原子内存操作（AMO）指令或者 SC 指令，b 是加载指令，b 返回的值是 a 写入的值，即 a 和 b 访问相同的地址。如图 15.11 所示，如果加载指令 b 返回的值是 AMO 或者 SC 指令 a 写入的值，那么在指令 a 执行完之前不能返回值给指令 b。

【例 15-8】 在下面的示例代码中，第 3 行读取的值为第 2 行的 AMOADD 指令写入的值。根据规则 3，第 3 行不能重排到第 2 行前面。

```
1    li t2, 2
2    amoadd.d a0, t2, 0(s1)
3    ld a1, 0(s1)
```

规则 4： 如果指令 a 和指令 b 中间有内存屏障指令，a 和 b 之间的执行次序需要遵循内存屏障指令的规则，如图 15.12 所示。

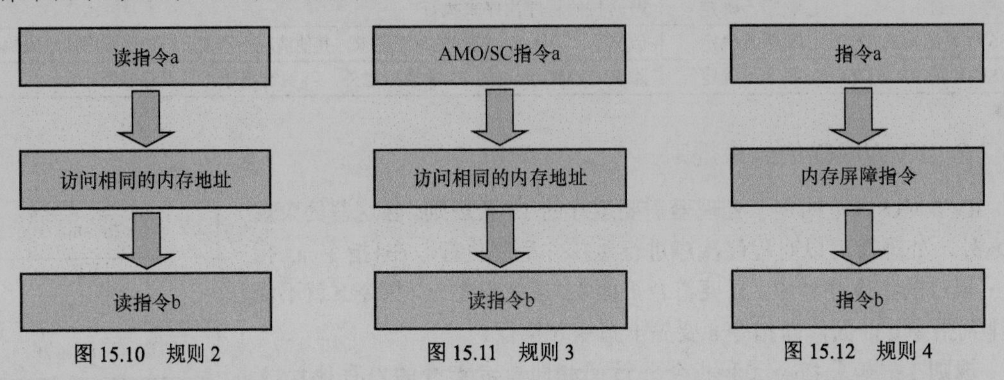

图 15.10　规则 2　　图 15.11　规则 3　　图 15.12　规则 4

【例 15-9】 在下面的代码中，第 3 行为写内存屏障指令，因此第 2 行的存储操作执行完之后才能执行第 4 行的存储操作。

```
1    li t1, 1
2    sw t1, 0(s0)
3    fence w, w
4    sw t1, 0(s1)
```

规则 5： 指令 a 内置了获取内存屏障原语，如获取屏障指令。如图 15.13 所示，如果指令 a.aq 表示内置了获取屏障原语，那么指令 b 不能重排到指令 a.aq 前面，如位于指令 1 处。

【例 15-10】 在下面的代码中，在第 4～6 行中，通过 AMOSWAP 指令尝试获取一个自旋锁。第 5 行的 AMOSWAP 指令采用内置获取内存屏障原语的指令变种，因此在临界区中的读写指令（如第 8 和 9 行）就不能重排到第 5 行前面（如第 4 和 5 行之间）。

```
1          sd x1, (a1)
2          ld x2, (a2)
3          li t0, 1
4      again:
5          amoswap.w.aq t0, t0, (a0) #获取锁
6          bnez t0, again
7          #临界区
8          sd x3, (a3)
9          ld x4, (a4)
10         ...
```

规则 6： 指令 b 内置了释放屏障原语，如释放屏障指令，如图 15.14 所示，指令 b.rl 表示内置了释放屏障原语，指令 1 不能重排到指令 b.rl 的后面，如位于指令 2 处。

【例 15-11】 在下面的代码中，因为第 11 行使用内置释放屏障原语的 AMOSWAP 指令变种，所以第 8 和 9 行的读写指令就不能重排到第 11 行后面（如第 11 和 12 行之间）。

```
1          sd x1, (a1)
2          ld x2, (a2)
3          li t0, 1
4      again:
5          amoswap.w.aq t0, t0, (a0) #获取锁
6          bnez t0, again
7          #临界区
8          sd x3, (a3)
9          ld x4, (a4)
10         ...
```

```
11        amoswap.w.rl x0, x0, (a0) #释放锁
12        sd x1, (a1)
13        ld x2, (a2)
```

规则 7：指令 a 与 b 分别内置了获取与释放内存屏障原语，如图 15.15 所示，指令 a.aq 和指令 b.rl 形成了一个临界区，临界区内的指令不能向前或者向后越过临界区。如例 15-11 所示，临界区里的读写指令（如第 8 和 9 行）不向前和向后穿越临界区。

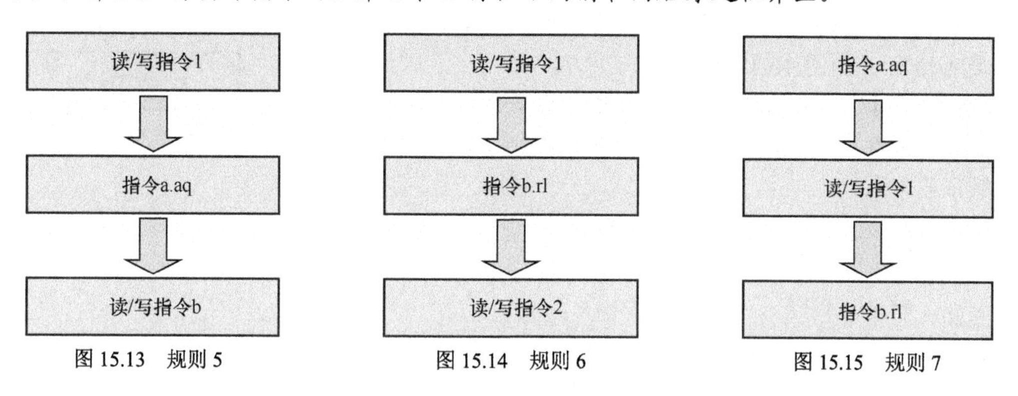

图 15.13　规则 5　　图 15.14　规则 6　　图 15.15　规则 7

规则 8：在 LR 和 SC 指令组成的原子操作中，LR 和 SC 指令的执行次序必须保持一致，如图 15.16 所示。

【例 15-12】　在下面的代码中，第 2 行和第 4 行实现了一个 LR/SC 原子操作，因此第 2 行和第 4 行之间保持程序次序，不能重排。

```
1           li t2, 2
2      1:   lr.d  a1, 0(a2)
3           or  a1, a1, a5
4           sc.d  a3, a1, 0(a2)
5           bnez  a3, 1b
```

规则 9：指令 b 和指令 a 存在地址依赖（address dependency）。地址依赖指的是指令 b 寻址的内存地址源自指令 a 的计算结果，如图 15.17 所示。

【例 15-13】　在下面的代码中存在地址依赖。第 1 行和第 4 行存在地址依赖，第 4 行的加载操作的地址 s1 是从第 1 行的加载操作得来的，经过第 2 和 3 行的计算，得到最终的地址。

```
1      ld a1, 0(s0)
2      xor a2, a1, a1
3      add s1, s1, a2
4      ld  a5, 0(s1)
```

规则 10：指令 b 和指令 a 存在数据依赖（data dependency）。数据依赖指的是指令 b 的参数来自指令 a 的结果，如图 15.18 所示。

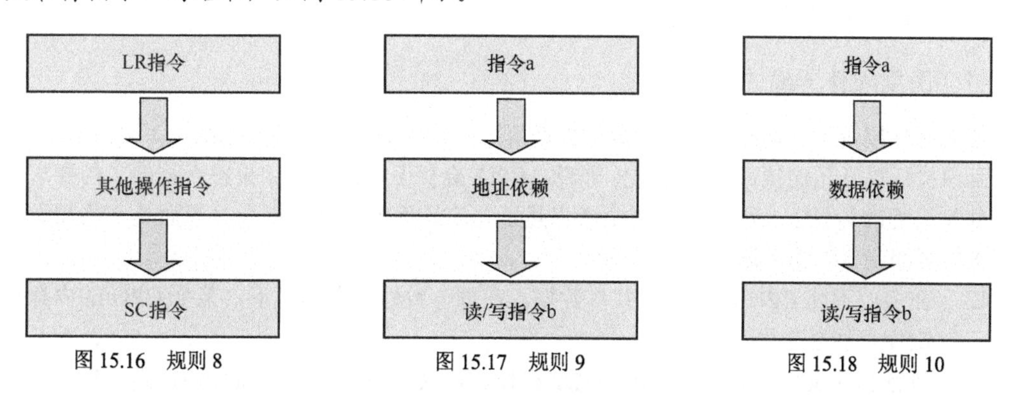

图 15.16　规则 8　　图 15.17　规则 9　　图 15.18　规则 10

【例 15-14】　下面的代码中存在数据依赖。第 1 行加载的值 a1 用作第 2 行中存储操作的数据，因此这两行之间存在数据依赖关系。

```
1  ld a1, 0(s0)
2  sd a1, 0(s1)
```

规则 11：指令 b 和指令 a 存在控制依赖（control dependency）。控制依赖指的是根据指令 a 的结果选择不同的分支，从而控制指令 b 是否运行，如图 15.19 所示。

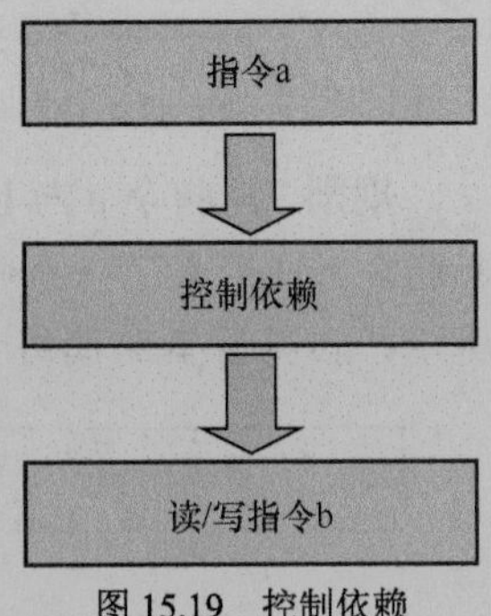

图 15.19　控制依赖

【例 15-15】　下面的代码中存在控制依赖关系。是否会运行到第 3 行的 next 标签取决于第 1 行和第 2 行的操作结果，因此它们之间存在控制依赖关系。

```
1        lw x1, 0(x2)
2        bne x1, x0, next
3  next:
4        sw x3, 0(x4)
```

规则 12：如果指令 a 和指令 b 之间有一个写操作 m，指令 b 执行加载操作，指令 m 和指令 a 之间存在地址或者数据依赖，指令 b 和 m 访问同一个地址，那么指令 b 返回的值必须是指令 m 写入的值。这类似于相互依赖，指令 m 依赖指令 a，指令 b 依赖指令 m，形成了一个连环依赖关系。

【例 15-16】　下面的示例代码中存在连环依赖关系。由于第 1 行和第 2 行存在数据依赖，根据规则 12，第 3 行的加载操作不能重排，因此第 1 行和第 3 行的执行次序不能重排。

```
1    lw a0, 0(s1)
2    sw a0, 0(s2)
3    lw a1, 0(s2)
```

规则 13：指令 a 和指令 b 之间有一条指令 m，指令 b 执行存储操作，指令 m 和指令 a 之间存在地址依赖。规则 13 类似于规则 12，多条指令存在相互依赖关系。

【例 15-17】　下面的示例代码中存在连环依赖关系。第 1 行和第 2 行存在地址依赖关系，根据规则 13，第 1 行和第 3 行的执行次序不能重排。

```
1    lw a1, 0(s1)
2    lw a2, 0(a1)
3    sw a2, 0(s0)
```

15.3 RISC-V 中的内存屏障指令

本节介绍 RISC-V 提供的内存屏障指令。

15.3.1　使用内存屏障的场景

在大部分场景下，我们不用特意关注内存屏障。特别是在单处理器系统里，虽然 CPU 内部支持乱序执行以及预测执行，但是总体来说，CPU 会保证最终执行结果符合程序员的要求。在多核并发编程的场景下，程序员才需要考虑是不是应该用内存屏障指令。下面是一些需要考虑使用内存屏障指令的典型场景。

- 在多个不同 CPU 内核之间共享数据。在弱一致性内存模型下，某个 CPU 的内存访问次序可能会产生竞争访问。
- 执行和外设相关的操作，如 DMA 操作。启动 DMA 操作的流程通常是这样的：第一步，把数据写入 DMA 缓冲区里；第二步，设置与 DMA 相关的寄存器来启动 DMA。如果这中间没有内存屏障指令，第二步的相关操作有可能在第一步之前执行，这样通过 DMA 就传输了错误的数据。

- 修改内存管理的策略，如上下文切换、请求缺页以及修改页表等。
- 修改存储指令的内存区域，如自修改代码的场景。

总之，我们使用内存屏障指令的目的是想让 CPU 按照程序代码逻辑来执行，而不是被 CPU 乱序执行和预测执行打乱了代码的执行次序。

15.3.2 FENCE 指令

RISC-V 提供了一条通用的内存屏障指令 FENCE，该指令可以对 I/O 设备和普通内存的访问进行排序。FENCE 指令的格式如下。

```
fence  iorw,  iorw
```

FENCE 指令一共有两个参数，分别表示要约束的前后指令的类型，i 表示设备输入类型的指令，o 表示设备输出类型的指令，r 表示内存读类型的指令，w 表示内存写类型的指令。FENCE 指令的编码如图 15.20 所示。

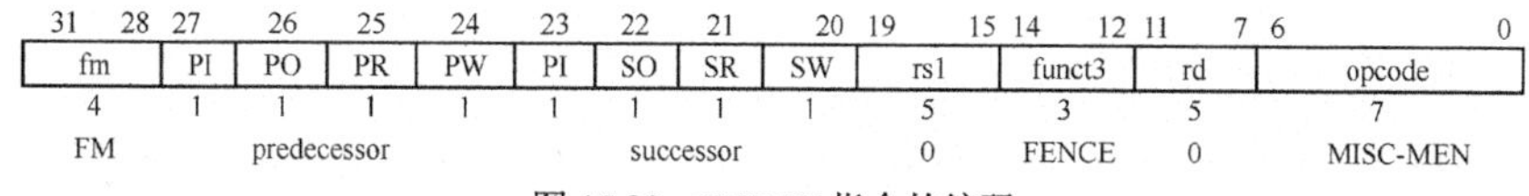

图 15.20　FNECE 指令的编码

其中，相关部分的含义如下。

- MISC-MEM：表示指令的操作码字段。
- FENCE：表示指令的功能字段。
- rs1 和 rd：保留。
- successor：表示在内存屏障指令后面的指令约束类型，包括 i、o、r 和 w 这 4 种类型。
- predecessor：表示在内存屏障指令前面的指令约束类型，包括 i、o、r 和 w 这 4 种类型。
- FM：表示 FNECE 指令的类型。
  - fm=0000：表示普通的 FENCE 指令。
  - fm=1000, predecessor=RW, successor=RW：表示 FENCE.TSO 指令。

FNECE 指令一共有 5 种常用的约束组合。

```
fence rw, rw
fence rw, w
fence r, rw
fence r, r
fence w, w
```

15.3.3 内置获取和释放屏障原语的指令

RISC-V 指令在原子操作指令中提供内置的获取和释放屏障原语的变种指令，如 LR/SC 和 AMO 指令。在指令后面添加“.aq”“.rl”以及“.aqrl”表示内置获取与释放屏障原语。

- “.aq”表示该指令内置了获取内存屏障原语，后续的读写指令都不在该指令之前执行，例如，LR.D.AQ 指令。
- “.rl”表示该指令内置了释放内存屏障原语，前面的读写指令都在该指令前执行完，例如，SC.D.RL 指令。
- “.aqrl”表示同时内置了获取和释放内存屏障原语，前面的读写指令在本指令之前执行，后面的指令在本指令之后执行。

15.3.4　FENCE.I 指令

FENCE.I 指令用于在同一个 CPU 中高速缓存指令与预取指令之间的同步原语。简单来说，这条指令的目标是确保在存储指令对 CPU 可见的同时，也保证预取的指令对 CPU 可见，即在同一个 CPU 中后续预取的指令可以看到屏障前面的存储操作已经完成。

FENCE.I 指令的实现取决于 CPU 的设计。简单的实现是刷新本地 CPU 的指令高速缓存和指令流水线。复杂一些的实现可以为每个未命中的数据/指令高速缓存做缓存一致性的监听（snoop）。如果 CPU 实现的指令高速缓存与数据高速缓存是一致的或者系统中没有实现高速缓存，那么 FENCE.I 指令只需要刷新预取指令流水线。

FENCE.I 指令仅对本地 CPU 有效，如果需要其他 CPU 也生效，则需要通过 IPI 通知其他 CPU 也执行 FENCE.I 指令。

FENCE.I 指令的格式如下。

```
fence.i
```

FENCE.I 指令不需要带参数。

15.3.5　SFENCE.VMA 指令

在启用 MMU 之后，软件和 MMU 都需要访问与内存管理相关的数据，如访问页表、修改页表项内容等。这些操作不仅隐含内存访问操作，如缓存页表、访问 TLB、执行虚拟地址到物理地址的转换等，还涉及多个硬件单元，如 MMU、页表缓存、TLB 等。为了保证这些内存操作正确执行，我们需要约束它们的内存访问顺序，为此，RISC-V 提供了专门的指令——SFENCE.VMA 指令，见 13.4 节。

15.4　RISC-V 内存屏障指令移植指南

本节不仅提供 RISC-V 对标 x86 体系结构以及 ARM 体系结构的内存屏障指令的移植指南，还介绍 Linux 内核中与内存屏障相关的 API 函数的移植指南。

15.4.1　从 RISC-V 到 x86 体系结构

把 x86 体系结构中常见的指令映射到 RISC-V 的 RVWMO 模型，如表 15.2 所示。x86 体系结构中普通的加载与存储操作天然内置了获取和释放内存屏障原语，因此在映射到 RVWMO 模型的过程中，不仅要在加载操作后面加入“fence r, rw”内存屏障，还要在存储操作前面加入“fence rw, w”。

表 15.2　把 x86 体系结构中常见的指令映射到 RISC-V 的 RVWMO 模型

x86 体系结构中的相关指令	映射到 RVWMO 模型
加载指令	`l{b|h|w|d}; fence r,rw`
存储指令	`fence rw,w; s{b|h|w|d}`
原子操作指令	有两种方式。 采用 AMO 指令：`amo<op>.{w|d}.aqrl` 采用 LR/SC 指令组合： `loop: lr.{w|d}.aq; <op>; sc.{w|d}.aqrl; bnez loop`
FENCE 指令	`fence rw,rw`

15.4.2 从 RISC-V 到 ARM 体系结构

ARM 体系结构中常见的指令映射到 RISC-V 的 RVWMO 模型，如表 15.3 所示。

表 15.3 ARM 体系结构中的常见指令映射到 RISC-V 的 RVWMO 模型

<table>
<tr><th>ARM 体系结构中的相关指令</th><th>映射到 RVWMO 模型</th></tr>
<tr><td>加载指令</td><td>l{b|h|w|d}</td></tr>
<tr><td>加载-获取指令</td><td>fence rw, rw; l{b|h|w|d}; fence r,rw</td></tr>
<tr><td>独占加载指令</td><td>lr.{w|d}</td></tr>
<tr><td>内置了获取内存屏障原语的独占加载指令</td><td>lr.{w|d}.aqrl</td></tr>
<tr><td>存储指令</td><td>s{b|h|w|d}</td></tr>
<tr><td>存储-释放指令</td><td>fence rw,w; s{b|h|w|d}</td></tr>
<tr><td>独占存储指令</td><td>sc.{w|d}</td></tr>
<tr><td>内置了释放内存屏障原语的独占存储指令</td><td>sc.{w|d}.rl</td></tr>
<tr><td>DMB 指令</td><td>fence rw,rw</td></tr>
<tr><td>DMB.LD 指令</td><td>fence r,rw</td></tr>
<tr><td>DMB.ST 指令</td><td>fence w,w</td></tr>
<tr><td>ISB 指令</td><td>fence.i; fence r,r</td></tr>
</table>

在 ARM 体系结构中，普通加载与存储指令可以内置获取和释放屏障原语，组成加载-获取指令和存储-释放指令；但是在 RISC-V 指令集中，普通加载和存储指令并没有内置这两个屏障原语，因此使用 FENCE 指令来替代。ARM 体系结构的独占加载和存储指令可以简单地映射到 RISC-V 中的 LR 与 SC 指令。LR 与 SC 指令可以内置获取和释放屏障原语。

另外，ARM 体系结构的 ISB 指令可以映射到 RISC-V 中的 FENCE.I 指令，不过后者需要添加一条读内存屏障指令；DSB 指令比较特殊，没有完全可以对应的 RISC-V 指令，不过可以使用 FENCE 指令来替代。

15.4.3 Linux 内核常用的内存屏障 API 函数

每种处理器体系结构都有不同的内存屏障指令设计。Linux 内核抽象出一种最小的共同性（集合），用于内存屏障 API 函数，这个集合支持大多数的处理器体系结构。表 15.4 所示为 Linux 内核提供的与处理器体系结构无关的内存屏障 API 函数。

表 15.4 Linux 内核提供的与处理器体系结构无关的内存屏障 API 函数

<table>
<tr><th>API 函数</th><th>说明</th><th>RISC-V 中的实现</th></tr>
<tr><td>smp_mb()</td><td>用于 SMP 环境下的读写内存屏障指令</td><td>fence rw,rw</td></tr>
<tr><td>smp_rmb()</td><td>用于 SMP 环境下的读内存屏障指令</td><td>fence r,r</td></tr>
<tr><td>smp_wmb()</td><td>用于 SMP 环境下的写内存屏障指令</td><td>fence w,w</td></tr>
<tr><td>dma_rmb()</td><td>用于 I/O 设备的读内存屏障</td><td>fence r,r</td></tr>
<tr><td>dma_wmb()</td><td>用于 I/O 设备的写内存屏障</td><td>fence w,w</td></tr>
<tr><td>mb()</td><td>单处理器系统版本的读写内存屏障指令</td><td>fence iorw,iorw</td></tr>
<tr><td>rmb()</td><td>单处理器系统版本的读内存屏障指令</td><td>fence ri,ri</td></tr>
<tr><td>wmb()</td><td>单处理器系统版本的写内存屏障指令</td><td>fence wo,wo</td></tr>
<tr><td>smp_load_acquire()</td><td>用于 SMP 环境下带获取内存屏障的加载操作</td><td>l{b|h|w|d}; fence r,rw</td></tr>
<tr><td>smp_store_release()</td><td>用于 SMP 环境下带释放内存屏障的存储操作</td><td>fence rw,w; s{b|h|w|d}</td></tr>
<tr><td>atomic_<op>_relaxed</td><td>原子操作</td><td>采用 AMO 指令：amo<op>.{w|d}
采用 LR/SC 指令：
loop: lr.{w|d};
<op>;
sc.{w|d};
bnez loop</td></tr>
</table>

续表

<table>
<tr><th>API 函数</th><th>说明</th><th>RISC-V 中的实现</th></tr>
<tr><td>atomic_<op>_acquire</td><td>带获取内存屏障的原子操作</td><td>采用 AMO 指令：amo<op>.{w|d}.aq
采用 LR/SC 指令：
loop: lr.{w|d}.aq;
<op>;
sc.{w|d};
bnez loop</td></tr>
<tr><td>atomic_<op>_release</td><td>带释放内存屏障的原子操作</td><td>采用 AMO 指令：amo<op>.{w|d}.rl
采用 LR/SC 指令：
loop: lr.{w|d};
<op>;
sc.{w|d}.aqrl;
bnez loop</td></tr>
<tr><td>atomic_<op></td><td>带获取-释放内存屏障的原子操作</td><td>采用 AMO 指令：amo<op>.{w|d}.aqrl
采用 LR/SC 指令：
loop: lr.{w|d}.aq;
<op>;
sc.{w|d}.aqrl;
bnez loop</td></tr>
</table>

15.5 案例分析

下面对本节的案例做一些约定。

- 由于 RISC-V 中的加载指令没有内置获取和释放内存屏障原语，因此用“fence r , rw”内存屏障指令替代获取屏障原语，用“fence rw, w”替代释放屏障原语。

```
#define RISCV_ACQUIRE_BARRIER       "\tfence r , rw\n"
#define RISCV_RELEASE_BARRIER       "\tfence rw,  w\n"
```

- WAIT([sn]==1)表示一直在等待 sn 寄存器的值等于 1，伪代码如下。

```
loop
     ld t2, (sn)
     li t1, 1
     bne t2, t1 loop
```

- WAIT_ACQ([sn]==1)在 WAIT 后面加了获取屏障原语。由于 RISC-V 中的加载指令没有内置获取内存屏障原语，因此用“fence r , rw”内存屏障指令替代。于是，WAIT_ACQ 后面的加载存储指令不会提前执行，这对等待标志位的操作非常有用，伪代码如下。

```
loop
     ld t2, (sn)
      RISCV_ACQUIRE_BARRIER
     li t1, 1
     bne t2, t1 loop
```

- 所有的内存变量都初始化为 0。

15.5.1 消息传递问题

【例 15-18】 在弱一致性内存模型下，CPU1 和 CPU2 通过传递以下代码片段传递消息。

```
//CPU1
     sd s5, (s1) ;    //写入新数据
     sd s0, (s2) ;    //设置标志位

//CPU2
     WAIT([s2]==1) ; //等待标志位
     ld s5, (s1) ;    //读取新数据
```

CPU1 先执行 SD 指令，往[s1]处写入新数据，然后设置 s2 寄存器通知 CPU2，数据已经准备好了。在 CPU2 侧，使用 WAIT 语句等待 s2 寄存器的标志位置位，然后读取[s1]的内容。

CPU1 和 CPU2 都是乱序执行的 CPU，所以 CPU 不一定会按照程序次序来执行程序。例如，CPU1 可能会先设置 s2 寄存器，再写入新数据。另外，CPU2 有可能先读 s1 寄存器，然后等 s2 寄存器的标志位置位，于是 CPU2 读取了错误的数据。

我们可以使用获取和释放屏障原语来解决这个问题，代码如下。

```
1    //CPU1
2          sd s5, (s1) ;              //写入新数据
3          RISCV_RELEASE_BARRIER ;    //释放内存屏障原语
4          sd s0, (s2) ; //设置标志位
5
6    //CPU2
7          WAIT_ACQ([s2]==1) ;       //等待标志位
8          ld s5, (s1) ;            //读取新数据
```

在 CPU1 侧，在第 3 行中使用释放内存屏障原语保证 CPU 先写完新数据，再写标志位。

在 CPU2 侧，使用 WAIT_ACQ 等待[s2]置位。前面提到，WAIT_ACQ 会内置获取内存屏障原语。第 8 行的 LD 指令不能向前越过 WAIT_ACQ，例如，往前重排到第 6 行，因为 WAIT_ACQ 内置了获取内存屏障原语。

在 CPU2 侧，我们也可以通过构造一个地址依赖解决乱序执行问题，减少对内存屏障指令的使用。

```
1    //CPU1
2          sd s5, (s1);              //写入新数据
3          RISCV_RELEASE_BARRIER ; //释放内存屏障原语
4          sd s0, (s2); //设置标志位
5
6    //CPU2
7          WAIT([s2]==1);           //等待标志位
8          add s1, t2, x0;         //t2 寄存器在 WAIT 宏中
9          ld s5, (s1);            //读取新数据
```

上述代码巧妙地利用 t2 寄存器构造了一个地址依赖关系，t2 寄存器是 WAIT 宏内部使用的一个寄存器。

在第 8 行中，使用 t2 寄存器的值作为地址偏移量，它们之间存在地址依赖，因此这里不需要使用获取屏障原语。

15.5.2 单方向内存屏障与自旋锁

RISC-V 指令中的独占加载和存储指令（LR/SC 指令）可以与获取和释放屏障原语结合，最常见的一个应用场景是自旋锁（spin lock）。

1. 获取一个自旋锁

自旋锁的实现原理非常简单。当变量 lock 为 0 时，表示锁是空闲的；当 lock 为 1 时，表示锁已经被 CPU 持有。

【例 15-19】 下面是一段获取自旋锁的伪代码，其中 s1 寄存器存放了自旋锁，s0 寄存器的值为 1。

```
1    loop:
2        lr.d.aq s5, (s1)
3        beq a5, s0, loop
4
5        /*锁已经释放，尝试获取锁*/
6        sc.d.rl a1, s0, (s1)
7        bnez a1, loop
8        ;  //成功获取了锁
9        sd x1, (a1)  //临界区里的存储指令
```

在第 2 行中，使用内置获取屏障原语的独占加载指令读取 lock 的值。

在第 3 行中，判断 lock 的值是否为 1，如果等于 1，说明其他 CPU 持有了锁，只能继续跳转到 loop 标签处并自旋。当 lock 的值为 0 的时候，说明这个锁已经释放了，是空闲的。

在第 6 行中，使用内置释放屏障原语的 SC 指令把 s0 的值写入 lock 地址处。这里 s0 寄存器的初始值为 1。

在第 7 行中，如果返回值（a1）等于 0，说明写入成功，成功获取锁；如果不等于 0，说明写入失败，没有获取锁，只能继续跳转到 loop 标签。

在第 8 行中，成功获取了锁。

这里只使用内置获取-释放屏障原语的独占访问和存储指令就足够了，主要用于防止在临界区里的加载/存储指令（如第 9 行）被乱序重排到临界区外面。

2. 释放自旋锁

释放自旋锁不需要使用独占-存储指令，因为通常只有锁持有者会修改和更新这个锁。不过，为了让其他观察者（其他 CPU 内核）能看到这个锁的变化，还需要使用释放屏障原语。

【例 15-20】 释放锁的伪代码如下。

```
1    //锁的临界区里的读写操作
2    sd x1, (a1)  //临界区里的存储指令
3    ...
4    RISCV_RELEASE_BARRIER;
5    sd x0, (s1) ; //清除锁
```

释放锁时只需要使用 SD 指令（见第 5 行）往 lock 里写 0 即可，在 SD 指令之前需要使用释放内存屏障指令（见第 4 行），阻止锁的临界区里的加载/存储指令（如第 2 行）越出临界区。

15.5.3　邮箱传递消息

多核之间可以通过邮箱机制共享数据。下面举一个例子，两个 CPU 通过邮箱机制共享数据，其中全局变量 SHARE_DATA 表示共享的数据，FLAGS 表示标志位。

【例 15-21】 下面是 CPU0 侧的伪代码。

```
1    li s1, SHARE_DATA
2    li s2, FLAGS
3
4    sd s6, (s1)  //写新数据
5    fence w,w
6    sd  x0, (s2) //更新 FLAGS 为 0，通知 CPU1 数据已经准备好
```

CPU0 用来发消息。首先，它把数据写入 s1 寄存器，也就是写入 SHARE_DATA 里，然后执行一条写内存屏障指令，最后把 FLAGS 标志位设置成 0，通知 CPU1 数据已经更新完成。

下面是 CPU1 侧的伪代码。

```
1    li s1, SHARE_DATA
2    li s2, FLAGS
3
4    //等待 CPU0 更新 FLAGS
5    loop:
6          ld s7,(s2)
7          bnez s7, loop
8
9    fence r,r
10
11   //读取共享数据
12   ld s8, (s1)
```

CPU1 用来接收数据。使用 loop 操作等待 CPU0 更新 FLAGS 标志位。接下来，执行一条读

内存屏障指令，读取共享数据。

在本例中，CPU0 和 CPU1 均使用了 FENCE 指令。在 CPU0 侧，FENCE 指令用于保证这两次存储操作的执行次序。如果先执行更新 FLAGS 操作，那么 CPU1 就可能读到错误的数据。

在 CPU1 侧，在等待 FLAGS 和读共享数据之间插入读内存屏障指令用于保证读到 FLAGS 之后才读共享数据，要不然就读到错误的数据了。

15.5.4 关于 DMA 的案例

【例 15-22】 下面是一段与 DMA 相关的代码，在写入新数据到 DMA 缓冲区与启动 DMA 传输之间需要插入一条 I/O 设备的写内存屏障指令。

```
sd s5, (s2)   //写入新数据到 DMA 缓冲区
fence wo,wo   //I/O 设备的写内存屏障指令
sd s0, (s4)   //启动 DMA 引擎
```

通过 DMA 引擎读取数据也需要插入一条 I/O 设备的读内存屏障指令。

```
WAIT ([s4] == 1)  //等待 DMA 引擎的状态置位，这表示数据已经准备好了
fence ri,ri       //I/O 设备的读内存屏障指令
ld s5, (s2)       //从 DMA 缓冲区中读取新数据
```

15.5.5 在 Linux 内核中使指令高速缓存失效

在 Linux 内核中使指令高速缓存失效的函数是 flush_icache_all()。

```
<arch/riscv/mm/cacheflush.c>

1    void flush_icache_all(void)
2    {
3        local_flush_icache_all();
4
5        if (IS_ENABLED(CONFIG_RISCV_SBI))
6            sbi_remote_fence_i(NULL);
7        else
8            on_each_cpu(ipi_remote_fence_i, NULL, 1);
9    }
```

在第 3 行中的 local_flush_icache_all()函数会调用 FENCE.I 指令来使本地 CPU 的指令高速缓存失效。

在第 5～8 行中，如果系统使用 OpenSBI 服务，则调用 OpenSBI 提供的接口服务；否则，根据 Linux 系统提供的 IPI 机制发送中断到所有的 CPU 上。在 IPI 回调函数中执行 ipi_remote_fence_i()函数，该函数唯一需要做的事情是调用 FENCE.I 指令使本地 CPU 的指令高速缓存失效。ipi_remote_fence_i()函数的实现如下。

```
static inline void local_flush_icache_all(void)
{
  asm volatile ("fence.i" ::: "memory");
}

static void ipi_remote_fence_i(void *info)
{
  return local_flush_icache_all();
}
```

15.6 模拟和测试内存屏障故障

在实际的产品开发中，涉及内存屏障的故障是非常令人头疼的事情，并且这种故障比较难复

现和调试。本节介绍两种模拟和分析内存屏障故障的常见方法，帮助读者快速验证和定位问题。

【例 15-23】　在 RISC-V 的 Linux 系统中模拟一个内存屏障的故障场景。这个场景是两个 CPU 通过标志位传递消息并共享数据。

```
<共享数据的伪代码>

1     static int data, flag;
2
3     void CPU0()
4     {
5         data = 55;   //写 55 到共享数据
6         flag = 1;    //设置 flag 标志位
7     }
8
9     void CPU1()
10    {
11        while (flag == 0)  //等待标志位置位
12            ;
13
14        assert(data == 55); //断言 data 等于 55
15    }
```

在本场景中，第 14 行的断言会不会失败呢？我们通过 Litmus 和 C 程序模拟与验证这个问题。

15.6.1　使用 Litmus 测试工具集

Litmus 是一套用于测试内存一致性模型的工具集，常用于模拟程序内存一致性等相关问题，如模拟系统无锁编程、访问共享内存问题、使用内存屏障等。Litmus 支持 x86、ARM、RISC-V 等主流处理器体系结构，方便开发者验证处理器的内存一致性模型。Litmus 脚本支持汇编和 C 语言两种形式，同时支持在模拟器或者真实机器上运行和测试。

要运行 Litmus 测试工具集，需要安装 herdtools7 工具。下面在 Ubuntu 20.04 主机上安装该工具。

```
$ sudo apt install opam
$ opam init
$ opam update
$ opam install herdtools7
$ eval $(opam config env)
```

herdtools7 工具包含如下 3 个小程序。

- litmus7：在真实硬件上运行的测试程序。
- herd7：模拟器。它可以在主机上模拟 RISC-V 等处理器体系结构的内存一致性问题。
- diy7：脚本生成器。它可以根据内存一致性模型自动生成 Litmus 脚本。不过在实际使用中，我们常常需要手动编写 Litmus 脚本。

要模拟和测试内存屏障场景，需要编写 Litmus 脚本。Litmus 脚本的作用是对测试建模。在本案例中，编写的基于 RISC-V 汇编语言的 Litmus 脚本如图 15.21 所示。

在第 1 行中，设置测试处理器体系结构为“RISCV”，测试名称为“test”。

第 2 行为测试的相关描述。

在第 3～6 行中，为全局变量分配通用寄存器。例如，在“0:a0=data”中，冒号前面的“0”表示 P0 线程，这里表示在线程 P0 上使用 a0 寄存器存储全局变量 data。“0:a1=flag”表示在线程 P0 上使用 a1 寄存器存储全局变量 flag。“1:a1=flag”表示在线程 P1 上使用 a1 寄存器存储全局变量 flag。“1:a0=data”表示在线程 P1 上使用 a0 寄存器存储全局变量 data。

在第 7～12 行中，P0 和 P1 表示有两个线程，它们会一直运行在不同的 CPU（如 CPU0 和

CPU1）上。P0 线程运行一段汇编代码，P1 线程运行另外一段汇编代码。

在第 13 行中，“exists”表示退出的条件，“1:a5!=55”表示 P1 线程中 a5 寄存器的值不等于 55。如果测试结果符合了这个退出条件，说明该测试场景存在内存一致性问题，因为在这个场景下我们期待 a5 寄存器的值为 55。

接下来，使用 herd7 模拟器运行 riscv_test.litmus 脚本。

```
rlk@master:litmus$ herd7 -cat riscv.cat riscv_test.litmus
Test test Allowed
States 2
1:x15=0;
1:x15=55;
Ok
Witnesses
Positive: 3 Negative: 3
Condition exists (not (1:x15=55))
Observation test Sometimes 3 3
Time test 0.01
Hash=429d02be8843fa3cd80444317f0afecd
```

从上述输出日志可知，“States 2”表示有两种输出结果：一种情况是 x15 寄存器（a5 是 x15 寄存器的别名）的值等于 0，另一种情况是 x15 寄存器的值等于 55。“Positive: 3 Negative: 3”表示测试发现，3 次测试结果符合退出条件， 3 次测试结果不符合退出条件。因此，测试结果表明这个场景下会触发内存屏障故障。

下面我们对 riscv_test.litmus 脚本进行修复，在 P0 和 P1 线程中增加正确的内存屏障指令，如图 15.22 所示。

```
<riscv_test.litmus脚本>

1   RISCV test
2   "test shared_data and flag without memory barrier"
3   {
4   0:a0=data; 0:a1=flag;
5   1:a1=flag; 1:a0=data;
6   }
7    P0              | P1               ;
8    li t0, 55       | li t0, 1         ;
9    li t1, 1        | LC00:            ;
10   sd t0, (a0)     | ld t1, (a1)      ;
11   sd t1, (a1)     | bne t0, t1, LC00 ;
12                   | ld a5, (a0)      ;
13  exists (1:a5!=55)
```

图 15.21　riscv_test.litmus 脚本

```
<riscv_test_mb.litmus脚本>

1   RISCV test
2   "test shared_data and flag with memory barrier"
3   {
4   0:a0=data; 0:a1=flag;
5   1:a1=flag; 1:a0=data;
6   }
7    P0              | P1               ;
8    li t0, 55       | li t0, 1         ;
9    li t1, 1        | LC00:            ;
10   sd t0, (a0)     | ld t1, (a1)      ;
11   fence w, w      | bne t0, t1, LC00 ;
12   sd t1, (a1)     | fence r, r       ;
13                   | ld a5, (a0)      ;
14  exists (1:a5!=55)
```

图 15.22　riscv_test_mb.litmus 脚本

在第 11 行中，为 P0 线程增加写内存屏障指令。

在第 12 行中，为 P1 线程增加读内存屏障指令。

接下来，使用 herd7 模拟器来运行 riscv_test_mb.litmus 脚本。

输出的日志如下。

```
rlk@master:litmus$ herd7 -cat riscv.cat riscv_test_mb.litmus
Test test Allowed
States 1
1:x15=55;
No
Witnesses
Positive: 0 Negative: 3
Condition exists (not (1:x15=55))
Observation test Never 0 3
Time test 0.01
Hash=fa88f0815cecd4c75e8e608cc32876ee
```

从上述日志可知，P1 线程的 a5 寄存器只有一种输出结果，即 55，所以上述的修改已经修复了这个内存屏障故障。

另外，Linux 内核内置了一套基于 Linux 内核的内存一致性模型测试——LKMM（Linux-

Kernel Memory Model，Linux 内核内存模型）测试，它允许使用 C 语言来编写 Litmus 脚本。把上述 riscv_test.litmus 脚本改成 C 语言版本，如图 15.23 所示。

在第 1 行中，设置测试处理器体系结构为 C 语言模型，测试名称为“test”。

第 2 行为测试的相关描述。

第 3 行通常用来初始化全局变量。如果花括号中是空的，说明全局变量都初始化为 0。

在第 4～8 行中，P0 表示线程 0。在 P0 线程里会执行两条语句，用于把 55 写入 data 变量中，把 1 写入 flag 中。这里使用 WRITE_ONCE()宏。

在第 9～13 行中，P1 表示线程 1。在 P1 线程里会执行两次读语句，用于把变量 flag 读取到局部变量 *a* 中，把变量 data 读取到局部变量 *b* 中。这里需要使用 READ_ONCE()宏。

在第 14 行中，“exists”表示退出的条件，“1:*a*=1 ∧ 1:*b*!=55”表示 P1 线程中变量 *a* 的值等于 1 并且变量 *b* 的值不等于 55。如果测试结果符合了退出条件，说明该测试场景中存在内存一致性问题，因为这个场景下我们期待 *a*=1 并且 *b*=55。

运行 c_test.litmus 脚本。运行过程中需要与 Linux 内核相关的文件，例如，linux-kernel.cfg 文件位于 Linux 内核目录的 tools/memory-model 子目录下面。

```
$ cd runninglinuxkernel_5.15/tools/memory-model
$ herd7 -conf linux-kernel.cfg c_test.litmus
```

输出的日志如下。

```
Test test Allowed
States 4
1:a=0; 1:b=0;
1:a=0; 1:b=55;
1:a=1; 1:b=0;
1:a=1; 1:b=55;
Ok
Witnesses
Positive: 1 Negative: 3
Condition exists (1:a=1 /\ not (1:b=55))
Observation test Sometimes 1 3
Time test 0.01
Hash=9bead5c0fd70620854941017462b4731
```

从上述输出日志可知，我们发现有一种情况是符合退出条件的，即“1:*a*=1; 1:*b*=0”。另外，“Positive: 1 Negative: 3”也说明测试中发现，1 次测试结果符合退出条件，3 次测试结果不符合退出条件。总之，c_test.litmus 脚本触发了内存屏障故障。

接下来，我们对 c_test.litmus 脚本进行修复，添加内存屏障接口函数，如图 15.24 所示。

```
<c_test.litmus脚本>

1   C test
2   "shared_data and flag test without memory barrier"
3   { }
4   P0(int *data, int *flag)
5   {
6       WRITE_ONCE(*data, 55);
7       WRITE_ONCE(*flag, 1);
8   }
9   P1(int *data, int *flag)
10  {
11      int a= READ_ONCE(*flag);
12      int b = READ_ONCE(*data);
13  }
14  exists (1:a=1 /\ 1:b!=55)
```

图 15.23　c_test.litmus 脚本

```
<c_test_mb.litmus脚本>

1   C test
2   "shared_data and flag test with memory barrier"
3   { }
4   P0(int *data, int *flag)
5   {
6       WRITE_ONCE(*data, 55);
7       smp_wmb();
8       WRITE_ONCE(*flag, 1);
9   }
10  P1(int *data, int *flag)
11  {
12      int a= READ_ONCE(*flag);
13      smp_rmb();
14      int b = READ_ONCE(*data);
15  }
16  exists (1:a=1 /\ 1:b!=55)
```

图 15.24　修复 c_test_mb.litmus 脚本

在第 7 行中，为 P0 线程增加了写内存屏障函数 smp_wmb()。

在第 13 行中，为 P1 线程增加了读内存屏障函数 smp_rmb()。

接下来，使用 herd7 模拟器运行 c_test_mb.litmus 脚本。

```
rlk@master:tmp$ herd7 -conf linux-kernel.cfg c_test_mb.litmus
Test test Allowed
States 3
1:a=0; 1:b=0;
1:a=0; 1:b=55;
1:a=1; 1:b=55;
No
Witnesses
Positive: 0 Negative: 3
Condition exists (1:a=1 /\ not (1:b=55))
Observation test Never 0 3
Time test 0.01
Hash=eeb3e191172c6fd47a4bf60cbf81701b
```

从上述输出日志可知，“Positive: 0 Negative: 3”表明在该测试中没有发现符合退出条件的情况，所以上述修改已经修复了内存屏障故障。

读者可以把 c_test_mb.litmus 脚本的第 7 行修改为读内存屏障函数 smp_rmb()，然后在 herd7 模拟器上运行并观察现象。

15.6.2 编写 C 程序来模拟

【例 15-24】 下面我们使用 C 语言编写多线程程序来模拟这个场景。这里的 run_thread0()汇编函数运行在 CPU0 上，run_thread1()汇编函数运行在 CPU1 上，代码如下。

```
<asm.s 代码片段>

1     /*
2        void run_thread0(unsigned long *data, unsigned long *flag,
3              unsigned long value);
4      */
5     .global run_thread0
6     run_thread0:
7         li t0, 1
8
9         sd  a2, (a0) //写新数据
10        sd  t0, (a1) //更新 flag 为 1,通知 CPU1 数据已经准备好
11
12        ret
13
14
15    /*
16       unsigned long run_thread1(unsigned long *data, unsigned long *flag);
17     */
18    .global run_thread1
19    run_thread1:
20        li t1, 1
21
22      //等待 CPU0 更新 flag
23    loop:
24        ld t0, (a1)
25        bne t0, t1, loop
26
27        //读出共享数据
28        ld a0, (a0)
29
30        ret
```

run_thread0()函数先写数据，然后更新 flag。run_thread1()函数循环等待 flag 置位，然后读取共享数据，并通过函数返回。因为 CPU 在上述两个函数里都可以乱序执行，所以我们可以通过创建两个线程触发内存屏障故障。下面是测试程序的示例代码。

```
<memory_order.c 代码片段>

1     #define _GNU_SOURCE
```

```
2    #include <stdio.h>
3    #include <pthread.h>
4    #include <stdlib.h>
5    #include <sched.h>
6    #include <sys/types.h>
7    #include <unistd.h>
8
9    #define smp_mb() \
10   __asm__ __volatile__("fence rw, rw" : : : "memory")
11
12   unsigned long shared_data;
13   unsigned long flag;
14
15   #define DEFAULT_VALUE 55
16
17   extern unsigned long run_thread0(unsigned long *data, unsigned long *flag,
     unsigned long value);
18   extern unsigned long run_thread1(unsigned long *data, unsigned long *flag);
19
20   void* thread0(void *data)
21   {
22       cpu_set_t set;
23
24       /*运行在CPU0上*/
25       CPU_ZERO(&set);
26       CPU_SET(0, &set);
27       if (sched_setaffinity(0, sizeof(set), &set) == -1) {
28           perror("sched_setaffinity fail");
29           return NULL;
30       }
31
32       run_thread0(&shared_data, &flag, DEFAULT_VALUE);
33
34       return NULL;
35   }
36
37   void* thread1(void *d)
38   {
39       unsigned long data;
40       cpu_set_t set;
41
42       /*运行在CPU1上*/
43       CPU_ZERO(&set);
44       CPU_SET(1, &set);
45       if (sched_setaffinity(0, sizeof(set), &set) == -1) {
46           perror("sched_setaffinity fail");
47           return NULL;
48       }
49
50       data = run_thread1(&shared_data, &flag);
51       if (data !=  DEFAULT_VALUE) {
52           printf("found memory order issue, data: 0x%lx\n", data);
53           exit(1);
54       }
55       return NULL;
56   }
57
58   int main(void)
59   {
60       pthread_t pid0, pid1;
61
62       for (;;) {
63           if (pthread_create(&pid0, NULL, thread0, NULL)) {
64               perror("pthread_create:p0");
65               exit(1);
66           }
67           if (pthread_create(&pid1, NULL, thread1, NULL)) {
68               perror("pthread_create:p1");
69               exit(1);
```

```
70              }
71              if (pthread_join(pid0, NULL)) {
72                  perror("pthread_join:p0");
73                  exit(1);
74              }
75              if (pthread_join(pid1, NULL)) {
76                  perror("pthread_join:p1");
77                  exit(1);
78              }
79
80              shared_data = 0;
81              flag = 0;
82              /* 确保在下一轮运行时 shared_data 和 flag 都重置为 0 */
83              smp_mb();
84          }
85      }
```

上述代码创建了两个线程，然后通过 CPU_SET()接口函数让 run_thread0()运行在 CPU0 上，让 run_thread1()运行在 CPU1，其模型如图 15.25 所示。

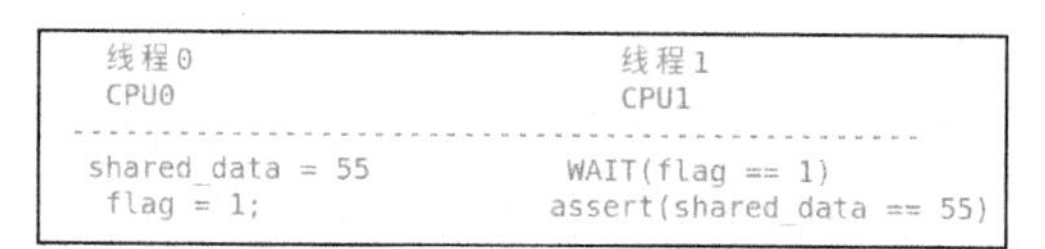

图 15.25　共享数据的模型

接下来，在基于 RISC-V 的 Linux 系统中编译和运行。

```
# gcc asm.s memory_order.c -o test -O2 -lpthread
# ./test
```

test 程序需要运行很长时间才能触发内存屏障故障。建议读者在真实的 RISC-V 系统中运行该程序。

```
# ./test
found memory order issue, data: 0x0
```

15.7 实验

15.7.1　实验 15-1：编写 Litmus 脚本并测试内存一致性 1

1. 实验目的

熟悉使用 Litmus 工具进行内存一致性验证。

2. 实验要求

在下面的伪代码中，*x* 和 *y* 是全局变量，*a* 是 CPU0 中的局部变量，*b* 是 CPU1 中的局部变量。

```
<伪代码片段>

1       void CPU0()
2       {
3           x = 1; //写 1 到 x
4           a = y; //读取 y 的值
5       }
6
7       void CPU1()
8       {
9           y = 1; //写 1 到 y
10          b = x; //读取 x 的值
11      }
```

（1）是否存在这样的情况，即 CPU0 中变量 *a* 和 CPU1 中变量 *b* 的值都等于 0 的情况？请编写 Litmus 脚本并验证。如果存在上述情况，请思考如何修复。

（2）编写 C 程序来验证。

15.7.2　实验 15-2：编写 Litmus 脚本并测试内存一致性 2

1. 实验目的

熟悉使用 Litmus 工具进行内存一致性验证。

2. 实验要求

在下面的伪代码中，*x*、*y* 和 *z* 是全局变量，*a* 是 CPU1 中的局部变量，*b* 和 *c* 是 CPU2 中的局部变量。

```
<伪代码片段>

1     void CPU0()
2     {
3          x = 1;  //写 1 到 x
4          y = 1;  //写 1 到 y
5     }
6
7     void CPU1()
8     {
9          a = y;  //读取 y 的值
10         z = 1;  //写 1 到 z
11    }
12
13    void CPU2()
14    {
15         b = z;  //读取 z 的值
16         c = x;  //读取 x 的值
17    }
```

（1）是否存在这样的情况，即 CPU1 中变量 *a* 和 CPU2 中变量 *b* 的值都等于 1 并且 CPU2 中变量 *c* 的值等于 0 的情况？请编写 Litmus 脚本并验证。如果存在上述情况，请思考如何修复。

（2）编写 C 程序来验证。

第 16 章　合理使用内存屏障指令

本章思考题

1. 假设在下面的执行序列中，CPU0 先执行 a=1 和 b=1，然后 CPU1 一直循环判断 b 是否等于 1，如果等于 1 则跳出 while 循环，最后执行“assert (a == 1)”语句来判断 a 是否等于 1，那么 assert 语句有可能会失败吗？

```
CPU0                          CPU1
-------------------------------------------------------------
void func0()                  void func1()
{                             {
     a = 1;                        while (b == 0) continue;
     b = 1;                        assert (a == 1)
}                              }
```

2. 什么是存储缓冲区？
3. 什么是无效队列？

前面介绍了与内存屏障相关的背景知识，不过不少读者对读内存屏障指令和写内存屏障指令依然感到迷惑。在 RISC-V 规范里并没有详细介绍这两种内存屏障指令产生的原因，我们需要从计算机体系结构入手，并深入了解内存屏障与缓存一致性协议（MESI 协议）的关系。本章假定处理器实现的内存模型为弱一致性内存模型。

下面从一个例子引发的问题开始。

【例 16-1】　假设在下面的执行序列中 CPU0 先执行了 a=1 和 b=1，然后 CPU1 一直循环判断 b 是否等于 1，如果等于 1 则跳出 while 循环，最后执行“assert (a == 1)”语句，判断 a 是否等于 1，那么 assert 语句有可能会失败吗？

```
<例子>

CPU0                          CPU1
-------------------------------------------------------------
void func0()                  void func1()
{                             {
     a = 1;                        while (b == 0) continue;
     b = 1;                        assert (a == 1)
}                              }
```

这个例子的结论是 assert 语句有可能会失败。

有的读者可能会认为，由于 CPU0 乱序执行，CPU0 先执行 b=1 的操作，然后 CPU1 执行 while 语句以及 assert 语句，最后 CPU0 才执行 a=1 的操作，所以该例子中 assert 语句会失败。这分析了可能的场景之一，但是其中已经约定了 CPU0 和 CPU1 的执行顺序，即 CPU0 先执行 a=1 和 b=1，接着 CPU1 才执行 while 语句和 assert 语句，执行次序如图 16.1 所示。

为什么按照图 16.1 的执行次序，assert 语句还有可能会失败呢？

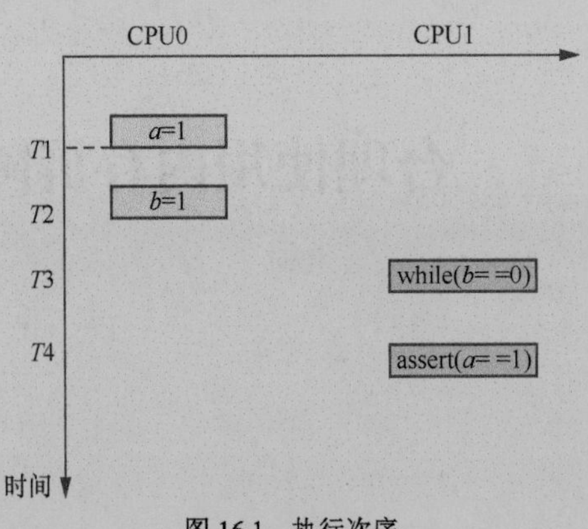

图 16.1 执行次序

16.1 存储缓冲区与写内存屏障指令

MESI 协议是一种基于总线监听和传输的协议，其总线传输带宽与 CPU 间互联的总线负载以及 CPU 核数量有关系。另外，高速缓存行状态的变化严重依赖其他高速缓存行的应答信号，即必须收到其他所有 CPU 的高速缓存行的应答信号才能进行下一步的状态转换。在总线繁忙或者总线带宽紧张的场景下，CPU 可能需要比较长的时间来等待其他 CPU 的应答信号，这会大大影响系统性能，这个现象称为 CPU 停滞（stall）。

例如，在一个 4 核 CPU 系统中，数据 *a* 在 CPU1、CPU2 以及 CPU3 上共享，它们对应的高速缓存行的状态为 S（共享），*a* 的初始值为 0。而数据 *a* 在 CPU0 的高速缓存中没有副本，其状态为 I（无效），如图 16.2 所示。此时，如果 CPU0 往数据 *a* 中写入新值（例如，写入 1），那么这些高速缓存行的状态如何发生变化呢？

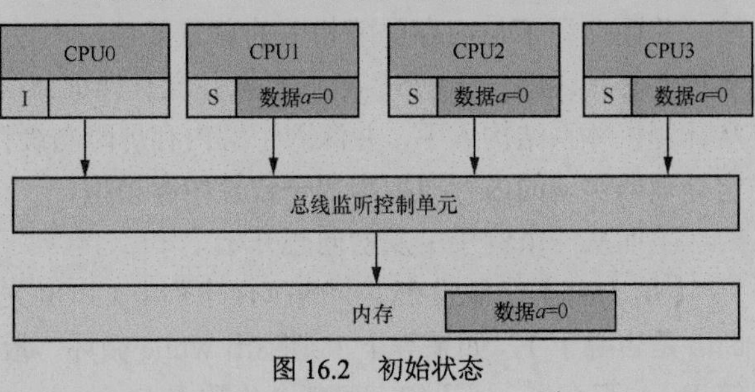

图 16.2 初始状态

我们可以把 CPU0 往数据 *a* 写入新值的过程进行分解。

*T*1 时刻，CPU0 往数据 *a* 写入新值，这是一次本地写操作，由于数据 *a* 在 CPU0 的本地高速缓存行里没有命中，因此高速缓存行的状态为 I。CPU0 发送总线写（BusRdX）信号到总线上。这种情况下，本地写操作变成了总线写操作。

*T*2 时刻，其他 3 个 CPU 收到总线发来的 BusRdX 信号。

*T*3 时刻，以 CPU1 为例，它会检查自己的本地高速缓存中是否有数据 *a* 的副本。CPU1 发现本地有数据 *a* 的副本，且状态为 S。CPU1 回复一个 FlushOpt 信号并且把数据发送到总线上，然后把自己的高速缓存行的状态设置为无效（I），最后广播应答信号。

*T*4 时刻，CPU2 以及 CPU3 也收到总线发来的 BusRdX 信号，它们同样需要检查本地是否有数据 *a* 的副本。如果有，那么需要把本地的高速缓存行的状态设置为无效，然后广播应答信号。

*T*5 时刻，CPU0 需要接收其他 CPU 的应答信号，确认其他 CPU 上没有这个数据的缓存副本或者缓存副本已经失效，才能修改数据 *a*。最后，CPU0 的高速缓存行的状态变成 M。

在上述过程中，在 *T*5 时刻，CPU0 有一个等待的过程，它需要等待其他所有 CPU 的应答信号，并且确保其他 CPU 的高速缓存行的内容都已经失效之后才能继续做写入的操作，如图 16.3 所示。在收到所有应答信号之前，CPU0 不能做任何关于数据 *a* 的操作，只能持续等待其他 CPU

的应答信号。这个等待过程严重依赖系统总线的负载和带宽，有一个不确定的延时。

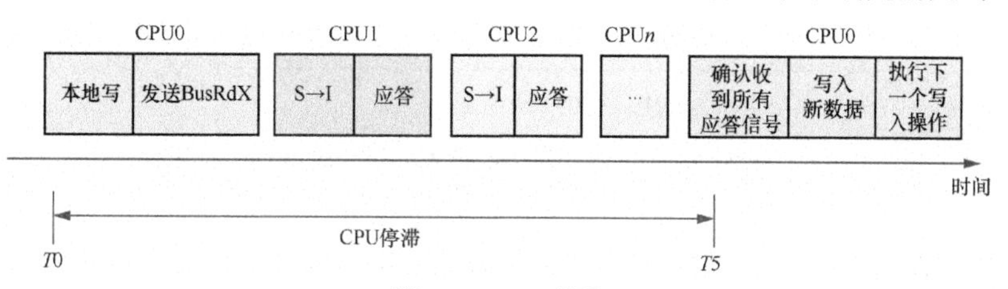

图 16.3 CPU 停滞

为了解决这种等待导致的系统性能下降问题，在高速缓存中引入了存储缓冲区，它位于 CPU 和 L1 高速缓存中间，如图 16.4 所示。在上述场景中，CPU0 在 *T*5 时刻不需要等待其他 CPU 的应答信号，可以先把数据写入存储缓冲区中，继续执行下一条指令。当 CPU0 收到其他 CPU 回复的应答信号之后，CPU0 才从存储缓冲区中把数据 *a* 的最新值写入本地高速缓存行，并且修改高速缓存行的状态为 M，这就解决了前文提到的 CPU 停滞的问题。

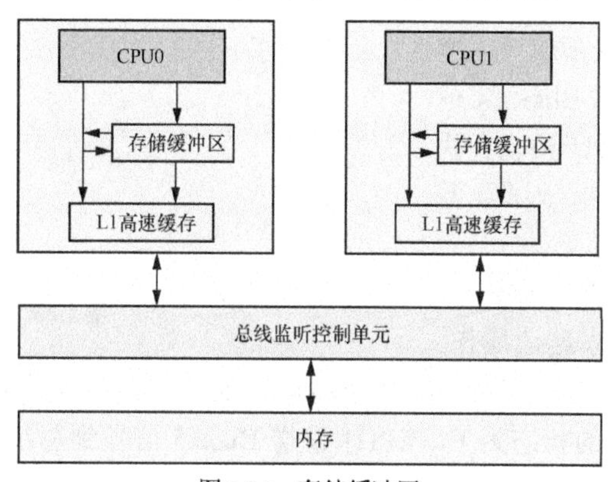

图 16.4 存储缓冲区

每个 CPU 内核都会有一个本地存储缓冲区，它能提高 CPU 连续写的性能。当 CPU 进行加载操作时，如果存储缓冲区中有该数据的副本，那么它会从存储缓冲区中读取数据，这个功能称为存储转发（store forwarding）。

存储缓冲区会带来性能的提升，但在多核环境下会有一些副作用。下面展示一个示例。假设数据 *a* 和 *b* 的初始值均为 0，CPU0 执行 func0()函数，CPU1 执行 func1()函数。数据 *a* 在 CPU1 的高速缓存行里有副本，且状态为 E；数据 *b* 在 CPU0 的高速缓存行里有副本，且状态为 E。初始状态如图 16.5 所示。

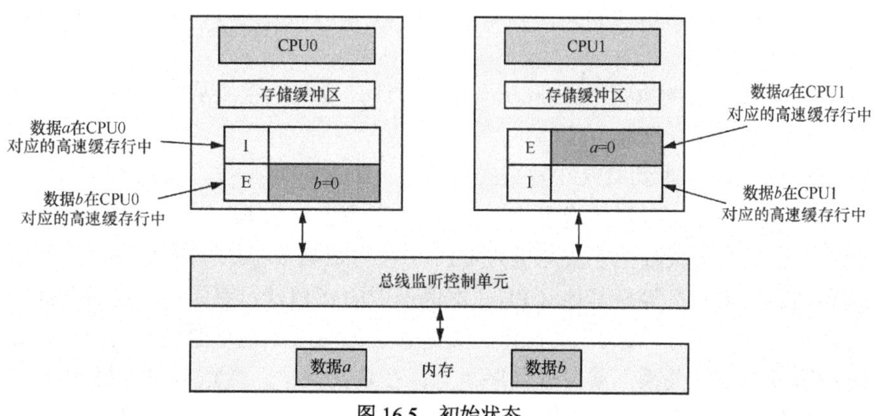

图 16.5 初始状态

【例 16-2】　下面是关于存储缓冲区的代码。

```
CPU0                            CPU1
--------------------------------------------------------------
void func0()                    void func1()
{                               {
    a = 1;                          while (b == 0) continue;
    b = 1;                          assert (a == 1)
}                               }
```

CPU0 和 CPU1 执行上述示例代码的时序如图 16.6 所示。

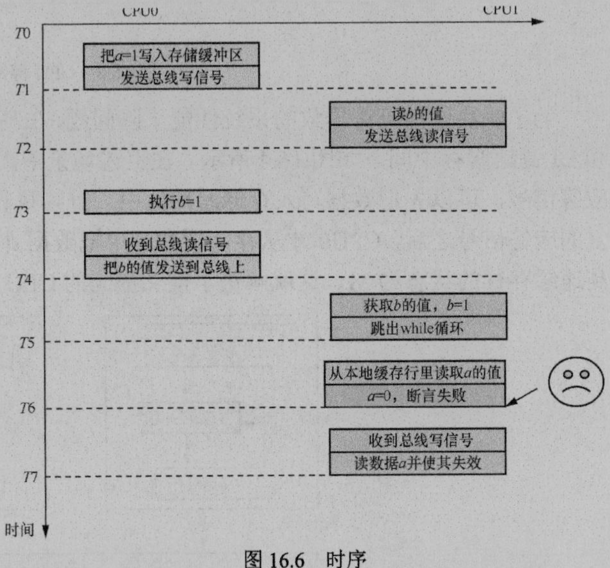

图 16.6　时序

在 *T*1 时刻，CPU0 执行“*a*=1”的语句，这是一个本地写的操作。数据 *a* 在CPU0的本地高速缓存行中的状态为 I，而在 CPU1 的本地高速缓存行里有该数据的副本，因此高速缓存行的状态为 E。CPU0 把数据 *a* 的最新值写入本地存储缓冲区中，然后发送 BusRdX 信号到总线上，要求其他 CPU 检查并执行使高速缓存行失效的操作，因此，数据 *a* 被阻塞在存储缓存区里。

在 *T*2 时刻，CPU1 执行“while (*b* == 0)”语句，这是一个本地读操作。数据 *b* 不在 CPU1 的本地高速缓存行里（状态为 I），而在 CPU0 的本地高速缓存行里有该数据的副本，因此高速缓存行的状态为 E。CPU1 发送 BusRd 信号到总线上，向 CPU0 获取数据 *b* 的内容。

在 *T*3 时刻，CPU0 执行“*b* = 1”语句，CPU0 也会把数据 *b* 的最新值写入本地存储缓冲区中。现在数据 *a* 和数据 *b* 都在本地存储缓冲区里，而且它们之间没有数据依赖。所以，在存储缓冲区中的数据 *b* 不必等到前面的数据项处理完，该语句会提前执行。由于数据 *b* 在 CPU0 的本地高速缓存行中有副本，并且状态为 E，因此直接可以修改该高速缓存行的数据，把数据 *b* 写入高速缓存行中，最后高速缓存行的状态变成 M。

在 *T*4 时刻，CPU0 收到了一个总线读信号，然后把最新的数据 *b* 发送到总线上，并且数据 *b* 对应的高速缓存行的状态变成 S。

在 *T*5 时刻，CPU1 从总线上得到了最新的数据 *b*，*b* 的内容为 1。这时，CPU1 跳出了 while 循环。

在 *T*6 时刻，CPU1 继续执行“assert (*a* == 1)”语句。CPU1 直接从本地高速缓存行中读取数据 *a* 的旧值，即 *a* = 0，此时断言失败。

在 *T*7 时刻，CPU1 才收到 CPU0 发来的对数据 *a* 的总线写操作，要求 CPU1 使该数据的本地高速缓存行失效，但是这时已经晚了，在 *T*6 时刻断言已经失败。

综上所述，上述断言失败的主要原因是 CPU0 在对数据 *a* 执行写入操作时，直接把最新数据写入本地存储缓冲区，在等待其他 CPU（本例子中的 CPU1）完成使高速缓存行失效的操作的应答信号之前就继续执行“*b*=1”的操作。数据 *b* 也被写入本地存储缓冲区中。只要数据项在本地存储缓冲区没有依赖关系，就可以乱序执行。在本案例中，数据 *b* 先于数据 *a* 写入高速缓存行中。CPU1 提前获取了 *b* 的最新值（*b*=1），CPU1 跳出了 while 循环。而此时 CPU1 还没有收到 CPU0 发出的总线写信号，从而导致读取了 *a* 的旧值。

存储缓冲区是 CPU 设计人员为了减少在多核处理器之间长时间等待应答信号导致的性能下降而进行的一个优化设计，但是 CPU 无法感知多核之间的数据依赖关系，本例子中数据 *a* 和数据 *b* 在 CPU1 里存在依赖关系。为此，CPU 设计人员给程序员规避上述问题提供另外一种方法，这就是内存屏障指令。在上述例子中，我们可以在 func0()函数中插入一个写内存屏障语句（如 smp_wmb()），它会把当前存储缓冲区中所有的数据都做一个标记，然后冲刷存储缓冲区，保证之前写入存储缓冲区的数据更新到高速缓存行，最后才能执行后面的写操作。

【例 16-3】 假设有一个写操作序列，它先执行$\{A, B, C, D\}$数据项的写入操作，后执行一条写内存屏障指令，写入$\{E, F\}$数据项，并且这些数据项都存储在存储缓冲区里，如图 16.7 所示。在执行写内存屏障指令时会为数据项$\{A, B, C, D\}$都设置一个标记，确保这些数据都写入 L1 高速缓存之后，才能执行写内存屏障指令后面的数据项$\{E, F\}$。

```
写入{A, B, C, D}

写内存屏障指令

写入{E, F}
```

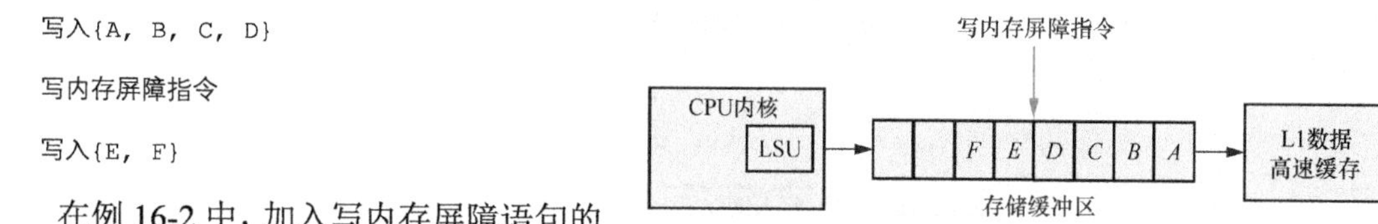

图 16.7 写内存屏障指令与存储缓冲区

在例 16-2 中，加入写内存屏障语句的示例代码如下。

```
<存储缓冲区示例代码>

CPU0                                CPU1
--------------------------------------------------------------
void func0()                        void func1()
{                                   {
     a = 1;                              while (b == 0) continue;
     smp_wmb();
     b = 1;                              assert (a == 1)
}                                   }
```

加入写内存屏障语句之后的执行时序如图 16.8 所示。

在 *T*1 时刻，CPU0 执行“*a*=1”的语句，CPU0 把数据 *a* 的最新数据写入本地存储缓冲区中，然后发送 BusRdX 信号到总线上。

在 *T*2 时刻，CPU1 执行“while (*b* == 0)”语句，这是一个本地读操作。CPU1 发送 BusRd 信号到总线上。

在 *T*3 时刻，CPU0 执行“smp_wmb()”语句，给存储缓冲区中的所有数据项做一个标记。

在 *T*4 时刻，CPU0 继续执行“*b*=1”语句，虽然数据 *b* 在 CPU0 的高速缓存行是命中的，并且高速缓存行的状态是 E，但是由于存储缓冲区中还有标记的数据项，有标记的数据项表明这些数据项存在某种依赖关系，因此不能直接把 *b* 的最新值更新到高速缓存行里，只能把 *b* 的新值加入存储缓冲区里，对这个数据项没有设置标记。

在 *T*5 时刻，CPU0 收到总线发来的总线读信号，获取数据 *b*。CPU0 把“*b*=0”发送到总线上，并且高速缓存行的状态变成 S。

在 *T*6 时刻，CPU1 从总线读取“*b*=0”，本地高速缓存行的状态也变成 S。CPU1 继续在 while 循环里打转。

在 *T*7 时刻，CPU1 收到 CPU0 在 *T*1 时刻发送的 BusRdX 信号，并使数据 *a* 对应的本地高速缓存行失效，然后回复一个应答信号。

在 *T*8 时刻，CPU0 收到应答信号，并且把缓冲区中数据 *a* 的最新值写入高速缓存行里，高速缓存行的状态设置为 M。

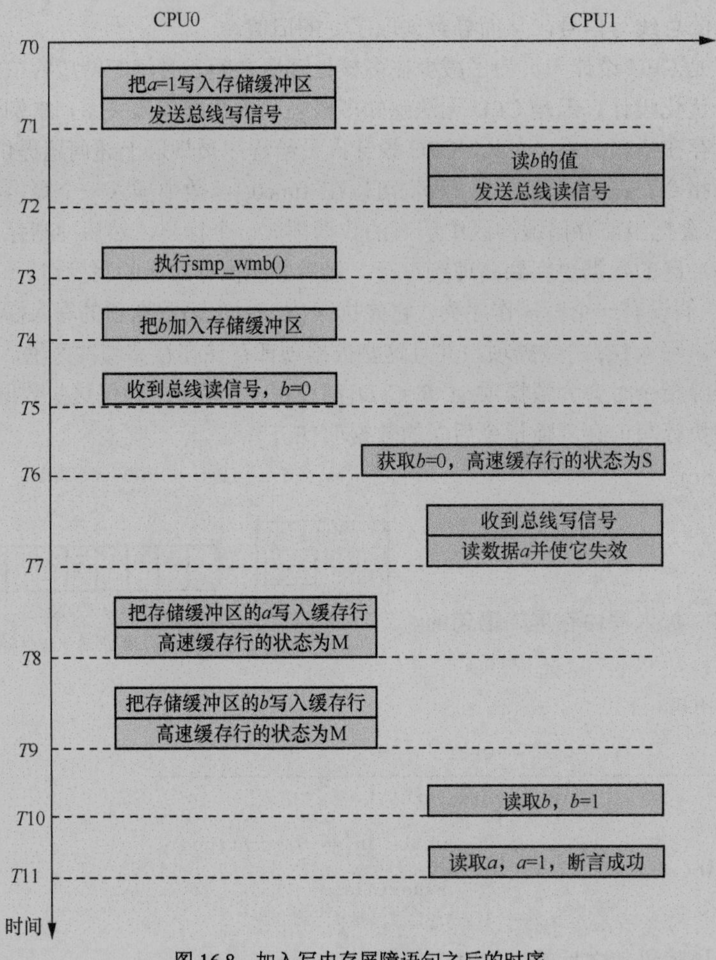

图 16.8　加入写内存屏障语句之后的时序

在 *T*9 时刻，在 CPU0 的存储缓冲区中等待的数据 *b* 也可以写入相应的高速缓存行里。从存储缓冲区写入高速缓存行相当于一个本地写操作。由于现在 CPU0 上数据 *b* 对应的高速缓存行的状态为 S，因此需要发送 BusUpgr 信号到总线上。CPU1 收到这个 BusUpgr 信号之后，发现自己也缓存了数据 *b*，因此将会使本地的高速缓存行失效。CPU0 把本地的数据 *b* 对应的高速缓存行的状态修改为 M，并且写入新数据，*b*=1。

在 *T*10 时刻，CPU1 继续执行“while (*b* == 0)”语句，这是一次本地读操作。CPU1 发送 BusRd 信号到总线上。CPU1 可以从总线上获取 *b* 的最新数据，而且 CPU0 和 CPU1 上数据 *b* 的相应高速缓存行的状态都变成 S。

在 *T*11 时刻，CPU1 跳出了 while 循环，继续执行“assert (*a* == 1)”语句。这是本地读操作，而数据 *a* 在 CPU1 的高速缓存行中的状态为 I，而在 CPU0 上有该数据的副本，因此高速缓存行的状态为 M。CPU1 发送总线读信号，从 CPU0 获取数据 *a* 的值。CPU1 从总线上获取数据 *a* 的新值，*a*=1，断言成功。

综上所述，加入写内存屏障 smp_wmb()语句之后，CPU0 必须等到该屏障语句前面的写操作完成之后才能执行后面的写操作，即在 *T*8 时刻之前，数据 *b* 也只能暂时存放在存储缓冲区里，并没有真正写入高速缓存行里。只有当前面的数据项（如数据 *a*）写入缓存行之后，才能执行数据 *b* 的写入操作。

16.2 无效队列与读内存屏障指令

为了解决 CPU 等待其他 CPU 的应答信号引发的 CPU 停滞问题，在 CPU 和 L1 高速缓存之间新建了一个存储缓冲区，但是这个缓冲区也不可能无限大，它的表项数量不会太多。当 CPU 频繁执行写操作时，该缓冲区可能会很快被填满。此时，CPU 又进入了等待和停滞状态，之前的问题还没有彻底解决。为了解决这个问题，CPU 设计人员引入了一个叫作无效队列的硬件单元。

当 CPU 收到大量的总线读或者总线写信号时，如果这些信号都需要使本地高速缓存失效，那么只有当失效操作完成之后才能回复一个应答信号（表明失效操作已经完成）。然而，让本地高速缓存行失效的操作需要一些时间，特别是在 CPU 做密集加载和存储操作的场景下，系统总线数据传输量变得非常大，这不仅导致让高速缓存行失效的操作会比较慢，还会导致其他 CPU 长时间等待这个应答信号。其实，CPU 不需要完成让高速缓存行失效的操作就能回复一个应答信号，因为等待这个让高速缓存行失效的操作的应答信号的 CPU 本身也不需要这个数据。因此，CPU 可以把这些让高速缓存行失效的操作缓存起来，先给请求者回复一个应答信号，再慢慢让高速缓存行失效，这样其他 CPU 就不必长时间等待了。这就是无效队列的核心思路。

无效队列如图 16.9 所示。当 CPU 收到总线请求之后，如果需要执行使本地高速缓存行失效的操作，那么会把这个请求加入无效队列里，然后立刻给对方回复一个应答信号，而无须使该高速缓存行失效之后再应答，这是一种优化手段。如果 CPU 将某个请求加入无效队列，在该请求对应的失效操作完成之前，CPU 不能向总线发送任何与该请求对应的高速缓存行相关的总线消息。

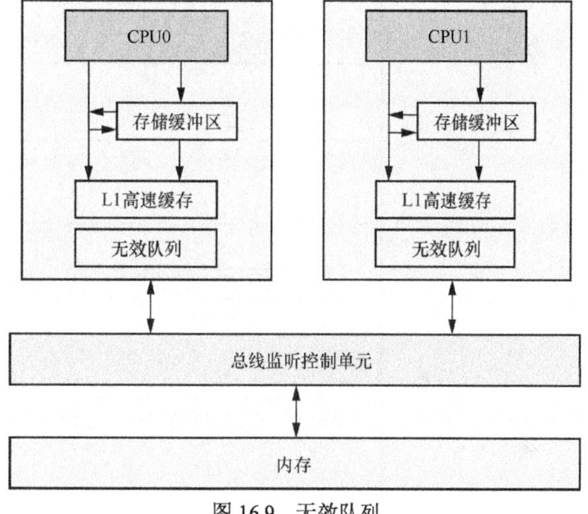

图 16.9 无效队列

不过，无效队列在某些情况下依然会有副作用。

【例 16-4】 假设数据 *a* 和数据 *b* 的初始值为 0，数据 *a* 在 CPU0 和 CPU1 中都有副本，高速缓存行的状态为 S，数据 *b* 在 CPU0 上有副本，高速缓存行的状态为 E，如图 16.10 所示。CPU0 执行 func0()函数，CPU1 执行 func1()函数，代码如下。

```
<无效队列示例代码>

CPU0                          CPU1
-------------------------------------------------------------
void func0()                  void func1()
{                             {
      a = 1;                        while (b == 0) continue;
      smp_wmb();
      b = 1;                        assert (a == 1)
}
                              }
```

CPU0 和 CPU1 执行上述示例代码的时序如图 16.11 所示。

在 *T*1 时刻，CPU0 执行“*a*=1”，这是一个本地写操作。由于数据 *a* 在 CPU0 和 CPU1 上都有副本，而且高速缓存行的状态都为 S，因此 CPU0 把“*a*=1”加入存储缓冲区，然后发送 BusUpgr 信号到总线上。

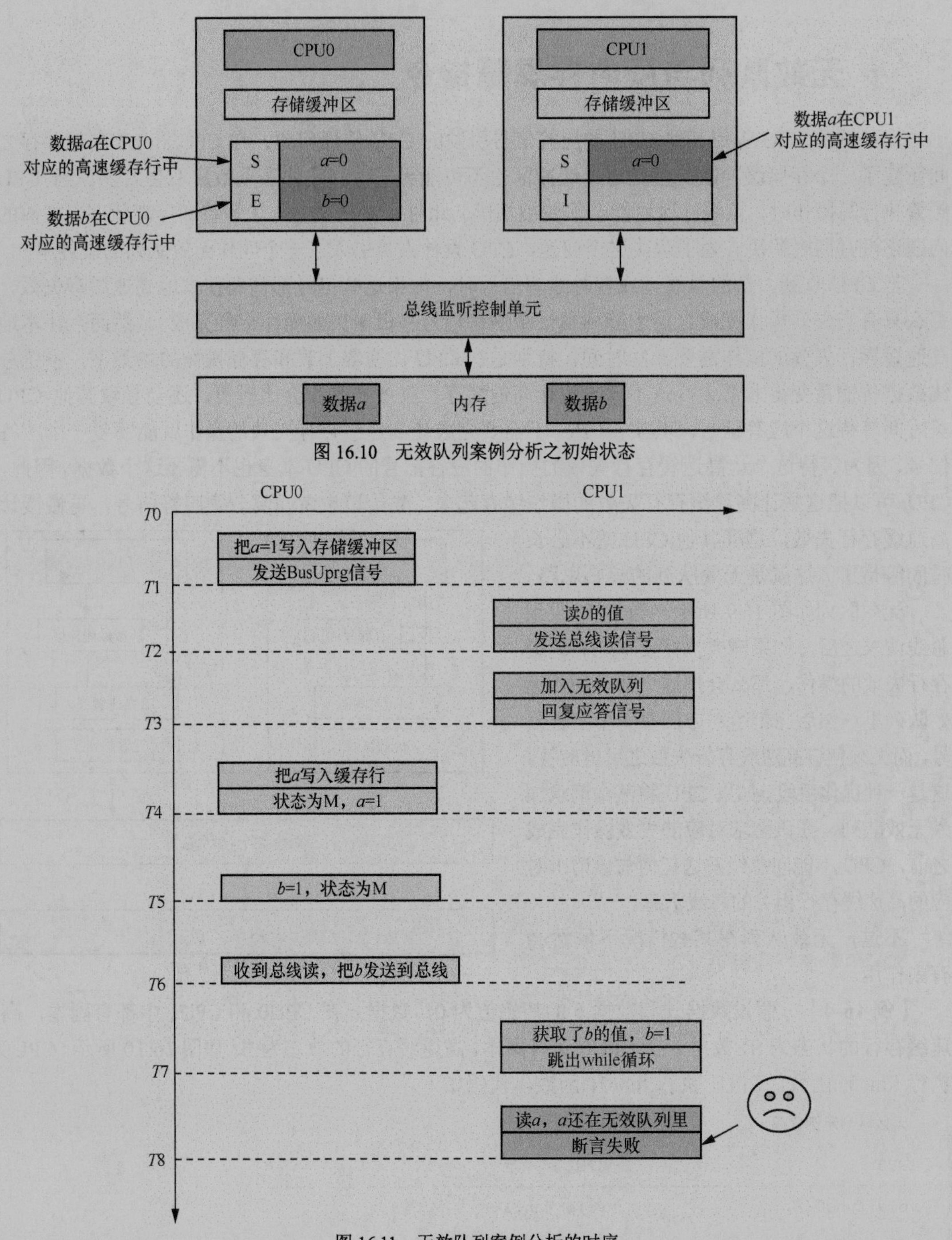

图 16.10　无效队列案例分析之初始状态

图 16.11　无效队列案例分析的时序

在 $T2$ 时刻，CPU1 执行“$b == 0$”，这是一个本地读操作。由于 CPU1 没有缓存数据 b，因此发送一个总线读信号。

在 $T3$ 时刻，CPU1 收到 BusUpgr 信号，发现自己的高速缓存行里有数据 a 的副本，需要执行使高速缓存行失效的操作。把该操作加入无效队列里，并立刻回复一个应答信号。

在 $T4$ 时刻，CPU0 收到 CPU1 回复的应答信号之后，把存储缓冲区的数据 a 写入高速缓存行里，高速缓存行的状态变成 M，a=1。

在 *T*5 时刻，CPU0 执行“*b* = 1”，存储缓存区已空，所以直接把数据 *b* 写入高速缓存行里，高速缓存行的状态变成 M，*b*=1。

在 *T*6 时刻，CPU0 收到 *T*2 时刻发来的总线读信号，把 *b* 的最新值发送到总线上，CPU0 上数据 *b* 对应的高速缓存行的状态变成 S。

在 *T*7 时刻，CPU1 获取数据 *b* 的新值，然后跳出 while 循环。

在 *T*8 时刻，CPU1 执行“assert (*a* == 1)”语句。此时，CPU1 还在执行无效队列中的失效请求，CPU1 无法读到正确的数据，断言失败。

综上所述，无效队列的出现导致了问题，即在 *T*3 时刻，CPU1 并没有真正执行使数据 *a* 对应的高速缓存行失效的操作，而把该操作加入无效队列中。我们可以使用读内存屏障指令来解决该问题。读内存屏障指令可以让无效队列里所有的失效操作都执行完后才执行该读屏障指令后面的读操作。读内存屏障指令会标记当前无效队列中所有的失效操作（每个失效操作用一个表项来记录）。只有这些标记过的表项都执行完，才会执行后面的读操作。

【例 16-5】 下面是使用读内存屏障指令的解决方案。

```
<无效队列示例代码：新增读内存屏障指令>

CPU0                          CPU1
------------------------------------------------------------
void func0()                  void func1()
{                             {
     a = 1;                        while (b == 0) continue;
     smp_wmb();                    smp_rmb();
     b = 1;                        assert (a == 1)
}
                              }
```

我们接着上述的时序图来继续分析，假设在 *T*8 时刻 CPU1 执行读内存屏障语句。在 *T*9 时刻，执行“assert (*a* == 1)”，CPU 已经把无效队列中所有的失效操作执行完了。*T*9 时刻，CPU1 读数据 *a*，数据 *a* 在 CPU1 中对应的高速缓存行的状态已经变成 I，因为刚刚执行完失效操作。而数据 *a* 在 CPU0 的高速缓存行里有副本，并且状态为 M。于是，CPU1 会发送一个总线读信号，从 CPU0 获取数据 *a* 的内容，CPU0 把数据 *a* 的内容发送到总线上，最后 CPU0 和 CPU1 都缓存了数据 *a*，高速缓存行的状态都变成 S，因此 CPU1 得到了数据 *a* 最新的值，即 *a* 为 1，断言成功。

16.3 内存屏障指令总结

综上所述，从计算机体系结构的角度来看，读内存屏障指令作用于无效队列，无效队列中积压的使高速缓存行失效的操作尽快执行完后，CPU 才能执行后面的读操作；写内存屏障指令作用于存储缓冲区，存储缓冲区中数据写入高速缓存行之后，CPU 才能执行后面的写操作。读写内存屏障指令同时作用于使高速缓存行失效的队列和存储缓冲区。从软件角度来看，读内存屏障指令保证所有在读内存屏障指令之前的加载操作完成之后才会处理该指令之后的加载操作；写内存屏障指令可以保证所有写内存屏障指令之前的存储操作完成之后才处理该指令之后的存储操作。

每种处理器体系结构都有不同的内存屏障指令设计。例如，RISC-V 体系结构提供了 FENCE 内存屏障指令，可以指定屏障前面受约束的指令类型，如读指令、写指令、读写指令等。

在多核系统中有一个有趣的现象。

我们假定本地 CPU（如 CPU0）执行一段没有数据依赖性的访问内存序列，那么系统中其他的观察者（CPU）观察这个 CPU0 的访问内存序列的时候，我们不能假定 CPU0 一定按照这个序列的顺序访问内存。因为这些访问序列对于本地 CPU 来说是没有数据依赖性的，所以 CPU

的相关硬件单元会乱序执行代码，乱序访问内存。

对于例 16-1，如图 16.12 所示，CPU0 有两个访问内存的序列，分别设置数据 *a* 和数据 *b* 的值为 1，这个次序就是 CPU0 的程序次序。站在 CPU0 的角度看，先设置数据 *a* 为 1 还是先设置数据 *b* 为 1 并不影响程序的最终结果。但是，系统中的另外一个观察者（CPU1）不能假定 CPU0 先设置数据 *a* 后设置数据 *b*，因为数据 *a* 和数据 *b* 在 CPU0 里没有数据依赖性，数据 *b* 可以先于数据 *a* 写入高速缓存行里，所以 CPU1 就会遇到 16.1 节描述的问题。所以，这里要重申前面提到的两个重要概念——程序次序和内存次序。程序次序是编写程序代码时就定下来的访问内存次序，而内存次序指的是系统中所有观察者都能观察到的最终访问内存的次序。内存一致性问题就是程序次序和内存次序不一致导致的问题。

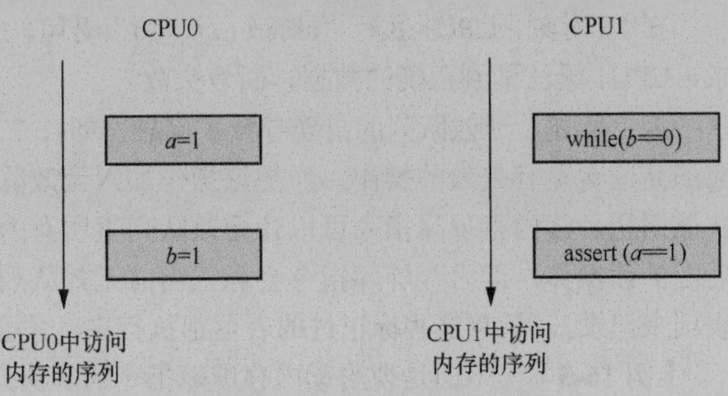

图 16.12　访问内存序列

为此，CPU 设计人员给程序设计人员提供了内存屏障指令。当程序设计人员认为一个 CPU 上访问内存序列的顺序对系统中其他的观察者（其他的 CPU）产生影响时，需要手动添加内存屏障指令来保证其他观察者能观察到正确的访问序列。

16.4 案例分析：Linux 内核中的内存屏障指令①

内存屏障模型在 Linux 内核编程中有广泛运用。本节结合 Linux 内核中 try_to_wake_up()函数里内置的 4 条内存屏障指令，介绍内存屏障指令在实际编程中的使用。

【例 16-6】 try_to_wake_up()函数里内置了 4 条内存屏障指令，我们需要分析这 4 条内存屏障指令的使用场景和逻辑，简化后的代码片段（去掉了源代码中的 READ_ONCE()和 WRITE_ONCE()）如下。

```
<linux5.15/kernel/sched/core.c>

static int
try_to_wake_up(struct task_struct *p, unsigned int state, int wake_flags)
{

     raw_spin_lock_irqsave(&p->pi_lock, flags);
     smp_mb__after_spinlock(); //第一次使用内存屏障指令
     if (!(p->state & state)) //此处做了简化，源代码中是 ttwu_state_match()函数
         goto out;

     smp_rmb();  //第二次使用内存屏障指令
     if (p->on_rq && ttwu_runnable(p, wake_flags))
         goto stat;

     smp_rmb();  //第三次使用内存屏障指令

     smp_cond_load_acquire(&p->on_cpu, !VAL);  //第四次使用内存屏障指令

     p->state = TASK_WAKING;

     ttwu_queue(p, cpu, wake_flags);
     ...
}
```

① 本节为选读内容。读者应熟悉 Linux 内核进程管理机制，可以参考《奔跑吧 Linux 内核（第 2 版）卷 1：基础架构篇》第 7～8 章的内容。

16.4.1 第一次使用内存屏障指令

这里使用了一个比较新的函数 smp_mb__after_spinlock()，从函数名可以知道它在 spin_lock() 函数后面添加了 smp_mb()内存屏障指令。锁机制隐含了内存屏障，为什么在自旋锁后面要显式地添加 smp_mb()内存屏障指令呢？这需要从自旋锁的实现开始讲起。其实自旋锁的实现隐含了内存屏障指令。当然，不同的体系结构隐含的内存屏障是不一样的，例如，x86 体系结构实现的是 TSO 强一致性内存模型，而 RISC-V 的 RVWMO 规范实现的是弱一致性内存模型。对于 TSO 内存模型，原子操作指令隐含了 smp_mb()内存屏障指令；但是对于基于弱一致性内存模型的处理器，spin_lock()的实现其实并没有隐含 smp_mb()内存屏障指令。

在RISC-V体系结构里，实现自旋锁最简单的方式是使用AMOSWAP指令。我们以Linux 5.15内核的源代码中自旋锁的实现为例进行说明。

```
<linux-5.15/arch/riscv/include/asm/spinlock.h>

#define RISCV_ACQUIRE_BARRIER      "\tfence r , rw\n"

static inline int arch_spin_trylock(arch_spinlock_t *lock)
{
  int tmp = 1, busy;

  __asm__ __volatile__ (
      "  amoswap.w %0, %2, %1\n"
      RISCV_ACQUIRE_BARRIER
      : "=r" (busy), "+A" (lock->lock)
      : "r" (tmp)
      : "memory");

  return !busy;
}
```

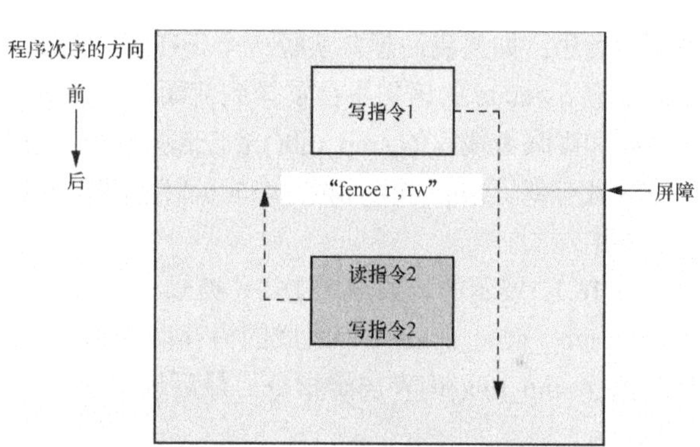

图 16.13　加载-获取内存屏障原语

从上面的代码可以看到，自旋锁采用RISCV_ACQUIRE_BARRIER 内存屏障指令，为了和其他处理器体系结构兼容，这里采用 FNECE 指令模拟获取屏障原语。如图 16.13 所示，写指令 1 有可能重排到内存屏障原语后面，而读指令 2 和写指令 2 不能重排到内存屏障原语指令的前面。

所以，自旋锁隐含了一条单方向（one-way）的内存屏障指令，在自旋锁临界区里的读写指令不能向前越过临界区，但是自旋锁临界区前面的写指令可以穿越到临界区里，这会引发问题。

smp_mb__after_spinlock()函数在 x86 体系结构下是一个空函数，而在 RISC-V 体系结构里是一个隐含了 smp_mb()内存屏障指令的函数。

```
//对于 x86 体系结构，这是一个空函数
#define smp_mb__after_spinlock()do { } while (0)

//对于 RISC-V 体系结构，其中隐含了内存屏障指令
# define smp_mb__after_spinlock()  RISCV_FENCE(iorw,iorw)
```

try_to_wake_up()函数通常用来唤醒进程。在 SMP 中，睡眠者和唤醒者之间的关系如图 16.14 所示。

CPU1（睡眠者）在更改当前进程 current->state 后，插入一条内存屏障指令，保证加载唤醒标记（LOAD event_indicated）不会出现在修改 current->state 之前。

CPU2（唤醒者）在唤醒标记 STORE 和把进程状态修改成 RUNNING 的 STORE 之间插入一条内存屏障指令，保证唤醒标记 event_indicated 的修改能被其他 CPU 看到。

从这个场景来分析，要唤醒进程，CPU2 需要先设置 event_indicated 为 1。而 CPU1（Sleeper）一直在 for 循环里等待这个 event_indicated 被置 1。怎么让 CPU1 能观察到 CPU2 写入的 event_indicated 值呢？

当 CPU2 写入 event_indicated 之后，插入一条内存屏障指令，然后判断 task->state 值是否等于 TASK_NORMAL，这个值是 CPU1 写入的。如果等于 1，那么说明 CPU1 已经执行完写入 current->state 的指令了。这时，就能保证 CPU1 读取的 event_indicated 值（即 CPU2 写入的值）是正确的。

这个场景简化后的内存屏障模型如图 16.15 所示，假设 *X* 和 *Y* 的初始值都为 0。

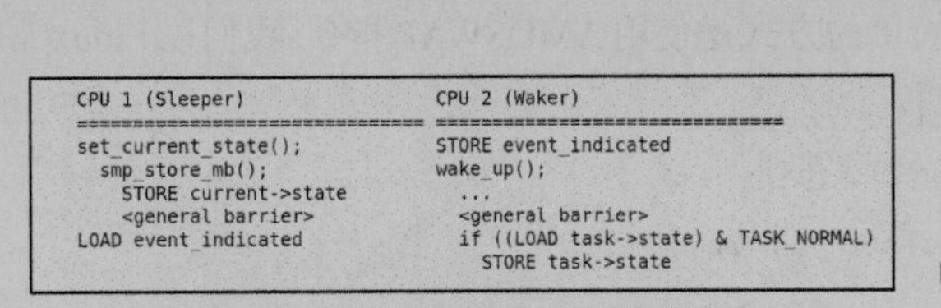

```
CPU 1 (Sleeper)                    CPU 2 (Waker)
===============================    ===============================
set_current_state();               STORE event_indicated
  smp_store_mb();                  wake_up();
    STORE current->state             ...
    <general barrier>                <general barrier>
LOAD event_indicated                 if ((LOAD task->state) & TASK_NORMAL)
                                       STORE task->state
```

图 16.14　睡眠者与唤醒者之间的关系

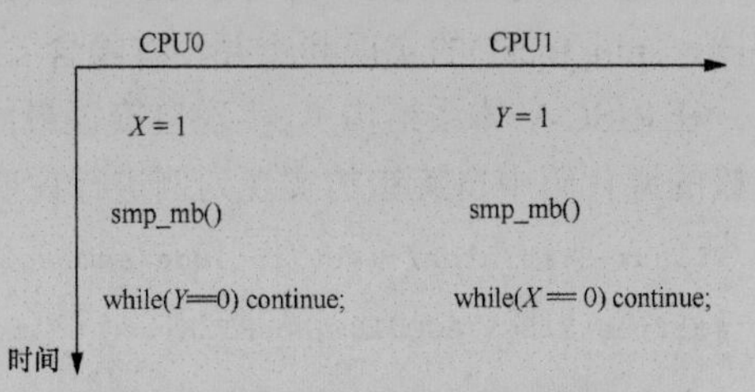

图 16.15　这个场景简化后的内存屏障模型

当 CPU1 读取的 *X* 值为 1 时，CPU0 读取的 *Y* 值也一定为 1。

图 16.16 展示了为什么要使用 smp_mb__after_spinlock()函数。结合上文的分析，我们不难理解它的意思：如果我们想要唤醒一个正在等待 CONDITION 条件标志位的线程，那么我们需要保证检查 p->state 的语句不会重排到前面，即先执行“CONDITION=1”，再检查 p->state。该函数需要和睡眠者线程的 smp_mb()结合起来使用，它隐含在 set_current_state()中。

无独有偶，smp_mb__after_spinlock()函数有一段相关的注释，它在 include/linux/spinlock.h 头文件中。

图 16.17 展示的场景与图 16.16 类似。在 CPU0 侧，首先往 *X* 里写入 1，然后采用 spin_lock() 和 smp_mb__after_spinlock()组成的内存屏障指令，最后读取 *Y* 值。在 CPU1 侧，先写入 *Y* 值，然后执行 smp_mb()内存屏障指令，最后读取 *X* 值。当 CPU1 读取的 *X* 值为 1 时，CPU0 读取的 *Y* 值也为 1。

```
/*
 * If we are going to wake up a thread waiting for CONDITION we
 * need to ensure that CONDITION=1 done by the caller can not be
 * reordered with p->state check below. This pairs with smp_store_mb()
 * in set_current_state() that the waiting thread does.
 */
raw_spin_lock_irqsave(&p->pi_lock, flags);
smp_mb__after_spinlock();
if (!(p->_state & state))
        goto unlock;
```

图 16.16　为什么使用 smp_mb__after_spinlock()函数

```
{ X = 0;  Y = 0; }

CPU0                              CPU1

WRITE_ONCE(X, 1);                 WRITE_ONCE(Y, 1);
spin_lock(S);                     smp_mb();
smp_mb__after_spinlock();         r1 = READ_ONCE(X);
r0 = READ_ONCE(Y);
spin_unlock(S);

it is forbidden that CPU0 does not observe CPU1's store to Y (r0 = 0)
and CPU1 does not observe CPU0's store to X (r1 = 0); see the comments
preceding the call to smp_mb__after_spinlock() in __schedule() and in
try_to_wake_up().
```

图 16.17　smp_mb__after_spinlock()函数的使用场景

16.4.2　第二次使用内存屏障指令

这里需要考虑多个 CPU 同时调用 try_to_wake_up()来唤醒同一个进程的场景。

【例 16-7】　假设 CPU0 运行着进程 P，进程调用如下代码片段，进入睡眠状态。

```
<CPU0 运行如下代码并进入睡眠状态>

while () {
   if (cond)
       break;
   do {
      schedule();
      set_current_state(TASK_UNINTERRUPTIBLE)
```

```
    } while (!cond);

  }

  spin_lock_irq(wait_lock)
  set_current_state(TASK_RUNNING);
  list_del(&waiter.list);
  spin_unlock_irq(wait_lock)
```

CPU1 调用如下简化后的代码片段来唤醒进程 P。

```
<CPU1 唤醒进程 P>

spin_lock_irqsave(wait_lock)
wake_up_process()
try_to_wake_up()
spin_unlock_irqstore(wait_lock)
```

CPU1 释放了 wait_lock 自旋锁之后，CPU2 抢先获取了 wait_lock 自旋锁，执行如下简化后的代码片段。

```
<CPU2 再一次唤醒进程 P>

raw_spin_lock_irqsave(wait_lock)
 if (!list_empty)
   wake_up_process()
   try_to_wake_up()
          raw_spin_lock_irqsave(p->pi_lock)
             if (!(p->state & state))
                   goto out;
             ..
             if (p->on_rq && ttwu_wakeup())
             ..
             while (p->on_cpu)
                 cpu_relax()
   ...
```

CPU2 又调用 try_to_wake_up()函数来唤醒进程 P，但是进程 P 已经被 CPU1 唤醒过一次了。此时，CPU2 读取的 p->on_rq 值有可能为 0，读取的 p->on_cpu 值为 1，然后在 while 循环里进入死循环。唤醒进程的时序如图 16.18 所示。

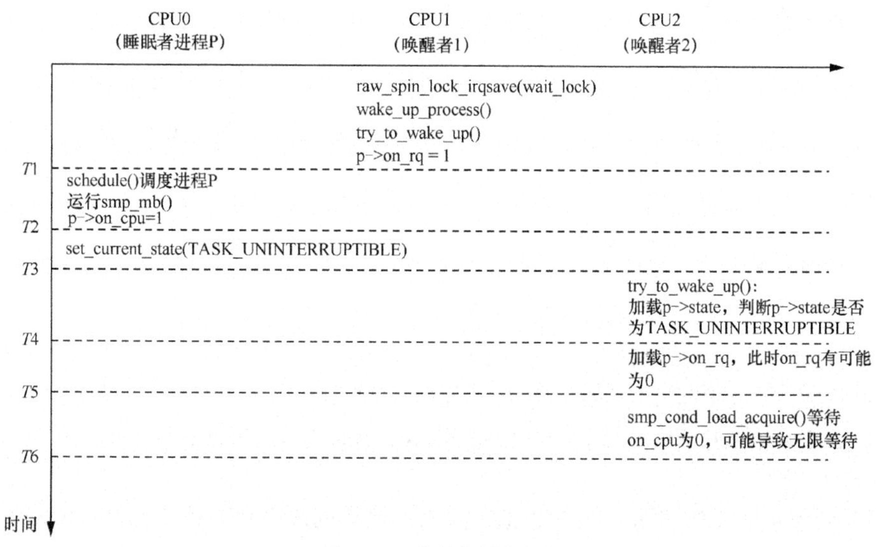

图 16.18　唤醒进程的时序

在 *T*1 时刻，CPU1 第一次调用 try_to_wake_up()函数来唤醒进程 P。在 try_to_wake_up()函数里会把进程 P 添加到就绪队列中，并且设置 p->on_rq 值为 1。

在 *T*2 时刻，调度器选择进程 P 来运行。在 schedule()函数里隐含 smp_mb()内存屏障指令，设置 p->on_cpu 值为 1。此时，进程 P 在 CPU0 上运行。

在 *T*3 时刻，进程 P 执行 set_current_state()函数来设置进程的状态为 TASK_UNINTERRUPTIBLE。

在 *T*4 时刻，CPU2 获取 wait_lock，然后调用 try_to_wake_up()函数来唤醒进程 P。接下来，加载 p->state 值，p->state 值为 TASK_UNINTERRUPTIBLE。

在 *T*5 时刻，CPU2 获取 p->on_rq 的值，有可能读取的值为 0，从而获取了一个错误的值。此时，p->on_rq 的正确值应为 1。

在 *T*6 时刻，CPU2 在 smp_cond_load_acquire()函数里循环等待 p->on_cpu 值为 0。因为 p->on_cpu 的值为 1，所以一直无限循环。

这个问题其实可以简化成经典的内存屏障问题，如图 16.19 所示。

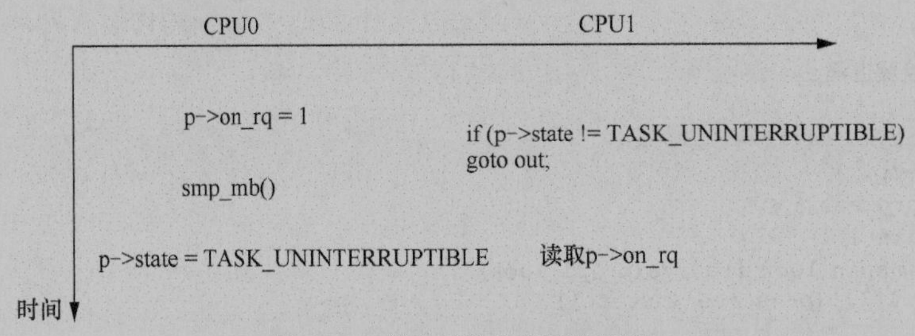

图 16.19　简化后的内存屏障问题

在上面的这个简化模型中，CPU0 分别写入 p->on_rq 和 p->state 值。与此同时，在 CPU1 侧，如果读取到 p->state 正确的值，就一定能读取到 p->on_rq 正确的值吗？答案是否定的。原因是 CPU 内部有一个名为无效队列的硬件单元，这会导致 CPU1 读取不到 p->on_rq 正确的值，正确的解决办法是加入一条读内存屏障指令，保证 CPU1 执行完当前的无效队列之后才读 p->on_rq 的值。这需要结合内存屏障指令与高速缓存一致性来分析，可以参考第 15 章的相关内容。

解决办法是在 CPU1 读取 p->state 和 p->on_rq 之间插入一条 smp_rmb()读内存屏障指令，确保 CPU1 能读到 p->on_rq 正确的值，如图 16.20 所示。

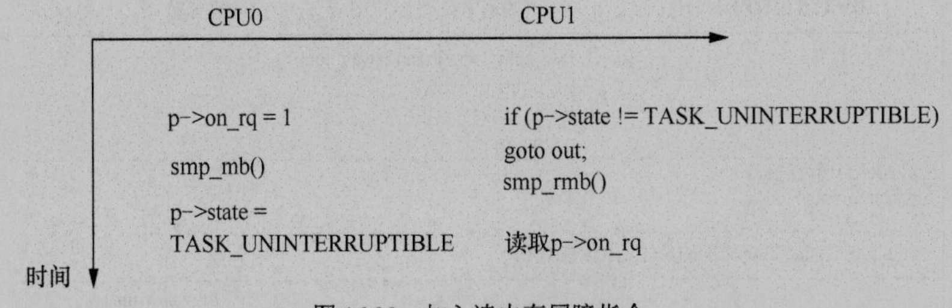

图 16.20　加入读内存屏障指令

图 16.21 展示了为什么使用 smp_rmb()读内存屏障指令。这是为了保证先加载 p->state，再加载 p->on_rq，否则就会出问题，即有可能观察到 p->on_rq 等于 0 的情况，从而进入 smp_cond_load_acquire()函数，然后一直循环等待 on_cpu 为 0。此时 p->on_cpu 为 1，导致出现无限循环问题。

接下来要表达的模型和图 16.22 类似。最后，这里的注释还告诉我们，LOCK+smp_mb__after_spinlock()的组合在__schedule()函数里，这里隐式地实现了一条内存屏障指令。

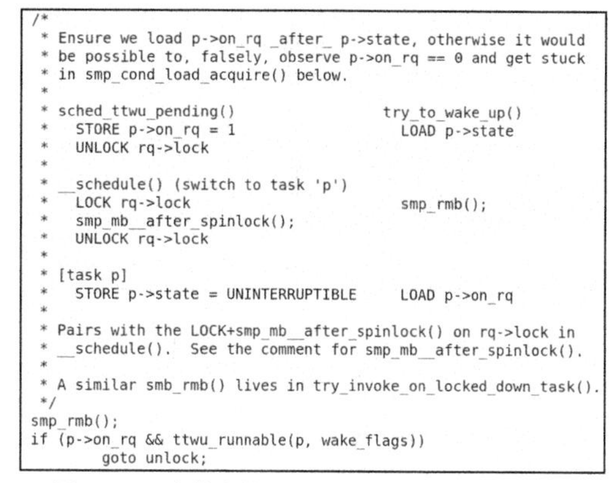

```
/*
 * Ensure we load p->on_rq _after_ p->state, otherwise it would
 * be possible to, falsely, observe p->on_rq == 0 and get stuck
 * in smp_cond_load_acquire() below.
 *
 * sched_ttwu_pending()                 try_to_wake_up()
 *   STORE p->on_rq = 1                   LOAD p->state
 *   UNLOCK rq->lock
 *
 * __schedule() (switch to task 'p')
 *   LOCK rq->lock                        smp_rmb();
 *   smp_mb__after_spinlock();
 *   UNLOCK rq->lock
 *
 * [task p]
 *   STORE p->state = UNINTERRUPTIBLE     LOAD p->on_rq
 *
 * Pairs with the LOCK+smp_mb__after_spinlock() on rq->lock in
 * __schedule().  See the comment for smp_mb__after_spinlock().
 *
 * A similar smb_rmb() lives in try_invoke_on_locked_down_task().
 */
smp_rmb();
if (p->on_rq && ttwu_runnable(p, wake_flags))
        goto unlock;
```

图 16.21 为什么使用 smp_rmb()读内存屏障指令

这个案例简化后的内存屏障模型如图 16.22 所示，假设 X 和 Y 的初始值都为 0。

CPU0 分别向 X 和 Y 写入 1，在它们中间插入一条 smp_mb()读写内存屏障指令。当 CPU1 读取的 Y 值为 1 时，它读取的 X 值一定也为 1，但其中需要加入一条 smp_rmb()读内存屏障指令。

无独有偶，smp_mb__after_spinlock()函数有一段相关的注释，它在 include/linux/spinlock.h 头文件中。

图 16.23 展示的使用场景与图 16.22 类似。只不过在图 16.23 中，CPU0 和 CPU1 通过自旋锁实现某种串行执行，CPU0 先获取自旋锁，把 X 值设置为 1，然后 CPU1 获取自旋锁，采用 spin_lock() 和 smp_mb__after_spinlock()组成的内存屏障指令，接着设置 Y 值为 1。在 CPU2 侧，当 CPU2 观察到 Y 值为 1 时，CPU2 也必然观察到 X 值为 1。

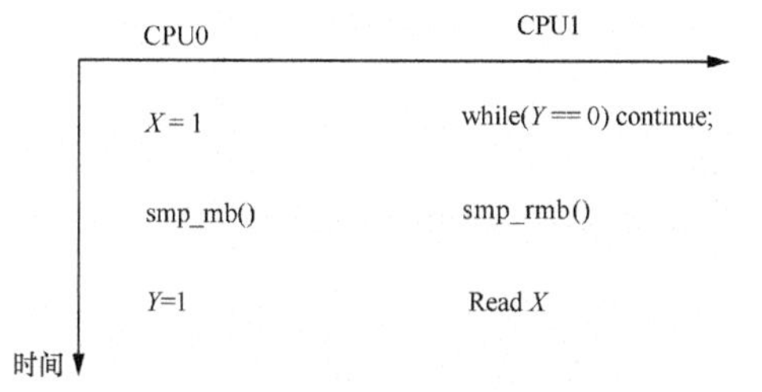

图 16.22 简化后的内存屏障模型

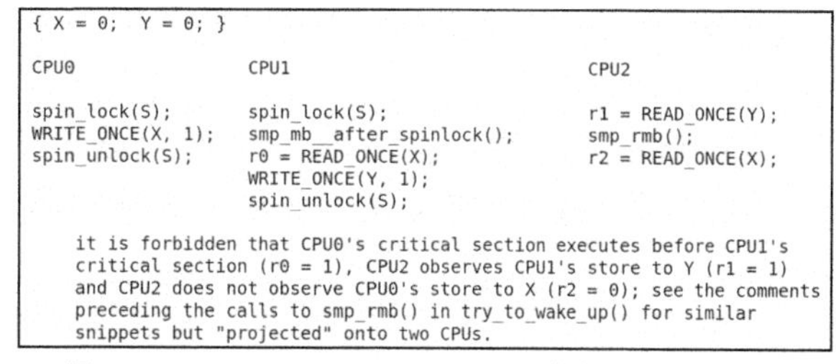

```
{ X = 0;  Y = 0; }

CPU0                    CPU1                            CPU2

spin_lock(S);           spin_lock(S);                   r1 = READ_ONCE(Y);
WRITE_ONCE(X, 1);       smp_mb__after_spinlock();       smp_rmb();
spin_unlock(S);         r0 = READ_ONCE(X);              r2 = READ_ONCE(X);
                        WRITE_ONCE(Y, 1);
                        spin_unlock(S);

    it is forbidden that CPU0's critical section executes before CPU1's
    critical section (r0 = 1), CPU2 observes CPU1's store to Y (r1 = 1)
    and CPU2 does not observe CPU0's store to X (r2 = 0); see the comments
    preceding the calls to smp_rmb() in try_to_wake_up() for similar
    snippets but "projected" onto two CPUs.
```

图 16.23 smp_mb__after_spinlock()函数的使用场景

16.4.3 第三次使用内存屏障指令

try_to_wake_up()函数在读取 p->on_rq 与 p->on_cpu 之间插入了一条 smp_rmb()读内存屏障指令，原理和前面类似。

这里的时序如图 16.24 所示。

在 $T0$ 时刻，进程 P 在 CPU0 上睡眠。

在 $T1$ 时刻，进程 P 被唤醒，CPU0 的调度器选择运行进程 P，这时会设置 p->on_cpu 值为 1。

在 $T2$ 时刻，进程 P 运行 set_current_state()函数来设置进程的状态为 TASK_UNINTERRUPTIBLE。

在 $T3$ 时刻，进程 P 主动调用 schedule()函数来让出 CPU。在 schedule()函数里，会申请一个 rq->lock 并通过 smp_mb__after_spinlock()函数使用内存屏障指令，然后设置 p->on_rq 等于 0。

在 $T4$ 时刻，CPU1 开始捣乱了，调用 try_to_wake_up()函数来唤醒进程 P。CPU1 首先会读取 p->on_rq 的值，它读到的 p->on_rq 值为 0。

在 $T5$ 时刻，CPU1 继续加载 p->on_cpu 值，它有可能读到错误值（此时 p->on_cpu 正确的值应该为 1），从而导致 CPU1 继续执行 try_to_wake_up()函数，成功地唤醒进程 P，而此时进程 P 在 CPU0 里还准备要让出 CPU，因此这里就出现错误。

这个场景的一个关键点是，在 $T3$ 时刻，在 CPU0 执行 schedule()函数的过程中，CPU1 并发地调用 try_to_wake_up()函数来唤醒进程 P，这导致在 try_to_wake_up()函数里面会读取到错误的 p->on_cpu 值，从而引发错误。解决办法就是在 $T4$ 和 $T5$ 时刻之间插入一条 smp_rmb()读内存屏障指令，这样，CPU1 在 $T5$ 时刻才能读到 p->on_cpu 正确的值。

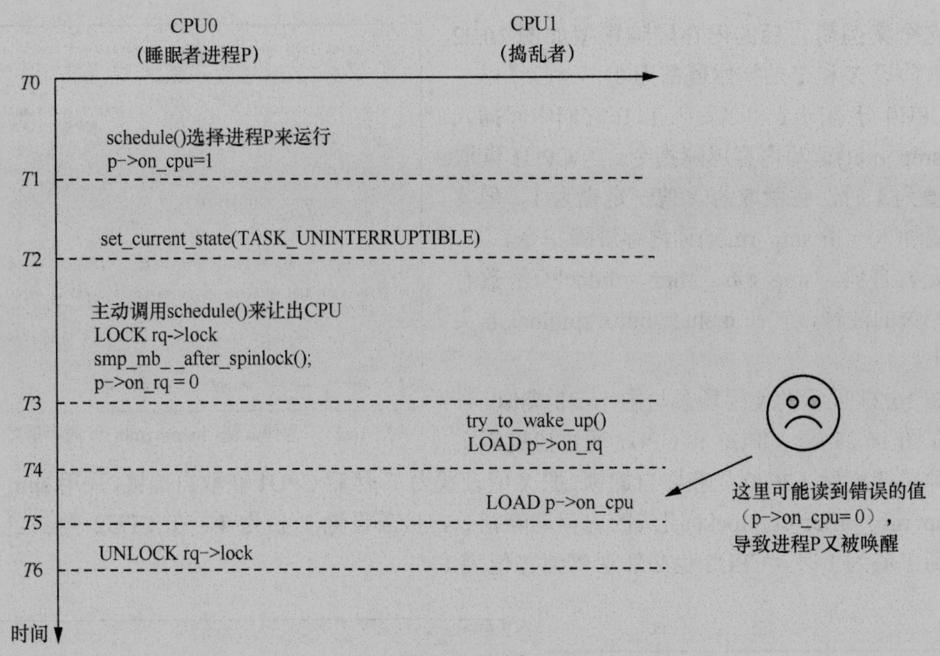

图 16.24　时序

简化后的模型如图 16.25 所示。在这个模型里，CPU0 先设置 p->on_cpu 为 1，接着设置 p->on_rq 为 0。这两个写入操作中间用一条读写内存屏障指令来保证它们写入的次序。

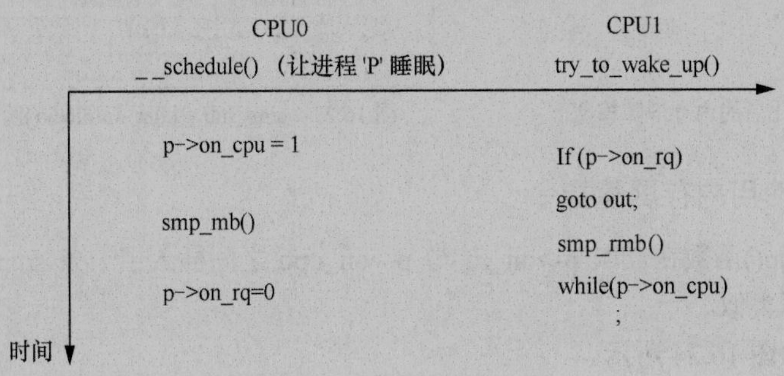

图 16.25　简化后的模型

读取 p->on_rq 正确的值之后，需要加入一条 smp_rmb()读内存屏障指令来确保 CPU1 能读取 p->on_cpu 正确的值。如果没有这条读内存屏障指令，那么 CPU1 可能读到 p->on_cpu 错误的值。

16.4.4　第四次使用内存屏障指令

smp_cond_load_acquire()内置了读内存屏障，这里会自旋等待 cond_expr 条件。在本场景中，cond_expr 条件为 p->on_cpu=0。p->on_cpu 为 1 表示进程正在运行（running）状态中，即进程 p 还在 schedule()函数的执行过程中。因此，在本场景下，需要自旋等待 p->on_cpu 设置为 0，然后才能调用后面的唤醒操作，如 select_task_rq()以及 ttwu_queue()。

另外，此处的 smp_cond_load_acquire()函数与 schedule()->finish_task()中的 smp_store_release()函数是配对使用的。

在 RISC-V 体系结构中，smp_cond_load_acquire()的实现如下。

```
#define smp_cond_load_acquire(ptr, cond_expr) ({       \
   __unqual_scalar_typeof(*ptr) _val;                 \
   _val = smp_cond_load_relaxed(ptr, cond_expr);      \
```

```
    smp_acquire__after_ctrl_dep();                 \
    (typeof(*ptr))_val;                     \
})
```

其中，smp_cond_load_relaxed()会自旋等待 cond_expr 条件为真。另外，它会使用 READ_ONCE()读取 ptr 的内容。如下代码定义 smp_acquire__after_ctrl_dep()是一条读内存屏障语句。

```
#define smp_acquire__after_ctrl_dep()    smp_rmb()
```

16.4.5 小结：内存屏障指令的使用

通过对 try_to_wake_up()函数里内置的 4 条内存屏障指令的分析，我们深刻感觉到要正确使用内存屏障指令是有一定难度的，我们需要对可能发生的并发访问场景多加思考，特别是在多核以及多线程的编程环境中。本案例分析中总结的两个经典的内存屏障模型（见图 16.15 和图 16.22）值得读者仔细体会，在实际项目中会经常遇到。

若我们在阅读 Linux 内核源代码时遇到 smp_rmb()、smp_wmb()以及 smp_mb()，需要停下来多多思考代码的作者为什么要在这里使用内存屏障指令，如果不使用会发生什么后果，有哪些可能会发生并发访问的场景。

在实际的多核编程中，读者需要从复杂的场景中甄别出内存屏障模型，并合理使用内存屏障指令。

16.5 实验

16.5.1 实验 16-1：验证和测试内存一致性 1

1. 实验目的

通过 Litmus 工具进行内存一致性验证，加深对 RVWMO 内存一致性模型的理解。

2. 实验要求

请编写内嵌 RSIC-V 汇编语言格式的 Litmus 脚本来验证例 16-1，并思考和总结内存一致性故障产生的原因。

16.5.2 实验 16-2：验证和测试内存一致性 2

1. 实验目的

通过 Litmus 工具进行内存一致性验证，加深对 RVWMO 内存一致性模型的理解。

2. 实验要求

请编写内嵌 C 语言格式的 Litmus 脚本来验证例 16-1，并思考和总结内存一致性故障产生的原因。

16.5.3 实验 16-3：验证和测试内存一致性 3

1. 实验目的

通过 Litmus 工具进行内存一致性验证，加深对 RVWMO 内存一致性模型的理解。

2. 实验要求

请使用 C 语言编写验证程序来验证例 16-1，使用 C 库提供的多线程函数创建两个线程，并且使线程分别固定运行在 CPU0 和 CPU1。

第17章　与操作系统相关的内容

本章思考题

1. 什么是C语言的整型提升？请从RISC-V处理器的角度解释整型提升。
2. 在下面的代码中，最终输出值分别是多少？

```
#include <stdio.h>

void main()
{
    unsigned char a = 0xa5;
    unsigned char b = ~a>>4 + 1;

    printf("b=%d\n", b);
}
```

3. 操作系统中的0号进程指的是什么？
4. 什么是进程上下文切换？对于RISC-V处理器来说，进程上下文切换需要保存哪些内容？保存到哪里？
5. 当新创建的进程第一次执行时，第一条指令存放在哪里？
6. 假设系统中只有两个内核进程——进程A和进程B。0号进程先运行，时钟周期到来时会递减0号进程的时间片，当时间片用完之后，需要调用schedule()函数切换到进程A。假设在时钟周期的中断处理程序task_tick_simple()或者handle_timer_irq()里，直接调用schedule()函数，会发生什么情况？
7. 假设调度器通过switch_to()函数把进程A切换到进程B，那么进程B是否在切换完成之后，马上执行线程B的回调函数呢？
8. 在下面的代码片段中，printf()函数能输出正确的data值吗？为什么？

```
void schedule(void)
{
  long data;

  //读取当前进程的私有数据
  data = xxx;

  ...

  //切换到进程B运行
  switch_to(A, B);

  //输出数据
  printf(data);
}
```

本章主要介绍RISC-V体系结构中与操作系统相关的话题，本章对进程和线程不做严格区分。

17.1 C 语言常见陷阱

本节主要介绍在 RISC-V 下编程的常见陷阱。

17.1.1 数据模型

32 位处理器通常采用 ILP32 数据模型，而 64 位处理器可以采用 LP64 和 ILP64 数据模型。在 Linux 系统下默认采用 LP64 数据模型。在 64 位机器上，若 int 类型是 32 位，long 类型是 64 位，指针类型也是 64 位，那么该机器就是基于 LP64 数据类型的。其中，L 表示 Long，P 表示 Pointer。而 ILP64 表示 int 类型的长度是 64 位，long 类型的长度是 64 位，long long 类型的长度是 64 位，指针类型的长度是 64 位。ILP32、ILP64、LP64 数据模型中不同数据类型的长度如表 17.1 所示。

表 17.1　ILP32、ILP64、LP64 数据模型中不同数据类型的长度

数据类型	ILP32 数据模型中的长度/位	ILP64 数据模型中的长度/位	LP64 数据模型中的长度/位
char	8	8	8
short	16	16	16
int	32	64	32
long	32	64	64
long long	64	64	64
pointer	32	64	64
size_t	32	64	64
float	32	32	32
double	64	64	64

在 32 位系统里，由于整型和指针的长度相同，因此某些代码会把指针强制转换为 int 或 unsigned int 来进行地址运算。

【例 17-1】 在下面的代码中，get_pte()函数根据 PTE 基地址 pte_base 和 offset 计算 PTE 的地址，并转换成指针类型。

```
1    char * get_pte(char *pte_base, int offset)
2    {
3        int pte_addr, pte;
4
5        pte_addr = (int)pte_base;
6        pte = pte_addr + offset;
7
8        return (char *)pte;
9    }
```

第 5 行使用 int 类型把 pte_base 指针转换成地址，在 32 位系统中这没有问题，因为 int 类型和指针类型都占用 4 字节。但是在采用 LP64 数据模型的系统中这就有问题了，因为 int 类型占 4 字节，而指针类型占 8 字节。在跨系统的编程中，推荐使用 C99 标准定义 intptr_t 和 uintptr_t 类型，根据系统的位数确定二者的大小。

示例代码如下。

```
#if __WORDSIZE == 64
     typedef long int                intptr_t;
     typedef unsigned long int       uintptr_t;
#else
     typedef int                     intptr_t;
     typedef unsigned int            uintptr_t;
#endif
```

上述代码可以修改成以下形式。

```
pte_addr = (intptr_t)pte_base;
```

在 Linux 内核中，通常使用 unsigned long 转换内存地址，这基于指针和长整型的长度相等的事实。

【例 17-2】　下面的代码利用指针和长整型的长度相等的这个事实实现类型转换。

```
1    unsigned long __get_free_pages(gfp_t gfp_mask, unsigned int order)
2    {
3        struct page *page;
4
5        page = alloc_pages(gfp_mask & ~__GFP_HIGHMEM, order);
6        if (!page)
7            return 0;
8        return (unsigned long) page_address(page);
9    }
```

在第 8 行中，把 page 的指针转换成地址，并使用 unsigned long，这保证了代码在 32 位系统和 64 位系统中都能正常运行。

17.1.2　数据类型转换与整型提升

C 语言有隐式数据类型转换，它很容易出错。下面是隐式数据类型转换的一般规则。

- 在赋值表达式中，右边表达式的值自动隐式转换为左边变量的类型。
- 在算术表达式中，占字节少的数据类型向占字节多的数据类型转换，如图 17.1 所示。例如，在 64 位系统中，当对 int 类型和 long 类型的值进行运算时，int 类型的数据需要转换成 long 类型。
- 在算术表达式中，当对有符号数据类型与无符号数据类型进行运算时，需要把有符号数据类型转换为无符号数据类型。例如，若表达式中既有 int 类型又有 unsigned int 类型，则所有的 int 类型数据都被转化为 unsigned int 类型。
- 整数常量通常属于 int 类型。

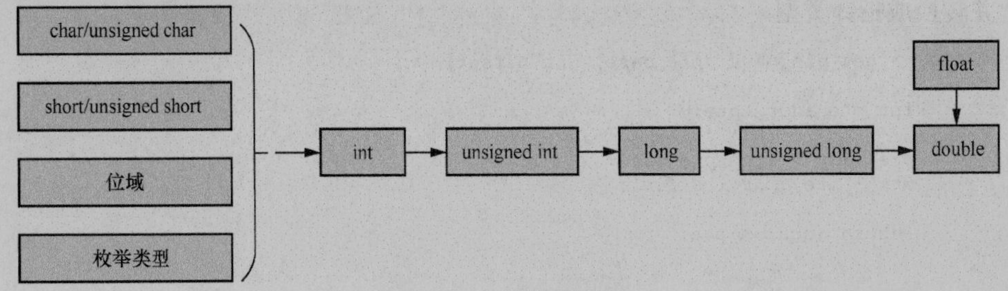

图 17.1　数据类型转换

【例 17-3】　在下面的代码中，最终输出值是多少？

```
1    #include <stdio.h>
2
3    void main()
4    {
5        unsigned int i = 3;
6
7        printf("0x%x\n", i * -1);
8    }
```

首先，−1 是整数常量，它可以用 int 类型表达，而变量 *i* 属于 unsigned int 类型。根据上述规则，当对 int 类型和 unsigned int 类型数据进行计算时，需要把 int 类型转换成 unsigned int 类型。所以，数据−1 转换成 unsigned int 类型就是 0xFFFF FFFF。于是，表达式“*i* * −1”变成“3 * 0xFFFF FFFF”，计算结果会溢出，最后变成 0xFFFF FFFD。

C 语言规范中有一个关于整型提升（integral promotion）的约定。

- 在表达式中，当使用有符号或者无符号的 char、short、位域（bit-field）以及枚举类型时，它们都应该提升到 int 类型。
- 如果上述类型可以使用 int 类型来表示，则使用 int 类型；否则，使用 unsigned int 类型。

整型提升的意义是，使 CPU 内部的 ALU 充分利用通用寄存器的长度，例如，RISC-V 处理器的通用寄存器的长度为 64 位。对于两个 char 类型值的运算，CPU 难以直接实现字节相加的运算，在 CPU 内部要先转换为通用寄存器的标准长度，再进行相加运算。

【例 17-4】 在下面的代码中，*a*、*b*、*c* 的值分别是多少？

```
1      #include <stdio.h>
2
3      void main()
4      {
5          char a;
6          unsigned int b;
7          unsigned long c;
8
9          a = 0x88;
10         b = ~a;
11         c = ~a;
12
13         printf("a=0x%x, ~a=0x%x, b=0x%x, c=0x%lx\n", a, ~a, b, c);
14     }
```

在 QEMU+RISC-V 系统中，运行结果如下。

```
benshushu:mnt# ./test
a=0x88, ~a=0xffffff77, b=0xffffff77, c=0xffffffffffffff77
```

有读者认为~*a* 的值应该为 0x77，但是根据整型提升的规则，表达式“~*a*”会转换成 int 类型，所以最终值为 0xFFFF FF77。

C 语言里还有一个符号扩展问题，当要把一个带符号的整数提升为同一类型或更长类型的无符号整数时，它首先被提升为更长类型的带符号等价数值，然后转换为无符号值。

【例 17-5】 在下面的代码中，最终输出值分别是多少？

```
1      #include <stdio.h>
2
3      struct foo {
4          unsigned int a:19;
5          unsigned int b:13;
6      };
7
8      void main()
9      {
10         struct foo addr;
11
12         unsigned long base;
13
14         addr.a = 0x40000;
15         base = addr.a <<13;
16
17         printf("0x%x, 0x%lx\n", addr.a <<13, base);
18     }
```

addr.a 属于位域类型，根据整型提升的规则，它首先会被提升为 int 类型。表达式“addr.a <<13”的类型为 int 类型，但是未发生符号扩展。在给 base 赋值时，根据带符号和无符号整数提升规则，

会先转换为 long 类型，然后转换为 unsigned long 类型。从 int 转换为 long 类型时，会发生符号扩展。

上述程序最终的执行结果如下。

```
benshushu:mnt# ./test
0x80000000, 0xffffffff80000000
```

如果想让 base 得到正确的值，可以先把 addr.a 从 int 类型转换成 unsigned long 类型。

```
base = (unsigned long)addr.a <<13;
```

【例 17-6】　在下面的代码中，最终输出值是多少？

```
#include <stdio.h>

void main()
{
    unsigned char a = 0xa5;
    unsigned char b = ~a>>4 + 1;

    printf("b=%d\n", b);
}
```

在表达式“~*a*>>4 + 1”中，按位取反的优先级最高，因此首先计算“~*a*”表达式。根据整型提升的规则，*a* 被提升为 int 类型，最终得到 0xFFFF FF5A。加法的优先级高于右移运算的优先级，表达式变成 0xFFFF FF5A >> 5，得到 0xFFFF FFFA。最终 *b* 的值为 0xFA，即 250。

17.1.3　移位操作

在 C 语言中，移位操作是很容易出错的地方。整数常量通常被看成 int 类型。如果移位的范围超过 int 类型，那么就会出错了。

【例 17-7】　下面的代码片段有什么问题？

```
#include <stdio.h>

void main()
{
    unsigned long reg = 1 << 33;

    printf("0x%lx\n", reg);
}
```

在编译上面的代码片段的过程中会显示如下警告。

```
benshushu:mnt# gcc test.c -o test
test.c: In function 'main':
test.c:5:24: warning: left shift count >= width of type [-Wshift-count-overflow]
    5 |  unsigned long reg = 1 << 33;
      |                        ^~
```

虽然编译能通过，但是程序执行结果不正确。正确的做法是使用“1ULL”，这样编译器会将这个整数常量的类型看成 unsigned long long 类型，正确的代码如下。

```
unsigned long reg = 1ULL << 33;
```

17.2　创建进程

本节介绍在 BenOS 里创建进程时需要注意的几个关键点。

17.2.1　进程控制块

我们使用 task_struct 数据结构描述一个进程控制块（Process Control Block，PCB）。

```
<benos/include/sched.h>

struct task_struct {
     struct cpu_context cpu_context;
     enum task_state state;
     enum task_flags flags;
     long count;
     int priority;
     int pid;
     };
```

- cpu_context 用来表示进程切换时的硬件上下文。
- state 表示进程的状态。使用 task_state 枚举类型来列举进程的状态，其中包括运行状态（TASK_RUNNING）、可中断睡眠状态（TASK_INTERRUPTIBLE）、不可中断的睡眠状态（TASK_UNINTERRUPTIBLE）、僵尸态（TASK_ZOMBIE）以及终止态（TASK_STOPPED）。

```
<benos/include/sched.h>

enum task_state {
      TASK_RUNNING = 0,
      TASK_INTERRUPTIBLE = 1,
      TASK_UNINTERRUPTIBLE = 2,
      TASK_ZOMBIE = 3,
      TASK_STOPPED = 4,
};
```

- flags 用来表示进程的某些标志位。它目前只用来表示进程是否为内核线程。

```
<benos/include/sched.h>

enum task_flags {
      PF_KTHREAD = 1 << 0,
};
```

- count 用来表示进程调度用的时间片。
- priority 用来表示进程的优先级。
- pid 用来表示进程的 ID。

17.2.2 0 号进程

BenOS 的启动流程是上电→MySBI 固件→BenOS 汇编入口→kernel_main()函数。从进程的角度来看，init 进程可以看成系统的“0 号进程”。

我们需要对这个 0 号进程进行管理。0 号进程也需要由一个进程控制块描述，以方便管理。下面使用 INIT_TASK 宏来静态初始化 0 号进程的进程控制块。

```
<benos/include/sched.h>

/*0 号进程即 init 进程*/
#define INIT_TASK(task) \
{                       \
      .state = 0,       \
      .priority = 1,    \
      .flags = PF_KTHREAD,    \
      .pid = 0,      \
}
```

另外，我们还需要为 0 号进程分配栈空间。通常的做法是把 0 号进程的内核栈空间链接到数据段。注意，这里仅仅对 0 号进程这么做，其他进程的内核栈是动态分配的。

首先，使用 task_union 定义一个内核栈。

```
<benos/include/sched.h>

/*
 *task_struct 数据结构存储在栈顶（位于栈的底部）
 */
union task_union {
	struct task_struct task;
	unsigned long stack[THREAD_SIZE/sizeof(long)];
};
```

图 17.2　内核栈的框架

这样，定义了一个内核栈的框架，内核栈的底部用来存储进程控制块，如图 17.2 所示。

目前 BenOS 还比较简单，所以内核栈的大小定义为一个页面大小，即 4 KB。

```
<benos/include/sched.h>

/*暂时使用 1 个 4 KB 页面来当作内核栈*/
#define THREAD_SIZE  (1 * PAGE_SIZE)
```

对于 0 号进程，我们把内核栈放到.data.init_task 段里。下面通过 GCC 的__attribute__属性把 task_union 编译、链接到.data.init_task 段。

```
<benos/src/fork.c>

/*把 0 号进程的内核栈编译、链接到.data.init_task 段*/
#define __init_task_data __attribute__((__section__(".data.init_task")))

/*0 号进程为 init 进程*/
union task_union init_task_union __init_task_data = {INIT_TASK(task)};
```

另外，还需要在 BenOS 的链接文件 linker.ld 中新增一个名为.data.init_task 的段。修改 benos/src/linker.ld 文件，在数据段中新增.data.init_task 段。

```
<benos/src/linker.ld>

SECTIONS
{
	...
	. = ALIGN(PAGE_SIZE);
	_data = .;
	.data : {
		*(.data)
		. = ALIGN(PAGE_SIZE);
		*(.data.init_task)
	}
	...
}
```

接下来，我们需要重新设置 SP，使 SP 指向栈底（栈帧的最高地址处）。

```
<benos/src/boot.S>

1	.globl _start
2	_start:
3		...
4		/* 设置栈: init_task_union + THREAD_SIZE*/
5		la sp, init_task_union
6		li t0, THREAD_SIZE
7		add sp, sp, t0
8		la tp, init_task_union
```

上述代码除设置 SP 之外，还设置了线程指针（Thread Pointer，TP），让其指向 task_struct 数据结构，这样就可以通过 TP 轻松获取当前进程的 task_struct 数据结构（见图 17.2）。

```
<benos/include/asm/current.h>

static struct task_struct *get_current(void)
{
  register struct task_struct *tp __asm__("tp");
  return tp;
}

#define current get_current()
```

17.2.3 do_fork()函数的实现

我们可以使用 do_fork()函数创建进程，该函数的功能是新建一个进程。具体操作如下。

（1）新建一个 task_struct 数据结构，用于描述一个进程的 PCB，为其分配 4 KB 页面，用来存储内核栈，task_struct 数据结构存储在栈的底部。

（2）为新进程分配 PID。

（3）设置进程的上下文。

下面是 do_fork()函数的核心代码。

```
<benos/src/fork.c>

int do_fork(unsigned long clone_flags, unsigned long fn, unsigned long arg)
{
      struct task_struct *p;
      int pid;

      p = (struct task_struct *)get_free_page();
      if (!p)
          goto error;

      pid = find_empty_task();
      if (pid < 0)
          goto error;

      if (copy_thread(clone_flags, p, fn, arg))
          goto error;

      p->state = TASK_RUNNING;
      p->pid = pid;
      g_task[pid] = p;

      return pid;

error:
      return -1;
}
```

其中，函数的作用如下。

- get_free_page()为进程的内核栈分配一个物理页面。
- find_empty_task()查找一个空闲的 PID。
- copy_thread()设置新进程的上下文。

copy_thread()函数也在 fork.c 文件里实现。

```
<benos/src/fork.c>

1     /*
2      * 设置子进程的上下文信息
3      */
4     static int copy_thread(unsigned long clone_flags, struct task_struct *p,
5             unsigned long fn, unsigned long arg)
6     {
```

```
7           struct pt_regs *childregs;
8
9           childregs = task_pt_regs(p);
10          memset(childregs, 0, sizeof(struct pt_regs));
11          memset(&p->cpu_context, 0, sizeof(struct cpu_context));
12
13          if (clone_flags & PF_KTHREAD) {
14              const register unsigned long gp __asm__ ("gp");
15              childregs->gp = gp;
16
17              childregs->sstatus = SR_SPP | SR_SPIE;
18
19              p->cpu_context.s[0] = fn; /* fn */
20              p->cpu_context.s[1] = arg;
21
22              p->cpu_context.ra = (unsigned long)ret_from_kernel_thread;
23          }
24
25          p->cpu_context.sp = (unsigned long)childregs; /* kernel sp */
26
27          return 0;
28      }
```

PF_KTHREAD 标志位表示新创建的进程为内核线程。childregs 表示子进程的 pt_regs 栈框，cpu_context 表示在进程切换时需要保存的处理器上下文。该函数设置如下内容。

- 把 gp 寄存器保存到子进程的 pt_regs 栈框里。
- 把内核线程回调函数的地址保存到 cpu_context.s[0]中。
- 把内核线程的参数保存到 cpu_context.s[1]中。
- 把内核线程第一次运行时的跳转地址保存到 cpu_context.ra 中。
- 把内核线程的 SP 保存到 cpu_context.sp 中。

17.2.4　进程上下文切换

BenOS 里的进程上下文切换函数为 switch_to()，它用来切换到 next 进程。

```
<benos/src/fork.c>

void switch_to(struct task_struct *next)
{
    struct task_struct *prev = current;

    if (current == next)
        return;

    current = next;
    cpu_switch_to(prev, next);
}
```

其中的核心函数为 cpu_switch_to()函数，它用于保存 prev 进程的上下文，并且恢复 next 进程的上下文，函数原型如下。

```
cpu_switch_to(struct task_struct *prev, struct task_struct *next);
```

cpu_switch_to()函数在 benos/src/entry.S 文件里实现。需要保存的上下文包括 s0～s11 寄存器、sp 寄存器以及 ra 寄存器的值，把它们保存到 next 进程的 task_struct->cpu_context 中，然后从 next 进程的 task_struct->cpu_context 中恢复处理器中这些寄存器的值。

cpu_context 数据结构用来把进程上下文的相关信息保存到与 CPU 相关的通用寄存器中。cpu_context 数据结构是非常重要的一个数据结构，它描述了一个进程切换时 CPU 需要保存哪些寄存器的值，它们称为处理器上下文。对于 RISC-V 处理器来说，在进程切换时，我们需要把

prev 进程的 s0～s11 寄存器、sp 寄存器以及 ra 寄存器的值保存到这个 cpu_context 数据结构中，然后把 next 进程中上一次保存的 cpu_context 的值恢复到处理器的寄存器中，这样就完成了进程上下文切换。

为什么 cpu_context 数据结构只包含 s0～s11 寄存器的值，而没有 a0～a7 以及 t0～t6 等通用寄存器的值？其实，根据 RISC-V 体系结构中函数调用的标准和规范，s0～s11 寄存器的值在函数调用过程中是需要保存到栈里的，因为它们是函数调用者和被调用者共用的数据，而 a0～a7 寄存器用于传递函数参数，剩余的通用寄存器大多数用作临时寄存器，其中的值在进程切换过程中不需要保存。

cpu_context 数据结构的定义如下。

```
<benos/include/asm/processor.h>

1    /*切换进程时需要保存的上下文*/
2    struct cpu_context {
3        unsigned long ra;
4        unsigned long sp;   /*栈指针*/
5
6        /*函数调用过程中必须要保存的通用寄存器 s0～s11 的值*/
7        unsigned long s[12];
8    };
```

进程切换过程如图 17.3 所示。

```
<benos/src/entry.S>

.align 2
.global cpu_switch_to
1     .global cpu_switch_to
2     cpu_switch_to:
3         li     a4,  TASK_CPU_CONTEXT
4         add    a3, a0, a4
5         add    a4, a1, a4
6
7         /*保存 CPU 上下文到 prev 进程的 task_struct->cpu_context 中*/
8         sd ra, 0(a3)
9         sd sp, 8(a3)
10        sd s0, 16(a3)
11        sd s1, 24(a3)
12        sd s2, 32(a3)
13        sd s3, 40(a3)
14        sd s4, 48(a3)
15        sd s5, 56(a3)
16        sd s6, 64(a3)
17        sd s7, 72(a3)
18        sd s8, 80(a3)
19        sd s9, 88(a3)
20        sd s10, 96(a3)
21        sd s11, 104(a3)
22
23        /*从 next 进程的 task_struct->cpu_context 中恢复 CPU*/
24        ld ra, 0(a4)
25        ld sp, 8(a4)
26        ld s0, 16(a4)
27        ld s1, 24(a4)
28        ld s2, 32(a4)
29        ld s3, 40(a4)
30        ld s4, 48(a4)
31        ld s5, 56(a4)
32        ld s6, 64(a4)
33        ld s7, 72(a4)
34        ld s8, 80(a4)
35        ld s9, 88(a4)
36        ld s10, 96(a4)
```

```
37        ld s11, 104(a4)
38
39        ret
```

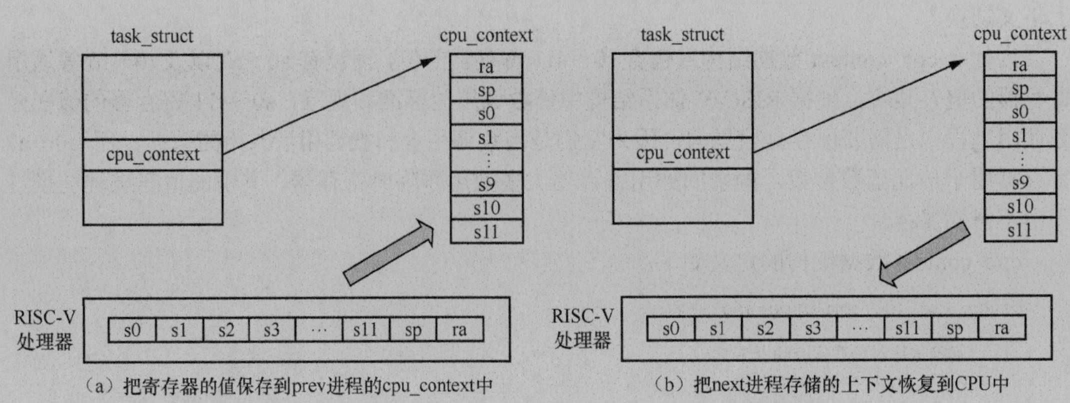

图 17.3　进程切换过程

17.2.5　新进程的第一次执行

在切换进程时，switch_to()函数还会完成进程上下文切换，即把下一个进程（next 进程）的 cpu_context 数据结构保存的内容恢复到处理器的寄存器中。此时，处理器开始运行 next 进程。根据 ra 寄存器的值，处理器将从 cpu_switch_to()汇编函数返回 ret_from_ kernel_thread()汇编函数并开始执行。新进程的执行过程如图 17.4 所示。

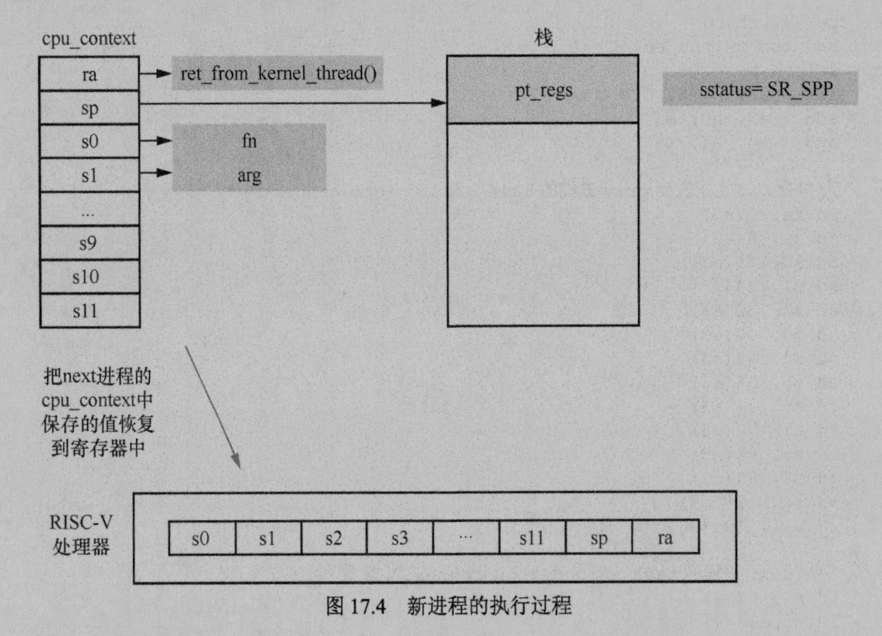

图 17.4　新进程的执行过程

ret_from_kernel_thread()汇编函数在 benos/src/entry.S 文件中实现。

```
<benos/src/entry.S>

1   align 2
2   .global ret_from_kernel_thread
3   ret_from_kernel_thread:
4       la ra, ret_from_exception
5       move a0, s1
6       jr s0
```

s1 寄存器保存了内核线程回调函数的参数，s0 寄存器保存了内核线程回调函数的地址。在第 6 行中，直接通过 JR 指令跳转到内核线程回调函数中。

综上所述，当处理器切换到内核线程时，它从 ret_from_kernel_thread()汇编函数开始执行。

17.3 简易进程调度器

本节将介绍如何在 BenOS 上实现一个简易的进程调度器，以帮助读者理解进程调度器的本质。

我们需要实现如下任务：创建两个内核线程，这两个内核线程只能在内核空间中运行，线程 A 输出“12345”，线程 B 输出“abcde”，要求调度器能合理调度这两个内核线程，二者交替运行，而系统的 0 号进程不参与调度。

17.3.1 扩展进程控制块

下面对进程控制块的成员做一些扩展以便实现对调度器的支持。在 task_struct 数据结构中扩展一些新的成员。

```
<benos/include/sched.h>

struct task_struct {
        ...
    int need_resched;
    int preempt_count;
    struct list_head run_list;
    int counter;
    int priority;
    struct task_struct *next_task;
    struct task_struct *prev_task;
};
```

其中，成员的含义如下。

- need_resched：用于判断进程是否需要调度。
- preempt_count：用于判断是否允许内核抢占。
- run_list：进程链表，用于把进程加入就绪队列里。
- counter：时间片计数。
- priority：优先级。
- next_task：表示将要调度的下一个进程。
- prev_task：表示调度结束的进程，即上一个调度的进程。

17.3.2 就绪队列

当一个进程需要添加到调度器中时，它首先会加入就绪队列。就绪队列可以是一个链表，也可以是一个红黑树等数据结构。在本节中，使用简单的链表实现就绪队列。

首先，定义一个 run_queue 数据结构来描述一个就绪队列。

```
<benos/include/sched.h>

struct run_queue {
    struct list_head rq_head;
    unsigned int nr_running;
    u64 nr_switches;
    struct task_struct *curr;
};
```

其中，成员的含义如下。

- rq_head：就绪队列的链表头。
- nr_running：就绪队列中的进程数量。
- nr_switches：统计计数，统计进程切换的次数。
- curr：指向当前进程。

然后，定义一个全局的就绪队列 g_rq。

```
static struct run_queue g_rq;
```

17.3.3　调度类

为了支持更多的调度算法，实现一个调度类 sched_class。

```
<benos/include/sched.h>

struct sched_class {
    const struct sched_class *next;

    void (*task_fork)(struct task_struct *p);
    void (*enqueue_task)(struct run_queue *rq, struct task_struct *p);
    void (*dequeue_task)(struct run_queue *rq, struct task_struct *p);
    void (*task_tick)(struct run_queue *rq, struct task_struct *p);
    struct task_struct * (*pick_next_task)(struct run_queue *rq,
        struct task_struct *prev);
};
```

其中，成员的含义如下。

- next：指向下一个调度类。
- task_fork：在进程创建时，调用该方法来对进程做与调度相关的初始化。
- enqueue_task：把进程加入就绪队列。
- dequeue_task：把进程移出就绪队列。
- task_tick：与调度相关的时钟中断。
- pick_next_task：选择下一个进程。

这段代码实现一个简单的调度算法，该调度算法类似于 Linux 0.11 内核实现的调度算法，使用一个名为 simple_sched_class 的类来抽象和描述。

```
<benos/src/sched_simple.c>

const struct sched_class simple_sched_class = {
    .next = NULL,
    .dequeue_task = dequeue_task_simple,
    .enqueue_task = enqueue_task_simple,
    .task_tick = task_tick_simple,
    .pick_next_task = pick_next_task_simple,
};
```

其中 dequeue_task_simple()、enqueue_task_simple()、task_tick_simple()以及 pick_next_task_simple()[①]这 4 个函数的实现参见 kernel/sched_simple.c 文件。

dequeue_task_simple()函数的实现如下。

```
<benos/src/sched_simple.c>

static void dequeue_task_simple(struct run_queue *rq,
        struct task_struct *p)
{
    rq->nr_running--;
    list_del(&p->run_list);
}
```

① 这里不展示此函数的代码。

dequeue_task_simple()函数把进程 p 从就绪队列中移出，递减 nr_running。

enqueue_task_simple()函数的实现如下。

```
<benos/src/sched_simple.c>

static void enqueue_task_simple(struct run_queue *rq,
        struct task_struct *p)
{
    list_add(&p->run_list, &rq->rq_head);
    rq->nr_running++;
}
```

enqueue_task_simple()函数的主要目的是把进程 p 加入就绪队列（rq->rq_head）里，并且增加 nr_running。

task_tick_simple()函数的实现如下。

```
<benos/src/sched_simple.c>

static void task_tick_simple(struct run_queue *rq, struct task_struct *p)
{
    if (--p->counter <= 0) {
      p->counter = 0;
      p->need_resched = 1;
      printk("pid %d need_resched\n", p->pid);
    }
}
```

当时钟中断到来的时候，task_tick_simple()会递减当前运行进程的时间片，即 p->counter。当 p->counter 递减为 0 时，设置 p->need_resched 来通知调度器需要选择其他进程。

17.3.4 简易调度器的实现

pick_next_task_simple()函数是调度器的核心函数，用来选择下一个进程。我们采用的是 Linux 0.11 的调度算法。该调度算法很简单，它遍历就绪队列中所有的进程，然后找出剩余时间片最大的那个进程并以它作为 next 进程。如果就绪队列里所有进程的时间片都用完了，那么调用 reset_score()函数来为所有进程的时间片重新赋值。

```
<benos/src/sched_simple.c>

static struct task_struct *pick_next_task_simple(struct run_queue *rq,
    struct task_struct *prev)
{
    struct task_struct *p, *next;
    struct list_head *tmp;
    int weight;
    int c;
repeat:
    c = -1000;
    list_for_each(tmp, &rq->rq_head) {
      p = list_entry(tmp, struct task_struct, run_list);
      weight = goodness(p);
      if (weight > c) {
        c = weight;
        next = p;
      }
    }
    if (!c) {
      reset_score();
      goto repeat;
    }

    //printk("%s: pick next thread (pid %d)\n", __func__, next->pid);
    return next;
}
```

当然，读者可以根据这个调度类，方便地添加其他调度算法的实现。

17.3.5　自愿调度

在 BenOS 里，调度一般有两种情况，一个是自愿调度，另一个是抢占调度。

自愿调度就是进程主动调用 schedule()函数来放弃 CPU 的控制权。

```
<benos/src/sched.c>

/*自愿调度*/
void schedule(void)
{
  /*关闭抢占，以免嵌套发生调度抢占*/
  preempt_disable();
  __schedule();
  preempt_enable();
}
```

自愿调度需要考虑抢占调度嵌套的问题，所以这里使用 preempt_disable()来关闭抢占。关闭抢占就是指递增当前进程的 preempt_count，这样在中断返回时就不会考虑抢占的问题。

```
<benos/src/sched.c>

static inline void preempt_disable(void)
{
    current->preempt_count++;
}
```

自愿调度的核心函数是__schedule()。

```
<benos/src/sched.c>

static void __schedule(void)
{
    struct task_struct *prev, *next, *last;
    struct run_queue *rq = &g_rq;

    prev = current;

    /*检查是否在中断上下文中发生了调度*/
    schedule_debug(prev);

    /*关闭本地中断，以免中断发生，影响调度器*/
    raw_local_irq_disable();

    if (prev->state)
      dequeue_task(rq, prev);

    next = pick_next_task(rq, prev);
    clear_task_resched(prev);
    if (next != prev) {
      last = switch_to(prev, next);
            rq->nr_switches++;
            rq->curr = current;

        /*由 next 进程处理 prev 进程的现场*/
        schedule_tail(last);
        }
}
```

首先，schedule_debug()是一个辅助的检查函数，用来检查是否在中断上下文中发生了调度。

然后，raw_local_irq_disable()用来关闭本地中断，以免中断发生，影响调度器。

prev->state 为 0（即 TASK_RUNNING）说明当前进程正在运行。如果当前进程处于运行状态，说明此刻正在发生抢占调度。如果当前进程处于其他状态，说明它主动请求调度，如主动调用 schedule()函数。通常主动请求调用之前会设置当前进程的运行状态为 TASK_UNINTERRUPTIBLE 或者 TASK_INTERRUPTIBLE。若主动调度了 schedule()，则调用 dequeue_task()函数把当前进程移出就绪队列。

pick_next_task()函数用来在就绪队列中找到一个合适的 next 进程。

clear_task_resched()函数用来清除当前进程的一些状态。

只有当 prev 进程（当前进程）和 next 进程（下一个候选进程）不是同一个进程时，才调用 switch_to()函数来进行进程切换。switch_to()函数用来从 prev 进程切换到 next 进程。

switch_to()函数有一些特殊的用法。例如，switch_to()函数执行完之后，已经切换到 next 进程，整个内核栈和时空都发生变化，因此这里不能使用 prev 变量来表示 prev 进程，只能通过 RISC-V 的 a0 寄存器获取 prev 进程的 task_struct 数据结构。

switch_to()函数的返回值是通过 a0 寄存器传递的，所以这里通过 a0 寄存器返回 prev 进程的 task_struct 数据结构。最终，last 变量表示 prev 进程的 task_struct 数据结构。

进程切换完成之后，运行的是 next 进程。但是，需要调用 schedule_tail()函数来为上一个进程（prev 进程）做一些收尾工作。

这里的 schedule_tail()函数主要使用 next 进程打开本地中断。

```
<benos/src/sched.c>

/*
 *处理调度完成后的一些收尾工作，由 next 进程处理
 *prev 进程遗留的工作
 *
 *新创建的进程第一次运行时也会调用该函数来处理
 *prev 进程遗留的工作
 *ret_from_fork->schedule_tail
 */
void schedule_tail(struct task_struct *prev)
{
    /*打开本地中断 */
    raw_local_irq_enable();
}
```

17.3.6 抢占调度

抢占调度是指在中断处理返回之后，检查是否可以抢占当前进程的运行权。这需要在中断处理的相关汇编代码里实现。我们查看 benos/src/entry.S 文件。

```
<benos/src/entry.S>

1    .global do_exception_vector
2    do_exception_vector:
3        /*保存异常（中断）现场*/
4        kernel_entry
5
6        la ra, ret_from_exception
7
8        mv a0, sp /* pt_regs */
9        mv a1, s4
10       tail do_exception
11
12   ret_from_exception:
13       csrc sstatus, SR_SIE
14       ld s0, PT_SSTATUS(sp)
15       /*判断是不是内核态触发的中断*/
16       andi s0, s0, SR_SPP
17       bnez s0, resume_kernel
18
19   resume_kernel:
20       /*判断当前内核是否处于不可抢占状态，
21       preempt_count > 0 表示处于不可抢占状态*/
22       lw s0, TASK_TI_PREEMPT_COUNT(tp)
23       bnez s0, restore_all
24   need_resched:
25       /*判断是否要抢占当前进程*/
```

```
26        lw s0, TASK_TI_NEED_RESCHED(tp)
27        andi s0, s0, _TIF_NEED_RESCHED
28        beqz s0, restore_all
29        /*准备抢占当前进程*/
30        call preempt_schedule_irq
31        j need_resched
32    restore_all:
33        /*恢复中断现场*/
34        kernel_exit
35        sret
```

当中断发生之后，处理器会跳转到异常向量入口处，即 do_exception_vector。第 9 章已经介绍过中断处理的过程，本节讨论中断处理完成之后需要做的事情。中断处理完成之后，处理器会跳转到第 12 行的 ret_from_exception()汇编函数中。

在第 13 行中，关闭本地中断。

在第 14～17 行中，读取 pt_regs 栈框中 sstatus 的值，判断当前中断是内核态触发的还是用户态触发的。如果是内核态触发的，跳转到 resume_kernel 标签处。而用户态触发的中断在本节中还没实现。

在第 22 行中，读取当前进程的 task_struct 数据结构中的 preempt_count 字段，然后判断当前内核是否处于不可抢占状态。如果 preempt_count > 0，表示处于不可抢占状态。如果当前内核处于不可抢占状态，则跳转到 restore_all，准备退出中断；否则，跳转到 need_resched，进行内核抢占。

在第 24～28 行中，读取当前进程的 task_struct 数据结构中的 need_resched 字段，判断当前进程是否需要调度。如果需要调度，则在第 30 行中调用 preempt_schedule_irq()函数来实现抢占调度。

在第 32～35 行中，准备退出中断现场，kernel_exit 宏会恢复中断现场。不过这里需要分两种情况考虑。

- 没有发生调度抢占的情况。当前进程直接从这里恢复中断现场，并调用 SRET 指令返回。
- 发生调度抢占的情况。假设 A 进程在中断返回途中执行 ret_from_exception()函数时发生抢占调度，处理器将切换到 next 进程，此时处理器将运行 next 进程的代码。那什么时候处理器继续执行 A 进程的 restore_all()函数呢？当调度器再次选择 A 进程时，进程 A 会从 preempt_schedule_irq()函数返回，然后才有机会执行 restore_all()函数。

preempt_schedule_irq()函数的实现如下。

```
<benos/src/sched.c>

1     /*抢占调度
2      *
3      *中断返回前会检查是否需要抢占调度
4      */
5     void preempt_schedule_irq(void)
6     {
7         /*现在抢占调度*/
8         if (preempt_count())
9                 printk("BUG: %s incorrect preempt count: 0x%x\n",
10                        __func__, preempt_count());
11
12        /*关闭抢占*/
13        preempt_disable();
14        /*
15         *这里打开中断，处理高优先级的中断，
16         *中断比抢占调度的优先级高
17         *
18         *若这里发生中断，中断返回后，
19         *不会发生抢占调度嵌套，因为在前面已关闭抢占
20         */
21        raw_local_irq_enable();
22        __schedule();
```

```
23        raw_local_irq_disable();
24        preempt_enable();
25    }
```

注意，我们首先需要检查一下 preempt_count，接着关闭抢占，以免发生嵌套。中间可以打开中断，处理高优先级的中断，再调用__schedule()函数来调度 next 进程。

17.3.7 测试用例

我们创建两个内核线程来做测试。

```
void kernel_main(void)
{
    ...
    pid = do_fork(PF_KTHREAD, (unsigned long)&kernel_thread1, 0);
    if (pid < 0)
        printk("create thread fail\n");

    pid = do_fork(PF_KTHREAD, (unsigned long)&kernel_thread2, 0);
    if (pid < 0)
        printk("create thread fail\n");
    ...
}
```

这两个内核线程的回调函数如下。

```
void kernel_thread1(void)
{
    while (1) {
        delay(80000);
        printk("%s: %s\n", __func__, "12345");
    }
}

void kernel_thread2(void)
{
    while (1) {
        delay(50000);
        printk("%s: %s\n", __func__, "abcde");
    }
}
```

17.3.8 关于调度的思考

调度与中断密不可分，而调度的本质是选择下一个进程并运行。为了理解调度，要会回答如下几个问题。

- 调度的时机是什么？
- 如何合理和高效地选择下一个进程？
- 如何切换到下一个进程？
- 下一个进程如何返回上一次暂停的地方？

我们以一个场景为例，假设系统中有两个内核线程 A 和 B，在不考虑自愿调度和系统调用的情况下，请描述这两个内核线程是如何相互切换并运行的。

内核线程 A 切换到内核线程 B 的过程如图 17.5 所示。

假设在 *T0* 时刻之前内核线程 A 正在运行，在 *T0* 时刻，时钟中断发生，CPU 打断正在运行的内核线程 A，处于异常模式。CPU 之后会跳转到异常向量入口 do_exception_vector()函数里。在 do_exception_vector()汇编函数里，把中断现场保存到内核线程 A 的 pt_regs 栈框中。

接下来，处理中断。

接下来，调度滴答处理函数。在调度滴答处理函数中，检查当前进程是否需要调度。如果需要调度，则设置当前进程的 need_resched 标志位（task_struct-> need_resched）。

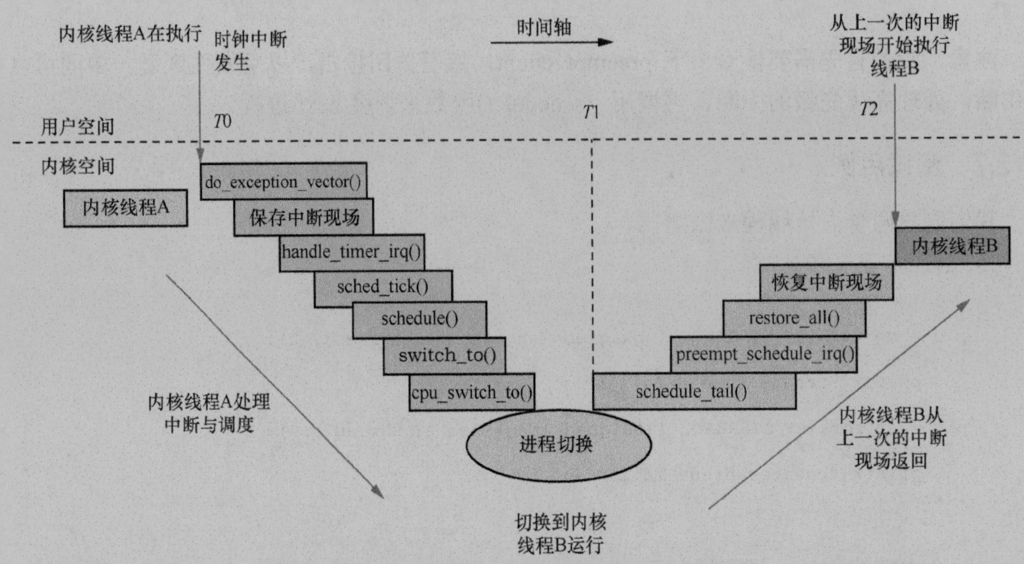

图 17.5　内核线程 A 切换到内核线程 B 的过程

中断处理完成之后，返回 ret_from_exception()汇编函数里。在即将返回中断现场前，检查是否需要抢占和调度当前内核线程。

若当前内核线程需要调度，则调用 preempt_schedule_irq()->schedule()函数来选择下一个进程并进行进程切换。

接下来，在 switch_to()函数里进行进程切换。

在 *T*1 时刻，当 switch_to()函数返回时，CPU 开始运行内核线程 B。

接下来，CPU 沿着内核线程 B 保存的栈帧回溯，一直返回。返回路径为 schedule_tail()→preempt_schedule_irq()→restore_all()。

接下来，在 restore_all()汇编函数里对上一次发生中断时保存在栈里的中断现场进行恢复。

最后，从上一次中断的地方开始执行内核线程 B。

从栈帧的角度来观察，进程调度的栈帧变化情况如图 17.6 所示。

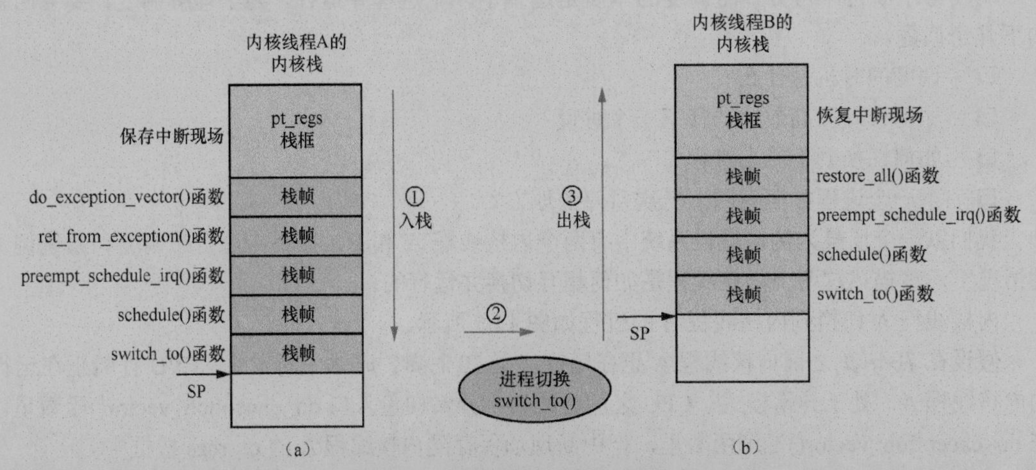

图 17.6　进程调度的栈帧变化情况

首先，对于内核线程 A，从中断触发到进程切换这段时间内，内核栈的变化情况如图 17.6

（a）所示，栈的最高地址位于 pt_regs 栈框，用来保存中断现场。

然后，依次保存 do_exception_vector()汇编函数、ret_from_exception()汇编函数、preempt_schedule_irq ()函数、schedule()函数以及 switch_to()函数的栈帧，此时 sp 寄存器指向 switch_to()函数栈帧，这个过程称为入栈。

接下来，切换进程。

switch_to()函数返回之后，即完成了进程切换。此时，CPU 的 sp 寄存器指向内核线程 B 的内核栈中的 switch_to()函数栈帧。CPU 沿着栈帧一直返回，并且恢复上一次保存在 pt_regs 栈框的中断现场，最后跳转到内核线程 B 中断的地方并开始执行，这个过程称为出栈，如图 17.6（b）所示。

综上所述，上述过程中有几个比较难理解的地方。

- 刚切换到 CPU 运行的内核线程 B 需要沿着上一次调度时保留在栈中的踪迹一直返回，并且从栈中恢复上一次的中断现场。我们只考虑中断导致的调度，对于主动发生调度的情况以及系统调用返回时发生调度的情况，留给读者思考。
- 内核线程 B 需要为刚调度出去的内核线程 A 做一些收尾工作，如调用 schedule_tail()来释放锁并打开本地中断。
- switch_to()函数是进程切换的场所，对于系统中所有的进程（线程），不管是运行在用户态的用户进程，还是运行在内核态的内核线程，都必须在 switch_to()函数里进行进程切换。对于用户进程来说，它必须借助中断或者系统调用陷入内核，才能有机会从 switch_to()函数里把自己调度出去，这个过程必然会在栈中留下踪迹。当用户进程需要重新调度与执行时，它也必须根据栈帧的回溯返回用户态，才能继续执行进程本身的代码。
- 以时钟中断驱动的进程切换涉及两种上下文（一个是中断上下文，一个是进程上下文）的保存和恢复。中断上下文保存在中断进程的栈（即 pt_regs 栈框）中。进程上下文保存在进程的 task_struct 数据结构里。

读者可以使用 QEMU+GDB 调试进程切换的过程，例如，在 switch_to()函数中设置断点，然后单步调试并观察栈的变化情况。

17.4 让进程运行在用户模式

本节主要介绍在 RISC-V 体系结构下如何让进程运行在用户模式。本节假设 BenOS 关闭了 MMU。

前面介绍了如何创建一个内核线程，但大多数操作系统希望普通进程运行在用户模式。系统启动时创建的进程是内核模式的进程，我们需要把它切换到用户模式。

不过，把内核模式的进程切换到用户模式需要特别注意。内核模式的 SP 和用户模式的 SP。在 RISC-V 体系结构中，所有的处理器模式共用一个 SP，这就要求软件在切换处理器模式时保存前一个处理器模式的 SP，否则 SP 就会被破坏，导致无法返回前一个处理器模式。例如，BenOS 在 task_struct 数据结构中新增两个字段，用来保存内核模式的 SP 和用户模式的 SP。

```
/*进程控制块*/
struct task_struct {
  ...
  unsigned long kernel_sp;
  unsigned long user_sp;
  ...
};
```

当进程从内核模式切换到用户模式时，需要考虑保存进程的 task_struct 数据结构。在有些处理器体系结构中，通过 SP 巧妙获取 task_struct 数据结构，而 RISC-V 体系结构专门提供了一个 sscratch 寄存器来保存进程的 task_struct 数据结构。

下面分析把进程切换到用户模式的过程。

首先，通过 do_fork()创建一个内核进程，并执行 move_to_user_space()来切换到用户模式。

```
<benos/src/kernel.c>

void user_thread(void)
{
      if (move_to_user_space((unsigned long)&run_user_thread))
              printk("error move_to_user_space\n");
}

void kernel_main(void)
{
  ...
  pid = do_fork(PF_KTHREAD, (unsigned long)&user_thread, 0);
  ...
}
```

move_to_user_space()函数的实现方式如下。

```
<benos/src/fork.c>

1     static void start_user_thread(struct pt_regs *regs, unsigned long pc,
2             unsigned long sp)
3     {
4         memset(regs, 0, sizeof(*regs));
5         regs->sepc = pc;
6         regs->sp = sp;
7         regs->sstatus = read_csr(sstatus) &~SR_SPP;
8     }
9
10    int move_to_user_space(unsigned long pc)
11    {
12        struct pt_regs *regs;
13        unsigned long stack;
14        regs = task_pt_regs(current);
15        stack = get_free_page();
16        memset((void *)stack, 0, PAGE_SIZE);
17        start_user_thread(regs, pc, stack + PAGE_SIZE);
18        return 0;
19    }
```

上述代码主要为用户模式的栈分配一个页面，然后设置进程的 pt_regs 栈框。

首先，把用户模式待执行函数的地址设置到 regs->sepc 中。

然后，使用用户模式的 SP 指向 regs->sp。

最后，设置 regs->sstatus，让处理器运行在用户模式。

move_to_user_space()函数执行完之后，跳转到 ret_from_exception()汇编函数。接下来，切换到用户模式。

```
<benos/src/entry.S>

1     ret_from_exception:
2         csrc sstatus, SR_SIE
3         ld s0, PT_SSTATUS(sp)
4         /*判断是不是内核模式触发的中断*/
5         andi s0, s0, SR_SPP
6         bnez s0, ret_to_kernel
7
8     /*
9        返回用户空间
10     */
```

```
11    ret_to_user:
12        /*判断是否要抢占当前进程*/
13        lw s0, TASK_TI_NEED_RESCHED(tp)
14        andi s0, s0, _TIF_NEED_RESCHED
15        bnez s0, work_resched
16    no_work_pending:
17        addi s0, sp, PT_SIZE
18        sd s0, TASK_TI_KERNEL_SP(tp)
19        csrw sscratch, tp
20        j restore_all
21
22    work_resched:
23        call schedule
24        j no_work_pending
25
26    restore_all:
27        /*恢复中断现场*/
28        kernel_exit
29        sret
```

在第3～6行中，判断异常发生在用户模式还是内核模式。不过在本场景中，我们已经在start_user_thread()函数中把regs->sstatus设置为用户模式，因此这里直接跳转到ret_to_user()函数。

在第11～15行中，判断是否需要抢占当前进程。如果需要抢占，则跳转到work_resched；否则，执行no_work_pending。

在第22～24行中，因为处理器马上要切换到用户模式，我们需要把内核模式的SP保存到task_struct->kernel_sp中，这样下一次从用户模式陷入内核模式时，内核可以知道内核模式的SP。另外，我们还需要把task_struct的指针保存到sscratch寄存器，以便下一次从用户模式陷入内核模式时能获取task_struct的指针。

在第20行中，跳转到restore_all()函数，恢复中断现场，执行SRET指令，切换到用户模式。

当在用户模式发生中断或者主动调用系统调用时，若陷入内核模式，我们需要额外处理用户模式的SP和sscratch寄存器。

```
<benos/src/entry.S>

1     .macro kernel_entry
2         /*先读 tp = sscratch; 后写 sscratch=tp
3           如果从用户模式陷入内核，sscratch 寄存器保存了指向 task_struct 的指针
4           如果从内核模式下陷入，那么 tp 寄存器一直指向 task_struct
5          */
6         csrrw tp, sscratch, tp
7         bnez tp, _save_user_sp
8
9     _save_kernel_sp:
10        csrr tp, sscratch
11        sd sp, TASK_TI_KERNEL_SP(tp)
12    _save_user_sp:
13        /*把用户模式的 SP 保存到 task_struc->user_sp 中*/
14        sd sp, TASK_TI_USER_SP(tp)
15        /*从 task_struc->kernel_sp 中加载正确的内核态 sp*/
16        ld sp, TASK_TI_KERNEL_SP(tp)
17        ...
```

从用户模式陷入内核模式时，首先要调用kernel_entry宏来保存异常现场。

在第6行中，通过CSRRW指令原子地交换tp和sscratch寄存器的内容，即先把sscratch寄存器的内容读到tp寄存器，这样在内核模式就能获取进程的task_struct数据结构，同时把tp寄存器的值保存到sscratch寄存器。

如果从用户模式陷入内核模式，sscratch寄存器原本就保存了指向task_struct的指针，因为我们在从内核模式切换到用户模式时就设置了sscratch寄存器，见no_work_pending()函数。

如果在内核模式下触发异常，那么sscratch寄存器的值为0。

在第 7 行中，通过上述巧妙的设计分辨出当前是在内核模式还是用户模式发生了异常。

在第 9～11 行中，如果在内核模式发生异常，从 sscratch 寄存器中重新读回值并存储到 tp 寄存器，然后把内核模式的 SP 保存到 task_struct->kernel_sp 字段中。

在第 12～16 行中，不管是从用户模式还是内核模式触发异常，都会执行到这里。这里主要把内核模式或者用户模式的 SP 保存到 task_struct->user_sp 字段，然后从 task_struct->kernel_sp 字段取回内核模式的 SP。

17.5 系统调用

在现代操作系统中，根据处理器的运行模式把地址空间分成两部分：一部分是内核地址空间，对应 S 模式；另一部分是用户地址空间，对应 U 模式。应用程序运行在用户地址空间，而内核和设备驱动运行在内核地址空间。如果应用程序需要访问硬件资源或者需要内核提供服务，该怎么办呢？

RISC-V 体系结构提供了一条系统调用指令 ECALL，它允许应用程序通过 ECALL 指令自陷到操作系统内核中，即陷入 S 模式中。本节结合 BenOS 介绍如何利用 SVC 指令以及异常处理实现一个简单的系统调用。

另外，操作系统还可以在 S 模式下调用 ECALL 指令陷入 M 模式的 SBI 固件中。

17.5.1　系统调用介绍

如图 17.7 所示，在现代操作系统的体系结构中，内核地址空间和用户地址空间之间多了一个中间层，这就是系统调用层。

系统调用层主要有如下作用。

- 为用户地址空间中的程序提供硬件抽象接口。这能够让程序员从硬件设备底层编程中解放出来。例如，当需要读写文件时，程序员不用关心磁盘类型和介质，以及文件存储在磁盘哪个扇区等底层硬件信息。
- 保证系统稳定和安全。应用程序要访问内核就必须通过系统调用层，内核可以在系统调用层对应用程序的访问权限、用户类型和其他一些规则进行过滤，以避免应用程序不正确地访问内核。

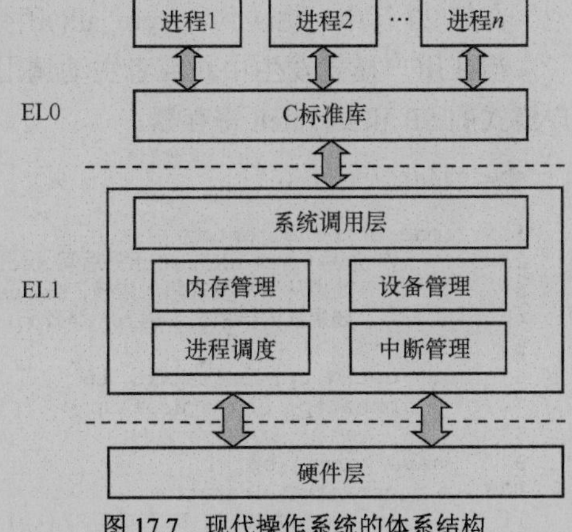

图 17.7　现代操作系统的体系结构

- 可移植性。在不修改源代码的情况下，让应用程序在不同的操作系统或者拥有不同硬件体系结构的系统中重新编译并且运行。

UNIX 系统中早期就出现了操作系统的 API 层。在 UNIX 系统里，最通用的系统调用层接口基于 POSIX（Portable Operating System Interface of UNIX）标准。POSIX 标准针对的是 API 而不是系统调用。当判断一个系统是否与 POSIX 兼容时，要看它是否提供一组合适的 API，而不是看它的系统调用是如何定义和实现的。作为一个实验性质的小型操作系统，BenOS 并没有完全遵从 POSIX 标准。

17.5.2　在用户模式下调用 SVC 指令

操作系统为每个系统调用赋予了一个系统调用号，当应用程序执行系统调用时，操作系统通过系统调用号知道执行和调用了哪个系统调用，从而不会造成混乱。系统调用号一旦分配之后，就不会有任何变更；否则，已经编译好的应用程序就不能运行了。在 BenOS 中简单定义如下系统调用号。

```
#define __NR_open 0
#define __NR_close 1
#define __NR_read 2
#define __NR_write 3
#define __NR_clone 4
#define __NR_malloc 5
#define __NR_syscalls 6
```

其中，open()接口函数的系统调用号为 0。

在用户模式下，我们可以直接调用 SVC 指令来陷入操作系统的内核模式。下面是用户模式下的 open()接口函数，在其中调用 syscall()函数来触发对 open()的调用。

```
unsigned long open(const char *filename, int flags)
{
    return syscall(__NR_open, filename, flags);
}
```

syscall()函数的实现代码如下。

```
<benos/usr/syscall.S>

1    .global syscall
2    syscall:
3        move     t0, a0
4        move     a0, a1
5        move     a1, a2
6        move     a2, a3
7        move     a3, a4
8        move     a4, a5
9        move     a5, a6
10       move     a6, a7
11       move     a7, t0
12       ecall
13       ret
```

syscall()函数可以带 8 个参数。其中，第 1 个参数为系统调用号，剩余的 7 个参数是系统调用函数自带的参数，如 open()函数自带的参数。

第 3～10 行中，把系统调用函数自带的参数搬移到 a0～a6 寄存器中。

在第 11 行中，把 syscall()函数的系统调用号搬移到 a7 寄存器中，传递给内核。

在第 12 行中，调用 ECALL 指令来陷入操作系统内核中。因为进程执行 ECALL 指令会触发一个异常，所以在保存异常现场时所有通用寄存器的值都会被记录和保存下来（保存在该进程内核栈的 pt_regs 栈框里）。操作系统一般使用 a7 寄存器传递系统调用号。如果 ECALL 指令有返回值，则通过 a0 寄存器返回。

17.5.3 在内核模式下对系统调用的处理

如果在用户模式下调用 ECALL 指令，那么处理器会触发一个异常，陷入 S 模式下的异常向量表，然后跳转到 do_exception()函数中。

```
<benos/src/trap.c>

1    void do_exception(struct pt_regs *regs, unsigned long scause)
2    {
3        const struct fault_info *inf;
4
5        if (is_interrupt_fault(scause)) {
6            /*处理中断*/
7        } else {
```

```
8            switch (scause) {
9            case EXC_SYSCALL:
10               /*处理系统调用*/
11               riscv_svc_handler(regs);
12               regs->sepc += 4;
13               break;
14           default: /*处理其他异常*/
15               inf = ec_to_fault_info(scause);
16               if (!inf->fn(regs, inf->name))
17                   return;
18           }
19       }
20   }
```

在第 9～13 行中，处理系统调用异常，直接跳转到 riscv_svc_handler()函数。RISC-V 体系结构要求从 ECALL 指令返回下一条指令，所以 pt_regs 栈框的 sepc 字段需要加 4 字节。

```
<benos/src/syscall.c>

1    static void riscv_syscall_common(struct pt_regs *regs, int syscall_no,
2            int syscall_nr, const syscall_fn_t syscall_table[])
3    {
4        long ret;
5        syscall_fn_t fn;
6
7        if (syscall_no < syscall_nr) {
8            fn = syscall_table[syscall_no];
9        ret = fn(regs);
10       }
11
12       regs->a0 = ret;
13   }
14
15   /*
16    * 处理系统调用
17    * 参数: struct pt_regs *
18    */
19   void riscv_svc_handler(struct pt_regs *regs)
20   {
21       return riscv_syscall_common(regs, regs->a7,
22               __NR_syscalls, syscall_table);
23   }
```

前文的 syscall()函数把系统调用号存储在 a7 寄存器中，这里通过 pt_regs 栈框的 a7 字段把系统调用号取出。接下来要做的工作就是通过系统调用号查询操作系统内部维护的系统调用表（syscall_table），取出系统调用号对应的回调函数，然后执行。最后，把返回值存储到 pt_regs 栈框的 a0 字段中。

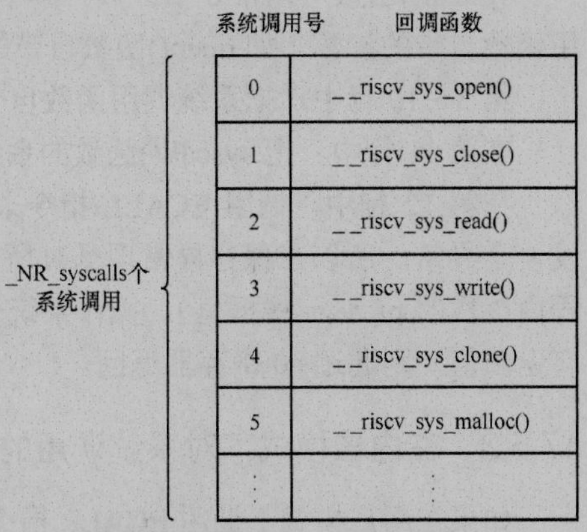

系统调用号	回调函数
0	__riscv_sys_open()
1	__riscv_sys_close()
2	__riscv_sys_read()
3	__riscv_sys_write()
4	__riscv_sys_clone()
5	__riscv_sys_malloc()
⋮	⋮

_NR_syscalls个系统调用

图 17.8 BenOS 上的系统调用表

17.5.4 系统调用表

如前所述，操作系统内部维护了一个系统调用表。在 BenOS 中我们使用 syscall_table[]数组实现这个表。如图 17.8 所示，每个表项包含一个函数指针，由于系统调用号是固定的，因此只需要查表就能找到系统调用号对应的回调函数。

```
1    #define __SYSCALL(nr, sym) [nr] = (syscall_fn_t)__riscv_##sym,
2
3    /*
4     *创建一个系统调用表
5     *每个表项包括一个函数指针 syscall_fn_t
6     */
7    const syscall_fn_t syscall_table[__NR_syscalls] = {
8        __SYSCALL(__NR_open, sys_open)
```

```
9           __SYSCALL(__NR_close, sys_close)
10          __SYSCALL(__NR_read, sys_read)
11          __SYSCALL(__NR_write, sys_write)
12          __SYSCALL(__NR_clone, sys_clone)
13          __SYSCALL(__NR_malloc, sys_malloc)
14     };
```

以 open 系统调用为例，它对应的系统调用回调函数为__riscv_sys_open()。

```
long __riscv_sys_open(struct pt_regs *regs)
{
    return sys_open((const char *)regs->a0,
            regs->a1);
}
```

其中，a0 表示 sys_open()函数的第一个参数，以此类推。

17.6 实现 clone 系统调用

clone 系统调用常常用于创建用户线程。BenOS 中 clone()函数的定义如下。

```
<benos/usr/user_syscall.c>

int clone(int (*fn)(void *arg), void *child_stack,
    int flags, void *arg)
{

  return __clone(fn, child_stack, flags, arg);
}
```

其中，fn 表示用户线程的回调函数；child_stack 表示用户线程使用的栈；flags 表示创建用户线程的标志位；arg 表示用户线程回调函数的参数。

__clone()函数在 benos/usr/syscall.S 文件中实现。

```
<benos/usr/syscall.S>

1       .global __clone
2       __clone:
3           /*把 fn 和 arg 保存到 child_stack 的底部*/
4           addi a1, a1, -16
5           sd a0, (a1)
6           sd a3, 8(a1)
7
8           /*调用 syscall*/
9           move a0, a2
10
11          li  a7, __NR_clone
12          ecall
13          beqz a0, thread_start
14          ret
15
16      .align 2
17      thread_start:
18          /*从 child_stack 取出 fn 和 arg*/
19          ld a1, (sp)
20          ld a0, 8(sp)
21
22          /*调用 clone 的回调函数 fn()*/
23          jalr  a1
24
25          ret
```

__clone()函数的主要作用是调用 ECALL 指令，陷入 S 模式。

在第 9 行中，把 flags 作为第一个参数传递给内核。

在第 11 行中，使用 a7 寄存器传递系统调用号。

在第 12 行中，调用 ECALL 指令来实现系统调用。

对于 clone 系统调用，ECALL 指令返回会有两种情况，返回值通过 a0 寄存器传递。

- 当父进程返回时，返回值为子进程的 ID。
- 当子进程返回时，返回值为 0。

在第 13 行中，通过比较返回值判断是父进程返回还是子进程返回。如果父进程返回，直接从第 14 行返回。如果子进程返回，则跳转到第 17 行的 thread_start()函数中，从栈中取回 fn 和 arg，最终跳转到子进程的回调函数中。

对于 clone 系统调用，最难理解的是子进程是如何返回的。如图 17.9 所示，父进程在用户模式下调用 clone 的流程如下。

（1）父进程调用 ECALL 指令，陷入内核模式。

（2）在内核模式保存异常现场，并处理系统调用。

（3）调用 do_fork()函数创建子进程。

（4）设置子进程的 pt_regs 栈框，并且把子进程添加到进程调度器中。

（5）父进程恢复异常现场。

（6）父进程返回 ECALL 指令的下一条指令，父进程的返回值为子进程的 ID，然后父进程执行 RET 指令以返回。

（7）进程调度器选择并切换到子进程。

（8）子进程的第一次运行是从 ret_from_fork()汇编函数开始执行的。子进程执行 ret_to_usr()函数并准备返回用户空间。

（9）子进程返回 ECALL 指令的下一条指令。

（10）子进程的返回值为 0，因此跳转到 thread_start()汇编函数中，最终跳转到子进程的回调函数。

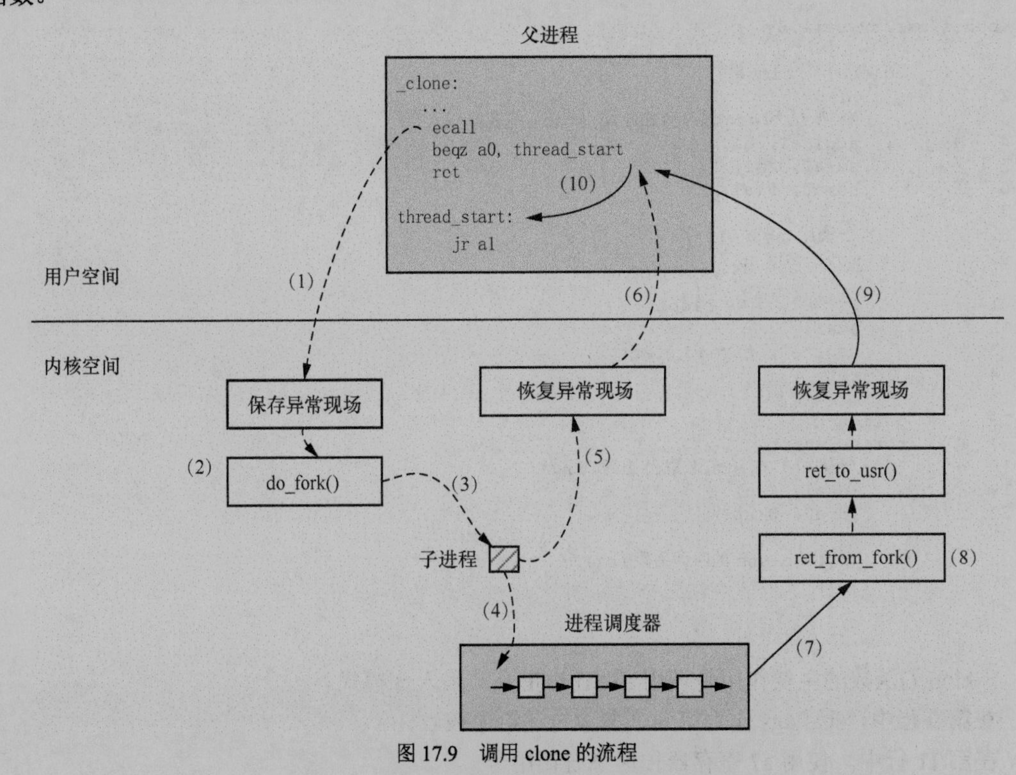

图 17.9　调用 clone 的流程

17.7 实验

17.7.1 实验 17-1：进程创建

1. 实验目的

（1）了解进程控制块的设计与实现。

（2）了解进程的创建/执行过程。

2. 实验要求

实现 do_fork()函数以创建一个进程，该进程一直输出数字“12345”。

17.7.2 实验 17-2：进程调度

1. 实验目的

（1）了解进程的切换和基本的调度过程。

（2）了解操作系统中常用的调度算法。

2. 实验要求

（1）创建两个进程，进程 1 输出“12345”，而进程 2 输出“abcd”，两个进程在简单调度器的调度下交替运行。

（2）为了支持多种不同调度器，设计一个调度类，调度类实现如下方法。

- pick_next_task()：选择下一个进程。
- task_tick()：调度时钟节拍。
- task_fork()：创建进程。
- enqueue_task()：加入就绪队列。
- dequeue_task()：退出就绪队列。

（3）设计一个基于优先级的简单调度器，可以参考 Linux 0.11 内核中调度器的实现。

（4）创建两个内核线程，这两个内核线程只能运行在内核空间，线程 A 输出“12345”，线程 B 输出“abcd”，要求调度器能合理调度这两个内核线程，而系统的 0 号进程不参与调度。

17.7.3 实验 17-3：让进程运行在用户模式

1. 实验目的

（1）进一步了解进程控制块的设计与实现。

（2）进一步了解进程的创建/执行过程。

2. 实验要求

实现 do_fork()函数以创建一个进程，然后让该进程运行在用户模式。建议本实验在关闭 MMU 的情况下完成。

17.7.4 实验 17-4：新增一个 malloc()系统调用

1. 实验目的

（1）了解系统调用的工作原理。

（2）熟悉 malloc()函数的使用。

2. 实验要求

（1）在 BenOS 中新建一个 malloc()系统调用，在内核模式为用户态分配 4 KB 内存。建议本实验在关闭 MMU 的情况下完成。malloc()函数返回 4 KB 的物理内存地址，其函数原型如下。

```
unsigned long malloc(void)
```

（2）编写一个测试程序来验证系统调用的正确性。

17.7.5　实验 17-5：新增一个 clone()系统调用

1. 实验目的

（1）了解系统调用的工作原理。

（2）了解 clone()函数的实现过程。

2. 实验要求

（1）在 BenOS 中新建一个 clone()系统调用，在用户模式下创建一个用户进程。建议本实验在关闭 MMU 的情况下完成。在用户模式下，clone()函数的原型如下。

```
int clone(int (*fn)(void *arg), void *child_stack,
          int flags, void *arg)
```

其中，参数的含义如下。

- fn：用户进程的回调函数。
- child_stack：用户进程的用户栈。
- flags：创建用户进程的标志位。
- arg：传递给 fn 回调函数的参数。

（2）编写一个测试程序来验证系统调用的正确性。

第 18 章 可伸缩矢量计算与优化

本章思考题

1. 什么是 SISD 和 SIMD 指令？
2. 如何调试 RVV 程序？
3. RVV 是如何实现可变矢量长度编程的？
4. 在无法知道待处理数据数量的场景下，使用矢量加载指令可能会造成非法访问异常，RVV 是如何解决这个问题的？

本章主要介绍 RISC-V 体系结构的可扩展矢量计算（RVV①）的相关内容。本章基于 RVV v1.0 的版本规范来进行介绍。

18.1 矢量计算基本概念

18.1.1 SISD 与 SIMD

在当今信息时代，产生大量的数据并快速分析和处理数据成为计算机的一个重要发展方向。在传统的标量处理（scalar process）时代，指令在同一时刻只能处理一个数据元素，这导致处理海量数据时很耗时；而在矢量处理（vector process）时代，指令在同一时刻可以同时处理多个数据元素，这可以大大加快海量数据的处理速度。

大多数 RISC-V 指令是 SISD（Single Instruction Single Data，单指令单数据）类型的。换句话说，每条指令在单个数据源上执行指定的操作，所以处理多个数据项需要多条指令。例如，要执行 4 次加法，需要 4 条指令以及 4 对寄存器。

```
add x0, x0, x5
add x1, x1, x6
add x2, x2, x7
add x3, x3, x8
```

当处理比较小的数据元素（例如，将 8 位数据相加）时，需要将每个 8 位数据加载到一个单独的 64 位寄存器中。由于处理器、寄存器和数据路径都是为 64 位计算而设计的，因此在小数据上执行大量单独的操作不能有效地使用处理器资源。

SIMD（Single Instruction Multiple Data，单指令多数据）对多个数据元素同时执行相同的操作。这些数据元素被打包成一个更大的寄存器中的独立通道。假设矢量寄存器的长度为 128 位，那么 add 指令把 4 个 32 位数据元素加在一起。这些值被打包到两对 128 位寄存器（分别是 v1 和 v2）中的单独通道中，然后对第一个源寄存器中的每个通道与第二个源寄存器中的相应通道

① 参见 GitHub 上的“Working Draft of the Proposed RISC-V V Vector Extension”。

的数据元素进行加法运算，最后将其存储在目标寄存器（v0）的对应通道中。

```
vadd.vv v0, v1, v2
```

如图 18.1 所示，ADD 指令会并行做 4 次加法运算，它们分别位于处理器内部的 4 个数据通道并且是相互独立的，任何一个通道中的溢出或者进位都不会影响其他通道。

```
v0.[0] = v1.[0] + v2.[0]
v0.[1] = v1.[1] + v2.[1]
v0.[2] = v1.[2] + v2.[2]
v0.[3] = v1.[3] + v2.[3]
```

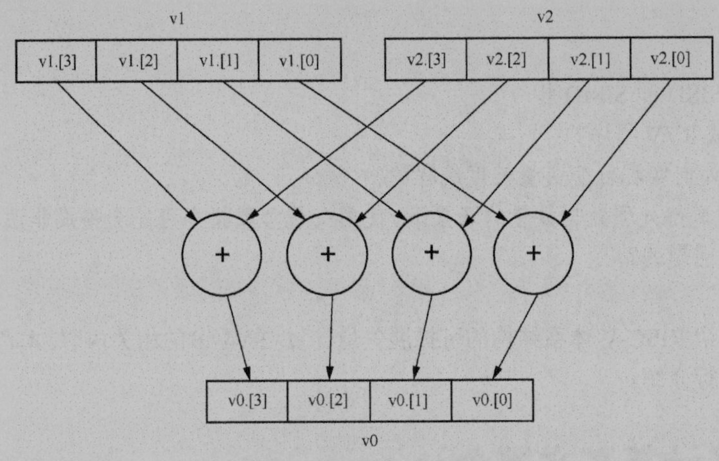

图 18.1　SIMD 的 ADD 指令

在图 18.1 中，一个 128 位的矢量寄存器或者可以同时存储 4 个 32 位的数据元素，或者可以存储两个 64 位数据元素、8 个 16 位数据元素或者 16 个 8 位数据元素。

SIMD 非常适合图像处理场景。图像常用 RGB565、RGBA8888、YUV422 等格式的数据。这些格式的数据的特点是一个像素的一个分量（R、G、B 以及 A 分量）使用 8 位数据表示。如果使用传统的处理器做计算，虽然处理器的寄存器是 32 位或 64 位的，但是处理这些数据只能使用寄存器的低 8 位，这浪费了寄存器资源。如果把 64 位寄存器拆成 8 个 8 位数据通道，就能同时完成 8 个操作，计算效率是原来的 8 倍。

总之，SISD 和 SIMD 的区别如图 18.2 所示。

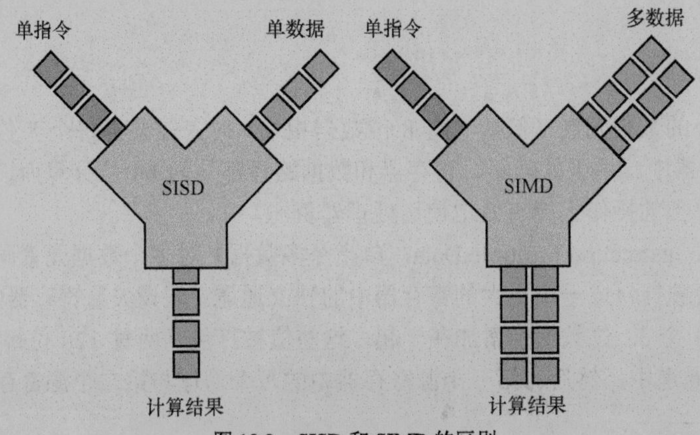

图 18.2　SISD 和 SIMD 的区别

18.1.2 定长计算与可变长矢量计算

在矢量计算发展历史中出现了定长计算和可变长计算两种矢量计算技术。

1996 年英特尔发布的 Pentium MMX 系列处理器引入了 MMX（MultiMedia eXtension，多媒体扩展）指令集。MMX 指令集定义 8 个 64 位宽的矢量寄存器，每个矢量寄存器可以分割为 8 个 8 位宽的整数通道、4 个 16 位宽的整数通道以及两个 32 位宽的整数通道，从而使单条指令同时操作多个数据元素。

1999 年，英特尔推出 SSE（Streaming SIMD Extension，流式 SIMD 扩展）指令集，解决了浮点数运算问题并把矢量寄存器的宽度升级到 128 位，这样一条指令可以同时操作更多的数据元素。

2008 年，英特尔发布全新的 AVX（Advanced Vector Extension，高级矢量扩展）指令集，在兼容 SSE 指令集的同时把矢量寄存器的长度从 128 位提升到了 256 位。

2013 年，英特尔发布 AVX512 指令集，矢量寄存器的长度进一步扩展到 512 位，相比 AVX 在寄存器宽度、数据元素数量方面都增加了一倍。

在 ARM 阵营中，ARM 公司在 ARMv7-A 体系结构中推出 SIMD 指令集——NEON 指令集。在 ARMv7-A 体系结构下，NEON 指令集支持 64 位的矢量寄存器，而在 ARMv8-A 体系结构下，矢量寄存器的长度扩展到 128 位。

上述提到的 MMX/SSE/AVX 以及 NEON 指令集都属于定长矢量的指令集。定长矢量的指令集有一个软件生态的问题，例如，使用 128 位的 NEON 指令编写的程序没有办法在支持 64 位宽的 NEON 处理器中执行，解决办法是使用 64 位 NEON 指令集重新改写代码。

为了解决这个问题，ARM 公司在 ARMv8.2 体系结构中引入了可伸缩矢量扩展（Scalable Vector Extension，SVE）指令集。SVE 指令集支持可变长度的矢量寄存器。SVE 指令集为了支持可变长矢量计算，提出了可变矢量长度（Vector Length Agnostic，VLA）编程模型。SVE 允许芯片设计者根据负载和成本选择合适的矢量长度。SVE 指令集支持的矢量寄存器的长度最小为 128 位，最大为 2048 位，以 128 位为增量。SVE 指令集确保同一个应用程序可以在支持不同矢量寄存器长度的机器上运行，而不需要重新编译代码，这是 VLA 模型的精髓。

在 RISC-V 阵营中，RVV 也支持可伸缩矢量计算，RVV 支持的矢量长度最大为 65 536 位。

18.1.3 通道

在矢量指令中，矢量寄存器被划分为多个通道（lane），每个通道包含一个矢量元素（vector element）。如图 18.3 所示，一个 128 位的 V*n* 矢量寄存器可以分成 8 个 16 位数据，如通道 0、通道 1 等。

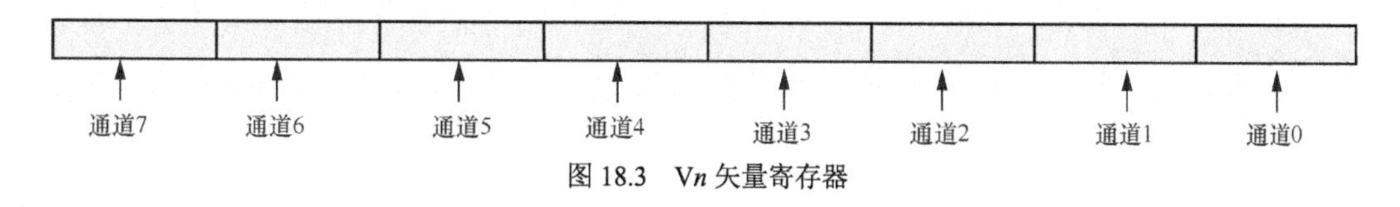

图 18.3 V*n* 矢量寄存器

18.1.4 矢量与标量

在矢量指令集中，指令通常可以分成两大类，一类是矢量（vector）运算指令，另一类是标量（scalar）运算指令。矢量运算指的是对矢量寄存器中所有通道的数据都同时进行运算，而标量运算一般指的是只对矢量寄存器中第 0 个通道的数据或者与通用寄存器进行运算。此外，矢量指令集还提供对立即数与矢量寄存器进行操作的指令。

例如，VMV 指令有矢量运算、标量运算以及立即数等版本。

矢量运算版本的 VMV 指令用于把 vs1 中所有通道的数据同时搬移到 vd 矢量寄存器中，其格式如下。

```
vmv.v.v vd, vs1
```

标量运算版本的 VMV 指令用于把通用寄存器 rs1 的值搬移到 vd 矢量寄存器的所有通道中，其格式如下。

```
vmv.v.x vd, rs1
```

立即数运算版本的 VMV 指令用于把立即数 imm 搬移到 vd 矢量寄存器的所有通道中，其格式如下。

```
vmv.v.i vd, imm
```

最后一个版本的 VMV 指令用于把通用寄存器 rs1 的值搬移到 vd 矢量寄存器的第 0 个通道中。

```
vmv.s.x vd, rs1
```

18.2 RVV 寄存器

RVV 为矢量计算提供一个全新的寄存器组，其中包括如下部分。

- 32 个矢量寄存器：v0～v31。
- 7 个非特权寄存器：vtype 寄存器、vl 寄存器、vlenb 寄存器、vstart 寄存器、vxrm 寄存器、vxsat 寄存器以及 vcsr 寄存器。

18.2.1 矢量寄存器

RVV 对矢量长度和数据元素的长度做了约定。

- 矢量长度（Vector Length，VLEN），必须是 2^n，最大长度为 2^{16} 位。
- 数据长度（Element Length，ELEN），必须是 2^n，最小长度为 8 位。

18.2.2 mstatus 寄存器中的矢量上下文状态

mstatus 寄存器中的 VS 字段（Bit[10:9]）不仅用来描述矢量上下文状态，还会映射到 sstatus 寄存器的 Bit[10:9]。在关闭 VS 字段的情况下，执行 RVV 指令或者访问 RVV 中 7 个非特权寄存器都会触发非法指令异常。

当 VS 字段处于初始（initial）状态或者干净（clean）状态时，访问 RVV 指令或者非特权寄存器会改变矢量状态，vs 状态会变成脏（dirty）状态。

18.2.3 vtype 寄存器

vtype 寄存器用来描述矢量寄存器中数据元素的类型。我们可以使用 vsetvl 指令动态配置 vtype 寄存器。vtype 寄存器决定每个矢量寄存器中数据元素的组织方式以及如何对多个矢量寄存器进行分组。

vtype 寄存器由 5 个字段组成，它们分别是 vill、vma、vta、vsew 以及 vlmul 字段，如图 18.4 所示。

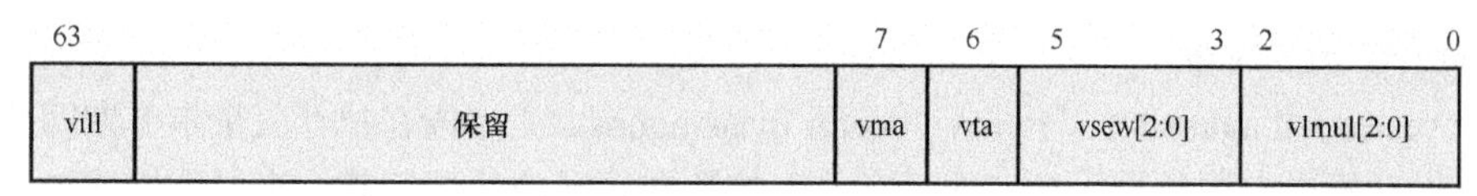

图 18.4 vtype 寄存器

表 18.1 列出了 vtype 寄存器中的每个字段。

表 18.1 vtype 寄存器中的每个字段

名称	位段	说明
vlmul[2:0]	Bit[2:0]	矢量寄存器的组乘系数
vsew[2:0]	Bit[5:3]	数据元素的位宽
vta	Bit[6]	目标矢量寄存器的尾部数据元素的处理策略
vma	Bit[7]	在目标矢量寄存器中，被掩码操作数断言为非活跃状态的数据元素的处理策略
vill	Bit[63]	非法值

1. vlmul 字段

在 RVV 指令集中，多个矢量寄存器可以组成一个矢量寄存器组，一条指令可以同时操作这个矢量寄存器组里所有的数据元素。矢量的长度组乘系数（Length MULtiplier，LMUL）表示由多少个矢量寄存器组成一组。例如，若 LMUL 为 1，只使用 1 个矢量寄存器组成一组。LMUL 的值只能是 1、2、4 和 8。另外，LMUL 还可以支持分数，这表示使用矢量寄存器的部分长度，它可以取的分数值有 1/2、1/4 以及 1/8。LMUL 可取的值如表 18.2 所示。

表 18.2 LMUL 可取的值

vlmul[2:0]	LMUL	组数量	数据元素数量	寄存器分组
0b100	—	—	—	保留
0b101	1/8	32	VLEN ÷ SEW ÷ 8	V*n*（单个矢量寄存器组成一组）
0b110	1/4	32	VLEN ÷ SEW ÷ 4	V*n*（单个矢量寄存器组成一组）
0b111	1/2	32	VLEN ÷ SEW ÷ 2	V*n*（单个矢量寄存器组成一组）
0b000	1	32	VLEN ÷ SEW	V*n*（单个矢量寄存器组成一组）
0b001	2	16	2 × VLEN ÷ SEW	V*n*, V(*n* + 1)
0b010	4	8	4 × VLEN ÷ SEW	V*n*, …, V(*n* + 3)
0b011	8	4	8 × VLEN ÷ SEW	V*n*, …, V(*n* + 7)

当 LMUL=2 时，由 V*n* 和 V(*n* + 1)两个矢量寄存器组成一个寄存器组，提供两倍的矢量宽度。注意，V*n* 必须是索引号为偶数的矢量寄存器，如果一条指令同时指定 LMUL=2 和索引为奇数的矢量寄存器，那么这条指令会触发非法指令异常。

当 LMUL=4 时，由 4 个矢量寄存器组成一个寄存器组。另外，需要使用索引号为 4 的倍数的矢量寄存器，否则该指令会被保留。同理，当 LMUL=8 时，8 个矢量寄存器组成一组，也必须使用索引为 8 的倍数的矢量寄存器；否则，该指令会被保留。另外，掩码操作指令只在一个矢量寄存器上操作，因此会忽略 LMUL 参数。

2. vsew 字段

vsew 字段用来动态设置数据元素的位宽。vsew 字段的设置如表 18.3 所示。

表 18.3 vsew 字段的设置

vsew[2:0]	数据元素的位宽/位
0b000	8
0b001	16
0b010	32
0b011	64

3. vta 与 vma 字段

vta（vector tail agnostic）与 vma（vector mask agnostic）字段在执行矢量指令期间分别表示目标矢量寄存器中末尾数据元素和非活跃状态的数据元素的处理策略。末尾数据通道以及非活跃状态的数据通道在矢量指令执行中是不会接收新数据的，所以它们一般有两种处理策略。

- 不打扰（undisturbed）策略：目标矢量寄存器中相应数据元素保持原值不变。
- 未知（agnostic）策略：目标矢量寄存器中相应数据元素既可以保持原值不变，也可以写入 1。

上述两种处理策略可以通过 vta 和 vma 两个字段指定，如表 18.4 所示。

表 18.4 vta 与 vma 字段

vta 字段	vma 字段	末尾元素	非活跃状态的数据元素
0	0	不打扰策略	不打扰策略
0	1	不打扰策略	未知策略
1	0	未知策略	不打扰策略
1	1	未知策略	未知策略

上述的未知策略用于适应有些处理器内部的矢量寄存器重命名（vector register renaming）硬件单元，因为不打扰策略的效率不高。例如，它必须从旧的目标矢量寄存器中复制数据元素的值到新目标寄存器中，但这些数据元素的值在后续计算中也许不会用到。

掩码操作的末尾数据元素一般使用未知策略，以降低管理掩码的难度，因为掩码通常是按位来管理的。在未知策略中写入数据 1 而不是数据 0，目的是不想让程序员依赖写入的值。

【例 18-1】 下面展示了一段关于 vta 和 vma 字段的代码。

```
1    vsetvli t0, a0, e32, m4, ta, ma
2    vsetvli t0, a0, e32, m4, tu, ma
3    vsetvli t0, a0, e32, m4, ta, mu
4    vsetvli t0, a0, e32, m4, tu, mu
```

VSETVLI 指令用来初始化矢量类型寄存器。vta 和 vma 字段的设置如下。

- ta：目标矢量寄存器的末尾元素采用未知策略。
- ma：在目标矢量寄存器中，被掩码操作数断言为非活跃状态的数据元素采用未知策略。
- tu：目标矢量寄存器的末尾元素采用不打扰策略。
- mu：在目标矢量寄存器中，被掩码操作数断言为非活跃状态的数据元素采用不打扰策略。

上述 4 条 VSETVLI 指令中，除 vta 和 vma 参数不一样之外，其余参数一样。其中，m4 表示使用 4 个矢量寄存器组成一个寄存器组，e32 表示数据元素的宽度为 32 位，a0 表示需要处理的数据元素个数，t0 表示处理器一次最多能处理的数据元素数量。

为了兼容老版本的 RVV 规范（如 v0.9），如果在 VSETVLI 指令中没有指定 vta 和 vma 字段，则默认设置为 tu 和 mu。不过，建议读者在使用 VSETVLI 指令时明确指定 vta 和 vma 字段。

4. vill 字段

vill 字段表示 VSETVL 指令尝试写入一个非法值到 vtype 寄存器中。如果 vill 字段被置位，那么任何执行依赖这个 vtype 寄存器的指令都会触发一个非法指令异常。

18.2.4 vl 寄存器

vl 寄存器用来记录在矢量指令中处理的数据元素的数量，它只能被 vsetvl 指令或者首次异常矢量加载指令更新。

18.2.5 vlenb 寄存器

vlenb 寄存器指定一个矢量寄存器有多少字节，这个值在芯片设计时就确定下来了。

18.2.6 vstart 寄存器

vstart 寄存器用来指示第一个参与运算的数据元素的索引，通常所有的矢量指令（包括 vsetvl 指令）都会把 vstart 复位为 0。vstart 是一个可读、可写的寄存器。当 vstart 不为 0 时，有一些矢量指令会触发非法指令异常。

18.3 配置编译和运行环境

本节介绍如何搭建一个能编译 RVV 指令的 GCC、如何编写第一个基于 RVV 指令的汇编程序以及如何使用 GDB 单步调试 RVV 汇编程序。

18.3.1 搭建编译环境

在学习 RVV 指令之前，我们需要搭建一个能编译和运行 RVV 指令的环境。在 Ubuntu 20.04 系统中默认安装的 RISC-V GCC 工具链还不支持 RVV 指令扩展，因此需要自己手动编译[①]。下面介绍编译的步骤。

1. 编译 GCC

我们可以通过如下命令编译支持 RVV 指令的 GCC。

```
$ sudo apt install autoconf automake autotools-dev curl python3 libmpc-dev libmpfr-dev
libgmp-dev gawk build-essential bison flex texinfo gperf libtool patchutils bc zlib1g-de
v libexpat-dev
$ sudo mkdir -p /opt/riscv
$ sudo chmod 777 -R /opt/riscv
$ git clone https://github.com/riscv-collab/riscv-gnu-toolchain.git
$ cd riscv-gnu-toolchain
$ git checkout rvv-next
$ mkdir build && cd build
$ ../configure  --prefix=/opt/riscv --enable-multilib
$ make -j4
```

2. 编译 spike 模拟器

spike 是一款为 RISC-V 体系结构编写的模拟器。我们通过如下命令编译 spike 模拟器。

```
$ git clone https://github.com/riscv-software-src/riscv-isa-sim.git
$ cd riscv-gnu-toolchain/riscv-isa-sim
$ mkdir build && cd build
$ ../configure --prefix=/opt/riscv
$ make && make install
```

3. 编译 PK 内核

PK 内核是一个轻量级的应用程序执行环境，它可以用来加载和引导 RISC-V 的应用程序。我们通过如下命令编译 PK 内核。

```
$ git clone https://github.com/riscv/riscv-pk.git
$ cd riscv-pk
$ mkdir build && cd build
$ ../configure --prefix=/opt/riscv --host=riscv64-unknown-elf
$ make -j4
$ make install
```

① 本书提供的配套 VMware/VirtualBox 虚拟机中内置了支持 RVV 指令的 GCC 工具链。

上述步骤编译完成之后，支持 RVV 指令的 GCC 工具链安装在/opt/riscv 目录中。使用 Vim 工具打开“~/.bashrc”文件并在文件末尾添加如下内容。

```
export PATH=/opt/riscv/bin:$PATH
```

然后，执行如下命令。

```
$ source~/.bashrc
```

接下来，查看 GCC 的版本。

```
rlk@master:~$ riscv64-unknown-elf-gcc -v
Using built-in specs.
COLLECT_GCC=riscv64-unknown-elf-gcc
COLLECT_LTO_WRAPPER=/opt/riscv/libexec/gcc/riscv64-unknown-elf/12.0.1/lto-wrapper
Target: riscv64-unknown-elf
Configured with: /home/rlk/tools/riscv-gnu-toolchain/build/../riscv-gcc/configure
--target=riscv64-unknown-elf --prefix=/opt/riscv --disable-shared
--disable-threads --enable-languages=c,c++ --with-pkgversion=gbb25a476796
--with-system-zlib --enable-tls --with-newlib
--with-sysroot=/opt/riscv/riscv64-unknown-elf
--with-native-system-header-dir=/include --disable-libmudflap
--disable-libssp --disable-libquadmath --disable-libgomp --disable-nls
--disable-tm-clone-registry --src=../../riscv-gcc --disable-multilib
--with-abi=lp64d --with-arch=rv64imafdc --with-tune=rocket
--with-isa-spec=2.2 'CFLAGS_FOR_TARGET=-Os   -mcmodel=medlow'
'CXXFLAGS_FOR_TARGET=-Os   -mcmodel=medlow'
Thread model: single
Supported LTO compression algorithms: zlib
gcc version 12.0.1 20220505 (prerelease) (gbb25a476796)
```

18.3.2　运行第一个“hello RVV!”程序

我们编写一段简单的汇编代码，在汇编代码中内置 RVV 指令，用来验证上述编译和安装的环境。

【例 18-2】　下面是输出“hello RVV!”的汇编代码。

```
1    .data
2    .align 3
3    string:
4        .ascii "hello RVV!\n"
5
6    .text
7    .align 2
8    .globl main
9    main:
10       addi sp,sp,-16
11
12       vsetivli t0, 10, e8
13       la a1, string
14       vle8.v v1, (a1)
15
16       //输出字符串
17       la a0, string
18       sd ra,8(sp)
19       call printf
20       ld ra,8(sp)
21
22       li a0, 0
23       addi sp,sp,16
24       ret
```

在第 10 行中，分配栈空间。

在第 12～14 行中，添加了 RVV 指令。其中，VSETIVLI 指令用来配置 vl 和 vtype 寄存器，设置数据元素的位宽为 8 位，一次加载数据元素的数量为 10；VLE8.V 指令用来加载 string 字符串到 v1 矢量寄存器中。

在第 17～20 行中，输出字符串。

在第 22～24 行中，释放栈空间并返回。

我们使用以下命令编译代码。

```
$ riscv64-unknown-elf-gcc -g -march=rv64gcv hello.S -o hello -O2
```

其中，“-march=rv64gcv”中的 v 表示支持 RVV。

接下来，使用以下命令运行 hello 程序。

```
$ spike --varch=vlen:128,elen:32 --isa=rv64gcv pk hello
bbl loader
hello RVV!
```

从日志看出，“hello RVV!”字符串已经正确输出，说明添加的基于 RVV 指令的汇编程序已经执行。

18.3.3 单步调试汇编程序

要学习 RVV 指令，搭建一个可调试的环境是必不可少的。我们可以使用 spike、OpenOCD 与 GDB 单步调试 RVV 汇编指令。

【例 18-3】 下面是需要调试的汇编程序。

```
1    .data
2    wait:
3        .word  1
4
5    .align 3
6    string:
7        .ascii "hello RVV!\n"
8
9    .text
10   .align 2
11   .global main
12   main:
13   loop:
14       la a5, wait
15       lw a6, (a5)
16       bne a6,zero,loop
17
18       li t0, 0x00006000 | 0x600
19       csrs mstatus, t0
20
21       addi    sp,sp,-16
22
23       vsetivli t0, 10, e8
24       la a1, string
25       vle8.v v1, (a1)
26
27       li a0, 0
28       addi    sp,sp,16
29       ret
```

例 18-3 在例 18-2 的基础上做了一些修改。其中，第 13～16 行使用 wait 变量实现一个等待循环，当 wait 变量等于 0 时，才会执行下一条指令。

在第 18 和 19 行中，设置 mstatus 寄存器来使能浮点单元和 RISC-V 矢量扩展单元。此外，要把 printf()函数去掉。因为它链接到 C 语言函数库，若不去掉，在调试时会出现找到不对应的符号表的问题。

下面介绍调试步骤。

首先，使用如下命令来编译程序。

```
$ riscv64-unknown-elf-gcc -g -Og -T spike.lds -nostartfiles -o test hello.S
-march=rv64gcv
```

上述命令使用了 spike.lds，其目的是让程序的代码段链接到 0x1001 0000 地址。spike.lds 如下。

```
OUTPUT_ARCH( "riscv" )

SECTIONS
{
  . = 0x10010000;
  .text : { *(.text) }
  .data : { *(.data) }
}
```

然后，启动 spike 模拟器，进入调试模式。

```
$ spike --rbb-port=1234 -m0x10000000:0x20000 --isa=rv64gcv test

Listening for remote bitbang connection on port 1234.
```

spike 模拟器会基于远程 BitBang 模式创建服务，端口号为 1234。

接下来，使用 OpenOCD 与 spike 模拟器创建的服务建立连接，使用“-f”选项指定配置文件。spike.cfg 配置文件如下。

```
interface remote_bitbang
remote_bitbang_host localhost
remote_bitbang_port 1234

set _CHIPNAME riscv
#jtag newtap $_CHIPNAME cpu -irlen 5 -expected-id 0x10e31913
jtag newtap $_CHIPNAME cpu -irlen 5 -expected-id 0xdeadbeef

set _TARGETNAME $_CHIPNAME.cpu
target create $_TARGETNAME riscv -chain-position $_TARGETNAME

gdb_report_data_abort enable

init
halt
```

接下来，新建一个终端，使用 openocd 命令连接 spike 模拟器内置的服务。

```
rlk@master:example_gdb_asm$ openocd -f spike.cfg
Open On-Chip Debugger 0.11.0+dev_BenOS (2021-09-06-21:39)
Info : Initializing remote_bitbang driver
Info : Connecting to localhost:1234
Info : remote_bitbang driver initialized
Info : This adapter doesn't support configurable speed
Info : JTAG tap: riscv.cpu tap/device found: 0xdeadbeef (mfg: 0x777 (<unknown>), part: 0
xeadb, ver: 0xd)
Info : datacount=2 progbufsize=2
Info : hart 0: Vector support with vlenb=16
Info : Examined RISC-V core; found 1 harts
Info : hart 0: XLEN=64, misa=0x800000000034112d
Info : starting gdb server for riscv.cpu on 3333
Info : Listening on port 3333 for gdb connections
Info : Listening on port 6666 for tcl connections
Info : Listening on port 4444 for telnet connections
```

从上述日志可知，OpenOCD 已经连接到 spike 模拟器内置的服务，并且找到虚拟的 RISC-V 处理器，该处理器支持 RVV 扩展。OpenOCD 又创建了一个 GDB 服务并等待连接，端口号为 3333。

接下来，新建一个终端，使用以下命令启动 GDB。

```
$ riscv64-unknown-elf-gdb test
(gdb) target remote localhost:3333   //连接 OpenOCD 的 GDB 服务
Remote debugging using localhost:3333
0x0000000010010004 in main () at hello.S:14
14        la a5, wait
```

使用“target remote localhost:3333”命令连接 OpenOCD 的 GDB 服务。GDB 停在 hello.S 文件的第 14 行，即在 wait 循环中。输入“s”命令执行下一条指令。当将要执行“bne”指令时，通过 GDB 的“set”命令设置 a6 寄存器的值为 0，便可跳出 wait 循环，如图 18.5 所示。

```
(gdb) target remote localhost:3333
Remote debugging using localhost:3333
0x0000000010010004 in main () at hello.S:14
14              la a5, wait
(gdb) s
[0] Found 4 triggers
15              lw a6, (a5)
(gdb) s
16              bne a6,zero,loop
(gdb) set $a6=0
(gdb) s
19              li t0, 0x00006000 | 0x600
(gdb) 
```

图 18.5　设置 a6 寄存器的值

接下来，单步调试 RVV 指令，并且通过“info”命令查看 v1 矢量寄存器中所有数据元素的值，如图 18.6 所示。

18.3.4　单步调试 C 语言与汇编混合程序

本节的示例使用基于 C 语言与汇编语言的混合程序。如果想单步调试这种程序，我们还需要在 18.3.3 节的基础上继续修改和优化。

【例 18-4】　下面是 boot.S 的启动汇编文件。

```
<boot.S>

1     .data
2     .align 2
3     wait:
4         .word  1
5
6     .align  12
7     stacks:
8         .skip 4096
9
10    .section ".text.startup"
11    .align  2
12    .global  main
13    main:
14    .loop:
15        la a5, wait
16        lw a6, (a5)
17        bne a6,zero,.loop
18
19        li t0, 0x00006000 | 0x600
20        csrs mstatus, t0
21
22        la sp, stacks + 4096
23
24        call do_main
```

这个 boot.S 文件与前面的 hello.S 文件略有不同。在第 10 行中，把 boot.S 的代码段放入“.text.startup”段中，目的是让这个 main()函数链接到 0x1001 0000 地址。

在第 22～24 行中，分配一个 4 KB 大小的栈，然后跳转到 C 语言的 do_main()函数中，因为后续的函数调用需要使用栈空间。

下面是 spike.lds 链接脚本。

```
1     OUTPUT_ARCH( "riscv" )
2
3     SECTIONS
4     {
5       . = 0x10010000;
6       .text : { *(.text.startup) }
7       .text : { *(.text) }
8       .data : { *(.data) }
9     }
```

在第 6 行中，让“.text.startup”段链接到 0x1001 0000 地址，即 main()函数的链接地址为 0x1001 0000。

下面是 do_main.c 文件的源代码。

```
1    char bufa[16] = {1, 2, 3, 4, 5, 6, 7, 8, 9, 10, 11, 12, 13, 14, 15, 16};
2
3    extern void asm_test(char *buf, int n);
4
5    void do_main(void)
6    {
7        asm_test(bufa, 16);
8    }
```

do_main()直接调用 asm_test()汇编函数。下面是 asm.S 汇编文件的源代码。

```
1    .global asm_test
2    asm_test:
3        vsetvli t1, a2, e8
4
5        vle8.v v0, (a0)
6        vadd.vv v2, v0, v0
7
8        ret
```

下面是调试步骤。

（1）使用如下命令编译程序。

```
$ riscv64-unknown-elf-gcc -g -Og -T spike.lds -nostartfiles -o test boot.S asm.S
do_main.c -march=rv64gcv
```

（2）启动 spike 模拟器，进入调试模式。

```
$ spike --rbb-port=1234 -m0x10000000:0x20000 --isa=rv64gcv test
```

（3）新建一个终端，使用 OpenOCD 连接 spike 模拟器内置的服务。

```
$ openocd -f spike.cfg
```

（4）新建一个终端，使用“riscv64-unknown-elf-gdb”命令启动 GDB。

```
$ riscv64-unknown-elf-gdb test
(gdb) target remote localhost:3333
Remote debugging using localhost:3333
0x0000000010010004 in main () at boot.S:15
15        la a5, wait
```

使用“target remote localhost:3333”命令连接 OpenOCD 的 GDB 服务。GDB 会停在 boot.S 文件的第 15 行，即在 wait 循环中。输入“s”命令，执行下一条指令，当将要执行“bne”指令时，通过 GDB 的“set”命令设置 a6 寄存器的值为 0，便可跳出 wait 循环。

接着，在 asm_test 汇编函数里设置断点。

```
(gdb) b asm_test
Breakpoint 1 at 0x10010046: file asm.S, line 3.
```

输入“c”命令，GDB 会停在 asm_test()汇编函数的断点处。通过“s”命令单步调试 RVV 指令，通过“info reg”命令查看矢量寄存器的值，如图 18.7 所示。

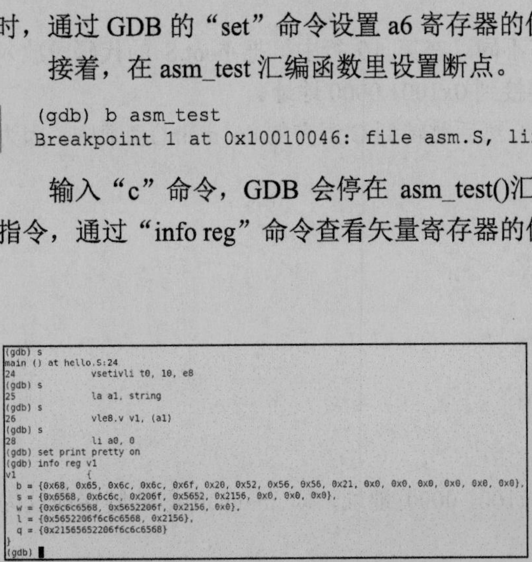

```
(gdb) s
main () at hello.S:24
24              vsetivli t0, 10, e8
(gdb) s
25              la a1, string
(gdb) s
26              vle8.v v1, (a1)
(gdb) s
28              li a0, 0
(gdb) set print pretty on
(gdb) info reg v1
v1             {
  b = {0x68, 0x65, 0x6c, 0x6c, 0x6f, 0x20, 0x52, 0x56, 0x56, 0x21, 0x0, 0x0, 0x0, 0x0, 0x0, 0x0},
  s = {0x6568, 0x6c6c, 0x206f, 0x5652, 0x2156, 0x0, 0x0, 0x0},
  w = {0x6c6c6568, 0x5652206f, 0x2156, 0x0},
  l = {0x5652206f6c6c6568, 0x2156},
  q = {0x21565652206f6c6c6568}
}
(gdb)
```

图 18.6　查看 v1 矢量寄存器的值

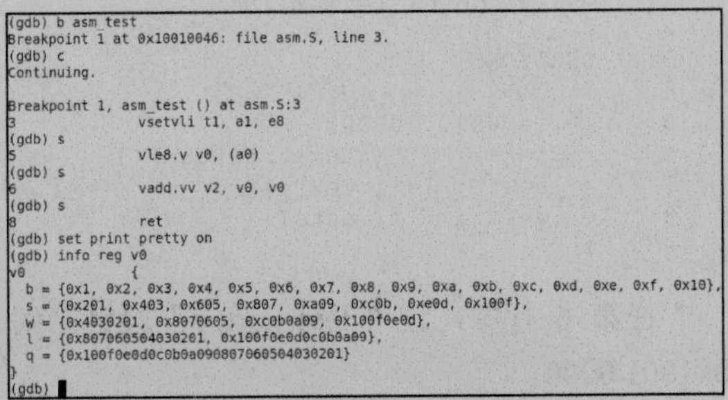

```
(gdb) b asm_test
Breakpoint 1 at 0x10010046: file asm.S, line 3.
(gdb) c
Continuing.

Breakpoint 1, asm_test () at asm.S:3
3               vsetvli t1, a1, e8
(gdb) s
5               vle8.v v0, (a0)
(gdb) s
6               vadd.vv v2, v0, v0
(gdb) s
8               ret
(gdb) set print pretty on
(gdb) info reg v0
v0             {
  b = {0x1, 0x2, 0x3, 0x4, 0x5, 0x6, 0x7, 0x8, 0x9, 0xa, 0xb, 0xc, 0xd, 0xe, 0xf, 0x10},
  s = {0x201, 0x403, 0x605, 0x807, 0xa09, 0xc0b, 0xe0d, 0x100f},
  w = {0x4030201, 0x8070605, 0xc0b0a09, 0x100f0e0d},
  l = {0x807060504030201, 0x100f0e0d0c0b0a09},
  q = {0x100f0e0d0c0b0a090807060504030201}
}
(gdb)
```

图 18.7　运行到 asm_test()的断点处

18.4 RVV 指令格式

RVV 指令可以分成 3 大类。

- ❑ 加载与存储指令。
- ❑ 算术指令。
- ❑ 配置指令。

上述 3 类指令包含标量操作数（scalar operand）、矢量操作数（vector operand）和掩码操作数（masking operand）。图 18.8 所示为 RVV 典型的算术指令格式，目标操作数通常是矢量操作数，第一个和第二个源操作数可以是标量操作数或者矢量操作数。

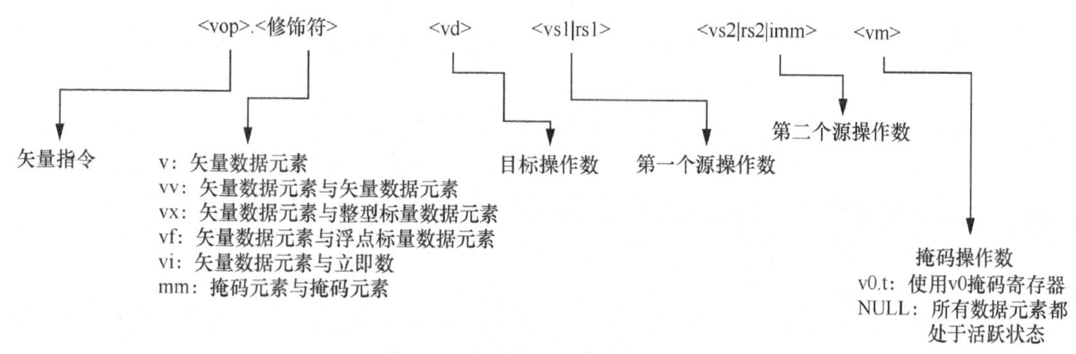

图 18.8 典型的 RVV 算术指令格式

标量操作数可以是立即数、整型通用寄存器、浮点数通用寄存器或者矢量寄存器中的第 0 个数据元素。

矢量操作数中引入了两个概念——有效元素位宽（Effective Element Width，EEW）和有效组乘系数（Effective LMUL，EMUL），它们分别用来确定矢量操作数中数据元素的大小和寄存器组大小。通常 EEW=SEW，EMUL=LMUL。不过，在有些矢量算术指令中，目标矢量操作数和源矢量操作数的数据元素数量相同，但是数据元素的位宽不相同。这种情况下，EEW 不等于 SEW，EMUL 不等于 LMUL，但是 EEW/EMUL=SEW/LMUL。例如，在加宽算术指令中，对于源矢量操作数，EEW=SEW，EMUL=LMUL，但是对于目标矢量操作数，EEW=2SEW，EMUL=2LMUL。

根据 EMUL，目标操作数和源矢量操作数可以占用一个或多个矢量寄存器，但它们始终由组中编号最低的矢量寄存器指定。使用非最低编号的矢量寄存器会触发非法指令异常。另外，这个编号最小的矢量寄存器的编号必须为偶数，否则也会触发非法指令异常。

注意，目标矢量操作数和源矢量操作数的矢量寄存器组中矢量寄存器的个数不能大于 8，即 EMUL≤8，否则会触发非法指令异常。

大部分 RVV 指令支持掩码操作数。掩码操作数只能使用 v0 矢量寄存器作为掩码。掩码操作数可以有如下两种表示方式。

- ❑ v0.t：表示使用 v0 矢量寄存器作为掩码，每位表示一个数据元素的状态。若 v0.mask[*i*]=1，表示第 *i* 个数据元素处于活跃状态；若 v0.mask[*i*]=0，则表示第 *i* 个数据元素处于不活跃状态。
- ❑ 省略：表示目标操作数和源操作数中所有的数据元素都处于活跃状态。

【例 18-5】　下面的代码使用了掩码操作数。

```
vop.v* v1, v2, v3, v0.t
vop.v* v1, v2, v3
```

第 1 条指令表示使用 v0 矢量寄存器作为掩码，v1～v3 矢量寄存器中哪些数据元素处于活跃状态依赖 v0 的掩码。在第 2 条指令中，v1～v3 矢量寄存器中所有数据元素都处于活跃状态。

掩码操作数用来实现断言机制，即告知处理器在目标和源操作数中哪些数据元素处于活跃状态，哪些处于不活跃状态。如果一个源数据元素处于不活跃状态，那么它不会参与运算，也不会触发异常。如果一个在目标矢量寄存器的数据元素处于不活跃状态，那么对它采用未知策略还是不打扰策略取决于 vtype 寄存器中的 vma 字段。

在矢量指令执行过程中，矢量寄存器可以分成 3 部分。

- 头部元素（prestart element）。当 vstart 不等于 0 时，索引小于 vstart 的这些数据元素称为未使用的头部元素，它们是不参与指令运算的。当 vstart=0 时，则没有头部元素。
- 主体元素（body element）。这部分数据元素的索引大于或者等于 vstart，但又小于 vl 寄存器。这部分数据元素的状态分成活跃状态和不活跃状态。
  - 活跃状态：若掩码操作数对应位为 1，则这个数据元素处于活跃状态。活跃状态的数据元素会参与指令运算并且更新运算结果到目标矢量寄存器的对应数据元素。
  - 不活跃状态。若掩码操作数对应位为 0，则这个数据元素处于不活跃状态。不活跃状态的数据元素不参与指令运算，也不会触发异常。
- 尾部元素（tail element）。这部分数据元素的索引大于或等于当前 vl 值，但又小于矢量寄存器所能容纳的最大数据元素数量（LMUL・VLEN/SEW）。这部分数据元素既不参与指令运算，也不会触发异常。

18.5　配置指令

在 C 语言中，我们可以使用 for 循环来串行地处理固定数量的数据，在下面的示例代码中，串行地处理 count 个数据。

```
for(i = 0; i < count, i++)
    handle_data[i] //处理第 i 个数据
```

上述示例代码在定长 SIMD 指令集中是比较容易实现的，例如，ARM64 的 NEON 指令集采用固定的 128 位的矢量寄存器，根据矢量寄存器支持的矢量长度和数据位宽可以知道一个矢量寄存器能同时处理多少个数据，并能计算出一共需要循环使用多少次矢量寄存器。但是在 RVV 中，矢量寄存器的长度是可变的。在 RVV 中，矢量寄存器的长度至少要大于数据元素的长度，即 VLEN＞ELEN，最多可以支持 65 536 位的数据元素。如何让编程人员一次编写的代码能在支持不同位数矢量寄存器的 RISC-V 处理器上运行呢？答案是在 RVV 中支持可变矢量长度编程模型。可变矢量长度编程模型确保同一个应用程序可以在支持不同位数矢量寄存器的 RISC-V 处理器上运行，而不需要重新编译代码，这是可变矢量长度编程模型的精髓。RVV 是如何做到的呢？

RVV 的方法是使用硬件和软件协同完成，即每次循环迭代处理一定数量的元素，并继续迭代，直到处理完所有元素。RVV 提供一种配置指令，编程人员把待处理的数据总数以及数据元素的位宽告知处理器，处理器会把每次迭代过程中能处理的数据元素的数量存储到 vl 寄存器中，最后通过通用寄存器告诉编程人员，编程人员便可以实现循环迭代了。

RVV 提供 VSETVL 指令来实现上述功能，它们会配置 vtype 寄存器以及 vl 寄存器。VSETVL

指令一共有 3 个变种，它们的格式如下。

```
vsetvli rd, rs1, vtypei
vsetivli rd, uimm, vtypei
vsetvl rd, rs1, rs2
```

其中，相关部分的含义如下。

- rs1：通用寄存器，表示应用程序待处理的数据元素的数量，即 AVL（Application Vector Length），见指令编码中的 rs1 字段。
- uimm：立即数，表示 AVL，见指令编码中的 uimm 字段。
- rd：处理器一次能处理的数据元素的数量，把 vl 寄存器的值写入 rd 寄存器中，见指令编码中的 rd 字段。
- vtypei：表示新的矢量类型，主要用来配置 vtype 寄存器，见指令编码中的 zimm 字段。
- rs2：通用寄存器，存储了新的 vtype 寄存器的值，见指令编码中的 rs2 字段。

VSETVL 指令的编码如图 18.9 所示。

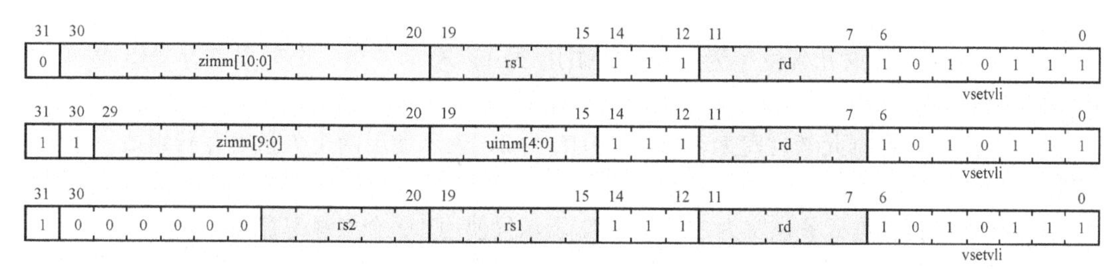

图 18.9 VSETVL 指令的编码

vtypei 参数主要包括 4 部分，如表 18.5 所示。

表 18.5 vtypei 参数

vtypei	说明
数据元素位宽	e8：表示 8 位宽的数据。 e16：表示 16 位宽的数据。 e32：表示 32 位宽的数据。 e64：表示 64 位宽的数据
LMUL	mf8：表示 LMUL=1/8。 mf4：表示 LMUL=1/4。 mf2：表示 LMUL=1/2。 m1：表示 LMUL=1，这是默认值。 m2：表示 LMUL=2。 m4：表示 LMUL=4。 m8：表示 LMUL=8
vta	在目标矢量寄存器中末尾数据元素的处理策略
vma	在目标矢量寄存器中被掩码操作数断言为不活跃状态的数据元素的处理策略

AVL 的设置分如下 3 种情况。

- 如果 rs1 寄存器使用的不是 x0 寄存器（rs1 != x0），那么 rs1 寄存器记录 AVL，处理器会根据 AVL 以及一个矢量寄存器组能容纳的数据元素的数量（VLMAX）确定一个 vl 寄存器的值。
- 如果 rs1 寄存器使用 x0 寄存器，但 rd 寄存器不是 x0 寄存器（rs1 = x0 && rd != x0），则表示 AVL 使用无限大的数，返回 VLMAX 作为 vl 寄存器的值。
- 如果 rs1 和 rd 寄存器都使用 x0 寄存器（rs1 = x0 && rd = x0），则表示继续使用原来的

vl 寄存器的值，只不过 vl 寄存器的值不会更新到 rd 寄存器中。

AVL 的设置如表 18.6 所示。

表 18.6　AVL 的设置

rd 寄存器	rs1 寄存器	AVL	对 vl 寄存器的影响
—	!x0	rs1 寄存器的值	由 rs1 寄存器的值、VLMAX 确定
!x0	x0	无限大	VLMAX
x0	x0	当前 vl 寄存器的值	继续使用当前 vl 寄存器的值

【例 18-6】　下面的代码使用了 VSETVLI 指令。

```
1    vsetvli t0, a0, e8
2    vsetvli t0, a0, e8, m2
3    vsetvli t0, a0, e32, mf2
4    vsetvli t0, a0, e16, m4, ta, ma
```

上述指令中，a0 寄存器存放待处理数据元素的数量。把处理器一次能处理的数据元素的数量写入 t0 寄存器中。

在第 1 行中，数据元素位宽为 8 位，LMUL 为 1，表示使用一个矢量寄存器组成一个寄存器组。

在第 2 行中，数据元素位宽为 8 位，LMUL 为 2，表示使用两个矢量寄存器组成一个寄存器组。

在第 3 行中，数据元素位宽为 32 位，mf2 表示只使用 1/2 个矢量寄存器。

在第 4 行中，数据元素位宽为 16 位，m4 表示使用 4 个矢量寄存器组成一组，ta 表示目标矢量寄存器的末尾元素采用未知策略，ma 表示在掩码操作数中对不活跃的数据元素采用未知策略。

18.6 加载和存储指令

加载和存储指令用于矢量寄存器与内存之间的数据搬移。通常加载和存储指令只会处理活跃状态的数据元素，而不会处理不活跃状态的数据元素，除非 vtype 寄存器设置了 vma 策略。

加载和存储指令支持 3 种地址寻址模式——单位步长（unit-stride）模式、任意步长（stride）模式、聚合加载/离散存储（gather-load/scatter-store）模式。

18.6.1　单位步长模式

单位步长模式的加载指令格式如下。

```
vle8.v vd, (rs1), vm   //加载 8 位宽的数据元素
vle16.v vd, (rs1), vm //加载 16 位宽的数据元素
vle32.v vd, (rs1), vm //加载 32 位宽的数据元素
vle64.v vd, (rs1), vm //加载 64 位宽的数据元素
```

上述 4 条指令以 rs1 寄存器的值为基地址，依次加载数据到 vd 矢量寄存器中，它们唯一的区别在于加载的数据元素的位宽不一样。vd 表示目标矢量寄存器，rs1 表示内存基地址，vm 表示掩码操作数，v0.t 表示使用 v0 矢量寄存器当作掩码寄存器。如果该参数是空的，则表示目标矢量寄存器中所有数据元素都是活跃的。

单位步长模式的存储指令格式如下。

```
vse8.v vs3, (rs1), vm  //存储 8 位宽的数据元素
vse16.v vs3, (rs1), vm //存储 16 位宽的数据元素
```

```
vse32.v vs3, (rs1), vm //存储 32 位宽的数据元素
vse64.v vs3, (rs1), vm //存储 64 位宽的数据元素
```

上述 4 条指令把 vs3 矢量寄存器中的数据元素依次存储到以 rs1 寄存器的值为基地址的内存单元中，它们唯一的区别在于存储的数据位宽不一样。

【例 18-7】 请使用 RVV 指令实现内存复制。下面是内存复制的 C 语言实现。

```
void *memcpy_1b(void *dst, const void *src, size_t count)
{
    char *tmp = dst;
    const char *s = src;

    while (count--)
        *tmp++ = *s++;
    return dst;
}
```

接下来，以字节为单位实现上述内存复制功能。下面的汇编代码可以实现任意大小的字节数的复制，这体现了可变矢量长度编程的优势。

```
1    .global my_memcpy_1b
2    my_memcpy_1b:
3        mv a3, a0
4    loop:
5        vsetvli t0, a2, e8, m1
6        vle8.v v0, (a1)
7        add a1, a1, t0
8        sub a2, a2, t0
9        vse8.v v0, (a3)
10       add a3, a3, t0
11       bnez a2, loop
12
13       ret
```

首先，a0 寄存器的值表示 dst 基地址，a1 寄存器的值表示 src 基地址，a2 寄存器的值表示要复制的字节数 count。

在第 5 行中，初始化 vl 和 vtype 寄存器，其中 LMUL=1，SEW=8。假设矢量寄存器的长度为 128 位，那么 vl 寄存器的值等于 16，并且把 vl 寄存器的值返回 t0 寄存器。

在第 6 行中，把 src 数据加载到 v0 矢量寄存器中。

在第 7 和 8 行中，修改 src 和 count。

在第 9 行中，把 v0 寄存器中的数据元素写入 dst 指向的内存单元中。

在第 10 行中，修改 dst 指针的指向。

在第 11 行中，判断数据的复制是否完成。如果没有完成，则跳转到 loop 标签处，处理下一批数据。

【例 18-8】 下面的 C 语言代码在例 18-7 的基础上做了修改，每次以 4 字节为单位进行复制，请使用 RVV 指令实现内存复制。

```
void *memcpy_4b(void *dst, const void *src, size_t count)
{
    int *tmp = dst;
    const int *s = src;
        count = count/4;

    while (count--)
        *tmp++ = *s++;
    return dst;
}
```

下面是 memcpy_4()函数对应的 RVV 汇编版本。

```
1    .global my_memcpy_4b
2    my_memcpy_4b:
```

```
3        mv a3, a0
4    loop:
5        vsetvli t0, a2, e32, m1
6        vle32.v v0, (a1)
7        slli t0, t0, 2
8        add a1, a1, t0
9        sub a2, a2, t0
10       vse32.v v0, (a3)
11       add a3, a3, t0
12       bnez a2, loop
13
14       ret
```

对比例 18-7 和例 18-8 的汇编代码，我们发现了几处不一样的地方。

- 使用 VSETVLI 指令配置的 vl 和 vtype 寄存器不一样。假设矢量寄存器的长度为 128 位，那么 vl 寄存器的值等于 4，数据位宽为 32 位。
- 加载和存储指令也不一样，例 18-8 中需要使用 VLE32.V 和 VSE32.V 指令。
- 字节数的计算略有不同，一次能处理的字节数等于 vl 寄存器的值乘以 4，见第 7 行。

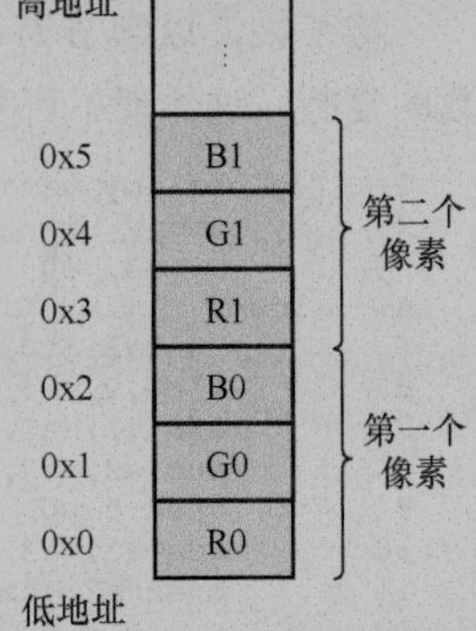

图 18.10 RGB24 的格式

【例 18-9】 在 RGB24 图像中，对于一个像素，用 24 位（3 字节）表示 R（红）、G（绿）、B（蓝）这 3 种颜色。它们在内存中的存储格式是 R0、G0、B0、R1、G1、B1，以此类推，如图 18.10 所示。

我们可以使用如下指令把 RGB24 格式的数据加载到矢量寄存器中。

```
vsetvli t0, a1, e8, m1
vle8.v v2, (a0)
```

VSETVLI 指令用来设置 vl 和 vtype 寄存器。其中，数据元素的宽度为 8 位。这里使用一个矢量寄存器组成一个寄存器组，a1 为待处理数据元素的数量，t0 为 vl 寄存器的值。VLSE8.V 指令从 a0 基地址中依次加载个数为 vl 寄存器的值的数据元素到 v2 寄存器中，如图 18.11 所示。

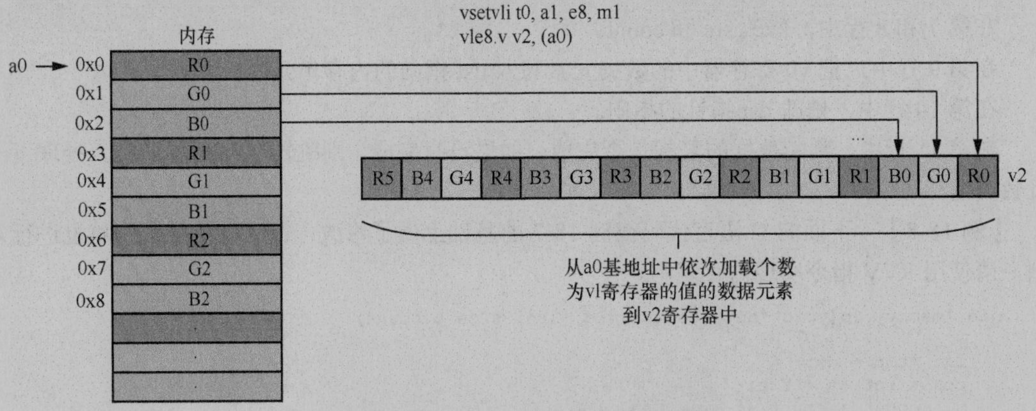

图 18.11 使用 VLE8.V 指令加载 RGB24 数据

【例 18-10】 假设 v2 矢量寄存器中存储了 RGB24 数据，我们可以通过 VSE8.V 指令把数据存储到内存中，如图 18.12 所示。

```
vsetvli t0, a1, e8, m1
vse8.v v2, (a0)
```

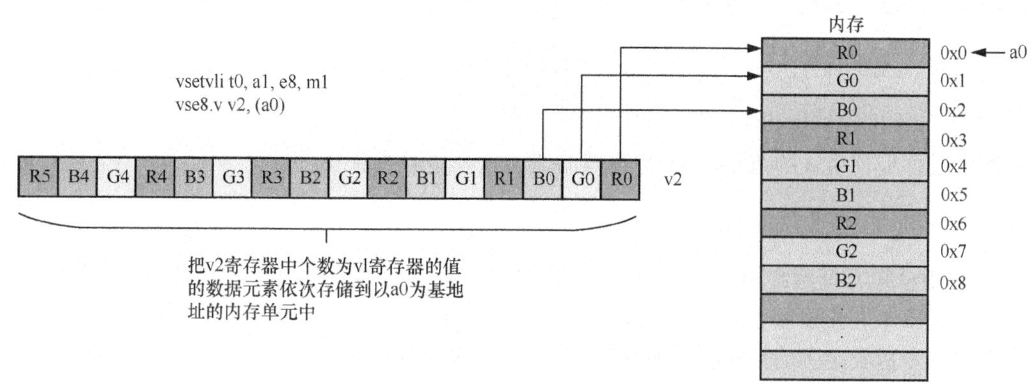

图 18.12　使用 VSE8.V 指令来存储 RGB24 数据

18.6.2　任意步长模式

任意步长模式的加载指令格式如下。

```
vlse8.v vd, (rs1), rs2, vm //加载 8 位宽的数据元素
```

上述指令以 rs1 寄存器的值为基地址，加载第一个数据元素（8 位宽的数据）到 vd 矢量寄存器中，然后以 rs2 寄存器中的字节数为步长，加载第二个数据元素到 vd 寄存器中，即以 rs1 与 rs2 寄存器的值之和为地址加载第二个数据元素。每次都以 rs2 寄存器的值为步长，依次加载数据到 vd 寄存器中。vm 表示掩码操作数。

【例 18-11】 使用 VLSE8.V 指令来加载 8 位数据元素到 v2 寄存器中，其中步长为 4 字节。

```
li t1, 4
vsetvli t0, a1, e8, m1
vlse8.v v2, (a0), t1
```

如图 18.13 所示，上述指令先从 0x8000 地址加载数据到 v2 矢量寄存器的第 0 个数据通道中，然后从 0x8004 地址加载数据到 v2 寄存器的第 1 个数据通道中，依次类推。

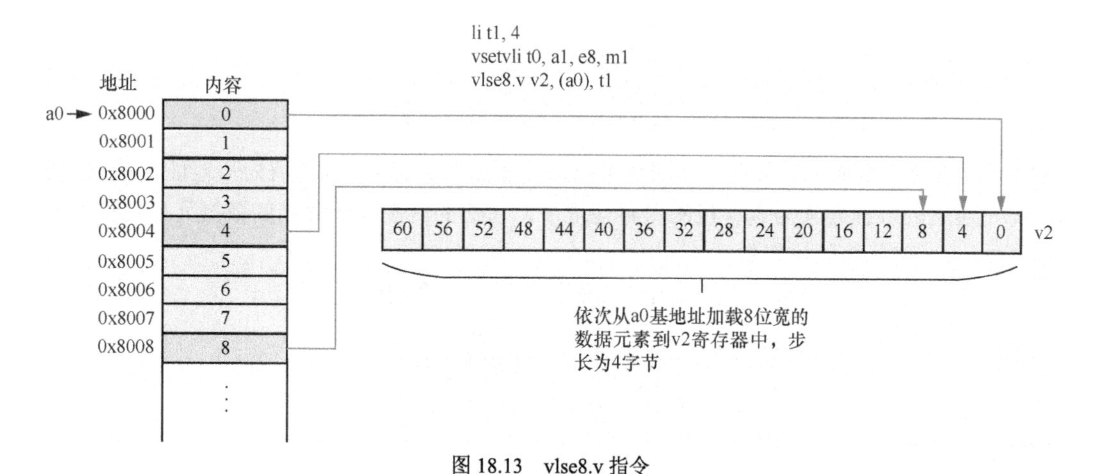

图 18.13　vlse8.v 指令

除 VLSE8.V 指令之外，RVV 还提供如下 3 种不同数据位宽的指令。

```
vlse16.v vd, (rs1), rs2, vm //加载 16 位宽的数据元素
vlse32.v vd, (rs1), rs2, vm //加载 32 位宽的数据元素
vlse64.v vd, (rs1), rs2, vm //加载 64 位宽的数据元素
```

同理，任意步长模式的存储指令的格式如下。

```
vsse8.v vs3, (rs1), rs2, vm  //存储 8 位宽的数据元素
vsse16.v vs3, (rs1), rs2, vm //存储 16 位宽的数据元素
vsse32.v vs3, (rs1), rs2, vm //存储 32 位宽的数据元素
vsse64.v vs3, (rs1), rs2, vm //存储 64 位宽的数据元素
```

对于任意步长模式的指令，rs2 寄存器的值可以是负数或者 0。

18.6.3　聚合加载/离散存储

RVV 指令集支持聚合加载/离散存储模式。聚合加载/离散存储指的是可以使用矢量寄存器中每个通道的值作为偏移量来实现非连续地址的加载和存储。在 RVV 指令集中，聚合加载/离散存储指令也称为基于索引的加载和存储[①]指令（vector indexed instruction）。

聚合加载/离散存储指令支持以下两种模式。

- 有序索引（indexed-ordered）：在访问内存时按照索引的顺序有序地访问。
- 无序索引（indexed-unordered）：在访问内存时不能保证数据元素的访问顺序。

有序索引的聚合加载指令的格式如下。

```
vloxei8.v vd, (rs1), vs2, vm  //有序地加载 8 位宽的数据元素
vloxei16.v vd, (rs1), vs2, vm //有序地加载 16 位宽的数据元素
vloxei32.v vd, (rs1), vs2, vm //有序地加载 32 位宽的数据元素
vloxei64.v vd, (rs1), vs2, vm //有序地加载 64 位宽的数据元素
```

上述指令以 rs1 寄存器的值为基地址，以 vs2 寄存器中每个通道的数据作为偏移量有序地加载数据元素到 vd 矢量寄存器中，它们的区别在于加载的数据元素的位宽不一样。其中，vm 表示掩码操作数。注意，vs2 寄存器中每个通道的数据为偏移量，并且是无符号数，如果输入负数，有可能导致不可预知的错误。

无序索引的聚合加载指令格式与有序索引的类似，指令的格式如下。

```
vluxei8.v vd, (rs1), vs2, vm  //无序地加载 8 位宽的数据元素
vluxei16.v vd, (rs1), vs2, vm //无序地加载 16 位宽的数据元素
vluxei32.v vd, (rs1), vs2, vm //无序地加载 32 位宽的数据元素
vluxei64.v vd, (rs1), vs2, vm //无序地加载 64 位宽的数据元素
```

有序索引的离散存储指令的格式如下。

```
vsoxei8.v vs3, (rs1), vs2, vm  //有序地存储 8 位宽的数据元素
vsoxei16.v vs3, (rs1), vs2, vm //有序地存储 16 位宽的数据元素
vsoxei32.v vs3, (rs1), vs2, vm //有序地存储 32 位宽的数据元素
vsoxei64.v vs3, (rs1), vs2, vm //有序地存储 64 位宽的数据元素
```

上述指令有序地把 vs3 寄存器中的数据元素存储到以 rs1 寄存器的值为基地址、以 vs2 寄存器中每个通道的数据元素为偏移量的内存地址中，它们的区别在于存储的数据元素的位宽不一样。其中，vm 表示掩码操作数。

无序索引的离散存储指令格式与有序索引的类似，指令的格式如下。

```
vsuxei8.v vs3, (rs1), vs2, vm  //无序地存储 8 位宽的数据元素
vsuxei16.v vs3, (rs1), vs2, vm //无序地存储 16 位宽的数据元素
vsuxei32.v vs3, (rs1), vs2, vm //无序地存储 32 位宽的数据元素
vsuxei64.v vs3, (rs1), vs2, vm //无序地存储 64 位宽的数据元素
```

【例 18-12】　下面的代码使用了有序聚合加载。

```
vsetvli t0, a1, e32, m1
vloxei32.v v2, (a0), v1
```

假设 a0 寄存器存放的是内存基地址，地址为 0x80 0000。v1 寄存器中每个数据元素的值为

① 矢量指令的本意是加载和存储指令。

地址偏移量。例如，如果 v1 寄存器中第 0 个数据元素的值为 0x0，那么 VLOXEI32.V 指令会加载 0x80 0000+0x0 地址的内容（32 位）到 v2 寄存器的第 0 个通道中。如果 v1 寄存器中第 1 个数据通道的值为 0x100，那么 VLOXEI32.V 指令会加载 0x80 0000+0x100 地址的内容到 v2 寄存器的第 1 个通道中，以此类推，如图 18.14 所示。

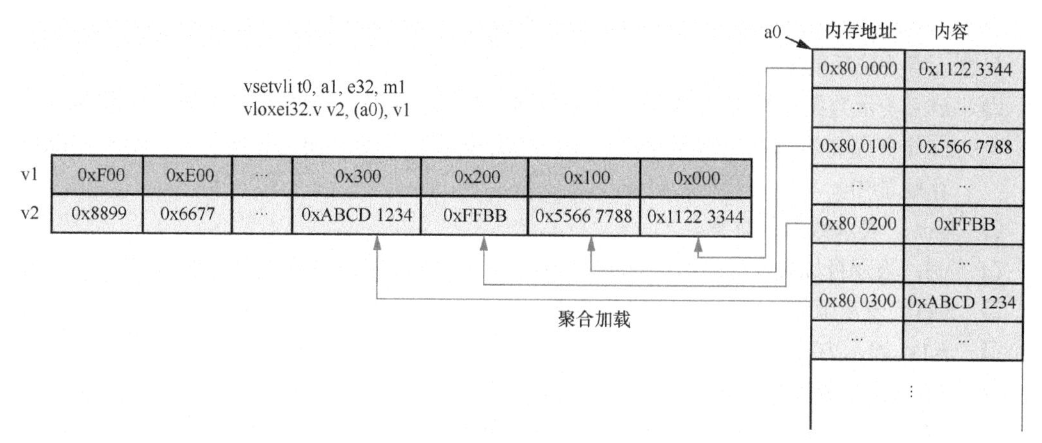

图 18.14 聚合加载指令

【例 18-13】 下面的代码使用了有序离散存储。

```
vsetvli t0, a1, e32, m1
vsoxei32.v v2, (a0), v1
```

假设 a0 寄存器存放的是内存基地址，地址为 0x80 0000。v1 寄存器中每个数据元素的值为地址偏移量。例如，把 v2 寄存器中第 0 个数据元素存储到以 a0 寄存器的值为基地址并且以 v1 寄存器中第 0 个数据元素的值为偏移量的内存地址中，以此类推，如图 18.15 所示。

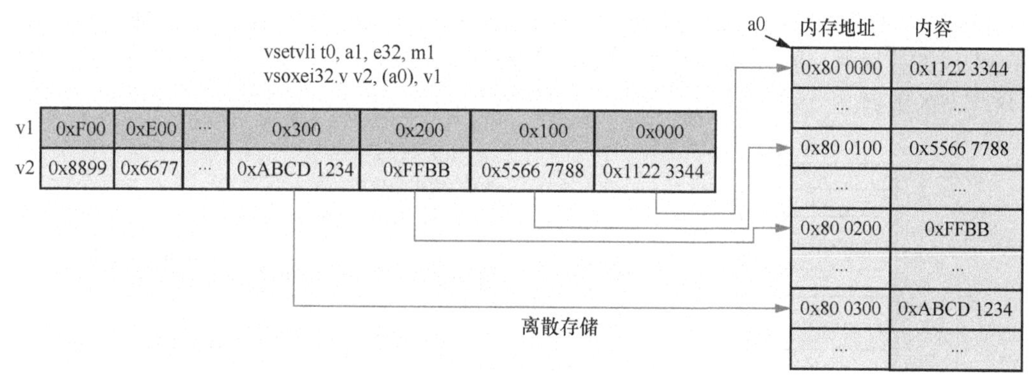

图 18.15 离散存储指令

18.6.4 打包数据的加载与存储

在现实中有一些数据是按照一定格式进行打包的，这些数据称为打包数据（packed data）。例如，RGB24 格式图像的数据按照 R、G 以及 B 这 3 个分量的数据构成一个像素，如图 18.10 所示。在 RGB24 转 BGR24 的过程中，如果我们使用 vle8.v 指令加载 RGB24 数据到矢量寄存器，那么需要在不同的通道中获得颜色分量，然后移动这些分量并重新组合，这样效率会很低。为此，RVV 指令集提供了优化此类场景的指令——打包数据加载与存储指令（也称为段式加载与存储指令）。打包数据加载与存储指令根据步长也分成 3 类——单位步长、任意步长以及聚合加载/离散存储类型。

单位步长类型的打包数据加载指令从内存中获取数据，同时解包并加载到不同的矢量寄存器中，这叫作解交错（de-interleaving）。

单位步长类型的打包数据加载与存储指令的格式如下。

```
vlseg<nf>e<eew>.v vd, (rs1), vm  //单位步长类型的打包数据加载指令
vsseg<nf>e<eew>.v vs3, (rs1), vm //单位步长类型的打包数据存储指令
```

其中，相关选项的含义如下。

- nf：表示数据是按照 nf 个数据元素打包而成的。对于加载指令，它会解交错地加载到 nf 个矢量寄存器中。对于存储指令，它从 nf 个矢量寄存器的数据打包，然后存储到内存地址中。
- eew：表示数据的位宽。
- vd：表示目标矢量寄存器。当 nf > 1 时，它会使用 *n* 个矢量寄存器，如 vd、v(d+1)等。
- vs3：表示源矢量寄存器。当 nf > 1 时，它会使用 *n* 个矢量寄存器，如 vs3、vs(3+1)等。
- rs1：表示内存基地址。
- vm：表示掩码操作数。

例如，在 VLSEG3E8.V 指令中，nf 为 3，eew 为 8，说明它是采用 3 个 8 位数据打包而成的。这条指令会把打包数据解交错地解包，然后分别存储到 3 个不同的矢量寄存器中。下面我们以 RGB24 图像格式为例进行说明。

【例 18-14】 把 RGB24 格式的数据加载到矢量寄存器中，如下面的指令所示。

```
1    vsetvli t0, a2, e8
2    vlseg3e8.v v4, (a0)
```

其中，a0 表示 RGB24 图像数据的源地址，第 2 行指令会把 RGB24 图像的 R、G 以及 B 分量的数据分别加载到 v4、v5 以及 v6 寄存器中。如图 18.16 所示，假设一个矢量寄存器最多存储 16 字节，第 2 行指令将 16 个红色像素（R）加载到 v4 寄存器中，把 16 个绿色像素（G）分别加载到 v5 寄存器中，把 16 个蓝色像素（B）加载到 v6 寄存器中。第 2 行指令一次最多可以加载 48 字节的数据。

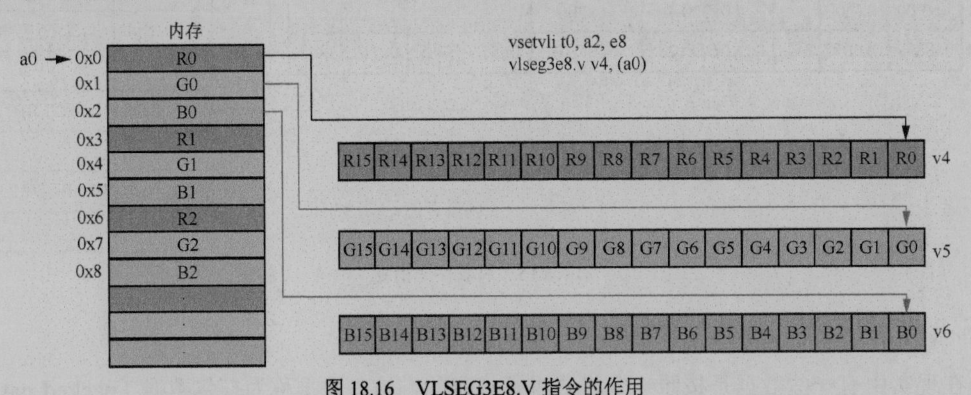

图 18.16　VLSEG3E8.V 指令的作用

接下来，我们使用 VMV1R.V 指令就能快速把 RGB24 格式的数据转换成 BGR24 格式的数据。转换的示例代码如下。

```
1    vsetvli t0, a2, e8
2    vlseg3e8.v v4, (a0)
3    vmv1r.v v7, v4
4    vmv1r.v v4, v6
5    vmv1r.v v6, v7
6    vsseg3e8.v v4, (a1)
```

在第 1 行中，配置 vl 和 vtype 寄存器，数据位宽为 8 位，a2 为待处理的数据的数量，vl 寄存器的值存储在 t0 中。

在第 2 行中，把 RGB24 格式的数据分别加载到 v4、v5 以及 v6 寄存器中。其中，v4 寄存器中存储的都是 R 分量的数据，v5 寄存器中存储的都是 G 分量的数据，v6 寄存器中存储的都是 B 分量的数据。

在第 3 和 4 行中，把 R 分量的数据与 B 分量的数据进行交换（使用 v7 作为临时寄存器）。

在第 5 行中，把 v4～v6 寄存器中所有的数据元素都存储到 a1 指向的内存地址中，如图 18.17 所示。

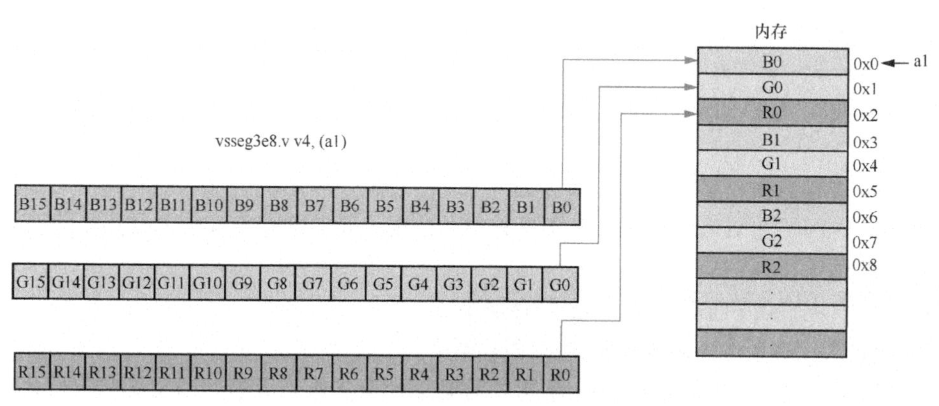

图 18.17　VSSEG3E8.V 指令的作用

上述几行代码快速把 RGB24 格式的数据转换成 BGR24 格式的数据。

上述介绍的是基于单位步长类型的打包数据加载和存储指令。除此之外，还有两个变种：一个是任意步长类型，另一个是聚合加载/离散存储类型。

18.6.5　首次异常加载指令

在有些场景下无法知道待处理数据的数量，如果使用前面介绍的矢量加载指令，可能会造成非法访问异常。例如，在 C 语言中通过判断字符是否为'\0'确定字符串是否结束。而在矢量加载指令中，一次加载多个通道的数据。如果加载了字符串结束后的数据，那么会造成非法访问，导致程序出错。如果在加载过程中某些元素发生内存异常（memory fault）或者访问了无效页面（invalid page），可能很难跟踪究竟是哪个通道的加载操作造成的。为了避免矢量数据元素访问无效页面，RVV 引入了首次异常加载指令。首次异常加载指令常常用于待处理数据元素的数量不确定或者有退出条件等的循环遍历中。

- 如果非法访问第 0 个数据元素，那么 vl 寄存器的值不会被修改，并且向处理器触发异常。
- 如果非法访问第 *n* 个数据元素（$n > 0$），则不会向处理器触发异常，同时 vl 寄存器的值为引发异常的数据元素的索引。

首次异常加载指令的格式如下。

```
vle8ff.v vd, (rs1), vm   //8 位宽的首次异常加载指令
vle16ff.v vd, (rs1), vm //16 位宽的首次异常加载指令
vle32ff.v vd, (rs1), vm //32 位宽的首次异常加载指令
vle64ff.v vd, (rs1), vm //64 位宽的首次异常加载指令
```

其中，vd 为目标矢量寄存器，rs1 为内存基地址，vm 为掩码操作数。

【例 18-15】　strlen ()函数用来计算字符串的长度，最终统计的字符串长度不包含结束字符“\0”。strlen()函数的 C 语言原型如下。

```
size_t strlen(const char *s);
```

下面是使用 RVV 指令实现的汇编代码。

```
1    .global strlen
2    strlen:
3        mv a3, a0
4    loop:
5        vsetvli a1, x0, e8, m1
6        vle8ff.v v8, (a3)
7        csrr a1, vl
8        vmseq.vi v0, v8, 0
9        vfirst.m a2, v0
10       add a3, a3, a1
11       bltz a2, loop
12
13       add a0, a0, a1
14       add a3, a3, a2
15       sub a0, a3, a0
16       ret
```

首先，a0 寄存器存放字符串 s 的基地址。

在第 5 行中，配置 vl 和 vtype 寄存器。其中，数据元素的位宽为 8 位，使用 1 个矢量寄存器组成一个寄存器组。

在第 6 行中，加载字符串数据到 v8 寄存器中。

在第 7 行中，读取 vl 寄存器的值到 a1 寄存器中。

在第 8 行中，使用掩码比较指令遍历 v8 寄存器中所有的数据元素，当发现有数据元素的值等于 0 时在 v0 寄存器中设置相应的位。

在第 9 行中，遍历 v0 寄存器，查找最先设置为 1 的数据元素，并且把这个数据元素的索引写入 a2 寄存器中。如果没有找到，则把−1 写入 a2 寄存器中。

在第 10 行中，更新 a3 寄存器的值，为加载下一批数据做准备。

在第 11 行中，如果 a2 寄存器的值小于 0，说明这一批数据没有满足要求，则跳转到 loop 标签处，处理下一批数据。

在第 13～15 行中，计算字符串的长度，把结果存储到 a0 寄存器中。

18.6.6　加载和存储全部矢量数据

当矢量寄存器中数据元素的位宽或者数量未知或者修改 vl 以及 vtype 寄存器的开销很大时，我们不能使用前文介绍的加载指令。RVV 提供了另外一种加载全部矢量数据的指令。加载全部矢量数据的指令常常用于保存和恢复矢量寄存器的值。例如，在调用函数时，使用矢量寄存器作为参数以及完成操作系统上下文切换等。软件可以通过读取 vlenb 寄存器确定传输的字节数。

加载全部矢量数据的指令的格式如下。

```
vl1r.v vd, (rs1)
vl2r.v vd, (rs1)
vl4r.v vd, (rs1)
vl8r.v vd, (rs1)
```

上述指令从以 rs1 寄存器的值为地址的内存单元中加载数据到 vd 寄存器中。其中，rs1 表示内存地址，vd 表示目标矢量寄存器。VL1R.V 指令只加载一个矢量寄存器大小的数据。VL2R.V 指令加载两个矢量寄存器大小的数据，存储到 vd 和 v(d+1)矢量寄存器中。VL4R.V 指令加载 4 个矢量寄存器大小的数据，存储到 vd～v(d+3)矢量寄存器中。VL8R.V 指令加载 8 个矢量寄存器大小的数据，存储到 vd～v(d+7)矢量寄存器中。

存储全部矢量数据的指令的格式如下。

```
vs1r.v vs, (rs1)
vs2r.v vs, (rs1)
vs4r.v vs, (rs1)
vs8r.v vs, (rs1)
```

上述指令把 vs 寄存器的内容存储到以 rs1 寄存器的值为基地址的内存单元中。其中，rs1 表示内存基地址。VS1R.V 指令只存储一个矢量寄存器大小的数据。vl2r.v 指令存储两个矢量寄存器大小的数据，即 vs 和 v(s+1)。VL4R.V 指令存储 4 个矢量寄存器大小的数据，即 vs～v(s+3)。VL8R.V 指令存储 8 个矢量寄存器大小的数据，即 vs～v(s+7)。

18.7 矢量掩码指令

18.7.1 逻辑操作指令

我们可以使用一个矢量寄存器作为掩码寄存器。掩码寄存器中每位表示一个数据元素的状态。不管 vtype 寄存器中的 LMUL 如何设置，掩码指令只在一个矢量寄存器中操作。目标矢量寄存器可以与任何一个源矢量寄存器相同。

常见的逻辑操作掩码指令如下。

```
vmand.mm vd, vs2, vs1 //vd.mask[i] = vs2.mask[i] && vs1.mask[i]
vmnand.mm vd, vs2, vs1 // vd.mask[i] = !(vs2.mask[i] && vs1.mask[i])
vmandnot.mm vd, vs2, vs1 // vd.mask[i] = vs2.mask[i] && !vs1.mask[i]
vmxor.mm vd, vs2, vs1 //vd.mask[i] = vs2.mask[i] ^^ vs1.mask[i]
vmor.mm vd, vs2, vs1 //vd.mask[i] = vs2.mask[i] || vs1.mask[i]
vmnor.mm vd, vs2, vs1 // vd.mask[i] = !(vs2.mask[i] || vs1.mask[i])
vmornot.mm vd, vs2, vs1 // vd.mask[i] = vs2.mask[i] || !vs1.mask[i]
vmxnor.mm vd, vs2, vs1 // vd.mask[i] = !(vs2.mask[i] ^^ vs1.mask[i])
```

其中，相关选项的含义如下。

- vd：表示目标掩码寄存器。
- vs1：表示第一个源掩码寄存器。
- vs2：表示第二个源掩码寄存器。

除此之外，RVV 指令集还提供以下常用的伪操作指令。

```
vmmv.m vd, vs  //复制掩码寄存器
vmclr.m vd     //清除掩码寄存器
vmset.m vd     //设置掩码寄存器
vmnot.m vd, vs //反转掩码寄存器的位
```

18.7.2 VCPOP.M 指令

VCPOP.M 指令用来统计掩码寄存器中活跃状态数据元素的数量。VCPOP.M 指令还有另外一种写法——VPOPC.M。VCPOP.M 指令的格式如下。

```
vcpop.m rd, vs2, vm
```

其中，相关选项的含义如下。

- rd：目标通用寄存器。
- vs2：源掩码寄存器。
- vm：掩码操作数。

所以 VCPOP.M 指令等同于下面的公式，对 vs2 寄存器中的值与 v0 寄存器中的值进行逻辑与操作，然后统计活跃元素的数量，最后把结果写入 rd 寄存器中。

```
x[rd] = sum_i ( vs2.mask[i] && v0.mask[i] )
```

【例 18-16】　下面是 VCPOP.M 指令的测试代码。

```
1     .global asm_test
2     asm_test:
3         vsetvli t1, x0, e8
4
5         li t0, 0xf
6         vmv.s.x v1, t0
7         li t0, 0xff
8         vmv.s.x v0, t0
9
10        vpopc.m a0, v1, v0.t
11        ret
```

在这个例子中，假设矢量寄存器的长度是 64 位。v1 寄存器中第 0～3 个数据元素是活跃的，v0 寄存器中第 0～7 个数据元素是活跃的。在第 10 行中，VPOPC.M 指令最后的结果为 4。

18.7.3 VFIRST.M 指令

VFIRST.M 指令的格式如下。

```
vfirst.m rd, vs2, vm
```

其中，相关选项的含义如下。

- rd：目标通用寄存器。
- vs2：源掩码寄存器。
- vm：掩码寄存器，可以是 v0.t 或者为空值。

VFIRST.M 指令在 vs2 寄存器中从最低位开始查找第一个活跃的数据元素，然后把它的索引写入 rd 寄存器中。如果没有找到活跃的数据元素，那么把−1 写入 rd 寄存器中。

【例 18-17】　下面是 VFIRST.M 指令的测试代码。

```
1     .global asm_test
2     asm_test:
3         vsetvli t1, x0, e8
4
5         li t0, 0x80
6         vmv.s.x v1, t0
7         li t0, 0xff
8         vmv.s.x v0, t0
9
10        vfirst.m a0, v1, v0.t
11        ret
```

在这个例子中，v1 寄存器中第 7 个数据元素是活跃的，v0 寄存器中第 0～7 个数据元素是活跃的。在第 10 行中，VFIRST.M 指令最后返回的结果为 7。

18.7.4 VMSBF.M 指令

VMSBF.M 指令的格式如下。

```
vmsbf.m vd, vs2, vm
```

其中，相关选项的含义如下。

- vd：目标掩码寄存器。
- vs2：源掩码寄存器。
- vm：掩码操作数。

VMSBF.M 指令在 vs2 寄存器中查找第一个活跃的数据元素 y，然后在 vd 寄存器中设置第 0～(n−1)个数据元素的状态为活跃状态，剩余的数据元素的状态设置为不活跃状态。VMSBF.M 指令常常用于判断是否退出循环，如图 18.18 所示，假设在 v0 操作数中第 0～*m* 个数据通道都是活跃的有效候选通道。在 vs2 寄存器中，当第 *n* 个数据通道满足判断条件时，退出循环，在 vd 寄存器中设置第 0～(*n*−1)个通道的状态为活跃状态，剩余的有效通道的状态设置为不活跃状态。

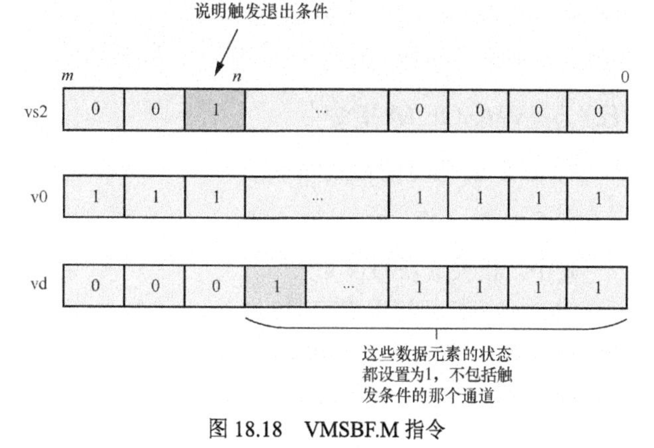

图 18.18 VMSBF.M 指令

【例 18-18】 下面是 VMSBF.M 指令的测试代码。

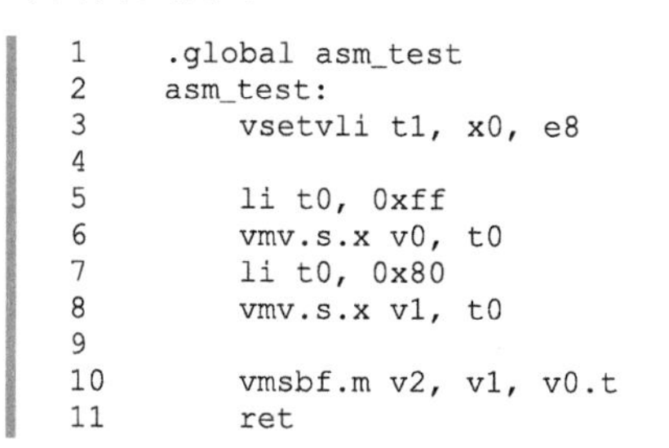

```
1     .global asm_test
2     asm_test:
3         vsetvli t1, x0, e8
4
5         li t0, 0xff
6         vmv.s.x v0, t0
7         li t0, 0x80
8         vmv.s.x v1, t0
9
10        vmsbf.m v2, v1, v0.t
11        ret
```

在这个例子中，v1 寄存器中第 7 个数据元素是活跃的，v0 寄存器中第 0～7 个数据元素是活跃的。在第 10 行中，VMSBF.M 指令在 v1 寄存器从最低位开始查找第一个有效的并且活跃的数据元素，最终 v2 寄存器的值为 0x7F。

18.7.5 VMSIF.M 指令

VMSIF.M 指令的格式如下。

```
vmsif.m vd, vs2, vm
```

其中，相关选项的含义如下。

- ❑ vd：目标掩码寄存器。
- ❑ vs2：源掩码寄存器。
- ❑ vm：掩码操作数。

VMSIF.M 指令在 vs2 寄存器中查找第一个活跃的数据元素 *y*，然后在 vd 寄存器中设置第 0～*n* 个数据元素都为活跃的，剩余的数据元素设置为不活跃的。VMSIF.M 指令常常用于判断是否退出循环。如图 18.19 所示，假设在 v0 寄存器中第 0～*m* 个数据通道都是活跃的有效候选通道。在 vs2 寄存器中，当第 *n* 个数据通道满足判断条件时，退出循环，在 vd 寄存器中使第 0～*n* 个通道处于活跃状态，使剩余的有效通道处于不活跃状态。

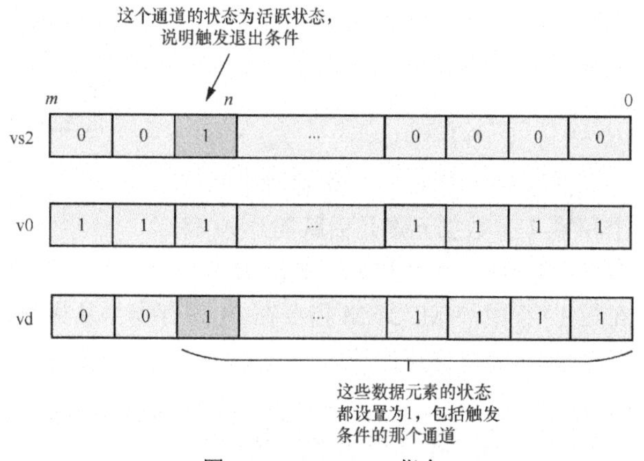

图 18.19 VMSIF.M 指令

【例 18-19】 下面是 VMSIF.M 指令的测试代码。

```
1     .global asm_test
2     asm_test:
3         vsetvli t1, x0, e8
4
5         li t0, 0xff
6         vmv.s.x v0, t0
7         li t0, 0x80
8         vmv.s.x v1, t0
9
```

```
10        vmsif.m v2, v1, v0.t
11        ret
```

在这个例子中，v1 寄存器中第 7 个数据元素是活跃的，v0 寄存器中第 0～7 个数据元素是活跃的。在第 10 行中，VMSIF.M 指令在 v1 寄存器中从最低位开始查找第一个有效的并且处于活跃状态的数据元素，最终 v2 寄存器的值为 0xFF。

18.7.6　VMSOF.M 指令

VMSOF.M 指令的格式如下。

```
vmsof.m vd, vs2, vm
```

其中，相关选项的含义如下。

- ❑ vd：目标掩码寄存器。
- ❑ vs2：源掩码寄存器。
- ❑ vm：掩码操作数。

VMSOF.M 指令在 vs2 寄存器中查找第一个处于活跃状态的数据元素 *n*，然后在 vd 寄存器中只使第 *n* 个数据元素处于活跃状态的，使剩余的数据元素处于不活跃状态，如图 18.20 所示。

【例 18-20】 下面是 VMSOF.M 指令的测试代码。

```
1     .global asm_test
2     asm_test:
3         vsetvli t1, x0, e8
4
5         li t0, 0xa0
6         vmv.s.x v1, t0
7         li t0, 0xff
8         vmv.s.x v0, t0
9
10        vmsof.m v2, v1, v0.t
11        ret
```

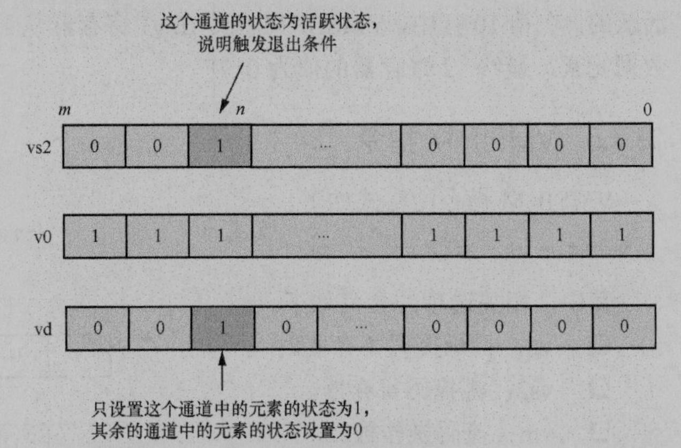

图 18.20　VMSOF.M 指令

在这个例子中，v1 寄存器中第 5 个和第 7 个数据元素是活跃的，v0 寄存器中第 0～7 个数据元素是活跃的。在第 10 行中，VMSOF.M 指令在 v1 寄存器中从最低位开始查找第一个有效的并且活跃的数据元素，最终 v2 寄存器的值为 0x20。

18.8　矢量整型算术指令

18.8.1　加宽和变窄算术指令

在 RVV 指令中，有些算术指令支持加宽模式。加宽模式让目标数据元素的位宽加宽一倍。在指令中加入“vw”前缀表示加宽模式的整型算术指令，“vfw”前缀表示加宽模式的浮点数算术指令。

加宽模式的算术指令格式如下。

```
vwop.vv vd, vs2, vs1, vm  //计算结果：vd[i] = vs2[i] op vs1[i]
vwop.vx vd, vs2, rs1, vm  //计算结果：vd[i] = vs2[i] op x[rs1]
```

其中，相关选项的含义如下。

- ❑ op：算术操作。
- ❑ vv：对矢量寄存器与矢量寄存器中的值进行算术运算。

- vx：对矢量寄存器与通用寄存器中的值进行算术运算。
- vd：对目标矢量寄存器，其中，每个数据元素的位宽（SEW）以及组乘系数（LMUL）加宽一倍，即 EMUL=2LMUL，EEW=2SEW。其中，EEW 指的是有效位宽，EMUL 指的是有效组乘系数。例如，当 LMUL=1 时，vd 寄存器的 EMUL 为 2，即使用 vd 和 v(d+1)来存储计算结果。
- vs1：第一个源矢量寄存器。
- vs2：第二个源矢量寄存器。
- rs1：源通用寄存器。
- vm：掩码操作数。

对上述指令有两个要求。

- 目标数据元素的 EEW 是源操作数的 SEW 的 2 倍，即 EEW=2SEW。
- 目标矢量寄存器的 EMUL 是源矢量寄存器的 LMUL 的两倍，即 EMUL=2LMUL，换句话说，vd 必须使用索引为偶数的矢量寄存器，否则触发指令异常。

另外，还有另外一种变种的加宽模式。除目标数据元素的有效位宽（EEW）加宽了一倍之外，vs2 寄存器中源操作数的 EEW 和 EMUL 也加宽了一倍。

```
vwop.wv vd, vs2, vs1, vm  //计算结果: vd[i] = vs2[i] op vs1[i]
vwop.wx vd, vs2, rs1, vm  //计算结果: vd[i] = vs2[i] op x[rs1]
```

在上述指令中，vs2 和 vd 寄存器的 EMUL 是 LMUL 的 2 倍，即 EMUL=2LMUL，vd 和 vs1 寄存器必须使用序号为偶数的矢量寄存器，否则会触发非法指令异常。

变窄模式让目标数据元素的位宽变窄为原来的一半。在指令中加入“vn”前缀表示变窄模式的整型算术指令，“vfn”前缀表示变窄模式的浮点算术指令。

18.8.2 加法和减法指令

加法指令的格式如下。

```
vadd.vv vd, vs2, vs1, vm  //矢量数据元素之间的加法
vadd.vx vd, vs2, rs1, vm  //矢量数据元素与标量数据元素之间的加法
vadd.vi vd, vs2, imm, vm  //矢量数据元素与立即数之间的加法
```

减法指令的格式如下。

```
vsub.vv vd, vs2, vs1, vm  //矢量数据元素之间的减法
vsub.vx vd, vs2, rs1, vm  //矢量数据元素与标量数据元素之间的减法
```

反向减法指令的格式如下。

```
vrsub.vx vd, vs2, rs1, vm //计算结果: vd[i] = x[rs1] - vs2[i]
vrsub.vi vd, vs2, imm, vm //计算结果: vd[i] = imm - vs2[i]
```

【例 18-21】 下面展示了实现加法运算的代码。

```
1    char buf[16] = {1, 2, 3, 4, 5, 6, 7, 8, 9, 10, 11, 12, 13, 14, 15, 16};
2
3    int do_main(void)
4    {
5        asm_test(buf);
6    }
7
8    .global asm_test
9    asm_test:
10       vsetvli t1, x0, e8
11       vle8.v v0, (a0)
12
```

```
13        vadd.vv v2, v0, v0
14
15        ret
```

我们假设矢量寄存器的长度为 128 位。

由第 10 行可知，LMUL=1，数据元素为 8 位宽（SEW=8）的，vl 寄存器的值为 16。

在第 11 行中，把 buf[ ]数组加载到 v0 寄存器中。

在第 13 行中，使用矢量加法指令在每个数据通道里并行执行加法运算，计算过程如图 18.21 所示。

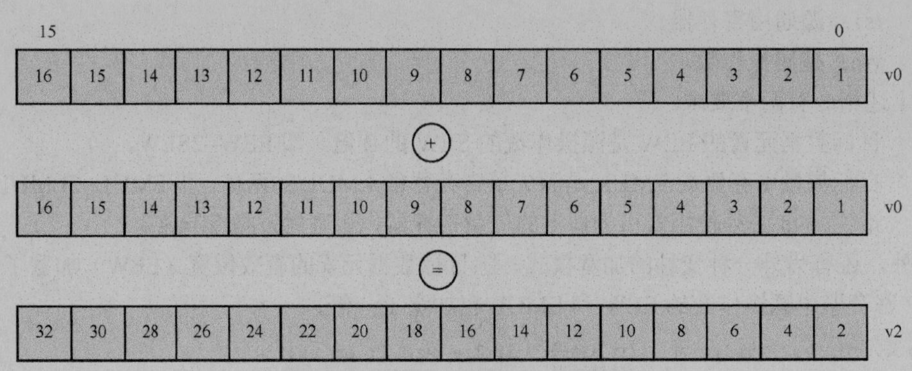

图 18.21　VADD.VV 指令的计算过程

18.8.3　加宽模式的加法和减法指令

加宽模式的加法和减法指令的格式如下。

```
//2SEW = SEW +/- SEW
vwaddu.vv vd, vs2, vs1, vm //矢量数据元素之间的加法
vwaddu.vx vd, vs2, rs1, vm //矢量数据元素与标量数据元素之间的加法
vwsubu.vv vd, vs2, vs1, vm //矢量数据元素之间的减法
vwsubu.vx vd, vs2, rs1, vm //矢量数据元素与标量数据元素之间的减法


//2SEW = 2SEW +/- SEW
vwaddu.wv vd, vs2, vs1, vm //矢量数据元素之间的加法
vwaddu.wx vd, vs2, rs1, vm //矢量数据元素与标量数据元素之间的加法
vwsubu.wv vd, vs2, vs1, vm //矢量数据元素之间的减法
vwsubu.wx vd, vs2, rs1, vm //矢量数据元素与标量数据元素之间的减法
```

【例 18-22】　下面展示了实现加宽模式的加法运算的代码。

```
1     char bufa[16] = {1, 2, 3, 4, 5, 6, 7, 8, 9, 10, 11, 12, 13, 14, 15, 16};
2     char bufb[16] = {0, 1, 2, 3, 4, 5, 6, 7, 8, 9,  10, 11, 12, 13, 14, 15};
3
4     int do_main(void)
5     {
6         asm_test(bufa, bufb);
7     }
8
9     .global asm_test
10    asm_test:
11        vsetvli t1, x0, e8
12        vle8.v v0, (a0)
13        vle8.v v2, (a1)
14
15        vwaddu.vv v6, v2, v0
16        vwaddu.wv v8, v2, v0
17
18        ret
```

我们假设矢量寄存器长度为 128 位。

由第 11 行可知，LMUL=1，数据元素为 8 位宽（SEW=8）的，vl 寄存器的值为 16。

在第 12 行中，把 bufa[ ]数组加载到 v0 寄存器中。

在第 13 行中，把 bufb[ ]数组加载到 v2 寄存器中。

在第 15 行中，VWADDU.VV 指令是加宽模式的矢量加法指令，v6 寄存器的 EMUL 和 EEW 会加宽一倍，即使用 v6 和 v7 两个矢量寄存器存储结果，每个数据元素的有效位宽为 16 位，如图 18.22 所示。

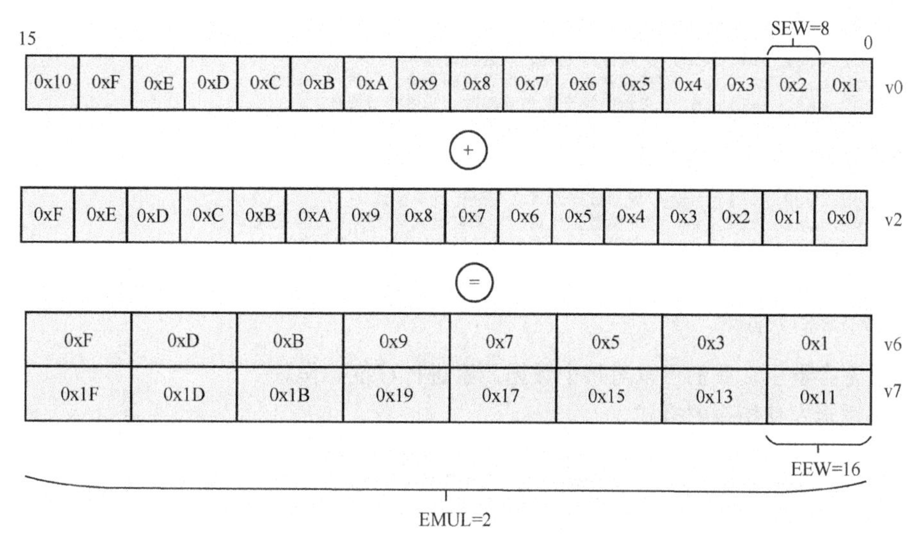

图 18.22　VWADDU.VV 指令的作用

在第 16 行中，VWADDU.WV 指令是另外一种加宽模式的矢量加法指令，其中 v2 寄存器的 EEW 和 EMUL 也会扩大一倍，原来的第 0 个通道和第 1 个通道合并成一个新的通道中的数据，数据变成 0x100，然后与 v0 寄存器的第 0 个通道数据进行相加，把结果（0x101）写入 v8 和 v9 寄存器中，如图 18.23 所示。

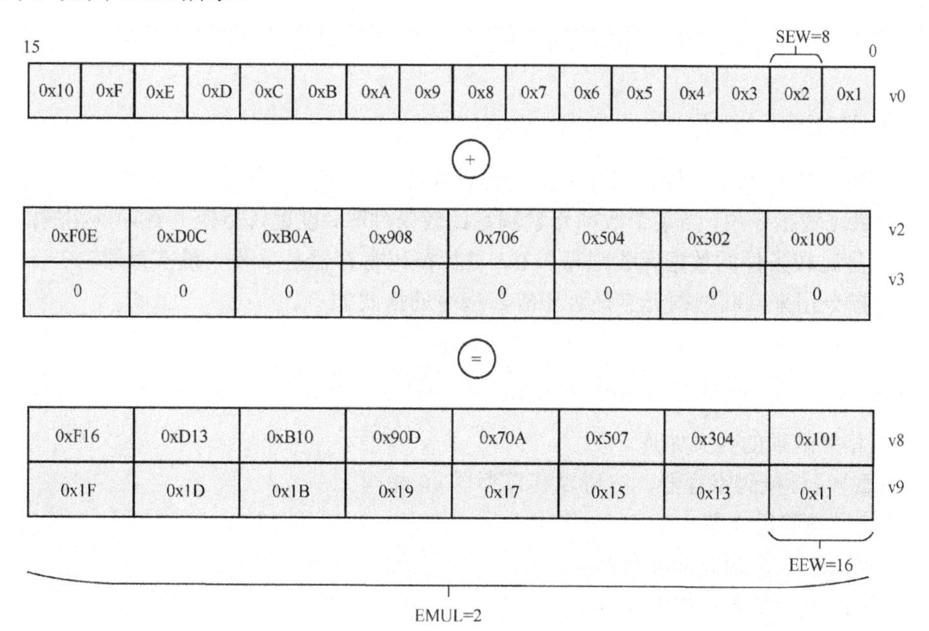

图 18.23　VWADDU.WV 指令的作用

18.8.4　位操作指令

在矢量寄存器中，我们可以对每个数据元素进行位操作。

下面是与（AND）操作指令的格式。

```
vand.vv vd, vs2, vs1, vm //矢量数据元素之间进行与操作
vand.vx vd, vs2, rs1, vm //矢量数据元素与标量数据元素之间进行与操作
vand.vi vd, vs2, imm, vm //矢量数据元素与立即数之间进行与操作
```

下面是或（OR）操作指令的格式。

```
vor.vv vd, vs2, vs1, vm //矢量数据元素之间进行或操作
vor.vx vd, vs2, rs1, vm //矢量数据元素与标量数据元素之间进行或操作
vor.vi vd, vs2, imm, vm //矢量数据元素与立即数之间进行或操作
```

下面是异或（XOR）操作指令的格式。

```
vxor.vv vd, vs2, vs1, vm //矢量数据元素之间进行异或操作
vxor.vx vd, vs2, rs1, vm //矢量数据元素与标量数据元素之间进行异或操作
vxor.vi vd, vs2, imm, vm //矢量数据元素与立即数之间进行异或操作
```

18.8.5　移位操作指令

在矢量寄存器中，我们可以对每个数据元素进行移位操作。

下面是逻辑左移指令的格式。

```
vsll.vv vd, vs2, vs1, vm  //矢量数据元素之间进行逻辑左移操作
vsll.vx vd, vs2, rs1, vm  //矢量数据元素与标量数据元素之间进行逻辑左移操作
vsll.vi vd, vs2, uimm, vm //矢量数据元素与立即数之间进行逻辑左移操作
```

下面是逻辑右移指令的格式。

```
vsrl.vv vd, vs2, vs1, vm  //矢量数据元素之间进行逻辑右移操作
vsrl.vx vd, vs2, rs1, vm  //矢量数据元素与标量数据元素之间进行逻辑右移操作
vsrl.vi vd, vs2, uimm, vm //矢量数据元素与立即数之间进行逻辑右移操作
```

下面是算术右移指令的格式。

```
vsra.vv vd, vs2, vs1, vm  //矢量数据元素之间进行算术右移操作
vsra.vx vd, vs2, rs1, vm  //矢量数据元素与标量数据元素之间进行算术右移操作
vsra.vi vd, vs2, uimm, vm //矢量数据元素与立即数之间进行算术右移操作
```

18.8.6　比较指令

在循环控制中对每个矢量数据元素进行比较操作，当满足条件时，设置掩码寄存器并退出循环。在矢量比较指令中，当某个数据元素满足比较条件时，设置目标掩码寄存器相应的位为 1，对其余不满足比较条件的数据元素则写入 0。目标掩码寄存器是单个矢量寄存器。

vmseq 指令用来判断数据元素是否相等，指令的格式如下。

```
vmseq.vv vd, vs2, vs1, vm //判断矢量数据元素是否相等
vmseq.vx vd, vs2, rs1, vm //判断矢量数据元素与标量数据元素是否相等
vmseq.vi vd, vs2, imm, vm //判断矢量数据元素与立即数是否相等
```

其中，相关选项的含义如下。

- vd：目标掩码寄存器，它可以和寄存器 v0 相同。
- vm：掩码操作数。
- vs2：第二个源矢量寄存器。
- vs1：第一个源矢量寄存器。
- rs1：通用寄存器，用来表示标量数据元素。

- imm：立即数。

RVV 指令集提供的比较指令如表 18.7 所示。表中的判断条件针对的是 v1 寄存器和 v2 寄存器中数据元素的值。

表 18.7　　RVV 指令集提供的比较指令

比较指令	判断条件
vmseq	相等
vmsne	不相等
vmsltu	无符号数小于
vmslt	有符号数小于
vmsleu	无符号数小于或等于
vmsle	有符号数小于或等于
vmsgtu	无符号数大于
vmsgt	有符号数大于
vmsgeu	无符号数大于或等于
vmsge	有符号数大于或等于

当对两个比较表达式进行与操作时，我们可以巧妙地使用 v0 寄存器中的掩码操作数，如下面的例子所示。

【例 18-23】　下面的 a、b 以及 c 分别表示矢量数据元素。

```
(a < b) && (b < c)
```

我们可以巧妙地使用 v0 寄存器中的掩码操作数来实现上面的表达式。

```
vmslt.vv v0, va, vb
vmslt.vv v0, vb, vc, v0.t
```

首先，对 va 和 vb 进行是否小于的判断，结果写入 v0 寄存器中。然后，对 vb 和 vc 进行是否小于的判断，并且使用 v0 寄存器的值作为源掩码操作数，从而实现两个表达式的与操作。

18.8.7　数据搬移指令

下面是数据搬移指令的格式。

```
vmv.v.v vd, vs1 //把 vs1 寄存器的所有数据元素都搬移到 vd 寄存器中
vmv.v.x vd, rs1 //把 rs1 寄存器的值都搬移到 vd 寄存器中的所有数据元素里
vmv.v.i vd, imm //把立即数都搬移到 vd 寄存器中的所有数据元素里
```

除此之外，RVV 还提供了读取和写入矢量寄存器中第 0 个数据元素的指令。

```
vmv.x.s rd, vs2 //把 vs2 寄存器中第 0 个数据元素的值读取到 rd 寄存器中
vmv.s.x vd, rs1 //把 rs1 寄存器的值写入 vd 寄存器第 0 个数据元素中
```

18.9　案例分析 18-1：使用 RVV 指令优化 strcmp()函数

strcmp()函数是 C 语言库中用来比较两个字符串是否相等的函数。strcmp()函数的 C 语言实现如下。

```
int strcmp(const char* str1, const char* str2) {
    char c1, c2;
    do {
        c1 = *str1++;
        c2 = *str2++;
```

```
    } while (c1 != '\0' && c1 == c2);

    return c1 - c2;
}
```

当 str1 与 str2 相等时，返回 0；当 str1 大于 str2 时，返回正数；否则，返回负数。本案例的要求使用 RVV 指令来优化 strcmp()函数。

本案例以 RVV 寄存器的长度为 128 位为例来说明，实际上，RVV 寄存器可以支持 128～65 536 位的矢量长度，这体现了可变长矢量编程的优势。一个 128 位的矢量寄存器一次最多可以加载和处理 16 字节，也就是同时处理 16 个 8 位的通道数据。要使用 RVV 指令优化 strcmp()函数，有两个难点。

- 字符串 str1 和 str2 的长度是未知的。在 C 语言中通过判断字符是否为'\0'确定字符串是否结束。而在矢量运算中，RVV 加载指令一次可以加载多个通道的数据。如果加载了字符串结束后的数据，那么会造成非法访问，导致程序出错。解决办法是使用首次异常加载指令来确保非法访问不会触发访问异常。
- 尾数问题。字符串的长度有可能不是 16 的倍数，因此需要处理尾数（leftover）问题。如果使用传统的 SIMD 指令，我们需要单独处理尾数问题；如果使用 RVV 指令，我们可以使用相应的掩码指令和比较指令处理尾数问题。

18.9.1　使用纯汇编方式

我们使用 RVV 指令实现 strcmp()函数。

```
1     .global strcmp_asm
2     strcmp_asm:
3         li t1, 0
4     loop:
5         vsetvli t0, x0, e8, m1
6         add a0, a0, t1
7         vle8ff.v v8, (a0)
8         add a1, a1, t1
9         vle8ff.v v16, (a1)
10
11        vmseq.vi v0, v8, 0
12        vmsne.vv v1, v8, v16
13        vmor.mm v0, v0, v1
14
15        vfirst.m a2, v0
16        csrr t1, vl
17
18        bltz a2, loop
19
20        add a0, a0, a2
21        lbu a3, (a0)
22
23        add a1, a1, a2
24        lbu a4, (a1)
25
26        sub a0, a3, a4
27
28        ret
```

首先，a0 寄存器存放字符串 str1 的基地址，a1 寄存器存放字符串 str2 的基地址。

在第 5 行中，初始化 vl 和 vtype 寄存器。其中，LMUL=1，SEW=8，假设矢量寄存器的长度为 128 位，那么 vl 寄存器的值为 16。

在第 7 行中，加载 str1 字符串到 v8 寄存器中。

在第 9 行中，加载 str2 字符串到 v16 寄存器中。

在第 11 行中，使用比较指令，依次判断 v8 寄存器中所有数据元素是否等于 0。如果等于 0，则将 v0 寄存器中相应位中设置为 1。这里相当于对 str1 字符串的结束字符也判断完。

在第 12 行中，比较 v8 和 v16 寄存器中每个数据元素是否不相等，如果不相等，则设置 v1 寄存器的相应位为 1。

在第 13 行中，对 v0 和 v1 两个掩码寄存器中相应位做或操作，把结果写入 v0 寄存器中。

在第 15 行中，查找 v0 寄存器中第一个设置为 1 的数据元素，把它的索引存放到 a2 寄存器中。

在第 16 行中，读取 vl 寄存器的值到 t1 寄存器中，确认一共处理了多少个数据元素。

在第 18 行中，如果 VFIRST.M 指令在 v0 寄存器中没有找到一个设置为 1 的数据元素，那么说明这一批数据元素都是相等的有效字符，跳转到 loop 标签处，继续加载和处理下一批字符。

在第 20 行中，如果 VFIRST.M 指令在 v0 寄存器中找到一个设置为 1 的数据元素，那么说明已经到了 str1 字符串的结束字符或者已经找到不相等的字符了。增加 a0 寄存器中基地址的偏移量，让该寄存器指向最后一个不相等或者结束字符的地方。

在第 21 行中，读出 str1 字符串的最后一个字符。

在第 23 和 24 行中，增加 a1 寄存器中基地址的偏移量，读取 str2 字符串的最后一个字符。

在第 26～28 行中，计算最后一个字符的差值，并返回。

综上所述，使用 RVV 指令优化 strcmp()函数的过程如图 18.24 所示。假设在第三次加载 str1 和 str2 字符串时会触发退出条件，那么首先需要在 v0 寄存器中设置对应通道的状态为 1。然后使用 VFIRST.M 指令计算出偏移量，最后使用 b 指令退出循环。

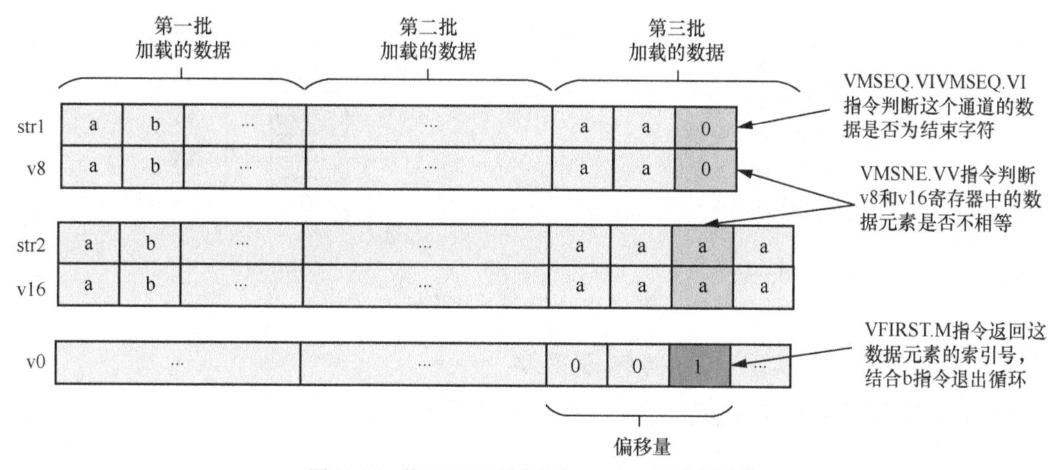

图 18.24 使用 RVV 指令优化 strcmp()函数的过程

18.9.2 测试

我们写一个简单的测试程序来对比 C 语言的 strcmp()函数与使用 RVV 指令写的 strcmp_asm 汇编函数的执行结果是否一致。

```
char *str1 = "RVV is good";
char *str2 = "RVV is good for us!";

int main(void)
{
    int ret;

    ret = strcmp(str1, str2);
    printf("C: ret = %d\n", ret);
```

```
    ret = strcmp_asm(str1, str2);
    printf("ASM: ret =%d\n", ret);
}
```

在 Ubuntu 主机上编译程序。

```
$ riscv64-unknown-elf-gcc -g -march=rv64gcv --static strcmp_test.c strcmp_asm.S -o test
```

执行 spike 命令来运行 test 程序。

```
$ spike --varch=vlen:128,elen:32 --isa=rv64gcv pk test
bbl loader
C: ret = -32
ASM: ret =-32
```

18.10 案例分析 18-2：RGB24 转 BGR24

在本案例中，我们分别使用 C 语言和 RVV 汇编代码实现 RGB24 转 BGR24。

在 RGB24 格式中，每个像素用 24 位（3 字节）表示 R（红）、G（绿）、B（蓝）这 3 个颜色分量。它们在内存中的存储方式是 R0、G0、B0、R1、G1、B1，以此类推。而与 RGB24 不一样，BGR24 格式在内存的存储方式是 B0、G0、R0、B1、G1、R1，以此类推，如图 18.25 所示。

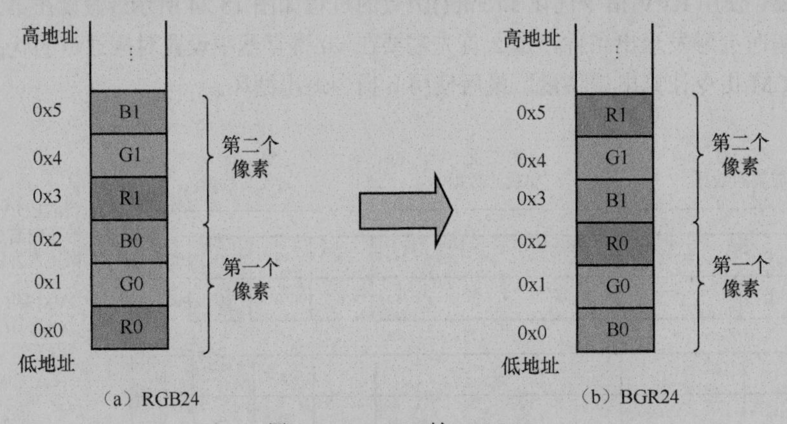

图 18.25　RGB24 转 BGR24

18.10.1　使用 C 语言实现 RGB24 转 BGR24

下面是 RGB24 转 BGR24 的 C 语言代码。

```
1    static void rgb24_bgr24_c(unsigned char *src, unsigned char *dst, unsigned long count)
2    {
3        unsigned long i;
4
5        for (i = 0; i < count/3; i++) {
6            dst[3 * i] = src[3 * i +2];
7            dst[3 * i + 1] = src[3*i + 1];
8            dst[3 * i + 2] = src[3*i];
9        }
10   }
```

其中，src 表示 RGB24 数据，dst 表示转换后的 BGR24 数据，count 表示字节数，一个像素点由 3 字节组成。

18.10.2　使用 RVV 指令优化

下面是使用 RVV 指令优化 rgb24_bgr24_c()的代码。

```
1       .global rgb24_bgr24_asm
2       rgb24_bgr24_asm:
3           li t2, 3
4       loop:
5           vsetvli t0, a2, e8, ta, ma
6           vlseg3e8.v v4, (a0)
7           vmv1r.v v7, v4
8           vmv1r.v v4, v6
9           vmv1r.v v6, v7
10          vsseg3e8.v v4, (a1)
11          mul t0, t0, t2
12          add a0, a0, t0
13          add a1, a1, t0
14          sub a2, a2, t0
15          bnez a2, loop
16
17          ret
```

假设 a0 寄存器存储了 RGB24 图像数据的起始地址，a1 寄存器存储了 BGR24 图像数据的起始地址，a2 为 RGB24 图像数据的字节数，系统支持的矢量寄存器长度为 128 位。

在第 5 行中，配置 vl 和 vtype 寄存器。其中，LMUL=1，SEW=8，每个矢量寄存器可以处理 16 个 8 位数据。

在第 6 行中，加载 RGB24 格式的数据并分别存储到 v4、v5 以及 v6 寄存器中。其中，v4 寄存器中存储的都是 R 像素的数据，v5 寄存器中存储的都是 G 像素的数据，v6 寄存器中存储的都是 B 像素的数据。

在第 7～9 行中，把 R 像素的数据与 B 像素的数据进行交换（使用 v7 寄存器存放临时变量）。

在第 10 行中，把 v4～v6 寄存器的所有数据元素都存储到 a1 指向的内存地址中。

在第 11 行中，t0 寄存器表示一次能处理的像素点个数，因为一个像素由 3 字节组成，所以这里需要乘以 3 以换算成字节数。

在第 12～13 行中，修改 a0 和 a1 寄存器指向的地址。

在第 14 行中，a2 表示剩余待处理的数据的数量。

在第 15 行中，当 a2 还有待处理的数据时，跳转到 loop 标签处，继续处理。

18.10.3 测试

首先，我们写一个程序来创建一幅分辨率为 800 × 600 像素的 RGB24 图像的数据。然后分别使用 rgb24_bgr24_c()、rgb24_bgr24_asm()转换数据，并比较转换的结果是否相等。下面是该程序的伪代码。

```
1       #define IMAGE_SIZE (800*600)
2       #define PIXEL_SIZE (IMAGE_SIZE * 3)
3
4       int main(int argc, char* argv[])
5       {
6           unsigned long i;
7
8           unsigned char *rgb24_src = malloc(PIXEL_SIZE);
9           memset(rgb24_src, 0, PIXEL_SIZE);
10
11          unsigned char *bgr24_c = malloc(PIXEL_SIZE);
12          memset(bgr24_c, 0, PIXEL_SIZE);
13
14          unsigned char *bgr24_asm = malloc(PIXEL_SIZE);
15          memset(bgr24_asm, 0, PIXEL_SIZE);
16
17          for (i = 0; i < PIXEL_SIZE; i++) {
18              rgb24_src[i] = rand() & 0xff;
19          }
20
21          rgb24_bgr24_c(rgb24_src, bgr24_c, PIXEL_SIZE);
```

```
22
23        rgb24_bgr24_asm(rgb24_src, bgr24_asm, PIXEL_SIZE);
24
25        if (memcmp(bgr24_c, bgr24_asm, PIXEL_SIZE))
26            printf("error on bgr24_asm data\n");
27        else
28            printf("bgr24_c (%ld) is idential with bgr24_asm\n", PIXEL_SIZE);
29
30        free(rgb24_src);
31        free(bgr24_c);
32        free(bgr24_asm);
33
34        return 0;
35    }
```

在 Ubuntu 主机上编译程序。

```
$ riscv64-unknown-elf-gcc -g -march=rv64gcv --static rgb24_bgr24_test.c
rgb24_bgr24_asm.S -o test
```

运行 test 程序。

```
$ spike --varch=vlen:128,elen:32 --isa=rv64gcv pk test
bbl loader

bgr24_c (1440000) is idential with bgr24_asm
```

从日志看，使用 RVV 汇编指令转换的 BGR24 数据等于使用 C 语言函数来转换的。

18.11　案例分析 18-3：4 × 4 矩阵乘法运算

假设 $\boldsymbol{A}$ 为 $m \times n$ 的矩阵，$\boldsymbol{B}$ 为 $n \times t$ 的矩阵，那么称 $m \times t$ 的矩阵 $\boldsymbol{C}$ 为矩阵 $\boldsymbol{A}$ 与矩阵 $\boldsymbol{B}$ 的乘积，记为 $\boldsymbol{C}=\boldsymbol{AB}$。本节以 4 × 4 矩阵为例。如果我们使用 C 语言中的一维数组表示一个 4 × 4 的矩阵，例如，数组 $\boldsymbol{A}[\,] = \{a_0, a_1, \cdots, a_{15}\}$，那么矩阵 $\boldsymbol{A}$ 的第 1 行数据为$\{a_0, a_4, a_8, a_{12}\}$，矩阵 $\boldsymbol{A}$ 的第 1 列数据为$\{a_0, a_1, a_2, a_3\}$。同理，使用数组 $B[\,]$表示一个 4 × 4 的矩阵 $\boldsymbol{B}$，如图 18.26 所示。

$$\boldsymbol{A}=\begin{pmatrix} a_0 & a_4 & a_8 & a_{12} \\ a_1 & a_5 & a_9 & a_{13} \\ a_2 & a_6 & a_{10} & a_{14} \\ a_3 & a_7 & a_{11} & a_{15} \end{pmatrix}$$

$$\boldsymbol{B}=\begin{pmatrix} b_0 & b_4 & b_8 & b_{12} \\ b_1 & b_5 & b_9 & b_{13} \\ b_2 & b_6 & b_{10} & b_{14} \\ b_3 & b_7 & b_{11} & b_{15} \end{pmatrix}$$

$$\boldsymbol{C}=\boldsymbol{AB}=\begin{pmatrix} a_0b_0+a_4b_1+a_8b_2+a_{12}b_3 & a_0b_4+a_4b_5+a_8b_6+a_{12}b_7 & a_0b_8+a_4b_9+a_8b_{10}+a_{12}b_{11} & a_0b_{12}+a_4b_{13}+a_8b_{14}+a_{12}b_{15} \\ a_1b_0+a_5b_1+a_9b_2+a_{13}b_3 & a_1b_4+a_5b_5+a_9b_6+a_{13}b_7 & a_1b_8+a_5b_9+a_9b_{10}+a_{13}b_{11} & a_1b_{12}+a_5b_{13}+a_9b_{14}+a_{13}b_{15} \\ a_2b_0+a_6b_1+a_{10}b_2+a_{14}b_3 & a_2b_4+a_6b_5+a_{10}b_6+a_{14}b_7 & a_2b_8+a_6b_9+a_{10}b_{10}+a_{14}b_{11} & a_2b_{12}+a_6b_{13}+a_{10}b_{14}+a_{14}b_{15} \\ a_3b_0+a_7b_1+a_{11}b_2+a_{15}b_3 & a_3b_4+a_7b_5+a_{11}b_6+a_{15}b_7 & a_3b_8+a_7b_9+a_{11}b_{10}+a_{15}b_{11} & a_3b_{12}+a_7b_{13}+a_{11}b_{14}+a_{15}b_{15} \end{pmatrix}$$

图 18.26　4 × 4 矩阵乘法

根据矩阵乘法规则，每得到矩阵 $\boldsymbol{C}$ 的一个元素，需要将 4 次乘法的结果相加。矩阵 $\boldsymbol{C}$ 中 c_0 应该等于矩阵 $\boldsymbol{A}$ 第一行的数据乘以矩阵 $\boldsymbol{B}$ 第一列的数据并相加，即 $c_0 = a_0b_0+a_4b_1+a_8b_2+ a_{12}b_3$；矩阵 $\boldsymbol{C}$ 中 c_1 应该等于矩阵 $\boldsymbol{A}$ 第二行的数据乘以矩阵 $\boldsymbol{B}$ 第一列的数据并相加，即 $c_1 = a_1b_0+a_5b_1+a_9b_2+a_{13}b_3$，以此类推。

18.11.1　使用 C 语言实现 4 × 4 矩阵乘法运算

下面使用 C 语言实现 4 × 4 矩阵乘法运算。

```
static void matrix_multiply_c(float32_t *A, float32_t *B, float32_t *C)
{
        for (int i_idx=0; i_idx<4; i_idx++) {
                for (int j_idx=0; j_idx<4; j_idx++) {
                        C[4*j_idx + i_idx] = 0;
                        for (int k_idx=0; k_idx<4; k_idx++) {
                                C[4*j_idx + i_idx] +=
                                         A[4*k_idx + i_idx]*B[4*j_idx + k_idx];
                        }
                }
        }
}
```

其中，参数 A 表示矩阵 ***A***，参数 B 表示矩阵 ***B***，参数 C 表示矩阵乘积 ***C***。这里采用一维数组来表示矩阵，并且矩阵的元素均为单精度浮点数。

18.11.2 使用 RVV 指令优化

下面使用 RVV 指令优化 4 × 4 矩阵乘积运算。

```
1     .global matrix_multiply_4x4_asm
2     matrix_multiply_4x4_asm:
3         mv t3, a1
4         li t0, 4
5
6         /*加载 A 矩阵的数据到 v0~v3*/
7         vsetvli t1, t0, e32, m1
8         slli t1, t1, 2
9         vle32.v v0, (a0)
10        add a0, a0, t1
11        vle32.v v1, (a0)
12        add a0, a0, t1
13        vle32.v v2, (a0)
14        add a0, a0, t1
15        vle32.v v3, (a0)
16
17        /*这些目标矢量寄存器需要清零*/
18        vmv.v.i v8, 0
19        vmv.v.i v9, 0
20        vmv.v.i v10, 0
21        vmv.v.i v11, 0
22
23        /*计算 C0*/
24        flw ft0, (t3)
25        vfmacc.vf v8, ft0, v0
26        flw ft1, 4(t3)
27        vfmacc.vf v8, ft1, v1
28        flw ft2, 8(t3)
29        vfmacc.vf v8, ft2, v2
30        flw ft3, 12(t3)
31        vfmacc.vf v8, ft3, v3
32        add t3, t3, 16
33
34        /*计算 C1*/
35        flw ft0, (t3)
36        vfmacc.vf v9, ft0, v0
37        flw ft1, 4(t3)
38        vfmacc.vf v9, ft1, v1
39        flw ft2, 8(t3)
40        vfmacc.vf v9, ft2, v2
41        flw ft3, 12(t3)
42        vfmacc.vf v9, ft3, v3
43        add t3, t3, 16
44
45        /*计算 C1*/
46        flw ft0, (t3)
47        vfmacc.vf v10, ft0, v0
```

```
48        flw ft1, 4(t3)
49        vfmacc.vf v10, ft1, v1
50        flw ft2, 8(t3)
51        vfmacc.vf v10, ft2, v2
52        flw ft3, 12(t3)
53        vfmacc.vf v10, ft3, v3
54        add t3, t3, 16
55
56        /*计算 C1*/
57        flw ft0, (t3)
58        vfmacc.vf v11, ft0, v0
59        flw ft1, 4(t3)
60        vfmacc.vf v11, ft1, v1
61        flw ft2, 8(t3)
62        vfmacc.vf v11, ft2, v2
63        flw ft3, 12(t3)
64        vfmacc.vf v11, ft3, v3
65
66        /*回写到 C 矩阵*/
67        vsetvli t1, t0, e32, m1
68        slli t1, t1, 2
69        vse32.v v8, (a2)
70        add a2, a2, t1
71        vse32.v v9, (a2)
72        add a2, a2, t1
73        vse32.v v10, (a2)
74        add a2, a2, t1
75        vse32.v v11, (a2)
76
77        ret
```

a0 寄存器存储了矩阵 $\boldsymbol{A}$ 的起始地址，a1 寄存器存储了矩阵 $\boldsymbol{B}$ 的起始地址，a2 寄存器存储了矩阵 $\boldsymbol{C}$ 的起始地址。

在第 7～15 行中，把矩阵 $\boldsymbol{A}$ 中 16 个元素加载到 v0～v3 寄存器中，把矩阵 $\boldsymbol{A}$ 的第 1 列数据 $\{a_0, a_1, a_2, a_3\}$ 加载到 v0 寄存器中，把矩阵 $\boldsymbol{A}$ 的第 2 列数据 $\{a_4, a_5, a_7, a_8\}$ 加载到 v1 寄存器中，依次类推。以 v0 寄存器为例，通道 0 加载了 a_0，通道 1 加载了 a_1，依次类推，如图 18.27 所示。

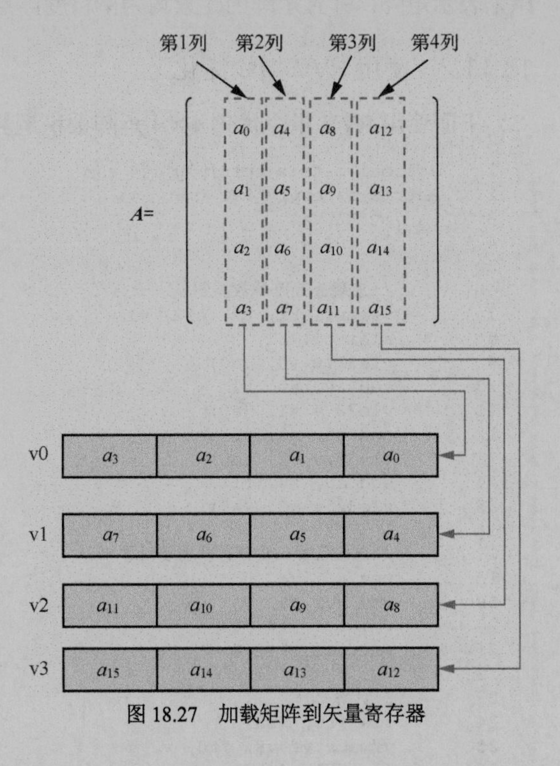

图 18.27　加载矩阵到矢量寄存器

在第 18～21 行中，v8～v11 寄存器用来存储矩阵 $\boldsymbol{C}$ 中的元素，这里先把矢量寄存器中所有通道的值设置为 0。

在第 24 行中，从矩阵 $\boldsymbol{B}$ 中加载元素 b_0。

在第 25 行中，让 b_0 元素与矩阵 $\boldsymbol{A}$ 第 0 列的 4 个数据分别相乘，例如，$c_0 += a_0b_0$，$c_1 += a_1b_0$，依次类推，如图 18.28 所示。

在第 26 行中，从矩阵 $\boldsymbol{B}$ 中加载元素 b_1。

在第 27 行中，第 2 次使用 vfmacc.vf 指令，让 b_1 元素与矩阵 $\boldsymbol{A}$ 第 2 列的 4 个数据分别相乘并求累加和，最终结果 $c_0 = a_0b_0 + a_4b_1$，$c_1 = a_1b_0 + a_5b_1$，以此类推，如图 18.29 所示。

在第 28 行中，使用 flw 指令从矩阵 $\boldsymbol{B}$ 中加载元素 b_2。

在第 29 行中，第 3 次使用 vfmacc.vf 指令，让 b_2 元素与矩阵 $\boldsymbol{A}$ 第 3 列的 4 个数据分别相乘并计算累加和，最终结果 $c_0 = a_0b_0 + a_4b_1 + a_8b_2$，$c_1 = a_1b_0 + a_5b_1 + a_9b_2$，以此类推，如图 18.30 所示。

在第 30 行中，从矩阵 $\boldsymbol{B}$ 中加载元素 b_3。

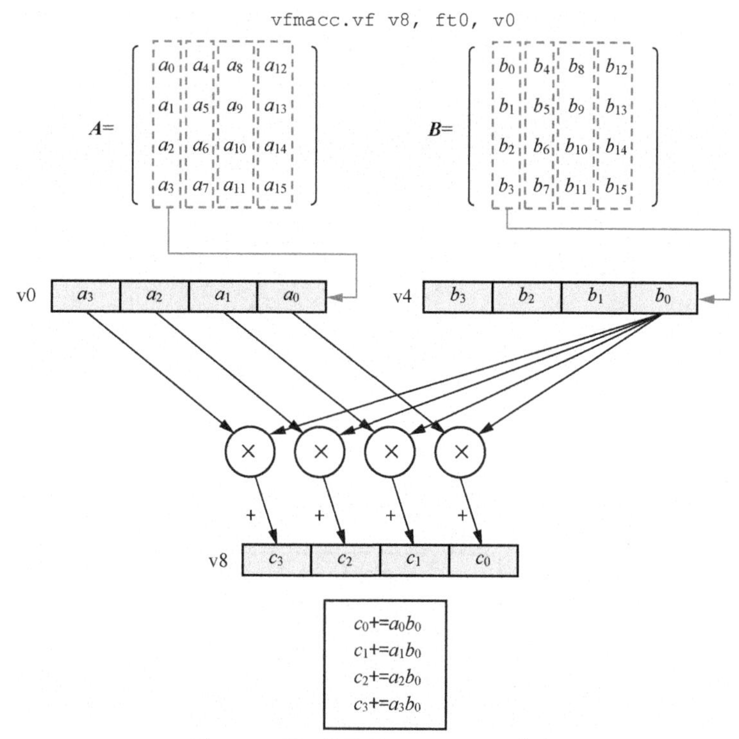

图 18.28 第 1 次执行 VFMACC.VF 指令

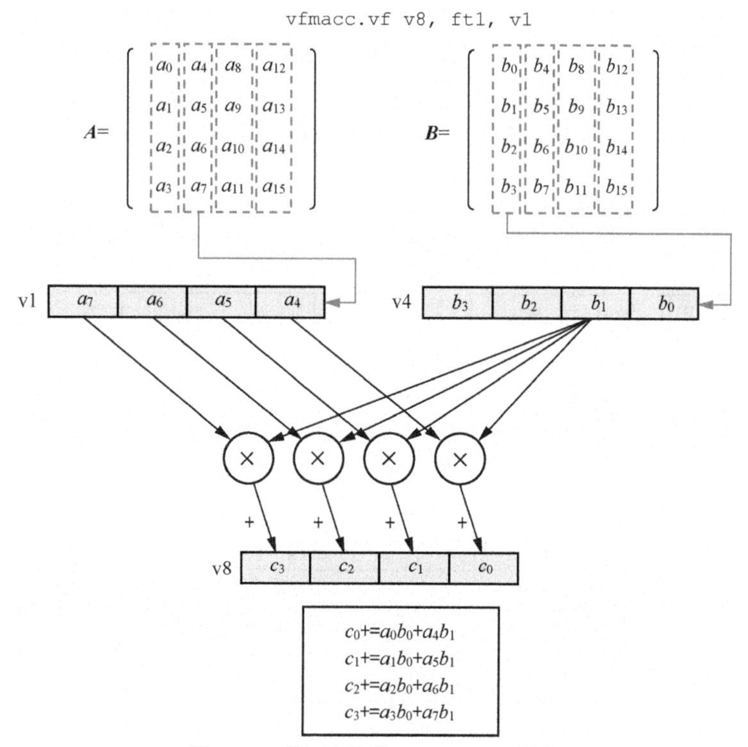

图 18.29 第 2 次执行 VFMACC.VF 指令

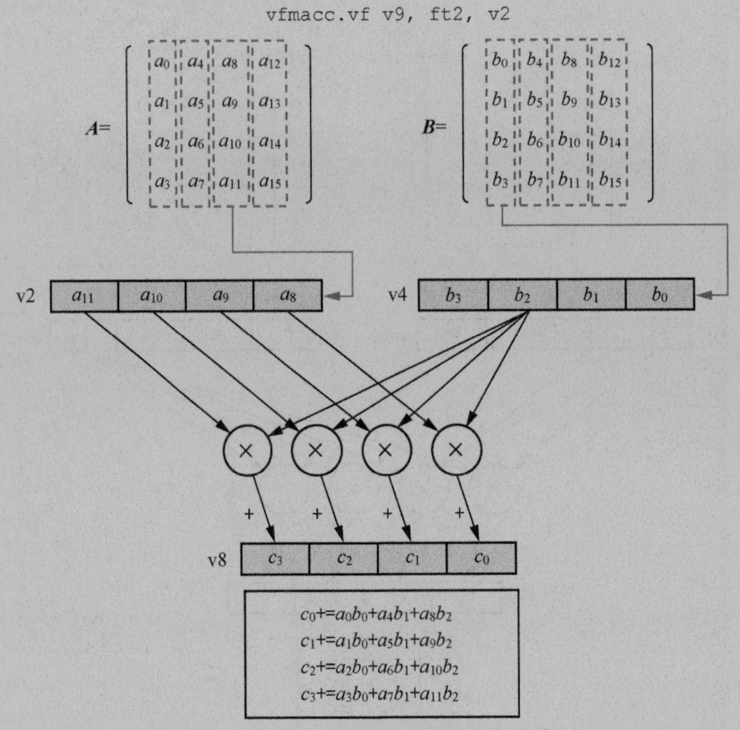

图 18.30　第 3 次执行 VFMACC.VF 指令

在第 31 行中，第 4 次使用 VFMACC.VF 指令，让 b_3 元素与矩阵 ***A*** 第 4 列的 3 个数据分别相乘并求累加和，最终结果 $c_0=a_0b_0+a_4b_1+a_8b_2+a_{12}b_3$，$c_1= a_1b_0+a_5b_1+a_9b_2+a_{13}b_3$，以此类推。如图 18.31 所示，上述 4 条 VFMACC.VF 指令计算完矩阵 ***C*** 第 1 列的数据，即$\{c_0,c_1,c_2,c_3\}$。

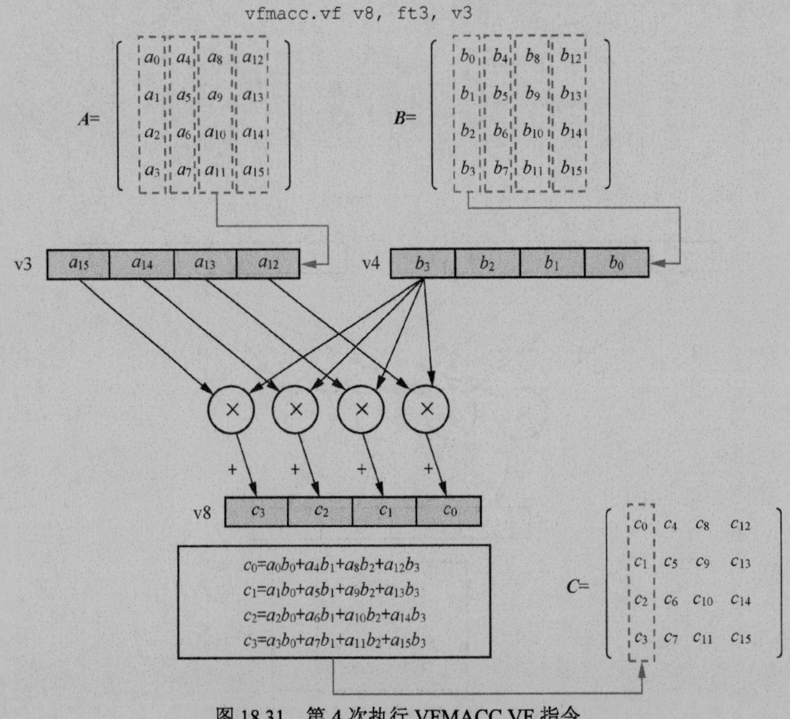

图 18.31　第 4 次执行 VFMACC.VF 指令

在第 35～43 行中，分别计算矩阵 ***C*** 第 2 列的 4 个数据。

在第 46～54 行中，分别计算矩阵 ***C*** 第 3 列的 4 个数据。

在第 57～64 行中，分别计算矩阵 ***C*** 第 4 列的 4 个数据。

在第 67～75 行中，把矩阵 ***C*** 所有数据写入一维数组 C 中。

18.11.3 测试

我们写一个测试程序来测试上述 C 函数以及 RVV 汇编函数，并判断结果运算是否一致。

```
1     int main()
2     {
3         float32_t A[16];
4         float32_t B[16];
5         float32_t C[16];
6         float32_t D[16];
7
8         bool c_eq_asm;
9
10        matrix_init_rand(A, 16);
11        matrix_init_rand(B, 16);
12
13        printf("Matrix A data:\n");
14        print_matrix(A);
15
16        printf("Matrix B data:\n");
17        print_matrix(B);
18
19        matrix_multiply_c(A, B, C);
20        printf("C code result:\n");
21        print_matrix(C);
22
23        matrix_multiply_4x4_asm(A, B, D);
24        printf("asm result:\n");
25        print_matrix(D);
26
27        c_eq_asm = matrix_comp(C, D);
28        printf("Asm equal to C:  %s\n", c_eq_asm ? "yes" : "no");
29
30        return 0;
31    }
```

在 Ubuntu 主机上编译程序。

```
$ riscv64-unknown-elf-gcc -g -march=rv64gcv --static matrix_4x4_test.c matrix.S -o test
```

运行 test 程序。

```
$ spike --varch=vlen:128,elen:32 --isa=rv64gcv pk test
bbl loader

Matrix A data:
0.690001 0.378429 0.340127 0.879994
0.505418 0.257732 0.843852 0.319480
0.591491 0.207382 0.068778 0.980568
0.554785 0.626262 0.409907 0.085005

Matrix B data:
0.907629 0.872289 0.361915 0.877068
0.102509 0.333260 0.031994 0.449259
0.921978 0.692409 0.858511 0.432193
0.507551 0.556946 0.098984 0.606268

C code result:
1.425289 1.453612 0.640938 1.455703
1.425318 1.288987 0.947244 1.117472
1.119213 1.178809 0.376812 1.236158
0.988806 1.023807 0.581145 0.996632
```

```
asm result:
1.425289 1.453612 0.640938 1.455703
1.425318 1.288987 0.947244 1.117472
1.119213 1.178809 0.376812 1.236158
0.988806 1.023807 0.581145 0.996632

Asm equal to C:  yes
```

18.12 案例分析 18-4：使用 RVV 内置函数

GCC 还提供了 RVV 内置函数来方便编程人员使用 RVV 汇编指令。RVV 内置函数用来封装 RVV 指令，这样我们可以通过调用函数直接访问 RVV 汇编指令，而不用直接编写汇编代码。使用 RVV 内置函数之前需要熟悉这些内存函数的定义和用法，读者可以参考 RISC-V 基金会在 GitHub 上的“rvv-intrinsic-doc”项目。

下面使用 RVV 内置函数实现案例分析 18-2 中的 RGB24 转 BGR24 功能。

```
1    void rgb24_bgr24_intr(unsigned char *src, unsigned char *dst, unsigned long count)
2    {
3        size_t vl;
4        vuint8m1_t rgb_r, rgb_g, rgb_b;
5
6        while(count) {
7            vl = vsetvl_e8m1(count);
8
9            vlseg3e8_v_u8m1(&rgb_r, &rgb_g, &rgb_b, src, vl);
10           vsseg3e8_v_u8m1(dst, rgb_b, rgb_g, rgb_r, vl);
11
12           count -= 3 * vl;
13           src += 3 * vl;
14           dst += 3 * vl;
15       }
16   }
```

其中，vuint8m1_t 是 RVV 内置函数定义的数据类型，用来表示一个矢量变量，这个矢量变量可以理解为一个矢量寄存器。其中，LMUL=1，SEW=8，即数据元素的位宽为 8 位。

vsetvl_e8m1()函数用来配置 vl 寄存器，内部通过 vsetvli 指令配置 vl 和 vtype 寄存器，其中 LMUL=1，SEW=8。

vlseg3e8_v_u8m1()函数内部使用 vlseg3e8.v 指令。它把 src 指向的 RGB24 格式的数据分别加载到 rgb_r、rgb_g 以及 rgb_b 变量中。其中，rgb_r 变量中存储的都是 R 像素的数据，rgb_g 变量中存储的都是 G 像素的数据，rgb_b 变量中存储的都是 B 像素的数据。

vsseg3e8_v_u8m1()函数内部使用 vsseg3e8.v 指令。它把 rgb_b、rgb_g 以及 rgb_r 变量的数据元素都存储到 dst 指向的内存地址中。

由此可见，使用 RVV 内置函数编写的代码更接近 C 语言风格。

18.13 案例分析 18-5：自动矢量优化

使用 RVV 指令集优化代码有如下 3 种做法。

- 手动编写 RVV 汇编代码。
- 使用编译器提供的 RVV 内置函数。
- 使用编译器提供的自动矢量化（auto-vectorization）选项，让编译器自动生成 RVV 汇编指令来进行优化。

GCC 编译器内置了自动矢量优化功能。GCC 提供如下几个编译选项。

- -ftree-vectorize：执行矢量优化。这个选项会默认使能“-ftree-loop-vectorize”与“-ftree-slp-vectorize”。
- -ftree-loop-vectorize：执行循环矢量优化。展开循环以减少迭代次数，同时在每次迭代中执行更多的操作。
- -ftree-slp-vectorize：将标量操作捆绑在一起，以利用矢量寄存器的带宽。SLP 是 Superword-Level Parallelism 的缩写。

另外，GCC 的“O3”优化选项会自动使能“-ftree-vectorize”，即使能自动矢量优化功能。下面是一段简单的示例代码，它先把 src 的每个数据加 8，然后把和存储到 dst 中。

```
<rvv_test.c 代码片段>

1     #include <stdio.h>
2     #include <stdlib.h>
3
4     static void test(unsigned char *src, unsigned char *dst, unsigned long count)
5     {
6         unsigned long i;
7
8         for (i = 0; i < count; i++)
9             *dst++ = *src++ + 8;
10    }
11
12    #define DATA_SIZE (100)
13
14    int main(int argc, char* argv[])
15    {
16        unsigned char *src = malloc(DATA_SIZE);
17        unsigned char *dst = malloc(DATA_SIZE);
18
19            test(src, dst, DATA_SIZE);
20
21        printf("%u ", dst);
22        return 0;
23    }
```

我们尝试使用 GCC 的自动矢量功能优化该代码。执行如下命令进行反汇编。

```
$ riscv64-unknown-elf-gcc -S -O3 -march=rv64gcv -mrvv rvv_test.c
```

上述 GCC 命令会让编译器尝试使用 RVV 汇编指令优化。执行完之后会生成 rvv_test.s 汇编文件。

```
1         .file   "rvv_test.c"
2         .option nopic
3         .attribute arch, "rv64i2p0_m2p0_a2p0_f2p0_d2p0_c2p0_v1p0_zve32f1p0_zve32x1p0_
          zve64d1p0_zve64f1p0_zve64x1p0_zvl128b1p0_zvl32b1p0_zvl64b1p0"
4         .text
5         .section   .rodata.str1.8,"aMS",@progbits,1
6         .align   3
7     .LC0:
8         .string   "%u "
9         .section   .text.startup,"ax",@progbits
10        .align   1
11        .globl   main
12        .type   main, @function
13    main:
14        addi   sp,sp,-16
15        li   a0,100
16        sd   ra,8(sp)
17        sd   s0,0(sp)
18        call   malloc
19        mv   s0,a0
20        li   a0,100
21        call   malloc
```

```
22        mv  a1,a0
23        mv  a3,s0
24        mv  a4,a0
25        li  a5,100
26        csrr  a2,vlenb
27    .L2:
28        vsetvli  a6,a5,e8,m1,ta,mu
29        vle8.v  v24,(a3)
30        vadd.vi  v24,v24,8
31        vse8.v  v24,(a4)
32        sub  a5,a5,a6
33        add  a3,a3,a2
34        add  a4,a4,a2
35        bne  a5,zero,.L2
36        lui  a0,%hi(.LC0)
37        addi  a0,a0,%lo(.LC0)
38        call  printf
39        ld  ra,8(sp)
40        ld  s0,0(sp)
41        li  a0,0
42        addi  sp,sp,16
43        jr  ra
44        .size  main, .-main
45        .ident  "GCC: (gbb25a476796) 12.0.1 20220505 (prerelease)"
```

我们解读一下这段汇编代码。

在第 15～21 行中，调用 malloc()函数分配 src 和 dst 两个内存缓冲区。

在第 22～25 行中，a3 寄存器指向 src 缓冲区，a0 和 a4 寄存器指向 dst 缓冲区。

在第 26～35 行中，GCC 自动生成了 RVV 汇编指令，生成的 RVV 汇编代码与我们手动添加的 RVV 汇编指令非常类似。

自动矢量优化的一个必要条件是，在循环开始时必须知道循环次数。因为 break 等中断条件意味着在循环开始时循环的次数可能是未知的，所以 GCC 自动矢量优化功能在有些情况下（例如，在有相互依赖关系的不同循环的迭代中，在带有 break 子句的循环中，在具有复杂条件的循环中）不能使用。

如果不可能完全避免中断条件，那么可以把 C 代码的循环分解为多个可矢量化和不可矢量化的部分。

18.14 术语

本章有不少与 RVV 相关的专用术语缩写，容易混淆。

- VLEN：矢量寄存器的长度。
- ELEN：矢量元素的长度。
- SEW：被选中的元素的位宽（Selected Element Width）。
- LMUL：寄存器组乘系数，表示一个寄存器组由多少个矢量寄存器组成。
- VLMAX：表示一个寄存器组一共有多少个数据元素，计算公式为 VLMAX = LMUL × VLEN/SEW。
- EEW：有效的元素位宽（Effective Element Width），用于矢量操作数，在有些加宽指令中，数据元素的位宽会加宽一倍。
- EMUL：有效的寄存器组乘系数（Effective LMUL），用于矢量操作数，在有些加宽指令中，寄存器组乘系数会放大 2 倍。
- vl：指的是 vl 寄存器，即在矢量指令中处理的数据元素的数量，它可以被 vsetvl 配置指令或者首次异常加载指令更新。

18.15 实验

18.15.1 实验 18-1：RGB24 转 BGR32

1. 实验目的

掌握 RVV 指令。

2. 实验要求

请用 RVV 汇编指令优化 rgb24to32()函数，然后对比 C 函数与 RVV 汇编函数的执行结果是否一致。

```
/* RGB24 (= R, G, B) -> BGR32 (= A, R, G, B) */
void rgb24to32(const uint8_t *src, uint8_t *dst, int src_size)
{
    int i;

    for (i = 0; 3 * i < src_size; i++) {
        dst[4 * i + 0] = src[3 * i + 2];
        dst[4 * i + 1] = src[3 * i + 1];
        dst[4 * i + 2] = src[3 * i + 0];
        dst[4 * i + 3] = 255;
    }
}
```

18.15.2 实验 18-2：8 × 8 矩阵乘法运算

1. 实验目的

熟练掌握 RVV 汇编指令。

2. 实验要求

请用 RVV 汇编指令优化 8 × 8 矩阵乘法运算，然后对比 C 函数与 RVV 汇编函数的执行结果是否一致。

18.15.3 实验 18-3：使用 RVV 指令优化 strcpy()函数

1. 实验目的

进一步熟练掌握 RVV 汇编指令。

2. 实验要求

请用 RVV 汇编指令优化 strcpy()函数，然后写一个测试程序，验证 RVV 汇编函数的正确性。

```
char *strcpy(char *dest, const char *src)
{
    char *tmp = dest;

    while ((*dest++ = *src++) != '\0')
        /* nothing */;
    return tmp;
}
```

18.15.4 实验 18-4：使用 RVV 内置函数优化

1. 实验目的

熟练掌握 RVV 内置函数。

2. 实验要求

请用 RVV 内置函数优化案例分析 18-3。

18.15.5　实验 18-5：使用 RVV 优化转置矩阵的求法

1. 实验目的

熟练掌握 RVV 汇编指令。

2. 实验要求

求 $\boldsymbol{A}$ 的转置矩阵（$\boldsymbol{A}^{\mathrm{T}}$），如图 18.32 所示。

$$\boldsymbol{A} = \begin{bmatrix} a_0 & a_4 & a_8 & a_{12} \\ a_1 & a_5 & a_9 & a_{13} \\ a_2 & a_6 & a_{10} & a_{14} \\ a_3 & a_7 & a_{11} & a_{15} \end{bmatrix}$$

$$\boldsymbol{A}^{\mathrm{T}} = \begin{bmatrix} a_0 & a_1 & a_2 & a_3 \\ a_4 & a_5 & a_6 & a_7 \\ a_8 & a_9 & a_{10} & a_{14} \\ a_{12} & a_{13} & a_{14} & a_{15} \end{bmatrix}$$

图 18.32　转置矩阵

在矩阵计算公式中，$\boldsymbol{C}=\boldsymbol{A}\boldsymbol{B}^{\mathrm{T}}$，假设 $\boldsymbol{A}$、$\boldsymbol{B}$、$\boldsymbol{C}$ 都是 4×4 矩阵，$\boldsymbol{B}^{\mathrm{T}}$ 为 $\boldsymbol{B}$ 的转置矩阵，请使用 RVV 汇编指令优化转置矩阵的求法。

第19章　压缩指令扩展

19.1 RISC-V 指令集的特点

RISC-V 指令集相比其他 RISC 商业指令集（如 ARMv8 指令集）的优点是设计简洁和模块化设计，不过缺点也很明显，即指令的密度比较低。下面举两个例子。

ARMv8 指令集中有成对字节内存加载/存储指令 LDP/STP 指令，即一条指令可以同时加载/存储 16 字节。在 RISC-V 指令集中则需要两条加载/存储指令。从指令密度的角度来看，RISC-V 指令集的指令密度比 ARMv8 要低一半。指令密度低导致编译后的代码变得非常多，若加载/存储 16 字节数据，ARMv8 的代码只需要 1 条指令（即 4 字节），而 RISC-V 的代码需要两条指令（即 8 字节）。

ARMv8 指令集中的加载/存储指令支持前变基和后变基寻址模式，即一条指令可以完成加载/存储数据以及对基地址修改的操作，而在 RISC-V 指令集中则需要两条指令，一条存储/加载指令完成数据加载/存储，另一条 ADD 指令完成对基地址的修改。

除需要更大的存储介质之外，代码量变大还会导致在指令预取时提高指令缓存的未命中率，从而降低程序效率。为解决这个问题，RISC-V 指令集提出了压缩指令扩展（compressed instruction extension），该扩展使用“C”来表示。压缩指令使用 16 位宽指令替换 32 位宽指令，从而减少代码量。压缩指令扩展可以运用在 RV32、RV64 以及 RV128 等基础指令集上，通常使用“RVC”表示支持该扩展的指令集。实验表明，在一个程序中通常有 50%的指令可以使用 RVC 指令来替代，从而减少 25%～30%的代码量。

RVC 采用简单的策略把 32 位宽指令替换成 16 位宽指令，这些策略如下。

- 当立即数或者地址偏移量很小时；
- 当有一个寄存器是 x0、x1 或者 x2；
- 当第一源寄存器和目标寄存器是同一个寄存器；
- 当所有寄存器都使用 RVC 常用的 8 个寄存器。

在 RVC 中，16 位宽指令和 32 位宽指令可以自由混合，即可以从任意 16 位边界开始执行指令，删除对 32 位地址边界的限制。处理器可以在指令预取或者译码阶段把 16 位宽 RVC 指令扩展成 32 位宽指令，例如，香山处理器在指令预取单元里把 16 位宽 RVC 指令扩展为 32 位指令。

我们通常在编写汇编代码时不直接使用 RVC 指令，而让汇编器和链接器完成指令压缩。例如，在 GCC 编译选项中设置“-march=rv64imafdc”，其中，c 表示让 GCC 自动完成指令压缩。

通常，在一个系统中，指令预取带宽是系统的主要性能瓶颈之一。通过 RVC，我们可以减少指令，从而减少指令的获取量并降低指令高速缓存的未命中率，进而提高效率。

32 位宽和 16 位宽指令可以通过指令编码中的 Bit[1:0]区分。当 Bit[1:0]为 0b11 时，指令为 32 位宽指令；否则，为 16 位宽指令。如图 19.1 所示，32 位宽指令使用 Bit[6:0]作为指令的操作码字段，而 16 位宽指令只使用 Bit[1:0]作为指令的操作码字段。

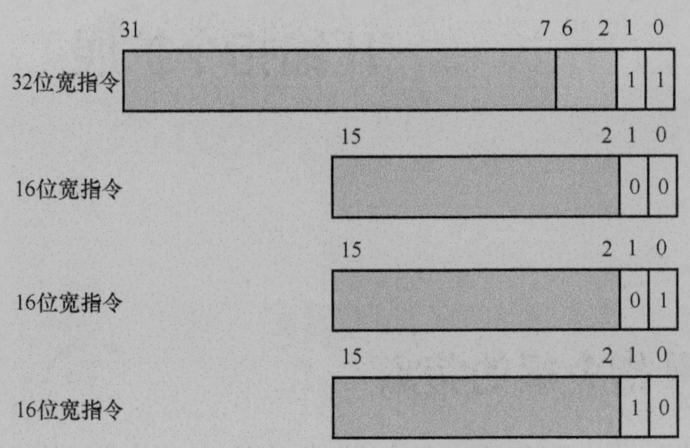

图 19.1　32 位宽指令与 16 位宽指令的区别

19.2 RVC 支持的指令格式与指令编码

RVC 支持 9 种指令格式。

- CR：用于带寄存器的跳转指令，如 C.JR 和 C.JALR 指令。
- CI：用于带立即数的一些指令，如 C.LI 和 C.LUI 指令。它也可以用于与栈相关的加载指令，如 C.LWSP、C.LDSP 以及 C.LQSP 指令。
- CSS：用于与栈相关的存储指令，如 C.SWSP、C.SDSP 以及 C.SQSP 指令。
- CIW：用于与 8 位有符号立即数相关的指令，如 C.ADDI4SPN 指令。
- CL：用于加载操作指令，如 C.LW、C.LD 以及 C.LQ 指令。
- CS：用于存储操作指令，如 C.SW、C.SD 以及 C.SQ 指令。
- CA：用于算术运算指令，如 C.AND、C.OR、C.XOR、C.SUB、C.ADDW 以及 C.SUBW 指令。
- CB：用于分支指令，如 C.BEQZ、C.BNEZ 指令。
- CJ：用于带立即数的跳转指令，如 C.J、C.JAL 指令。

上述 9 种指令的编码格式如图 19.2 所示。其中，CR、CI 和 CSS 可以使用 32 个通用寄存器中任意一个，而 CIW、CL、CS、CA 和 CB 只能使用 RVC 规定的 8 个寄存器，因此可以使用 3 位索引这 8 个寄存器，如表 19.1 所示。

表 19.1　RVC 规定的 8 个寄存器

索引值（二进制）	通用寄存器名称（整型）	ABI 规范中的寄存器名称（整型）	寄存器（浮点数）	ABI 规范中的寄存器名称（浮点数）
0b000	x8	s0	f8	fs0
0b001	x9	s1	f9	fs1
0b010	x10	a0	f10	fa0
0b011	x11	a1	f11	fa1
0b100	x12	a2	f12	fa2
0b101	x13	a3	f13	fa3
0b110	x14	a4	f14	fa4
0b111	x15	a5	f15	fa5

由于不推荐读者使用 RVC 指令编写汇编代码，因此本节不详细介绍每条 RVC 指令，有兴趣的读者可以参考 RISC-V 指令手册。

15 14 13	12	11 10	9 8 7	6 5	4 3 2	1 0	
funct4		rd/rs1		rs2		op	CR指令格式
funct3	imm	rd/rs1		imm		op	CI指令格式
funct3	imm			rs2		op	CSS指令格式
funct3	imm				rd'	op	CIW指令格式
funct3	imm		rs1'	imm	rd'	op	CL指令格式
funct3	imm		rs1'	imm	rs2'	op	CS指令格式
funct6			rd'/rs1'	funct2	rs2'	op	CA指令格式
funct3	offset		rs1'	offset		op	CB指令格式
funct3	jump target					op	CJ指令格式

图 19.2 RCV 的 9 种指令的编码格式

第20章　虚拟化扩展

本章思考题

1. 实现虚拟化的3个要素是什么？
2. 什么是GVA、GPA、HVA和HPA？
3. RISC-V在CPU虚拟化中做了哪些改进？
4. 处于HS模式下的处理器能访问哪些系统寄存器？
5. 请简述在虚拟化场景中两阶段地址映射的过程。
6. RISC-V为虚拟化新增的HLV/HSV指令有什么用途？
7. 在RISC-V虚拟化扩展中，VMM如何进入虚拟机？
8. 在RISC-V虚拟化扩展中，VM有哪些途径可以陷入VMM中？
9. 在RISC-V虚拟化扩展中，如何把一个中断注入VM中？
10. 在虚拟化场景中，什么是"陷入与模拟"机制？

虚拟化（virtualization）技术是目前最流行且热门的计算机技术之一，它能为企业节省硬件开支，提供灵活性，同时也是云计算的基础。

作为一种资源管理技术，虚拟化技术能对计算机的各种物理资源（如CPU、内存、I/O设备等）进行抽象组合并分配给多个虚拟机。虚拟化技术根据对象类型可以细分为如下3类。

- 平台虚拟化（platform virtualization）：针对计算机和操作系统的虚拟化，如KVM等。
- 资源虚拟化（resource virtualization）：针对特定系统资源的虚拟化，包括内存、存储器、网络资源等，如容器技术。
- 应用程序虚拟化（application virtualization）：针对应用程序的虚拟化，包括仿真、模拟、解释技术等，如Java虚拟机。

本章主要介绍RISC-V体系结构中虚拟化扩展方面的知识。

20.1 虚拟化技术介绍

本节介绍的虚拟化技术主要指的是平台虚拟化技术。虚拟化的主要思想是利用虚拟机监控程序（Virtual Machine Monitor，VMM）在同一物理硬件上创建多个虚拟机，这些虚拟机在运行时就像真实的物理机器一样。虚拟机监控程序又称为虚拟机管理程序（hypervisor）。

本节主要介绍虚拟化技术的发展历史、常见的虚拟化技术和虚拟化软件以及虚拟化的实现原理等方面的内容。

20.1.1 虚拟化技术的发展历史

在20世纪60年代，科学家就已经开始探索虚拟化技术了。1974年，杰拉尔德·J.波佩克

（Gerald J. Popek）和罗伯特 • P. 戈德堡（Robert P. Goldberg）在论文“Formal Requirements for Virtualizable Third Generation Architectures”中提出了实现虚拟化的 3 个要素。

- 资源控制（resource control）。VMM 必须能够管理所有的系统资源。
- 等价性（equivalence）。虚拟机的运行行为与裸机的运行行为一致。
- 效率性（efficiency）。虚拟机运行的程序不受 VMM 的干涉。

上述 3 个要素是判断一台计算机能否实现虚拟化的充分必要条件。x86 体系结架构在实现虚拟化的过程中遇到了一些挑战，特别是不能满足上述第二个条件。计算机体系结构里包含两种指令。

- 敏感指令：操作某些特权资源的指令，如访问、修改虚拟机模式或机器状态的指令。
- 特权指令：具有特殊权限的指令。这类指令只用于操作系统或其他系统软件，一般不直接供用户使用。

杰拉尔德 • J.波佩克和罗伯特 • P. 戈德堡在论文中提到，要实现虚拟化，就必须保证敏感指令是特权指令的子集。也就是说，在用户模式要想执行一些不应该在用户模式执行的指令，就必须自陷（trap）到特权模式。在 x86 体系结构中，不少敏感指令在用户模式执行时或者在用户模式读取敏感资源时不能自陷到特权模式，比如，在用户模式可以读取代码段选择符以判断自身运行在用户模式还是内核模式，这会让虚拟机发现自己运行在用户模式，从而做出错误的判断。为了解决这个问题，早期的虚拟化软件使用了二进制翻译技术，VMM 在运行过程中会动态地把原来有问题的指令替换成安全的指令，并模拟原有指令的功能。

到了 2005 年，Intel 开始在 CPU 中引入硬件虚拟化技术（Virtualization Technology，VT）。VT 的基本思想是创建可以运行虚拟机的容器。在使能了 VT 的 CPU 里有两种操作模式——根（VMX root）模式和非根（VMX non-root）模式。这两种操作模式都支持 Ring 0～Ring 3 这 4 个特权级别，因此 VMM 和虚拟机都可以自由选择它们期望的运行级别。

根模式是供给 VMM 使用的，在这种模式下可以调用 VMX 指令集，由 VMM 创建和管理虚拟机。

非根模式就是虚拟机运行的模式，这种模式不支持 VMX 指令集。

上述两种模式可以自由切换（见图 20.1）。

- 进入 VM：VMM 可以通过显式地调用 VMLAUNCH 或 VMRESUME 指令切换到非根模式，硬件将自动加载虚拟机的上下文，于是虚拟机得以运行。
- 退出 VM：虚拟机在运行过程中遇到需要 VMM 处理的事件，如外部中断或缺页异常，或者遇到主动调用 VMCALL 指令（与系统调用类似）的情况，于是 CPU 自动挂起虚拟机，切换到根模式，恢复 VMM 的运行。

在虚拟化技术的发展过程中，还出现过一种名为半虚拟化（paravirtualization）的技术。与全虚拟化技术不一样的是，半虚拟化技术通过提供一组虚拟化调用（hypercall），让虚拟机调用虚拟化调用接口，向 VMM 发送请求，如修改页表等。因为半虚拟化技术需要虚拟机和 VMM 协同工作，所以虚拟机系统一般通过一定的定制和修改实现。目前，常见的采用半虚拟化技术的软件为 Xen。全虚拟化和半虚拟化的区别如图 20.2 所示。

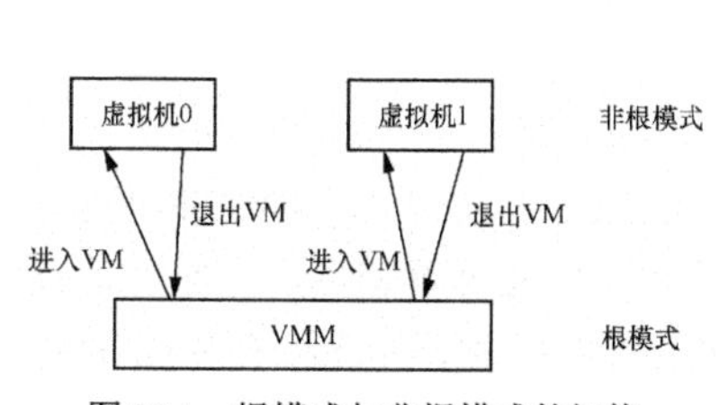

图 20.1 根模式与非根模式的切换

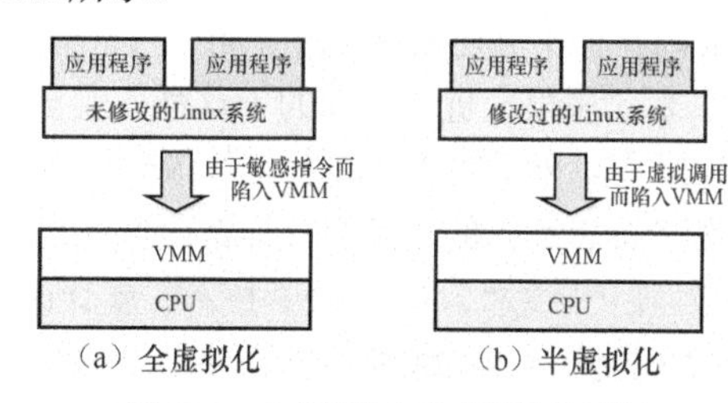

图 20.2 全虚拟化和半虚拟化的区别

20.1.2　虚拟机管理程序的分类

在杰拉尔德 • J. 波佩克和罗伯特 • P. 戈德堡的论文里，VMM 分成如下两类。

- 第一类 VMM 就像小型操作系统，目的就是管理所有的虚拟机，常见的虚拟化软件有 Xen、Xvisor 等。
- 第二类 VMM 依赖 Windows、Linux 等操作系统来分配和管理调度资源，常见的虚拟化软件有 VMware Player、KVM 以及 Virtual Box 等。

图 20.3 展示了这两类 VMM。

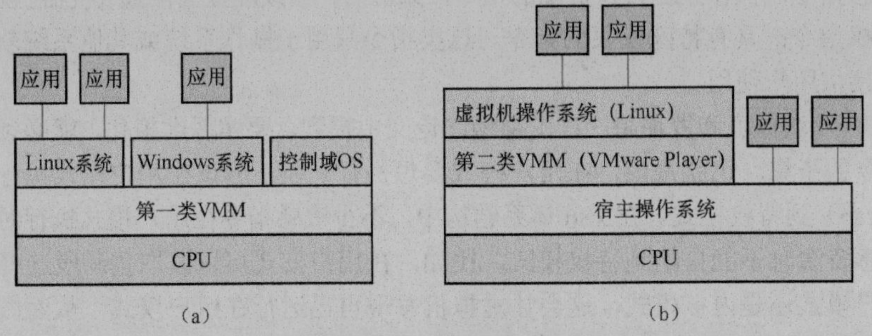

图 20.3　VMM 的分类

20.1.3　内存虚拟化

除 CPU 虚拟化之外，内存虚拟化也是很重要的。在没有硬件支持的内存虚拟化系统中，一般采用影子页表（shadow page table）实现。在内存虚拟化中，存在如下 4 种地址。

- GVA（Guest Virtual Address）：虚拟机虚拟地址。
- GPA（Guest Physical Address）：虚拟机物理地址。
- HVA（Host Virtual Address）：主机虚拟地址。
- HPA（Host Physical Address）：主机物理地址。

对于虚拟机的应用程序来说，访问具体的物理地址需要两次页表转换，即从 GVA 到 GPA 以及从 GPA 到 HPA。当硬件不提供支持内存虚拟化的扩展（如 EPT（Extended Page Table，扩展页表）技术）时，硬件只有页表基址寄存器（如 x86 体系结构下的 CR3 或 RISC-V 体系结构下的 satp），硬件无法感知此时是从 GVA 到 GPA 的转换还是从 GPA 到 HPA 的转换，因为硬件只能完成一级页表转换。因此，VMM 为每个虚拟机创建了一个影子页表，从而一步完成从 GVA 到 HPA 的转换，如图 20.4 所示。

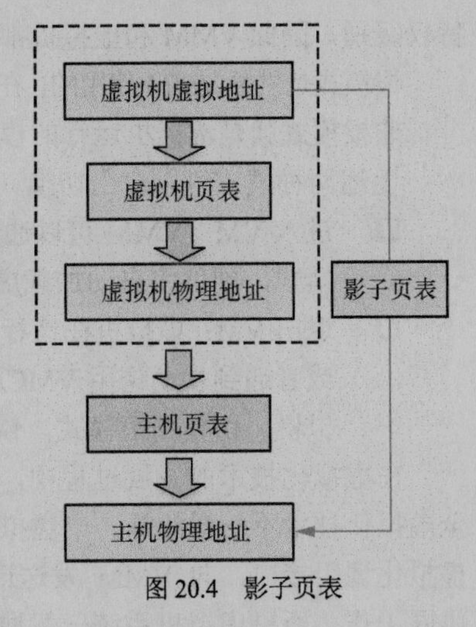

图 20.4　影子页表

页表存储在内存中，虚拟机修改页表项的内容相当于修改内存的内容，其中不会涉及敏感指令，因此也不会自陷到 VMM 中。为了捕获虚拟机修改页表的行为，VMM 在创建影子页表时会把页表项属性设置为只读的。这样，当虚拟机修改虚拟机页表时就会触发缺页异常，从而陷入 VMM 中，然后由 VMM 负责修改影子页表和虚拟机用到的页表。

影子页表引入的额外缺页异常导致系统性能低下，为此，Intel 实现了一种硬件内存虚拟化技术——EPT 技术。有了 EPT 技术，就让硬件处理虚拟化引发的额外页表操作，而无须触发缺页异常来自陷到 VMM 中，从而降低开销。在 RISC-V 体系结构中也支持类似于 EPT 的两阶段页表技术。

20.1.4 I/O 虚拟化

虚拟机除访问 CPU 和内存之外，还需要访问一些 I/O 设备，如磁盘、鼠标、键盘、输出机等。如何把外设传递给虚拟机？通常有如下几种做法。

- ❑ 使用软件模拟设备。以磁盘为例，VMM 可以在实际的磁盘上创建一个文件或一块区域来模拟虚拟磁盘，并把它传递给虚拟机。
- ❑ 使用设备透传（device pass through）。VMM 把物理设备直接分配给特定的虚拟机。
- ❑ 使用 SR-IOV（Single Root I/O Virtualization，单根 I/O 虚拟化）技术。设备透传方式的效率很高，但是可伸缩性很差。如果系统只有一块 FPGA（Field Programmable Gate Array，现场可编程门阵列）加速设备卡，就只能把这个设备传给一个虚拟机，当多个虚拟机都需要 FPGA 加速设备时，设备透传方式就显得无能为力了。支持 SR-IOV 技术的设备可以为每个使用这个设备的虚拟机提供独立的地址空间、中断和 DMA 等。SR-IOV 提供两种设备访问方式。
  - ■ PF（Physical Function，物理功能）：提供完整的功能，包括对设备的配置，通常在宿主机上访问 PF 设备。
  - ■ VF（Virtual Function，虚拟功能）：提供基本的功能，但是不提供配置选项，但是可以把 VF 设备传递给虚拟机。

例如，对于一块支持 SR-IOV 技术的智能网卡，除有一个 PF 设备外，还创建多个 VF 设备，这些 VF 设备都能实现网卡的基本功能，而且每个 VF 设备都能传给虚拟机使用。

在设备虚拟化中还需要考虑 DMA。在把一台设备传递给虚拟机后，虚拟机的操作系统通常不知道要访问的是主机的物理地址，也不知道 GPA 和 HPA 的转换关系。如果发起恶意的 DMA 操作，就有可能破坏或改写主机的内存，导致错误发生。为了解决这个问题，人们引入了 IOMMU（Input Output Memory Management Unit，输入/输出内存管理单元）。IOMMU 类似于 CPU 中的 MMU，只不过 IOMMU 用来将设备访问的虚拟地址转换成物理地址。因此，在虚拟机场景下，IOMMU 能够根据 GPA 和 HPA 的转换表重新建立映射，从而避免虚拟机的外设在进行 DMA 时影响到虚拟机以外的内存，这个过程称为 DMA 重映射。

IOMMU 的另外一个好处是实现了设备隔离，从而保证设备可以直接访问分配到的虚拟机内存空间而不影响其他虚拟机的完整性，这类似于 MMU，它能防止进程的错误内存访问影响其他进程。

20.2 RISC-V 虚拟化扩展

本节以 RISC-V 虚拟化扩展 v1.0 为例进行介绍。RISC-V 的虚拟化扩展吸收了其他处理器体系结构在虚拟化设计方面的优点，并在 RISC-V 体系结构的基础上做了细微的修改和增强来实现虚拟化。目前虚拟化扩展主要包括 CPU 虚拟化扩展、内存虚拟化扩展以及中断虚拟化扩展等方面。

20.2.1 CPU 虚拟化扩展

CPU 在虚拟化方面做了两个改进。

- ❑ S 模式的扩展。把原有的 S 模式扩展为 HS（Hypervisor-extended Supervisor）模式，它可以运行 VMM，也可以运行主机操作系统，从而完美和无缝地支持第一类 VMM 以及第二类 VMM，如 Xvisor 和 KVM。HS 模式在原来 S 模式的基础上新增了一些指令以及系统寄存器。

- ❑ 新增处理器模式。新增了 VS（virtual S）模式和 VU（virtual U）模式，虚拟机操作系统运行 VS 模式，虚拟机应用程序运行在 VU 模式。处理器模式的变化如图 20.5 所示。HS 模式比 VS 模式拥有更高的管理资源权限，同理，VS 模式比 VU 模式拥有更高的管理资源权限。

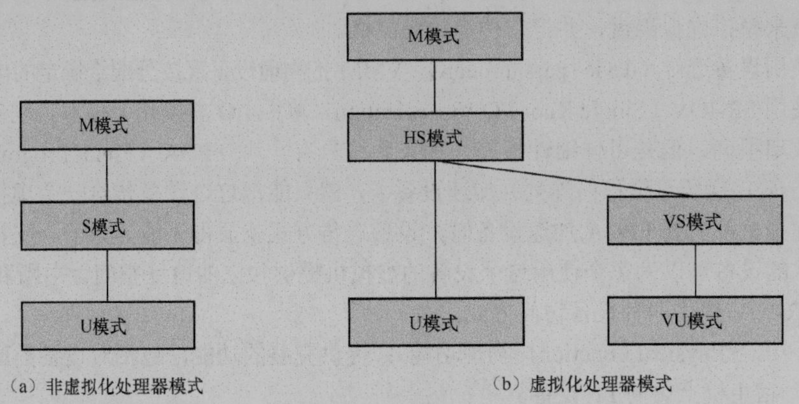

图 20.5　处理器模式的变化

因此在虚拟化场景下，新增了 VMM，它允许运行在 HS 模式，而多个虚拟机操作系统则同时运行在 VS 模式，虚拟机应用程序则运行在 VU 模式，如图 20.6 所示。

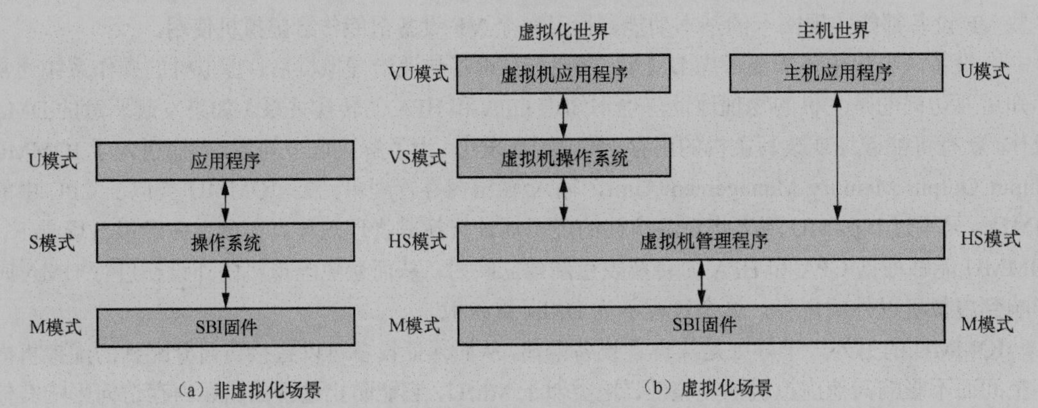

图 20.6　非虚拟化与虚拟化场景

20.2.2　M 模式下系统寄存器的扩展

虚拟化扩展在系统寄存器方面做了如下扩展。

- ❑ 对 M 模式的部分系统寄存器做了扩展。
- ❑ 在 HS 模式下新增了系统寄存器。运行在 HS 模式的 VMM 除使用 S 模式下原有的系统寄存器处理异常、中断、地址转换等功能之外，还新增了一系列在虚拟化场景下使用的系统寄存器，如 hstatus、hedeleg 等寄存器。
- ❑ 新增 VS 模式的系统寄存器。

使用 V 来表示处理器是否处于虚拟化模式中。若 V=1，表示处理器运行在虚拟化模式，即在 VS 模式或者 VU 模式下；若 V=0，表示处理器运行在非虚拟化模式下，如 M 模式、HS 模式或者 U 模式。另外，使用如下缩写表示不同模式下的系统寄存器。

- ❑ “m<csr>”表示 M 模式下的系统寄存器。
- ❑ “s<csr>”表示 S 模式下的系统寄存器。

- “h<csr>”表示 HS 模式下的系统寄存器。
- “vs<csr>”表示 VS 模式下的系统寄存器。

在不同处理器模式下能访问的系统寄存器也不同，如表 20.1 所示。

表 20.1　处理器模式下可访问的系统寄存器

处理器模式	访问的系统寄存器
HS 模式	访问“s<csr>”系统寄存器，表示访问原来 S 模式下的系统寄存器
	访问“h<csr>”系统寄存器，表示访问 HS 模式下的系统寄存器
	访问“vs<csr>”系统寄存器，表示访问 VS 模式下的系统寄存器
VS 模式	访问“s<csr>”系统寄存器，会映射到“vs<csr>”系统寄存器

1. mstatus 寄存器

mstatus 寄存器在原来的基础上新增了两个字段，如表 20.2 所示。

表 20.2　mstatus 寄存器新增的字段

字段	位段	说明
GPV	Bit[38]	当陷入 M 模式时会设置这个字段。 1：由于断点、非对齐地址访问、访问异常、虚拟机缺页异常等原因陷入 M 模式，GPV 设置为 1。 0：除上述原因之外，陷入 M 模式，GPV 设置为 0
MPV	Bit[39]	当陷入 M 模式时，MPV 用来保存 V 的状态。 1：表示处理器运行在虚拟化模式，V=1，如 VS 或者 VU 模式。 0：表示处理器运行在非虚拟化模式，V=0，如 M、HS 或者 U 模式

另外，在虚拟化扩展中，MPRV 字段（Bit[17]）的行为略有改变。若 MPRV=0，表示加载和存储指令按照当前的处理器模式进行地址转换与内存保护。若 MPRV=1，表示加载和存储指令按照 MPP 字段设置的处理器模式以及 MPV 字段设置的虚拟化模式进行地址转换与内存保护，如表 20.3 所示。

表 20.3　MPRV 字段

MPRV 字段	MPV 字段	MPP 字段	内存访问
0	—	—	按照当前处理器模式进行访问
1	0	0	按照 U 模式进行地址转换与内存保护
1	0	1	按照 HS 模式进行地址转换与内存保护
1	—	3	按照 M 模式访问，没有地址转换和保护
1	1	0	按照 VU 模式访问，两级地址转换与保护
1	1	1	按照 VS 模式访问，两级地址转换与保护

2. mip 和 mie 寄存器

mip 寄存器在原来的基础上新增了 SGEIP、VSEIP、VSTIP 以及 VSSIP 字段，它们分别对应 hip 寄存器中相应的字段。

mie 寄存器在原来的基础上新增了 SGEIE、VSEIE、VSTIE 以及 VSSIE 字段，它们分别对应 hie 寄存器中相应的字段。

3. mtval2 寄存器

当发生异常而陷入 M 模式时，mtval 与 mtval2 寄存器分别记录与异常相关的信息。如果在虚拟机中发生缺页异常并且陷入 M 模式，mtval2 寄存器记录发生异常时的 GPA。

4. mtinst 寄存器

如果发生异常而陷入 M 模式，mtinst 寄存器记录异常发生时指令的相关信息。

20.2.3 HS 模式下的系统寄存器

1. hstatus 寄存器

hstatus 寄存器表示 HS 模式下的处理器状态。hstatus 寄存器中每个字段的含义如表 20.4 所示。

表 20.4 hstatus 寄存器中每个字段的含义

字段	位段	说明
VSBE	Bit[5]	控制内存访问的大小端模式。 ❑ 0：VS 模式下的内存访问是小端模式。 ❑ 1：VS 模式下的内存访问是大端模式
GVA	Bit[6]	当陷入 HS 模式时会设置这个字段。 ❑ 1：由于断点、非对齐地址访问、访问异常、虚拟机缺页异常等原因陷入 HS 模式，因此虚拟机的虚拟地址会写入 stval 寄存器，并且 GPV 设置为 1。 ❑ 0：除上述原因之外，陷入 HS 模式，GPV 设置为 0
SPV	Bit[7]	当陷入 HS 模式时，SPV 用来保存 V 的状态。 ❑ 1：处理器运行在虚拟化模式，V=1，如 VS 或者 VU 模式。 ❑ 0：处理器运行在非虚拟化模式，V=0，如 HS 或者 U 模式
SPVP	Bit[8]	陷入 HS 模式之前 CPU 的处理模式。 ❑ 如果 V=1 并且陷入 HS 模式，那么 SPVP 字段保存之前的处理器模式，该值与 sstatus 寄存器中的 SPP 字段相同。 ❑ 如果 V=0，SPVP 字段不会改变
HU	Bit[9]	加载指令使用位。 ❑ 0：在 U 模式访问加载与存储虚拟机内存指令（如 HLV、HLVX 以及 HSV）会触发非法指令异常。 ❑ 1：加载与存储虚拟机内存指令可以在 U 模式下执行
VGEIN[5:0]	Bit[17:12]	为 VS 模式选择一个虚拟机外部中断源。 ❑ 0：表示没有选择外部中断源。 ❑ 大于 0：表示虚拟机外部中断号
VTVM	Bit[20]	支持拦截 VS 模式的虚拟内存管理操作。 ❑ 0：在 VS 模式下，可以正常访问 satp 系统寄存器或者执行 SFENCE.VMA/SINVAL.VMA 指令。 ❑ 1：在 VS 模式下，访问 satp 系统寄存器或者执行 SFENCE.VMA/SINVAL.VMA 指令会触发一个非法指令异常
VTW	Bit[21]	支持拦截 WFI 指令。 ❑ 0：WFI 指令可以在 VS 模式下执行。 ❑ 1：如果 WFI 指令在 VS 模式下执行，并且它没有在特定实现中约定的有限时间内完成，WFI 指令会触发一个非法指令异常
VTSR	Bit[22]	支持拦截 SRET 指令。 ❑ 0：在 VS 模式下正常执行 SRET 指令。 ❑ 1：在 VS 模式下执行 SRET 指令会触发一个非法指令异常
VSXL[1:0]	Bit[33:32]	用来表示 VS 模式的寄存器长度

2. hedeleg 和 hideleg 寄存器

默认情况下，所有的异常/中断都由 M 模式优先处理，除非通过 medeleg 和 mideleg 寄存器委托给 S 模式或者 HS 模式。同理，hedeleg 和 hideleg 寄存器可以把异常/中断委托给 VS 模式处理。异常/中断不仅可以在 M 模式下委托给 HS 模式处理，还可以在 HS 模式下进一步委托给 VS 模式处理。有些异常（如来自 HS 模式的系统调用）是不能委托给 VS 模式处理的，所以这些异常在 hedeleg 寄存器中相应的位设置为只读的，如表 20.5 所示。

表 20.5 hedeleg 寄存器中相应的位

位	属性	说明
0	—	指令地址不对齐
1	可写	指令访问异常
2	可写	非法指令异常
3	可写	断点
4	可写	加载地址未对齐
5	可写	加载访问异常
6	可写	存储/AMO 地址未对齐
7	可写	存储/AMO 访问异常
8	可写	来自 U 模式或者 VU 模式的系统调用
9	只读	来自 HS 模式的系统调用
10	只读	来自 VS 模式的系统调用
11	只读	来自 M 模式的系统调用
12	可写	指令缺页异常
13	可写	加载缺页异常
15	可写	存储/AMO 缺页异常
20	只读	虚拟机指令缺页异常
21	只读	虚拟机加载缺页异常
22	只读	虚拟化指令异常
23	只读	虚拟机存储/AMO 缺页异常

3. hcounteren 寄存器

hcounteren 寄存器类似于 scounteren 寄存器，它是一个 32 位寄存器，用来使能 VS 模式下的硬件性能监测和计数寄存器。

4. htimedelta 寄存器

htimedelta 寄存器返回在 VS 模式或者 VU 模式下通过 time 系统寄存器获取的时间与 HS 模式下获取的时间的差值。

5. htval 寄存器

当发生异常而陷入 HS 模式时，htval 与 stval 寄存器分别记录异常发生的相关信息。如果虚拟机发生缺页异常并且陷入 HS 模式，htval 寄存器记录虚拟机发生异常时的 GPA。

6. htinst 寄存器

当发生异常而陷入 HS 模式时，htinst 寄存器记录异常发生时指令的相关信息。

7. hgatp 寄存器

hgatp 寄存器保存了与 VMM 中地址转换相关的配置信息，如图 20.7 所示。

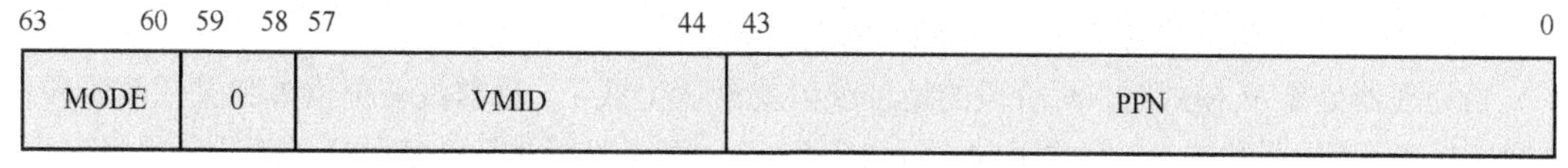

图 20.7 hgatp 寄存器

hgatp 寄存器一共有 3 个字段。

- PPN 字段：存储第一级页表基地址的页帧号。
- VMID 字段：表示虚拟机标识符（Virtual Machine IDentifer，VMID），用于优化 TLB。
- MODE 字段：用来选择地址转换的模式。对于 64 位 RISC-V 处理器，MODE 字段如表 20.6 所示。

表 20.6　　64 位 RISC-V 处理器的 MODE 字段

MODE 字段	值	说明
Bare	0	没有实现地址转换功能
保留	1～7 的整数	保留
Sv39x4	8	实现 41 位虚拟地址转换（分页机制）
Sv48x4	9	实现 50 位虚拟地址转换（分页机制）
Sv57x4	10	保留，用于在将来实现 59 位虚拟地址转换（分页机制）
—	11～15 的整数	保留

更新 hgatp 寄存器并不意味着在页表更新和虚拟机地址转换之间有任何内存次序约束。不过，如果虚拟机的页表被修改或者一个 VMID 被重新使用，那么在更新完 hgatp 寄存器之后需要执行 HFENCE.GVMA 指令。

20.2.4　VS 模式下的系统寄存器

“vs<csr>”系统寄存器用于 VS 模式的管理。“vs<csr>”系统寄存器的定义和格式与 S 模式下的“s<csr>”系统寄存器基本相同。

在 HS 模式下，通过访问“vs<csr>”系统寄存器，访问虚拟机中的“s<csr>”系统寄存器。

在 VS 模式下，只能访问“s<csr>”系统寄存器，“s<csr>”系统寄存器内容映射到对应的“vs<csr>”系统寄存器。不过在 VS 模式下，没有权限直接访问“vs<csr>”系统寄存器，否则会触发非法指令异常。

20.3　RISC-V 内存虚拟化

RISC-V 虚拟化扩展支持硬件内存虚拟化技术，即虚拟化两阶段地址映射，如图 20.8 所示。

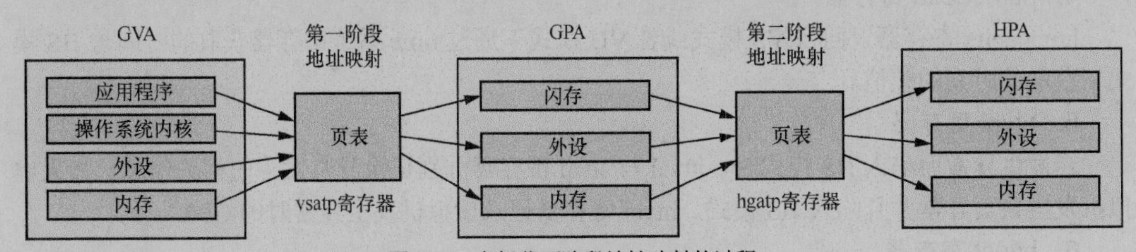

图 20.8　虚拟化两阶段地址映射的过程

- 第一阶段：虚拟机内部的地址转换，实现 GVA 到 GPA 之间的映射，由 VS 模式内部的 vsatp 寄存器控制，也称为 VS 映射阶段。
- 第二阶段：在 VMM 中的地址转换，实现 GPA 到 HPA 之间的映射，由 HS 模式的 hgatp 寄存器控制，也称为 G（Guest）映射阶段。

当处理器处于 V 模式时，两阶段的地址映射就默认生效了。目前没有提供单独关闭两阶段地址映射的寄存器，不过在 HS 模式下向 vsatp 或者 hgatp 寄存器写 0 可以禁用任意阶段的地址映射。

在真实的系统中，除虚拟化两阶段地址映射的需求之外，还有 VMM 本身的地址映射，即主机地址映射，如图 20.9 所示。

- 虚拟化第一阶段地址映射：GVA 在 VS 模式下映射到 GPA，由虚拟机的 vsatp 寄存器控制。
- 虚拟化第二阶段地址映射：GPA 在 HS 模式下映射到 HPA，由 VMM 的 hgatp 寄存器控制。

- ❑ 主机地址映射，HVA 在 HS 模式下映射到 HPA，由 VMM 的 satp 寄存器控制。

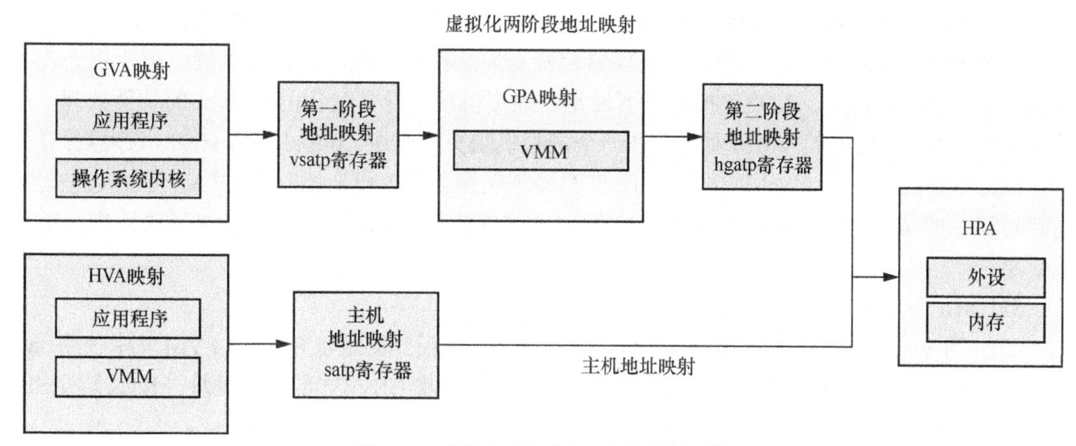

图 20.9 虚拟化两阶段与宿主机地址映射

hgatp 寄存器支持的模式有 Sv32x4、Sv39x4、Sv48x4 以及 Sv57x4。这里“x4”表示使用额外两位支持更宽的 GPA，例如，Sv39x4 表示支持 41 位的 GPA。这样做的好处是，允许虚拟化扩展最多支持 41 位 GPA，而不需要硬件支持 48 位虚拟地址（Sv48），也不需要使用影子页表模拟更大的地址空间，为虚拟化扩展提供更多的灵活性和便利性。

以 Sv39x4 为例，除如下不同之处，它的页表格式与 Sv39 的基本相同。

- ❑ 由于 GPA 支持 41 位，因此在第二阶段地址映射过程中，L0 页表索引域（如图 20.10 中的 VPN[2]）增加了两位，从原来的 9 位变成 11 位。

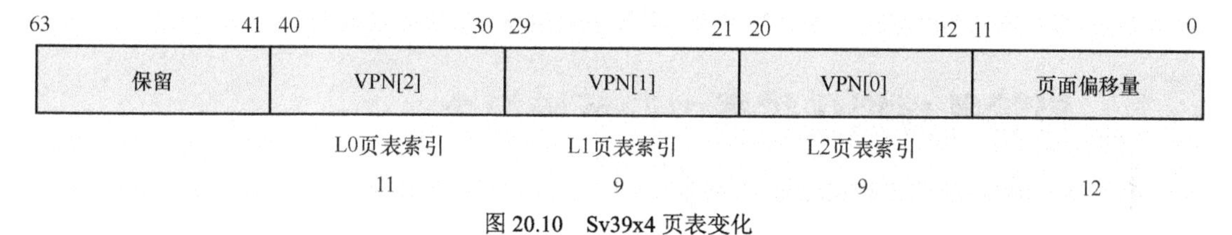

图 20.10 Sv39x4 页表变化

- ❑ 由于 L0 页表索引域增加了 2 位，因此 L0 页表索引域能索引的页表项数量从 512 变成 2048。每个页表项占 8 字节，因此 L0 页表大小需要从原来的 4 KB 扩展到 16 KB，并且基地址需要与 16 KB 地址对齐。
- ❑ 第二阶段的地址映射由 hgatp 寄存器控制。MMU 开始进行地址转换时的有效特权模式是 VS 模式或者 VU 模式。
- ❑ MMU 在第二阶段地址映射中检查页表项的 U 字段，当前的权限模式始终被视为 U 模式。
- ❑ 若在第一阶段地址映射中发生异常，则会触发虚拟机缺页异常。

同理，Sv48x4 模式把 GPA 扩展了两位，如图 20.11 所示，在第二阶段地址映射过程中，L0 页表索引域（如图 20.11 中的 VPN[3]）增加了两位，从原来的 9 位变成 11 位。

63 50	49 39	38 30	29 21	20 12	11 0
保留	VPN[3]	VPN[2]	VPN[1]	VPN[0]	页面偏移量
	L0页表索引	L1页表索引	L2页表索引	L3页表索引	
	11	9	9	9	12

图 20.11 Sv48x4 页表变化

在第二阶段地址映射过程中，所有的内存访问都看作 U 模式的内存访问，仿佛在 U 模式访问内存一样，因此在第二阶段的页表项中需要设置 U 字段，否则 MMU 会访问出错。

在第一阶段的地址映射过程中，处理器会检查地址权限，例如，是否可读、可写以及可执行等。当权限不满足时，触发虚拟机缺页异常。虚拟机缺页异常默认由 M 模式的软件处理，不过可以委托给 HS 模式的 VMM 处理。在一个虚拟机缺页异常中，mtval 或者 stval 寄存器保存了虚拟机出错时的 GVA。htval 或者 mtval2 寄存器则保存了虚拟机出错时的 GPA，不过这个地址已经右移了两位，VMM 需要左移两位才能读出正确的值。htinst 寄存器保存了错误指令的相关信息。

SFENCE.VMA 指令的作用与 V 模式下的作用相关。

- 当 V=0 时，SFENCE.VMA 指令仅仅作用于 HS 模式的地址转换（如 VMM 中使用 satp 寄存器控制的页表），传递给该指令的虚拟地址是 HS 模式的虚拟地址（HVA），ASID 指的是 HS 模式的 ASID。
- 当 V=1 时，SFENCE.VMA 指令仅仅作用于 VS 模式的地址转换（如虚拟机中使用 satp 寄存器控制的页表），即虚拟化第一阶段的地址转换。传递给该指令的虚拟地址指的是虚拟机虚拟地址（GVA），ASID 指的是该虚拟机内部的 ASID。因此，SFENCE.VMA 指令仅仅用于虚拟机内部的虚拟内存的 TLB 刷新和同步操作。

另外，当 PMP 设置被修改时，它会影响保存页表的物理内存或页表指向的物理内存，M 模式下的软件（如 OpenSBI）必须在 PMP 设置与虚拟内存之间进行同步。如果修改 PMP 的设置影响了 VMM 页表（即第二阶段的页表），那么需要在 M 模式执行 SFENCE.VMA 指令，其中 rs1 和 rs2 参数均指定为 0。如果修改 PMP 的设置影响了虚拟机页表（即第一阶段的页表），那么需要在 M 模式下执行 HFENCE.GVMA 指令，其中 rs1 和 rs2 参数均设置为 0。

20.4 RISC-V 虚拟化扩展中的新增指令

RISC-V 虚拟化扩展中新增了两类指令。

20.4.1 加载与存储虚拟机内存指令

HLV/HSV 指令用来加载和存储虚拟机的内存地址（可以是 GVA 或者 GPA），它们只能在 M 模式或者 HS 模式下执行。若 hstatus 寄存器中的 HU 字段设置为 1，HLV/HSV 指令也可以在 U 模式下执行。HLV 和 HSV 指令的格式如下。

```
hlv{x}.{b||h|w|d}{u} rd,  offset(rs1) //虚拟化加载指令

hsv{x}.{b|h|w|d} rs2,  offset(rs1)     //虚拟化存储指令
```

若 hstatus 寄存器中的 SPVP 字段为 0，HLV/HSV 指令可以加载和存储 VU 模式中的内存；若 hstatus 寄存器中的 SPVP 字段为 1，HLV/HSV 指令可以加载和存储 VS 模式中的内存。

在虚拟化模式（V=1）下，访问 HLV/HSV 指令会触发虚拟指令异常。

20.4.2 虚拟化内存屏障指令

虚拟化扩展提供了两条与 SFENCE.VMA 类似的内存屏障指令。

- HFENCE.VVMA：用于与虚拟化第一阶段地址映射相关的内存屏障，它作用于与 VS 模式下 vsatp 寄存器控制的页表相关的数据结构的内存次序。

- HFENCE.GVMA：用于与虚拟化第二阶段地址映射相关的内存屏障，它作用于与 HS 模式下 hgatp 寄存器控制的页表相关的数据结构的内存次序。

上述两条指令的格式如下。

```
hfence.vvma  rs1, rs2
hfence.gvma  rs1, rs2
```

其中，rs1 表示源操作数 1，在 HFENCE.VVMA 指令中表示 GVA，在 HFENCE.GVMA 指令中表示 GPA；rs2 表示源操作数 2，在 HFENCE.VVMA 指令中表示 ASID，在 HFENCE.GVMA 指令中表示 VMID。

虚拟化内存屏障指令的编码如图 20.12 所示。

31 25	24 20	19 15	14 12	11 7	6 0
funct7	rs2	rs1	funct3	rd	opcode
7	5	5	3	5	7
HFENCE.VVMA	asid	vaddr	PRIV	0	SYSTEM
HFENCE.GVMA	vmid	gaddr	PRIV	0	SYSTEM

图 20.12 虚拟化内存屏障指令的编码

HFENCE.VVMA 指令只能在 HS 模式下的 VMM 或者 M 模式的 SBI 固件中使用。它的作用类似于临时进入 VS 模式并执行 SFENCE.VMA 指令。HFENCE.VVMA 指令的作用是在该指令前面的存储操作对当前 CPU（执行线程）可见之前，保证该指令后面对和 VS 模式下的地址转换相关的数据结构的隐含访问操作也是可见的。rs1 操作数用来指定虚拟机虚拟地址（GVA），rs2 操作数用来指定虚拟机内部的 ASID。

HFENCE.GVMA 指令只能在 HS 模式下的 VMM 或者 M 模式（mstatus 寄存器中的 TVM 字段设置为 1）的 SBI 固件中使用。HFENCE.GVMA 指令的作用是在该指令前面的存储操作对当前 CPU（执行线程）可见之前，保证该指令后面对和第二阶段地址映射相关的数据结构的隐含访问操作也是可见的。rs1 操作数用来指定 GPA，rs2 操作数用来指定 VMID。如果修改了 hgatp 寄存器中的 MODE 字段，那么需要执行一条 HFENCE.GVMA 指令。其中，rs1=0，rs2 等于原来的 VMID 或者 rs2=0。

在虚拟化模式（如 VS 模式或者 VU 模式）下执行 HFENCE.VVMA/HFENCE.GVMA 指令会触发虚拟指令异常。如果在 U 模式下执行，则触发非法指令异常。如果 mstatus 寄存器中的 TVM 字段设置为 1，在 HS 模式下执行 HFENCE.GVMA 指令也会触发非法指令异常。

另外，SFENCE.VMA 的使用场景主要有两个。

- 在虚拟化模式下（V=1），虚拟机内部使用 SFENCE.VMA 指令，它作用于虚拟机内部中使用 satp 寄存器控制的页表。
- 在非虚拟化模式下（V=0），VMM 使用 SFENCE.VMA 指令，它作用于 VMM 中使用 satp 寄存器控制的页表。

20.5 进入和退出虚拟机

RISC-V 虚拟化扩展提供了两种模式：一种是虚拟化模式；另一种是非虚拟化模式。它们分别类似于 Intel VT 中的两种操作模式——根模式和非根模式。

虚拟化模式（V=1）指的是处理器运行在虚拟机中，如 VS 模式或者 VU 模式。

非虚拟化模式（V=0）指的是处理器运行在 VMM 中，如 HS 模式或者 M 模式。

上述两种模式可以自由切换，如图 20.13 所示。

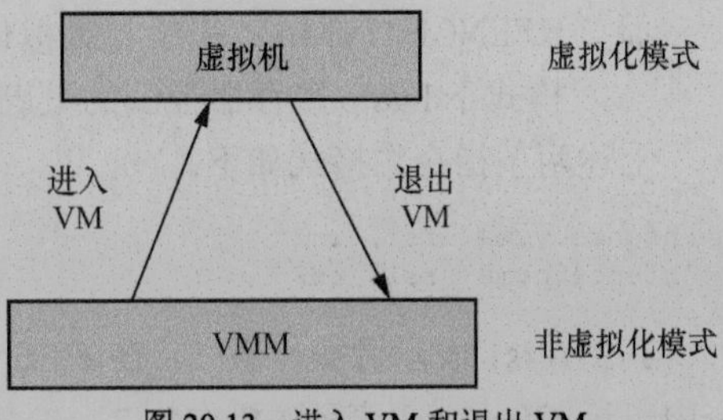

图 20.13　进入 VM 和退出 VM

- 进入 VM：VMM 可以通过配置 hstatus 寄存器中的 SPV 字段以及 SPVP 字段，然后执行 SRET 指令，切换到 VS 模式，于是虚拟机得以运行。
- 退出 VM：虚拟机在运行过程中遇到需要 VMM 处理的事件，如外部中断或缺页异常，或者遇到主动调用 ECALL 指令（与系统调用类似）的情况，于是 CPU 自动挂起虚拟机，切换到非虚拟化模式，恢复 VMM 的运行。

20.5.1　异常陷入

当异常/中断发生在 HS 模式或者 U 模式时，它默认先陷入 M 模式，除非在 M 模式的 SBI 固件通过 medeleg/mideleg 寄存器把异常/中断委托给 HS 模式处理。当异常/中断发生在 VS 模式或者 VU 模式时，它默认先陷入 M 模式，除非在 M 模式的 SBI 固件通过 medeleg/mideleg 寄存器把异常/中断委托给 HS 模式处理，进一步可以在 HS 模式下配置 hedeleg/hideleg 寄存器以把异常/中断委托给 VS 模式处理。

当一个异常/中断陷入 M 模式时，mstatus 寄存器中 MPV 字段与 MPP 字段的值如表 20.7 所示。当陷入 M 模式时，处理器还会改写 mstatus 寄存器的 GVA 字段、mstatus 寄存器中的 MPEI/MIE 字段，以及 mepc、mcause、mtval、mtval2 和 mtinst 等系统寄存器的字段。

表 20.7　当陷入 M 模式时 mstatus 寄存器中 MPV 字段与 MPP 字段的值

陷入前的处理器模式	MPV 字段	MPP 字段
U 模式	0	0
HS 模式	0	1
M 模式	0	3
VU 模式	1	0
VS 模式	1	1

当一个异常/中断陷入 HS 模式时，hstatus 寄存器中 SPV 字段和 sstatus 寄存器中 SPP 字段的值如表 20.8 所示。如果从 VU/VS 模式陷入 HS 模式，hstatus 寄存器中 SPVP 字段的内容与 sstatus 寄存器的 SPP 字段相同。当陷入 HS 模式时，处理器还会改写 hstatus 寄存器的 GVA 字段、sstatus 寄存器中的 SPEI/SIE 字段，以及 sepc、scause、stval、htval 和 htinst 等系统寄存器的字段。

表 20.8　当陷入 HS 模式时 hstatus 寄存器中 SPV 字段和 sstatus 寄存器中 SPP 字段的值

陷入前的处理器模式	hstatus 寄存器中的 SPV 字段	sstatus 寄存器中的 SPP 字段
U 模式	0	0
HS 模式	0	1
VU 模式	1	0
VS 模式	1	1

当一个异常/中断陷入 VS 模式时，V 模式依然保持不变，vsstatus 寄存器的 SPP 字段记录了发生异常/中断前的处理器模式，例如，0 表示 VU 模式，1 表示 VS 模式。若陷入 VS 模式时，处理器还会改写 sstatus 寄存器中的 SPEI/SIE 字段，以及 vsepc、vscause、vstval 等系统寄存器的字段。

20.5.2　异常返回

MRET 指令用于从 M 模式返回。mstatus 寄存器中的 MPP 字段记录了将要返回的处理器模式。MRET 指令执行完后自动设置 MPV=0，MPP=0，MIE=MPIE，MPIE=1，最后跳转到 MPP 字段保存的处理器模式，并且设置 pc=mepc。

SRET 指令用于从 HS 模式或者 VS 模式返回。

- 当处理器在非虚拟化模式（V=0）时，SRET 要跳转的模式需要根据 hstatus 寄存器中的 SPV 字段以及 sstatus 寄存器中的 SPP 字段确定。SRET 指令执行时会自动设置 hstatus.SPV=0，并修改 sstatus 寄存器中的 SPP=0，SIE=SPIE，SPIE=1，最后跳转新的处理器模式并且设置 pc=sepc。
- 当处理器在虚拟化模式（V=1）时，SRET 要跳转的模式需要根据 vsstatus 寄存器中的 SPP 字段确定。SRET 指令执行时会自动修改 vsstatus 寄存器中的相应字段，即 SPP=0，SIE=SPIE，SPIE=1，最后跳转到新的处理器模式并且设置 pc=vsepc。

20.5.3　新增的中断与异常类型

在虚拟化扩展中，新增的中断和异常类型如下。

- 虚拟中断，例如，EC 字段为 2、6 以及 10 的中断。
- VS 模式下的外设中断，例如，EC 字段为 12 的中断。
- 虚拟指令异常，例如，EC 字段为 22 的异常。
- 虚拟机缺页异常，例如，EC 字段为 20、21 以及 23 的异常。
- 来自 VS 模式的系统调用，例如，EC 字段为 10 的异常。

Interrupt 字段和 EC 字段如表 20.9 所示。

表 20.9　Interrupt 字段和 EC 字段

Interrupt 字段	EC 字段	说明
1	0	保留
1	1	S 模式下的软件中断
1	2	VS 模式下的虚拟软件中断
1	3	M 模式下的软件中断
1	5	S 模式下的时钟中断
1	6	VS 模式下的虚拟时钟中断
1	7	M 模式下的时钟中断
1	8	保留
1	9	S 模式下的外部中断
1	10	VS 模式下的虚拟外部中断
1	11	M 模式下的外部中断
1	12	VS 模式下的外设中断
1	≥13	保留
0	0	指令地址没对齐
0	1	指令访问异常
0	2	无效指令
0	3	断点
0	4	加载地址没对齐
0	5	加载访问异常
0	6	存储/AMO 地址没对齐
0	7	存储/AMO 访问异常
0	8	来自用户模式（包括 U 模式或者 VU 模式）的系统调用
0	9	来自 HS 模式的系统调用
0	10	来自 VS 模式的系统调用
0	11	来自 M 模式的系统调用

续表

Interrupt 字段	EC 字段	说明
0	12	指令页面异常
0	13	加载页面异常
0	14	保留
0	15	存储/AMO 页面异常
0	20	虚拟机指令缺页异常
0	21	虚拟机加载缺页异常
0	22	虚拟指令异常
0	23	虚拟机存储/AMO 缺页异常

在虚拟化环境中，多种情况下会触发虚拟指令异常。

- 在 VS 或者 VU 模式下，执行虚拟化指令，如 HLV/HSV/HFENCE 指令。
- 在 VS 模式下，访问 cycle、time、instret 等的指令，hcounteren 寄存器中对应的字段为 0，mcounteren 寄存器中对应的字段为 1。
- 在 VU 模式下，访问 cycle、time、instret 等的指令，hcounteren 寄存器和 scounteren 寄存器中对应的字段为 0，mcounteren 寄存器中对应的字段为 1。
- 在 VS 模式下，访问 HS 模式下的系统寄存器。
- 在 VU 模式下，访问 WFI 指令（假设 mstatus 寄存器中的 TW 字段为 0）或者访问 VS 模式下的特权指令，如 SRET 或者 SFENCE 指令。
- 在 VU 模式下，访问 VS 模式的系统寄存器。
- 在 VS 模式下，执行 WFI 指令并且它没有在特定实现中约定的有限时间内完成（假设 hstatus 寄存器中的 VTW 字段为 1）。
- 在 VS 模式下，执行 SRET 指令（假设 hstatus 寄存器中的 VTSR 字段为 1）。
- 在 VS 模式下，执行 SFENCE.VMA 或者 SINVAL.VMA 指令（假设 hstatus 寄存器中的 VTVM 字段为 1）。

20.6 中断虚拟化

RISC-V 的中断虚拟化主要采用虚拟中断注入（virtual interrupt inject）和陷入与模拟（trap and emulation）技术。

20.6.1 虚拟中断注入

RISC-V 虚拟化扩展为支持中断虚拟化提供了虚拟中断注入。在 HS 模式下 hvip 寄存器用来把虚拟中断注入虚拟机中。hvip 寄存器如图 20.14 所示，目前只有 3 个字段是可写的，其他位是只读的，并且默认值为 0。

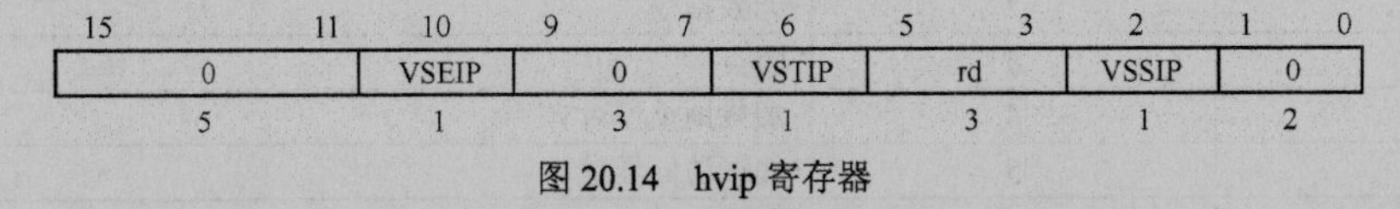

图 20.14　hvip 寄存器

其中，VSSIP 往虚拟机中注入一个软件中断；VSTIP 往虚拟机中注入一个定时器中断；VSEIP 往虚拟机中注入一个外设中断。

RISC-V 虚拟化扩展并没有像其他处理器体系结构（如 ARMv8 体系结构）一样为虚拟机实现一个虚拟定时器，而通过一种简单的方法实现虚拟定时器。例如，虚拟定时器中断通过往 hvip

寄存器中的 VSTIP 字段写 1 实现。

另外，RISC-V 虚拟化扩展还提供 hip 和 hie 寄存器来辅助管理虚拟机中的中断待定状态与中断使能位。hip 寄存器如图 20.15 所示，目前只有 4 个字段是可写的，其他位是只读的，并且默认值为 0。

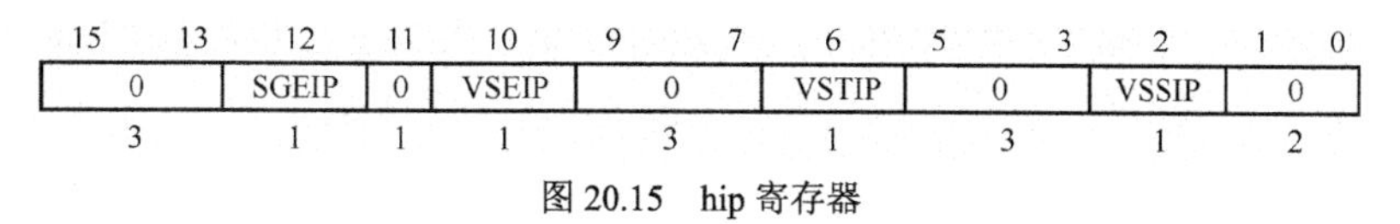

图 20.15 hip 寄存器

其中，VSSIP 表示虚拟机中有待定状态的软件中断；VSTIP 表示虚拟机中有待定状态的定时器中断；VSEIP 表示虚拟机中有待定状态的外设中断；SGEIP 表示在 HS 模式中有待定状态的虚拟机外设中断。

hie 寄存器如图 20.16 所示，目前只有 4 个字段是可写的，其他位是只读的，并且默认值为 0。

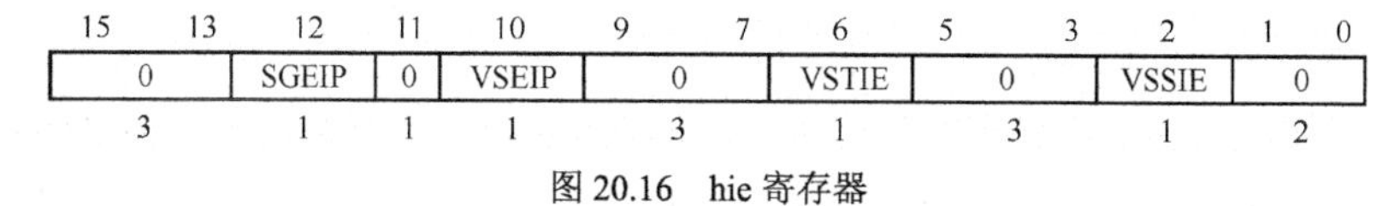

图 20.16 hie 寄存器

其中，VSSIE 表示虚拟机中的软件中断使能位；VSTIE 表示虚拟机中的定时器中断使能位；VSEIE 表示虚拟机中的外设中断使能位；SGEIE 表示在 HS 模式的虚拟机外设中断使能位。

20.6.2 陷入与模拟

目前 RISC-V 在硬件辅助中断虚拟化中仅仅支持最基本的虚拟中断注入功能。要完成一次完整的虚拟中断处理过程，需要陷入 VMM 中模拟，然后把虚拟中断注入虚拟机中。以虚拟机中的定时器中断为例，中断流程如图 20.17 所示。

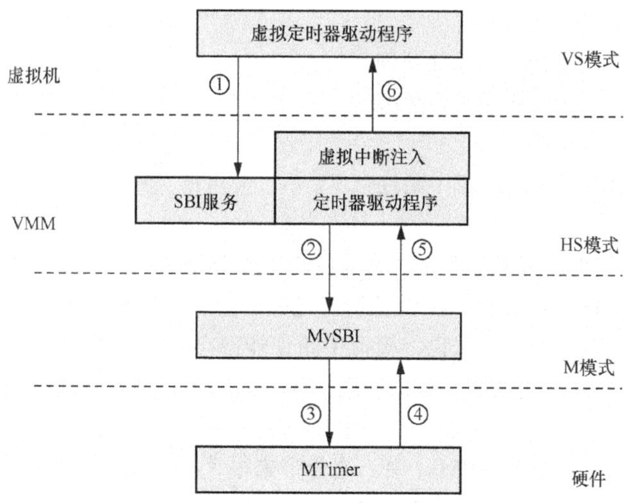

图 20.17 定时器虚拟中断流程

虚拟机中的定时器中断触发流程如下。

（1）虚拟机中的虚拟定时器驱动通过 SBI 服务接口（调用 ECALL 指令）陷入 HS 模式的 VMM 中，设置下一次虚拟定时器到期时间。

（2）VMM 中的定时器驱动程序通过 SBI 服务接口访问 M 模式下的 MySBI 固件配置定时器。

（3）MySBI 固件设置 MTimer。

（4）MTimer 触发中断。

（5）定时器中断由 M 模式的 MySBI 固件优先处理。在 MySBI 固件定时器中断处理程序中会把该中断委托给 HS 模式的 VMM 处理。

（6）在 VMM 的定时器中断处理程序中，判断是否已经到了虚拟定时器设置的到期时间，如果到了，则通过虚拟中断注入机制往虚拟机中注入定时器中断，即在 hvip 寄存器中设置 VSTIP 字段。

（7）虚拟机收到该中断，会在虚拟机中处理该中断，然后重复第（1）步，设置下一次到期时间。

从上述过程可知，每一次配置虚拟定时器中断都需要陷入 VMM，对虚拟定时器进行模拟，导致额外的开销。另外，定时器只能在 M 模式下能访问，导致每次配置定时器都要陷入 M 模式，增加了许多额外的开销。

下面以某个虚拟设备为例说明陷入与模拟机制的实现。设备虚拟化指的是在 VMM 中以软件方式模拟和呈现一个设备给虚拟机。设备虚拟化有完全软件虚拟化、半虚拟化、硬件辅助虚拟化、硬件直接透传等方式。本节假设以完全软件虚拟化的方式模拟一个设备。在虚拟机中，设备驱动程序访问虚拟设备的地址空间会触发虚拟机异常而陷入 VMM 中。在 VMM 中需要模拟该设备的行为。另外，RISC-V 使用 PLIC 中断控制器。由于目前 PLIC 规范中还没有实现 PLIC 虚拟化，因此需要在 VMM 中为虚拟机模拟一个虚拟 PLIC（vPLIC）。

虚拟设备访问和触发中断的流程如图 20.18 所示。

（1）在虚拟机中，虚拟设备驱动程序访问设备地址空间，触发虚拟机异常并陷入 VMM 中。

（2）在 VMM 的设备模拟模块中，模拟该虚拟设备的访问行为。

（3）设备触发中断。

（4）在 PLIC 中断控制器的中断处理程序中处理该中断。如果发现该中断来自虚拟设备，则转发给 vPLIC 驱动程序。

（5）vPLIC 驱动程序通过虚拟中断注入机制往虚拟机中注入中断。

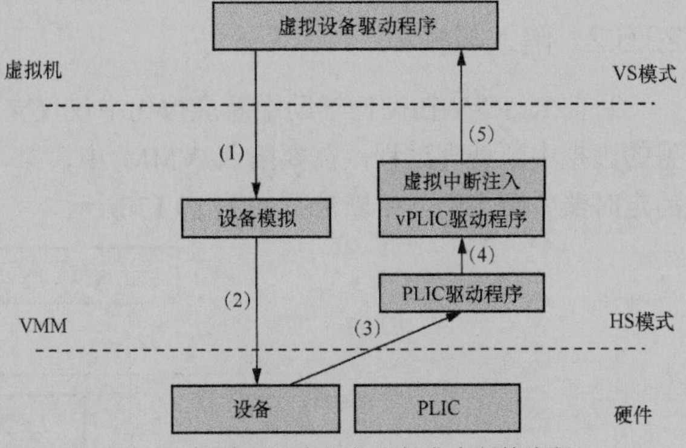

图 20.18　虚拟设备访问和触发中断的流程

在上述过程中，无论虚拟机访问设备本身的地址空间还是访问 PLIC 控制器的地址空间，都会触发异常而陷入 VMM，因此在一次设备访问过程中会有多次陷入 VMM 的过程，这导致虚拟机性能下降。对于 vPLIC 控制器来说，模拟中断使能寄存器或者中断优先级寄存器还不是最糟糕的情况，因为通常设备只需要配置一次中断即可。最糟糕的情况是需要模拟中断请求（claim）寄存器/中断完成（complete）寄存器，因为在虚拟机中每次中断处理都需要访问这个寄存器，相当于每次中断处理都需要陷入 VMM 中，这会带来很大的性能开销和中断延时。

RISC-V 基金会为了优化虚拟中断性能，提出了支持中断虚拟化的规范，见 The RISC-V Advanced Interrupt Architecture，不过该规范还没正式发布。

20.7　案例分析 20-1：进入和退出虚拟机

在本案例中，我们在 BenOS 的基础上实现虚拟机的进入和退出功能，并且在虚拟机中访问 HS 模式下的系统寄存器，观察出现的现象。

Ubuntu 20.04 系统中默认安装的 QEMU 版本比较老，该版本还不支持 RISC-V 虚拟化扩展。本节中采用 QEMU 7.0。下面是手动编译的方法。

```
$ tar -Jxf qemu-7.0.0.tar.xz
$ cd qemu-7.0.0
$ mkdir build && cd build
$ ../configure --target-list=riscv64-softmmu
$ make -j($npoc)
$ sudo cp qemu-system-riscv64 /usr/local/bin/qemu-system-riscv64-7
```

通过读取 misa 寄存器查看第 7 位是否置位，判断 QEMU 是否支持虚拟化扩展。

```
static int check_h_extension(void)
{
  return read_csr(misa) & (1 << 7);
}
```

20.7.1 进入虚拟机

要让处理器进入虚拟化模式（V=1），需要在 HS 模式下配置 sstatus 寄存器和 hstatus 寄存器中相应的字段，然后执行 SRET 指令。

```
<benos/virt/vs_main.c>

1     void vs_main()
2     {
3         unsigned long val;
4
5         val = read_csr(sstatus);
6         val |= SSTATUS_SPP;
7         write_csr(sstatus, val);
8
9         val = read_csr(CSR_HSTATUS);
10        val |= HSTATUS_SPV | HSTATUS_SPVP;
11        write_csr(CSR_HSTATUS, val);
12
13        jump_to_vs_mode();
14
15        vs_trap_init();
16
17        printk("running in VS mode\n");
18        printk("sstatus 0x%lx\n", read_csr(sstatus));
19        printk("hstatus 0x%lx\n", read_csr(CSR_HSTATUS));
20    }
```

在第 5～7 行中，设置 sstatus 寄存器的 SPP 字段为 1。

在第 9 和 10 行中，设置 hstatus 寄存器中 SPV 字段和 SPVP 字段均为 1。因为 SRET 跳转的目标处理器模式需要根据 hstatus 寄存器中的 SPV 字段以及 sstatus 寄存器中的 SPP 字段确定。若 hstatus 寄存器中的 SPV 字段为 1，表明要进入虚拟化模式；若 SPP 字段为 1，表示要进入 S 模式。两者结合表示目标处理器模式为 VS 模式。

第 13 行的 jump_to_vs_mode()函数为汇编函数，具体内容如下。

```
<benos/virt/vs_entry.S>

1     .global jump_to_vs_mode
2     jump_to_vs_mode:
3         la t0, 1f
4         csrw sepc, t0
5         sret
6     1:
7         ret
```

在第 3 和 4 行中，加载标签 1 处的地址到 t0 寄存器，并写入 sepc 寄存器中。

在第 5 行中，调用 SRET 指令实现处理器模式的切换。此时处理器会切换到 VS 模式，并跳转到标签 1 处。

在第 6 行中，处理器运行在 VS 模式，即进入虚拟机。

回到 vs_main()函数中，此时虚拟机执行 vs_trap_init()函数，初始化虚拟机中的异常向量表。接着在第 19 行代码中读取 hstatus 寄存器的值，触发异常（因为在 VS 模式下没有权限访问 HS 模式的系统寄存器）。虚拟机触发异常的日志如下。

```
running in VS mode
sstatus 0x200000000
do_vs_exception, virtual supervisor handler scause:0x1
Oops - Instruction access fault
Call Trace:
[<0x0000000080205bc0>] vs_main+0x98/0xc8
[<0x0000000080204348>] vs_thread+0x10/0x18
[<0x00000000802046b0>] _save_user_sp+0xc4/0xc8
sepc: 0000000080205bc0 ra : 0000000080205bc0 sp : 0000000080255ea0
 gp : 0000000000000000 tp : 0000000000000000 t0 : 00000000802063ec
 t1 : 0000000000000040 t2 : 0000000000000000 t3 : 0000000080255ed0
 s1 : 0000000000000000 a0 : 0000000000000014 a1 : 0000000000000010
 a2 : ffffffffffffffff a3 : 00000000802019f0 a4 : 0000000000000014
 a5 : 0000000000000014 a6 : 0000000000000000 a7 : 0000000000000000
 s2 : 0000000000000000 s3 : 0000000000000000 s4 : 0000000000000000
 s5 : 0000000000000000 s6 : 0000000000000000 s7 : 0000000000000000
 s8 : 0000000000000000 s9 : 0000000000000000 s10: 0000000000000000
 s11: 0000000000000000 t3 : 0000000000000000 t4: 0000000000000000
 t5 : 0000000000000000 t6 : 0000000000000000
sstatus:0x0000000200000100  sbadaddr:0x0000000000000000  scause:0x0000000000000001
VS Kernel panic
```

20.7.2　退出虚拟机

退出虚拟机有两种方式：一是主动退出，即调用 ECALL 系统调用；二是触发异常或者中断。在本节中，采用第一种方式，即在虚拟机中主动调用 ECALL 系统调用来退出虚拟机，进入 VMM 中。

我们在前文的 vs_main()函数中添加 SBI_CALL_0()系统调用。

```
<benos/virt/vs_main.c>

void vs_main()
{
   ...
   printk("...exit VM...\n");
   SBI_CALL_0(SBI_EXIT_VM_TEST);
   printk("...back to VM...\n");
   ...
}
```

SBI_EXIT_VM_TEST 是一个测试用的系统调用号。

```
<benos/include/asm/sbi.h>

#define SBI_EXIT_VM_TEST 0x100
```

运行在 VS 模式的处理器执行 ECALL 指令会主动陷入 HS 模式，并在 VMM 的异常处理程序中处理该异常。触发的异常为来自 VS 模式的系统调用，异常编号为 10。

```
<benos/src/trap.c>

1    int do_exception(struct pt_regs *regs, unsigned long scause)
2    {
3        const struct fault_info *inf;
4        unsigned long ecall_id = regs->a7;
5
6        if (is_interrupt_fault(scause)){
7            ...
8            }
9        } else {
10           switch (scause){
```

```
11            case CAUSE_VIRTUAL_SUPERVISOR_ECALL:
12                ret = vs_sbi_ecall_handle(ecall_id, regs);
13                msg = "virtual ecall handler failed";
14                break;
15            default:
16                inf = ec_to_fault_info(scause);
17                if (!inf->fn(regs, inf->name))
18                return;
19            }
20        }
21
22        ...
23    }
```

在第 11～14 行中，处理来自虚拟机的系统调用。vs_sbi_ecall_handle()函数的实现代码如下。

```
<benos/src/trap.c>

1     static int vs_sbi_ecall_handle(unsigned int id, struct pt_regs *regs)
2     {
3         int ret = 0;
4
5         switch (id){
6         case SBI_EXIT_VM_TEST:
7             printk("%s: running in HS mode\n", __func__);
8             printk("hstatus 0x%lx\n", read_csr(CSR_HSTATUS));
9             ret = 0;
10            break;
11        }
12
13        /*系统调用返回的是系统调用指令（如 ECALL 指令）的下一条指令 */
14        if (!ret)
15            regs->sepc += 4;
16
17        return ret;
18    }
```

在 vs_sbi_ecall_handle()函数中，仅仅处理编号为 SBI_EXIT_VM_TEST 的系统调用，输出 hstatus 寄存器的值。在退出异常处理程序时，处理器会自动返回 VS 模式，即返回虚拟机。

不过，根据 RISC-V 体系结构的约定，所有异常和中断都默认优先由 M 模式处理，我们需要把 CAUSE_VIRTUAL_SUPERVISOR_ECALL 异常委托给 HS 模式处理。

```
<benos/sbi/sbi_trap.c>

void delegate_traps(void)
{
  unsigned long exceptions;

  ...
  exceptions   |= (1UL << CAUSE_VIRTUAL_SUPERVISOR_ECALL);

  write_csr(medeleg, exceptions);
}
```

下面是本案例编译、运行后的日志。

```
...entering VM...
running in VS mode
sstatus 0x200000000
...exit VM...
vs_sbi_ecall_handle: running in HS mode
hstatus 0x200000180
...back to VM...
```

20.8 案例分析 20-2：建立虚拟化两阶段地址映射

在本案例中，我们分阶段建立两阶段的地址映射，首先建立第二阶段的地址映射，即 GPA

到 HPA 的映射，GPA 到 HPA 的映射采用恒等映射方式。接着建立第一阶段的地址映射，即 GVA 到 GPA 的映射采用非恒等映射方式。最后，做如下测试。

（1）在 VMM 中分配一个页面，往这个页面的起始地址 g_addr 写入数值 0x1234 5678。

（2）在进入虚拟机时，把 g_addr 作为参数传递给虚拟机。

（3）在虚拟机中映射虚拟地址 0x3000 0000 到 g_addr 地址中。

（4）在虚拟机中读取 0x3000 0000 地址的内容，判断是否为 0x1234 5678。

20.8.1 建立第二阶段的地址映射

第二阶段的地址映射用来建立 GPA 到 HPA 的映射。我们可以采用两种方式。

- 静态映射方式：对虚拟机能访问的物理地址，都提前建立第二阶段的映射，再进入虚拟机。
- 动态映射方式：如果虚拟机在访问 GPA 时发现不能访问，那么会触发虚拟机访问/存储缺页异常，陷入 VMM 中，然后在 VMM 的异常处理中建立第二阶段地址映射。

本节采用动态映射方式，并且假设使用 Sv39x4 的映射模式。

```
<benos/src/stage2_mmu.c>

1    char hs_pg_dir[PAGE_SIZE * 4] __attribute__((aligned(PAGE_SIZE *4)));
2
3    void write_stage2_pg_reg(void)
4    {
5        unsigned long hgatp;
6        hgatp = (((unsigned long)hs_pg_dir) >> PAGE_SHIFT) | HGATP_MODE_Sv39x4;
7        write_csr(CSR_HGATP, hgatp);
8
9        hfence();
10       printk("write hgatp done\n");
11   }
```

在第 1 行中，初始化第二阶段地址映射使用的第一级页表 hs_pg_dir。在 Sv39x4 的映射模式中，因为支持 41 位的虚拟地址，所以第一级页表的大小由原来的 4 KB 变成 16 KB，页表基地址也需要与 16 KB 大小对齐。

在第 6 和 7 行中，初始化 hgatp 寄存器，并打开 Sv39x4 的映射模式。

在第 9 行中，调用 HFENCE 内存屏障指令。

由于第二阶段的地址映射的所有页表项还是空的，因此跳转到 VS 模式并执行第一条指令时会触发虚拟机缺页异常。我们需要在 VMM 中处理该异常，并逐步建立和填充第二阶段地址映射的页表项。

```
<benos/src/trap.c>

1    int do_exception(struct pt_regs *regs, unsigned long scause)
2    {
3        ...
4        if (is_interrupt_fault(scause)){
5            switch (scause &~SCAUSE_INT){
6            ...
7            }
8        } else {
9            switch (scause){
10           case CAUSE_LOAD_GUEST_PAGE_FAULT:
11           case CAUSE_FETCH_GUEST_PAGE_FAULT:
12           case CAUSE_STORE_GUEST_PAGE_FAULT:
13               stage2_page_fault(regs);
14               break;
15           default:
16               return;
17           }
```

```
18          }
19      }
```

下面 3 种来自虚拟机的缺页异常都会通过调用 stage2_page_fault()函数处理。

- CAUSE_LOAD_GUEST_PAGE_FAULT：表示来自虚拟机的加载缺页异常。
- CAUSE_FETCH_GUEST_PAGE_FAULT：表示来自虚拟机的预取缺页异常。
- CAUSE_STORE_GUEST_PAGE_FAULT：表示来自虚拟机的存储缺页异常。

stage2_page_fault()函数的实现如下。

```
<benos/src/stage2_mmu.c>

1     static void setup_hg_page_table(unsigned long gpa, unsigned long hpa,
2                                     unsigned long size,pgprot_t prot)
3     {
4         __create_pgd_mapping((pgd_t *)hs_pg_dir, hpa, gpa, size,
5                           prot, early_pgtable_alloc, 0);
6     }
7
8     void stage2_page_fault(struct pt_regs *regs)
9     {
10        unsigned long fault_addr;
11        unsigned long htval, stval;
12        unsigned long scause;
13
14        htval = read_csr(CSR_HTVAL);
15        stval = read_csr(stval);
16        scause = read_csr(scause);
17
18        fault_addr = (htval << 2) | (stval & 0x3);
19
20        printk("stage2 fault addr 0x%lx, cause %lu\n", fault_addr, scause);
21
22        fault_addr &= PAGE_MASK;
23
24        setup_hg_page_table(fault_addr, fault_addr, PAGE_SIZE,
25                (scause == CAUSE_STORE_GUEST_PAGE_FAULT)
26                ?PAGE_WRITE_EXEC: PAGE_READ_EXEC);
27        hfence();
28    }
```

在第 18 行中，计算出虚拟机发生缺页异常时的物理地址，即 GPA。htval 寄存器记录 GPA，不过这个地址是被处理器右移过两位的，stval 寄存器记录着 GVA。

在第 24 行中，调用 setup_hg_page_table()函数，为该 GPA 建立第二阶段的地址映射。由于采用恒等映射方式，因此在第二阶段的地址映射过程中我们会把 GPA 映射到 HPA。我们采用 PAGE_WRITE_EXEC/ PAGE_READ_EXEC 来设置第二阶段地址映射的页表属性。

如果把上述属性改成 PAGE_KERNEL_WRITE_EXEC/PAGE_KERNEL_READ_EXEC，会发生什么情况？

由于虚拟化两阶段地址映射的格式与非虚拟化的地址映射的格式是一样的，因此在 setup_hg_page_table()函数中直接调用__create_pgd_mapping()函数，建立页表。

接下来，我们需要在 MySBI 中把来自虚拟机的缺页异常委托给 HS 模式处理。

```
<benos/sbi/sbi_trap.c>

void delegate_traps(void)
{
   ...
   exceptions |= (1UL <<CAUSE_LOAD_GUEST_PAGE_FAULT) |
                (1UL << CAUSE_STORE_GUEST_PAGE_FAULT) |
                (1UL << CAUSE_FETCH_GUEST_PAGE_FAULT);

    write_csr(medeleg, exceptions);
}
```

虽然我们只建立了第二阶段的地址映射，但是依然可以运行虚拟机。下面是运行虚拟机的日志信息。

```
<运行虚拟机的日志信息>

write hgatp done
...entering VM...
stage2 fault addr 0x80206f0c, cause 20
stage2 fault addr 0x80205fa4, cause 20
stage2 fault addr 0x8025de88, cause 23
stage2 fault addr 0x80208da8, cause 21
stage2 fault addr 0x80212008, cause 23
...
...exit VM...
vs_sbi_ecall_handle: running in HS mode
hstatus 0x200000180
...back to VM...
```

从上述日志信息可知，虚拟机中触发第一个缺页异常的地址为 0x8020 6F0C，从 benos.elf 的反汇编结果可知，这个地址是虚拟机运行的第一条指令的地址。

```
riscv64-linux-gnu-objdump -d benos.elf

000000080206efc <jump_to_vs_mode>:
    80206efc:  00000297             auipc  t0,0x0
    80206f00:  01028293             addi   t0,t0,16 # 80206f0c <jump_to_vs_mode+0x10>
    80206f04:  14129073             csrw   sepc,t0
    80206f08:  10200073             sret
    80206f0c:  00008067             ret
```

20.8.2　建立第一阶段的地址映射

虚拟化第一阶段地址映射在虚拟机中建立 GVA 到 GPA 的映射，这与第 10 章介绍的恒等映射类似。接下来的代码为虚拟机创建页表并填充页表。

```
<benos/virt/vs_mmu.c>

1    char vs_page_table_dir[PAGE_SIZE] __attribute__((aligned(PAGE_SIZE)));
2
3    extern char _text_boot[];
4
5    void vs_paging_init(void)
6    {
7        unsigned long val;
8
9        unsigned long start = (unsigned long)_text_boot;
10       unsigned long end = DDR_END;
11
12       /*映射 DDR*/
13       __create_vs_pgd_mapping((pgd_t *)vs_page_table_dir, start, start,
14               end - start, PAGE_KERNEL_EXEC, early_pgtable_alloc, 0);
15
16       /*映射 UART*/
17       start = UART;
18       __create_vs_pgd_mapping((pgd_t *)vs_page_table_dir, start, start,
19               UART_SIZE, PAGE_KERNEL, early_pgtable_alloc, 0);
20
21       val = (((unsigned long)vs_page_table_dir) >> PAGE_SHIFT) | SATP_MODE_39;
22       asm volatile ("sfence.vma \n\t");
23       write_csr(satp, val);
24   }
```

在第 1 行中，新建虚拟机内部使用的第一级页表 vs_page_table_dir，这个页表的大小为 4 KB。

在第 13 行中，从_text_boot 到 DDR_END 建立恒等映射。

在第 18 行中，为串口设备建立恒等映射，这样虚拟机也能访问串口设备。

在第 21～23 行中，设置 satp 寄存器，打开虚拟化第一阶段地址映射功能。

20.8.3 测试

在虚拟机中直接访问 0x3000 0000 地址会触发虚拟机内部的缺页异常，如以下日志所示。

```
do_vs_exception, virtual supervisor handler scause:0xd
Oops - Load page fault
Call Trace:
stage2 fault addr 0x80200f28, cause 20
stage2 fault addr 0x8020a400, cause 21
[<0x0000000080205fd8>] vs_main+0xf0/0x134
[<0x0000000080204708>] vs_thread+0x10/0x18
[<0x0000000080204a74>] _save_user_sp+0xc4/0xc8
sepc: 0000000080205fd8 ra : 0000000080205fd4 sp : 000000008025de90
 gp : 0000000000000000 tp : 0000000000000000 t0 : 0000000080206f28
 t1 : 0000000000200000 t2 : 000000008020f038 t3 : 000000008025ded0
 s1 : 0000000000000000 a0 : 0000000000000014 a1 : 0000000000000010
 a2 : ffffffffffffffff a3 : 0000000080201db0 a4 : 0000000000000014
 a5 : 0000000030000000 a6 : 0000000000000000 a7 : 0000000000000000
 s2 : 0000000000000000 s3 : 0000000000000000 s4 : 0000000000000000
 s5 : 0000000000000000 s6 : 0000000000000000 s7 : 0000000000000000
 s8 : 0000000000000000 s9 : 0000000000000000 s10: 0000000000000000
 s11: 0000000000000000 t3 : 0000000000000000  t4: 0000000000000000
 t5 : 0000000000000000 t6 : 0000000000000000
sstatus:0x0000000200000100  sbadaddr:0x0000000030000000  scause:0x000000000000000d
VS Kernel panic
```

所以，我们需要在虚拟机中为 0x3000 0000 地址建立映射。在 VMM 中分配一个页面，往这个页面的起始地址 gpa_addr 写入数值 0x1234 5678。然后，在虚拟机中，映射虚拟地址 0x3000 0000 到 gpa_addr 中。

```
<benos/virt/vs_main.c>

1     #define GVA_TEST_ADDR 0x30000000
2
3     void vs_main()
4     {
5         ...
6         gpa_addr = get_free_page();
7         gva_addr = GVA_TEST_ADDR;
8
9         *(unsigned long *)gpa_addr = 0x12345678;
10
11        printk("gva_addr 0x%lx, gpa_addr 0x%lx  *gpa_addr 0x%lx\n",
12                gva_addr, gpa_addr, *(unsigned long *)gpa_addr);
13
14        write_stage2_pg_reg();
15
16        printk("...entering VM...\n");
17        jump_to_vs_mode();
18
19        vs_trap_init();
20        vs_paging_init();
21        set_vs_mapping_page(gva_addr, gpa_addr);
22
23        printk("running in VS mode\n");
24        printk("sstatus 0x%lx\n", read_csr(sstatus));
25        printk("*gva_ddr 0x%lx\n", *(unsigned long *)gva_addr);
26
27        ...
28    }
```

映射虚拟地址 0x3000 0000 到 gpa_addr 是在 set_vs_mapping_page()函数中实现的，内部调用__create_vs_pgd_mapping()函数建立映射。

下面是编译和运行后的日志信息。

```
gva_addr 0x30000000, gpa_addr 0x8025e000  *gpa_addr 0x12345678
write hgatp done
...entering VM...
stage2 fault addr 0x80206f34, cause 20
```

```
...
stage2 fault addr 0x8025e000, cause 21
*gva_ddr 0x12345678
```

从日志信息可知，虚拟机能正确读出虚拟地址 0x3000 0000 的内容。

20.9 案例分析 20-3：在虚拟机中实现虚拟定时器

由于 RISC-V 虚拟化扩展中没有单独为虚拟机实现虚拟定时器，因此我们通过一个巧妙的方法实现虚拟定时器，实现思路如下。

（1）虚拟机通过系统调用陷入 HS 模式，设置虚拟定时器的下一次到期时间。

（2）在 HS 模式下的定时器中断处理程序里，定期检查虚拟定时器的时间是否达到。

（3）如果到达，则设置 hvip 寄存器，往虚拟机中注入定时器中断。

（4）虚拟机触发和处理该虚拟定时器中断。

在虚拟机中初始化定时器。

```
<benos/virt/vs_timer.c>

1    static void reset_timer()
2    {
3        csr_set(sie, SIE_STIE);
4        sbi_set_timer(vs_get_cycles() + CLINT_TIMEBASE_FREQ/VS_HZ);
5    }
6
7    void vs_timer_init(void)
8    {
9        reset_timer();
10   }
```

vs_timer.c 的代码与第 9 章介绍的定时器处理的代码非常类似。唯一不同的地方在于，sbi_set_timer()函数会陷入 HS 模式的 VMM 中，并设置新的定时器到期时间。

```
<benos/src/timer.c>

void riscv_vcpu_timer_event_start(unsigned long next_cycle)
{
  riscv_vcpu_clear_interrupt(IRQ_VS_TIMER);
  vcpu_next_cycle = next_cycle;
  vcpu_timer_init = 1;
}
```

在 VMM 的定时器中断处理函数 handle_timer_irq()中，定期检查当前的时钟周期是否到了虚拟定时器的到期时间。如果到了，则需要把虚拟定时器中断注入虚拟机。

```
<benos/src/timer.c>

1    void riscv_vcpu_set_interrupt(int intr)
2    {
3        csr_set(CSR_HVIP, 1UL << intr);
4    }
5
6    void riscv_vcpu_clear_interrupt(int intr)
7    {
8        csr_clear(CSR_HVIP, 1UL << intr);
9    }
10
11   void riscv_vcpu_check_timer_expired(void)
12   {
13       unsigned long val;
14
15       if (!vcpu_timer_init)
16           return;
17       val = riscv_vcpu_current_cycles();
```

```
18
19          if (val < vcpu_next_cycle)
20              return;
21
22          riscv_vcpu_set_interrupt(IRQ_VS_TIMER);
23          vcpu_timer_init = 0;
24      }
25
26      void handle_timer_irq(void)
27      {
28          ...
29          riscv_vcpu_check_timer_expired();
30          ...
31      }
```

第 22 行的 riscv_vcpu_set_interrupt()通过设置 hvip 寄存器中的 VSTIP 字段把虚拟定时器中断注入虚拟机。

除此之外，还有一个棘手的问题需要处理，那就是 SP 的保存问题。由于 RISC-V 体系结构采用单一的 SP 方案，处理器发生异常（包括中断）并陷入其他模式时，SP 还指向发生异常前的栈，因此在异常处理过程中需要思考如何保护 SP。例如，若处理器正在虚拟机中运行，就触发一个物理定时器中断，处理器陷入 HS 模式（假设已经委托 HS 模式来处理该定时器中断）。此时，SP 仍然指向虚拟机内部使用的栈。如果 HS 模式下使用这个栈保存中断现场上下文，则导致系统崩溃。

陷入 HS 模式可能有 4 种情况。

（1）从 M 模式陷入 HS 模式，即从 MySBI 固件陷入 HS 模式。

（2）从 HS 模式陷入 HS 模式，即在内核态触发的异常/中断。

（3）从 U 模式陷入 HS 模式，即在用户态触发的异常/中断。

（4）从虚拟机陷入 HS 模式，即从 VS/VU 模式陷入 HS 模式。

第 1 种情况类似于在 S 模式下调用 ECALL 指令并陷入 M 模式，然后从 M 模式返回，其处理过程见 8.5 节。

第 2～3 种情况在第 17 章里实现的 kernel_entry()汇编函数已经处理。对于第 4 种情况，参考第 3 种情况处理，即在进入虚拟机之前完成设置。

- 把 HS 模式的 SP 保存到 task_struct->kernel_sp 中。
- 把 TP 保存到 HS 模式的 sscratch 寄存器中。

下次从虚拟机陷入 HS 模式时就能快速找到 TP 以及 SP。基于这个思路，重写 jump_to_vs_mode()汇编函数。

```
<benos/virt/vs_entry.S>

1     /*
2           函数原型:
3                 unsigned long jump_to_vs_mode(unsigned long new_sp, unsigned long addr)
4
5           @new_sp: 虚拟机的栈
6           @addr: HS 模式下给虚拟机分配的内存
7
8           @返回 addr，通过 a0 寄存器来返回，否则栈空间变换了，直接读取变量 addr 会读到错误值
9     */
10    .global jump_to_vs_mode
11    jump_to_vs_mode:
12        /*
13           马上要跳到虚拟机中
14           首先， 把 HS 模式的 SP 保存到 task_struct->kernel_sp 中
15           然后， 把 TP 保存到 HS 模式的 sscratch 中，下次从虚拟机陷入时，能找到 TP
16         */
17        sd sp, TASK_TI_KERNEL_SP(tp)
18        csrw sscratch, tp
```

```
19        la t0, 1f
20        csrw sepc, t0
21        sret
22
23    /*虚拟机执行的第一条指令 */
24    1:
25        mv sp, a0
26        mv a0, a1
27        ret
```

jump_to_vs_mode()函数有两个参数，参数 1 表示为虚拟机分配的栈空间，参数 2 为 VMM 给虚拟机分配的内存起始地址。由于在第 25 行中虚拟机运行的第一条指令设置新的 SP，栈空间发生了变化，直接读取变量 addr 会读到错误值，因此通过 a0 寄存器返回 addr，这样虚拟机就能得到 VMM 传递的参数了。

另外，在 VMM 里，异常上下文需要新增对 hstatus 寄存器的保存和恢复。在准备退出异常时，还需要对当前是否在虚拟化模式进行判断。

```
<benos/src/entry.S>

1     ret_from_exception:
2         ld s0, PT_HSTATUS(sp)
3         csrc sstatus, SR_SIE
4         /*
5             判断是不是从虚拟机陷入内核的
6             HSTATUS_SPV = 1; 从虚拟机陷入
7             HSTATUS_SPV = 0; 不从虚拟机陷入，可能是 HS 模式或者 U 模式
8          */
9         andi s0, s0, HSTATUS_SPV
10        bnez s0, ret_to_user
11
12        /*
13            判断是不是从内核态或者用户态陷入内核的
14            SPP = 1, 从内核态陷入
15            SPP = 0, 从用户态陷入
16         */
17        ld s0, PT_SSTATUS(sp)
18        andi s0, s0, SR_SPP
19        bnez s0, ret_to_kernel
20
21    /*
22       返回用户空间或者虚拟机
23     */
24    ret_to_user:
25        ...
```

在第 9 和 10 行中，判断是否从虚拟化模式陷入 HS 模式。若 HSTATUS_SPV = 1，说明当前从虚拟化模式陷入 HS 模式。若 HSTATUS_SPV = 0，说明当前从非虚拟化模式陷入，可能处于 HS 模式或者 U 模式。对于从虚拟化模式陷入的，跳转到第 24 行的 ret_to_user()函数，退出当前异常处理程序，并重新进入虚拟机中。

在第 17～19 行中，处理从非虚拟化模式陷入 HS 模式的情况。

20.10 案例分析 20-4：在 VMM 中加载和存储虚拟机内存地址

RISC-V 提供了在 VMM 中加载和存储虚拟机内存地址的指令。在案例分析 20-2 的基础上，本案例中需要陷入 VMM，然后读取并修改虚拟机的虚拟地址 0x3000 0000 的内容。

由于 GCC9 还没有实现 HLV/HSV 指令的解析，因此我们需要使用“.insn”伪指令对它们进行封装。

HLV/HSV 指令实现的是 R 类型的指令格式。R 类型的指令的格式如图 20.19 所示。

其中，相关字段的说明如下。

31　　25	24　　20	19　　15	14　12	11　　7	6　　0	
funct7	rs2	rs1	funct3	rd	opcode	R-type

图 20.19　R 类型的指令的格式

- Bit[6:0]为指令操作码 opcode，用于指令的分类。
- Bit[11:7]为 rd 字段，表示目标寄存器的编号。
- Bit[14:12]为功能码 funct3，Bit[31:25]为功能码 funct7。功能码字段常常与操作码字段结合在一起定义指令的操作功能。
- Bit[19:15]为 rs1 字段，表示第一个源操作寄存器的编号。
- Bit[24:20]为 rs2 字段，表示第二个源操作寄存器的编号。

R 类型的指令可以使用如下伪指令表示。

```
.insn r opcode, func3, func7, rd, rs1, rs2
```

HLV/HSV 指令的编码如表 20.10 所示。

表 20.10　HLV/HSV 指令的编码

指令	funct7	rs2	rs1	funct3	rd	opcode
HLV.B	0110000	00000	rs1	100	rd	1110011
HLV.BU	0110000	00001	rs1	100	rd	1110011
HLV.W	0110100	00000	rs1	100	rd	1110011
HLV.WU	0110100	00001	rs1	100	rd	1110011
HLV.D	0110110	00000	rs1	100	rd	1110011
HLVX.HU	0110010	00011	rs1	100	rd	1110011
HLVX.WU	0110100	00011	rs1	100	rd	1110011
HSV.B	0110001	rs2	rs1	100	00000	1110011
HSV.H	0110011	rs2	rs1	100	00000	1110011
HSV.W	0110101	rs2	rs1	100	00000	1110011
HSV.D	0110111	rs2	rs1	100	00000	1110011

结合图 20.19 和表 20.10，使用内嵌汇编实现 hlvwu()和 hsvw()函数，分别用于加载和存储虚拟机的内存地址。

```
<benos/src/trap.c>

1    unsigned long hlvwu(unsigned long addr){
2        unsigned long value;
3        asm volatile(
4            ".insn r 0x73, 0x4, 0x34, %0, %1, x1\n\t"
5            : "=r"(value): "r"(addr) : "memory", "x1");
6        return value;
7    }
8
9    void hsvw(unsigned long addr, unsigned long value){
10       asm volatile(
11           ".insn r 0x73, 0x4, 0x35, x0, %1, %0\n\t"
12           : "+r"(value): "r"(addr) : "memory");
13   }
```

接下来，当虚拟机通过系统调用（系统调用号为 SBI_EXIT_VM_TEST）陷入 VMM 时，在 vs_sbi_ecall_handle()函数中使用内嵌函数读取并改写虚拟机的内存地址。

```
<benos/src/trap.c>

1    static int vs_sbi_ecall_handle(unsigned int id, struct pt_regs *regs)
2    {
3        int ret = 0;
4
5        switch (id){
```

```
6         case SBI_EXIT_VM_TEST:
7             printk("%s: running in HS mode\n", __func__);
8             printk("hstatus 0x%lx\n", read_csr(CSR_HSTATUS));
9
10            unsigned long val = hlvwu(VS_MEM);
11            printk("read VS virtual address 0x%lx val 0x%lx\n", VS_MEM, val);
12
13            printk("write VS address 0x%lx\n", VS_MEM);
14            hsvw(VS_MEM, 0x87654321);
15
16            break;
17        }
18        ...
19    }
```

在第 10～14 行中，通过刚才实现的 hlvwu()函数读取虚拟机的虚拟地址 VS_MEM 的内容，VS_MEM 地址为 GVA，接着使用 hsvw()函数对该地址的内容进行改写。

下面是虚拟机运行的代码，当虚拟机从 VMM 返回时，读取 VS_MEM 地址的内容。

```
<benos/virt/vs_main.c >

1    void vs_main()
2    {
3        ...
4        printk("...exit VM...\n");
5        SBI_CALL_0(SBI_EXIT_VM_TEST);
6        printk("...back to VM...\n");
7
8        printk("*gva_addr 0x%lx\n", *(unsigned long *)gva_addr);
9
10       while (1)
11           ;
12   }
```

下面是本案例运行后的日志信息。

```
*gva_addr 0x12345678
...exit VM...
vs_sbi_ecall_handle: running in HS mode
hstatus 0x200000180
read VS virtual address 0x30000000 val 0x12345678
write VS address 0x30000000
...back to VM...
*gva_addr 0x87654321
```

从上述日志信息可知，VMM 正确地读取和改写了虚拟机地址的内容。

20.11 案例分析 20-5：在 VMM 中模拟串口设备

设备虚拟化目前主要有 3 种方式。

- 全软件虚拟化。采用陷入和模拟的方式模拟设备的行为。虚拟机中的驱动程序每次访问 MMIO（Memory Mapped I/O）时都会触发陷入事件，即陷入 VMM 中，在 VMM 里模拟 MMIO 访问的行为，因此这种方法会造成较大的性能开销。
- 半虚拟化。全软件虚拟化会触发大量的虚拟机陷入事件，这会导致系统性能下降。半虚拟化采用高效的前端驱动程序和后续驱动程序减少虚拟机陷入事件，提升 I/O 设备虚拟化性能。virtio 是一种 I/O 半虚拟化解决方案，是一套通用的 I/O 设备虚拟化程序，是对半虚拟化的虚拟机监控程序中的一组通用 I/O 设备的抽象。
- 硬件辅助虚拟化。在硬件辅助虚拟化中常见的技术有硬件直接透传、IOMMU 以及 SR-IOV（Single Root I/O Virtualization）。

全软件虚拟化不需要修改设备驱动程序，当虚拟机中的原生驱动（即未经修改的驱动程序）

访问 MMIO 时会因为虚拟机缺页异常而陷入 VMM。在 VMM 中需要识别设备 MMIO 地址区域，然后解析虚拟机的指令，并根据指令编码的相关信息模拟设备行为。

图 20.20 展示了模拟 MMIO 寄存器访问的流程。其主要步骤如下。

（1）虚拟机中的设备驱动程序访问 MMIO，因为第二阶段的地址映射缺页，所以触发虚拟机缺页异常并陷入 VMM。

（2）在 VMM 缺页异常处理函数中，解析出该异常的类型、异常地址，检查异常地址是否为设备 MMIO 区域等。

（3）读取触发该异常的指令地址，解析该指令的编码。从指令编码可以解析出如下信息。

- 指令为加载指令或者存储指令。
- 指令编码的位宽，其中 RISC-V 基础指令的位宽为 32 位，压缩指令的位宽为 16 位。
- 指令编码中 rd、rs1 以及 rs2 寄存器的编号。
- 指令的结果是否需要符号扩展？例如，LB 指令需要把结果符号扩展到 64 位，最后写入目标寄存器中，而 LBU 指令则不需要符号扩展。

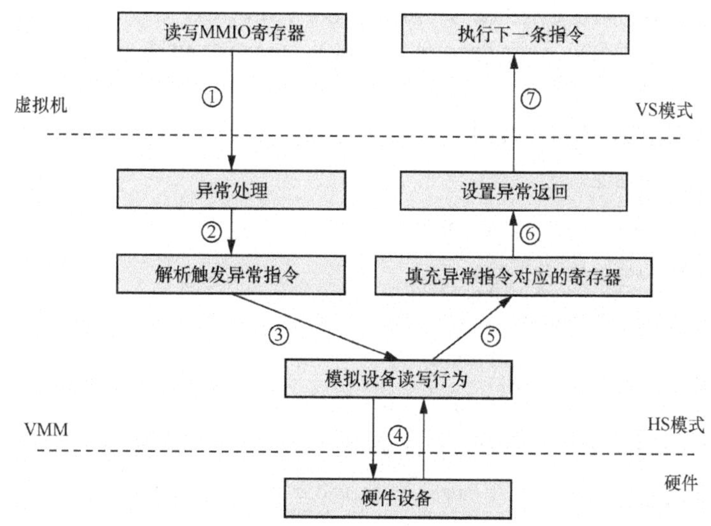

图 20.20 模拟 MMIO 寄存器访问的流程

（4）根据指令编码的信息，访问硬件设备。对于存储操作，从 rs2 寄存器中得到待写入数据，然后把数据写入真实硬件设备中。对于加载操作，从真实硬件中读取 MMIO 地址的内容。

（5）根据指令编码，填充对应的寄存器。对于加载指令，把硬件设备获取的数据填充到 rd 寄存器中。注意，填充到 pt_regs 栈框中对应的寄存器中。

（6）设置异常返回，设置 pt_regs->sepc 的值指向下一条指令地址。

（7）从 VMM 中返回虚拟机中，处理器从下一条指令开始继续执行。

本节采用全软件虚拟化方式模拟一个串口设备，用于兼容 NS16550 规范的串口控制器。关于串口控制寄存器的更多内容，见第 2 章。下面是虚拟机中串口输出函数的代码片段。

```
<串口输出函数>

void uart_send(char c)
{
  while((readb(UART_LSR) & UART_LSR_EMPTY) == 0)
      ;

  writeb(c, UART_DAT);
}
```

上述发送字符到串口的代码一共需要访问两个 MMIO 寄存器。

- 读 UART_LSR 寄存器（地址为 0x1000 0005）。
- 写 UART_DAT 寄存器（地址为 0x1000 0000）。

使用“riscv64-linux-gnu-objdump”工具反汇编 uart_send()函数。

```
<uart_send()函数反汇编代码片段>

0000000080200018 <uart_send>:
    ...
    80200024:   10000737        lui  a4,0x10000
    80200028:   00574783        lbu  a5,5(a4) # 10000005 <_start-0x701ffffb>
    8020002c:   0ff7f793        andi  a5,a5,255
    80200030:   0407f793        andi  a5,a5,64
    80200034:   fe078ae3        beqz  a5,80200028 <uart_send+0x10>
    80200038:   00a70023        sb  a0,0(a4)
    ...
```

LBU 指令（指令地址为 0x8020 0028）的作用是读取地址 0x1000 0005 的内容，即读取 UART_LSR 寄存器的值。当虚拟机执行该指令时，由于 0x1000 0005 地址在第二阶段地址映射中还没有建立映射，因此触发虚拟机缺页异常而陷入 VMM。SB 指令（指令地址为 0x8020 0038）的作用是把字符 c 写入地址 0x1000 0000 处，即写入 UART_DAT 寄存器中。同理，该指令也会因为缺页而陷入 VMM。

VMM 中的缺页异常处理程序如下。

```
<benos/src/stage2_mmu.c>

1     void stage2_page_fault(struct pt_regs *regs)
2     {
3         unsigned long fault_addr;
4         unsigned long htval, stval;
5         unsigned long scause;
6
7         htval = read_csr(CSR_HTVAL);
8         stval = read_csr(stval);
9         scause = read_csr(scause);
10
11        fault_addr = (htval << 2) | (stval & 0x3);
12
13        if(scause == CAUSE_LOAD_GUEST_PAGE_FAULT ||
14                scause == CAUSE_STORE_GUEST_PAGE_FAULT) {
15            unsigned long ins_addr = read_csr(sepc);
16            unsigned long ins_value = hlvxwu(ins_addr);
17            if (check_emul_mmio_range(fault_addr)){
18                emul_device(fault_addr, ins_value, regs);
19                regs->sepc += 4;
20                return ;
21            }
22        }
23        ...
24    }
```

在第 11 行中，fault_addr 为触发虚拟机缺页异常的地址（即 GPA）。在本场景中，如果异常是 LBU 指令导致的异常，那么 fault_addr 为 0x1000 0005。如果异常是 SB 指令导致的异常，fault_addr 为 0x1000 0000。

在第 15 行中，当异常触发时，sepc 寄存器保存触发异常时指令的地址。在本场景中，如果异常是 LBU 指令导致的异常，那么 ins_addr 为 0x8020 0028。如果异常是 SB 指令触发的异常，那么 ins_addr 为 0x8020 0038。

在第 16 行中，通过 HLVXWU 指令读取触发异常指令地址的内容，即读取指令编码。在本场景中，如果异常是 LBU 指令导致的异常，那么 ins_value 为 0x0057 4783。如果异常是 SB 指令触发的异常，那么 ins_value 为 0x00A7 0023。

在第 17 行中，判断 fault_addr 是否在串口设备的 MMIO 地址区域里。

在第 18 行中，emul_device()函数会继续解析指令编码和模拟设备的行为。

在第 19 行中，使 pt_regs->sepc 的值指向下一条指令的地址。这样，当从 VMM 返回虚拟机时，处理器会执行下一条指令。在本场景中，如果异常是 LBU 指令导致的异常，那么返回虚拟机之后，处理器执行 ANDI 指令。

emul_device()函数的实现如下。

```
<benos/virt/vs_device_emul.c>

1    int emul_device(unsigned long fault_addr, unsigned long ins_val,
2                      structpt_regs *regs)
3    {
4        struct emu_mmio_access emu_mmio;
5        int funct3;
6
7        if (COMPRESSED_INS(ins_val)){
8            printk("not support compressed instruction yet\n");
9            return -1;
10       }
11
12       if(INS_OPCODE(ins_val) != LD_OPCODE &&
13               INS_OPCODE(ins_val) != SD_OPCODE)
14           return -1;
15
16       emu_mmio.addr = fault_addr;
17       emu_mmio.regs = regs;
18
19       funct3 = INS_FUNCT3(ins_val);
20       switch (funct3 & 0x3){
21       case 0:
22           emu_mmio.width = 1;
23           break;
24       case 1:
25           emu_mmio.width = 2;
26           break;
27       case 2:
28           emu_mmio.width = 4;
29           break;
30       case 3:
31           emu_mmio.width = 4;
32           break;
33       }
34
35       emu_mmio.write = (INS_OPCODE(ins_val) == SD_OPCODE);
36       emu_mmio.reg = emu_mmio.write ? INS_RS2(ins_val) : INS_RD(ins_val);
37       emu_mmio.sign_ext = !(funct3 & 0x4);
38
39       emu_uart(&emu_mmio);
40   }
```

emul_device()函数主要用来解析加载指令和存储指令的编码。加载和存储指令的编码如图 20.21 所示。

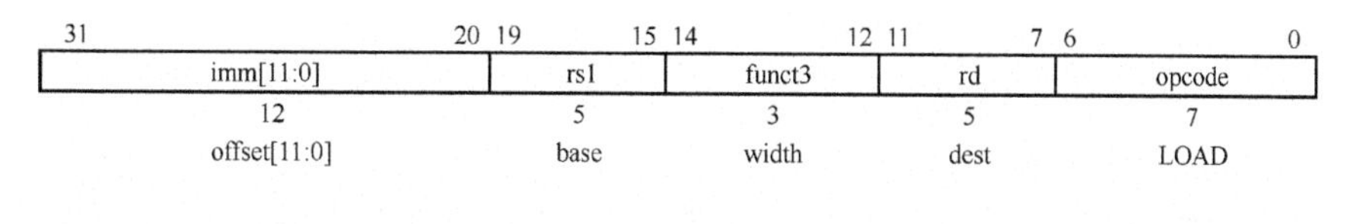

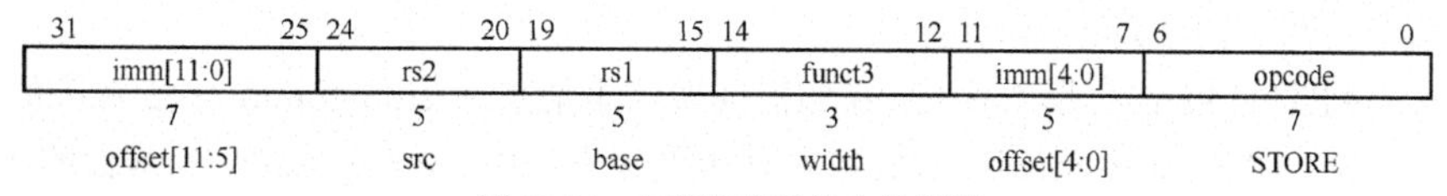

图 20.21　加载和存储指令的编码

在第 7～10 行中，判断指令是否为压缩指令，如果是压缩指令，本场景中暂时不处理。

在第 12 和 13 行中，解析指令编码中的 opcode 字段（Bit[6:0]），判断是否为加载或者存储指令。加载指令的 opcode 字段为 0x3，存储指令的 opcode 字段为 0x23。

在第 19～33 行中，从指令编码的 funct3 字段的前两位中解析出数据的位宽。funct3 字段的第 3 位表示加载的数据为无符号数还是有符号数，见第 37 行。

在第 35 和 36 行中，解析寄存器的编号。

对于加载操作，我们需要解析出 rd 寄存器的编号，因为 rd 寄存器保存了加载操作的最终结果。在本场景中，如果异常是 LBU 指令导致的异常，该条指令的编码为 0x0057 4783，从而解析出 rd 寄存器的编号为 15，即使用 x15 寄存器（a5 寄存器）来保存加载结果。

对于存储操作，我们需要解析出 rs2 寄存器，因为 rs2 寄存器保存着待写入的数据。在本场景中，如果异常是 SB 指令导致的异常，该条指令的编码为 0x00A7 0023，从而解析出 rs2 寄存器的编号为 10，即使用 x10 寄存器（a0 寄存器）存储待写入数据。

上述这些信息都保存到 emu_mmio_access 数据结构中，然后调用 emu_uart()函数来模拟串口。emu_uart()函数的实现如下。

```
<benos/virt/vs_device_emul.c>

1    int emu_uart(struct emu_mmio_access *emu_mmio)
2    {
3        unsigned long val;
4        unsigned char lsr;
5
6        switch (emu_mmio->addr){
7        case UART_LSR:
8            if (!emu_mmio->write){
9                lsr = readb(UART_LSR);
10               emul_writereg(emu_mmio->regs, emu_mmio->reg, lsr);
11           }
12           break;
13       case UART_DAT:
14           val = emul_readreg(emu_mmio->regs, emu_mmio->reg);
15           if (emu_mmio->write)
16               writeb(val, UART_DAT);
17           break;
18       }
19
20       return 0;
21   }
```

对于读 UART_LSR 寄存器的操作，首先调用 readb()函数从真实硬件中读出 UART_LSR 寄存器的值，然后把该值写入 emu_mmio->regs 对应的寄存器（即 LBU 指令对应的 rd 寄存器）中。emul_writereg()会完成这次写入操作。

```
<benos/virt/vs_device_emul.c>

1   void emul_writereg(struct pt_regs *regs, int reg, unsigned long val)
2   {
3       if ((reg <= 0) || (reg > 31))
4           return;
5
6       *(unsigned long *)((unsigned long)regs + reg * 8) = val;
7   }
```

emul_writereg()会把 val 值写入 pt_regs 栈帧中对应的寄存器里，这样异常返回虚拟机之后，处理器就从寄存器中读取到正确的值。

对于写 UART_DAT 寄存器的操作，我们需要做的事情是从 emu_mmio->reg 对应的寄存器中读取待写入数据，然后调用 writeb()函数写入真实硬件设备中。emul_readreg()函数的实现如下。

```
<benos/virt/vs_device_emul.c>

1   unsigned long emul_readreg(struct pt_regs *regs, int reg)
```

```
2   {
3       if ((reg <= 0) || (reg > 31))
4           return 0;
5
6       return *(unsigned long *)((unsigned long)regs + reg * 8);
7   }
```

综上所述，模拟读串口 MMIO 寄存器的流程如图 20.22 所示。主要步骤如下。

（1）虚拟机中的串口驱动程序读取串口 MMIO 寄存器，因为缺页而陷入 VMM 中。

（2）在 VMM 中解析触发异常的指令编码。

（3）对于读操作，解析出 rd 寄存器的编号后才可确定目标寄存器，例如，图 20.22 中的 a5 寄存器。

（4）从硬件设备中读取 UART_LSR 寄存器的值，然后把该值写入 pt_regs 栈框中对应寄存器的位置（即 S_A5 位置）上。

（5）返回虚拟机。于是，pt_regs 栈框中 S_A5 位置上的值就会恢复到 VS 模式下的 a5 寄存器中。此时，第（1）步中因为缺页异常而陷入 VMM 的 LBU 指令就获取了串口的内容。另外，根据 pt_regs 栈框中 S_SEPC 的值，处理器会从下一条指令（即 ANDI 指令）开始执行。

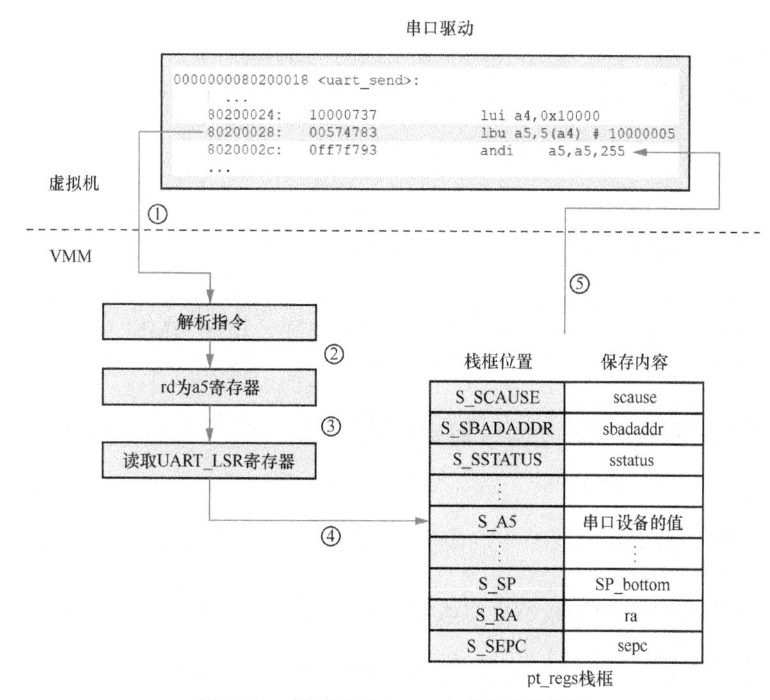

图 20.22　模拟读串口 MMIO 寄存器的流程

20.12 实验

20.12.1　实验 20-1：加载虚拟机 1

1. 实验目的

了解如何进入和退出虚拟机。

2. 实验要求

在 20.7 节的基础上把虚拟机的入口地址设置为 0x8100 0000。

本实验可在关闭所有 MMU 的情况下完成。

20.12.2 实验 20-2：加载虚拟机 2

1. 实验目的

进一步了解如何进入和退出虚拟机。

2. 实验要求

在 20.7 节中，我们使用静态编译方式实现虚拟机。在本实验中，请把虚拟机的操作系统单独编译成一个可执行的二进制文件（如 gos.bin），然后把该可执行的二进制文件嵌入 BenOS.bin 中。虚拟机的入口地址设置为 0x8020 0000。在虚拟机中通过访问串口寄存器输出"Welcome Guest OS!"。

在本实验中，为了简单起见，可在 VMM 中把虚拟机访问的串口地址直接映射到 VMM 的串口地址，即串口基地址 GPA = HPA。

20.12.3 实验 20-3：虚拟化地址映射

1. 实验目的

了解虚拟化的地址映射。

2. 实验要求

在实验 20-2 的基础上使能虚拟机的 MMU，包括虚拟化两阶段地址映射。

20.12.4 实验 20-4：解析虚拟机陷入的指令

1. 实验目的

了解虚拟机的陷入机制。

2. 实验要求

若虚拟机因触发虚拟机加载缺页异常而陷入 VMM 中，请在 VMM 中读取虚拟机触发异常时的指令，输出该指令的编码。

20.12.5 实验 20-5：在 VMM 中模拟实现 vPLIC

1. 实验目的

了解陷入与模拟机制。

2. 实验要求

在 VMM 中采用陷入与模拟机制来模拟实现虚拟 PLIC，简称 vPLIC。为了简单起见，假设该 vPLIC 只支持一个中断硬件上下文。

当 VMM 检测到有串口 0 的中断触发（例如，在 Linux 主机中按回车键）后，把该中断注入虚拟机中，在虚拟机的操作系统中输出串口数据。

20.12.6 实验 20-6：在虚拟机中加载并运行 Linux 内核

1. 实验目的

了解 RISC-V 虚拟化机制。

2. 实验要求

在实验 20-5 的基础上完成本实验。本实验要求可以加载和运行官方 Linux 内核。Linux 内核采用 5.15 版本。使用 BusyBox 软件编译和制作一个小型根文件系统，并采用 initramfs（initram file system）机制编译到 Linux 内核镜像中。

附录A　关于RISC-V体系结构自测题的参考答案与提示

下面是关于本书开篇的RISC-V体系结构自测题的参考答案与提示，希望读者通过阅读本书进行归纳总结出答案。

1.【参考答案】参考3.2节和图3.2。

2.【参考答案】参考例3-5的讲解。

3.【参考答案】参考例3-17的讲解。

4.【参考答案】参考4.3节的讲解。

5.【参考答案】参考例5-14的讲解。

6.【参考答案】

关于链接地址、虚拟地址以及加载地址，参考6.2.3节和6.3节的讲解。

对于第2个问题，请参考6.3.1节。

7.【参考答案】

关于加载重定位，请参考6.3节。关于链接重定位，请参考6.4节。

关于链接器松弛优化，请参考6.4节。

8.【参考答案】

关于异常发生后CPU和操作系统做哪些事情，请参考8.1.3节。

关于异常后CPU返回的下一条指令，请参考8.1.4节。

关于异常现场，请参考8.4节。

9.【参考答案】

关于多级页表问题，请参考10.1.4节。

关于Sv39页表映射过程，请参考10.2.2节。

10.【参考答案】

关于恒等映射，请参考10.4节。

11.【参考答案】

关于直接映射、全相联映射以及组相联映射，请参考11.4节。

关于重名和同名问题，请分别参考11.6.1节和11.6.2节。

关于VIPT产生的重名问题，请参考11.6.3节。

12.【参考答案】请参考12.4.8节，以及图12.21～图12.24。

13.【参考答案】请参考12.8节。

14.【参考答案】请参考13.5.4节。

15.【参考答案】请参考13.4.2节。

16.【参考答案】请参考16.1节、16.2节和16.3节。

17.【参考答案】

对于第1个问题，请参考14.3.2节。

对于第2个问题，请参考14.4.1节和14.4.2节。

18.【参考答案】

关于进程上下文，请参考17.2.4节。

关于新进程的执行，请参考17.2.5节。

19.【参考答案】

对于第1个问题，请参考17.3.8节。

对于第2个问题，请参考17.3.5节。提示：进程切换之后，栈空间发生了变化，此时读取的data变量是保存在进程B的内核栈中的，而不是进程A的内核栈中的。

20.【参考答案】

关于虚拟化两阶段地址映射过程，请参考20.3节。

关于进入和退出VM，请参考20.5节。

附录 B　RV64I 指令速查表

RV64I 指令速查信息如表 B.1 所示。

表 B.1　　RV64I 指令速查信息

指令	说明	格式	指令运算过程（用伪代码表示）
lui	加载 4KB 对齐的立即数	lui rd, imm	rd = Signed (imm << 12) 其中，imm 为 20 位有符号数
auipc	PC 相对寻址的指令	auipc rd, imm	rd = PC + Signed (imm << 12) 其中，imm 为 20 位有符号数
jal	跳转并链接指令	jal rd, label	PC = PC + offset rd = PC + 4 其中，offset 为 21 位有符号数（offset 按照 2 字节对齐，最低位为 0），它的数值为 label 的地址与当前 PC 值的偏移量
jalr	使用寄存器跳转并链接指令	jalr rd, offset(rs1)	PC = rs1 + offset rd = PC + 4 其中，offset 为 12 位有符号数
beq	比较，若两个操作数相等，则跳转	beq rs1, rs2, label	if (rs1 == rs2) 　　PC = PC + offset 其中，offset 为 13 位有符号数，它的数值为 label 的地址与当前 PC 值的偏移量。 rs1 和 rs2 寄存器的值为有符号数
bne	比较，若两个操作数不相等，则跳转	bne rs1, rs2, label	if (rs1 != rs2) 　　PC = PC + offset 其中，offset 为 13 位有符号数，它的数值为 label 的地址与当前 PC 值的偏移量。 rs1 和 rs2 寄存器的值为有符号数
blt	比较，若第一个操作数小于第二个操作数，则跳转	blt rs1, rs2, label	if (rs1 < rs2) 　　PC = PC + offset 其中，offset 为 13 位有符号数，它的数值为 label 的地址与当前 PC 值的偏移量。 rs1 和 rs2 寄存器的值为有符号数
bge	比较，若第一个操作数大于或等于第二个操作数，则跳转	bge rs1, rs2, label	if (rs1 >= rs2) 　　PC = PC + offset 其中，offset 为 13 位有符号数，它的数值为 label 的地址与当前 PC 值的偏移量。 rs1 和 rs2 寄存器的值为有符号数
bltu	比较，若第一个操作数小于第二个操作数，则跳转	bltu rs1, rs2, label	if (rs1 < rs2) 　　PC = PC + offset 其中，offset 为 13 位有符号数，它的数值为 label 的地址与当前 PC 值的偏移量。 rs1 和 rs2 寄存器的值为无符号数

续表

指令	说明	格式	指令运算过程（用伪代码表示）
bgeu	比较，若第一个操作数大于或等于第二个操作数，则跳转	bgeu rs1, rs2, label	if (rs1 >= rs2) PC = PC + offset 其中，offset 为 13 位有符号数，它的数值为 label 的地址与当前 PC 值的偏移量。 rs1 和 rs2 寄存器的值为无符号数
lb	加载 1 字节数据（有符号数）	lb rd, offset(rs1)	tmp = Mem8(rs1 + offset) rd = Signed (tmp) 其中 offset 为 12 位有符号数
lh	加载 2 字节数据（有符号数）	lh rd, offset(rs1)	tmp = Mem16(rs1 + offset) rd = Signed (tmp) 其中，offset 为 12 位有符号数
lw	加载 4 字节数据（有符号数）	lw rd, offset(rs1)	tmp = Mem32(rs1 + offset) rd = Signed (tmp) 其中，offset 为 12 位有符号数
ld	加载 8 字节数据	ld rd, offset(rs1)	rd = Mem64(rs1 + offset) 其中，offset 为 12 位有符号数
lbu	加载 1 字节数据（无符号数）	lbu rd, offset(rs1)	rd = Mem8(rs1 + offset) 其中，offset 为 12 位有符号数
lhu	加载 2 字节数据（无符号数）	lhu rd, offset(rs1)	rd = Mem16(rs1 + offset) 其中，offset 为 12 位有符号数
lwu	加载 4 字节数据（无符号数）	lwu rd, offset(rs1)	rd = Mem32(rs1 + offset) 其中，offset 为 12 位有符号数
sb	存储 1 字节数据	sb rs2, offset(rs1)	Mem8(rs1 + offset) = rs2[7:0] 其中，offset 为 12 位有符号数
sh	存储 2 字节数据	sh rs2, offset(rs1)	Mem16(rs1 + offset) = rs2[15:0] 其中，offset 为 12 位有符号数
sw	存储 4 字节数据	sw rs2, offset(rs1)	Mem32(rs1 + offset) = rs2[31:0] 其中，offset 为 12 位有符号数
sd	存储 8 字节数据	sd rs2, offset(rs1)	Mem64(rs1 + offset) = rs2 其中，offset 为 12 位有符号数
addi	立即数加法	addi rd, rs1, imm	rd = rs1 + imm 其中，imm 为 12 位有符号数
slti	立即数小于比较	slti rd, rs1, imm	rd = (rs1 < imm) ? 1 : 0 其中，imm 为 12 位有符号数, rs1 为有符号数
sltiu	立即数小于比较	sltiu rd, rs1, imm	rd = (rs1 < imm) ? 1 : 0 其中 imm 为 12 位有符号数, rs1 为无符号数
xori	立即数异或操作	xori rd, rs1, imm	rd = rs1 ^ imm 其中，imm 为 12 位有符号数
ori	立即数或操作	ori rd, rs1, imm	rd = rs1 | imm 其中，imm 为 12 位有符号数
andi	立即数与操作	andi rd, rs1, imm	rd = rs1 & imm 其中，imm 为 12 位有符号数
slli	立即数逻辑左移	slli rd, rs1, shamt	rd = rs1 << shamt 其中，shamt 为 6 位无符号数
srli	立即数逻辑右移	srli rd, rs1, shamt	rd = rs1 >> shamt 其中，shamt 为 6 位无符号数
srai	立即数算术右移	srai rd, rs1, shamt	tmp = rs1 >> shamt rd = Signed_with_rs1(tmp) 其中，shamt 为 6 位无符号数。另外，结果需要根据 rs1 的符号位做符号扩展
add	加法指令	add rd, rs1, rs2	rd = rs1 + rs2
sub	减法指令	sub rd, rs1, rs2	rd = rs1 - rs2

续表

指令	说明	格式	指令运算过程（用伪代码表示）
sll	逻辑左移	sll rd, rs1, rs2	rd = rs1 << rs2[5:0] 其中，rs2 只取低 6 位数值
srl	逻辑右移	srl rd, rs1, rs2	rd = rs1 >> rs2[5:0] 其中，rs2 只取低 6 位数值
sra	算术右移	sra rd, rs1, rs2	tmp = rs1 >> rs2[5:0] rd = Signed_with_rs1(tmp) 其中，rs2 只取低 6 位数值。另外，结果需要根据 rs1 的符号位做符号扩展
slt	小于比较指令	slt rd, rs1, rs2	rd = (rs1 < rs2) ? 1 : 0 其中，rs1 和 rs2 为有符号数
sltu	小于比较指令	sltu rd, rs1, rs2	rd = (rs1 < rs2) ? 1 : 0 其中，rs1 和 rs2 为无符号数
xor	异或操作	xor rd, rs1, rs2	rd = rs1 ^ rs2
or	或操作	or rd, rs1, rs2	rd = rs1 | rs2
and	与操作	and rd, rs1, rs2	rd = rs1 & rs2
addiw	立即数加法（低 32 位版本）	addi rd, rs1, imm	tmp = rs1[31:0] + imm tmp = tmp[31:0] rd = signed (tmp) 其中 imm 为 12 位有符号数
slliw	立即数逻辑左移（低 32 位版本）	slliw rd, rs1, shamt	tmp = rs1[31:0] << shamt tmp = tmp[31:0] rd = signed (tmp) 其中，shamt 为 6 位无符号数
srliw	立即数逻辑右移（低 32 位版本）	srliw rd, rs1, shamt	tmp = rs1[31:0] >> shamt tmp = tmp[31:0] rd = signed (tmp) 其中，shamt 为 6 位无符号数
sraiw	立即数算术右移（低 32 位版本）	sraiw rd, rs1, shamt	tmp = rs1[31:0] >> shamt tmp = tmp[31:0] rd = Signed_with_rs1(tmp) 其中，shamt 为 6 位无符号数。另外，结果需要以 rs1 的 Bit[31]为符号位做符号扩展
addw	加法（低 32 位版本）	addw rd, rs1, rs2	tmp = rs1[31:0] + rs2[31:0] tmp = tmp[31:0] rd = signed (tmp)
subw	减法（低 32 位版本）	subw rd, rs1, rs2	tmp = rs1[31:0] - rs2[31:0] tmp = tmp[31:0] rd = signed (tmp)
sllw	逻辑左移（低 32 位版本）	sllw rd, rs1, rs2	tmp = rs1[31:0] << rs2[4:0] tmp = tmp[31:0] rd = signed (tmp) 其中，rs2 只取低 5 位数值
srlw	逻辑右移（低 32 位版本）	srlw rd, rs1, rs2	tmp = rs1[31:0] >> rs2[4:0] rd = signed (tmp) 其中，rs2 只取低 5 位数值
sraw	算术右移（低 32 位版本）	sraw rd, rs1, rs2	tmp = rs1[31:0] >> rs2[4:0] rd = Signed_with_rs1(tmp) 其中，rs2 只取低 5 位数值。另外，结果需要以 rs1 的 Bit[31]为符号位做符号扩展

说明如下。

- PC：PC 寄存器的值。
- rd：目标寄存器，在伪代码中表示 rd 寄存器的值。

- rs1：源寄存器 1，在伪代码中表示 rs1 寄存器的值。
- rs2：源寄存器 2，在伪代码中表示 rs2 寄存器的值。
- imm：表示有符号立即数。
- offset：有符号立即数，用来表示偏移量。
- Mem*N*(addr)：表示内存地址 addr 中的 *N* 位数据，例如，Mem8 addr 表示内存地址 addr 中的 8 位数据。
- Signed(*N*)：根据 *N* 的符号位来进行符号扩展至 64 位。
- Signed_with_rs1(*N*)：以 rs1 寄存器 Bit[31]为符号位，进行符号扩展至 64 位。
- tmp[*n*:0]：表示取 tmp 变量中的低（*n*+1）位数据，这里 tmp 可以是临时变量或者寄存器的值如 rs1。

附录 C　RV64M 指令速查表

RV64M 指令速查信息如表 C.1 所示。

表 C.1　RV64M 指令速查信息

指令	说明	格式	指令运算过程（用伪代码表示）
mul	64 位有符号数乘法指令，返回 128 位乘积的低 64 位	mul rd, rs1, rs2	rd = (rs1 * rs2)[63:0]
mulh	64 位有符号数乘法指令，返回 128 位乘积的高 64 位	mulh rd, rs1, rs2	rd = (rs1 * rs2)[127:64]
mulhu	64 位无符号数乘法指令，返回 128 位乘积的高 64 位	mulhu rd, rs1, rs2	rd = (rs1 * rs2)[127:64]
mulhsu	64 位乘法指令，返回 128 位乘积的高 64 位，其中 rs1 为有符号数，rs2 为无符号数	mulhsu rd, rs1, rs2	rd = (rs1 * rs2)[127:64]
mulw	32 位乘法指令。截取 rs1 和 rs2 寄存器低 32 位作为源操作数，并相乘，结果只取低 32 位，最后符号扩展到 64 位并写入 rd 寄存器中	mulw rd, rs1, rs2	tmp = rs1[31:0] * rs2[31:0] tmp = tmp[31:0] rd = Signed (tmp)
div	64 位有符号数除法指令	div rd, rs1, rs2	rd = rs1 / rs2
divu	64 位无符号数除法指令	divu rd, rs1, rs2	rd = rs1 / rs2
divw	32 位有符号数除法指令。截取 rs1 和 rs2 寄存器低 32 位作为源操作数，并相除，结果只取低 32 位，最后符号扩展到 64 位并写入 rd 寄存器中	divw rd, rs1, rs2	tmp = rs1[31:0] / rs2[31:0] tmp = tmp[31:0] rd = Signed (tmp)
divuw	32 位无符号数除法指令，与 divw 指令类似	divuw rd, rs1, rs2	tmp = rs1[31:0] / rs2[31:0] tmp = tmp[31:0] rd = tmp
rem	64 位有符号数求余数指令	rem rd, rs1, rs2	rd = rs1 % rs2
remu	64 位无符号数求余数指令	remu rd, rs1, rs2	rd = rs1 % rs2
remw	32 位有符号数求余数指令。截取 rs1 和 rs2 寄存器低 32 位作为源操作数，求余数，结果只取低 32 位，最后符号扩展到 64 位并写入 rd 寄存器中	remw rd, rs1, rs2	tmp = rs1[31:0] % rs2[31:0] tmp = tmp[31:0] rd = Signed (tmp)
remuw	32 位无符号数求余数指令，与 remw 指令类似	remuw rd, rs1, rs2	tmp = rs1[31:0] % rs2[31:0] tmp = tmp[31:0] rd = tmp

说明如下。

- rd：目标寄存器，在伪代码中表示 rd 寄存器的值。
- rs1：源寄存器 1，在伪代码中表示 rs1 寄存器的值。
- rs2：源寄存器 2，在伪代码中表示 rs2 寄存器的值。

- Signed(*N*)：根据 *N* 的符号位来进行符号扩展至 64 位。
- tmp[*n*:0]：表示取 tmp 变量中的低（*n*+1）位数据，这里 tmp 可以是临时变量或者寄存器的值如 rs1。
- 在除法指令中，如果除数为 0，则结果为−1；如果被除数为 0，则结果为 0。
- 在求余数指令中，如果除数为 0，则结果为被除数；如果被除数为 0，则结果为 0。

附录D　RV64常用伪指令速查表

RV64 常用伪指令如表 D.1 所示。

表 D.1　　RV64 常用伪指令

伪指令	指令组合	说明
la rd, symbol (非 PIC)	auipc rd, delta[31 : 12] + delta[11] addi rd, rd, delta[11:0]	加载符号的绝对地址。 其中，delta = symbol − pc
la rd, symbol (PIC)	auipc rd, delta[31 : 12] + delta[11] l{w|d} rd, rd, delta[11:0]	加载符号的绝对地址。 其中，delta = GOT[symbol] − pc
lla rd, symbol	auipc rd, delta[31 : 12] + delta[11] addi rd, rd, delta[11:0]	加载符号的本地地址。 其中，delta = symbol − pc
l{b|h|w|d} rd, symbol	auipc rd, delta[31 : 12] + delta[11] l{b|h|w|d} rd, delta[11:0](rd)	加载符号的内容
s{b|h|w|d} rd, symbol, rt	auipc rt, delta[31 : 12] + delta[11] s{b|h|w|d} rd, delta[11:0](rt)	存储内容到符号所在的内存单元中。 其中，rt 为临时寄存器
li rd, imm	根据情况扩展为多条指令	加载立即数 imm 到 rd 寄存器中
nop	addi x0, x0, 0	延迟一条指令
mv rd, rs	addi rd, rs, 0	把 rs 寄存器的值搬移到 rd 寄存器中
not rd, rs	xori rd, rs, -1	把 rs 寄存器的反码写入 rd 寄存器中
neg rd, rs	sub rd, x0, rs	把 rs 寄存器的补码写入 rd 寄存器中
negw rd, rs	subw rd, x0, rs	与 neg 伪指令类似，它计算 rs 寄存器低 32 位的补码
sext.w rd, rs	addiw rd, rs, 0	把 rs 寄存器低 32 位值符号扩展到 64 位
seqz rd, rs	sltiu rd, rs, 1	如果 rs = 0，则置位
snez rd, rs	sltu rd, x0, rs	如果 rs ≠ 0，则置位
sltz rd, rs	slt rd, rs, x0	如果 rs < 0，则置位
sgtz rd, rs	slt rd, x0, rs	如果 rs > 0，则置位
beqz rs, label	beq rs, x0, label	如果 rs = 0，跳转到 label 处
bnez rs, label	bne rs, x0, label	如果 rs ≠ 0，跳转到 label 处
blez rs, label	bge x0, rs, label	如果 rs ⩽ 0，跳转到 label 处
bgez rs, label	bge rs, x0, label	如果 rs ⩾ 0，跳转到 label 处
bltz rs, label	blt rs, x0, label	如果 rs < 0，跳转到 label 处
bgtz rs, label	blt x0, rs, label	如果 rs > 0，跳转到 label 处
bgt rs, rt, label	blt rt, rs, label	如果 rs > rt，跳转到 label 处
ble rs, rt, label	bge rt, rs, label	如果 rs ⩽ rt，跳转到 label 处
bgtu rs, rt, label	bltu rt, rs, label	如果 rs > rt，跳转到 label 处（无符号数比较）
bleu rs, rt, label	bleu rs, rt, label	如果 rs⩽ rt，跳转到 label 处（无符号数比较）

说明如下。

- rd：目标寄存器，在伪代码中表示 rd 寄存器的值。
- rs：源寄存器，在伪代码中表示 rs 寄存器的值。
- symbol：名为 symbol 的汇编符号。
- label：名为 label 的本地标签。